21世纪高等学校系列教材

DIANQI GONGCHENG JICHU

电气工程基础

主　编　冯建勤　冯巧玲
副主编　张文忠　魏云冰　陈继斌
编　写　和　萍　何琳琳　张　华
主　审　荣雅君　杨丽徙

中国电力出版社
CHINA ELECTRIC POWER PRESS

内 容 提 要

本书共分10章，主要内容包括电力工程概论、电力网及其分析、变电站的一次设备、电气主接线与配电装置、电力系统短路分析、电气设备的选择、电力系统继电保护、二次系统与自动装置、接地与电气安全以及电力系统过电压保护。本书全面论述了有关电力网分析、电力工程设计、电气设备制造与安装、电力系统运行等方面的基本知识，具有内容全面、实用性强资料最新、方便教学等特点。书后还附有电力工程设计常用表格、课程设计参考题目以及习题参考答案。本书可免费提供配套电子课件，下载地址：http：//jc. cepp. com. cn。

本书可供普通高等院校电气工程及其自动化及相关专业的师生使用，也可供电气工程技术人员参考。

图书在版编目（CIP）数据

电气工程基础/冯建勤，冯巧玲主编．—北京：中国电力出版社，2010.2（2021.9 重印）

21 世纪高等学校规划教材

ISBN 978－7－5083－9954－6

Ⅰ.①电… Ⅱ.①冯…②冯… Ⅲ.①电气工程－高等学校－教材 Ⅳ.①TM

中国版本图书馆 CIP 数据核字（2010）第 001567 号

中国电力出版社出版、发行

（北京市东城区北京站西街 19 号　100005　http：//www. cepp. com. cn）

三河市百盛印装有限公司印刷

各地新华书店经售

*

2010 年 2 月第一版　2021 年 9 月北京第十一次印刷

787 毫米×1092 毫米　16 开本　23 印张　558 千字

定价 **36.80** 元

前　言

能源是国民经济发展的重要基础，而电力是最重要能源之一，电力工业的超前发展是保证国民经济高速发展的重要条件之一。最近 30 年来，伴随着国民经济的快速增长，我国电力工业也得到很大发展。近年来，由于各行业对具备电气工程技术的毕业生需求越来越大，我国许多高校纷纷开办或转办电气工程及自动化专业。

现代科学技术的迅猛发展使电气工程的知识体系有了很大的扩展，除了传统的电磁、电路、电子理论外，把计算机技术、通信技术、网络技术融入电力系统的测量、控制和保护中，实现了电力系统的全面自动化。因此，电气工程及自动化专业的培养目标也从高级专门人才的培养转向宽口径、复合型高级工程技术人才的培养。

在上述背景下，针对电气工程及自动化专业的培养目标，结合注册电气工程师执业考试要求，我们编写了本教材。在本书的编写过程中，我们力求做到：

（1）内容全面。本书全面论述了有关电力网分析、电力工程设计、电气设备制造与安装、电力系统运行等方面的基本知识。全书共分 10 章，主要内容包括电力工程概论、电力网及其分析、变电站的一次设备、电气主接线与配电装置、电力系统短路分析、电气设备的选择、电力系统继电保护、二次系统与自动装置、接地与电气安全、电力系统过电压保护。通过学习本教材，可掌握电气工程的全部基础知识，也就掌握了电气工程及自动化专业方向的基本内容，从而具备从事电力行业工作的基本能力。

（2）实用性强。以工程应用作为出发点，重点培养解决实际工程技术问题的能力。在能够说明基本原理的情况下，尽量减少理论推导过程，使内容通俗易懂；通过大量的例题和设计实例，使学生尽快掌握解决实际工程技术问题的方法；丰富的技术资料可使本教材成为电力工程方面的简化工具书。

（3）资料最新。本教材全部使用新标准、新规程，本着面向未来、兼顾现实、淘汰落后的原则，重点论述应用前景看好的新技术、新设备和新方法，使之成为面向 21 世纪的教材。

（4）方便教学。书后附以电力工程设计常用表格、课程设计参考题目以及习题参考答案，方便理论教学、课程设计、毕业设计等教学环节的教学。

本书由郑州轻工业学院冯建勤、冯巧玲、张文忠、魏云冰、陈继斌、和萍，郑州航空工业管理学院何琳琳，河南工业大学张华共同完成。冯建勤、冯巧玲担任主编，负责全书的统稿；张文忠、魏云冰、陈继斌担任副主编；燕山大学荣雅君教授、郑州大学杨丽徙教授担任主审。在此向他们表示衷心的感谢。

由于编写时间仓促，书中疏漏在所难免，敬请读者批评指正。

编　者

目　　录

第一章 电力工程概论

本章主要介绍了电力系统的基本概念、电力系统的额定电压等级、电力系统运行的基本要求、电力系统中性点接地方式、电力系统的负荷与负荷计算方法等。

第一节 电力系统的基本知识

一、电力系统的组成

电力系统是由发电厂、变电站、输配电线路和电力用户连接而成的统一整体，包含电能的生产、输送、分配和使用。电力系统加上发电厂的动力部分，如汽轮机、水轮机、锅炉、水库、反应堆等，称为动力系统，如图 1-1 所示。

在电力系统中，各种电压等级的输、配电线路和升、降压变电站组成的部分又称为电力网络，简称电力网。

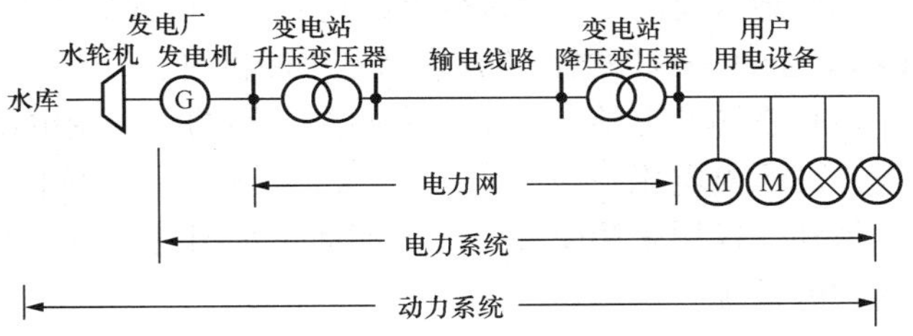

图 1-1 电力网、电力系统和动力系统

发电厂是生产电能的工厂，它把不同形式的一次能源转换成电能。根据所利用能源种类的不同，可将发电厂分为火力发电厂、水力发电厂、核能发电厂、风力发电厂、地热发电厂、太阳能发电厂和潮汐发电厂等多种类型。

随着科学技术的进步和生产的发展，用电量在不断地增加，用户对供电可靠性的要求也越来越高，于是开始建设大容量的发电厂以满足日益增长的用电需求。为了节省燃料的运费和方便运输，这些发电厂多建在煤炭、水力资源丰富的地方，通过长距离输电线路向用户供电。因为线路有电阻和电抗，电能传输过程中就有电能损耗和电压损失。因为电能损耗和电压损失与电压的二次方成反比，因此，提高输送电压就可以大大降低损耗。用电设备的额定电压一般在 12kV 以下，因此，需要建设升压变电站和降压变电站进行电压变换。将电能送到城市、农村和工矿企业后还要经过配电线路向各类用户进行配电，以满足不同等级的电力需求。

电力网是电力系统的重要组成部分，用于输送和分配电能。电力网的分类一般按其供电范围的大小和电压等级的高低可分为地方电力网、区域电力网和超高压远距离输电网三种。地方电力网是指输电距离在 50km 以内，电压等级在 110kV 以下的电力网，主要是乡镇、城区和工矿区的配电网络。区域电力网通常是指输电距离在 50km 以外，电压等级在 110kV 以上的电力网，主要是各省或各区内电压等级为 110kV 和 220kV 的互联网络，它可以将范围较大地区的发电厂联系起来。超高压远距离输电网络是指输电距离在 300km 以上，电压等级通常在 330kV 及以上的电力网，其主要功能是将远区发电厂所生产的电能通过高压输电线路输送到负荷中心，并将几个区域电力网形成跨省区或者跨国家的大电力系统，比如我国的南方电网、华中电网、华北电网等。电力网的分类见表 1-1。

表1-1 电力网的分类

类型	地方电力网	区域电力网	超高压远距离输电网络
输电范围	50km以内	50km以外	300km以上
典型电压等级（kV）	10、35	110、220	330、500、750
主要功能	分配电能	发电厂之间的互联	将远区电能输送到负荷中心
适用地区	农村、城市、工矿区的配电网	各省、各区内的互联网络	跨省区、跨国家的大型电力网

变电站是联系发电厂和用户的中间环节，起变换和分配电能的作用。根据变电站在电力系统中的地位，可分为以下几种类型：

（1）枢纽变电站。枢纽变电站是联系电力系统各部分的中枢，由大电网供电，电压等级较高，变压器容量大，进出线回路数多。其高压侧电压一般为330～550kV。全站一旦停电，将引起整个系统解列，甚至使部分系统瘫痪。

（2）中间变电站。中间变电站是将发电厂、枢纽变电站及负荷中心联系起来，处于电源与负荷的中间位置。主要用以交换潮流或使长距离输电线路分段，同时降低电压给所在区域供电。高压侧电压一般为220～330kV。全站一旦停电，将引起区域电力系统解列。

（3）地区变电站。地区变电站是一个地区或城市的主要变电站，高压侧电压一般为110～220kV。全站一旦停电，将使该地区中断供电。

（4）终端变电站。终端变电站是电网的末端变电站，一般为降压变电站，由地区变电站供电。高压侧电压一般为10～110kV。全站一旦停电，将使用户中断供电。

另外，仅用来接受和分配电能而不承担变换电压的场所称为配电所，多见于工业企业内部的供电系统。

二、电力系统的特点

电能作为一种特殊的产品，其生产、变换、输送、分配及使用与其他工业不同，具有以下明显的特点：

（1）电能不能大量储存。发电厂在任意时刻所生产的电能必须等于在该时刻负荷所吸收的有功功率和电能在传输过程中的功率损耗之和，这就决定了在电力系统中，电能的生产、输送和使用是同时进行的，因此，电能不能大量储存是电能生产的最大特点，同时也制约了电能更为广泛地应用。

（2）过渡过程十分短暂。众所周知，电能是以电磁波的形式传播，其传播速度为3×10^5km/s。因此，电力系统正常运行时，任一设备运行状态的转换都是瞬间完成的。当电力系统出现异常情况时，其在电磁方面和机电方面的过渡过程也是十分短暂的。这就要求电力科研人员长期致力于研究高速度、高智能化、高灵敏度的自动控制和保护装置，以使其能自动而准确地完成各种调整和操作任务，保证电力系统安全可靠的运行。

三、电力系统运行的基本要求

电力部门的终极目标就是给用户提供充裕、安全、优质的电能。

1. 保证系统安全可靠的运行

保证安全可靠的发电、供电和用电是对电力系统运行的基本要求，也是一项极为重要的任务。供电中断将导致生产停顿、生活混乱，甚至危及人身和设备安全，造成十分严重的后果。统计资料表明，电力生产发生事故的直接原因中，设备质量差引起的约占32%，运行管理水平低引起的约占 21.2%，人为因素引起的约占 17%，自然灾害引起的约占 16.6%，保护误动作引起的约占 13.2%。因此，要减少事故发生就应从多方面着手，首先要求系统设备的运行具有足够的可靠性，加强对设备运行状态的监视和维修；其次，要完善电力系统结构，提高系统抗干扰的能力；另外，还应不断提高操作人员的技术水平和责任心，防止误操作事故的发生，以及在事故发生后能够最快的缩小事故范围，防止事故扩大。

2. 保证良好的电能质量

衡量电能质量的主要指标有电压、波形和频率。

（1）电压。电压质量一般用电压偏差、电压波动和闪变、三相电压不平衡度三个指标来衡量。电压偏差是由电力网的电压损耗引起的，它等于电力网首端或末端的电压与其额定电压的差值，通常用占额定电压的百分比表示，即

$$\Delta U\% = \frac{U - U_N}{U_N} \times 100\% \tag{1-1}$$

式中：$\Delta U\%$为电压偏差；U 为电网某点的实际运行电压；U_N 为额定电压。

电压偏高或偏低对用户及发电厂和系统本身都有不同程度的影响。因此，电力系统正常运行时，电压偏差必须在规定的允许范围内。我国规定的用户供电电压允许偏差见表 1-2。

表 1-2　用户供电电压允许偏差

线路额定电压	电压允许偏差（%）	线路额定电压	电压允许偏差（%）
35kV 及以上	±5	低压照明	+5～−10
10kV 及以下	±7	农业用户	+5～−10

电压波动是指电压在系统中作快速、短时的变化，变化更为剧烈的电压波动称为闪变。电压波动一般用电网某点电压最大值与最小值之差对电网额定电压的百分比表示，即

$$\delta U\% = \frac{U_{max} - U_{min}}{U_N} \times 100\% \tag{1-2}$$

电压波动和闪变主要是由于用户波动性负荷引起的，它将引起人的视觉不适或使电气设备不能正常工作。因此，要采用合理的方法减少或抑制电压波动和闪变。

国家标准规定了电力系统公共连接点由冲击性负荷引起的电压波动允许值，10kV 及以下电网不得超过 2.5%，35～110kV 电网不得超过 2%。

理想的三相交流电力系统中，三相电压应有相同的幅值，且顺时针按 U、V、W 顺序互成 120°，这样的系统就是三相平衡的系统。在电力系统的实际运行中，由于三相负荷大小不等或系统三相阻抗不对称等因素的存在，使电力系统三相电压处于不平衡运行状态。三相电压不平衡用电压负序分量（顺时针按 U、W、V 互成 120°）有效值与正序分量有效值的百分比来表示，称为三相电压不平衡度，即

$$\varepsilon U\% = \frac{U_2}{U_1} \times 100\% \tag{1-3}$$

国家标准规定：电力系统公共连接点，正常电压不平衡度允许值为 2%，短时不得超过 4%；接于公共连接点的每个用户，引起该点正常电压不平衡度允许值一般不得超过 1.3%。

（2）频率。电力系统运行时的频率与额定频率之差称为频率偏差，是电能质量的又一个主要指标。由于所有用电设备都是按照额定频率来设计的，系统频率下降将会影响所有设备

的工作状况。我国电力系统采用的额定频率为50Hz，其允许偏差见表1-3。

表1-3 电力系统频率允许偏差

运行情况		频率允许偏差（Hz）	标准时钟允许误差（s）
正常运行	中、小系统	±0.5	40
	大系统	±0.2	30
事故运行	30min以内	±1	
	15min以内	±1.5	
	决不允许低于	−4	

（3）波形。电力系统稳态运行时，其电压或电流波形应为正弦波。但由于系统中谐波源的存在，如变频调速等产生大量的谐波，造成了正弦波形的畸变。

GB/T 14549—1993《电能质量　公用电网谐波》中规定了谐波电压的限制，见表1-4。

表1-4 谐波电压限值

电网对称电压（kV）	电压总谐波畸变率（%）	各次谐波电压含有率（%）	
		奇数次	偶数次
0.38	5.0	4.0	2.0
6	4.0	3.2	1.6
10	4.0	3.2	1.6
35	3.0	2.4	1.2
66	3.0	2.4	1.2
110	2.0	1.6	0.8

电能质量主要指标的影响因素、后果及可采取的措施见表1-5。

表1-5 电能质量主要指标的影响因素、后果及可采取的措施

类型		产生原因	后果	措施
电压	电压偏差	线路与变压器上产生的电压损耗	影响电动机、电气设备及电子设备的工作性能	合理减小系统电抗；采用各种调压措施及无功补偿措施
	电压波动和闪变	电动机的启动，电弧炉等波动性负荷	刺激人的双眼；影响电动机、电子设备的正常工作	采用合理的接线方式；采用专用线或专用变压器供电
	三相电压不平衡度	负荷不平衡、系统三相阻抗不对称以及消弧线圈的不正常接入	发电机利用率低；变压器寿命缩短；低压用电设备性能变坏	将不对称负荷分配到不同的供电点上或合理分配到各相上；或将其接入更高电压等级上供电；采用平衡装置
频率		电力系统的规划、设计和运行调度不合理	对用户、发电厂及系统本身都有不同程度的影响	采用调频机组跟踪调节；增加电力系统装机容量；采用系统互联等
波形		各种非线性元件的存在	产生附加功耗；电子设备、通信设备的工作受到干扰；继电保护误动；设备过热	限制接入系统的变流设备及直流调压设备的容量；加装交流滤波器；采用有源电力滤波器

3. 提高电力系统运行的经济性

电力工业作为国民经济发展的基础工业，其消耗的一次能源在国民经济一次能源总消耗量中占有很大的比重。因此，提高电力系统运行的经济性具有十分重要的意义。

(1) 在发电环节，要综合各类发电厂的运行特点，合理安排其发电顺序，实现电源的优化组合。例如，在丰水时期，多发水电；充分利用自然界中的风能、太阳能；同时，使有功功率负荷在各发电设备之间的分配达到最优，从而使其在生产电能的过程中消耗的能源最少。

(2) 在输送电能环节，要采取各种措施降低网络损耗，提高电能的传输效率。

(3) 结合本地区的区域特点，积极致力于新能源的开发和利用，减少电能的生产和输送成本。例如，在大城市的周边建造垃圾发电厂，在偏远的农村积极推进生物质发电或风力发电等。

四、建立大型电力系统的优点

水电厂的生产受季节影响较大，丰水期水量过剩，枯水期水量短缺，这样就会导致不同季节发电量与需求量之间的不平衡，而不能大量储存又是电能生产的最大特点，因此，为了充分利用水资源，减少煤炭消耗，提高整个电力系统运行的经济效益，在实际系统中一般由水、火、核、风电厂联合运行，组成大型电力系统。

建立大型电力系统有以下优点：

(1) 减少了系统中的总装机容量。在电力系统中，发电设备的总装机容量一般根据系统的最大计算容量加上备用容量来设计，这样就可以避免系统某些部件发生故障或检修时因停电而带来的损失。由于各个发电厂所在地区生产、生活状况以及时差、季差的不同，它们的最大负荷并不是同时出现的，因此系统联网后的最大负荷小于各发电厂单独供电时最大负荷之和，同时备用容量也小得多，这样就可以减少整个系统的总装机容量。

(2) 提高供电的可靠性。系统联网后，各个发电厂之间的备用容量就可以相互支援，互为备用，这样就可以大大减少事故的发生率，提高供电的可靠性。

(3) 可以安装大容量的发电机组。孤立运行的发电机组由于受备用容量的限制，机组容量不可能选用得很大，而电网互联后，由于系统内有足够的备用容量，就可以选用大容量机组。大容量机组效率高，占地面积小，而且降低了投资和运行费用。

(4) 可以合理利用一次能源，提高系统运行的经济性。基于上述优点，世界上越来越多的国家都开始建设全国统一电网。我国的电力工业也已进入“大电网”的新时代。随着三峡电网的建设，将逐步呈现以三峡为中心，北、中、南三大电网互联的统一格局。

第二节　电力系统的电压等级

一、电力系统的额定电压等级

所谓额定电压，就是发电机、变压器和电气设备等在正常运行时具有最大经济效益时的电压。国家根据国民经济的发展需要和电机电器的制造水平统一考虑规定了标准电压等级系列，这样有利于电器制造业的生产标准化和系列化，有利于设计的标准化和选型，有利于电器的互相连接和更换，有利于备件的生产和维修等。表 1-6 给出了我国三相交流电力网和用电设备的额定电压。

表 1-6 我国三相交流电力网和用电设备的额定电压

分类	部分电气设备的额定电压（kV）	电力网额定电压（kV）	发电机额定电压（kV）	电力变压器额定电压（kV）	
				一次绕组	二次绕组
低压	0.22/0.127 0.38/0.22 0.66/0.38		0.23	0.22/0.127	0.23/0.133
			0.40	0.38/0.22	0.40/0.23
			0.69	0.66/0.38	0.69/0.40
高压	3.6	3	3.15	3 及 3.15	3.15 及 3.3
	7.2	6	6.3	6 及 6.3	6.3 及 6.6
	12	10	10.5	10 及 10.5	10.5 及 11
	24	—	13.8，15.75，18，20	13.8，15.75，18，20	—
	40.5	35	—	35	38.5
	72.5	60	—	60	66
	126	110	—	110	121
	252	220	—	220	242
	363	330	—	330	363
	550	500	—	500	550
	800	750	—	750	—

由表 1-6 可以看出，同一电压等级下各种电气设备的额定电压并不完全相同。为了使各种电气设备都能运行在较有利的电压下，在规定它们的额定电压时，应使之能相互配合。

1. 电气设备的额定电压

电气设备的额定电压应不低于同级电网的额定电压。这是因为通过线路输送电能时，在变压器和线路上将产生电压损失，导致沿线路的电压分布处处不相等，往往是始端高于末端，而电网的额定电压实际上是线路始端与末端的平均电压。若所有电气设备都按使用处线路的实际电压来制造，则不利于大批量成规模生产。电气设备可以长期在其额定电压的110%～115%下安全运行，因此，选择电气设备额定电压不低于电网的额定电压，就能使各电气设备在接近它们的额定电压下运行。

2. 发电机的额定电压

根据电力系统运行中电能质量标准的要求，正常情况下用户处的电压波动一般不得超过其额定电压的±5%。当传输电能时，因线路和变压器等元件阻抗的存在，总会产生一定的电压损耗，电网中各部分的电压分布大致情况如图 1-2 所示，U_N 为额定电压。由于规定线路正常运行时的压降不超过 10%，因此，应使线路始端电压比额定电压高 5%，用于补偿电网上的电压损失，末端电压比额定电压低 5%。而发电机多接于线路始端，因此其额定电压比同级电网额定电压高 5%。

3. 变压器的额定电压

变压器的额定电压分为一次额定电压和二次额定电压。接到电力网始端与发电机相连的变压器［如图 1-2（b）中的升压变压器］，由于发电机电压一般比电力网额定电压高 5%，而且发电机至该变压器间的连线压降较小，为使变压器一次电压与发电机额定电压相配合，可以采用高出电力网额定电压 5%的电压作为该变压器一次额定电压。

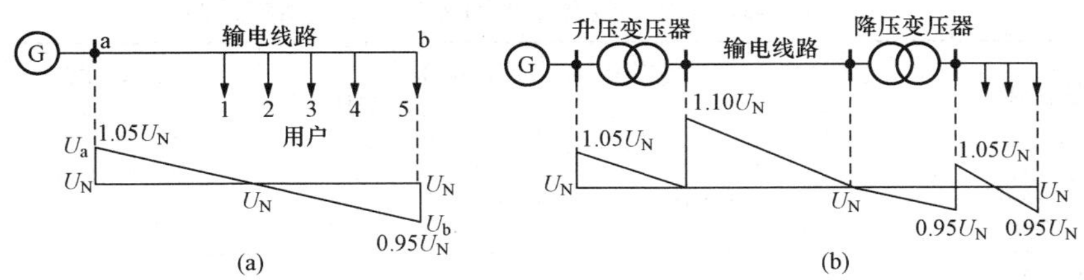

图 1-2 电力网中各部分的电压分布

（a）沿线 ab 的电压分布；（b）连接有升压、降压变压器沿线的电压分布

接到电力网受电端的变压器［如图 1-2（b）中的降压变压器］，其一次绕组额定电压与电力网额定电压相等。

变压器二次额定电压是指变压器在空载情况下的额定电压。当变压器带负载运行时，其一、二次绕组均有电压降，如按变压器满载时一、二次绕组压降为 5％考虑，为使满载时二次绕组端电压仍高出电力网额定电压 5％，用于补偿线路的电压降，则必须选择变压器二次额定电压比电力网额定电压高出 10％。

当变压器二次侧供电的线路很短时，其线路压降很小，也可采用高出电力网额定电压 5％（如 3.15、6.3、10.5kV），作为该变压器二次绕组的额定电压。

【例 1-1】 电力系统接线如图 1-3 所示，图中标明了各级电力线路的额定电压，试求发电机和变压器绕组的额定电压。

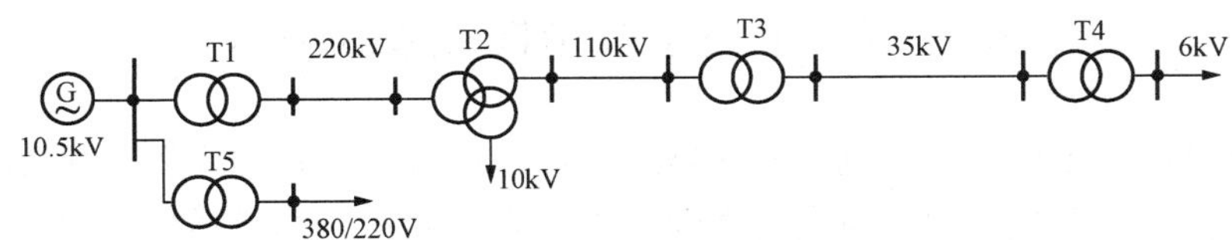

图 1-3 电力系统接线图

解 发电机 G 的额定电压为 10.5kV。

变压器 T1：低压侧绕组额定电压为 10.5kV，高压侧绕组的额定电压为 242kV。

变压器 T2：高压侧绕组额定电压为 220kV，中压侧绕组的额定电压为 121kV，低压侧绕组的额定电压为 11kV 或 10.5kV。

变压器 T3：高压侧绕组额定电压为 110kV，低压侧绕组的额定电压为 38.5kV。

变压器 T4：高压侧绕组额定电压为 35kV，低压侧绕组的额定电压为 6.6kV 或 6.3kV。

变压器 T5：高压侧绕组额定电压为 10.5kV，低压侧绕组的额定电压为 400V。

二、电压等级的选择

输配电网络额定电压的选择又称电压等级的选择，它关系到电力系统的年运行费用，即建设费用、电能损耗费和维护费。

在相同的输送功率和输送距离下，所选用的电压等级越高，线路中的电能损耗越小，但同时电气设备的造价也会随之升高。因此采用过高的电压等级并不一定恰当，经过技术经济比较，并根据以往的设计和运行经验，我国的电力网的额定电压、传输功率和传输距离之间的关系见表 1-7。

表 1-7　　电力网的额定电压、传输功率和传输距离之间的关系

线路电压(kV)	线路结构	传输功率(kW)	传输距离(km)	线路电压(kV)	线路结构	传输功率(kW)	传输距离(km)
0.38	架空线	100	0.25	35	架空线	2000～10 000	20～50
0.38	电缆线	175	0.35	110	架空线	10 000～50 000	50～150
3	架空线	100～1000	1～3	220	架空线	100 000～500 000	100～300
6	架空线	200～2000	3～10	330	架空线	200 000～1 000 000	200～600
6	电缆线	3000	8	500	架空线	1 000 000～1 500 000	250～850
10	架空线	2000～3000	5～20	750	架空线	2 000 000～2 500 000	500 以上
10	电缆线	5000	10				

由表 1-7 可知，10kV 的输送距离和输送容量比 6kV 大得多，而 10kV 电气设备的价格比 6kV 大不了太多。因此 10kV 配电系统用的较多；低压 380V 的输送容量和输送距离都很小；电缆线路比同等级的架空线的输送能力强，这是因为电缆线路的电抗比架空线小。

随着大型水电厂、火电厂的建设，输电距离、输电容量在不断地加大，输电电压也随之不断提高。20 世纪 70 年代末出现了 750kV 的超高压输电线路，目前世界发达国家正在研究 1000～1500kV 的特高压输电线路，其中 1000kV 已投入运行。我国最高交流电压等级是 750kV，1000kV 特高压交流输电正在试验中。

第三节　电力系统中性点接地方式

电力系统中，三相交流发电机、变压器绕组按星形接线方式接线的公共接线点，称为电力系统中性点。电力系统中性点与大地之间的电气连接方式，称为系统中性点接地方式。电力系统的中性点接地方式有不接地、经消弧线圈接地、经电阻接地及直接接地等。本节主要分析各种接地方式的特点及适用场合。

一、中性点不接地

1. 中性点不接地系统的正常运行

图 1-4 为中性点不接地系统正常运行的示意图。设三相电源电压 $\dot{U}_U$、$\dot{U}_V$、$\dot{U}_W$ 对称。各相导线之间、导线与大地之间都有分布电容。为了便于分析，假设三相电力系统的电压和线路参数都是对称的，把每相导线的对地电容分别用集中电容 C_U、C_V、C_W 表示，并忽略导线间的分布电容。

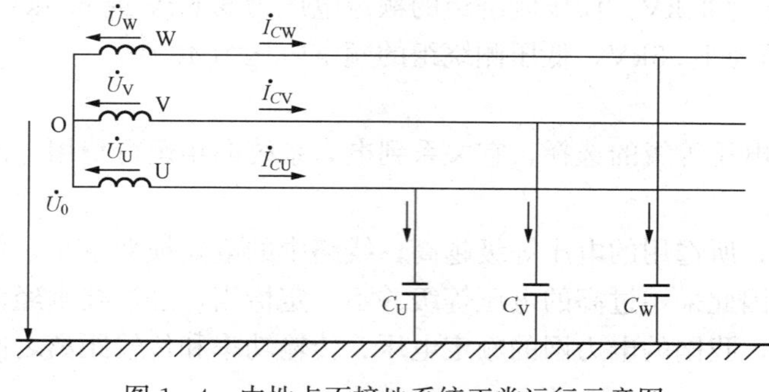

图 1-4　中性点不接地系统正常运行示意图

系统正常运行时，由于 $C_U = C_V = C_W = C$，三相电压 $\dot{U}_U$、$\dot{U}_V$、$\dot{U}_W$ 对称，所以三相导线的对地电容电流 $\dot{I}_{CU}$、$\dot{I}_{CV}$、$\dot{I}_{CW}$ 也是对称的，三相电容电流之和等于零，即

$$\dot{I}_{CU} + \dot{I}_{CV} + \dot{I}_{CW} = 0 \qquad (1-4)$$

每相导线对地电容电流的值相等，即

$$I_{CU}=I_{CV}=I_{CW}=\omega CU_{ph} \tag{1-5}$$

式中：U_{ph}为电源相电压。

这说明系统正常运行时，没有电容电流在地中流过。此时，电源中性点对地电压$\dot{U}_0$等于零。

2. 中性点不接地系统单相接地故障

当中性点不接地系统发生单相接地故障时，如图 1-5（a）所示，设 U 相单相接地，故障点 U 相的对地电压变为零，即$\dot{U}'_U=0$。中性点的电压$\dot{U}_0=-\dot{U}'_U$，于是，V、W 相的对地电压为

$$\left.\begin{aligned}\dot{U}'_V&=\dot{U}_V+\dot{U}_0=a^2\dot{U}_U-\dot{U}_U=\sqrt{3}\dot{U}_U e^{-j150°}\\\dot{U}'_W&=\dot{U}_W+\dot{U}_0=a\dot{U}_U-\dot{U}_U=\sqrt{3}\dot{U}_U e^{j150°}\end{aligned}\right\} \tag{1-6}$$

式中：a 为复数算子，$a=e^{j120°}=-\frac{1}{2}+j\frac{\sqrt{3}}{2}$，$a^2=e^{-j120°}=-\frac{1}{2}-j\frac{\sqrt{3}}{2}$。

由于 U 相接地，其对地电容C_U被短接，所以 U 相对地电容电流变为零，而 V、W 相对地电容电流分别为

$$\dot{I}_{CV}=\frac{\dot{U}'_V}{-jX_V}=j\sqrt{3}\omega C\dot{U}_U e^{-j150°}=\sqrt{3}\omega C\dot{U}_U e^{-j60°} \tag{1-7}$$

$$\dot{I}_{CW}=\frac{\dot{U}'_W}{-jX_W}=j\sqrt{3}\omega C\dot{U}_U e^{j150°}=\sqrt{3}\omega C\dot{U}_U e^{-j120°} \tag{1-8}$$

非故障相电流$\dot{I}_{CV}$、$\dot{I}_{CW}$流进地中后，经过 U 相接地点流回电网，该电容电流$\dot{I}_C$（即接地电流）为

$$\dot{I}_C=\dot{I}_{CV}+\dot{I}_{CW}=\sqrt{3}\omega C\dot{U}_U(e^{-j60°}+e^{-j120°})=-j3\omega C\dot{U}_U=j3\omega C\dot{U}_0 \tag{1-9}$$

其大小为

$$I_C=3\omega CU_{ph} \tag{1-10}$$

由式（1-10）可知，单相接地故障时，流入大地的电容电流为正常时每相电容电流的 3 倍，方向为由线路流向母线，此电流也称为单相接地电流。

电压、电流相量关系如图 1-5（b）所示。原有的电压三角形（虚线）平移到了新的位置（实线和点划线）。

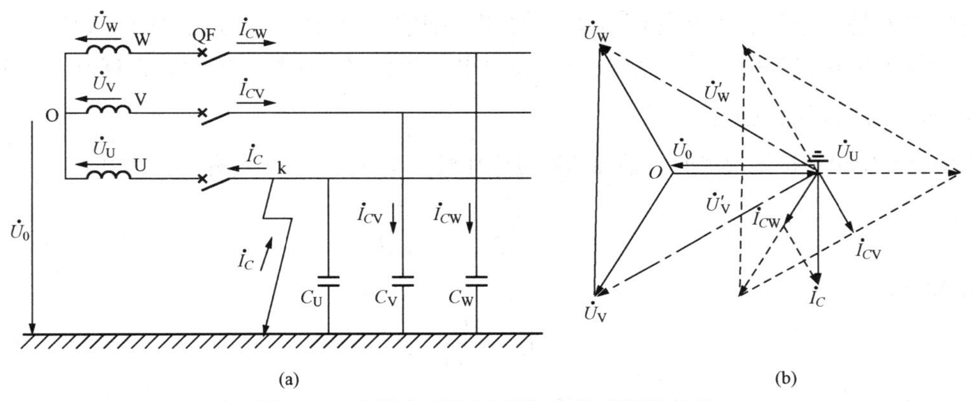

图 1-5　中性点不接地系统 U 相金属性接地

（a）原理接线图；（b）相量图

由以上分析可知，当中性点不接地系统发生单相金属性接地时，有以下特点：

（1）中性点对地电压$\dot{U}_0$与接地相正常时的电压大小相等，方向相反。

（2）故障相的对地电压降为零；两健全相对地电压升高为相电压的$\sqrt{3}$倍，即升高到线电压。三个线电压仍保持对称和大小不变，因此电力用户可以继续运行一段时间。这是这种系统的主要优点，但各种设备的绝缘水平应按线电压来设计。

（3）两健全的电容电流增大为正常时相对地电容电流的$\sqrt{3}$倍；而流过接地点的电容电流I_C为正常时相对地电容电流的3倍，$\dot{I}_C$超前$\dot{U}_0 90°$，方向为从线路流向母线。

由于线路对地电容电流很难准确计算，所以单相接地电流（电容电流）通常可按下列经验公式计算

$$I_C=\frac{(l_1+35l_2)U_{\rm N}}{350}=\frac{U_{\rm N}l_1}{350}+\frac{U_{\rm N}l_2}{10} \tag{1-11}$$

式中：I_C为接地点流过的电容电流，A；$U_{\rm N}$为电网的额定线电压，kV；l_1为同级电网具有电的直接联系的架空线路总长度，km；l_2为同级电网具有电的直接联系的电缆线路总长度，km。

通常，中性点不接地系统发生单相接地时，线电压的大小和方向均不改变。因此在发生单相接地时，一般只动作于信号，不动作于跳闸，系统可以继续运行2h，在此期间必须迅速查明故障，以防系统多点接地造成更严重的故障。

必须指出，中性点不接地系统发生单相接地时，当接地电流较大时，接地电流在故障处可产生稳定或间歇性的电弧。实践证明当接地电流大于30A时，将形成稳定电弧，成为持续性电弧接地，这将烧毁电气设备并引起多相相间短路；如果接地电流大于5～10A而小于30A，则可能形成间歇性电弧，这是由于电网中电感和电容形成谐振回路所致，间歇性电弧容易引起弧光过电压，其幅值可达$(2.5\sim3)U_{\rm ph}$，将危及整个电网的绝缘安全；如果接地电流在5A以下，当电流过零值时，电弧就会自然熄灭。因此中性点不接地系统仅适用于电压不是太高（3～60kV），单相接地电容电流不大的电网。目前我国规定中性点不接地系统的适用范围为：单相接地电流不大于30A的3～10kV电力网和单相接地电流不大于10A的35～60kV电力网。当单相接地电流大于上述规定值时，就要采用中性点经消弧线圈接地。

二、中性点经消弧线圈接地

消弧线圈是一个具有铁芯的可调电感线圈。把它接在中性点与地之间，如图1-6（a）所示，当发生单相接地时，可产生一个与接地电容电流I_C的大小相近、方向相反的电感电流$\dot{I}_L$，从而对电容电流进行补偿。

当系统发生单相接地故障时，消弧线圈处于中性点电压$\dot{U}_0$下，则有一感性电流$\dot{I}_L$流过线圈

$$\dot{I}_L=\frac{\dot{U}_0}{{\rm j}X_L}=-{\rm j}\frac{\dot{U}_0}{\omega L} \tag{1-12}$$

其值的大小为

$$I_L=\frac{U_{\rm ph}}{\omega L} \tag{1-13}$$

$\dot{I}_L$滞后$\dot{U}_0 90°$，正好与$\dot{I}_C$相位相反，两者之和等于它们绝对值之差。电流、电压相量图如图1-6（b）所示。

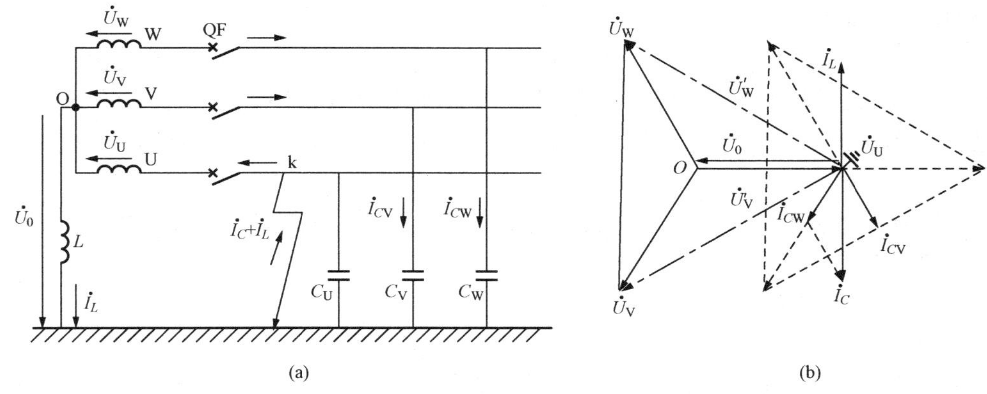

图 1 - 6　中性点经消弧线圈接地

（a）原理接线图；（b）相量图

根据消弧线圈的电感电流 $\dot{I}_L$ 对电网电容电流 $\dot{I}_C$ 的补偿程度，可分为全补偿、欠补偿和过补偿 3 种不同的运行方式。

1. 全补偿方式

若 $I_L = I_C$，接地电容电流将全部被电感电流补偿，即全补偿方式。采用全补偿方式时，因感抗等于容抗，电力网将发生谐振，产生危险的高电压和过电流，影响系统安全运行。因此，一般系统都不允许采用完全补偿的方式。

2. 欠补偿方式

选择消弧线圈的电感，使 $I_L < I_C$，称为欠补偿方式。采用欠补偿方式时，当电力网运行方式改变而切除部分线路时，整个电力网对地电容将减少，有可能发展为全补偿方式，导致电力网发生谐振。再者，欠补偿方式还有可能出现数值很大的铁磁谐振过电压。因此，欠补偿方式目前很少采用。

3. 过补偿方式

选择消弧线圈的电感使 $I_L > I_C$，称为过补偿方式。在过补偿方式下，即使电力网运行方式改变而切除部分线路时，也不会发展为全补偿方式。同时，由于消弧线圈有一定的裕度，今后电力网发展，线路增多，原有消弧线圈还可以继续使用。因此，经消弧线圈接地的系统一般采用过补偿方式。

常把 $K = \dfrac{I_L}{I_C}$ 称为消弧线圈的补偿度，而 $\nu = 1 - K = \dfrac{I_C - I_L}{I_C}$ 称为脱谐度。目前一般脱谐度选在 10%左右。

消弧线圈的补偿容量 S 通常根据该电网的接地电容电流值 I_C 选择，选择时应考虑电网 5 年左右的发展远景及过补偿运行的需要，按下式进行计算

$$S = 1.35 I_C \frac{U_N}{\sqrt{3}} \tag{1 - 14}$$

式中：U_N 为电网的额定电压。

中性点经消弧线圈接地系统的适用范围：凡不符合中性点不接地要求的 3～60kV 电网，均可采用中性点经消弧线圈接地方式。必要时，110kV 电网也可采用。电压等级更高的电网不宜采用，因为经消弧线圈接地时，电网的最大长期工作电压和过电流水平都较高，将显

著的增加绝缘方面的费用。

长期以来，消弧线圈补偿电流都是手动调节方式（分接头切换），不能做到准确、及时，达不到令人满意的补偿效果。目前可采用自动跟踪补偿装置，能根据电网电容电流变化进行自动调谐，使平均无故障时间最少，其补偿效果是离线调匝式消弧线圈无法比拟的。

消弧线圈电感值的调节，可以通过改变铁芯气隙长度或运用现代电子技术改变铁芯的磁导率来平滑调节。

三、中性点直接接地

前述的中性点不接地和中性点经消弧线圈接地的系统，统称为中性点非直接接地系统，又称中性点非有效接地系统，或称小电流接地系统。中性点非直接接地系统单相接地时，接地电流较小，中性点电压升高。那么防止中性点电压升高的根本办法是把中性点直接接地，称为中性点直接接地的电力网，或称为中性点有效接地系统。

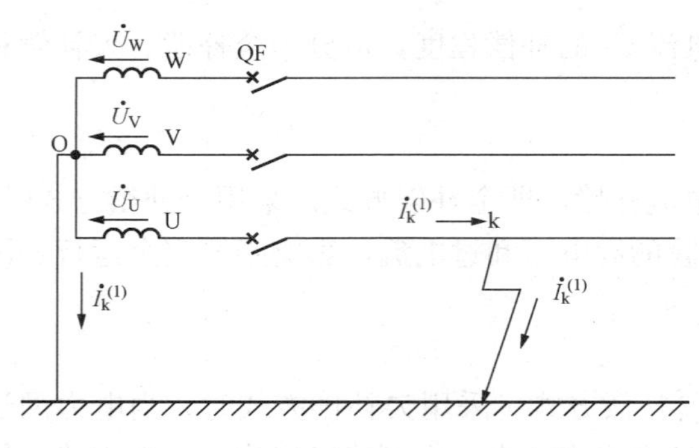

图 1-7　中性点直接接地系统

图 1-7 是中性点直接接地系统。仍设 U 相在 k 点单相接地，这时线路上将流过较大的单相接地电流 $I_k^{(1)}$，因此中性点直接接地系统也称为大电流接地系统。

中性点直接接地的电力系统发生单相接地时，中性点电位仍为零，非故障相对地电压基本不变，因此电气设备的绝缘水平只要按电力网的相电压考虑即可，可以降低工程造价。因此，我国 110kV 及以上电网、国外 220kV 及以上电网基本上都采用这种接地方式。

中性点直接接地系统在发生单相接地时，接地电流 $I_k^{(1)}$ 很大，如不及时切除，会造成设备损坏，严重时会使系统失去稳定。因此为保证设备安全及系统稳定，必须安装保护装置，迅速切断故障。电力系统发生单相接地故障的比重占所有故障的 65%以上，当发生单相接地切除故障线路时，将中断向用户供电，降低了供电的可靠性。为了弥补这个缺点，在线路上广泛安装三相或单相自动重合闸装置，当系统是暂时性故障时，靠它来尽快恢复供电。为了限制单相接地电流，通常只将电网中一部分变压器的中性点直接接地。

对于 1kV 以下的低压系统来说，电力网的绝缘水平已不成为主要矛盾，系统中性点接地与否，主要从人身安全考虑问题。在 380/220V 系统中，一般都采用中性点直接接地方式。一旦发生单相接地故障，故障电流大，可以迅速跳开自动开关或烧断熔断器；另一方面，此时非故障相电压基本不升高，不会超过 250V。与中性点不接地系统单相接地电压为 380V 相比，是相对安全的。当然，即使是 250V 的相电压，仍然是危险的。保证安全的方法，仍然是保护装置迅速动作。

中性点直接接地系统较大的单相短路电流将产生单相磁场，对附近的通信线路和信号装置产生电磁干扰。为了避免这种干扰，应使输电线路远离通信线路，或在弱电线路上采用特殊的屏蔽装置。

四、中性点经低电阻接地

由于城市建设的需要，城市电网和工业企业配电网中，电缆线路所占的比例越来越大，而它的电容电流是同样长度架空线的20～50倍，使某些电网出现消弧线圈容量不足的情况，因此中性点经低值电阻接地在这些电网中得到应用。

中性点经低电阻接地系统，单相接地时，短路电流较大，应设置有快速、有选择性的切除接地故障的保护装置；中性点电压不等于零，两健全相的电压可能升高，或产生串联谐振。因此，接地电阻值的选择应为该保护装置提供足够大的电流，使保护装置可靠动作，又能限制暂态过电压在2.5倍相电压以下。为此接地电阻R_N可由下式计算

$$R_N = \frac{U_{ph}}{(2 \sim 3)I_C} \tag{1-15}$$

式中：U_{ph}为网络相电压。

中性点经低电阻接地系统，单相接地时，短路电流从数百至数千安不等，对电信系统也有影响，但比中性点直接接地系统小。由于短路后立即跳闸，对供电可靠性也有影响，也要采用相应的措施，如双电源供电、自动重合闸、备用电源自动投入、环网供电等。

中性点经低值电阻接地系统适用于城市以电缆为主、单相接地电流较大的6～35kV系统（不包括发电厂用电和煤炭企业用电系统）。

第四节　电力负荷与负荷计算

一、电力负荷的构成及分级

电力系统的负荷是指电力系统中所有用电设备消耗的功率总和，一般用有功功率P、无功功率Q和视在功率S来表示。它包括电厂消耗的负荷（发电厂用电）和综合用电消耗负荷（供电负荷）。电力系统的供电负荷是指用户所消耗的功率总和再加上网络中的功率损耗（线路和变压器中的功率损耗），也即是发电厂供出的负荷；电力系统的发电负荷就是指电力系统的供电负荷再加上发电厂本身消耗的功率（即厂用电），称之为发电机发出的总功率。

根据电力负荷对供电可靠性的要求以及中断供电在政治、经济上造成的损失和影响的程度不同，规定将负荷分为三级：一级负荷、二级负荷、三级负荷。

1. 一级负荷

中断供电将造成人身伤亡或在政治、经济上造成重大损失者，如重大设备损坏且难以修复、重大产品报废等，均属于一级负荷，如大城市电网的中枢点即为一级负荷。

对一级负荷，为保证供电的可靠性，应由两个独立电源供电，即双电源供电网络。尤其是对特别重要的一级负荷，两个独立电源应来自不同的电网。

这里所说的独立电源是指若干电源中任一电源发生故障或停止供电时，不影响其他电源继续供电。

2. 二级负荷

中断供电将在政治、经济上造成较大损失者，如造成设备局部破坏、大量产品报废、重点企业大量减产等，均属于二级负荷。

二级负荷应由两回线路供电。对重要的二级负荷，其双回线路应引自不同的变压器，也可以由两个独立电源供电。

3. 三级负荷

所有不属于一级和二级的一般电力负荷，均属于三级负荷。

三级负荷对供电电源无特殊要求，允许较长时间停电，可用单回线路供电。

二、电力系统负荷曲线

负荷曲线是指某一段时间内负荷随时间变化的曲线，反映用户用电的特点和规律，也能找出一段时间内的最大负荷。按负荷性质不同，可分为有功功率负荷曲线和无功功率负荷曲线；按负荷持续时间不同，可分为日负荷曲线、月负荷曲线和年负荷曲线。

1. 常用的负荷曲线

(1) 有功功率日负荷曲线和无功功率日负荷曲线。日负荷曲线表明了系统在1天（24h）内负荷变动的情况，负荷曲线下所包围的面积表示1天24h内所消耗的电能。时间间隔越短，描绘的负荷曲线越能反映实际负荷的变动情况。根据负荷曲线的用途不同，所选择的时间间隔不同，若从按发热选择电气设备考虑，时间间隔取30min（因为导体的发热时间常数为10min左右，导体达到稳定温升需要3倍的时间常数）。图1-8是电力系统日负荷曲线的一个例子。

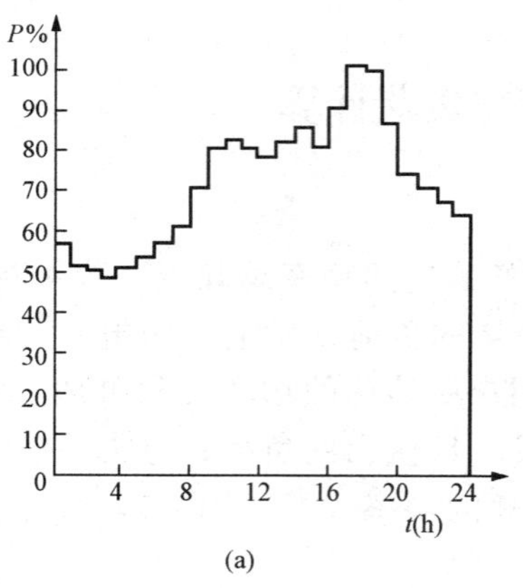

(a)

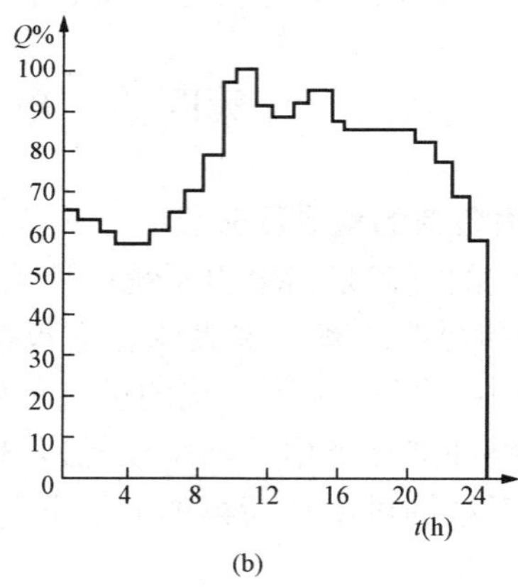

(b)

图1-8　电力系统的日负荷曲线示例

(a) 有功功率负荷；(b) 无功功率负荷

(2) 有功功率年负荷曲线。年负荷曲线表示全年（8760h）内负荷变动的情况，有两种表示方法。

一种称为年最大负荷曲线，表示一年中每日或每月最大负荷的变动情况，如图1-9所示。根据年最大负荷曲线可以决定整个系统的装机容量，有计划地扩建发电机组或新建发电厂，并可安排全年发电设备的检修计划。

另一种称为年持续负荷曲线，由一年中系统负荷按其数值大小及持续时间顺序由大到小排列而成，这种负荷曲线常用于安排发电计划、电网能量损耗计算及可靠性估算等方面，如图1-10所示。

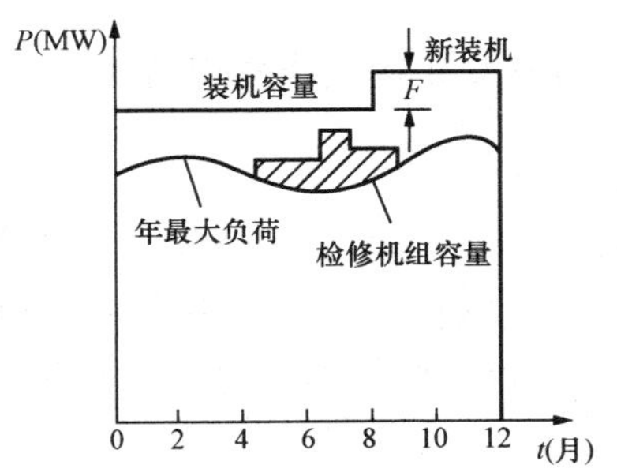

图 1-9 电力系统最大有功功率年负荷曲线

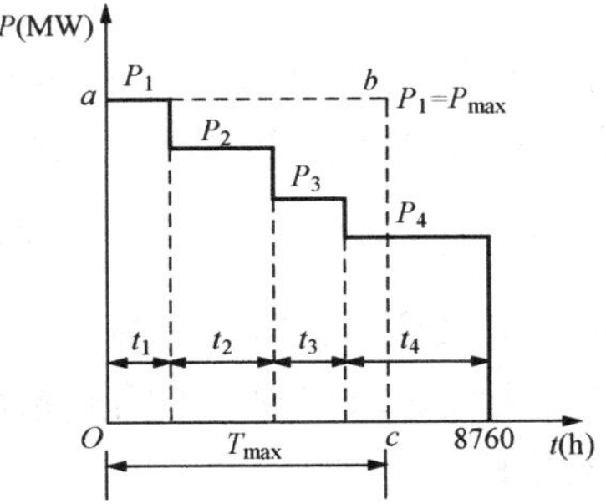

图 1-10 年最大负荷和年最大负荷利用小时

2. 与负荷曲线有关的参数

分析负荷曲线可以了解负荷变动的规律，对供配电设计人员来说，可以从中获得一些对设计、运行有用的资料；对工厂运行来说，可合理地、有计划地安排车间、班次或大容量设备的用电时间、降低负荷高峰，填补负荷低谷，这种"削峰填谷"的办法可以使负荷曲线比较平坦，从而达到节电效果。

从负荷曲线上可以求得以下参数：

(1) 年最大负荷 P_{max}。年最大负荷 P_{max}是指全年中消耗电能最多的半小时的平均功率，即年负荷曲线上的最高点，又称半小时最大负荷 P_{30}。

(2) 年最大负荷利用小时 T_{max}。假设负荷以年最大负荷持续运行一段时间消耗的电能恰好等于该电力负荷全年实际负荷消耗的电能，这段时间就是年最大负荷利用小时 T_{max}。如图 1-10 所示，最大负荷 P_1 出现的时间为 t_1，负荷 P_2 出现的时间为 t_2，且 $P_1=P_{max}$。如果负荷始终等于最大值 P_{max}，经过 T_{max}后所消耗的电能恰好等于全年的实际消耗量。以 W 表示全年实际消耗的电能，则有

$$T_{max}=\frac{W}{P_{max}}=\frac{1}{P_{max}}\int_0^{8760}P\mathrm{d}t \tag{1-16}$$

根据电力系统实际运行经验，各类负荷的 T_{max}大致有一个范围，见表 1-8。

表 1-8　各类用户负荷的年最大负荷利用小时 T_{max}值

负 荷 类 型	T_{max}(h)	负 荷 类 型	T_{max}(h)
户内照明及生活用电	2000～3000	三班制企业用电	6000～7000
一班制企业用电	1500～2200	农业灌溉用电	1000～1500
二班制企业用电	3000～4000		

(3) 平均负荷 P_{av}和年平均负荷。平均负荷就是指电力负荷在一定时间内消耗的功率的平均值。如在 t 这段时间内消耗的电能为 W_t，则 t 时间内的平均负荷为

$$P_{av}=W_t/t \tag{1-17}$$

年平均负荷是指电力负荷在一年内消耗的功率的平均值。如用 W 表示全年实际消耗的电能，则年平均负荷为

$$P_{av} = W/8760 \tag{1-18}$$

（4）需要系数 K_d。需要系数 K_d 定义为30min平均最大负荷（用 P_{30} 表示）与用电设备的设备容量（P_N）之比，因为 $P_{30}=P_{max}$，所以

$$K_d = \frac{P_{30}}{P_N} = \frac{P_{max}}{P_N} \tag{1-19}$$

需要系数可以是一组用电设备的、一个车间的、一个企业的或一个居民楼的。根据已运行单位的负荷曲线，求出它们的需要系数，可以用于计算新建同类单位的最大负荷，也称为计算负荷（用 P_c 表示）。

三、电力负荷计算

要使电气系统在正常情况下可靠运行，就要求其中的各个元件必须选择合适，除了应满足工作电压和频率的要求外，还要满足正常发热的要求，这就要求对该系统中各个环节的电力负荷，根据基本的原始资料如铭牌上给定的额定容量、额定电压和有关资料，查得计算系数进行统计计算。根据统计计算出的负荷即为计算负荷 P_c，与负荷曲线上查到的半小时最大负荷 P_{max} 基本是相当的，所以计算负荷也可认为就是半小时最大负荷 P_{30}。根据计算负荷选择电气设备和导线，并进行保护的整定计算等，也是负荷计算的目的。

工程上依据不同的计算目的，针对不同类型负荷，在实践中总结出了各种负荷的计算方法。下面介绍常用的估算法和需要系数法。

1. 估算法

估算法实为指标法，在设计任务书或初步设计阶段，尤其当需要进行方案比较时，按估算法计算比较方便。

（1）单位产品耗电法。若已知某车间或某企业的年生产量 m 和每一产品的单位耗电量 a（见表1-9），则企业全年电能 W 为

$$W = ma \tag{1-20}$$

表1-9 各种产品的单位耗电量

产品名称	单位	单位产品耗电量（kWh）	产品名称	单位	单位产品耗电量（kWh）
有色金属锻造	t	600～1000	电表	只	7
铸铁件	t	300	变压器	kVA	2.5
锻铁件	t	30～80	电动机	kW	14
拖拉机	台	5000～8000	量具、刃具	t	6300～8500
汽车	辆	1500～2500	工作母机	t	1000
轴承	套	1～4	重型机床	t	1600
并联电容器	kvar	3			

有功计算负荷为

$$P_c = \frac{W}{T_{max}} \tag{1-21}$$

式中：T_{max} 为年最大负荷利用小时数，见表1-10。

表 1-10　某些企业的年最大负荷利用小时数

工厂类别	年最大负荷利用小时数（h）		工厂类别	年最大负荷利用小时数（h）	
	有功负荷	无功负荷		有功负荷	无功负荷
重型机械制造厂	3770	4840	农业机械制造厂	5330	4220
机床厂	4345	4750	仪器制造厂	3080	3180
工具厂	4140	4960	汽车修理厂	4370	3200
滚珠轴承厂	5300	6130	车辆修理厂	3560	3660
启动运输设备厂	3300	3880	电器工厂	4280	6420
汽车拖拉机厂	4960	5240	金属加工厂	4355	5880

（2）车间生产面积负荷密度法。若已知车间生产面积 $S(\mathrm{m}^2)$ 和负荷密度指标 $\rho(\mathrm{kW/m}^2)$ 时，车间平均负荷为

$$P_{av} = \rho S \tag{1-22}$$

负荷密度指标见表 1-11。

表 1-11　车间低压负荷密度指标

车间类别	负荷密度指标 ρ ($\mathrm{kW/m}^2$)	车间类别	负荷密度指标 ρ ($\mathrm{kW/m}^2$)
铸钢车间（不包括电弧炉）	0.055～0.06	木工车间	0.66
焊接车间	0.04	煤气站	0.09～0.13
铸铁车间	0.06	锅炉房	0.15～0.2
金工车间	0.1	压缩空气站	0.15～0.2

车间计算负荷 P_c 为

$$P_c = \frac{P_{av}}{\alpha} \tag{1-23}$$

式中：α 为有功负荷系数，等于平均负荷与最大负荷之比，可以从已运行企业的负荷曲线求得。

此方法也适用于估算整个企业或者某类建筑的用电负荷，只要把式（1-23）中的车间密度指标和车间面积改为全厂或者相应建筑的面积即可。

2. 需要系数法

在所计算的范围内（如一条干线、一个车间或一个企业），求出设备容量，根据已运行同类负荷的需要系数，由式（1-19）就可求出计算负荷，即

$$P_c = K_d P_N \tag{1-24}$$

式中：P_N 为用电设备的设备容量；K_d 为需要系数，为用电设备投入运行时从供电网络实际取用的功率与用电设备的容量之比。

一般情况下 K_d 小于 1，这是因为用电设备有可能不同时运行，多组用电设备有可能不同时运行在最大负荷下等。

表 1 - 12 中列出了部分用电设备的需要系数和功率因数参考值，供计算参考。

表 1 - 12　　部分用电设备组的需要系数和功率因数参考值

用电设备组名称	需要系数 K_d	$\cos\varphi$	$\tan\varphi$
金属冷加工机床	0.16～2	0.5	1.73
金属热加工机床	0.25～3	0.6	1.33
通风机、水泵、空压机及电动发电机组	0.7～0.8	0.8	0.75
吊车	0.15～0.25	0.5	1.73
电阻炉、烘箱	0.7	1.0	0
工频感应电炉（无补偿）	0.8	0.35	2.68
高频感应电炉（无补偿）	0.8	0.6	1.33
电弧熔炉	0.9	0.87	0.57
点焊机、缝焊机	0.35	0.6	1.33
对焊机、铆钉加热机	0.35	0.7	1.02
自动弧焊变压器	0.5	0.4	2.29
运输机、传送带	0.52～0.60	0.75	0.88
混凝土及沙浆搅拌机	0.65～0.70	0.65	1.17
破碎机、卷扬机、砾石洗涤机	0.70	0.70	1.02
起重机、掘土机、升降机	0.25	0.70	1.02
变配电所、仓库照明	0.5～0.7	1.0	0
宿舍、生活区照明	0.6～0.8	1.0	0
室外照明、应急照明	1	1.0	0

思考题与习题

1 - 1　什么叫电力系统、电力网及动力系统？

1 - 2　电能生产的主要特点是什么？对电力系统有哪些要求？

1 - 3　衡量电能质量的指标主要有哪些？简述它们对电力系统的主要影响。

1 - 4　根据一次能源的不同发电厂可分为几类？

1 - 5　我国电网的电压等级有哪些？发电机、变压器和用电设备的额定电压如何确定？

1 - 6　确定图 1 - 11 所示电力系统中发电机和变压器的额定电压（图中标示出的是电力系统的额定电压，单位为 kV）

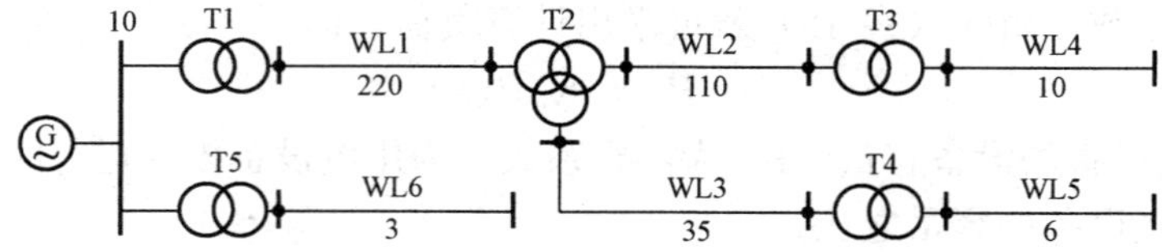

图 1 - 11　电力系统接线图

1-7 中性点不接地三相系统中，发生单相接地故障时，电网的电压和电流如何变化？

1-8 试述经消弧线圈接地系统的优缺点与适用范围？

1-9 消弧线圈为什么一般应当运行在过补偿状态？

1-10 在什么情况下，配电网应当采用经小电阻接地？

1-11 试述中性点直接接地系统的优缺点及适用场合。

1-12 什么是电力系统的负荷曲线？最大负荷利用小时数指的是什么？

1-13 负荷曲线与年负荷曲线在电力系统的设计与运行中有哪些用途？

1-14 计算负荷的方法有哪些？

1-15 电力负荷按重要程度分几级？各级负荷对供电电源的要求是什么？

1-16 某10kV电网，架空线总长度70km，电缆线路总长度36km。试求此中性点不接地系统发生单相接地时的接地电容电流，并判断此系统的中性点是否需要改为消弧线圈接地。

第二章 电力网及其分析

本章简要介绍电力网的接线方式、电力线路的结构；重点介绍电力网的元件参数和等效电路、电力网的电能损耗与电能节约、电力网的电压计算、输电线路导线截面的选择等内容。

第一节 电力网的接线方式

电力网的接线方式对电力系统运行的安全性、经济性和供电可靠性影响很大。在选择电力网接线方式时，应考虑供电可靠、操作安全、调度灵活、投资和运行费用省。

电力网的接线方式一般分为开式电力网和闭式电力网。

一、开式电力网

由一端电源向用户供电的电力网叫开式电力网或单端电源电力网。

开式电力网的接线方式有放射式、干线式、链式和树枝式，如图 2-1 所示。

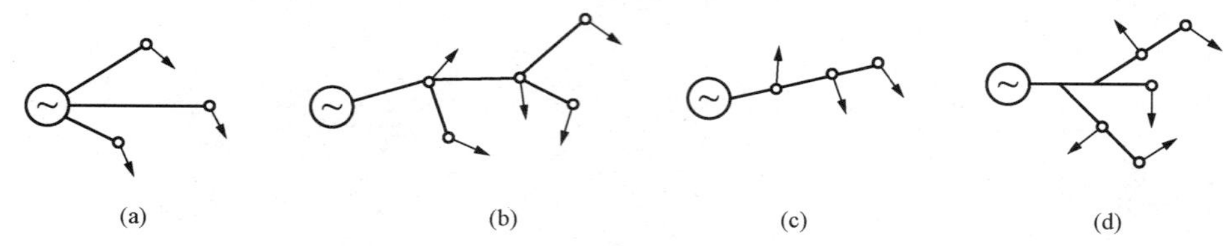

图 2-1 开式电力网

(a) 放射式；(b) 干线式；(c) 链式；(d) 树枝式

放射式接线的特点是：任一线路故障不会影响其他负荷供电，供电可靠性相对较高，容易实现配电自动化，但投资也相对较大。其他接线方式的特点与放射式相反。

开式电力网接线方式简单、运行方便，但其供电可靠性较低，任一线路故障或检修时，都会使部分用户停电，因此不适用于一级负荷。但依靠自动装置，也可向二级负荷供电。

二、闭式电力网

由两条或多条电源线路向用户供电的电力网，称为闭式电力网，如图 2-2 所示。

在上述开式电力网的每一段线路上都采用双回线，就成为简单的闭式电力网，如图 2-2 (a) ～ (d) 所示。这类接线的特点是：每个负荷点都有两回线路供电，若一回供电线路故障，还有另一回线路供电，因此，供电可靠性和电压质量都较高，但设备费用增加较高。

图 2-2 (e) 所示的环形接线可靠性也较高，是大城市普遍采用的一种接线方式。城市电网的骨干网架都是多供电点的环形结构，这样有利于防止发生大面积停电，但运行调度比较复杂。

图 2-2 (f) 所示的两端供电网络也是一种最常见的闭式电力网接线方式，其供电可靠性很高，但必须有两个独立电源。

闭式电力网适用于对一级负荷供电。

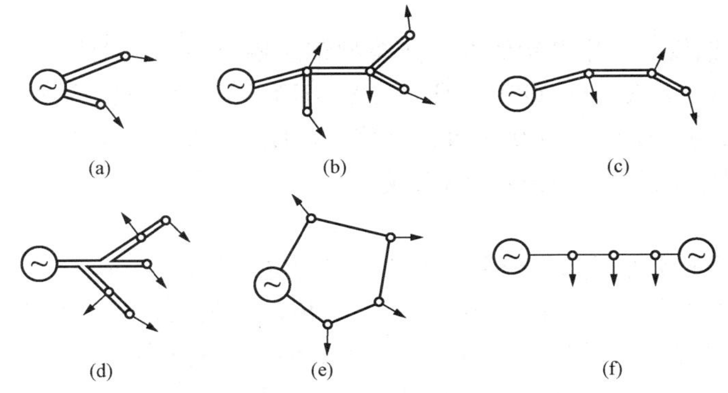

图 2-2　闭式电力网

(a) 放射式；(b) 干线式；(c) 链式；(d) 树枝式；(e) 环式；(f) 两端供电

第二节　电力线路的结构

电力线路是电力网的主要组成部分，分为架空线路、电缆线路和低压绝缘线路，本节主要分析架空线路和电缆线路的结构。

一、架空线路

架空线主要由导线、避雷线、杆塔、绝缘子和金具等部分组成，如图 2-3 所示。

导线是用来传导电流、输送电能的；避雷线用来保护线路免遭雷击，当雷击避雷线时，将雷电流引入大地；杆塔用来支撑导线和避雷针；绝缘子用来使导线与杆塔之间保持绝缘；金具是用来固定、悬挂、连接和保护架空线路各主要元件的金属器件的总称。

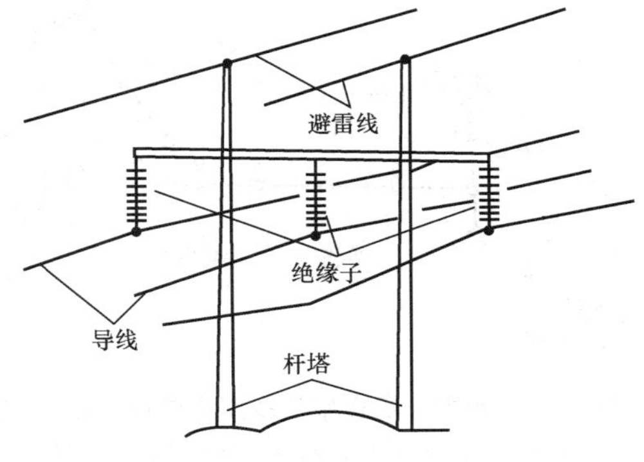

图 2-3　架空线路的结构

1. 导线和避雷线

架空线路的导线和避雷线都在露天环境下工作，要承受自重、风力、覆冰等力的作用，同时还受到温度变化的影响，因此对导线材料除了要求有良好的导电性能外，还要求有相当高的机械强度和抗化学腐蚀能力。

(1) 导线的材料。导线的材料主要有铝、铜、钢。铜的性能最好，但铜的产量有限，属于贵金属，除特殊要求外，架空线一般不采用铜线。

铝的导电性能仅次于铜，密度小，价格低，但机械强度低。

钢线的导电性能差、磁性大、感抗强、集肤效应显著，但机械强度大，故一般不宜单独作导线材料，可以作避雷线。

(2) 架空线的分类。根据几种金属的不同特点，架空导线可以做成铝绞线、钢芯铝绞线、防腐钢芯铝绞线等。钢芯铝绞线的钢芯，主要为加强机械强度，钢芯外面的铝绞线主要传导电能。

铝绞线、稀土铝绞线、钢芯铝绞线、防腐型钢芯铝绞线的型号分别为LJ、LJX、LGJ、LGJF。

铝绞线、稀土铝绞线、钢芯铝绞线、防腐型钢芯铝绞线的新型号分别为JL，JLX，JL/G1A、JL/G1B、JL/G2A、JL/G2B、JL/G3A，JFL/G1A、JFL/G2A、JFL/G3A。其中JL/G1A、JL/G1B为普通强度型镀锌钢芯铝绞线；JL/G2A、JL/G2B为高强度镀锌钢芯铝绞线；JFL/G3A为特高强度镀锌钢芯铝绞线。

（3）适用场合。

1）铝绞线适用于受力不大、档距较小的一般配电线路。

2）钢芯铝绞线结构简单、架设与维护方便、传输容量大、又利于跨越江河和山谷等特殊地理条件，因此该产品广泛应用于各种电压级的架空输配电线路中。

3）防腐型钢芯铝绞线具有较好的防腐性能，适用于沿海咸水湖、含盐质砂土区及工业区等的高压、超高压及一般输配电线路。

4）含稀土的导线具有导电性能好和防腐功能。

2. 杆塔

根据所用材料的不同，杆塔可分为木杆、钢筋混凝土杆和铁杆。木杆已基本上不用。铁塔主要用于超高压、大跨越的线路及某些受力较大的耐张力、转角杆塔上。钢筋混凝土杆机械强度较高、节约钢材，应用最广泛。

根据杆塔使用目的和受力情况不同，杆塔可分为直线杆塔、耐张杆塔、转角杆塔、终端杆塔和跨越杆塔。如图2-4是上述各种杆塔在架空线路上的应用示意图。

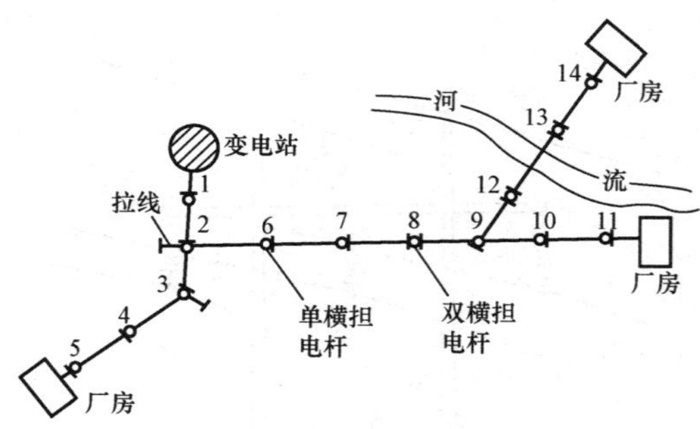

图2-4 各种杆塔在架空线路上的应用示意图
1，5，11，14—终端杆；2，9—分支杆；3—转角杆；4，6，7，10—直线杆；8—耐张杆（分段杆）；12，13—跨越杆

耐张杆塔又叫承力杆塔，它是每隔几个直线杆塔就设置一种能承受较大拉力的杆塔，其作用是当线路发生断线或直线杆塔倒塌时，在两侧拉力不平衡的情况下将故障段限制在两个耐张杆之间。

转角杆塔装设在线路转角处，这种杆塔导线两边的拉力不在一条直线上，因此杆塔要考虑承受不平衡力的要求。

终端杆塔装在线路末端，用来承受最后一个耐张档距导线的单线拉力。

跨越杆塔用在跨越山谷或河流时，其高度较一般杆塔要高得多。

3. 绝缘子

架空线的绝缘子主要有针式和悬式两类，还有复式和瓷横担绝缘子等。

针式绝缘子主要用于电压不超过35kV、导线拉力不大的直线杆塔和小转角杆塔上，如图2-5所示。

悬式绝缘子广泛用于电压为35kV以上的线路，如图2-6所示。悬式绝缘子通常都组装成绝缘子串使用，每串绝缘子串的数目与额定电压有关，见表2-1。针式和悬式绝缘子常用材料为电工瓷，它具有足够的电气强度和机械强度（决定于配方和工艺），耐腐蚀，抗老化，但较脆，抗压强度比抗拉强度大得多。

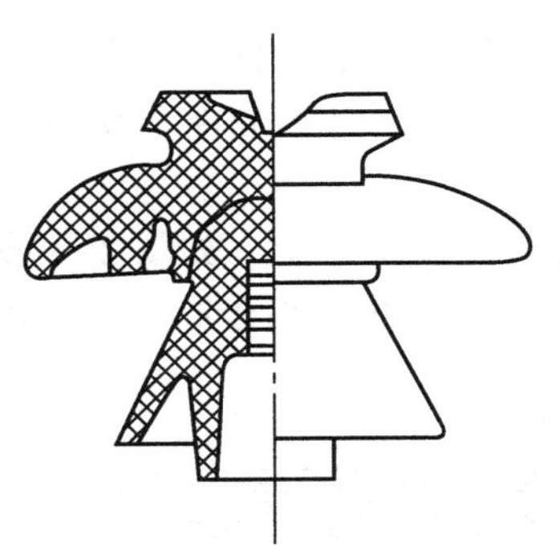

图 2-5　针式绝缘子

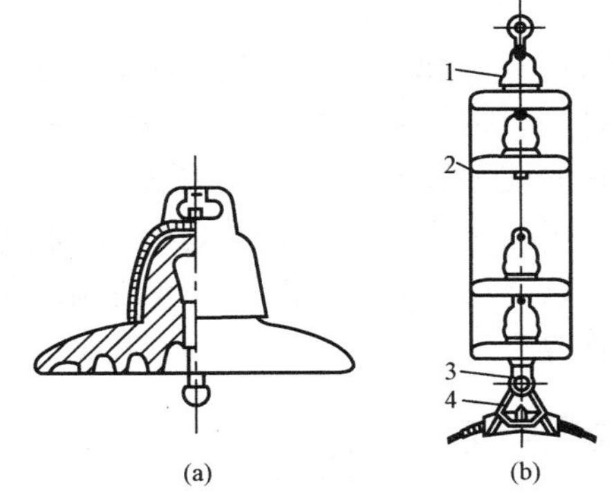

图 2-6　悬式绝缘子

(a) 单个悬式绝缘子；(b) 悬式绝缘子串

1—耳环；2—绝缘子；3—吊环；4—线夹

表 2-1　悬式绝缘子串的绝缘子最小用量

额定电压（kV）	35	63	110	220	330	500
每串绝缘子的最少个数	2～3	5	7	13～14	19～22	24～26

瓷横担绝缘子可以同时起到横担与绝缘子的作用，如图 2-7 所示。瓷横担绝缘子的绝缘水平较高，并可有效降低杆塔高度，但机械抗弯强度较低，广泛应用于 110kV 及以下的线路。

由环氧树脂玻璃纤维和高分子聚合物伞盘、护套组成的复合绝缘子如图 2-8 所示。其中芯棒承受机械负荷作用，机械强度比钢还高，也具有良好的电气性能；伞盘和护套用于保护芯棒免受环境因素影响和提供必要的泄漏距离，也具有良好的绝缘性能。与电瓷绝缘子相比，复合绝缘子具有工艺简单、质量轻、体积小、安装方便、耐污性强等优点。近年来复合绝缘子的应用日益增加。

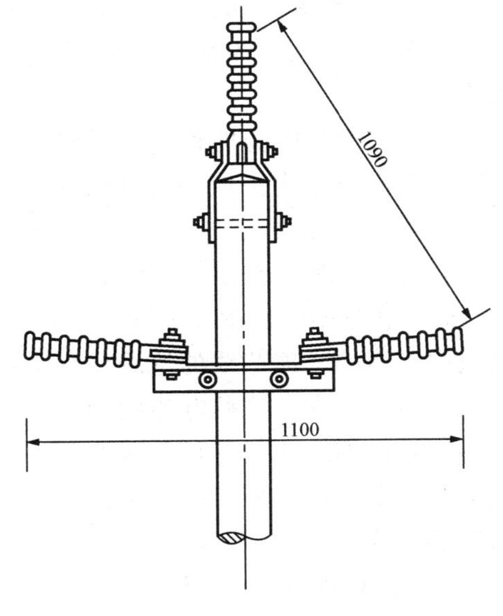

图 2-7　瓷横担绝缘子

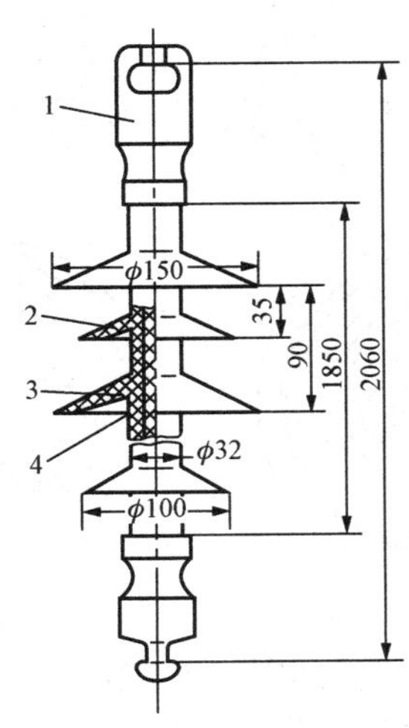

图 2-8　复合绝缘子

1—铁帽；2—芯棒；3—伞盘；4—护套

4. 金具

通常把架空线路所使用的金属部件总称为金具，其种类很多，下面介绍几种最常用的金具。

（1）悬垂线夹。主要用于将导线固定在直线杆塔的悬式绝缘子串或将避雷线固定在直线杆塔上，它的使用如图 2-6（b）所示。

（2）耐张线夹。它主要将导线固定在非直线杆塔的耐张绝缘子串上，如图 2-9 所示。

（3）接续金具。主要用于导线或避雷线的两个中断的连接处，如图 2-10 所示的压接管、钳接管等。

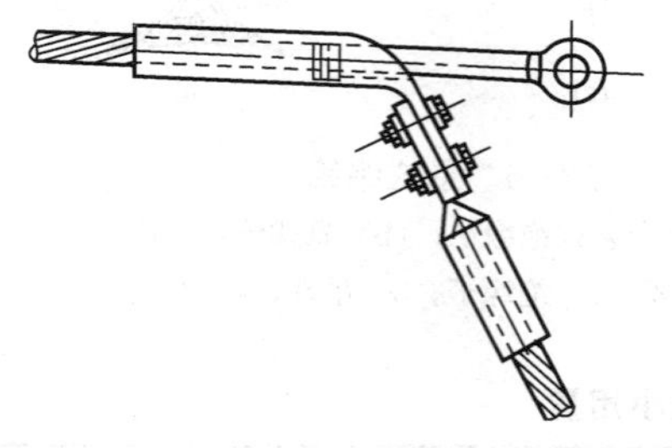

图 2-9 耐张线夹

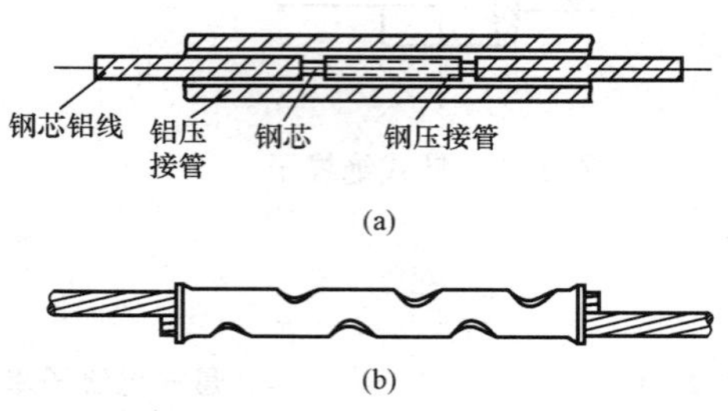

图 2-10 接续金具
（a）压接管；（b）钳接管

（4）连接金具。用于将绝缘子组成串或将线夹、绝缘子串、杆塔横担等相互连接。

（5）保护金具。保护金具包括防振保护金具和绝缘保护金具。防振保护金具用来防止导线或避雷线因风而引起的周期性振动而造成损坏，常用的有保护条、防振锤等。悬重锤是一种绝缘保护金具，它可以减少悬垂绝缘子的偏移，防止其过分靠近杆塔。

二、电缆线路

电缆的构造一般包括导体、绝缘层和保护层。电缆的导体常采用铝或铜绞线；绝缘层的材料有油浸纸、橡胶、沥青、聚乙烯、交联聚乙烯、聚氯乙烯、聚丁烯、棉、麻、绸等。图 2-11 所示为常用油浸纸绝缘电缆的构造。

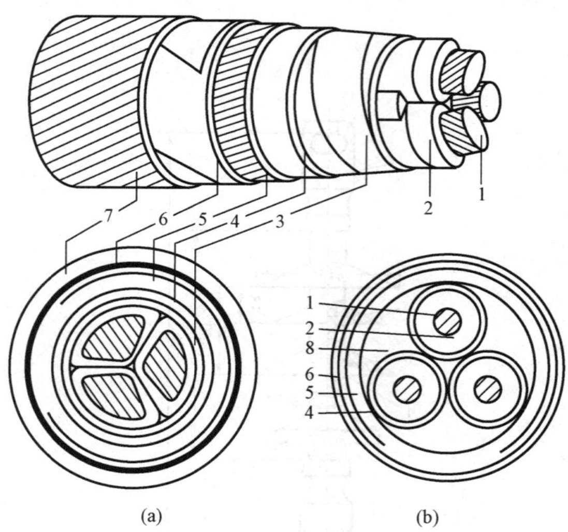

图 2-11 常用油浸纸绝缘电缆的构造
（a）纸绝缘铝包钢带铠装；（b）纸绝缘分相铝包裸钢带铠装
1—导体；2—相绝缘；3—纸绝缘；4—铝（铅）包；5—麻衬；6—钢带铠装；7—麻被；8—填麻

油浸纸绝缘电缆的保护层分内护层和外护层两部分。内护层由铝或铅制成，用于保护绝缘免受损伤，防止浸渍剂的外溢和水分浸入。内护层分为统包型［见图 2-11（a）］和分相铠包型［见图 2-11（b）］。统包型电缆的三项芯线的绝缘层外有共同的铝（铅）包皮，这种电缆的内部电场分布不均匀，不能充分利用绝缘强度，只用于 10kV 及以下线路中；分相铠包型电缆的各芯线分别包以铅皮，改善了电场分布，使绝缘强度得到充分利用，因此 35kV 电缆通常都采用这种型式。外护层一般由麻绳或麻布袋经沥青浸渍后制成，用以作钢带铠装的衬底，以避免钢带损伤内护层。铠装层一般由钢带和钢丝绕包而成。外护层的制作与内护层相同，主要是防止铠装层的锈蚀。

此外常用的电力电缆还有：

聚氯乙烯电缆（简称塑力电缆），适用于6kV及以下电力线路；

交联聚乙烯绝缘电缆（简称交联电缆），适用于1～110kV的线路；

橡胶绝缘电缆，适用于6kV及以下输电线路，多用于厂矿车间的动力干线和移动式装置；

高压充油电缆，主要用于110～330kV线路。

电缆线路可以直接敷设在地下；穿管敷设在电缆沟；敷设在电缆隧道中；也可以敷设在水中或海底。

与架空线相比，电缆投资高、敷设麻烦、维修困难、难于发现故障点；但它具有受环境影响小、运行安全可靠、不占空中面积、不妨观瞻等优点，目前，大中城市越来越多地使用电缆线路。

第三节　电力线路的参数和等效电路

一、电力线路的参数计算

电力线路的电气参数是指其电阻、电抗（电感）、电导和电纳（电容）。通常这些参数是沿线路均匀分布的，精确计算时应采用分布参数。但工程上认为，长度不超过300km的架空线路和长度不超过100km的电缆线路，用集中参数代替分布参数引起的误差很小，可以满足工程计算的要求。

电缆线路的参数可根据厂家提供的数据或者通过实测求得。下面着重介绍架空线路参数的计算方法。

1. 电阻

单根导线的直流电阻为

$$R=\rho\frac{l}{A}=r_1 l \tag{2-1}$$

式中：ρ为导线材料的电阻率；A为导线的截面积；l为导线长度；r_1为导线单位长度的电阻。

由于电力系统中的导线大部分为多股绞线，导线的实际长度比标称长度长，实际截面积略小于标称截面；又由于三相交流电的集肤效应和邻近效应，使导线内电流分布不均匀，截面积得不到充分利用等原因，式（2-1）中的电阻率都略大于相应材料的直流电阻率。在电力工程实际计算中，导线材料的电阻率可采用下列数值：铝为31.5($\Omega\cdot mm^2/km$)；铜为18.8($\Omega\cdot mm^2/km$)。

导线的单位长度电阻r_1通常可以从附录、手册或产品目录中查出。

手册中给出的r_1都是按温度为20℃时的电阻值，当线路运行的温度不等于20℃时，温度为θ时的电阻值应按下式进行修正

$$r_\theta=r_{20}[1+\alpha(\theta-20)] \tag{2-2}$$

式中：r_{20}、r_θ 分别为温度为20℃和 θ 时的电阻值，Ω；α 为电阻的温度系数，对于铝，α=0.0036(1/℃)，对于铜，α=0.003 82(1/℃)。

2. 电抗

线路的电抗是由于导线中交流电流流过时，在导线周围产生磁场形成的。对于三相电路，每相线路都存在有自感和互感，当三相线路对称排列时，每相线路单位长度的电抗 x_1 (Ω/km) 为

$$x_1 = \omega L_1 = 2\pi f\left(4.6\lg\frac{D_{av}}{r} + 0.0157u_r\right) \tag{2-3}$$

式中：u_r 为导体的相对磁导率，铜和铝的为1；r 为导线半径，m；D_{av}为三相导线的线间几何均距，m。

若三相导线的线间距离分别为 D_{UV}、D_{VW}、D_{WU}，则三相导线间的几何均距 D_{av}为

$$D_{av} = \sqrt[3]{D_{UV}D_{VW}D_{WU}} \tag{2-4}$$

当三相导线等边三角形排列，即 $D_{UV}=D_{VW}=D_{WU}=D$ 时，则 $D_{av}=D$；

当三相导线为水平排列，且 $D_{UV}=D_{VW}=\frac{1}{2}D_{WU}=D$ 时，则 $D_{av}=1.26D$。

当三相导线的布置在几何上不对称时（例如不等边三角形布置，水平布置等），则各相的电感值不相等，从而造成三相电压的不平衡和对附近通信线路的干扰。为了克服这些缺点，三相输出线路应当进行换位，即轮流改换三相导线在杆塔上的位置，如图2-12所示。

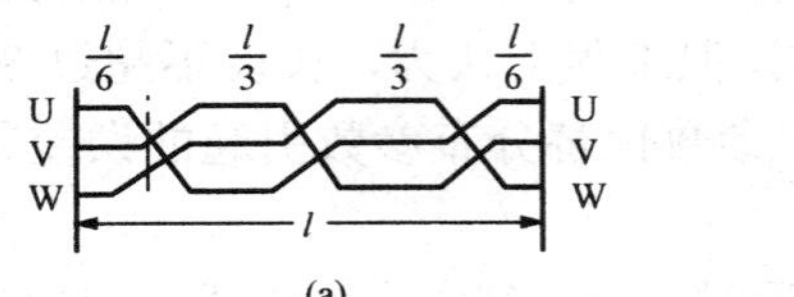

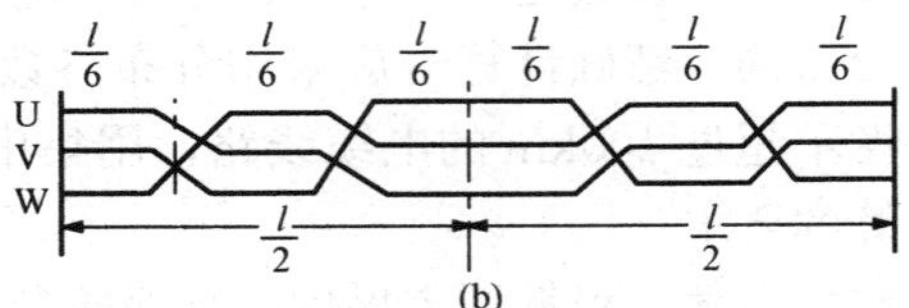

图2-12 换位循环示意图

(a) 单换位循环；(b) 双换位循环

规程规定："在中性点直接接地的电力网中，长度超过100km的线路均应换位。"经过换位的线路，各相导线在空间每一个位置的长度相等者称为完全换位，完全换位的线路各相电抗值相等。

由式（2-3）可知，由于导线的几何均距与导体半径之比取对数，因此导线在电杆上的布置方式及导线的截面积对线路电抗的影响不大。通常架空线的电抗值在0.4Ω/km左右，电缆线路的电抗值在0.08Ω/km左右，工程近似计算中可以用这些值。

对于超高压线路，当导线表面的电场强度超过周围空气的击穿强度时，导线周围的空气被电离而产生局部放电的现象，称为电晕。电晕会产生蓝紫色的荧光并发出"吱吱"声以及电化学产生臭氧（O_3）。这些现象要消耗有功功率，称为电晕损耗。为了降低导线表面电场强度，以达到减低电晕损耗和抑制电晕干扰的目的，目前广泛采用分裂导线。可以设想，如将每相导线分裂为若干根子导体，并将它们均匀布置在半径为 r_D 的圆周上时，如图2-13所示，则决定每相导线电抗的将不再是每根子导体的半径 r，而是圆的半径 r_D，这样就等效地增大了导线半径，而减小了导线的电抗。在实际应用时，由于结构上的原因，每相导线的分裂数不可过多，一般为2～4根，但对超高压线路，可以为8根，如图2-13所示。

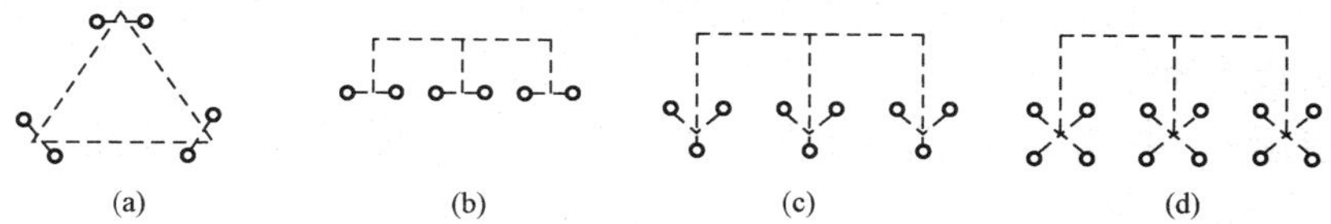

图 2-13　分裂导线

(a)，(b) 双分裂；(c) 3 分裂；(d) 4 分裂

分裂导线的单位长度电抗 x_1(Ω/km) 为

$$x_1 = 0.1445\lg\frac{D_{av}}{r_{eq}} + \frac{0.0157}{n} \tag{2-5}$$

式中：n 为每相导线的分裂根数；r_{eq}为分裂导线的等值半径，m。

$$r_{eq} = \sqrt[n]{r\prod_{k=2}^{n}d_{1k}} \quad (k=2,3,\cdots,n) \tag{2-6}$$

式中：r 为每根子导体的半径，m；d_{1k}为分裂导线同一相中第 1 与第 k 根子导体之间的距离，m。

3. 电纳

三相导线的相与相之间及相与大地之间具有分布电容，当线路上施加三相对称的交流电压时，电容将形成相应的电纳。

三相导线对称排列，或虽不对称排列但经过完全换位后，三相导线单位长度的电纳分别相等。单位长度电纳 b_1(S/km) 可用下式计算

$$b_1 = \omega C_1 = 2\pi f C_1 = \frac{7.58}{\lg\dfrac{D_{av}}{r}} \times 10^{-6} \tag{2-7}$$

式中：C_1 为每相导线单位长度的电容，F/km。

由式 (2-7) 可知，不论什么型号的导线，其电纳一般在 2.80×10^{-6}S/km 左右。

对于分裂导线线路，仍可用式 (2-7) 计算电纳，只是导线半径 r 应由等值半径 r_{eq}代替。

4. 电导

架空线的电导主要与线路电晕损耗以及绝缘子泄漏有关。通常，前者起主要作用，而后者因线路绝缘水平较高，往往可以忽略不计。只有在雨天或严重污秽情况下，泄漏电阻才会有所增加。电晕产生的条件与导线表面的电场强度、导线的结构及导线周围的空气情况有关，而与导线的电流无关。从电场理论知道，当导线截面积越小时，其表面电场越高。因此，限制和避免产生电晕的基本措施之一，就是对不同电压等级的架空线路限制其导线外径不小于某个临界值。例如对 110、220kV 和 330kV 线路，其导线外径应分别不小于 9.6、21.3、33.2mm。60kV 及以下线路不会产生电晕。

但是对于超高压输电线路而言，单纯依靠增大导线截面积是不经济的。采用分裂导线结构是目前国内外广泛应用的方法。因为在线路设计时，已避免在正常天气下产生电晕，故一般计算时可以不计线路电导的影响。

当在恶劣的天气下产生电晕时，与电晕相对应的导线单位长度电导 g_1(S/km) 为

$$g_1 = \frac{\Delta P_g}{U_N^2} \times 10^3 \tag{2-8}$$

式中：ΔP_g 为实测三相线路单位长度电晕损耗功率，kW/km；U_N 为线路额定电压，kV。

二、电力线路的等效电路

在实际应用中，根据电力线路的长短，可以有下列三种类型的等效电路。

1. 一字形等效电路

对于长度不超过100km、电压在35kV及以下的架空线路和线路不长、电压在10kV及以下的电缆线路，线路的电导和电纳可以忽略不计，于是线路的等效电路就成为一个具有电阻 R 和电抗 X 串联的电路，如图 2-14 所示。

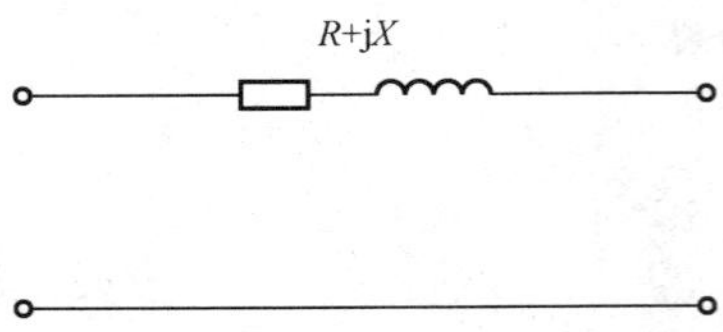

图 2-14 一字形等效电路

图 2-14 中，线路阻抗为

$$Z = r_1 l + \mathrm{j}x_1 l = R + \mathrm{j}X \tag{2-9}$$

式中：l 为导线长度。

2. π 形与 T 形等效电路

对于长度在200～300km、电压等级为110～220kV的架空线路和长度不超过100km的电缆线路（电压高于10kV），可以忽略电导的影响，但电容已不可忽略，必须使用π形或T形等效电路，如图 2-15 所示。

由于T形等效电路中间增加了一个节点，计算工作量增加，所以一般用π形等效电路。

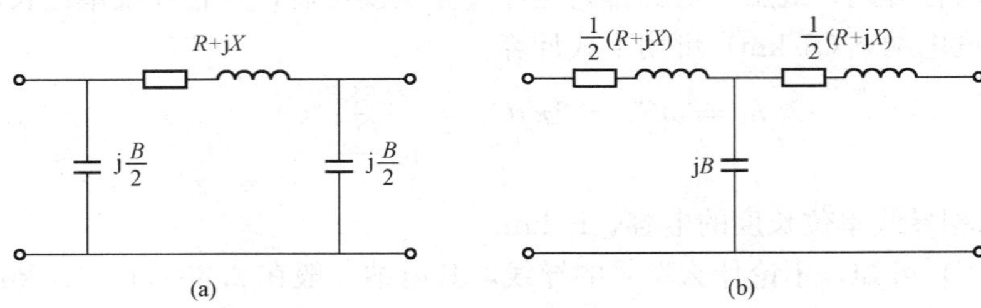

图 2-15 π形和T形等效电路

(a) π形；(b) T形

第四节 变压器的等效电路与参数计算

一、双绕组变压器

从电机学课程已知，双绕组变压器有电阻 R_T、电抗 X_T、电导 G_T 和电纳 B_T 四个等值参数，可用图 2-16（a）所示的简化电路来表示。

在实际计算时，往往用变压器的空载损耗 ΔP_0 和励磁功率 ΔQ_0 代替 G_T 和 B_T。对于地方电网和发展规划中的电力系统，变压器的等效电路可进一步简化为图 2-16（b）所示的 R_T、X_T 串联等效

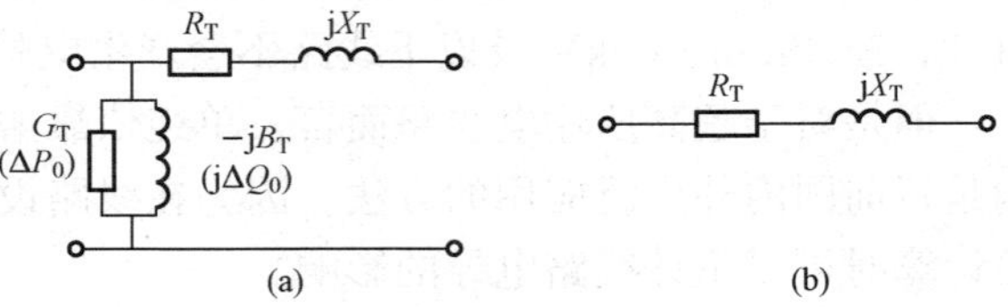

图 2-16 双绕组变压器等效电路

(a) 精确模型；(b) 简化模型

电路。

变压器的参数可根据变压器空载试验和短路试验测得的特性数据，即空载损耗 ΔP_0、空载电流百分数 $I_0\%$、短路损耗 ΔP_k、短路电压百分数 $U_k\%$计算求得。

1. 电阻 R_T

变压器的短路损耗 ΔP_k 是变压器通过额定电流时，高、低压绕组中的总损耗，即

$$\Delta P_k = 3I_N^2 R_T \times 10^{-3} = \frac{S_N^2}{U_N^2} R_T \times 10^{-3} \tag{2-10}$$

式中：ΔP_k 为变压器的短路损耗，kW；I_N 为变压器额定电流，A；U_N 为变压器与 I_N 对应侧绕组的额定电压，kV；S_N 为变压器的额定容量，kVA。

由式（2-10）可求得变压器的电阻 $R_T(\Omega)$ 为

$$R_T = \frac{\Delta P_k U_N^2}{S_N^2} \times 10^3 \tag{2-11}$$

2. 电抗 X_T

变压器短路电压百分数 $U_k\%$，是变压器做短路试验时，在变压器绕组中通过额定电流，变压器阻抗 Z_T 上的压降与变压器额定电压之比再乘以 100，即

$$U_k\% = \frac{\sqrt{3} I_N Z_T}{U_N} \times 100 \times 10^{-3} \tag{2-12}$$

对大型变压器，其绕组电阻 R_T 远小于电抗 X_T，可认为 $X_T \approx Z_T$，所以，变压器的每相电抗为

$$X_T = \frac{U_k\%}{100} \times \frac{U_N}{\sqrt{3} I_N} \times 10^3 = \frac{U_k\%}{100} \times \frac{U_N^2}{S_N} \times 10^3 \tag{2-13}$$

3. 励磁电导 G_T

变压器的电导用来表示铁芯的有功损耗。因变压器的空载损耗 ΔP_0 约等于变压器的铁芯损耗 ΔP_{Fe}，即 $\Delta P_0 \approx \Delta P_{Fe}$，所以变压器的电导 G_T(S) 为

$$G_T = \frac{\Delta P_{Fe}}{U_N^2} \times 10^{-3} \approx \frac{\Delta P_0}{U_N^2} \times 10^{-3} \tag{2-14}$$

4. 电纳 B_T

变压器的电纳代表变压器的励磁无功功率，与空载电流百分数 $I_0\%$有关。因此有

$$B_T = \frac{\Delta Q_0}{U_N^2} \times 10^{-3} = \frac{I_0\% S_N}{U_N^2} \times 10^{-5} \tag{2-15}$$

二、三绕组变压器

三绕组变压器的等效电路如图 2-17 所示。其中，电导、电纳的计算方法与双绕阻变压器相同。下面主要讨论三绕组变压器电阻和电抗的计算方法。

1. 电阻

在介绍三绕组变压器的等效短路阻抗的计算方法之前，首先应弄清楚三绕组变压器的容量关系。根据现行国家标准，三绕组变压器的容量比主要有三种类别，见表 2-2。

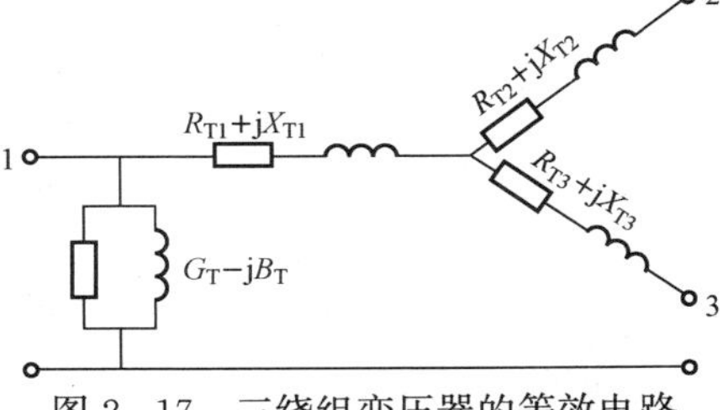

图 2-17　三绕组变压器的等效电路

表 2-2　三绕组变压器的容量比

类　别	绕组额定容量与变压器额定容量之比（%）		
	高压绕组	中压绕组	低压绕组
Ⅰ	100	100	50
Ⅱ	100	50	100
Ⅲ	100	100	100

通常，三绕组变压器在出厂时，制造厂提供了三个绕组间，每两个绕组做短路试验（第三个绕组开路）时的短路损耗 $\Delta P_{k(1-2)}$、$\Delta P_{k(2-3)}$、$\Delta P_{k(3-1)}$。由于三绕组变压器的三个绕组在星形等效电路中是各自独立的，因此首先要求出各绕组的短路损耗 ΔP_{k1}、ΔP_{k2}、ΔP_{k3}。

当三个绕组的容量均等于变压器额定容量时，因为

$$\left.\begin{aligned}\Delta P_{k(1-2)} &= \Delta P_{k1}+\Delta P_{k2}\\ \Delta P_{k(2-3)} &= \Delta P_{k2}+\Delta P_{k3}\\ \Delta P_{k(3-1)} &= \Delta P_{k3}+\Delta P_{k1}\end{aligned}\right\} \tag{2-16}$$

所以

$$\left.\begin{aligned}\Delta P_{k1} &= \frac{1}{2}(\Delta P_{k(1-2)}+\Delta P_{k(3-1)}-\Delta P_{k(2-3)})\\ \Delta P_{k2} &= \frac{1}{2}(\Delta P_{k(2-3)}+\Delta P_{k(1-2)}-\Delta P_{k(3-1)})\\ \Delta P_{k3} &= \frac{1}{2}(\Delta P_{k(3-1)}+\Delta P_{k(2-3)}-\Delta P_{k(1-2)})\end{aligned}\right\} \tag{2-17}$$

当三个绕组中有一个绕组的容量不等于变压器额定容量时，例如，容量比为 100/100/50 的三绕组变压器，制造厂给出的短路损耗是容量较小的一侧达到其额定电流时的数据，这时应先把和小容量有关的短路损耗归算到变压器额定容量下的损耗值，即

$$\left.\begin{aligned}\Delta P_{k(2-3)} &= \Delta P'_{k(2-3)}\left(\frac{S_N}{S_{N3}}\right)^2\\ \Delta P_{k(3-1)} &= \Delta P'_{k(3-1)}\left(\frac{S_N}{S_{N3}}\right)^2\end{aligned}\right\} \tag{2-18}$$

式中：$\Delta P'_{k(2-3)}$、$\Delta P'_{k(3-1)}$ 为未归算前的短路损耗，kW；S_N 为变压器额定容量，kVA；S_{N3} 为容量较小的绕组容量，kVA。

然后把归算后的短路损耗代入式（2-17）求出各绕组的短路损耗。

求出各绕组的短路损耗后，即可按计算双绕组变压器的计算方法，计算三绕组变压器各绕组的电阻，即

$$\left.\begin{aligned}R_{T1} &= \frac{\Delta P_{k1}U_N^2}{S_N^2}\times 10^3\\ R_{T2} &= \frac{\Delta P_{k2}U_N^2}{S_N^2}\times 10^3\\ R_{T3} &= \frac{\Delta P_{k3}U_N^2}{S_N^2}\times 10^3\end{aligned}\right\} \tag{2-19}$$

2. 电抗

三绕组变压器电抗的计算与电阻的计算方法相似，首先根据三次短路试验所测得的两绕

组间的短路电压百分数$U_{k(1-2)}\%$、$U_{k(2-3)}\%$、$U_{k(3-1)}\%$，分别求出各绕组的短路电压百分数。与电阻计算不同的是，不论变压器容量比如何，手册和制造厂提供的短路电压值，都是已归算为变压器额定容量下的值。因此，电抗计算不存在容量比归算的问题。
因此

$$\left.\begin{aligned}U_{k1}\% &= \frac{1}{2}[U_{k(1-2)}\% + U_{k(3-1)}\% - U_{k(2-3)}\%]\\ U_{k2}\% &= \frac{1}{2}[U_{k(2-3)}\% + U_{k(1-2)}\% - U_{k(3-1)}\%]\\ U_{k3}\% &= \frac{1}{2}[U_{k(3-1)}\% + U_{k(2-3)}\% - U_{k(1-2)}\%]\end{aligned}\right\} \tag{2-20}$$

各绕组的电抗为

$$\left.\begin{aligned}X_{T1} &= \frac{U_{k1}\%}{100}\times\frac{U_N^2}{S_N}\times 10^3\\ X_{T2} &= \frac{U_{k2}\%}{100}\times\frac{U_N^2}{S_N}\times 10^3\\ X_{T3} &= \frac{U_{k3}\%}{100}\times\frac{U_N^2}{S_N}\times 10^3\end{aligned}\right\} \tag{2-21}$$

应当指出，三绕组变压器各绕组的等值电抗与绕组的布置方式密切相关。一般来说，从绝缘条件出发，高层绕组都布置在最外层，而中、低压绕组的布置则与功率的传送方向有关。例如，就降压型的三绕组变压器而言，往往采用“高—中—低”布置，如图 2 - 18（a）所示，这是因为降压型三绕组变压器的功率主要是由高压侧送往中压侧。升压型三绕组变压器则多采用“高—低—中”布置，如图 2 - 18（b）所示，这是因为它的功率传输方向为由低压侧到高压侧和中压侧。当三个绕组同心布置时，往往最内层与最外层之间的漏抗较大，从而使各绕组间的等值电抗因布置方式不同而不一样。居于中间的绕组由于内、外侧绕组互感作用很强，当超过其本身的自感时，常常会出现其等值电抗很小或甚至为负值的情况，计算时可以近似取为零。

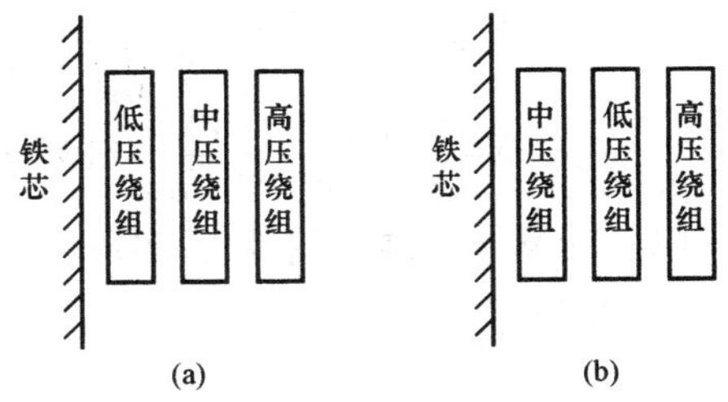

图 2 - 18　三绕组变压器绕组的两种排列方式
（a）降压型；（b）升压型

【例 2 - 1】 某变电站装有一台型号为 SFSL1-20000/110，容量比为 100/100/50 的三绕组变压器。已知 $\Delta P_{k(1-2)}=152.8\text{kW}$，$\Delta P_{k(3-1)}=52\text{kW}$，$\Delta P_{k(2-3)}=47\text{kW}$，$U_{k(1-2)}\%=10.5$，$U_{k(2-3)}\%=6.5$，$U_{k(3-1)}\%=18$，$\Delta P_0=50.2\text{kW}$，$I_0\%=4.1$。试求变压器的参数。

解　（1）计算各绕组的电阻。

1）先对容量较小的绕组有关的短路损耗进行归算，得

$$\Delta P_{k(2-3)} = 4\Delta P'_{k(2-3)} = 4\times 47 = 188(\text{kW})$$
$$\Delta P_{k(3-1)} = 4\Delta P'_{k(3-1)} = 4\times 52 = 208(\text{kW})$$

2）计算各绕组的短路损耗

$$\Delta P_{k1} = \frac{1}{2}(\Delta P_{k(1-2)} + \Delta P_{k(3-1)} - \Delta P_{k(2-3)}) = \frac{1}{2}(152.8 + 208 - 188) = 86.4(\text{kW})$$

$$\Delta P_{k2} = \frac{1}{2}(\Delta P_{k(2-3)} + \Delta P_{k(1-2)} - \Delta P_{k(3-1)}) = \frac{1}{2}(188 + 152.8 - 208) = 66.4(\text{kW})$$

$$\Delta P_{k3}=\frac{1}{2}(\Delta P_{k(3-1)}+\Delta P_{k(2-3)}-\Delta P_{k(1-2)})=\frac{1}{2}(208+188-152.8)=121.6(kW)$$

3）计算各绕组的电阻

$$R_{T1}=\frac{\Delta P_{k1}U_N^2}{S_N^2}\times 10^3=\frac{86.4\times 110^2}{20\ 000^2}\times 10^3=2.61(\Omega)$$

$$R_{T2}=\frac{\Delta P_{k2}U_N^2}{S_N^2}\times 10^3=\frac{66.4\times 110^2}{20\ 000^2}\times 10^3=2.00(\Omega)$$

$$R_{T3}=\frac{\Delta P_{k3}U_N^2}{S_N^2}\times 10^3=\frac{121.6\times 110^2}{20\ 000^2}\times 10^3=3.68(\Omega)$$

（2）计算各绕组电抗。

1）各绕组的短路电压百分数为

$$U_{k1}\%=\frac{1}{2}[U_{k(1-2)}\%+U_{k(3-1)}\%-U_{k(2-3)}\%]=\frac{1}{2}(10.5+18-6.5)=11$$

$$U_{k2}\%=\frac{1}{2}[U_{k(2-3)}\%+U_{k(1-2)}\%-U_{k(3-1)}\%]=\frac{1}{2}(6.5+10.5-18)=-0.5$$

$$U_{k3}\%=\frac{1}{2}[U_{k(3-1)}\%+U_{k(2-3)}\%-U_{k(1-2)}\%]=\frac{1}{2}(18+6.5-10.5)=7$$

2）各绕组电抗

$$X_{T1}=\frac{U_{k1}\%}{100}\times\frac{U_N^2}{S_N}\times 10^3=\frac{11\times 110^2}{20\ 000\times 100}\times 10^3=66.55(\Omega)$$

$$X_{T2}=\frac{U_{k2}\%}{100}\times\frac{U_N^2}{S_N}\times 10^3=\frac{-0.5\times 110^2}{20\ 000\times 100}\times 10^3=-3.03(\Omega)\approx 0$$

$$X_{T3}=\frac{U_{k3}\%}{100}\times\frac{U_N^2}{S_N}\times 10^3=\frac{7\times 110^2}{20\ 000}\times 10^3=42.35(\Omega)$$

（3）计算变压器导纳及功率损耗。

1）电导

$$G_T=\frac{\Delta P_0}{U_N^2}\times 10^{-3}=\frac{50.2}{110^2}\times 10^{-3}=4.15\times 10^{-6}(S)$$

2）电纳

$$B_T=\frac{I_0\%S_N}{100U_N^2}\times 10^{-3}=\frac{4.1\times 20\ 000}{110^2\times 100}\times 10^{-3}=67.8\times 10^{-6}(S)$$

3）功率损耗

$$\Delta P_0+j\Delta Q_0=\Delta P_0+j\frac{I_0\%}{100}S_N=50.2+j1820$$

三、自耦变压器

自耦变压器的一、二次侧共用一个绕组，一次侧和二次侧之间不仅存在磁的耦合，并且有电气上的联系。它具有电阻小，电抗小、质量轻等优点，在中性点接地的高压和超高压电力系统中得到广泛应用。

通常，三绕组自耦变压器的高压、中压绕组接成 Y_0 形，第三绕组（低压绕组）接成三角形，这种接法有利于消除由于铁芯饱和引起的三次谐波。第三绕组的容量通常比变压器额定容量小。因此计算变压器电阻时，要对短路试验数据以额定值为基准进行归算。一般手册和制造厂提供的自耦变压器试验数据，不仅短路损耗是未经归算的，而且短路电压也是未经归算的。因此，在计算三绕组自耦变压器电抗时，也要先对短路电压值进行归算。与短路损耗归算不同的是，短路电压按容量比，而不是按容量比的二次方进行归算，即

$$\left.\begin{aligned}U_{k(1-2)}\% &= U'_{k(1-2)}\% \\ U_{k(2-3)}\% &= U'_{k(2-3)}\%\left(\frac{S_N}{S_{N3}}\right) \\ U_{k(3-1)}\% &= U'_{k(3-1)}\%\left(\frac{S_N}{S_{N3}}\right)\end{aligned}\right\} \tag{2-22}$$

式中：S_N、S_{N3}分别为变压器额定容量和容量较小的第三绕组的额定容量，kVA。

此外，自耦变压器的等效电路及导纳的计算与普通变压器相同。

第五节　电力网的功率损耗、电能损耗与电能节约

一、功率损耗

电力网在运行时，电流或功率通过输电线路和变压器，就会产生功率损耗和电能损耗。

1. 线路的功率损耗

三相线路阻抗中的有功功率损耗 ΔP_{WL}和无功功率损耗 ΔQ_{WL}按下式计算

$$\left.\begin{aligned}\Delta P_{WL} &= 3I_{30}^2 R\times 10^{-3} = \frac{S_{max}^2}{U_N^2}\times R\times 10^{-3} \\ \Delta Q_{WL} &= 3I_{30}^2 X\times 10^{-3} = \frac{S_{max}^2}{U_N^2}\times X\times 10^{-3}\end{aligned}\right\} \tag{2-23}$$

式中：ΔP_{WL}为有功功率损耗，kW；ΔQ_{WL}为无功功率损耗，kvar；I_{30}为线路的计算电流，A；R 为每相线路的电阻，Ω；X 为每相线路的电抗，Ω；S_{max}为视在计算负荷，kVA；U_N为额定电压，kV。

2. 变压器的功率损耗

根据电机学知识，变压器的有功功率损耗 ΔP_T(kW) 和无功功率损耗 ΔQ_T(kvar) 为

$$\left.\begin{aligned}\Delta P_T &= \Delta P_0 + \beta^2\Delta P_k = \Delta P_0 + \left(\frac{S_{30}}{S_N}\right)^2\Delta P_k \\ \Delta Q_T &= \frac{I_0\%}{100}S_N + \frac{U_k\%}{100}\beta^2 S_N = \frac{S_N}{100}(I_0\% + \beta^2 U_k\%)\end{aligned}\right\} \tag{2-24}$$

式中：ΔP_0、ΔP_k 分别为变压器的空载有功损耗和短路有功损耗，kW；β 为变压器的负荷率；S_{30}为变压器的视在计算负荷，kVA；$U_k\%$为变压器短路电压百分数。

二、电能损耗

1. 线路阻抗中的电能损耗 ΔW_{WL}(kWh)

$$\Delta W_{WL} = 3\int_0^T I^2 R\times 10^{-3}\,dt = \int_0^T \frac{S^2}{U^2}R\times 10^{-3}\,dt \tag{2-25}$$

式中：S 为视在功率，kVA；U 为电压，kV；R 为电阻，Ω；I 为电流，A。

由于负荷是随时间变化的，一般不易用解析式表示，这将给电能损耗的计算带来困难，为此通常采用近似计算法，即最大负荷损耗时间法。

设系统始终保持最大负荷功率 S_{max}运行，时间 τ 内网络中损耗的电能恰等于网络按实际负荷曲线运行时，全年实际损耗的电能，则称 τ 为最大负荷损耗时间。

一年365天，每天24h，总共8760h。根据τ的定义，输电线全年的电能损耗为

$$\Delta W_{WL}=\int_0^{8760}\frac{S^2}{U^2}R\times10^{-3}\mathrm{d}t=\frac{S_{max}^2}{U^2}R\times10^{-3}\tau \tag{2-26}$$

若认为电压恒定，则

$$\tau=\frac{\int_0^{8760}S^2\mathrm{d}t}{S_{max}^2} \tag{2-27}$$

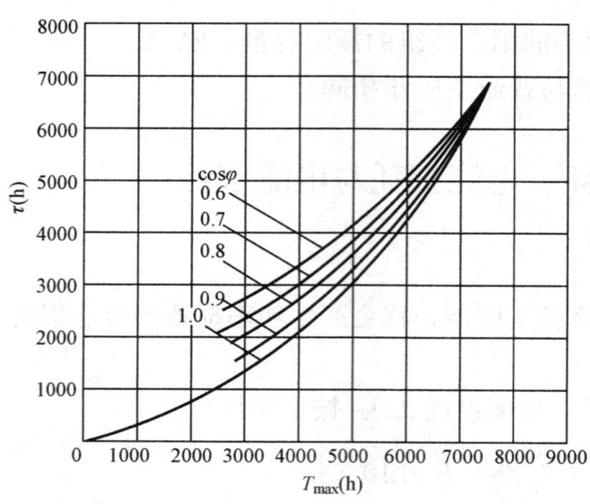

图2-19 τ与T_{max}和$\cos\varphi$之间的关系曲线

由此可见，最大负荷损耗时间τ与视在功率S有关。视在功率可以根据相应的有功功率和功率因数确定，而有功负荷由最大负荷利用小时数T_{max}反映出来。通过对一些典型负荷曲线的分析，可得到τ与T_{max}和$\cos\varphi$之间的关系曲线，如图2-19所示。

2. 变压器的电能损耗ΔW_T(kWh)

变压器的电能损耗由空载电能损耗和负载在电阻上产生的电能损耗两部分组成，即

$$\Delta W_T\approx\Delta P_0\times8760+\Delta P_k\beta^2\tau \tag{2-28}$$

如果网络中接有同容量的n台变压器并联运行，则一年中的总电能损耗为

$$\Delta W_T\approx n\times\Delta P_0\times8760+\frac{\Delta P_k}{n}\left(\frac{S_{max}}{S_N}\right)\tau \tag{2-29}$$

式中：S_{max}为n台变压器所带的总负荷。

【例2-2】 有一额定电压为110kV、长度为100km的双回输电线路向变电站供电，如图2-20所示。线路单位长度参数为$z_1=(0.17+\mathrm{j}0.409)(\Omega/\mathrm{km})$，$b_1=2.79\times10^{-6}\mathrm{s/km}$，两台变压器每台的额定容量为31.5MVA，变比为110/11，$\Delta P_0+\mathrm{j}\Delta Q_0=(30+\mathrm{j}220)$kVA，$\Delta P_k=190$kW，$U_k\%=10.5$，最大负荷为（40+j30）MVA，$T_{max}=4500$h。试计算电力网全年的电能损耗。

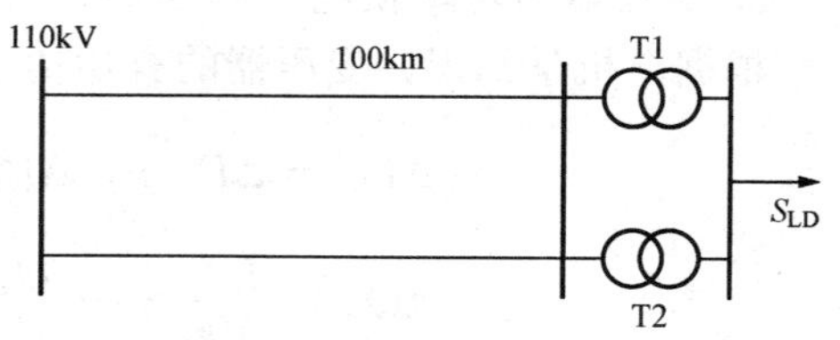

图2-20 ［例2-2］图

解 （1）计算变压器全年的电能损耗。

因$T_{max}=4500$h，$\cos\varphi=\cos\left(\arctan\frac{30}{40}\right)=0.8$，查图2-19得

$$\tau=3150\mathrm{h}$$

$$S_{max}=\sqrt{30^2+40^2}=50(\mathrm{MVA})$$

则

$$\begin{aligned}\Delta W_T&=n\Delta P_0\times8760+\frac{\Delta P_k}{n}\left(\frac{S_{max}}{S_N}\right)^2\tau=2\times30\times8760+\frac{190}{2}\left(\frac{50}{31.5}\right)^2\times3150\\&=1.28\times10^6(\mathrm{kWh})\end{aligned}$$

（2）计算线路的电能损耗。

线路上输送的功率等于输送给用户的负荷加上变压器的功率损耗，再减去线路电容的充电功率。

变压器的有功功率损耗为

$$\Delta P_T = 2\Delta P_0 + 2\Delta P_k\left(\frac{S_{max}/2}{S_N}\right)^2 = 2\times 30 + 2\times 190\left(\frac{50/2}{31.5}\right)^2 = 300(\text{kW})$$

变压器的无功功率损耗为

$$\begin{aligned}\Delta Q_T &= 2\Delta Q_T = 2\times\frac{I_0\%}{100}S_N + 2\times\frac{U_k\%}{100}S_N\left(\frac{S_{max}/2}{S_N}\right)^2\\ &= 2\Delta Q_0 + 2\times\frac{U_k\%}{100}S_N\left(\frac{S_{max}/2}{S_N}\right)^2\\ &= 2\times 220 + 2\times\frac{10.5}{100}\times 31\,500\times\left(\frac{50/2}{31.5}\right)^2 = 4606(\text{kvar})\end{aligned}$$

双回路线路电容充电功率为

$$\Delta Q_b = 2\times\frac{b_0L}{2}\times U_N^2 = 2\times\frac{2.79\times 10^{-6}\times 100}{2}\times 110^2\times 10^3 = 3376(\text{kvar})$$

线路末端功率为

$$\begin{aligned}S_2 &= S_{LD} + \Delta P_T + \text{j}\Delta Q_T - \text{j}\Delta Q_b = 40\times 10^3 + \text{j}30\times 10^3 + 300 + \text{j}4606 - \text{j}3376\\ &= (40.3 + \text{j}31.25) = 50.997(\text{MVA})\end{aligned}$$

线路末端功率因数为

$$\cos\varphi = \frac{40.3}{50.997} = 0.79$$

由 $\cos\varphi$ 和 T_{max} 曲线求得

$$\tau = 3150\text{h}$$

则线路的电能损耗为

$$\begin{aligned}\Delta W_{WL} &= \frac{S_{max}^2}{U_N^2}R\tau\times 10^{-3} = \frac{50\,997^2}{110^2}\times\frac{1}{2}\times 0.17\times 100\times 3150\times 10^{-3}\\ &= 5.75\times 10^6(\text{kWh})\end{aligned}$$

（3）电网全年电能总损耗为

$$\Delta W = \Delta W_{WL} + \Delta W_T = 5.75\times 10^6 + 1.28\times 10^6 = 7.03\times 10^6(\text{kWh})$$

一年损失了 700 多万千瓦时的电能。由此可见，当系统输送功率较大时，电能损耗是非常惊人的。

三、降低电能损耗的技术措施

为了降低电力网的电能损耗，从输电线和变压器电能损耗计算公式可以看出，其大小与传输的视在功率的大小以及元件的电阻值有关，可以采用以下措施来降低电能损耗。

1. 提高电力网的功率因数 $\cos\varphi$

当有功功率一定时，提高电力网的功率因数 $\cos\varphi$，就可以减小视在功率，从而就减小了电能损耗。

提高功率因数的方法有：

（1）合理选择异步电动机的容量。电力系统的大部分负荷是异步电动机，异步电动机在空载和轻载运行时，功率因数较低，因此在选择与机械装置配套的异步电动机时，尽量使异步电动机接近额定负荷运行，或者在有条件的企业中用同步电动机代替异步电动机，因为同步电动机在过励磁情况下，可以向系统送出无功功率，从而抵消异步电动机的滞后无功功率。

（2）实行无功功率补偿。电力系统中，大部分是感性的无功负荷，若在用户处或靠近用户的变电站中，装设无功功率补偿装置，如静止电容器等，就可以实现就地供给用户所需的无功功率，限制无功功率在电网中传送，提高用户的功率因数，从而降低配电网的电能损耗。

根据我国目前的有关规定，高压供电线路应保证 $\cos\varphi \geqslant 0.9$，低压供电线路应保证 $\cos\varphi \geqslant 0.85$。工矿企业的自然功率因数（即未采取无功补偿之前的功率因数）一般都比较低，通常采用电容器补偿。当有功负荷取 P_{30} 时，要使功率因数从 $\cos\varphi$ 提高到 $\cos\varphi'$，必须装设的无功补偿容量 Q_C 为

$$Q_C = P_{30}(\tan\varphi - \tan\varphi') \tag{2-30}$$

补偿方式有集中补偿、分组补偿和个别补偿。集中补偿是将电容器集中装设于变电站 6～10kV 侧；分组补偿是将电容器装设在功率因数较低的车间变电站低压侧；个别补偿是将电容器与大容量的异步电动机并联。

2. 合理组织电力网的运行方式

（1）适当提高电力网的运行电压水平。占总网络损耗 70%～80%的导线和变压器绕组中的电能损耗与电压二次方成反比。因此，电力网运行电压水平较高时，总网络电能损耗将相应降低。电力网运行时，线路和变压器等电气元件的绝缘允许的最高工作电压，一般不超过其额定电压的 10%，因此，在不超过上述规定情况下，应尽量提高电压，以降低功率损耗和电能损耗。根据计算，线路运行电压提高 5%，电能损耗均可降低 6%。

（2）合理选择变压器的容量及组织变压器的运行。根据变压器的电能损耗公式可以推导出，变压器的负载率 β 在 70%左右时，电能损耗最小。因此，在选择变压器容量时，要注意正常情况下，让变压器尽量处于经济负荷下运行。为了适应负荷的变化与提高供电的可靠性，变电站通常安装两台相同容量的变压器。对于一些重要的枢纽变电站，也有安装多台相同容量的变压器的。如何根据负荷的变化确定并联变压器的台数，以减少功率损耗和电能损耗，这便是并联运行变压器的经济问题。当总负荷功率为 S 时，n 台变压器并联运行的总损耗为

$$\Delta P_{T(n)} = n\Delta P_0 + n\Delta P_k\left(\frac{S}{nS_N}\right)^2 \tag{2-31}$$

式中：S_N 为单台变压器的额定容量。

由式（2-31）可知，铁芯损耗与台数成正比，绕组损耗与台数成反比。当变压器轻载运行时，绕组损耗所占的比重较小，铁芯损耗所占的比重相对较大。在这种情况下，减少变压器投入的台数就能降低总的功率损耗。当变压器负荷重时，绕组损耗所占的比重相对增大。这样，总可以找出一个负荷功率的临界值，使投入 n 台和投入 $n-1$ 台变压器的总功率损耗值相等，即

$$(n-1)\Delta P_0 + (n-1)\Delta P_k\left[\frac{S}{(n-1)S_N}\right]^2 = n\Delta P_0 + n\Delta P_k\left(\frac{S}{nS_N}\right)^2$$

这时的负荷功率即为临界功率，记为 S_{cr}，则有

$$S_{cr} = S_N\sqrt{n(n-1)\frac{\Delta P_0}{\Delta P_k}} \tag{2-32}$$

当负荷功率 $S > S_{cr}$ 时，投入 n 台变压器经济；当 $S < S_{cr}$ 时，投入 $n-1$ 台变压器经济。应该指出，这种对变压器投入台数的选择只适合于季节负荷变化的情况，对于一昼夜内负荷

的变化，变压器及断路器的频繁投切，对安全性和经济性均不利。

第六节　电力网的电压计算

一、电压降落的计算

当输电线路传输功率时，电流将在线路的阻抗上产生电压降落，直接影响用户的电压质量，所以，研究电力网的电压变化是很有必要的。

为了分析问题简便起见，我们以集中参数的等效电路来代表输电线路，如图 2-21（a）所示。

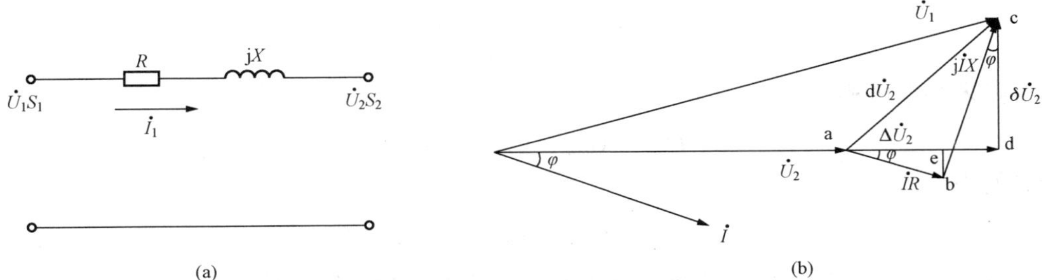

图 2-21　集中参数输电线路的等效电路和向量图
（a）计算用等效电路；（b）向量图

首端电压 $\dot{U}_1$ 与末端电压 $\dot{U}_2$ 的相量差，定义为电压降落，用 $\mathrm{d}\dot{U}$ 表示，即

$$\mathrm{d}\dot{U}=\dot{U}_1-\dot{U}_2=\sqrt{3}\ \dot{I}(R+\mathrm{j}X) \tag{2-33}$$

式（2-33）中的$\sqrt{3}$是考虑了线电压是相电压的$\sqrt{3}$倍。

以 $\dot{U}_2$ 为参考相量，当 $\dot{I}$ 为感性负荷时，由式（2-33）画出相量图，如图 2-21（b）所示。

在进行电网电压计算时，常采用将电压降落相量 $\mathrm{d}\dot{U}$ 加以分解，即取 $\mathrm{d}\dot{U}$ 在 $\dot{U}_2$ 相量方向上的投影为电压降落的纵分量 ΔU_2，而与 $\dot{U}_2$ 垂直方向上的投影为电压降落的横分量 δU_2。

从相量图可知

$$\Delta U_2=\overline{\mathrm{ae}}+\overline{\mathrm{ed}}=\sqrt{3}I(R\cos\varphi+X\sin\varphi) \tag{2-34}$$

$$\delta U_2=\overline{\mathrm{cd}}=\sqrt{3}I(X\cos\varphi-R\sin\varphi) \tag{2-35}$$

当电流用功率表示时，有

$$I=\frac{S_2}{\sqrt{3}U_2}=\frac{P_2+\mathrm{j}Q_2}{\sqrt{3}U_2} \tag{2-36}$$

将式（2-36）代入式（2-34）和式（2-35）得

$$\Delta U_2=\sqrt{3}\frac{S_2}{\sqrt{3}U_2}(R\cos\varphi+X\sin\varphi)=\frac{P_2R+Q_2X}{U_2} \tag{2-37}$$

$$\delta U_2=\sqrt{3}\frac{S_2}{\sqrt{3}U_2}(X\cos\varphi-R\sin\varphi)=\frac{P_2X-Q_2R}{U_2} \tag{2-38}$$

线路首端电压

$$\dot{U}_1 = \dot{U}_2 + \Delta\dot{U}_2 + \mathrm{j}\delta\dot{U}_2 \tag{2-39}$$

其绝对值为

$$U_1 = \sqrt{(U_2 + \Delta U_2)^2 + (\delta U_2)^2} \tag{2-40}$$

应当指出，当通过线路的无功功率为容性负荷时，$S_2 = P_2 - \mathrm{j}Q_2$，式（2-37）、式（2-38）中与 Q 有关的项都要改变符号。

如果已知首端的视在功率 S_1 和线电压 $\dot{U}_1$，则电压降落的纵分量为

$$\Delta\dot{U}_1 = \frac{P_1R + Q_1X}{U_1} \tag{2-41}$$

电压降落的横分量为

$$\delta U_1 = \frac{P_1X - Q_1R}{U_1} \tag{2-42}$$

线路末端电压相量为

$$\dot{U}_2 = (\dot{U}_1 - \Delta\dot{U}_1) - \mathrm{j}\delta\dot{U}_1 \tag{2-43}$$

其绝对值为

$$U_2 = \sqrt{(U_1 - \Delta U_1)^2 + (\delta U_1)^2} \tag{2-44}$$

应当指出，当已知末端的功率、电压求取首端电压时，是取 $\dot{U}_2$ 为参考相量；而当已知首端功率、电压，求末端电压时，是以首端电压 $\dot{U}_1$ 为参考相量的。因此 $\Delta U_1 \neq \Delta U_2$，$\delta U_1 \neq \delta U_2$，但 $\mathrm{d}U_2$ 是相等的，如图 2-22 所示。因此，在实际计算时应当注意所取功率和电压必须是同一地点的。

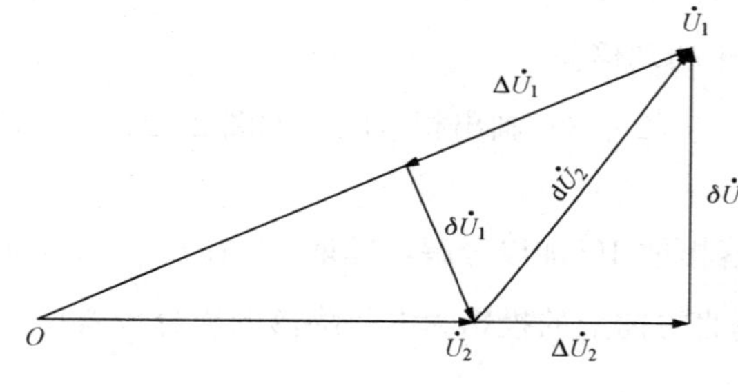

图 2-22 $\dot{U}_1$ 和 $\dot{U}_2$ 的关系

二、电压损失的计算

电压损失是指线路首端和末端电压的绝对值之差。在实际工程应用中，常常只需计算电压损失。

将式（2-40）按二项式定理展开，并取前两项可得

$$U_1 \approx U_2 + \Delta U_2 + \frac{(\delta U_2)^2}{2(U_2 + \Delta U_2)} \tag{2-45}$$

电压损失若用 ΔU 表示，则

$$\Delta U = U_1 - U_2 = \Delta U_2 + \frac{(\delta U_2)^2}{2(U_2 + \Delta U_2)} \tag{2-46}$$

式（2-46）可用于 220kV 及以上电力网电压损失的计算，其精度能满足工程要求。对于 110kV 及以下电压等级的电力网，可以忽略电压降落的横分量 δU_2，此时的电压损失就等于电压降落的纵分量 ΔU_2，即

$$\Delta U = U_1 - U_2 \approx \Delta U_2 = \frac{P_2R + Q_2X}{U_2} \tag{2-47}$$

如果已知线路首端的参数 P_1、Q_1、U_1，可以计算出线路的电压损失为

$$\Delta U = \frac{P_1R + Q_1X}{U_1} \tag{2-48}$$

对于 35kV 及以下的地方电网，式（2-47）、式（2-48）中的 U_1、U_2 可以用额定电压

U_N 来代替。

电压损失通常以线路额定电压的百分数表示，即

$$\Delta U\% = \frac{U_1 - U_2}{U_N} \times 100\% = \frac{\Delta U}{U_N} \times 100\% \quad (2-49)$$

上面所推得的公式是对输电线路而言的。如果把线路阻抗换成变压器阻抗，这些公式也适用于变压器。

第七节　导线截面的选择

导线截面的选择对电力网的技术、经济性能有很大影响。导线截面的选择首先要考虑技术条件，如不发生电晕、满足机械强度的要求、正常情况下的发热和故障情况下的热稳定、电压损耗不超过允许值等。此外，还要考虑经济条件，如截面的选择不应使功率损耗过大，不应使投资过大及降低有色金属消耗等。因此，导线截面的选择需要从各方面综合考虑。

1. 电晕条件

如前所述，高压输电线路产生电晕会引起电能损耗和无线电干扰。为了避免电晕的发生，架空线路的导线外径不能过小。根据理论分析及试验所得结果，各级电压下按电晕条件规定的导线最小外径见表 2 - 3。

表 2 - 3　各级电压下按电晕条件规定的导线最小外径

额定电压 (kV)	63 以下	110	220	330		380	500	750
导线外径 (mm)	不限制	9.6	21.3	33.2	2×21.3			
相应导线型号		LGJ-50	LGJ-240	LGJ-600	LGJ-240	LGJQ-400×2	LGJQ-400×3	LGJQ-500×4

通常对 63kV 及以下电压的架空线不考虑电晕影响，因为按机械强度（见后）所选择的截面积已超过按电晕条件所要求的截面积。

2. 机械强度

架空线路的导线在运行时要承受各种机械负荷，如导线自重、风压、冰冻等，这就要求导线截面积必须大于一定的值，才能保证应有的机械强度。

架空线路根据其重要程度分成三个等级，通常 35kV 及以上为Ⅰ级，1～35kV 为Ⅱ级，1kV 以下为Ⅲ级，按机械强度条件要求的导线最小截面积见表 2 - 4。

表 2 - 4　按机械强度条件要求的导线最小截面积　mm^2

导线种类	35kV 及以上线路	6～10kV 线路		1kV 以下低压线路	
		居民区	非居民区	一　般	与铁路交叉时
铝及铝合金线	35	35	25	16	16
钢芯铝绞线	25	25	16	16	35
铜　　线	16	16	16	16	16

3. 发热条件

当导线通过正常最大负荷电流时，导线发热温度不应超过它的最高允许温度。例如，裸导线的允许温度一般规定为70℃。如果超出此值，导线接头处可能剧烈氧化，甚至引起断线。

根据最高允许温度，可以计算出导线在某一截面的允许持续负荷电流（允许载流量）I_{al}，把这些载流量列成表格，在设计时，使通过导线的最大负荷电流（计算电流）I_{30}小于导线的允许载流量，即

$$I_{30} \leqslant I_{al} \tag{2-50}$$

按式（2-50）来选择导线截面积，叫做按发热选择导线截面积。

应当注意，导线的允许载流量与环境温度和敷设条件（电缆线路）有关，如果导线敷设地点的环境温度与导线的允许载流量所采用的环境温度不同，则导线的允许载流量应乘以温度校正系数K_θ，即

$$K_\theta = \sqrt{\frac{\theta_{al} - \theta_0'}{\theta_{al} - \theta_0}} \tag{2-51}$$

式中：θ_{al}为导线材料正常情况下的最高允许温度；θ_0为导线允许截流量所采用的环境温度；θ_0'为导线敷设地点的实际环境温度。

修正后，按发热条件选择导线截面积的条件为

$$K_\theta I_{al} \geqslant I_{30} \tag{2-52}$$

对电缆线路，截面积选择还要考虑多根电缆并联敷设时的校正系数和故障情况下的热稳定。

4. 电压损失条件

当线路输送功率一定时，导线截面积越小，电阻越大，线路的电压损失越大。对于10kV及以下的电网，其负荷小而分散，在每个负荷点装调压设备显然是不合理的，因此，往往用电压损失作为控制条件选择配电网的导线截面积。对于35kV以上的电网，线路输送功率大，导线截面积也比较大，线路的电抗远大于电阻值，从而决定了电压损失的主要因素是电抗，因为增大导线截面积对电抗的影响很小，所以靠增大导线截面积来满足电压质量是不经济的，依靠无功补偿等手段来满足电压质量更为合理。

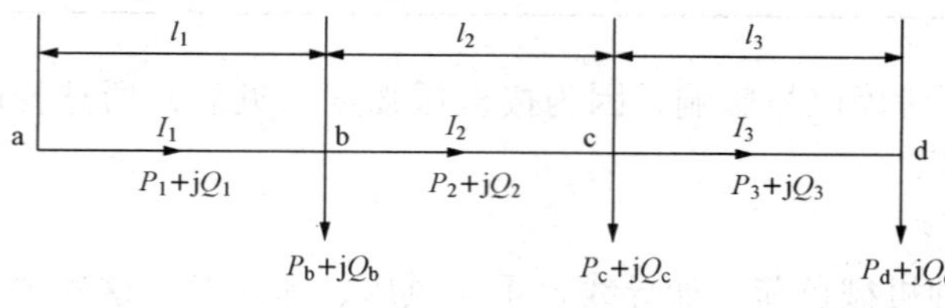

图2-23 10kV配电网

下面以图2-23所示的10kV配电网为例，说明按电压损失选择导线截面积的原理。

对于地方电网，电压损失的计算公式为

$$\Delta U = \sum\left(\frac{P_i R_i}{U_N} + \frac{Q_i X_i}{U_N}\right) = \Delta U_R + \Delta U_X \tag{2-53}$$

式中：P_i，Q_i分别为每段线路上流过的有功和无功功率；R_i，X_i分别为每段线路的电阻和电抗；U_N为线路的额定电压；ΔU_R和ΔU_X分别为电阻和电抗上的电压损失。

因线路的电抗变化不大，所以按电压损失选择导线截面积时，通常假定线路单位长度的电抗x_1为已知，并且各段相等。这样，可首先估算出电抗上产生的电压损失ΔU_X，然后根据给定的最大允许电压损失ΔU_{max}计算在电阻上容许的电压损失ΔU_R，即

$$\Delta U_R = \Delta U_{max} - \Delta U_X \tag{2-54}$$

由于 ΔU_R 和线路的电阻成正比，与导线截面积成反比，故可以求出导线截面积。

对图 2-23 所示的电网而言，由电抗引起的电压损失为

$$\Delta U_X = \frac{x_1(Q_1 l_1 + Q_2 l_2 + Q_3 l_3)}{U_N} \tag{2-55}$$

式（2-55）中，x_1 假定为已知，通常可取 0.4Ω/km。

当根据式（2-54）求得 ΔU_R 后，可以利用以下关系确定导线截面积

$$\Delta U_R = \frac{P_1 R_1 + P_2 R_2 + P_3 R_3}{U_N} \tag{2-56}$$

式中：R_1、R_2、R_3 分别为各线段电阻，是未知数，根据不同的要求，可以有不同的选择导线截面积的方法。

（1）按各段线路导线截面积相等的原则。

按各段线路的导线截面积均为 A，则相应的电阻为

$$R_1 = \frac{\rho l_1}{A} = \frac{l_1}{\gamma A},\quad R_2 = \frac{\rho l_2}{A} = \frac{l_2}{\gamma A},\quad R_3 = \frac{\rho l_3}{A} = \frac{l_3}{\gamma A}$$

式中：ρ 为导线的电阻率；γ 为导线的电导率，对于铜导线，取 $\gamma=0.053\text{km}/(\Omega\cdot\text{mm}^2)$，对于铝导线，取 $\gamma=0.032\text{km}/(\Omega\cdot\text{mm}^2)$。

将 R_1、R_2、R_3 的值代入式（2-56），并经整理后得

$$A = \frac{\rho(P_1 l_1 + P_2 l_2 + P_3 l_3)}{\Delta U_R U_N} = \frac{P_1 l_1 + P_2 l_2 + P_3 l_3}{\gamma \Delta U_R U_N} \tag{2-57}$$

由式（2-57）求出 A 后，可选取接近偏大的导线截面积。

（2）按恒定电流密度的原则选择。按截面积相等原则选择导线截面积在经济上往往不够合理。因此，可以按恒定电流密度或有色金属消耗最小的原则选择截面积。

下面仍以图 2-23 所示电网为例，说明按恒定电流密度选择导线截面积的方法。

由电阻引起的电压损失可以改写为

$$\begin{aligned}\Delta U_R &= \sqrt{3}\left(\frac{U_N I_1 \cos\varphi_1 l_1}{U_N \gamma A_1} + \frac{U_N I_2 \cos\varphi_2 l_2}{U_N \gamma A_2} + \frac{U_N I_3 \cos\varphi_3 l_3}{U_N \gamma A_3}\right)\\ &= \sqrt{3}\left(\frac{I_1 \cos\varphi_1 l_1}{\gamma A_1} + \frac{I_2 \cos\varphi_2 l_2}{\gamma A_2} + \frac{I_3 \cos\varphi_3 l_3}{\gamma A_3}\right)\end{aligned} \tag{2-58}$$

式中：$\cos\varphi_1$、$\cos\varphi_2$、$\cos\varphi_3$ 为各线段负荷潮流的功率因数；A_1、A_2、A_3 为各线段的导线截面积。

电流密度为电流与截面积的比。设各线段的电流密度均为 J，则

$$J = \frac{I_1}{A_1} = \frac{I_2}{A_2} = \frac{I_3}{A_3} \tag{2-59}$$

将式（2-59）代入式（2-58），可求得

$$J = \frac{\gamma \Delta U_R}{\sqrt{3}(l_1 \cos\varphi_1 + l_2 \cos\varphi_2 + l_3 \cos\varphi_3)}$$

一般情况下

$$J = \frac{r \Delta U_R}{\sqrt{3}\sum_{i=1}^{b} l_i \cos\varphi_i} \tag{2-60}$$

式中：b 为输电线路段数。

知道电流密度 J 后，就可以根据式（2-59）求出各段输电线路的截面积，即

$$A_i = I_i/J \quad (i = 1,2,\cdots,b) \tag{2-61}$$

一般来说，当负荷年利用小时数较高时，采用恒定电流密度法可以有效地降低电能损耗，从而提高电网的经济效益；当负荷的年利用小时数较小时，电能损耗在整个运行费用中所占比重较少，在这种情况下按有色金属消耗量最小的原则选择导线截面积更为有利。

（3）按有色金属消耗量最小原则选择。

设各段线路的长度及有功功率分别为 l_i 和 P_i，则按有色金属消耗量最小选择导线截面积时，第 i 段线路的导线截面积为

$$A_i = \frac{\sqrt{P_i}\sum_{i=1}^{b}(l_i\sqrt{P_i})}{\gamma \Delta U_R U_N} \quad (i = 1,2,\cdots,b) \tag{2-62}$$

【例 2-3】 有两个工厂 b 和 c，由变电站 a 用 35kV 输电线路供电，如图 2-24 所示。a 到 b 和 b 到 c 的距离都是 12km，b 点的负荷为（4000 + j3000）kVA，c 点的负荷为（2000 + j1500）kVA。两工厂的最大负荷利用小时数均为 4500h。从 a 到 c 的允许电压损失为 5%。试分别按照恒定经济电流密度及最小金属消耗量法选择导线截面积，并校验发热和机械强度。

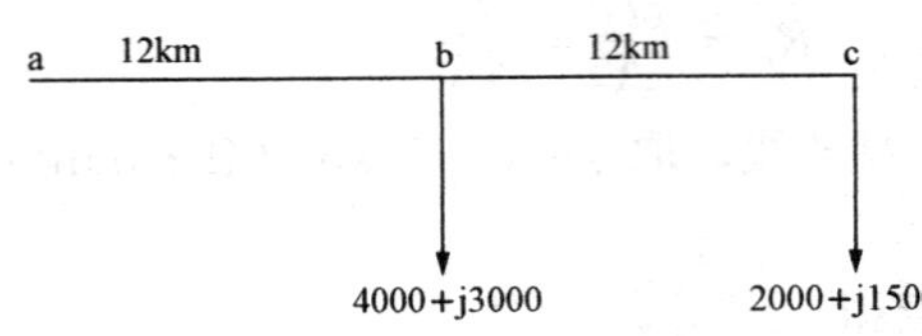

图 2-24 ［例 2-3］图

解 输电线路 ac 之间允许的电压损耗为

$$\Delta U_{max} = 35\,000 \times 0.05 = 1750(\text{V})$$

若取线路单位长度的电抗值为 0.4Ω/km，则电抗上的电压损耗为

$$\Delta U_X = \frac{(Q_1 X_1 + Q_2 X_2)}{U_N} = \frac{4500 \times 12 \times 0.4 + 1500 \times 12 \times 0.4}{35} = 820(\text{V})$$

在电阻上允许的电压损耗为

$$\Delta U_R = \Delta U_{max} - \Delta U_X = 1750 - 820 = 930(\text{V})$$

（1）按恒定电流密度选择截面积。

因铝导线的电导率 γ=31.7m/(Ω·mm²)，所以电流密度为

$$J = \frac{\Delta U_R \gamma}{\sqrt{3}(l_1\cos\varphi_1 + l_2\cos\varphi_2)} = \frac{930 \times 31.7}{\sqrt{3}(12\,000 \times 0.8 + 12\,000 \times 0.8)} = 0.9(\text{A/mm}^2)$$

ab 段线路流过的最大电流

$$I_{1max} = \frac{\sqrt{6000^2 + 4500^2}}{\sqrt{3} \times 35} = 124(\text{A})$$

导线截面积为

$$A_1 = \frac{I_{1max}}{J} = \frac{124}{0.9} = 140(\text{mm}^2)$$

可选择 LGJ-150 导线，环境温度为 25℃时的允许载流量 I_{al}=445A，满足发热要求，也满足机械强度要求。

bc 段线路流过的最大电流

$$I_{2max} = \frac{\sqrt{2000^2 + 1500^2}}{\sqrt{3} \times 35} = 41.92(\text{A})$$

导线截面积为

$$A_2=\frac{I_{2\max}}{J}=\frac{41.29}{0.9}=45.87(\mathrm{mm}^2)$$

查相关手册，可选择 LGJ-50 导线，环境温度为 25℃时的允许载流量 $I_{al}=220A$，满足发热要求，也满足机械强度要求。

由相关手册可查出两种型号架空线路参数为

LGJ-150

$$r_1=0.21\Omega/\mathrm{km},\quad x_1=0.398\Omega/\mathrm{km}$$

LGJ-50

$$r_1=0.63\Omega/\mathrm{km},\quad x_1=0.427\Omega/\mathrm{km}$$

由此可得输电线路的总电压损耗为

$$\Delta U=\sum_{i=1}^{2}\left(\frac{P_iR_i+Q_iX_i}{U_N}\right)$$

$$=\frac{(2000\times0.63+6000\times0.21)\times12+(1500\times0.427+4500\times0.398)}{35}=1700(\mathrm{V})$$

$\Delta U<\Delta U_{\max}$，满足电压损失要求。

(2) 按有色金属消耗量最小选择截面积。

按式 (2-62)，Ab 线段的截面积 A_1 为

$$A_1=\frac{\sqrt{P_1}}{\gamma\Delta U_RU_N}(l_1\sqrt{P_1}+l_2\sqrt{P_2})=\frac{\sqrt{6000}\times10^3}{31.7\times930\times35}(12\times\sqrt{6000}+12\times\sqrt{2000})$$

$$=110(\mathrm{mm}^2)$$

可选 LGJ-120 导线。

bc 段的导线截面积可按下式求出

$$A_2=A_1\sqrt{\frac{P_2}{P_1}}=110\sqrt{\frac{2000}{6000}}=64(\mathrm{mm}^2)$$

故可选 LGJ-70 的导线截面。

可校验机械强度、发热和电压损失都满足要求。

5. 经济电流密度条件

导线截面积越大，线路的电能损耗越小，但线路投资增加，电能损耗影响年运行费用。因此综合以上两种情况，使年运行费用达到最小，初投资费又不过大而确定的符合总经济利益的导线截面，称为经济截面，用 A_{ec} 表示。对应于经济截面的导线电流密度，称为经济电流密度，用 J_{ec} 表示。我国现行关于经济电流密度的规定见表 2-5。

表 2-5　经济电流密度

导线材料	年最大负荷利用小时数 (h)		
	小于 3000	3000～5000	大于 5000
铝线	1.65	1.15	0.9
铜线	3.00	2.25	1.75
铝芯电缆	1.92	1.73	1.54
铜芯电缆	2.50	2.25	2.00

年运行费用 F 与导线截面积 A 的关系如图 2-25 所示。其中曲线 1 表示年折旧费和线路的年维修管理费与导线截面积 A 成正比；曲线 2 表示线路的年电能损耗费与导线截面积的二次方成反比；曲线 3 为曲线 1 与曲线 2 的叠加，即年运行费用 F，曲线 3 的最低点（a 点）为年运行费的最小值 F_a。

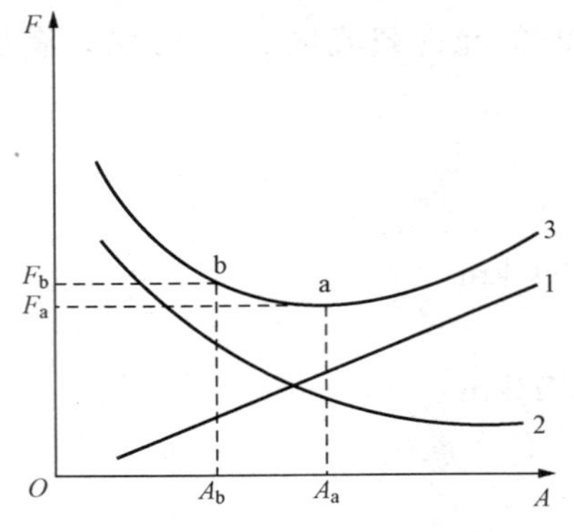

图 2-25 年运行费用 F 与导线截面积 A 的关系

按经济电流密度选择导线截面积时，可按下式计算

$$A_{ec}=\frac{P}{\sqrt{3}U_N\cos\varphi J_{ec}} \tag{2-63}$$

式中：P 和 $\cos\varphi$ 分别为通过线路的最大有功负荷和功率因数。

由于曲线 3 底部比较平坦，如 b 点与 a 点差别不大，即年运行费用增加不大，但导线截面积却减小很多。因此，根据式（2-63）计算出经济截面后，应选最接近而又偏小一点的截面，这样可节约有色金属消耗量和初投资。

思考题与习题

2-1 为什么 220kV 以上的超高压输电线路必须采用分裂导线？

2-2 在配电网中，降低功率损耗和电能损耗的有效措施有哪些？

2-3 什么是电压降落、电压损失和电压偏移？

2-4 导线截面有几种选择方法？必须满足哪些技术条件？

2-5 有一回 110kV 架空输电线路，导线型号为 LGJ-120（单位长度电阻、电抗参见附录表Ⅳ-5），导线水平排列并经过完全换位，线间距离为 4m，长度为 100km。试计算线路参数，并做出 π 形等效电路。

2-6 某变电站有一台 S10-3150/35 型的三相双绕阻变压器，额定电压为 35/10.5kV，试求变压器的阻抗及导纳参数（归算至 35kV 侧），并做出其等效电路。

2-7 某变电站装有一台 SFSZ9-40000/110 型三绕组变压器，试求变压器的各支路电抗参数（归算至 110kV 侧）。

2-8 有一回 110kV 输电线路，采用 LGJ-150 型导线，导线水平布置并经过完全换位，导线的相间距离为 4m，线路长 100km。如线路输送功率为 30 000kW，负荷功率因数为 0.85，若受端电压维持在 110kV，试求送端电压。

2-9 某 110kV 线路长 100km，其单位长度参数为 $r_1=0.17\Omega/\text{km}$，$x_1=0.4\Omega/\text{km}$，$b_1=2.8\times10^{-6}\text{S/km}$，线路末端最大负荷为 (30＋j20)MVA，最大负荷利用小时数为 $T_{max}=5000\text{h}$。试计算全年的电能损耗。

2-10 某变电站有两台型号为 SFZ10-31500/110 的变压器并联运行，变压器的技术数据为：额定容量 $S_N=31\ 500\text{kVA}$，电压 110/11kV，$U_k\%=10.5$，$\Delta P_0=29.5\text{kW}$，$\Delta P_k=125.8\text{kW}$。取 $\tau_{max}=3300\text{h}$，并假定变压器运行在额定容量下，试求变压器全年的电能损耗。

2-11 某 110kV 双回输电线路，线路长 100km，输送功率为 80MW，功率因数为

0.85，已知最大负荷利用小时数 $T_{max}=6000h$。如果线路采用钢芯铝绞线，试选择导线的截面积和型号。

2-12　某10kV线路接有两个用户，采用干线式接线方式。在距离电源10km的A点处接有100kW的负荷；在距电源20km的B点接有150kW的负荷。A点和B点负荷的功率因数都为0.85。已知线路允许电压损失为5%，线间几何均距为1m，导线采用铝绞线，试按同一截面法选择导线截面积。

第三章 变电站的一次设备

本章讲述了开关电器中电弧产生的原因和熄灭电弧的方法；介绍了高压断路器、高压隔离开关、熔断器、负荷开关、互感器、电抗器等变电站一次设备的结构和工作原理，并列举了一些常用的开关设备；最后简单介绍了一些低压开关电器。

第一节 一次回路与一次设备

变配电所中担负输送和分配电能任务的电路，称为一次电路或一次回路，亦称一次系统或主回路。一次回路中所有的电气设备，称为一次设备或一次元件，如断路器、电压互感器、电流互感器、避雷器、电抗器等。

凡用来控制、指示、监测、保护一次设备运行的电路，称为二次电路或二次回路。二次回路中所有的电气设备，称为二次设备或二次元件，如电流表、电压表、继电器等。

一次回路与二次回路通过互感器相连接，一次回路和二次回路分别接在互感器的一次侧和二次侧。互感器属于一次设备。

本章只介绍构成主回路的一次设备，主要包括开关电器（如断路器、隔离开关等）、互感器（电压互感器、电流互感器）、保护设备（如熔断器、电抗器等）和低压电器（如刀开关、低压断路器等）。

第二节 开关电器中电弧的产生与熄灭

当开关电器（如断路器）断开通有电流的电路时，在动、静触头的间隙中就会出现电弧，如图 3-1 所示。对于 220V 的低压刀开关，当开断不大的负荷电流时，就可见到电弧；在高压电路中开断大电流时，会产生极强烈的电弧。在电弧燃烧期间，虽然触头已分开，但电路中的电流仍以电弧的方式维持着，电路并未真正断开，只有电弧熄灭后，电路才算真正被切断。

一、电弧的产生

1. 强电场发射

加有电压的开关电器触头在开始分离时，触头间的距离很小，触头间会形成很强的电场强度。当电场强度 E 超过 3×10^6V/m 时，在强电场作用下，阴极触头表面的自由电子就会被拉出，在电场的作用下向正极发射，形成强电场发射。

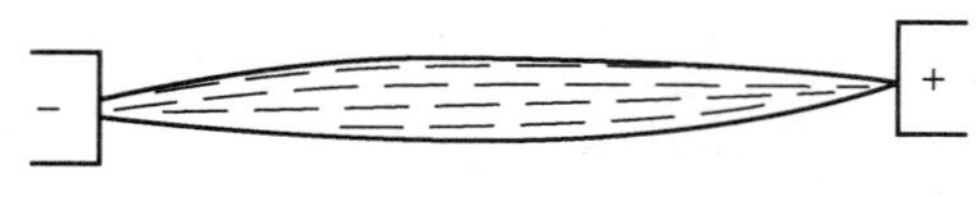

图 3-1 电弧示意图

2. 热电子发射

触头是由金属材料制成的，在常温下，金属内部就存在大量的自由电子，当开关电器动静触头开始分离时，由于动静触头间的接触压力不断降低，接触面积减小，使接触电阻迅速增加，当触头分离到最后时，只剩下几点还接触，电流流过使这些接触点处的温度急剧升高，阴极表面自由电子在获得足够的热能后从阴极表面向四周发射，形成热电子发射。

3. 碰撞游离

如图 3-2 所示，由于强电场发射和热电子发射，在空间产生大量自由电子，触头间（从阴极发射出来）的自由电子在电场力的作用下，向阳极作加速运动，能量逐渐增加。在向阳极运动的过程中不断与介质（空气或别的物质）发生碰撞，使中性质点游离成正、负离子，这种现象就称为碰撞游离。

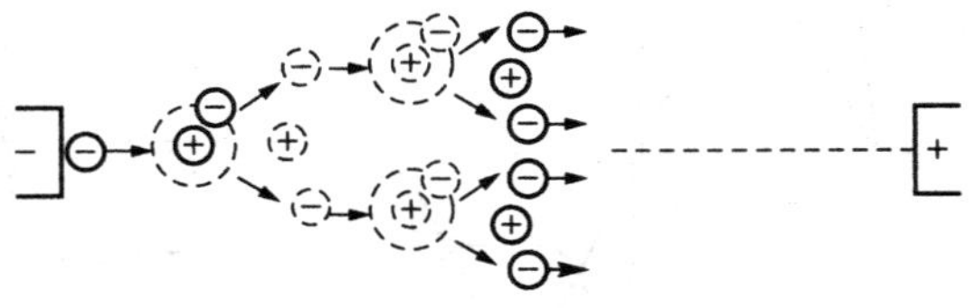

图 3-2　碰撞游离过程

碰撞游离使介质带电质点剧增，在外加电压作用下，触头间介质被击穿，大量的电子向阳极运动，触头间形成电流，发出巨大的声响和强烈的白光，这就是电弧。

4. 热游离

电弧的温度很高（5000K 以上），在高温作用下，阴极表面继续产生热电子发射，并在介质中产生热游离，使电弧得以维持和发展。

由上述可知，碰撞游离产生电弧，而维持电弧燃烧的主要因素是热游离。

二、电弧的熄灭条件

由电弧产生的原因可知，要熄灭电弧，必须减少触头间的正、负离子，即去游离。去游离过程包括复合和扩散两种形式。

1. 复合去游离

弧柱中带正电和带负电的质点，在运动过程中互相吸引结合成中性质点的现象称复合去游离。复合的快慢与电场强度、电弧的温度和截面积有关。复合速率与带电质点的体积浓度成比例，因而与电弧直径二次方成反比。拉长电弧，可以使电场强度下降，电子运动速度减慢，复合的可能性增大；加强电弧冷却，如利用液体、气体吹弧或将电弧挤入绝缘冷壁制成的狭缝中，能迅速冷却电弧，减小离子运动速度，加强复合过程；此外加大气体介质的压力，可使带电质点的密度增大，自由行程减少，也可以加强复合过程。

2. 扩散去游离

弧柱中正、负离子从电弧内逸出，进入周围介质中的现象，称为扩散去游离。扩散出去的带电粒子使弧柱内的带电粒子减少，因此，扩散有助于电弧的熄灭。

游离和去游离是同时存在的。当游离作用大于去游离作用时，电弧电流增大，电弧增强；若游离作用等于去游离作用，则电弧电流保持不变，电弧稳定燃烧；若去游离作用大于游离作用，则电弧电流减小，最终使电弧熄灭。由此可知，要使电弧熄灭，则必须设法使去游离速度大于游离速度。

三、电弧的特性

由于交流电流的瞬时值不断地随时间作周期性变化，因而电弧的温度、电阻及电弧电压也随时间而变化，故交流电弧的伏安特性应为动态特性，且电弧的热惯性使电弧温度的变化总是滞后于电流的变化。

由于交流电流每半个周期要经过零值一次，因而电流过零时电弧将暂时熄灭，对于稳定燃烧的电弧，在电弧电流过零熄灭后，在下半周又会重新燃烧，所以交流电弧每一个周期（2π 电角度）要暂时熄灭两次。

当电弧电流按正弦变化时，如图 3-3（a）中曲线 i_a 所示。电弧在稳定燃烧的情况下，如果弧长不变，且介质对电弧的冷却作用不太强，则电弧电压的波形如图 3-3（a）中曲线 u_a 所示。交流电弧的伏安特性如图 3-3（b）所示，曲线上的箭头表示电流变化的方向。

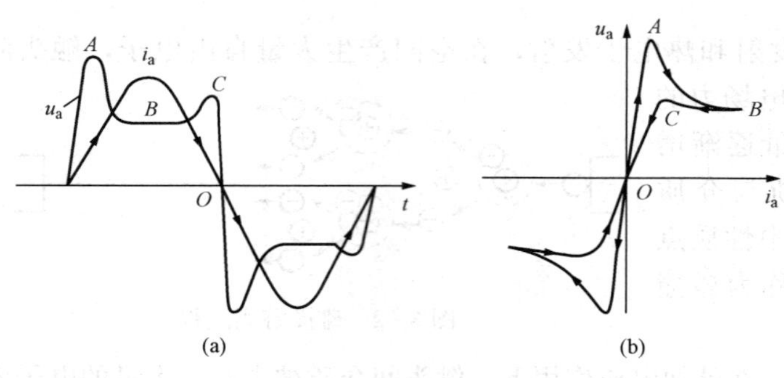

图 3-3 交流电弧的电压、电流波形图及伏安特性
（a）波形图；（b）伏安特性

图 3-3（a）中，电弧电压 u_a 的波形呈马鞍形变化。其中，A 点电压为电弧产生时的电压，称为燃弧电压；C 点电压为电弧熄灭时的电压，称为熄弧电压。

由图 3-3（b）所示交流电弧的伏安特性可知，在电弧电流过零期间，弧柱输入功率为零；由于散热作用，弧柱的温度下降，弧柱电阻增大，由于电流较小而未能形成电弧，电极两端的电压随电流以很大的斜率上升，如图 3-3（b）中 OA 部分；当电流达到对应于 A 点的数值后，弧隙被击穿，形成电弧；此后，电压随电流的增大而减小，如图 3-3（b）中 AB 部分；当电弧电流达到最大值后又减小时，电弧电压随电流的减小而上升，因为热惯性作用，沿曲线 BC 上升，BC 段低于 AB 段；当电流达到对应于 C 点的数值后，由于输入功率减小，不能继续维持电弧燃烧，电弧熄灭；电弧熄灭后，加在弧隙上的电压随电流的减小而迅速减小。显然，由于热惯性的影响，熄弧电压低于燃弧电压。

电弧电流过零时，是熄灭电弧的有利时机，但电弧是否能熄灭，取决于去游离速度是否大于游离速度。

对于交流电弧，在电流过零前，两电极一正一负，弧隙间充满电子和正离子。在电流过零后，由于弧隙的电极性发生了转换，弧隙中带电介质的运动方向也随之变化，质量轻的自由电子立刻反向运动，而正离子由于质量大几乎未动。于是，在新的阴极附近便形成缺少导电的自由电子而充满几乎不导电的正离子的正电荷空间，呈现出一定的介质强度。这种在阴极附近的薄层空间介质强度突然升高的现象，称为近阴极效应。试验证明，电流过零后，在 0.1～1μs 极短的时间内立即出现 150～250V 的起始介质强度。

近阴极效应对几万伏以上的高压断路器的灭弧不起多大作用，对低于电器的作用则很大。

四、熄灭交流电弧的基本方法

开关电器中经常采用的灭弧方法有以下几种。

1. 速拉灭弧法

迅速拉长电弧是开关电器中普遍采用的最基本的灭弧方法。电弧的迅速拉长，将使弧隙的电场强度骤降，从而导致带电质点的复合迅速增强，有助于加速电弧的熄灭。

2. 吹弧灭弧法

利用外力（如气流、油流或电磁力）来吹动电弧，加速电弧的冷却，同时拉长电弧，使电弧变细，降低电弧中的电场强度，使带电质点的复合和扩散增强，最终加速电弧的熄灭。按外力的性质来分，有气吹、油吹、磁吹等。

3. 采用灭弧能力强的灭弧介质

电弧中的去游离强度，在很大程度上取决于周围介质的特性。高压断路器中广泛采用的灭弧介质有真空、SF_6、变压器油、压缩空气。

（1）真空。如果将开关触头装在真空容器内，由于真空的气体稀薄（其气体压力低于 133.3×10^{-4}Pa），弧隙中的自由电子和中性质点都很少，则触头在分断时产生的电弧（真空电弧）一般较小，并在电流第一次过零时就能使电弧熄灭。真空气体的绝缘强度比变压器油、1 个大气压下的 SF_6 气体、空气都大（比空气大 15 倍）。

（2）SF_6 气体。SF_6 气体具有优良的绝缘性能和灭弧性能。SF_6 气体中氟原子具有很强的吸附电子的能力，为复合创造了有利的条件，因而具有很强的灭弧能力，其灭弧能力比空气强 100 倍，绝缘强度约为空气的 3 倍。采用 SF_6 气体来灭弧可大大提高开关的断流容量和缩短灭弧时间。

（3）变压器油。在高温电弧的作用下，变压器油可分解出大量的氢气和油蒸气（H_2 占 70%～80%），其中氢气的绝缘和灭弧能力是空气的 7.5 倍。

（4）压缩空气。压缩空气的压力约为 20×10^5Pa，由于其分子密度大，质点的自由行程小，能量不易积累，不易发生游离，所以具有良好的绝缘和灭弧能力。

4. 粗弧分细灭弧法

将粗大的电弧分成若干平行的细小电弧，加大电弧与周围介质的接触面积，改善电弧的散热条件，降低电弧的温度，使电弧中离子的复合和扩散都得到加强，从而使电弧加速熄灭。

5. 长弧切短灭弧法

这种方法常用于低压电器中。由于电弧的电压降主要降落在阴极和阳极上，其中阴极电压降又比阳极电压降大得多，弧柱上的电压降是很小的，因此把触头间产生的电弧引入与电弧垂直放置的金属栅片内，将一个长电弧切割成若干个短电弧，则电弧电压降相当于近似增大若干倍。交流电路中，利用近阴极效应，使所有电弧阴极的介质强度之总和永远大于触头间的外加电压，电弧就不再重燃。图 3-4 为低压开关电器中广泛采用的钢灭弧栅装置，利用的就是长弧切短灭弧原理。灭弧栅由许多带缺口的钢片制成，当断开电路时，动、静触头间产生电弧，由于磁通总是力图走磁阻最小的路径，故对电弧产生一个向上的电磁力，将电弧拉至上部无缺口的部分，电弧则被栅片分割成若干短弧。

6. 狭缝灭弧法

当触头断开而产生电弧后，使电弧在固体介质所形成的狭缝中燃烧，狭缝限制了电弧直径，狭缝中的气体因受热膨胀使弧隙压力增大，同时附着于固体介质表面的带电质点强烈地复合，固体介质对电弧的冷却将使电弧迅速熄灭。狭缝灭弧原理如图 3-5 所示。灭弧片通常由耐高温的绝缘材料（如石棉、水泥或陶土材料）制成，有多种形式。电弧被拉入绝缘栅片的狭缝中，弧隙压力增加，电弧被拉长，并与灭弧片冷壁紧密接触，加大了冷却作用，使电弧内的复合过程加强，最终使电弧熄灭。

此外，电弧中去游离的强度，在很大程度上与触头的材料有关。

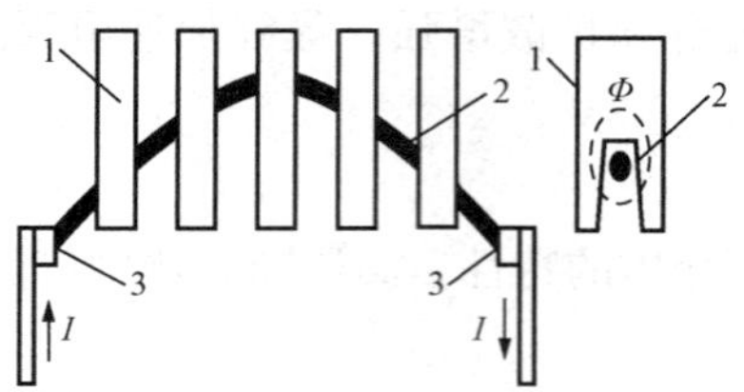

图3-4 长弧切短灭弧原理
1—灭弧栅片；2—电弧；3—触头

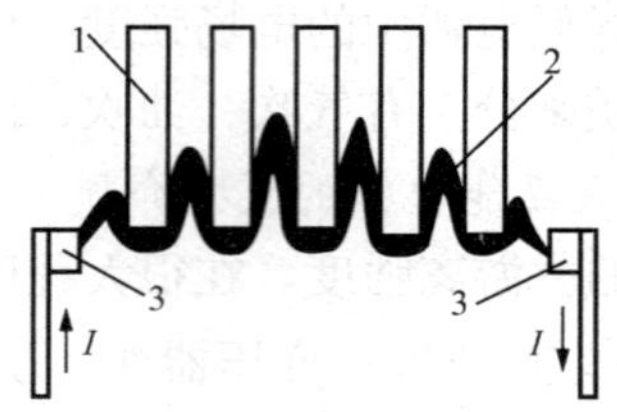

图3-5 狭缝灭弧原理
1—绝缘栅片；2—电弧；3—触头

第三节 高压断路器

一、高压断路器概述

高压断路器是发电厂、变电站及电力系统中最重要的控制与保护设备。其主要用于接通和断开正常的工作电流，在故障时自动断开电路中的短路电流、切除故障电路，是开关电器中最为完善的一种设备。

为满足电网发展和电力用户对高质量、高可靠供电的需求，高压断路器正向着智能化的方向发展。智能高压断路器具有在线监测功能、控制功能，多使用新型的电流及电压传感器。

1. 对高压断路器的基本要求

高压断路器在合闸状态时应为良好的导体，分闸状态时应具有良好的绝缘性；在断开规定的短路电流时，应具有足够的开断能力和尽可能短的断开时间；在开断瞬时性故障后，能进行快速自动重合操作；在接通规定的短路电流时，动作速度快，熄弧时间短，短时间内触头不产生熔焊。

2. 高压断路器的类型与型号

高压断路器按安装地点分为户内式和户外式两种；按使用的灭弧介质可分为真空断路器、六氟化硫（SF_6）断路器、油断路器、空气断路器、磁吹断路器等；按操动机构可分为手动式、电磁式、液压式、弹簧储能式等。这里重点介绍常用的 SF_6 断路器和真空断路器。

（1）SF_6 断路器。采用具有优良灭弧能力的惰性气体 SF_6 作为灭弧介质的 SF_6 断路器，具有开断能力强、全开断时间短、断口开距小、体积小、质量较轻、维护工作量小、噪声低、寿命长等优点；但结构较复杂，金属消耗量大，制造工艺、材料和密封要求高，价格较贵。目前国内生产的 SF_6 断路器有 12～550kV 电压等级产品。SF_6 断路器与以 SF_6 气体为绝缘的有关电器组成的密封组合电器（GIS），在城市高压配电装置中应用日益广泛，是高压和超高压系统的发展方向。

（2）真空断路器。利用真空（气体压力为 133.3×10^{-4}Pa 以下）的高绝缘性能来实现灭弧的断路器，其优点是开断能力强，灭弧迅速，触头密封在高真空的灭弧室内而不易氧化，运行维护简单，灭弧室不需检修，结构简单，体积小，质量轻，噪声低、寿命长，无火灾和爆炸危险；但其对制造工艺、材料和密封要求高，且开断电流和断口电压不能做得很高。目前国内只生产 40.5kV 及以下电压等级产品。

（3）油断路器。以绝缘油作为灭弧介质的断路器，分为多油断路器与少油断路器两种。这种最早出现、历史悠久的断路器，现在基本上已被淘汰，因此不多作介绍。

（4）空气断路器。以高速流动的压缩空气作为灭弧介质及兼作操动机构源的断路器，称为压缩空气断路器。此类型断路器具有灭弧能力强、动作迅速的优点；但由于其结构复杂，工艺要求高，有色金属消耗量大而应用不多，因此也不多作介绍。

（5）磁吹断路器。磁吹断路器为利用断路器本身流过的大电流所产生的电磁力将电弧迅速拉长而吸入磁性灭弧室内冷却熄灭的断路器。

高压断路器的型号含义如下所示：

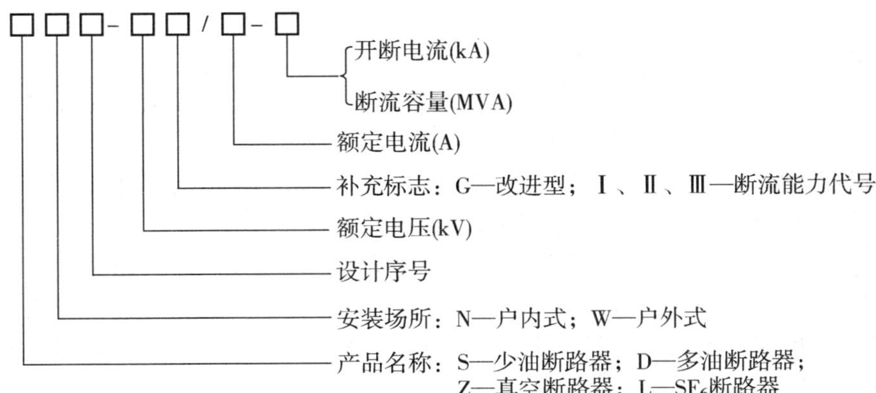

高压断路器图形符号和文字符号如图 3-6 所示。

3. 高压断路器的基本结构

虽然高压断路器有多种类型，具体结构也不相同，但基本结构类似，主要包括通断元件、绝缘支撑元件、中间传动机构、操动机构、基座等部分。电路通断元件安装在绝缘支撑元件上，而绝缘支撑元件则安装在基座上，如图 3-7 所示。

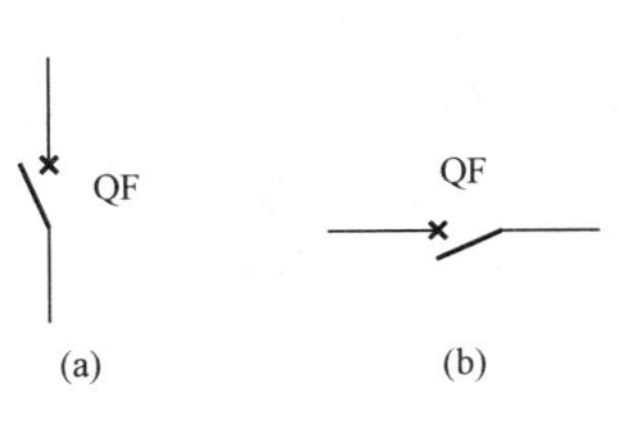

图 3-6 高压断路器图形符号和文字符号

（a）垂直画法；（b）水平画法

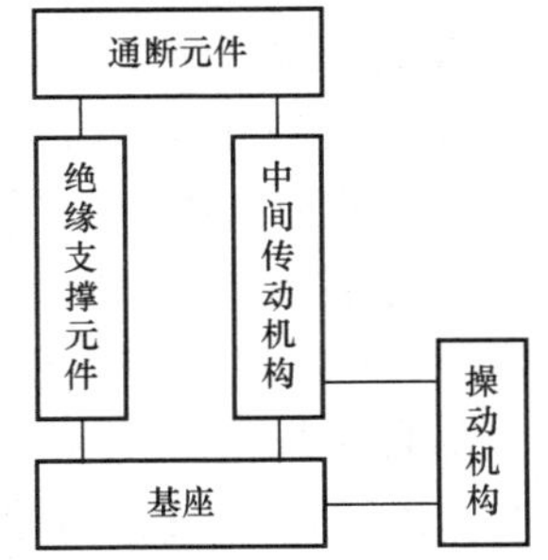

图 3-7 高压断路器的基本组成框图

电路通断元件是断路器的关键部件，承担着接通和断开电路的任务，它由接线端子、导电杆、触头（动、静触头）及灭弧室等组成；绝缘支撑件起固定通断元件的作用，当操动机构接到合闸或分闸命令时，操动机构动作，经中间传动机构驱动动触头，实现断路器的合闸或分闸。

4. 高压断路器的技术参数

高压断路器通常用下列技术参数表示其技术性能。

（1）额定电压 U_N。额定电压是指高压电器设计时所采用的标称电压，U_N 是表征断路器绝缘强度的参数。所谓标称电压是指国家标准中列入的电压等级，对于三相电器是指相间电压，即线电压。我国高压开关设备和控制设备采用的额定电压有 3.6、7.2、12、40.5、126、252、363、550kV 等。

考虑到输电线路的首、末端运行电压不同及电力系统的调压要求，对高压电器又规定了与其额定电压相应的最高工作电压 U_{max}。一般，当 $U_N \leqslant 252$kV 时，$U_{max}=1.5U_N$；当 $U_N=363\sim550$kV 时，$U_{max}=1.1U_N$。

为保证高压电器有足够的绝缘距离，通常其额定电压越高，其外形尺寸越大。

（2）额定电流 I_N。额定电流是指高压电器在额定的环境温度下，能长期流过且其载流部分和绝缘部分的温度不超过其长期最高允许温度的最大标称电流，用 I_N 表示。对于高压断路器，我国采用的额定电流有 200、400、630、1000、1250、1600、2000、2500、3150、4000、5000、6300、8000、10 000、12 500、16 000、20 000A。

高压断路器的额定电流决定了其导体、触头等载流部分的尺寸和结构，额定电流越大，载流部分的尺寸越大，否则不能满足最高允许温度的要求。

（3）额定开断电流 I_{Nbr}。高压断路器进行开断操作时首先起弧的某相电流，称为开断电流。在额定电压 U_N 下，断路器能可靠地开断的最大短路电流，称为额定开断电流，用 I_{Nbr} 表示。额定开断电流是表征断路器开断能力的参数。我国规定的高压断路器的额定开断电流为 1.6、3.15、6.3、8、10、12.5、16、20、25、31.5、40、50、63、80、100kA 等。

（4）热稳定电流（额定短时耐受电流）I_t。热稳定电流是在保证断路器不损坏的条件下，在规定的时间 t（产品目录一般给定 2、4、5、10s 等）内允许通过断路器的最大短路电流有效值。它反映断路器承受短路电流热效应的能力，也称为额定短时耐受电流。当断路器持续通过 t 时间的电流 I_t 时，不会发生触头熔接或其他妨碍其正常工作的异常现象。国家标准规定：断路器的额定热稳定电流等于额定开断电流。热稳定电流的持续时间为 2s，需要大于 2s 时推荐 3s，经用户和制造商协商，也可选用 1s 或 4s。

（5）动稳定极限电流（额定峰值耐受电流）i_{es}。动稳定极限电流 i_{es} 是断路器在闭合状态下允许通过的最大短路电流峰值，又称极限通过电流或额定峰值耐受电流。它表明断路器承受短路电流电动力效应的能力。当断路器通过这一电流时，不会因电动力作用而发生任何机械上的损坏。动稳定极限电流取决于导体和机械部分的机械强度，与触头的结构有关。i_{es} 的数值约为额定开断电流 I_{Nbr} 的 2.5 倍。

（6）额定关合电流 I_{Ncl}。如果在断路器合闸之前，线路或设备上已存在短路故障，则在断路器合闸过程中，在触头即将接触时即有巨大的短路电流通过，要求断路器能承受而不会引起触头熔接和遭受电动力的损坏；而且在关合后，由于继电保护动作，不可避免地又要自动跳闸，此时仍要求能切断短路电流。额定关合电流 I_{Ncl} 用以表征断路器关合短路故障的能力。

额定关合电流 I_{Ncl} 是在额定电压下，断路器能可靠闭合的最大短路电流峰值。它主要取决于断路器灭弧装置的性能、触头构造及操动机构的型式。在断路器产品的目录中，部分产品未给出的，均为 $I_{Ncl}=I_{es}$。

（7）合闸时间与分闸时间。合闸时间与分闸时间是表明断路器开断过程快慢的参数，表征了断路器的操作性能。合闸时间是指断路器从接收到合闸命令到所有触头都接触瞬间的时间间隔。电力系统对断路器合闸时间一般要求不高，但要求合闸稳定性好。分闸时间包括固有分闸时间和燃弧时间。固有分闸时间是指断路器从接到分闸命令起到触头分离的时间间隔；燃弧时间是指从触头分离到各相电弧熄灭的时间间隔。为提高电力系统的稳定性，要求断路器有较高的分闸速度，即全分闸时间越短越好。

（8）额定开断容量 S_{Nbr}。额定开断容量 S_{Nbr} 是指断路器额定电压和额定开断电流的乘积，即 $S_{Nbr}=\sqrt{3}U_N I_{Nbr}$。如果断路器的实际运行电压 U 低于额定电压 U_N，而额定开断电流不变，此时的开断容量应修正为 $S_{br}=S_{Nbr}\frac{U}{U_N}$。

二、SF_6 断路器

SF_6 气体作为断路器的灭弧介质在 20 世纪 70 年代获得迅猛发展。我国于 1967 年开始研制 SF_6 气体断路器，1979 年开始引进 550kV 及以下 SF_6 断路器及 SF_6 全封闭组合电器（GIS）技术。目前 SF_6 断路器已成为我国高压断路器的首要品种。

1. SF_6 气体的性能

（1）物理、化学性质。SF_6 是目前高压电器中使用的最优良的灭弧和绝缘介质。纯净的 SF_6 气体为无色、无味、无毒、不可燃且不助燃的惰性气体；其密度在常温常压下约为空气的 5 倍。常温下，当压力不超过 2MPa 时为气态，它总的热传导能力远比空气好。其氟原子有很强的吸附外界电子的能力，SF_6 分子在捕捉电子后成为活动性不强的负离子，对去游离有利；另外，SF_6 分子直径很大（0.456nm），使得电子的自由行程减少，从而减少碰撞游离的发生。由于 SF_6 在断路器开断过程中损耗甚微，故可以在封闭系统中反复使用。

SF_6 的化学性质非常稳定。在干燥的情况下，温度低于 110℃时，与铜、铝、钢等材料都不发生作用；温度高于 150℃时，与钢、硅钢开始缓慢作用；温度高于 200℃时，将与铜铝发生轻微作用；当温度高于 500～600℃时，不与银发生作用。

纯净的 SF_6 的热稳定性很好，在有金属存在的情况下，热稳定性则大为降低。当温度为 150～200℃时，它开始分解，分解物有强烈的腐蚀性和毒性，且其分解随温度升高而加剧。纯净的 SF_6 气体一般公认是无毒的，当温度到达 1227℃时，分解物基本为 SF_4（有剧毒）；在温度为 1227～1727℃时，分解物主要为 SF_4 及 SF_3；温度超过 1727℃时，分解为 SF_2 和 SF。因此 SF_6 作为绝缘介质不能泄漏。并且在 SF_6 断路器中，一般均装有吸附装置，吸附剂为活性氧化铝、活性碳和分子筛等。吸附装置可完全吸附 SF_4 气体在电弧的高温下分解生成的毒质。

在电弧或电晕放电过程中，SF_6 被分解，由于金属蒸气参与反应，生成金属氟化物和硫的低氟化物。当气体中含有水分时，还可能生成 HF（氟化氢）或 SO_2，它们对绝缘材料、金属材料都有很强的腐蚀性，因此 SF_6 作为绝缘介质不能含有水分。

SF_6 气体是目前发现的六种温室气体之一。在高压电器制造行业使用着大量的 SF_6 气体，由于使用、管理不当或没有按正确的方法对其进行回收、再生处理，导致 SF_6 气体及在高温电弧作用下产生的有毒分解物排放到大气中，给人类赖以生存的环境带来污染和破坏，同时给电气设备的正常运行和人们身体健康带来不利影响。

（2）绝缘和灭弧性能。基于 SF_6 的物理、化学性质，SF_6 具有极为良好的绝缘性能和灭弧能力。

SF_6 气体的绝缘性能稳定，不会老化变质。当气压增大时，其绝缘能力也随之提高。SF_6 在电弧作用下分解成低氟化合物，由于需要的分解能比空气高得多，因此 SF_6 分子在分解时能吸收较多的能量，对弧柱的冷却作用强。当电弧电流过零时，低氟化物则急速再结合成 SF_6，故弧隙介质强度恢复过程极快。SF_6 的灭弧能力相当于同等条件下空气的 100 倍。

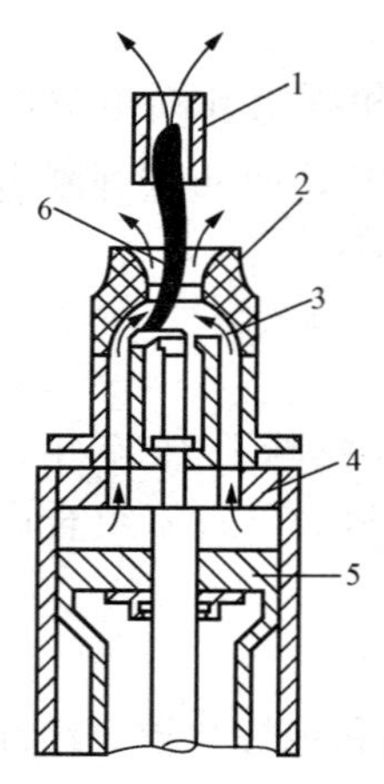

图 3-8 单压式 SF_6 断路器的灭弧室结构
1—静触头；2—绝缘喷嘴；3—动触头；4—绝缘筒；5—压气活塞；6—电弧

2. SF_6 断路器灭弧室工作原理

灭弧室是根据活塞压气原理工作的，又称压气式灭弧室。平时灭弧室只有一种低压（一般为 0.3～0.5MPa）的 SF_6 气体，作为断路器的内部绝缘。开断过程中，靠断路器压气活塞和汽缸相对运动压缩 SF_6 气体形成的气流来熄灭电弧。它的 SF_6 气体同样是在封闭系统循环使用，不能排向大气。这种灭弧装置结构简单、易于制造、可靠性高，便于维护，应用比较广泛。我国研制的 SF_6 断路器均采用单压式灭弧室。图 3-8 为单压式 SF_6 断路器灭弧室的结构。

3. SF_6 断路器的特点

（1）断流能力强、灭弧速度快、电绝缘性能好、材料不会被氧化和腐蚀，无火灾和爆炸危险，使用安全可靠。

（2）设备体积小，质量轻，安装布局紧凑。

（3）为防止漏气和潮气进入，对加工工艺和材料的要求较高，价格较昂贵。

三、真空断路器

利用真空作为触头间的绝缘与灭弧介质的断路器称为真空断路器。

气体稀薄的程度用“真空度”来表示。真空度就是气体的绝对压力与大气压的差值。气体的绝对压力值越低，真空度越高。在世界范围内，无油化断路器主要为真空产品和 SF_6 产品。目前，国际上真空断路器的设计、制造单位主要是西门子和 ABB 两大公司。西门子公司的代表产品有 3AF、3AG 及 3AH 等；ABB 公司的代表产品有 VD4。

1. 真空灭弧的特性

真空断路器以在真空中熄灭电弧为特点，但不是在任何真空度下都可以，而只有在某一真空度范围内才具有良好的灭弧和绝缘性能，并且气体间隙的击穿电压与气体压力还有关系。如某一不锈钢电极，若间隙长度为 1mm，在气体压力低于 133.3×10^{-4} Pa 时，真空间隙击穿电压没有什么变化；当压力为 133.3×10^{-4}～133.3×10^{-3} Pa 时，真空间隙击穿电压有下降倾向；而压力高于 133.3×10^{-4} Pa 的一定范围内，击穿电压迅速降低；在压力为几百帕时，击穿电压达最低值。

真空断路器灭弧室内的气体压力不能高于 133.3×10^{-7} Pa，一般在出厂时其气体压力都低于此值。这种气体稀薄的空间，其绝缘强度很高，电弧容易熄灭。在均匀电场作用下，真空的绝缘强度比变压器油、0.1MPa 下的 SF_6 及空气的绝缘强度都高得多。

当气体压力低于 133.3×10^{-4} Pa 时，由于真空间隙的气体稀薄，分子的自由行程大，发生碰撞的几率小，碰撞游离已不再是真空间隙击穿产生电弧的主要因素。此时，真空中电弧中的带电粒子主要是触头电极蒸发出来的金属粒子，因而影响真空间隙击穿的主要因素除真空度外，还有电极材料、电极表面状况、真空间隙长度。

采用机械强度高、熔点高的材料作电极，击穿电压一般较高，目前使用最多的电极材料是以良导电金属为主体的合金材料。当电极表面存在氧化物、杂质、金属微粒和毛刺时，击穿电压便可能大大降低。当间隙较小时，击穿电压几乎与间隙长度成正比；当间隙长度超过 10mm 时，击穿电压上升陡度减缓。

2. 真空灭弧室的结构

真空断路器灭弧室的结构如图 3-9 所示。其绝缘外壳由玻璃、陶瓷或微晶玻璃做成，并承担两金属端盖间的绝缘，静触头 1、动触头 2 等都封闭在抽为真空的外壳 6 内。静触头 1 固定在圆筒的一端，动触头借助于波纹管 4 密封在圆筒的另一端。金属屏蔽罩 3 是由密封在圆筒内的金属法兰支持的，它的作用是为了吸收电子、离子和金属蒸气，防止金属蒸气与玻璃圆筒或金属圆筒接触而降低圆筒的绝缘性。此外，屏蔽罩还起到均压作用。

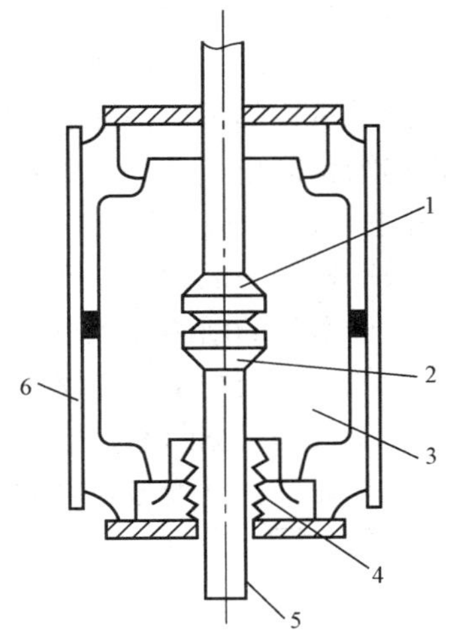

图 3-9　真空断路器的灭弧室结构
1—静触头；2—动触头；3—屏蔽罩；4—波纹管；5—导电杆；6—外壳

由于大气压的作用，灭弧室在无机械外力作用时，其动静触头始终保持闭合位置，当外力使动导电杆向外运动时，触头才分离。

3. 真空断路器的特点

(1) 真空灭弧室电气寿命长，适于繁操作。当用于开断较大电流的供配电系统时，机械寿命达 5000～20 000 次。对于电气机车，在一日内投切数十次的冶金企业，频繁操作次数可达 10 000～50 000 次。

(2) 真空灭弧室不存在检修的问题，灭弧室损坏，更换即可。但更换过程中要严格按照规定的尺寸要求仔细调整，否则，将严重影响其开断性能。

(3) 触头开距短、动作快。由于触头开距短，因此真空断路器体积小、质量轻、操作噪声小。

(4) 息弧时间短，动作快，一般断开时间小于 0.1s。真空断路器熄弧能力强，在电流过零前截断电流，会引起截流过电压，可通过加装电压吸收装置或采用低过电压触头材料来限制过电压。

(5) 真空灭弧室没有火灾或爆炸的危险，且寿命长，但其价格较贵，主要用于频繁操作的场所。

目前，国内生产的真空断路器大致可分为以下三类：①分别为引进技术并国产化的产品，如 ZN12-12、ZN18-12、ZN21-12、ZN67-12 分别是引进西门子 3AF、日本东芝公司 VK、比利时 EIB 公司产品和日本三菱电机 VPR 型真空断路器技术；②在借鉴国外同类产品的基础上开发的产品，如 ZN63-12 和 ZN65-12 分别效仿 ABB 的 VD4 和西门子的 3AH；③自行设计的真空断路器，有 ZN28-12、ZN15-12、ZN28-12、ZN30-12 等。

真空断路器的固定方式，原则上可以垂直、水平或以任意角度安装。按真空灭弧室的布置方式，真空断路器的总体结构分为“悬臂式”和“落地式”两种。

四、断路器的操动机构

断路器的操动机构是断路器分闸、合闸并将断路器保持在合闸位置的装置。机械操动系统由操动机构和传动机构两部分组成。其中操动机构在断路器本体以外，是与操动电源有直接联系的机械操动装置，主要作用是把其他形式的能量转换为机械能，为断路器提供操动动力。传动机构是连接操动机构和断路器触头的部分，用以改变操作力的大小和方向，并带动动触头运动来实现断路器的合闸和分闸。

断路器合闸时，操动机构必须克服断路器开断弹簧的阻力和可动部分的质量及摩擦阻力等，所以合闸操作需要做的功很大；断路器跳闸时，只要将维持机构的脱扣器释放打开，在跳闸弹簧的作用下就可迅速跳闸，所以跳闸操作所需做的功很小。

操动机构的工作性能和质量的优劣，直接影响断路器的工作性能和可靠性。因此要求操动机构结构简单，具有足够的合闸功率，具有合、分闸缓冲和保持合闸的部件；当其能源（电源电压、气压或液压）在允许范围内变化时应能迅速可靠动作。

操动机构一般为独立产品，一种型号的操动机构可以与几种型号的断路器相配装；同样，一种型号的断路器也可以与几种不同型号的操动机构相配装。也有操动机构与断路器组成一体的，如压缩空气断路器，另外还有只配装专用操动机构的断路器。

操动机构根据断路器合闸时所用能源不同，可分为手动式、电磁式、弹簧式、气压式及液压式等几种。其型号含义如下所示：

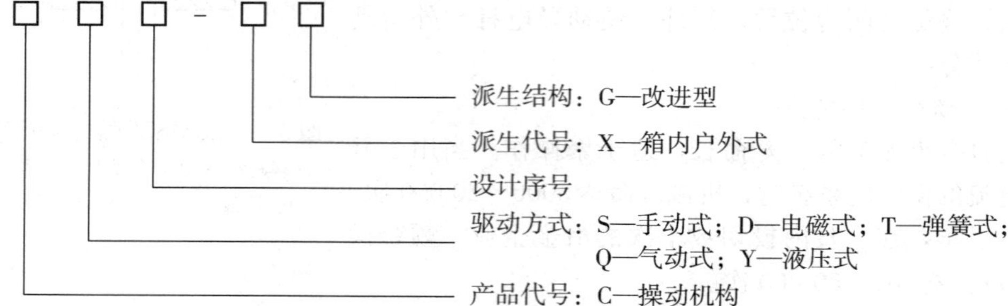

每一种操动机构的型式都有多种，同种类的各型操动机构的基本结构和动作原理类似。

1. 手动操动机构

利用人力合闸的操动机构，称为手动操动机构。手动操动机构使用手力合闸、弹簧分闸，具有自动脱扣结构。它主要用来操作电压等级较低、开断电流较小的断路器，如 10kV 及以下配电装置的断路器。手动操动机构的结构简单，不需配备复杂的辅助设备及操作电源；但是不能自动重合闸，只能就地操作，不够安全。

2. 电磁式操动机构

利用电磁力合闸的操动机构，称为电磁操动机构。当电磁铁在驱动断路器合闸的同时，也使分闸弹簧拉伸储能。电磁操动机构的结构简单、工作可靠、维护简便、制造成本低；但是在合闸时电流很大（可达几十安至几百安），因此需要有足够容量的直流电源，且合闸时间较长。电磁操动机构普遍用来操作 3.6～40.5kV 断路器。

电磁操动机构现有 CD、CD2、CD3、CD10、CD11、CD14、CD17 等产品，分别配用于不同的断路器，合闸电磁线圈的额定电压为 110V 或 220V。由于断路器合闸时要克服分闸弹簧做功，因此电磁操动机构要有大功率的电源。由于断路器分闸时的能量已由弹簧储存，因此分闸脱扣线圈要求的功率很小。

3. 弹簧操动机构

利用已储能的弹簧为动力使断路器动作的操动机构，称为弹簧操动机构。使弹簧储能的动力可以是电动机，也可是人力。在断路器合闸的同时也使弹簧储能，使断路器也能在脱扣器作用下分闸。

弹簧操动机构有 CT2、CT7、CT8、CT9、CT10、CT11、CT12、CT17 等产品，其中 T 代表弹簧。

第四节　高压隔离开关

隔离开关的主要用途是用来隔离高压电源，保证其电气设备和线路的安全检修。

由隔离开关的作用可知，由于它不需要开、合大的负荷电流及故障电流，所以，隔离开关可以不要灭弧装置，当隔离开关断开后，其触头应全部敞露在空气中，有明显的断口，从而保证检修人员的安全。

因为隔离开关没有灭弧装置，所以不能用来接通和断开负荷电流和短路电流，否则就会在隔离开关的触头间形成电弧，不能熄灭，危及设备和人员的安全，因此隔离开关一般与断路器配合使用，有断路器的地方，必须有隔离开关。合闸时，必须先合隔离开关，再合断路器；分闸时必须先断断路器，再断隔离开关。

隔离开关还能接通或断开小电流回路，如电压互感器回路、避雷器和空载母线；也可用来分、合励磁电流不超过2A的空载变压器，关合电容电流不超过5A的空载线路。另外隔离开关的接地开关还可代替接地线，以保证检修工作的安全。

隔离开关的重要作用决定了隔离开关应有足够的动稳定和热稳定能力，并应保证在规定的接通和断开次数内不会发生任何故障。

一、隔离开关的分类和型式

隔离开关（俗称刀闸）的类型较多，按照操动机构分有手动式和动力式类；还可按照安装的地点分为户内式和户外式两种；按产品组装级数可分为单级式（每极单独装于一个底座上）和三极式（三极装于同一底座上）；按每极绝缘支柱数目可分为单柱式、双柱式、三柱式；按有无接地开关分为带接地开关和不带接地开关；按触头运动方式可分为水平回转式、垂直回转式、伸缩式和插拔式等。

隔离开关的型号含义如下所示：

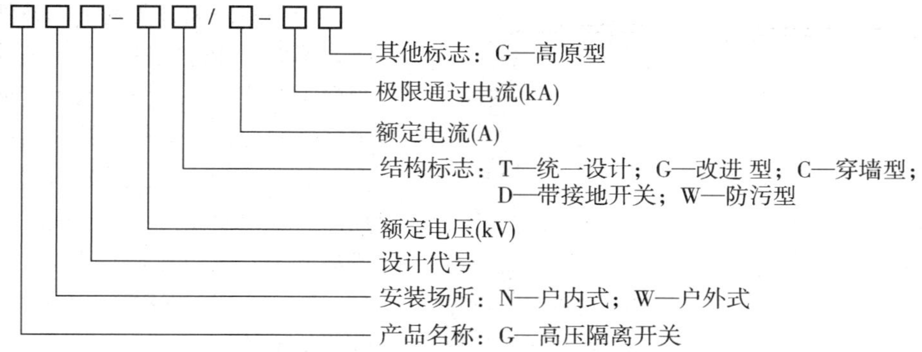

隔离开关的图形符号与文字符号如图3-10所示。

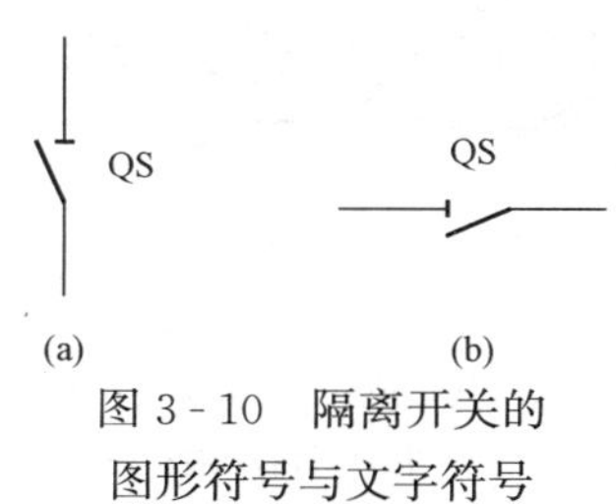

图3-10　隔离开关的图形符号与文字符号
(a) 垂直画法；(b) 水平画法

二、户内式隔离开关

户内式隔离开关有单极式和三极式两种，一般为闸刀式结构。GN2、GN8、GN11、GN18、GN19、GN22系列等隔离开关为三极式结构；GN1、GN3、GN5、GN14系列等隔离开关为单极式结构。图3-11为户内式隔离开关的典型结构图，它由导电部分、支持绝缘子4、操作绝缘子2（或称拉杆绝缘子）及底座5组成。

图3-11中，导电部分包括闸刀1（动触头），以及固定在支持绝缘子上的静触头3，其中闸刀靠操作绝缘子带动而转动，实现与静触头的接通。闸刀及静触头每相都由两条平行的铜质刀片构成，这种结构的优点是当电流平均流过两刀片且方向相同时，两片闸刀产生相互吸引的电动力，使接触压力增加。为了提高铜的利用率，一般额定电流为3000A及以下的隔离开关采用矩形截面铜导体，额定电流为3000A以上则采用槽形截面铜导体。导电部分的对地绝缘由固定在角钢底座5上的支持绝缘子4承担。

操作绝缘子2与闸刀1及转轴7上对应的拐臂铰接，操动机构则与轴端拐臂6连接，各拐臂均与轴硬性连接。当操动机构动作时，由于带动转轴转动，从而驱动闸刀转动而实现分、合闸。

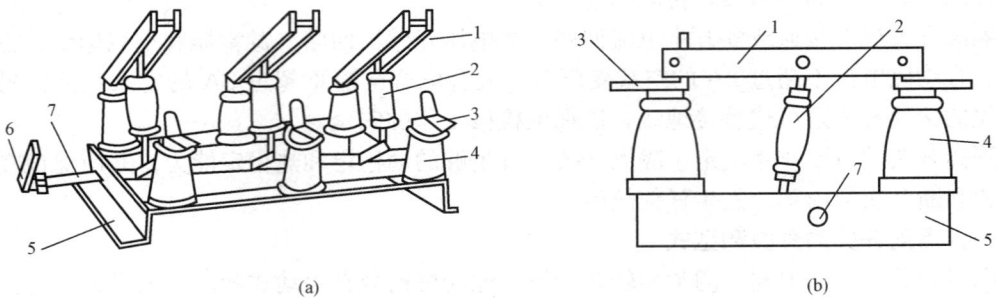

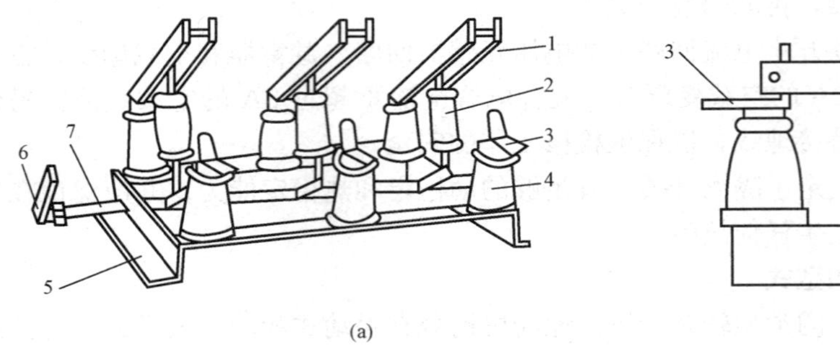

图3-11 户内式隔离开关典型结构图
（a）三极式；（b）单极式
1—闸刀；2—操作绝缘子；3—静触头；4—支持绝缘子；5—底座；6—拐臂；7—转轴

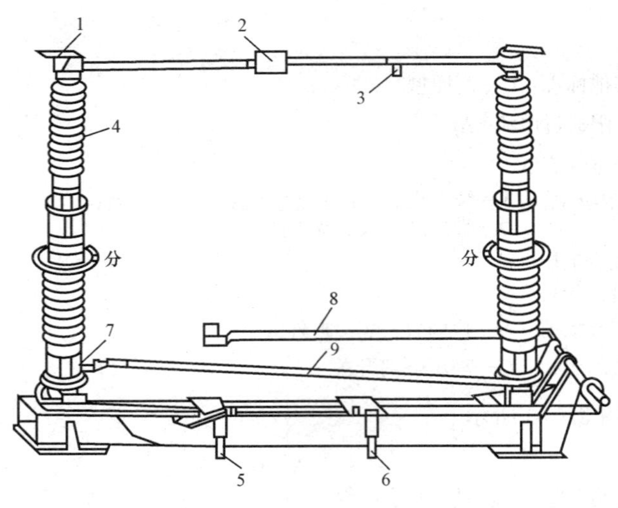

图3-12 GW4-126型双柱式型隔离开关
1—接线座；2—主触头；3—接地开关触头；4—支柱瓷柱；5—主闸刀传动轴；6—接地开关传动轴；7—轴承座；8—接地开关；9—交叉连杆

三、户外式隔离开关

户外式隔离开关的工作条件比较恶劣，不但要能适应各种工作条件，还要承受母线或线路拉力，因而其绝缘及机械强度都比同一电压级的户内设备要求高，并要求其触头在操作时有破冰作用，且不致使支持绝缘子损坏。户外式隔离开关一般均制成单极式。其产品系列有GW1、GW4、GW5、GW6、GW7、GW8、GW9、GW10、GW11、GW12等。

户外式隔离开关分单柱式隔离开关、双柱式隔离开关和三柱式隔离开关。图3-12为GW4-126型双柱式户外隔离开关的一相外形图，为水平开启式机构。每相有两个实心瓷柱，装在底座两端的轴承座上，作为支持瓷柱和操作瓷柱，交叉连杆 9 与之连接，可以水平转动；刀闸分成两段，分别固定在两个绝缘瓷柱顶端，触头 2 位于两个瓷柱的中间，且触头上装有防护罩。图中触头所示位置为合闸，当分闸操作时，由操动机构带动瓷柱 4 逆时针转动，另一瓷柱在交叉连杆 9 的传动下，同时顺时针转动 90°，于是刀闸便向同一侧方向分闸，使两触头分离。合闸操作方向相反。在刀闸与出线座之间装有滚珠轴承和挠性连接导体，避免由于瓷柱的转动而使引出线扭曲。该型可配用 CS14G 手动操动机构和 CJ6 电动操动机构，配用 CS14 手动操动机构时要配 DWS 电磁锁。GW4 型双柱式隔离开关的品种有 12～252kV 系列。

四、隔离开关的操动机构

隔离开关的操动机构可分为手动式和动力式两类。应用操动机构操作隔离开关，可以使操作方便、省力和安全，便于在隔离开关和断路器之间实现闭锁，防止误动作。

1. 手动操动机构

手动操动机构必须在隔离开关安装地点就地操作。它结构简单、价格便宜、维护工作量少，且在合闸操作后能及时检查触头的接触情况，因此应用广泛。

手动操动机构分为杠杆式和蜗轮式两种。杠杆式手动操动机构是利用手柄通过传动杠杆来带动刀闸运动，实现隔离开关的分闸或合闸操作，一般用于额定电流小于 3000A 以下的隔离开关。蜗轮式手动操动机构，是利用摇把转动蜗杆和蜗轮，通过传动系统实现隔离开关的分闸或合闸操作，一般也用于额定电流小于 3000A 的隔离开关。

CS6-T1 型杠杆式手动操动机构如图 3-13 所示，T 表示全国统一设计。图中 1 为装有硬性连接的手柄，其上的孔供连接拉杆用，拉杆的另一端连接隔离开关主轴上的拐臂。定位器 6 为一个销子，手柄 1 必须在定位器拔出后才能转动。分闸操作时，拔出定位器轴处的销子，使手柄 1 顺时针向下旋转 150°，则拉杆随之向上旋转 150°，通过杆 3 带动扇形板 4 逆时针向下旋转 90°，拉杆被拉向下，并带动拐臂顺时针向下旋转 90°，使隔离开关分闸，定位器轴处的销子自动弹入锁定。合闸操作顺序相反。另外，在定位器处也可以安装电气或机械闭锁装置，以形成隔离开关和断路器操作次序的联锁，也就是接通电路时，首先操作隔离开关，再操作断路器使电路接通。断开电路时，操作顺序相反。

2. 动力式操动机构

动力式操作机构结构复杂、价格贵、维护工作量大，但可实现隔离开关的远距离控制和自动控制。

动力式操动机构主要用于户内式重型隔离开关及户外式 126kV 及以上的隔离开关。动力式操动机构有电动机操动机构（CJ 系列）、电动液压操作机构（CY 系列）及气动操动机构（CQ 系列），其中电动机操动机构应用较多。

CJ2 型电动机操动机构安装如图 3-14 所示。它的传动原理与蜗轮式手动操动机构相同，只是采用电动机来代替摇把产生动力。当操动机构的电动机 1 转动时，通过齿轮、蜗杆使蜗轮 2 转动，经连杆 3、牵引杆 4 及传动杆 5 来驱动隔离开关使主轴转动，从而实现分、合闸。电动机的接触器由联锁触点控制，在每次操作完成后，电动机的电源自动断开，电动机停止转动。

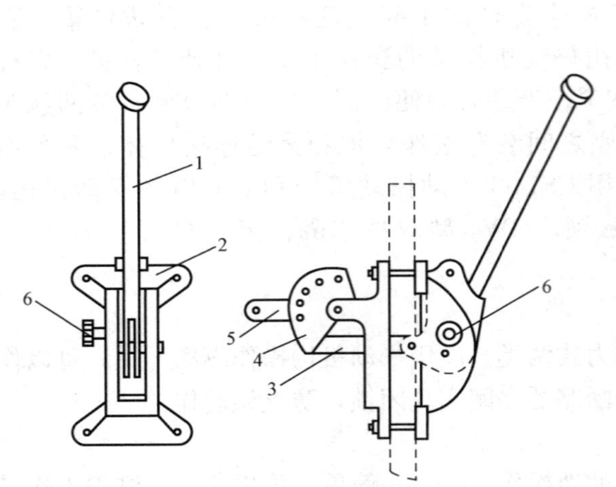

图 3-13 CS6-T1 型杠杆式手动操动机构
1—手柄；2—底座；3—板片；4—扇形板；
5—杠杆；6—定位器

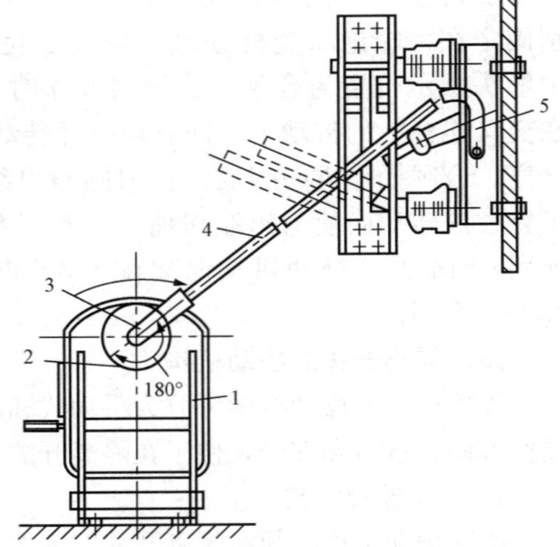

图 3-14 CJ2 型电动机操动机构安装图
1—电动机；2—蜗轮；3—连杆；
4—牵引杆；5—传动杆

第五节 熔断器与负荷开关

一、熔断器

1. 熔断器的功能与类型

熔断器是一种串联接入被保护电路，当通过电流超过规定值一定时间后，利用其熔体熔化来分断电流、断开电路的保护电器。当被保护电路过负荷时能延时开断，充分利用被保护设备的过负荷能力，减少电路的开断；而当电路发生短路时能尽快断开电路，以减少短路电流对被保护设备的损害。由于要分断故障电流，所以熔断器必须具有灭弧能力。熔断器必须与其他电器（隔离开关、接触器、负荷开关等）配合使用来切断和接通电路。

由于熔断器结构简单、价格低廉，广泛使用在电压为 1000V 及以下的装置中。在电压为 3～110kV 的高压系统中，它主要用作小功率电力线路、配电变压器、电力电容器、电压互感器等设备的保护，是一种最简单和最早使用的保护电器。

熔断器按电压分为高压熔断器和低压熔断器；按工作过程分为限流型和不限流熔断器。当电路发生短路故障时，短路电流增长到最大值是有一定时限的。如果熔断器的熔断时间（包括熄灭时间）小于短路电流达到最大值的时间，即可认为熔断器限制了短路电流的发展，此种熔断器称为限流熔断器，否则为非限流熔断器。采用限流熔断器保护电气设备，不但可使电气设备遭受短路损害的程度大为减轻，而且可不用校验热稳定和动稳定。

（1）熔断器的时间—电流特性。通过熔体的电流达到一定数值时，熔体会熔断。熔体熔断时间 t 与通过电流 I 的关系曲线称为熔断器的时间—电流特性或保护特性曲线，如图 3-15 所示。时间—电流特性曲线由制造厂试验做出。从图 3-15 中可以看出，通过熔体的电流越大，熔断时间就越短；电流越小，熔断时间就越长。当熔断器通过的电流小于最小熔断电流 I_{min}时，熔断时间为无穷大，熔体不会熔断。I_{min}与熔体额定电流 I_{Ns}之比称熔断系数，一般有$\frac{I_{min}}{I_{Ns}}$=1.2～1.5。当熔体材料不同或截面积不同时，其时间—电流特性也不同。

（2）熔断器的主要技术参数。熔断器的技术参数分为熔断器的技术参数和熔体的技术参数。同一规格的熔断器底座可以装设不同规格的熔体。

熔断器的技术参数有额定电流、额定电压、电力种类、额定频率和外壳防护等。熔体的技术参数有额定电流、额定电压、分段范围、额定开断能力等。

通常在同一熔断器内，可分别装入额定电流不大于熔断器本身额定电流的任何熔体。

图 3-15　熔断器的时间—电流特性曲线
I_{Ns}—熔体的额定电流；I_{min}—最小熔断电流

2. 高压熔断器

在高压电网中，高压熔断器主要用作配电变压器和配电线路的过负荷与短路保护，也可以作为电压互感器的短路保护。

高压熔断器的型号含义如下所示：

□□□-□□/□-□□

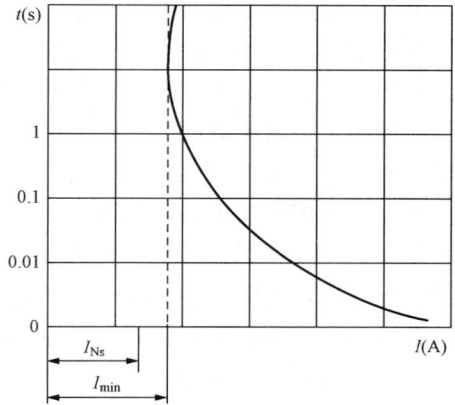

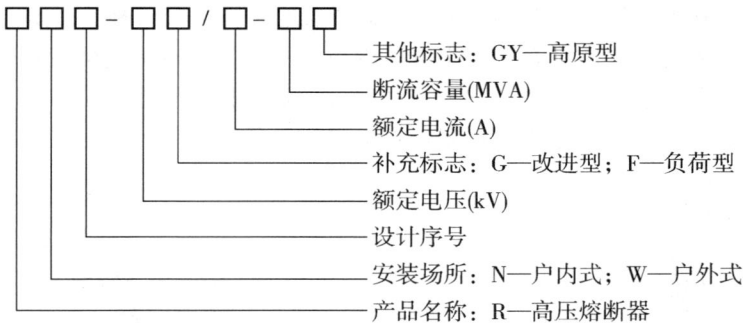

- 其他标志：GY—高原型
- 断流容量(MVA)
- 额定电流(A)
- 补充标志：G—改进型；F—负荷型
- 额定电压(kV)
- 设计序号
- 安装场所：N—户内式；W—户外式
- 产品名称：R—高压熔断器

（1）户内高压熔断器。户内高压熔断器主要有 RN1 及 RN2 型两种，全部是限流型。RN1 型熔断器适用于 3～35kV 的电力线路和电力变压器的过载和短路保护，熔体为一根或几根并联，额定电流较大（20～200A）；RN2 型熔断器专门用于 3～35kV 电压互感器的短路保护，熔体为单根，额定电流较小（0.5A）。RN1、RN2 型的结构基本相同，都是瓷质熔管内充石英砂填料的密闭管式熔断器。

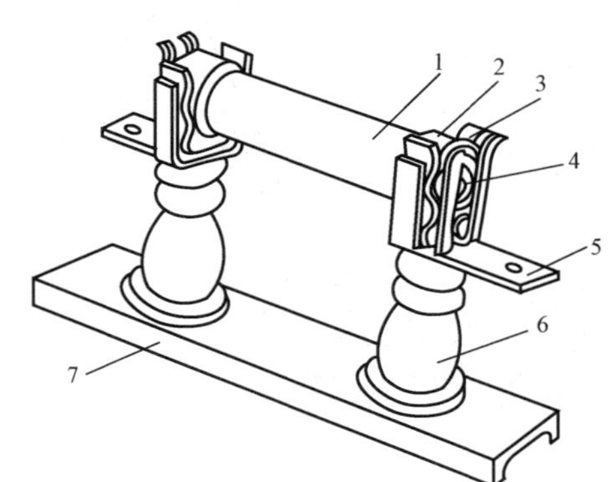

图 3-16　RN1、RN2 型高压熔断器
1—瓷质熔管；2—金属管帽；3—弹性触座；4—熔断器指示；5—接线端子；6—瓷绝缘子；7—底座

RN1、RN2 型熔断器的外形如图 3-16 所示，由瓷质熔管、触座、支柱绝缘子及底座等组成。图 3-17 为内部充满石英砂的密封瓷质熔管的剖面示意图。

由图 3-17 可见，在瓷质熔管 2 的两端有金属管帽 1，工作熔体采用镀银的铜丝，将一根或几根铜丝并联使用，以便在它们熔断时产生几根并行的电弧，利用“粗弧分细弧灭弧法”来加速电弧的熄

灭。另外在铜熔丝上焊有小锡球 5，由于锡是低熔点金属，过负荷时，锡球受热融化而包围铜熔丝，铜锡分子相互渗透而形成熔点较低的铜锡合金，使铜熔丝在较低的温度下就能熔断，即所谓的“冶金效应”。“冶金效应”使熔断器能在过负荷电流和较小的短路电流下就能动作，提高保护的灵敏度。熔管内填充的石英砂可使熔丝熔断时产生的电弧全部在石英砂内燃烧，利用冷却和狭缝灭弧的原理加速电弧的熄灭。过负荷电流和短路电流使熔体熔断后，会弹出红色的熔断指示器，如图 3-17 中 7 所示，给出熔丝熔断的指示信号。

RN1、RN2 型熔断器灭弧能力强，灭弧速度又很快，能在短路电流未达到冲击值以前完全熄灭电弧，切断短路电流，从而使断路器本身及其保护的电压互感器不必考虑短路冲击电流的影响，因此属于限流式熔断器。

（2）户外高压熔断器。户外高压熔断器型号较多，按其结构可分为跌落式和支柱式两种。RW4 型和 RW10 型户外高压跌落式熔断器，广泛应用于环境正常的室外场所。既可做 6～10kV 线路的设备的短路保护，又可在一定条件下，直接用高压绝缘钩棒来操作熔管的分合。

1）跌落式熔断器。跌落式熔断器主要用于 3～35kV 的电力线路和电力变压器的过载和短路保护。10kV 级 RW3、RW4、RW7、RW10、RW11 型等熔断器的结构基本相同。RW4 型跌落式熔断器的基本结构如图 3-18 所示。熔断器通过固定安装板 12 固定安装在线路中，熔管呈倾斜状态；熔管外层为层卷纸板制成，内衬为由石棉制成的消弧管；熔体两端穿过熔管 6 用螺钉固定在上、下触头上。正常工作时，熔丝处于拉紧状态而使熔管上部的动触头也被拉紧，并将此触头推入上静触头内锁紧，在上静触头的压力下处于合闸状态。

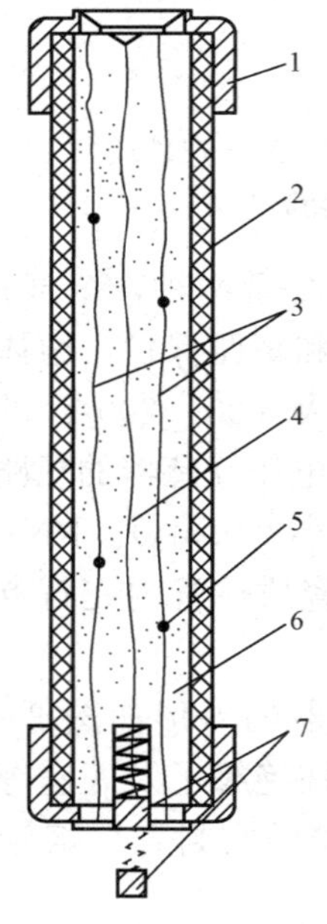

图 3-17 RN1、RN2 型熔断器熔管内部结构剖面示意图

1—金属管帽；2—瓷质熔管；3—工作熔体；4—指示熔体；5—锡球；6—石英砂填料；7—熔断器指示器

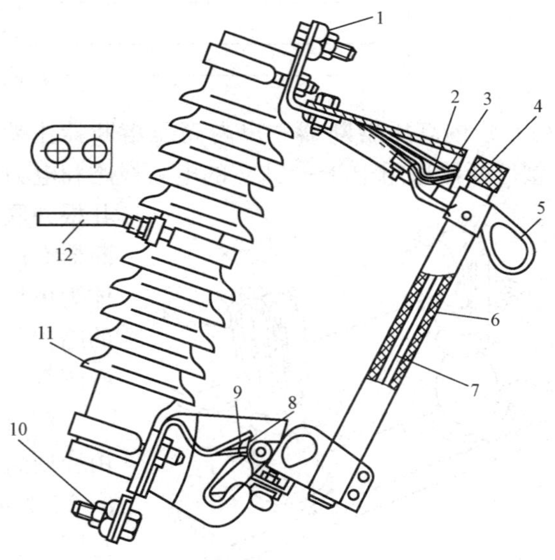

图 3-18 RW4 型高压跌落式熔断器的基本结构

1—上接线端子；2—上静触头；3—上动触头；4—管帽；5—操作环；6—熔管；7—铜熔丝；8—下动触头；9—下静触头；10—下接线端子；11—绝缘子；12—固定安装板

当线路发生短路而使熔体熔断时，熔管内产生电弧，消弧管内石棉在电弧高温下分解出大量气体，使管内压力剧增，并从管的两端向外喷出强烈的气流，使电弧产生强烈的去游离；同时熔管上部的锁紧结构释放熔管，在触头弹力及熔管自重作用下，回转跌落，迅速拉长电弧，在电流过零时电弧熄灭，形成明显的可见断口。

有些熔断器（如RW4型）采用了“逐级排气”的结构。由图3-18可见其熔管上端在正常运行时被一层薄膜封闭，以防止雨水浸入。分断小故障电流时，由于上端封闭而使管内保持较大压力，并形成向下的单端排气（纵吹），有利于熄灭小故障电流产生的电弧；而在分断大电流时，消弧管内产生大量气体，上端管帽被冲开，而形成两端排气，防止了在分断大电流时造成熔管的机械破坏，有效解决了自产气电器分断大、小电流的矛盾。

由于跌落式熔断器是依靠电弧的燃烧使产气的消弧管分解产生气体来熄灭电弧的，其灭弧能力不强，灭弧速度不高，不能在短路电流达到冲击值以前熄灭电弧，并且在灭弧时会喷出大量游离气体，外部声光效应大，所以一般只用于户外。这种熔断器没有限流作用，属于“保护电非限流”式熔断器。

2）支柱式熔断器。支柱式熔断器适用于作为35kV电气设备保护。RW9-35、RW10-35和RXW9-35（X表示限流）都是户外支柱式熔断器。RW10-35型熔断器的外形结构如图3-19所示。熔管装在瓷套内，熔管内装有熔体，并充满石英砂。这三种熔断器中，额定电流为0.5A的用于压互感器用，其余的用来保护线路和变压器。由于支柱式熔断器有体积小、质量轻、灭弧性能好、断流能力强、维护简单、熔体可更换等特点，使运行的可靠性大大提高。

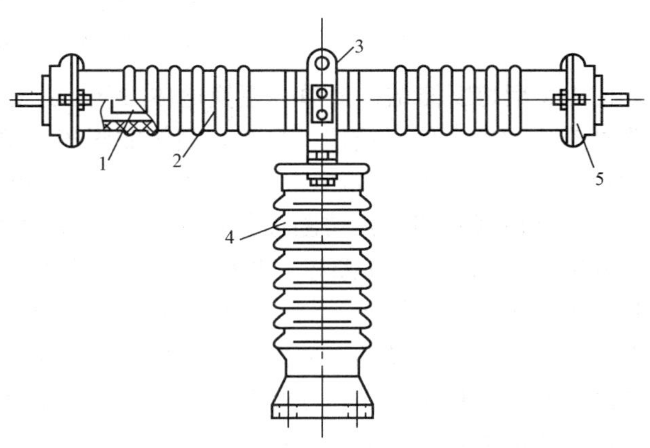

图3-19　RW10-35型熔断器外形结构
1—熔管；2—瓷管；3—紧固法兰；4—棒形支柱绝缘子；5—接线立帽

3. 低压熔断器

低压熔断器有无填料密闭管式（RM型）、有填料密闭管式（RT型）、瓷插式（RC型）、螺旋式（RL型）等。

低压熔断器的型号含义如下所示：

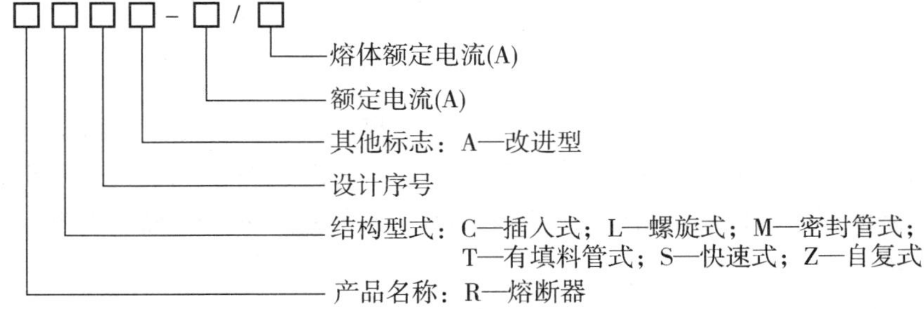

(1) 无填料封闭管式熔断器。RM10 型熔断器由纤维熔管、变截面锌熔片和触头底座等部分组成，其熔管和熔片的结构如图 3-20 所示。采用变截面锌熔片的目的在于改善熔断器的保护性能。当发生短路故障时，短路电流首先使熔体的窄部（通常每个熔体有 2～4 个窄部）加热熔化，熔管形成数段电弧，同时残留的较宽部分因受重力作用而跌落，将电弧迅速拉长变细，使短路电弧迅速熄灭。当熔片熔断时，纤维管的内壁在电弧高温的作用下，有少量纤维气化并分解为高压气体氢、二氧化碳和水汽，这些高压气体使电弧中离子的复合加强，从而使电弧迅速熄灭。

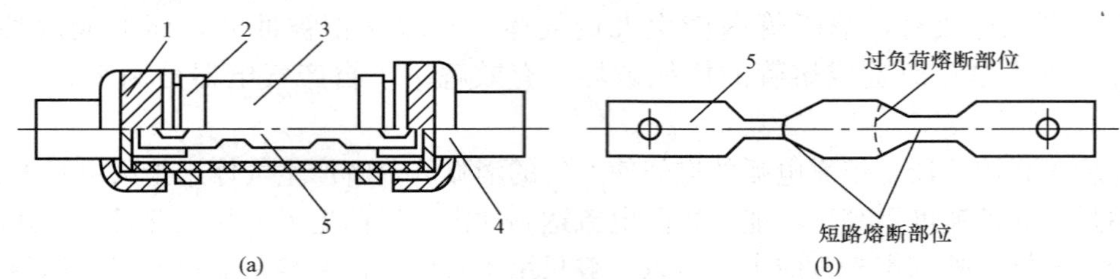

图 3-20　RM10 型低压熔断器

(a) 结构示意图；(b) 熔断部位

1—铜帽；2—管夹；3—纤维熔管；4—触刀；5—变截面锌熔片

RM10 型熔断器结构简单、更换熔体方便、运行安全可靠，但其灭弧能力较差，不能在短路电流达到冲击值以前熄灭电弧，属于非限流式熔断器，通常作为低压线路或成套配电装置的短路过负荷保护，应用在频繁发生过负荷及短路故障的场合。

(2) 有填料封闭管式熔断器。RT0 型熔断器主要由瓷熔管、栅状铜熔体、触头和底座等部分组成，如图 3-21 所示。熔管是用有较高的机械强度和耐热性能的滑石陶瓷或高频陶瓷制成的波纹方管，管内充满石英砂填料；其栅状铜熔体具有引弧栅片，同时熔体又具有变截面小孔和锡桥；两端的盖板用螺钉固定在熔管上；指示器是一个红色机械信号装置，当工作熔体熔断后，指示器会在弹簧的作用下弹出，表明熔体已熔断。如果被保护电路发生过负荷，过负荷电流将首先使锡桥熔化，利用其冶金效应使熔体沿全长熔化，形成多条并联的细电弧，电弧在石英砂的冷却作用下熄灭。

当被保护电路发生短路时，形成多条并联的细电弧，熔体的变截面小孔把每条并联电弧又分为几段短弧。由于原熔体的沟道压力突然的增加，使得金属蒸气向周围石英砂的细缝隙喷射，并被迅速凝结，使弧隙中的金属蒸气减少，同时又加强了对电弧的冷却，从而使电弧迅速熄灭。

RT0 型熔断器保护性能好，具有很强的断流能力，属限流型；但其熔体为不可拆式，熔断后整个熔断器报废，不够经济，适用于短路电流较大的低压电路。

二、负荷开关

1. 负荷开关的功能与类型

高压负荷开关是一种结构比较简单，具有一定开断能力和关合能力的高压开关设备。负荷开关具有简单的灭弧装置，主要用来接通和断开正常工作电流，其本身不能开断短路电流，需与高压熔断器串联使用，借助熔断器来切除短路故障。带有热脱扣器的负荷开关还具有过载保护性能。

35kV 及以下通用型负荷开关具有如下开断和关合能力：

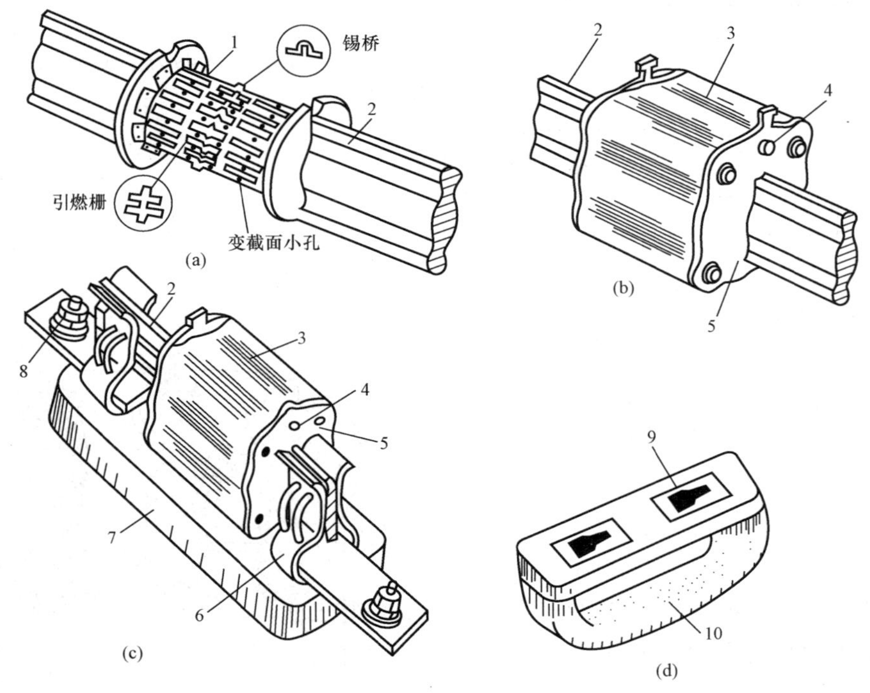

图 3-21　RT0 型低压熔断器

(a) 熔体；(b) 熔管；(c) 熔断器；(d) 操作手柄

1—栅状铜熔体；2—触刀；3—瓷质熔管；4—熔断器指示；5—端面盖板；6—弹性触座；7—瓷底座；8—接线端子；9—扣眼；10—绝缘拉手手柄

(1) 开断不大于其额定电流的有功负荷电流和闭环电流。

(2) 开断不大于 10A 的电缆电容电流或限定长度的架空线充电电流。

(3) 开断 1250kVA（有些可达 1600kVA）及以下变压器的空载电流。

(4) 关合不大于自身额定短路关合电流的短路电流。

由上可见，负荷开关的性能介于断路器和隔离开关之间。多数负荷开关实际上是由隔离开关和简单的灭弧装置组合而成，其灭弧能力是根据通、断的负荷电流来设计，而不是根据短路电流来设计；但也有少数负荷开关不带隔离开关。负荷开关与熔断器配合而构成的单元，结构简单，价格低廉。当变压器内部故障时，限流熔断器能在 10s 内切除故障，而断路器需要 60s，可见其保护变压器比断路器更有效，所以被广泛应用于 10kV 及以下小功率的电路中。负荷开关断开后，与隔离开关一样，具有明显的断开间隙，因此具有隔离电源、保证安全检修的功能。

高压负荷开关的类型比较多，按安装地点可分为户内式和户外式两类；按是否带有熔断器分为不带熔断器和带有熔断器两类；按灭弧与原理和灭弧介质，分为固体产气式负荷开关、压气式负荷开关、油浸式负荷开关、真空式负荷开关和 SF_6 式负荷开关。其中固体产气式是利用电弧能量使固体产气材料产生气体吹弧使电弧熄灭；压气式是利用活塞压气作用产生气吹使电弧熄灭，所压气体可以是空气或 SF_6 气体；SF_6 式负荷开关是在 SF_6 气体中灭弧的。

高压负荷开关的型号含义如下所示：

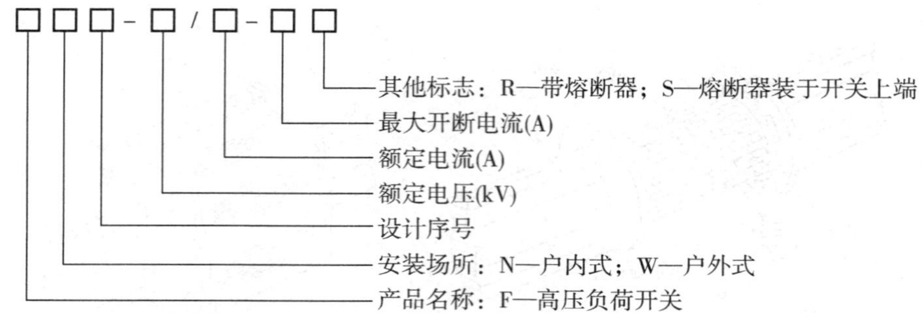

负荷开关的图形及文字符号如图 3-22 所示。

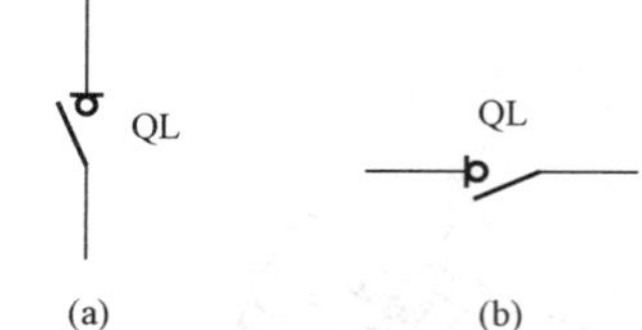

图 3-22 负荷开关的图形及文字符号

(a) 垂直画法；(b) 水平画法

2. 负荷开关的结构与工作原理

以 FN3-12RT 型户内压气式负荷开关为例说明。FN3-12RT 型为负荷开关—熔断器组合电器，不另带隔离开关。FN3-12RT 型负荷开关外形结构如图 3-23 所示。其上部为 FN3-12 型负荷开关，可以看出其外形与隔离开关相似；框架上有 6 个绝缘子，其上部的 3 个绝缘子内部实际上是一个压汽式灭弧装置。当负荷开关分闸时，在闸刀一端的弧动触头与绝缘喷嘴内的弧静触头之间会产生电弧。分闸时主轴转动带动活塞，压缩汽缸内的空气从喷嘴向外吹弧，同时电流回路的电磁吹弧作用以及断路弹簧把电弧迅速地拉长，使电弧迅速熄灭。负荷开关的灭弧能力是很有限的，只能断开一定的负荷电流和过负荷电流，但可以通过装设热脱扣器用于过负荷保护，这种负荷开关一般要配用 CS2 等型手动操动机构进行操作。

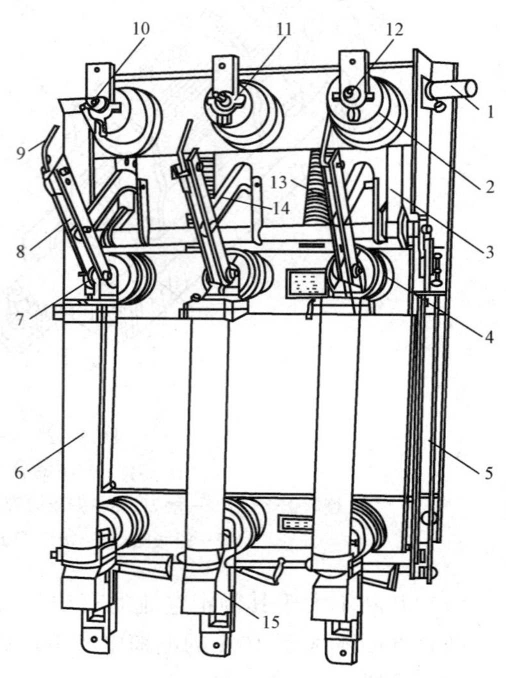

图 3-23 FN3-12RT 型高压负荷开关

1—主轴；2—上绝缘子；3—连杆；4—下绝缘子；5—框架；6—RN1 型高压熔断器；7—下触座；8—闸刀；9—弧动触头；10—绝缘喷嘴（内有弧静触头）；11—主静触头；12—上触座；13—断路弹簧；14—绝缘拉杆；15—热脱扣器

FN3-12RT 型负荷开关所带的熔断器装在下部。高压熔断器也可装在负荷开关的电源侧或负荷侧；若装在电源侧，则熔断器对负荷开关本身将起保护作用。

第六节 互 感 器

互感器是保证电力系统安全运行的重要设备，包括电压互感器（TV）和电流互感器（TA），是一次回路和二次回路间的连接元件。从基本结构和工作原理来说，互感器就是一种特种变压器。电流互感器将一次回路的交流大电流变成 5A 或 1A 的二次回路小电流，供给测量仪表和保护装置的电流线圈；电压互感器将一次回路的高电压变换成 100V 或$\frac{100}{\sqrt{3}}$V 的二次回路低电压，供给测量仪表和保护装置的电压线圈。

互感器在供配电系统中的作用主要有：

(1) 使测量仪表、继电器等二次设备与主电路隔离。互感器的使用可以避免把主电路的高电压、大电流直接引入仪表、继电器等二次设备，又可防止仪表、继电器等二次设备的故障影响主电路。使用时，互感器的二次侧均接地，从而保证设备和人身安全。

(2) 扩大了测量仪表、继电器等二次设备的使用范围。使用不同变比的互感器，可以测量任意大的电流或电压，从而使测量仪表和保护装置标准化和小型化，有利于大批量生产。

一、电流互感器

1. 电流互感器的工作原理

电流互感器在电力系统中被广泛采用，它的工作原理与变压器相似，其基本结构接线如图 3-24 所示。其结构主要特点：一次绕组串联在主电路（被测量电路）中，绕组匝数很少（有的只有一匝），一次绕组导线很粗，绕组中流过的电流 I_1 是被测电路的实际电流，与二次电流 I_2 无关（这点与变压器不同）；二次绕组与测量仪表和保护装置的电流线圈串联，互感器二次绕组匝数很多，通常是一次绕组的很多倍，且导线很细。由于二次侧所接的仪表、继电器等的线圈阻抗非常小，所以正常情况下，电流互感器的二次侧近似于短路状态运行（这点也与变压器不同），这种情况下二次电流随一次电流按一定变比变化。

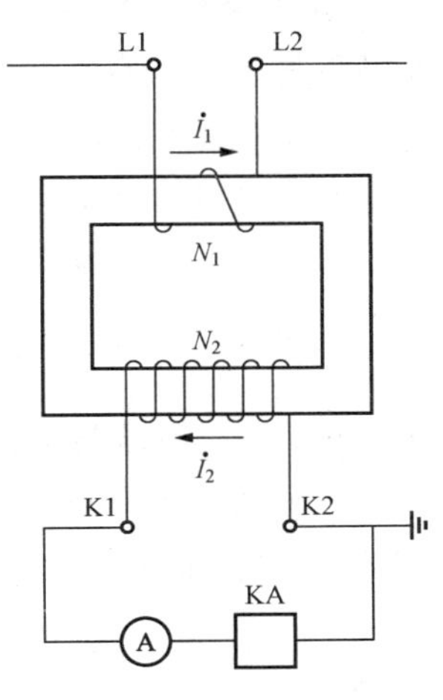

图 3-24　电流互感器的基本结构和接线

电流互感器的一次电流 I_1 与二次电流 I_2 之间的关系为

$$I_1 \approx \frac{N_2}{N_1} I_2 \approx k_{TA} I_2 \tag{3-1}$$

式中：N_1，N_2 分别为电流互感器一次、二次绕组匝数；k_{TA}为电流互感器变流比，有$k_{TA}=\frac{I_{1N}}{I_{2N}}=\frac{N_2}{N_1}$；$I_{1N}$，$I_{2N}$分别为电流互感器的一次额定电流与二次额定电流。

因为 I_{1N}、I_{2N}已标准化，所以 k_{TA}也已标准化。

电流互感器的等效电路与相量图如图 3-25 所示。

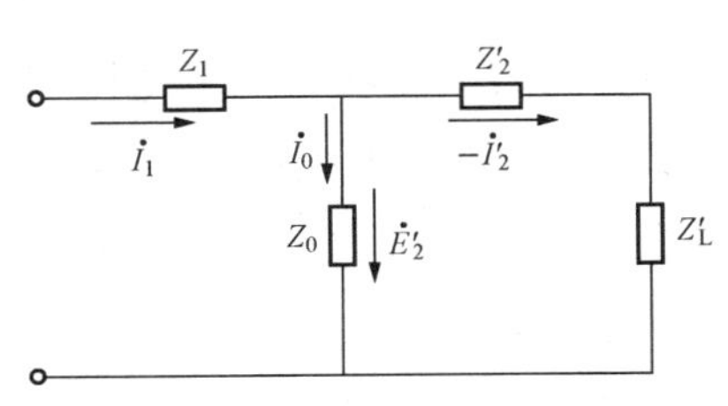

(a)

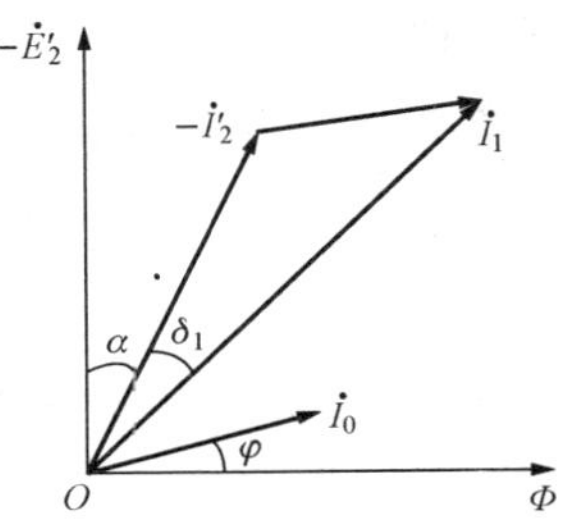

(b)

图 3-25　电流互感器的等效电路和相量图

(a) 等效电路；(b) 相量图

根据磁动势平衡原理可知

$$\dot{I}_1 N_1 + \dot{I}_2 N_2 = \dot{I}_0 N_1 \tag{3-2}$$

则有

$$\dot{I}_1 = \dot{I}_0 - \dot{I}_2 \frac{N_2}{N_1} = \dot{I}_0 - \dot{I}'_2 \tag{3-3}$$

式中：I_0 为励磁电流；I'_2 为归算到一次侧的二次电流。

由相量图可知，$\dot{I}'_2$ 与 $\dot{I}_1$ 不仅在数值上不相等，而且相位也不相同，出现了电流比值误差和相位误差。

2. 电流互感器的误差

电流互感器误差可分为电流比值误差和相位差。从式（3-3）和图3-25（b）可见，由于电流互感器本身存在励磁损耗和磁饱和等影响，致使一次电流 $\dot{I}_1$ 与归算到一次侧的二次电流 $\dot{I}'_2$ 在数值上和相位上都有差异。

（1）电流比值误差 f_i。电流比值误差 f_i 为二次电流乘上额定变流比所得的一次电流近似值 $k_{TA}I_2$ 与一次电流实际值 I_1 之差相对 I_1 的百分数。即

$$f_i = \frac{k_{TA}I_2 - I_1}{I_1} \times 100\% \approx \frac{I_2N_2 - I_1N_1}{I_1N_1} \times 100\% \approx -\frac{I_0N_1}{I_1N_1}\sin(\varphi+\alpha) \times 100\% \tag{3-4}$$

式中：φ 为励磁电流与励磁磁通之间的相间差；α 为 $\dot{E}_2$ 和 $\dot{I}_2$ 之间的夹角。

（2）相位差 δ_i。相位差 δ_i 为 $-\dot{I}'_2$ 与一次电流相量 $\dot{I}_1$ 之间的相角差 δ_i。由于 δ_i 很小，所以用分（′）表示（1rad＝180×60/π＝3440′）。由相量图可推导出

$$\delta_i \approx \sin\delta_i = \frac{I_0\cos(\alpha+\varphi)}{I_1} \times 57.3^\circ == \frac{I_0\cos(\alpha+\varphi)}{I_1} \times 3440' \tag{3-5}$$

电流比值误差能引起所有测量仪表和继电器产生误差，相位差只对功率型测量仪表和继电器（例如功率表、电能表、功率型继电器等）及反映相位的保护装置有影响。

（3）复合误差 ε。在稳态情况下，复合误差 ε 为电流互感器二次电流瞬时值乘以额定变比后与一次电流瞬时值之差的有效值占一次电流有效值的百分数，即

$$\varepsilon = \frac{100}{I_1}\sqrt{\frac{1}{T}\int_0^T (k_{TA}i_2 - i_1)^2 dt} \tag{3-6}$$

（4）产生误差的原因。正常运行情况下，电流互感器在一次额定电流附近运行时，误差很小。但当一次电流增大很多时，由于铁芯饱和程度加大而使误差变大。一次电流比额定电流小很多时，误差也大。

误差与二次负荷阻抗成正比。当一次电流不变而增大二次电路的电阻时，将使 $\dot{I}_2$ 与 $\dot{I}_2N_2$ 减小，即 $\dot{I}_0N_1$ 增大，从而比差和角差都增大。当只增大二次电路的电抗，亦即增大 $\dot{E}_2$ 和 $\dot{I}_2$ 的夹角 α（二次负荷功率因数下降）时，会使电流互感器的比误差增大，而相角误差减小；反之，提高功率因数，将使比误差减小，而相角误差增大。

励磁电流增大，也是造成电流互感器误差的主要原因。

（5）减小误差的措施。

1）采用高磁导率的材料做铁芯，从而可减小励磁电流。

2）限制二次负载的影响。在现场一般用增加连接导线的有效截面积的方法，如采用较

大截面积的电缆，或多芯并联使用，以减少二次负载的阻抗值。还可以把两个同型号、变比相同的低压电流互感器串联使用，使每个低压电流互感器的负载成为整个负载的二分之一。

3）适当增大电流互感器变比。在现场运行中选用较大变比的互感器。

3. 电流互感器的准确度等级

电流互感器的准确度等级用来衡量电流互感器的精度。准确度等级是指在规定的二次负荷变化范围内，一次电流为额定值时的最大电流误差百分数。电流互感器的准确度等级是根据测量时电流误差 $|f_i|$ 的大小来划分的，而 $|f_i|$ 与一次电流 I_1 及二次负荷阻抗 Z_2 有关，故电流互感器的准确度等级与其二次负荷容量有关。我国电流互感器准确度等级和误差限值见表 3-1。电流互感器允许在 1.1 倍额定电流下长期工作。在二次极限负荷范围内，电流互感器的误差限值不超过表 3-1 的规定范围。保护用电流互感器的标准准确度等级有 5P 和 10P 两种，见表 3-2。

表 3-1　　我国电流互感器准确度等级和误差限值

准确度等级	一次电流为一次额定电流的百分数（%）	误差限值		二次负荷变化范围
		电流误差（%）	相位差（′）	
0.2	10 20 100～120	±0.5 ±0.35 ±0.2	±20 ±15 ±10	$(0.25\sim1)S_{2N}$
0.5	10 20 100～120	±1 ±0.75 ±0.5	±60 ±45 ±30	
1	10 20 100～120	±2 ±1.5 ±1	±120 ±90 ±60	
3	50～120	±3	不规定	$(0.5\sim1)S_{2N}$

表 3-2　　保护用电流互感器准确度等级和误差限值

准确级次	电流误差（%）	相位差（′）	在额定准确限值一次电流下的复合误差（%）
	在一次额定电流下		
5P	±1.0	±60	5.0
10P	±3.0	—	10.0

当电流互感器准确度等级一定的条件下，二次负荷阻抗与通过的一次电流的二次方成反比，因此一次电流越大，则允许的二次负荷阻抗越小；反之，一次电流越小，则允许的二次负荷阻抗越大。互感器生产厂家一般按出厂试验绘制出电流互感器 $|f_i|=10\%$ 时，一次电流倍数 $K_1=I_1/I_{N1}$ 与二次负荷阻抗允许值的关系曲线，即电流互感器的 10%误差曲线。电流互感器的 10%误差曲线如图 3-26 所示。电流互感器用于保护回路时，应按 10%误差曲线进行校验。如已知电流互感器的一次电流倍数 K_1，就可以从相应的 10%误差曲线上查得对应的允许二次负荷阻抗 Z_2，这样可保证误差不超过 10%。

4. 电流互感器的类型和型号

电流互感器的类型很多。按一次电压高低来分，有高压和低压两大类。按一次绕组匝数

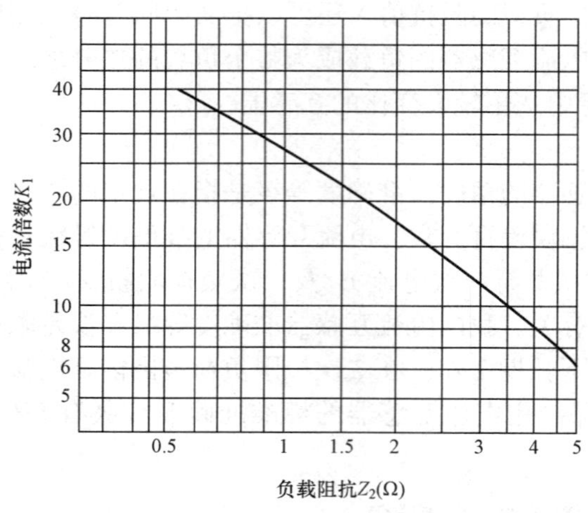

图 3-26 某型电流互感器的 10%误差曲线

分有单匝式和多匝式，单匝式的一次绕组为单根导体，其又可分为贯穿式（一次绕组为单根铜杆或铜管）和母线式（以穿过互感器的母线作为一次绕组）；多匝式的一次绕组由穿过铁芯的一些线匝制成，按绕组的绕线形式又分线圈式、8 字形、U 字形等。按安装地点来分，电流互感器可分为户内式和户外式；户内式多为 35kV 以下，户外式多为 35kV 及以上。按用途分有测量用和保护用两大类。按准确度等级分为 0.2、0.5、1、3、5P、10P 等级。按绝缘介质分为有油浸式（又叫瓷绝缘式，多用于户外）、干式（含环氧树脂浇注式）和气体式（用 SF_6 气体绝缘，多用于 110kV 及以上的户外）。按安装形式可分为穿墙式、母线式、套管式、支柱式等。随着计算机在电力系统控制和保护中的应用，现在又有很多新型号的电流互感器，例如利用其他传感原理的电流互感器。现在研究的焦点是利用光学传感或光纤传输信号技术来研制的新型光电电流互感器。

电流互感器型号含义如下所示：

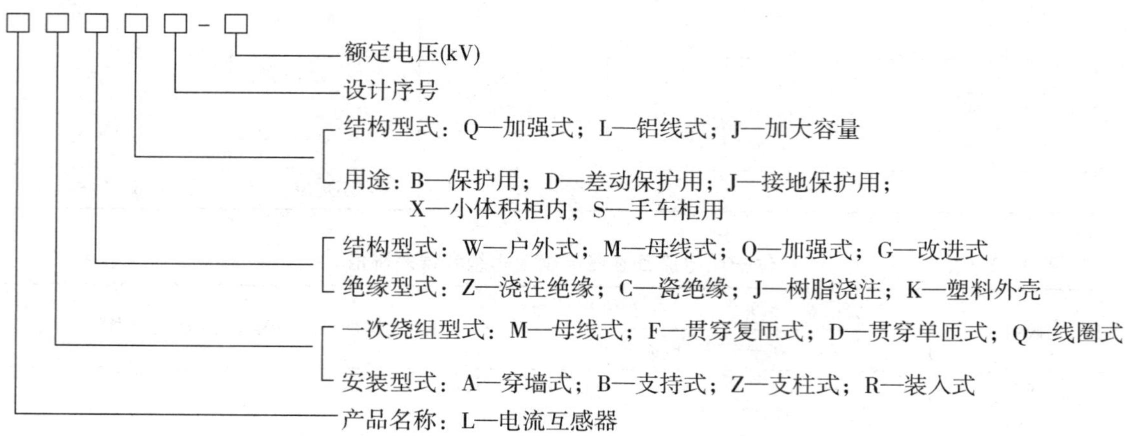

电流互感器的图形符号与文字符号如图 3-27 所示。

5. 电流互感器的结构

电流互感器型式很多，多制成一个一次绕组、两个不同准确度级的铁芯和两个二次绕组，分别接测量仪表和继电器，以满足测量和保护的不同要求。

图 3-28 为户内高压 LQJ-10 型电流互感器。它有两个铁芯和两个二次绕组，分别为 0.5 级和 3 级，0.5 级用于测量，3 级用于继电保护。

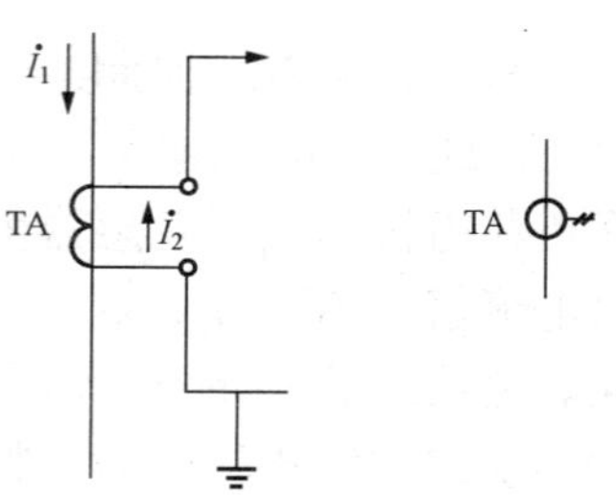

图 3-27 电流互感器的图形符号与文字符号

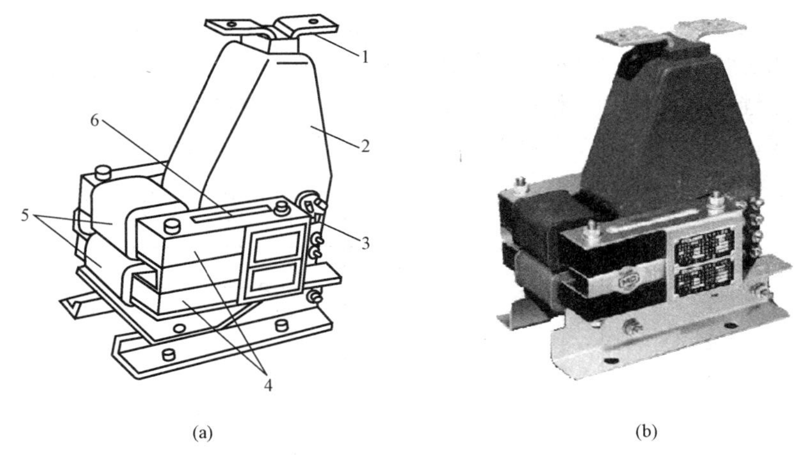

图 3-28　LQJ-10 型电流互感器

(a) 外形图；(b) 实物图

1—一次接线端子；2—一次绕组；3—二次接线端子；4—铁芯；5—二次绕组；6—警告牌

图 3-29 所示为户内式低压 LMZJ1-0.5 型电流互感器。它不含一次绕组，属于单匝式电流互感器，穿过其铁芯的母线就是其一次绕组（1 匝）。互感器铁芯为环形（5～800A）或矩形卷铁芯（1000～3000A），用于 500V 及以下的配电装置中测量电流和电能。

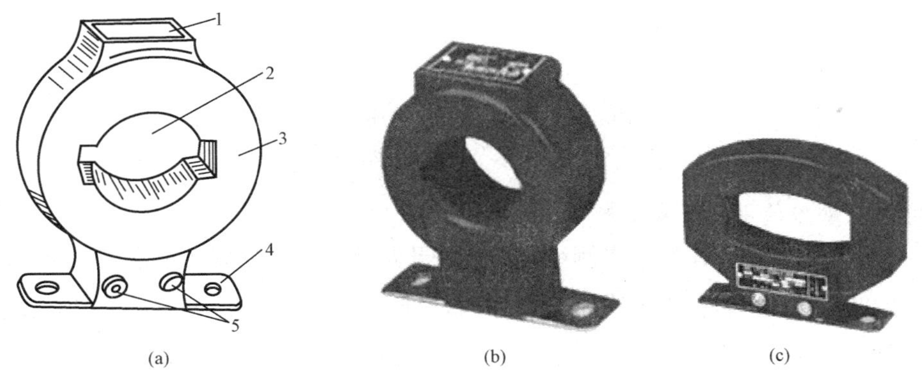

图 3-29　户内式低压 LMZJ1-0.5 型电流互感器

(a) 外形图；(b)，(c) 实物图

1—铭牌；2—一次母线穿孔；3—铁芯（外绕二次绕组，树脂浇注）；4—安装板；5—二次接线端子

6. 电流互感器的接线方案

电流互感器在三相电路中常用的接线方案如图 3-30 所示。

(1) 一相式接线。一相式接线方案如图 3-30 (a) 所示，这种接线用于负荷平衡的三相电路中。电流线圈通过的电流，为测量的对称三相负荷中的一相电流。

(2) 两相 V 形接线。两相 V 形接线方案如图 3-30 (b) 所示，这种接线又叫两相不完全星形接线。在继电保护装置中，这种接线称为两相两继电器接线。广泛应用在中性点不接地的三相三线制系统中（如 6～10kV 高压电路中），用于三相电流、电能的测量及过电流继电保护。流过公共导线上的电流为 U、W 两相电流的相量和，所以通过公共导线上的电流表可以测量出 V 相电流。

(3) 两相电流差接线。两相电流差接线方案如图 3-30 (c) 所示，这种接线适用于中性点不接地的三相三线制电路中（如 6～10kV 高压电路中）的过电流继电保护。

(4) 三相三继电器接线。三相三继电器接线方案如图 3-30 (d) 所示，这种接线又叫三相完全星形接线，一般用于中性点接地系统中。

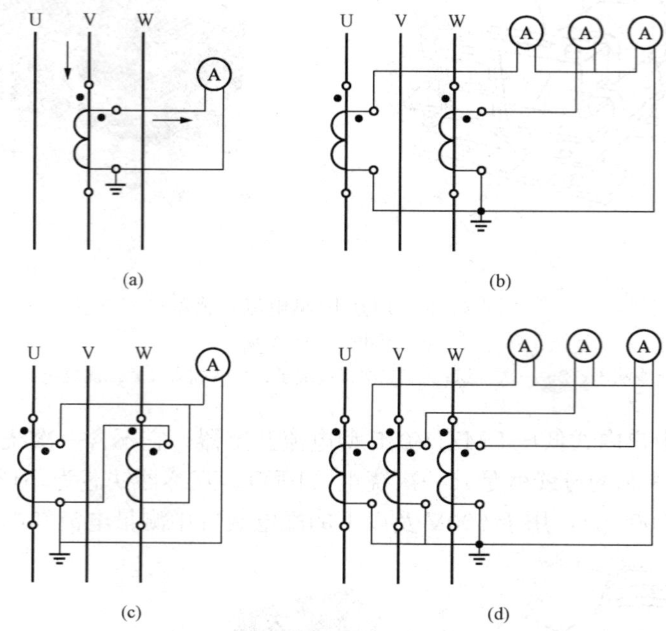

图 3-30 电流互感器的接线方案

(a) 一相式接线；(b) 两相 V 形接线；(c) 两相电流差接线；(d) 三相三继电器接线

7. 电流互感器使用注意事项

(1) 电流互感器在工作时二次侧绝对不允许开路。电流互感器在正常工作时，其二次负荷很小，近似于短路状态。当二次绕组开路时，即 $\dot{I}_2=0$，$\dot{I}_0N_1=\dot{I}_1N_1$。励磁磁动势由 $\dot{I}_0N_1$ 聚增为 $\dot{I}_1N_1$，铁芯的磁通 Φ 及磁感应强度 B 都相应增大，会在二次侧感应出危险的高电压，危及人身和设备安全。因此，当电流互感器一次绕组有电流时，二次绕组不允许开路。当需要将运行中的电流互感器二次回路的仪表断开时，必须先用导线或专用短路连接片将二次绕组端子短接。

(2) 电流互感器的二次侧必须有一端接地。电流互感器的二次侧一端接地，是为了防止其一、二次绕组间绝缘击穿时，一次侧的高电压窜入二次侧，危及人身和设备的安全。

(3) 电流互感器在连接时，要注意其端子的极性。我国互感器和变压器的绕组端子极性均采用减极性原则。通常，一次绕组的出线端子标为 L1 和 L2，二次绕组的出线端子标为 K1 和 K2，其中 L1 和 K1 为同名端，L2 和 K2 为同名端。所谓减极性原则，就是如果一次电流从同极性端流入，则二次电流应从同极性端流出，如图 3-30 (a) 所示。

二、电压互感器

在电力系统中广泛采用的电压互感器，按其工作原理可分为电磁式和电容式两种。这里仅介绍电磁式电压互感器。

1. 电压互感器的工作原理

电磁式电压互感器的工作原理和变压器相同，分析过程与电磁式电流互感器相似。其基本结构和接线如图 3-31 所示，类似于一台小容量变压器。其结构主要特点是：一次绕组匝数很多，二次绕组匝数很少，相当于降压变压器。工作时，一次绕组与被测量电路并联，二次绕组与测量仪表和保护装置的电压线圈并联。由于二次侧所接测量仪表和保护装置的电压线圈阻抗很大且负荷比较恒定，所以正常情况下电压互感器似近似于开路（空载）状态运行。

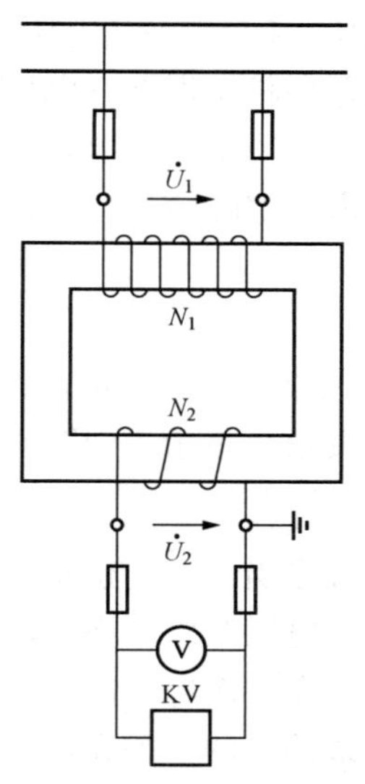

图 3-31 电压互感器的基本结构和接线

电压互感器一、二次绕组的额定电压 U_{1N} 和 U_{2N} 之比称为额定变压比，用 k_{TV} 表示。与变压器相同，k_{TV} 近似等于一、二次绕组匝数比，即

$$k_{TV}=\frac{U_{1N}}{U_{2N}}\approx\frac{N_1}{N_2} \tag{3-7}$$

因此

$$U_1\approx\frac{N_1}{N_2}U_2\approx k_{TV}U_2$$

U_{1N}、U_{2N} 已标准化（U_{1N} 等于电网额定电压 U_{sN} 或 $U_{sN}/\sqrt{3}$，U_{2N} 统一为 100V 或 $\frac{100}{\sqrt{3}}$V），所以 k_{TV} 也已标准化。

电压互感器的等效电路和相量图如图 3-32 所示，其一、二次电流、电压关系与变压器相似。

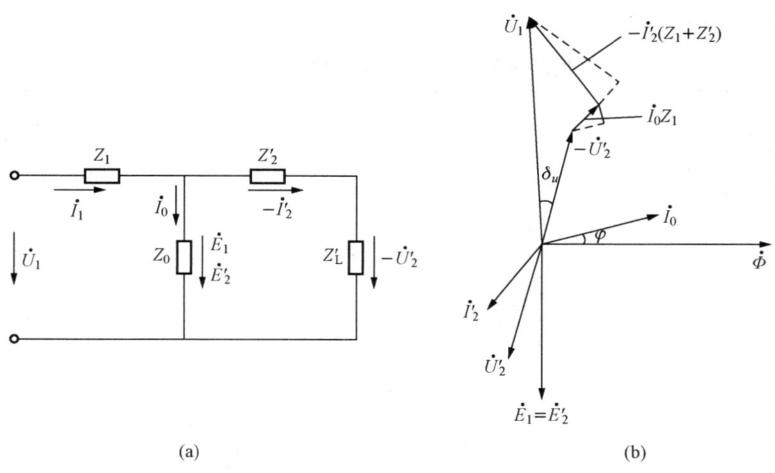

图 3-32 电压互感器的等效电路和相量图

(a) 等效电路；(b) 相量图

由图 3-32 (a) 可得

$$\begin{aligned}\dot{U}_1&=-(\dot{U}'_2+\dot{I}'_2Z'_2)+\dot{I}_1Z_1=-\dot{U}'_2-\dot{I}'_2Z'_2+(\dot{I}_0-\dot{I}'_2)Z_1\\&=-\dot{U}'_2+\dot{I}_0Z_1-\dot{I}'_2(Z_1+Z'_2)\end{aligned}$$

2. 电压互感器误差和准确度等级

由图 3-32 (b) 可见，由于电压互感器存在励磁电流和内阻抗，使归算到一次侧的二次

电压 $-\dot{U}_2'$ 与一次电压 $\dot{U}_1$ 不仅在数值上不相等，而且相位也不相同，即测量结果出现了电压误差和相位误差。电压误差 f_u 又称比值差，相位误差 δ_u 又称角误差。

（1）电压误差 f_u。电压误差 f_u 为二次电压测量值 U_2 归算到一次电压近似值 $k_{TV}U_2$ 与一次电压实际值 U_1 之差相对于 U_1 的百分数。由图 3-32（b）可推导得

$$f_u = \frac{k_{TV}U_2 - U_1}{U_1} \times 100\% \tag{3-8}$$

（2）相位差 δ_u。相位差 δ_u 为一次电压相量 $\dot{U}_1$ 与旋转 180°后的二次电压相量 $-\dot{U}_2'$ 之间的夹角。由于 δ_u 很小，所以一般用（′）表示。由图 3-32（b）可推导得

$$\delta_u \approx \sin\delta_u \tag{3-9}$$

并规定当 $-\dot{U}_2'$ 超前于 $\dot{U}_1$ 时，δ_u 为正值；反之，δ_u 为负值。

电压互感器在二次负荷阻抗增大时，两种误差均增大，二次负荷的电感增大会增大角误差，而一次电压的波动也会影响误差。因此一般的铭牌上所给定的准确度等级均是指一定工作条件下的误差允许值。另外，当功率因数减小时，角误差也将明显增大。

与电流互感器相似，f_u 能引起所有测量仪表和继电器产生误差，δ_u 只对功率型测量仪表和继电器及反映相位的保护装置有影响。

（3）准确度等级。电压互感器的准确度等级是根据测量时电压误差 f_u 的大小来划分的。准确度等级是额定频率下，在规定的一次电压（80%～100%额定电压）和二次负荷变化范围（25%～100%额定负荷）内，功率因数为 0.8（滞后）时，最大电压误差的百分数。我国电压互感器准确度等级和误差限值见表 3-3。根据要求对于继电保护用电压互感器的准确度等级有 3P 与 6P 级。

表 3-3　电压互感器准确度等级和误差限值

准确度等级	误差限值		一次电压变化范围	二次负荷、功率因数、频率变化范围
	电压误差（%）	相位差（′）		
0.2	±0.2	±10	$(0.8\sim1.2)U_{1N}$	$(0.25\sim1)S_{2N}$ $\cos\varphi_2=0.8$ $f=f_N$
0.5	±0.5	±20		
1	±1.0	±40		
3	±3.0	不规定		
3P	±3.0	±120	$(0.05\sim1)U_{1N}$	
6P	±6.0	±240		

考虑到电网电压波动，对电压互感器还规定了额定电压因数，即在规定的允许时间内电压互感器在一次电压超出额定情况下的允许工作时间。在规定的时间内电压互感器能满足发热和准确度等级的要求。额定电压因数为最高一次电压与一次额定电压的比值。

通常测量仪器用的仪用互感器（电流互感器与电压互感器），应具有 0.5 或 1 级的准确度等级，计量则要求 0.5 级。3 级的仪用互感器只能用来供给一些驱动机构的线圈或不重要的测量场合。

3. 电压互感器的接线方式与表示符号

电压互感器一次绕组的额定电压必须与接入电网的电压相符，电压互感器二次绕组的额

定为 100V 或$\frac{100}{\sqrt{3}}$V。电压互感器一、二次绕组也采用减极性解法，在三相电路中常用的四种接线方案如图 3-33 所示。

（1）单相式接线。单相式接线方案如图 3-33（a）所示，该接线方式可测量一个线电压，因此可供仪表、继电器接于一个线电压上。

（2）V/V 形接线。两台单相电压互感器接成 V/V 形，如图 3-33（b）所示，该接线方式可测量三个线电压。因此该方案可供仪表、继电器接于三相三线制电路的各个线电压，广泛应用于工厂变电站 6～10kV 高压配电装置中。

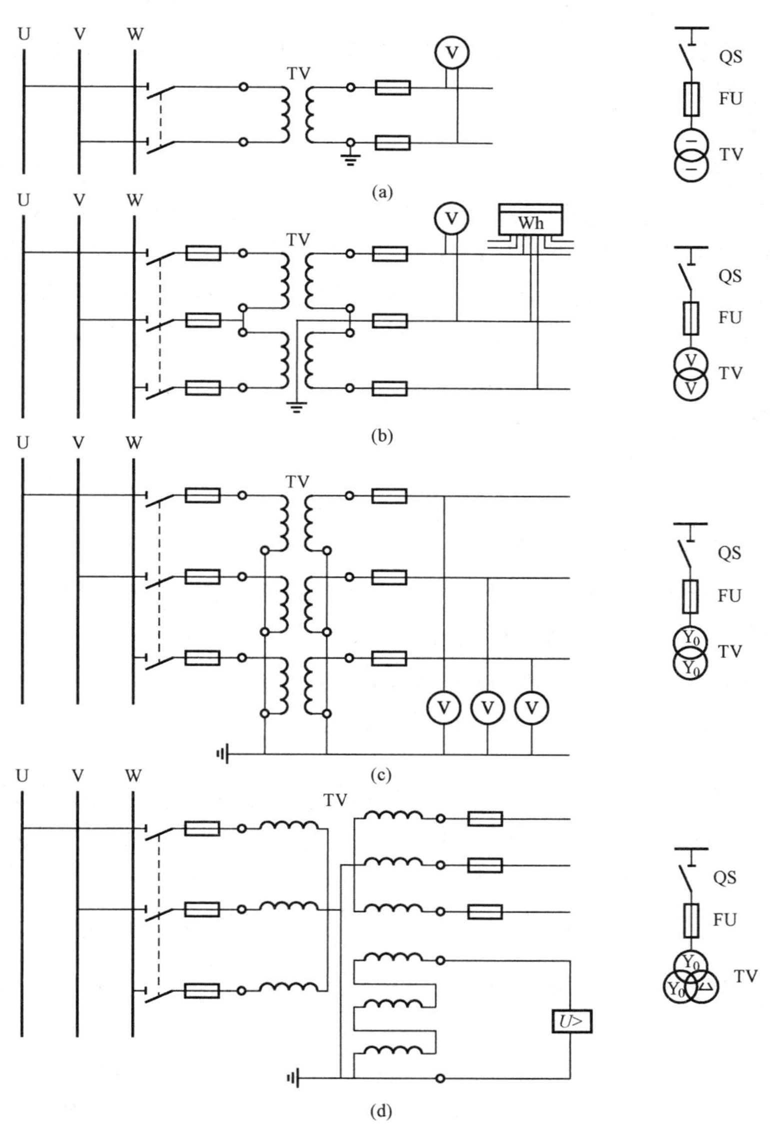

图 3-33　电压互感器的接线方案

（a）单相式接线；（b）两台单相 V/V 形接线；（c）三台单相 Y_0/Y_0 形接线；

（d）三台单相三绕组或一台三相五芯三绕组电压互感器 $Y_0/Y_0/\angle$（开口三角形）接线

(3) Y_0/Y_0 形接线。三台单相电压互感器接成 Y_0/Y_0 形，如图 3-33 (c) 所示，该接线方式可测量电网的线电压，供电给要求线电压的仪表、继电器，并供电给接相电压的绝缘监视电压表。绝缘监视电压表的量程不能按相电压选择，而应按线电压选择，否则在发生单相接地时，电压表可能被烧毁。

(4) $Y_0/Y_0/\triangle$（开口三角形）接线。三台单相三绕组（每台一个一次绕组，两个二次绕组）电压互感器或一台三相五柱三绕组（五个铁芯柱）电压互感器接成 $Y_0/Y_0/\triangle$（开口三角形），如图 3-33 (d) 所示。接成 Y_0 的二次绕组，供电给要求线电压的仪表、继电器及绝缘监视用电压表；接成开口三角形的辅助二次绕组，接电压继电器，其两端电压等于三相电压之和，构成零序电压过滤器。一次电压正常时，开口三角形开口两端的电压接近于零。但一次电路有一相接地时，开口三角形的两端电压将出现接近 100V 的零序电压，使电压继电器动作，发出故障信号。

4. 电压互感器的类型和型号

电压互感器按相数分，有单相和三相两大类，单相式可制成任意电压级，三相式的一般只有 20kV 以下电压级。按绝缘及冷却方式来分，有油浸式、气体式（用 SF_6 绝缘）和干式（含环氧树脂浇注式），干式的只适用于 6kV 以下空气干燥的户内，油浸式的又分普通式和串级式，其中 3～35kV 均制成普通式，110kV 及以上则制成串级式。按安装地点分为户内式和户外式，户内式多为 35kV 及以下，户外式多为 35kV 以上。按准确度等级分，有 0.2、0.5、1、3、3P、6P 等级。

电压互感器的型号含义如下所示：

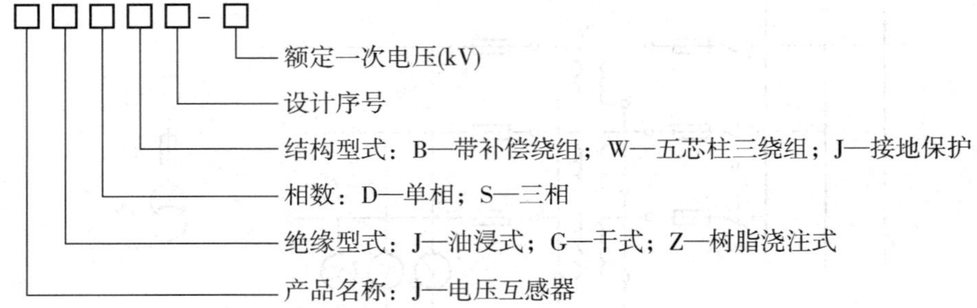

电压互感器的型号很多，图 3-34 所示为 JDZJ-10 型单相三绕组环氧树脂浇注绝缘电压互感器。JDZJ-10 型电压互感器铁芯为三柱式，一、二次绕组为同心圆筒式，连同引出线都用环氧树脂浇注成整体，并固定在底板上；铁芯外露，为半封闭式结构。三台可接成 $Y_0/Y_0/\triangle$（开口三角形）接线，额定电压为 $\frac{10\ 000}{\sqrt{3}}\Big/\frac{100}{\sqrt{3}}\Big/\frac{100}{3}$V（一次绕组/二次绕组/辅助绕组），用于中性点非直接接地系统中电压、电能的测量及绝缘监测。

JSJW-10 型油浸式三相五柱电压互感器如图 3-35 所示。铁芯的中间三柱分别套入三相绕组，两边柱作为单相接地时零序磁通的通路；一、二次绕组均为 YN 接线，剩余绕组为开口三角形接线。主要用于中性点非直接接地系统中的电压、电能测量和绝缘监视。

5. 电压互感器使用注意事项

(1) 电压互感器在工作时二次侧绝对不允许短路。由于电压互感器一、二次绕组都是在并联状态下工作的，若二次侧短路，将感应出很大的电流，有可能把互感器烧毁，甚至影响

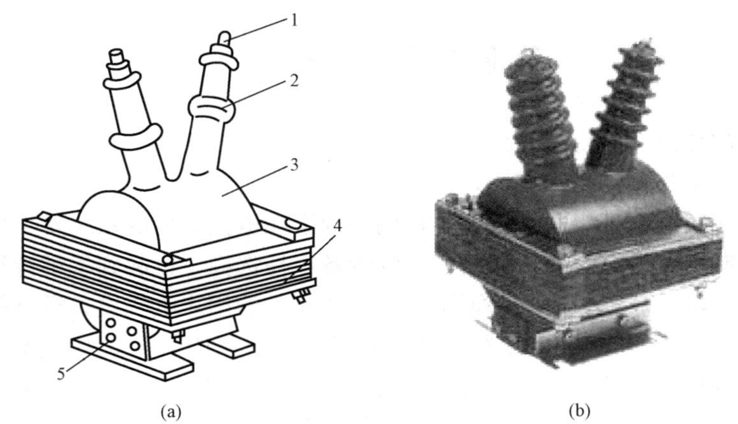

图 3-34 JDZJ-10 型单相三绕组环氧树脂浇注绝缘电压互感器
(a) 外形结构图；(b) 实物图
1—一次绕组引出端；2—高压绝缘套管；3—一、二次绕组；4—铁芯；5—二次绕组引出端

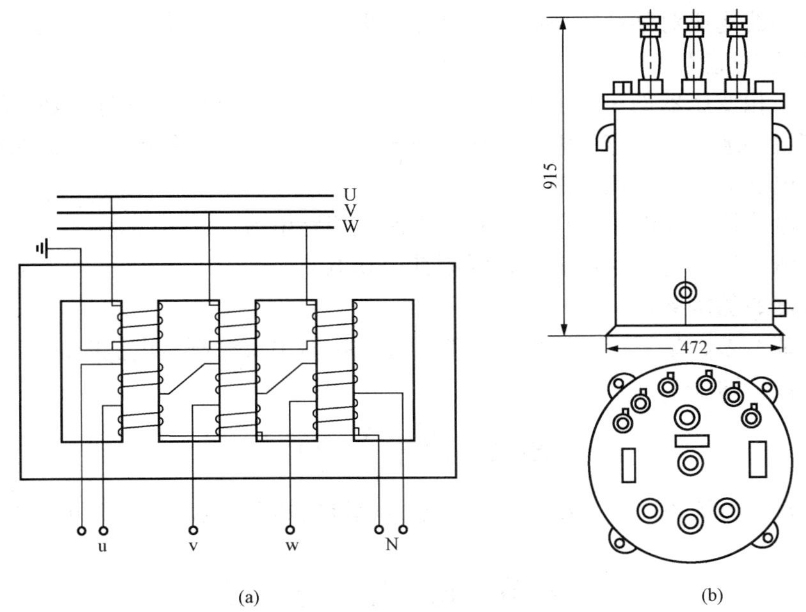

图 3-35 JSJW-10 型油浸式三相五柱电压互感器
(a) 原理图；(b) 外形图

一次电路的运行安全。电压互感器一、二次侧都必须装设熔断器进行保护。

(2) 电压互感器的二次侧必须有一端接地，并且用于保护或测量时均应注意连接的极性。一般 3～15kV 电压互感器经隔离开关和熔断器接入高压电网；在 110kV 及以上配电装置中，考虑到互感器及配电装置可靠性较高，且高压熔断器制造比较困难，价格昂贵，因此电压互感器只经过隔离开关与电网连接；在 380～500V 低压配电装置中，电压互感器可以直接经熔断器与电网连接，而不用隔离开关。

另外，保护电压互感器的熔断器是一种专用熔断器。在电压互感器的二次侧一律要装设熔断器，用于互感器低压侧短路保护，防止电压互感器损坏。

第七节 电 抗 器

一、电抗器的作用

电抗器具有以下作用：

（1）常在出线断路器处串联电抗器，目的是为了在电抗器后的系统发生短路故障时，增大短路阻抗，限制短路电流，使该回路的电气设备容易选择，也起到了维持母线电压水平的作用，使母线上的电压波动较小，保证了非故障线路上的用户电气设备运行的稳定性。

（2）在高压输电线的末端和地之间并联电抗器，用来吸收电网中的容性无功。例如，500kV 电网中的高压电抗器、500kV 变电站中的低压电抗器都是用来吸收线路充电电容无功的，220、110、35、10kV 电网中的电抗器是用来吸收电缆线路的充电容性无功的。可以通过调整并联电抗器的数量来调整运行电压。

（3）串联在兼作通信线路用的输电线路中，用以阻挡载波信号，使之进入接收设备。通信电抗器又称阻波器。

（4）与电容器构成对某种频率能发生共振的电路，以消除电力电路某次谐波的电压或电流，也称为滤波电抗器。

（5）接于三相变压器的中性点与地之间，用以在三相电网的一相接地时供给电感性电流，以补偿流过接地点的电容性电流，使电弧不易起燃，从而消除由于电弧多次重燃引起的过电压。消弧电抗器又称消弧线圈。

（6）电炉电抗器。与电炉变压器串联，限制其短路电流。

（7）启动电抗器。与电动机串联，限制其启动电流。

二、电抗器的基本参数

电抗器的基本参数是额定电抗率，它等于在电抗器中流过额定电流时的感抗压降占其额定电压的百分数，即

$$X_L\% = \frac{\sqrt{3}I_{LN}X_L}{U_{LN}} \times 100 \tag{3-10}$$

式中：$X_L\%$为额定电抗率；I_{LN}、U_{LN}、X_L 分别为电抗器的额定电流、额定电压和额定电抗。

第八节 低 压 电 器

低压电器通常指工作在交流额定电压 1200V、直流额定电压 1500V 及以下电路中的电气设备。低压电器广泛用于发电、输电、配电场所及电气传动和自动控制设备中，在电路中起通断、保护、控制或调节作用。

低压开关是低压电器的一部分，通常用来接通和分断 1000V 以下的交、直流电路。低压开关多采用在空气中借拉长电弧或利用灭弧栅将电弧截为短弧的原理灭弧。下面介绍几种常用的低压开关。

一、刀开关

1. 低压刀开关

刀开关是最简单的一种低压开关电器，其额定电流在 1500A 以下，主要应用于不频繁

手动接通的电路，也用来分断低压电路的正常工作电流或用作隔离开关。

刀开关的分类方法很多，按转换方向可分为单掷和双掷；按极数可分为单极、二极和三极三种；按操作方式可分为直接手柄操作和连杆操作两种；按有无灭弧结构可分为不带灭弧罩和带灭弧罩两种。一般不带灭弧罩的刀开关只能在无负荷下操作，可作低压隔离开关使用；带灭弧罩的刀开关能通断一定的负荷电流。刀开关也可以按外壳防护等级、安装类别和抗污染等级分类。

低压刀开关型号的表示含义如下所示：

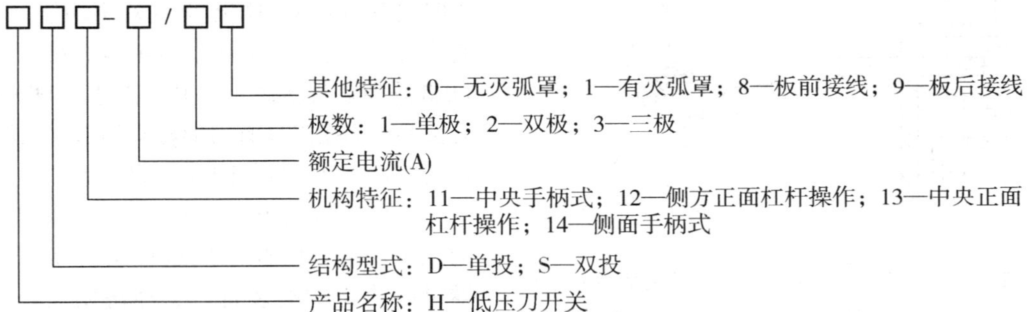

低压刀开关的图形符号与文字符号如图 3-36 所示。

HD13 型低压刀开关的结构如图 3-37 所示，其每极的静触头 7 是两个矩形截面的接触支座，其两侧装有弹簧卡子，用来安装灭弧罩；动触头为 3 片刀刃形接触条，额定电流为 100～400A 采用单刀片，额定电流为 600～1500A 采用双刀片；灭弧罩 2 由绝缘纸板和钢板栅片拼铆而成；底座 4 采用玻璃纤维模压板或胶木板；操作手柄采用中央正面杠杆式。在开断电路时，刀片与静触头间产生的电弧，在电磁力作用下被拉入灭弧罩内，被切断成若干短弧而迅速熄灭，所以可用来切断较大的负荷电流。

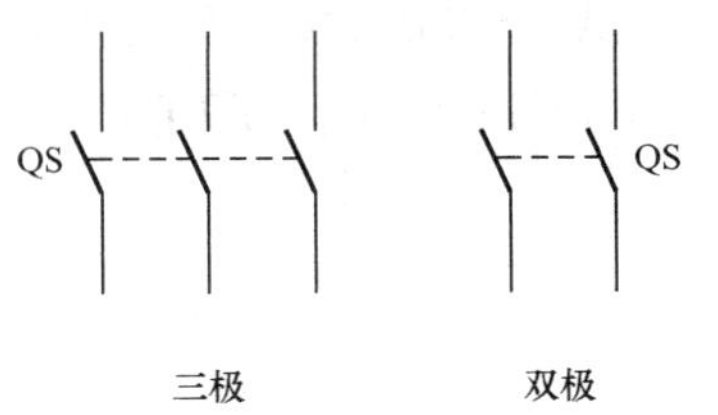

图 3-36 低压刀开关的图形符号与文字符号

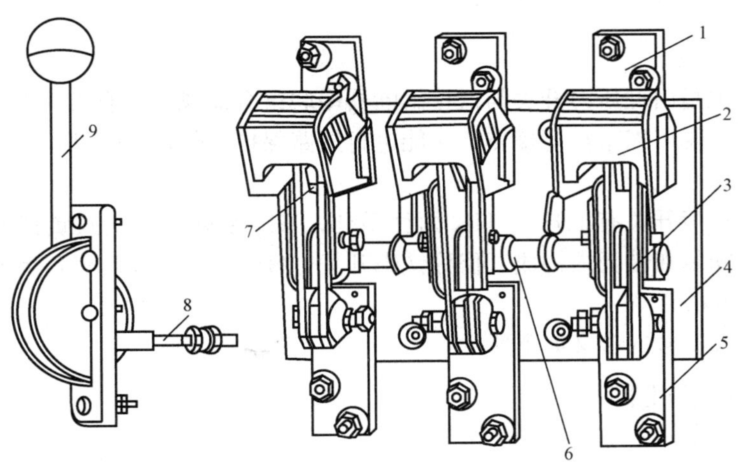

图 3-37 HD13 型低压刀开关的结构

1—上接线端子；2—钢栅片灭弧罩；3—闸刀；4—底座；5—下接线端子；6—主轴；7—静触头；8—连杆；9—操作手柄

不带灭弧罩的刀开关，靠增大触头的开距和使用电磁力拉长电弧来灭弧，一般只用来隔离电源，不能用来切断较大的负荷电流。

非熔断器式刀开关必须与熔断器配合使用，以便在电路发生短路故障或过负荷时由熔断器切断电路。

2. 熔断器式刀开关

熔断器式刀开关又称刀熔开关，是一种由低压刀开关与低压熔断器组合的开关电器，同时具有刀开关和熔断器的双重功能，可用来代替刀开关和熔断器的组合。最常见的HR3系列熔断器式刀开关，就是将HD型刀开关的闸刀换以具有刀形触头的RT0型熔断器的熔管，其结构如图3-38所示。

熔断器式刀开关具有刀开关和熔断器的双重功能，因此采用这种组合型开关电器可以简化配电装置，又经济实用，因此熔断器式刀开关越来越广泛地在低压配电屏上安装使用。

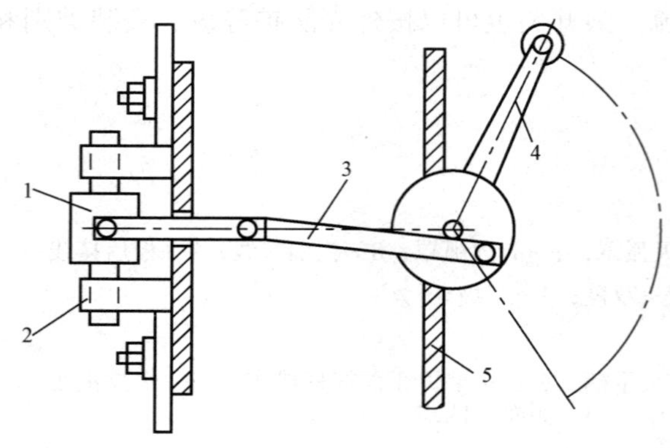

图3-38 HR3系列熔断器式刀开关结构示意图

1—熔体；2—弹性触座；3—连杆；4—操作受柄；5—配点屏面板

低压熔断器式刀开关全型号的含义如下所示：

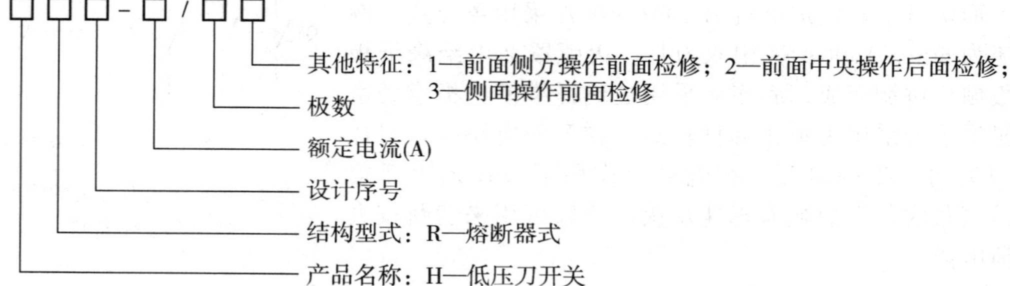

3. 低压负荷开关

低压负荷开关是由低压刀开关与低压熔断器串联组合而成，具有带灭弧罩的刀开关和熔断器的双重功能，既可以带负荷操作，又能进行短路保护，但短路熔断后，需要更换熔体才能恢复使用。

常用的低压负荷开关有HH和HK两种系列，HH系列为封闭式负荷开关，将刀开关与熔断器串联，安装在铁壳内构成，俗称铁壳开关；HK系列为开启式负荷开关，外装瓷质胶盖，俗称胶壳开关。

低压负荷开关型号的含义如下所示：

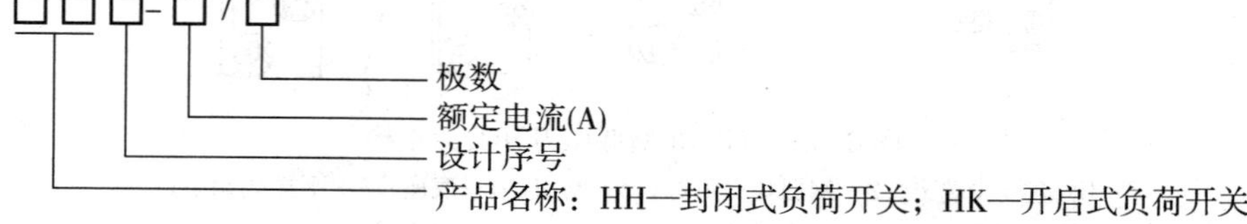

低压负荷开关的图形及文字符号与高压负荷开关相同。

二、低压断路器

低压断路器又称自动空气开关（简称自动开关），是低压开关中性能最完善的开关，它不仅可以接通和切断正常负荷电流，而且可以保护电路，即当电路有短路、过负荷或电压严重降低时，能自动切断电路，因此常用作低压大功率电路的主控电器。低压断路器主要作为短路保护电器，不适于进行频繁操作。

断路器的种类繁多，按其结构型式可分为框架式、塑料外壳式两大类。框架式断路器主要用作配电网络的保护开关；塑料外壳式断路器除用作配电网络的保护开关外，还可用作电动机、照明电路及电热电路的控制开关。另外按电源种类可分为交流和直流；按结构型式分为有装置式和万能式；按其灭弧介质分为有空气断路器和真空断路器；按操作方式分为手动操作、电磁铁操作和电动机储能操作；按保护性能分为非选择型断路器、选择型断路器和智能型断路器等。

1. 低压断路器的工作原理

图 3-39 为低压断路器的工作原理示意图。U、V、W 为三相电源，断路器的主触头 1 接在电动机主回路，靠锁键 2 和锁扣 3（代表自由脱扣机构）维持在合闸状态。锁键 2 由锁扣 3 扣住，锁扣 3 可以绕轴转动。过电流脱扣器 6 的线圈和热脱扣器 7（双金属片）的加热电阻 8 串联在主电路中，前者为过电流保护，后者为过负荷保护；失电压脱扣器 5 和分励脱扣器 4 的线圈则并联在主电路的相同（主触头的电源侧），前者用于失压保护，后者则提供远距离分断低压断路器。如果锁扣 3 被顶而与锁键 2 分离开，则动触头将随锁键 2 被弹簧拉开，主电路由此被断开。

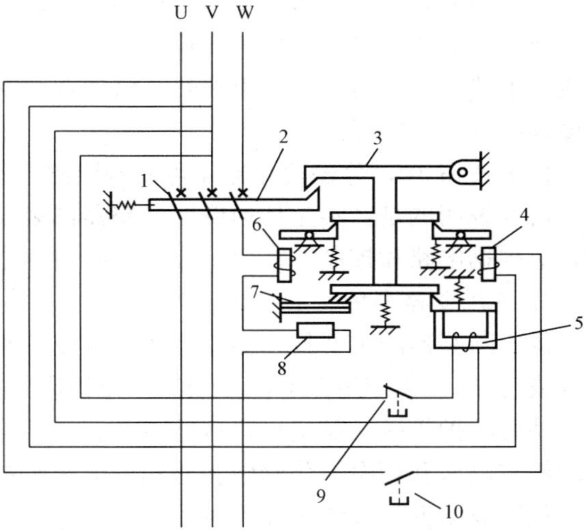

图 3-39　低压断路器的工作原理示意图

1—主触头；2—锁键；3—锁扣；4—分励脱扣器；5—失电压脱扣器；6—过电流脱扣器；7—热脱扣器；8—加热电阻；9，10—脱扣按钮

2. 低压断路器的结构

低压断路器的合闸操动机构有手动操动机构和电动操动机构两种。手动操动机构有手柄直接传动和手动杠杆传动两种；电动操动机构有电磁合闸机构和电动机合闸机构两种。

低压断路器的结构比较复杂，由触头系统、灭弧装置、脱扣器和操动机构等组成。操动机构中又有脱扣机构、复位机构和锁扣机构。

（1）触头系统。低压断路器有主触头和灭弧触头。电流大的断路器还有副触头（辅助触头），这三种触头都并联在电路中。正常工作时，主触头用于通过工作电流；灭弧触头用于开断电路时熄灭电弧，以保护主触头；辅助触头与主触头同时动作。

（2）灭弧装置。万能式断路器的灭弧装置多数为栅片式，为提高耐弧能力，采用由三聚氰胺耐弧塑料压制的灭弧罩，在两壁装有防止相间飞弧绝缘隔板。

塑料外壳式断路器的灭弧装置与万能式基本相同，由于钢板纸耐高温且在电弧作用下能产生气体吹弧，故灭弧室壁大多采用钢板纸做成，还通过在顶端的多孔绝缘封板或钢丝网来吸收电弧能量，以缩小飞弧距离。

(3) 低压断路器的脱扣器。低压断路器的脱扣器有如图 3-39 所示的电磁式电流脱扣器和失压脱扣器、分励脱扣器和热脱扣器，此外，还有半导体脱扣器等。

在图 3-39 中，6 为过电流脱扣器。当主电路短路时，流过过电流脱扣器 6 的线圈的电流超过整定值，衔铁一端的电磁铁吸力大于另一端的弹簧拉力，在电磁力作用下，衔铁转动并冲撞锁扣 3，使之得到释放，锁键 2 左端的弹簧拉动锁键 2，断路器断开。当主电路发生过负荷时，经一定延时后，热脱扣器动作，使断路器断开。过电流脱扣器 6 的动作电流可通过调节衔铁弹簧的张力来调节。

当电源电压消失或降低到约为 60％的额定电压时，失电压脱扣器 5 的电磁铁对衔铁的吸力小于弹簧拉力，衔铁转动并冲撞锁扣 3，使断路器断开；当需要远距离操作断开断路器时，可按下按钮 9，使分励脱扣器线圈通电，则类似过电流脱扣器动作过程，使断路器断开。失电压脱扣器回路也可以通过按钮实现远距离操作。

热脱扣器作为过负荷保护作用。在图 3-39 中，双金属片 7 就是热脱扣器。当过负荷电流流过加热电阻 8 时，会严重发热，将使双金属片 7 发生弯曲变形，当弯曲到一定程度时，冲撞锁扣 3，使断路器断开。

按下按钮 10，分励脱扣器 4 可实现断路器的远距离控制分闸。

需要说明的是，不是任何低压断路器都装设有以上各种脱扣器。用户在使用低压断路器时，应根据电路和控制的需要，在订货时向制造厂提出所选用的脱扣器种类。

3. 低压断路器的主要技术参数

低压断路器的主要技术参数有额定电流、额定工作电压、使用类别、安装类别、额定频率（或直流）、额定短路分断能力、额定极限短路分断能力、额定短时耐受电流和相应的延时、外壳防护等级、额定短路接通能力、额定绝缘电压、过电流脱扣器的整定值以及合闸装置的额定电压和频率、分励脱扣器和失电压脱扣器的额定电压和额定频率等。

低压断路器的额定电流有两个值：①它的额定持续工作电流，也就是主触头的额定电流；②断路器中所能装设的最大过电流脱扣器的额定电流，该电流在型号中表示出来。

由于低压断路器是低压电路中主要的短路保护电器，因此它的短路分断能力和短路接通能力是衡量其性能的重要参数。

低压断路器的型号含义如下所示：

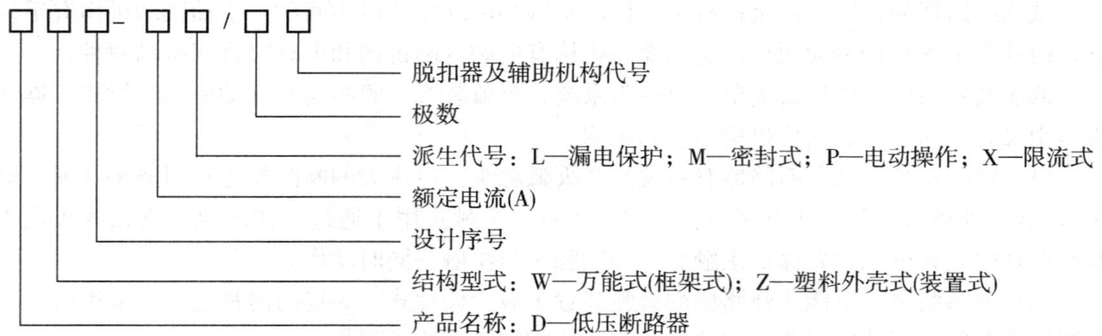

低压断路器的图形符号与文字符号与高压断路器相同。

常用的低压断路器有 DW15 型框架式和 DZ10 型塑壳式。此外 ME、DW914（AH）、AE-S、3WE 等系列框架式低压断路器，分别为引进德国 AEC 公司技术、日本寺崎电气公司技术、日本三菱电机公司零件、德国西门子公司技术的产品；S060、C45N、TH、TO、TS、TG、TL、3VE、H 等系列塑壳式低压断路器，分别为引进德国技术、法国梅兰日兰公司技术、日本寺崎电气公司技术（TH、TO、TS、TG、TL）、德国西门子公司技术、美国西屋电气技术的产品。

随着电子技术的发展，低压断路器正在向智能化方向发展，例如用电子脱扣器取代原机电式保护器件，使开关本身具有测量、显示、保护、通信的功能。

思考题与习题

3-1 开关电器中的电弧有何危害？一般采用哪些灭弧方法？将长弧分成短电弧灭弧是利用了什么原理？

3-2 何谓碰撞游离、热游离、去游离？它们在电弧的形成和熄灭过程中起何作用？

3-3 交流电弧的熄灭条件是什么？熄灭交流电弧的方法有哪些？

3-4 断路器的基本结构分为哪几部分？各有什么作用？

3-5 真空断路器、SF_6 断路器的灭弧原理各有哪些不同？

3-6 高压断路器的作用是什么？按采用的灭弧介质分为哪几类？

3-7 隔离开关可分为几类？基本结构如何？用隔离开关可以进行哪些操作？

3-8 用隔离开关切断负荷电流时，会产生什么后果？

3-9 熔断器的主要作用是什么？其基本结构怎样？什么是限流式熔断器？

3-10 熔断器主要由哪几部分组成？各部分的作用是什么？充石英砂的熔断器为什么能限制短路电流？

3-11 负荷开关的作用是什么？负荷开关如何分类？

3-12 为什么负荷开关经常与熔断器配合使用？

3-13 电流互感器和电压互感器的作用是什么？简述电磁式电流互感器和电压互感器的工作原理和特点。

3-14 互感器有哪几种误差？这些误差又与哪些因素有关？

3-15 为什么运行中的电流互感器二次回路不允许开路，而电压互感器的二次回路不允许短路？

3-16 什么是熔断器式刀开关？其主要用途是什么？

3-17 低压断路器的作用是什么？它有哪些脱扣器？各有什么作用？

第四章 电气主接线与配电装置

本章重点阐述了发电厂和变电站电气主接线的基本要求、主接线的基本接线形式、特点及适用范围。对主接线中主变压器的选择、限制短路电流的措施进行了介绍；列举了发电厂和变电站电气主接线中的设备配置要求，并给出了部分发电厂、变电站电气主接线的示例；简单介绍了配电网接线、配电装置的选择与布置以及成套配电装置的应用；最后介绍了电气工程一次系统设计的内容、原则和步骤，重点介绍了电气主接线设计的内容和步骤。

第一节 对电气主接线的基本要求

为了表征一次系统，把所有一次设备按电能流程连接而成的总电路称为电气主接线或一次接线。

发电厂、变电站的电气主接线设计是一个综合性问题，应根据其在电力系统中的地位与作用、建设规模、电压等级、线路回数、负荷等具体情况来确定。电气主接线设计应满足安全、可靠、灵活、经济等方面的要求。

1. 安全性

安全性包括设备安全和人身安全。要满足这一点，必须按照国家标准和规范的规定，正确选择电气设备及正常情况下的监视系统和故障情况下的保护系统，考虑各种保障人身安全的技术措施。

2. 可靠性

电气主接线的可靠性可以用主接线无故障工作时间占全部时间的比例来表示。

供电可靠是对电气主接线最基本的要求。停电不仅给电力系统造成损失，而且给国民经济各部门造成损失，后者往往比前者大几十倍，甚至会导致人身伤亡、设备损坏、产品报废、城市生活混乱等经济损失和政治影响，损失更是难以估量。因此，供电可靠性是电力生产和分配的首要要求，电气主接线必须满足这一要求。

（1）研究主接线的可靠性应注意的问题。主接线的可靠性在很大程度上取决于设备的可靠程度，采用可靠性高的电气设备可以简化接线。

因设备检修或事故被迫中断供电的机会越少、影响范围越小、停电时间越短，则表明主接线的可靠性越高。同时，对发电厂、变电站主接线可靠性的要求程度，应与其在电力系统中的地位和作用相适应，即发电厂、变电站的容量、电压等级、负荷越大，其主接线的可靠性应越高。

（2）对电气主接线可靠性的具体要求。电气主接线的可靠性可以定量计算，也可以定性分析。一般对地位重要的大型发电厂或枢纽变电站才要进行可靠性的定量计算。

在定性分析主接线的可靠性时，主要考虑以下方面：

1）断路器检修时，不宜影响对系统的供电。

2）母线故障以及母线或母线隔离开关检修时，尽量减少停运出线的回路数和停运时间，并保证对Ⅰ、Ⅱ类负荷的供电。

3. 灵活性

电气主接线应满足在调度、检修及扩建时操作方便、运行灵活的要求。

4. 经济性

电气主接线在满足安全、可靠、灵活的前提下，要考虑经济性。而它们与经济性之间往往发生矛盾，即若要主接线可靠、灵活，将可能导致投资增加，所以设计时必须综合考虑。电气主接线的经济性主要表现在以下方面：

（1）节省投资。主接线应力求简单清晰，以节省断路器、隔离开关等一次设备投资；并应适当限制短路电流，以便选择轻型电气设备，降低投资；应使控制、保护回路不过于复杂，以利于运行并节省二次设备和电缆的投资。

（2）年运行费小。年运行费包括电能损耗费、折旧费及大修费、日常小修维护费。其中电能损耗主要由主变压器引起，因此，要合理地选择主变压器的种类（双绕组、三绕组或自耦变压器）、容量、台数，要避免因两次变压而增加电能损耗。年折旧费及大修费、日常小修维护费都以综合投资的百分数计算。

（3）占地面积小。主接线的设计要为配电装置布置时节约占地创造条件，以便减少用地和节省构架、导线、绝缘子及安装费用。在运输条件许可的地方都应采用三相变压器（较三台单相组式变压器占地少、经济性好）。

（4）在可能的情况下，应采取一次设计，分期投资、投产，尽快发挥经济效益。

第二节 电气主接线的基本形式及其适用范围

发电厂和变电站电气主接线的基本形式可分为有汇流母线（是连接进线和出线的导线，在理论上是一个节点）和无汇流母线两大类，它们又各分为多种不同的接线形式，按电压等级的高低和出线回路数的多少有一个大致的适用范围。这里主要讨论发电厂和变电站常用的6～220kV电压等级的电气主接线。

有汇流母线的主接线分为：单母线，单母线分段，双母线，双母线分段，增设旁路母线的接线，一台半断路器接线等；无汇流母线的主接线分为：单元接线，桥型接线等。

电力系统运行中，一般以电气回路为单位进行操作。电气回路是指实现某一特定用途的由几种电气一次设备连接构成的接线。通常将电气回路实现的用途作为其名称，如进线回路、馈出线回路、发电机回路、主变压器高压回路、母线联络回路、避雷器回路与电压互感器回路（此两者常合并为一个回路）等。电气主接线也可看作是所有电气回路连接构成的总接线。

一、倒闸操作及其基本原则

1. 倒闸操作及其特点

倒闸操作是将电气回路从一种状态转换为另一种状态的操作，比如从停电到带电、从带电到停电状态之间的转换。任一电气回路的投入与切除，以及电力系统运行方式切换的基础环节都是倒闸操作。

倒闸操作中需操作的电气设备较多，不同电气回路倒闸操作的内容有所不同，操作步骤必须按次序在较短时间内完成。这些特点造成了在倒闸操作时容易产生误操作，从而影响电网的安全运行，甚至可能造成人身伤亡事故。

为保证电力系统安全可靠运行，避免误操作，必须严格执行操作制度，并配合必要的技术防误措施。另外，倒闸操作的种类虽多，但都遵循一定的基本原则。

2. 倒闸操作的基本原则

首先，根据断路器有灭弧装置，而隔离开关没有的特点，决定其操作次序。

高压断路器具有专用灭弧装置，能接通和断开正常工作电流与故障电流；而隔离开关没有灭弧装置，不能断开正常负荷电流与故障电流，只能分、合几安的小电流，主要用作隔离电源。因此隔离开关应该在断路器闭合之前接通，在断路器断开之后断开，即所谓的“先通后断”。

倒闸操作的一些基本原则为：

(1) 送电操作必须按照“合上母线侧隔离开关→合线路侧隔离开关→合高压断路器”的次序进行。

(2) 停电操作必须按照“断开断路器→拉开线路侧隔离开关→拉开母线侧隔离开关”的次序进行。

(3) 拉开或合上隔离开关前，必须检查对应的断路器是否确实在断开位置，防止隔离开关带负荷操作导致的电弧引起母线短路事故。

(4) 启用母线前，应先充电检查，判断其是否有故障存在，确定正常之后再接入使用。

(5) 隔离开关必须在断路器断开或等电位情况（有旁路连接隔离开关的两个触头）下才能操作。

(6) 隔离开关和相应接地开关操作的原则是：先拉隔离开关，再合接地开关；先拉接地开关，再合隔离开关。

二、有汇流母线的主接线

有汇流母线的接线形式使用的开关电器较多，配电装置占地面积较大，投资较大，母线故障或检修时影响范围较大，适用于进出线较多（一般超过 4 回时）并且有扩建和发展可能的发电厂和变电站。

1. 单母线接线

典型的单母线接线如图 4-1 所示，由于接线中只有一组母线，故称为单母线接线，所有电源和引出线回路都连接于同一组母线上，为便于每回路的投入和切除，在每回进出线都装有断路器和隔离开关。

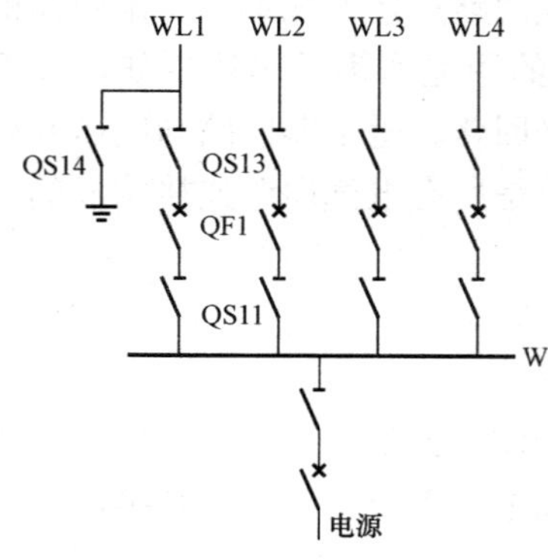

图 4-1 典型的单母线接线

紧靠母线的隔离开关称为母线隔离开关，如图 4-1 中的 QS11；靠近线路侧的隔离开关为线路隔离开关，如 QS13。由于隔离开关的作用之一是在设备检修时隔离电压，所以，当馈线的用户侧没有电源，且线路较短时，可不设线路隔离开关；但如果线路较长，为防止雷电产生的过电压侵入或用户侧加接临时电源，危及设备或检修人员的安全，也可装设线路隔离开关。接地开关（或称接地刀闸），如 QS14，其作用是在检修时取代安全接地线。当电压为 110kV 及以上时，断路器两侧隔离开关（高型布置时）或出线隔离开关（中型布置时）应配置接地开关。

倒闸操作，如出线 WL1 检修后恢复送电的操作顺序为：拉开 QS14→检查 QF1 确在断开状态→合上 QS11→合上 QS13→合上 QF1。停电操作顺序相反：断开 QF1→检查 QF1 确在断开状态→断开 QS13→断开 QS11。

（1）单母线接线的主要优点：接线简单清晰，设备少，投资小，运行操作方便，有利于扩建和采用成套配电装置。

（2）单母线接线的缺点：可靠性、灵活性差；任一回路的断路器检修，该回路停电；母线或任一母线隔离开关故障或检修时，需全部停电。

（3）适用范围。不分段单母线接线一般只适用于系统中只有一台发电机或一台主变压器且无重要负荷的以下三种情况：

1）6～10kV 配电装置，出线回路数不超过 5 回。

2）35～63kV 配电装置，出线回路数不超过 3 回。

3）110～220kV 配电装置，出线回路数不超过 2 回。

当采用成套配电装置时，由于它的工作可靠性较高，也可用于重要用户（如厂、站用电）。

2. 单母线分段接线

单母线分段接线如图 4-2 所示。其中，QFd 称为分段断路器（另一种情况是用隔离开关分段的单母线分段接线，如 QSd 分段，其运行可靠性和灵活性都较差，较少使用）。当一段母线或某一母线隔离开关故障时，分段断路器和所有连接在故障母线段上的断路器由保护自动断开，将故障段隔离，保证无故障段母线仍正常运行，从而缩小停电范围，提高可靠性。比如对重要用户，可从不同段引出两个回路，在任一段故障时，保证另一回路正常供电。

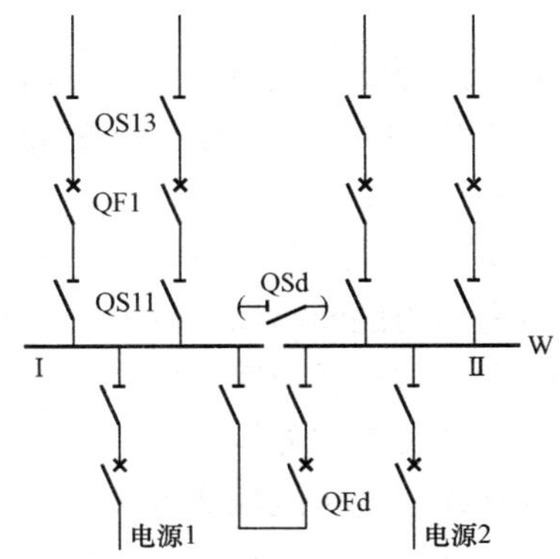

图 4-2　单母线分段接线

单母线各分段可并列运行，也可分列运行（分段断路器处于断开状态）。降压变电站中主变压器低压侧采用单母线分段接线时，为了限制短路电流，简化继电保护，通常分列运行。在分段断路器 QFd 上装设备用电源自动投入装置，当任一分段的电源断开时，QFd 自动投入。

分段的数目取决于电源数量与容量。段数越多，故障时停电范围越小，但使用的分段断路器越多，配电装置和运行也越复杂，通常以 2～3 段为宜，同时应尽可能将电源与负荷均衡地分配于各母线段上，以减少各段间的功率流动。

单母线分段接线的缺点有：任一回路的断路器检修时，该回路停电；当一段母线或母线隔离开关故障或检修时，该段母线上全部回路需停电；当出线为双回路时，常使架空线路出现交叉跨越；扩建时，需向两端均衡扩建。

由于单母线分段接线既保留了单母线接线简单、经济的优点，又在一定程度上提高了可靠性，故一直被广泛常用，特别是中小型电厂和出线数目较少的 35～110kV 变电站，较多采用。其适用范围为：

1）6～10kV 配电装置：出线回路数为 6 回及以上时；变电站有两台主变压器时；发电

机电压配电装置，每段母线上的发电机容量为12MW及以下时。

2）35～63kV配电装置：出线回路数为4～8回时。

3）110～220kV配电装置：出线回路数为3～4回时。

3. 双母线接线

双母线接线是针对单母线分段接线的缺点而提出的，如图4-3所示。两组母线之间通过母线联络断路器（简称母联断路器）连接起来，每个回路都经过线路隔离开关、一台断路器和两组母线隔离开关分别接到两组母线上，工作时一组母线隔离开关闭合，另一组母线隔离开关断开。

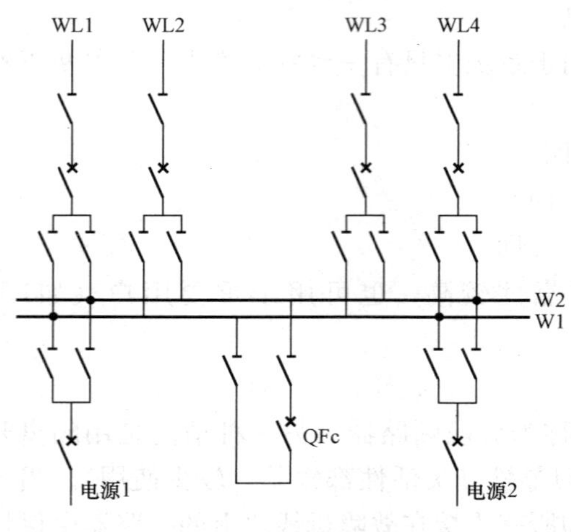

图4-3 双母线接线

双母线接线的最大特点是每个回路均设置两组母线隔离开关，可接至两组母线，使运行的可靠性和灵活性大为提高。

（1）双母线接线的优点为：

1）供电可靠。

a）检修任一组母线时，不会中断供电。比如，检修母线W1时，把W1上的全部电源和出线倒换到母线W2。其倒闸操作步骤为：合上母联断路器两侧的隔离开关→合上母联断路器QFc，给母线W2充电→合上母线W2上的所有母线隔离开关→拉开母线W1上的所有母线隔离开关→断开母联断路器QFc→断开母联断路器两侧的隔离开关→母线W1退出运行，验明无电后，用接地开关接地，即可进行检修。这是在进出线带负荷情况下的倒换操作，俗称“热倒”，各回路的母线隔离开关是“先合后拉”。

b）任一组母线故障后，只需短时停电。当任一组母线故障后，保护装置将接于该母线的所有回路的断路器自动断开，只需将接于该母线的所有回路均接至另一组母线即可迅速恢复供电。这是在故障母线的进出线不带负荷情况下的倒换操作，俗称“冷倒”，各回路的母线隔离开关是“先拉后合”，即先拉开故障母线上的所有母线隔离开关，再合上各回路接于正常母线上的母线隔离开关，否则故障会转移到正常母线。

c）检修任一回路的母线隔离开关时，只需停此回路及与此隔离开关相连的母线，其他回路均可通过另一组母线继续工作。

d）任一线路断路器故障时，可利用母联断路器代替其工作。当任一断路器有故障而拒绝动作（如触头焊住、机构失灵等）或不允许操作时，可将该回路单独接于一组母线上，然后用母联断路器代替其断开电路。

2）运行方式灵活。各个电源和负荷回路可以任意分配到某一组母线上，能灵活地适应系统中各种运行方式调度和潮流变化的需要。运行方式有：

a）两组母线各带一部分电源和负荷，通过母联断路器并列运行（相当于单母线分段运行）。这是最常用的方式，因为母线故障时可缩小停电范围，两组母线的电源和负荷可以调配，且母线继电保护相对比较简单。

b）两组母线同时工作，分列运行。母联断路器断开，处于热备用状态。这种方式常用于系统最大运行方式时，可以限制短路电流。

c）两组母线一组工作，一组备用，母联断路器断开（相当于单母线运行）。比如，当某个回路需要独立工作或进行试验时，可将该回路单独接到一组母线上进行；当线路需要利用短路方式熔冰时，亦可腾出一组母线作为熔冰母线，不致影响其他回路。

3）扩建方便。可向母线的任一端扩建，不影响两组母线的电源和负荷的均匀分配，不会引起原有回路的停电，也不会引起架空线路的交叉跨越。

（2）双母线接线的主要缺点有：

1）在母线检修或故障时，需利用母线隔离开关进行倒闸操作，操作步骤较复杂，容易发生误操作。

2）当一组母线故障时仍短时停电，影响范围较大。

3）检修任一回路的断路器，该回路仍需停电。

4）增加了一组母线及母线设备，每一回路增加了一组隔离开关，配电装置复杂，占地面积与投资大。

（3）双母线的适用范围：当母线上的出线回路数或电源数较多、输送和穿越功率较大、母线或母线设备检修时不允许对用户停电、母线故障后要求迅速恢复供电、系统运行调度对接线的灵活性有一定要求时采用双母线接线。

各级电压采用的条件如下：

1）6～10kV 配电装置，当短路电流较大、出线需带电抗器时。

2）35～63kV 配电装置，当出线回路数超过 8 回时，或连接的电源较多、负荷较大时。

3）110kV 配电装置，当出线回路数为 6 回及以上时。

4）220kV 配电装置，当出线回路数为 4 回及以上时。

4. 双母线分段接线

为缩小母线故障的停电范围，可使用双母线分段接线。用分段断路器将双母线中的一组母线分为两段，两个分段分别经过母联断路器与另一组母线相连的接线，称为双母线三分段接线，如图 4-4 所示。用两个分段断路器将两组母线都分为两段，并设置两个母线联络回路（简称母联回路）的接线，称为双母线四分段接线，如图 4-5 所示。

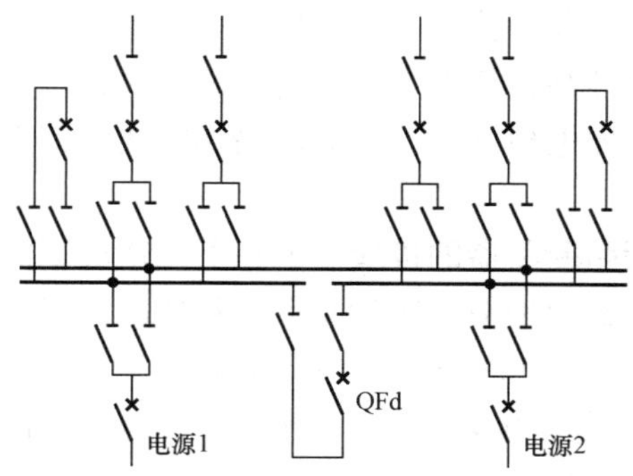

图 4-4　双母线三分段接线

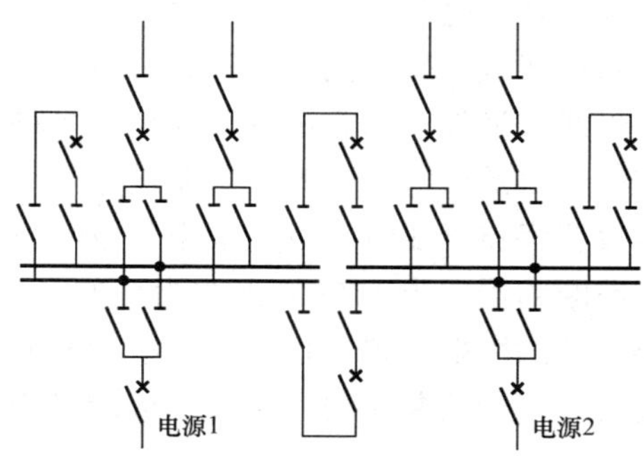

图 4-5　双母线四分段接线

双母线三分段接线可以三个分段同时工作，电源和负荷均分在三段上，一段母线故障时，停电范围约为 1/3。也可把上面一组母线作为备用母线，下面两段分别经一台母联断路器与备用母线相连。第二种方式正常运行时，电源、线路分别接于两个分段上，分段断路器

QFd 合上，两台母联断路器均断开，相当于分段单母线运行。这种方式具有单母线分段和双母线接线的特点，而且有更高的可靠性和灵活性，例如，当工作母线的任一段检修或故障时，可以把该段全部回路倒换到备用母线上，仍可通过母联断路器维持两部分并列运行，这时，如果再发生母线故障也只影响一半左右的电源和负荷。用于发电机电压配电装置时，分段断路器两侧一般还各增加一组母线隔离开关接到备用母线上，当机组数较多时，工作母线的分段数可能超过两段。

双母线四分段正常运行时，电源和线路大致均分在四段母线上，母联断路器和分段断路器均合上，四段母线同时运行。当任一段母线故障时，只有 1/4 的电源和负荷停电；当任一母联断路器或分段断路器故障时，只有 1/2 左右的电源和负荷停电（单母线分段及双母线接线都会全停电）。

双母线分段接线的断路器及配电装置投资大，用于进出线回路数甚多的配电装置或对运行可靠性与灵活性要求很高得到大型发电厂。其适用范围为：

（1）发电机电压配电装置，每段母线上的发电机容量或负荷为 25MW 及以上时。

（2）220kV 配电装置，当进出线回路数为 10～14 回时，采用双母线三分段；当进出线回路数为 15 回及以上时，采用双母线四分段。

5. 增设旁路母线的接线

断路器经过长期运行和切断数次短路电流后都需要检修。单母线或双母线接线中进出线断路器检修时，该回路必须停电，增设旁路母线可解决此问题。

旁路母线的设置原则是：

（1）6～10kV 配电装置，一般不设旁路母线。

（2）35～63kV 配电装置，一般也不设旁路母线。当采用可迅速替换的手车式断路器或系统有条件允许线路断路器停电检修（如双回路供电或负荷点可由系统的其他电源供电）时，不需设旁路母线；当线路断路器不允许停电检修时，单母线分段接线或双母线接线可采用分段或母联断路器兼作旁路断路器的接线。

（3）110～220kV 配电装置，线路输送距离较远，输送功率较大，一旦停电，影响范围大，以前采用多油或少油断路器时，断路器的检修时间长；出线回路数越多，则断路器的检修机会越多，停电损失越大。因此，采用多油或少油断路器的 110～220kV 配电装置一般需设置旁路母线或旁路隔离开关。而目前多采用可靠性高、检修周期长的 SF_6 断路器，可不设置旁路母线。另外，当系统有条件允许线路断路器停电检修时（如双回路供电或负荷点可由系统的其他电源供电等）时，不需设旁路母线。

需设置旁路母线时，首先采用分段断路器兼旁路断路器的接线。但在下列情况下需装设专用旁路断路器：当 110kV 出线为 7 回及以上，220kV 出线为 5 回及以上时；对在系统中居重要地位的配电装置，110kV 出线为 6 回及以上，220kV 出线为 4 回及以上时。

设有专用旁路断路器的单母线分段带旁路母线的接线如图 4－6 所示。它是在分段单母线的基础上增设旁路母线 W5 和旁路断路器 QF1p、QF2p，每一出线都经过各自的旁路隔离开关（如 QS15）接到旁路母线 W5 上。电源回路也可接入旁路，如图中虚线所示。进、出线均接入旁路称全旁方式。

正常运行时，QF1p、QF2p 及各回路的旁路隔离开关全部断开，旁路母线 W5 不带电。通常，旁路断路器两侧隔离开关合上，旁路断路器处于“热备用”状态。

进出线断路器检修时，由专用旁路断路器代替，通过旁路母线供电，使该回路不停电，这也是各种带旁路母线接线的主要优点。例如当检修出线 WL1 的断路器 QF1 时，为使该回路不停电，可以将该回出线倒换到旁路母线上。倒闸操作的操作步骤为：合 QF1p，使旁路母线 W5 接至Ⅰ段母线，检查 W5 是否完好（若有故障 QF1p 会自动断开）→合旁路隔离开关 QS15（这时 QS15 的两侧等电位）→断开 WL1 回路的断路器 QF1→拉开线路侧隔离开关 QS13→拉开母线侧隔离开关 QS11。这样，线路 WL1 即经 QS15、QF1p 及其两侧隔离开关接于母线 W1 的Ⅰ段上，不中断供电，QF1 退出工作，可进行检修。QF1 检修完毕后，恢复原工作状态的操作步骤与上述倒闸操作步骤相反。

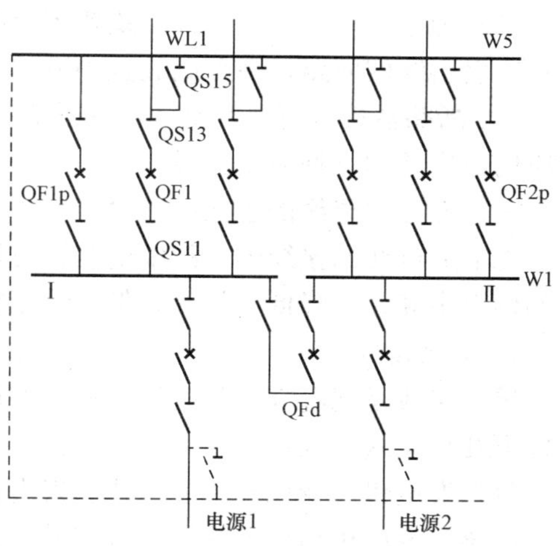

图 4-6　设有专用旁路断路器的单母线分段带旁路母线的接线

设置旁路的缺点是增加了很多旁路设备，增加了投资和占地面积，接线及倒闸操作较复杂。

单母线、单母线分段及双母线均有带旁路母线的接线方式。另外需要指出的是，旁路母线只是为了检修线路断路器时不停电而设，不能起主母线的作用。

6. 3/2 断路器接线

3/2 断路器接线又称一台半断路器接线，如图 4-7 所示。每两个回路用三台断路器接在两组母线上，即每一回路经一台断路器接至一组母线，两条回路间设一台联络断路器，形成一串，故称为 3/2 断路器接线，又称一台半断路器接线。

正常运行时，两组母线和全部断路器都闭合，形成一个回路由两台断路器供电的双重连接的多环形接线。它具有较高的供电可靠性和运行调度灵活性。即使母线发生故障，跳开与此母线相连的所有断路器，任何回路均不停电。每一回路由两台断路器供电，任一回路故障，如 WL1 故障，只断开断路器 QF2 和 QF3，此时电源 1 仍可以通过断路器 QF1 继续供电。且隔离开关不作为操作电器，只承担隔离电压的任务，减少了误操作的几率。对任何断路器检修都可不停电，因此操作检修方便。

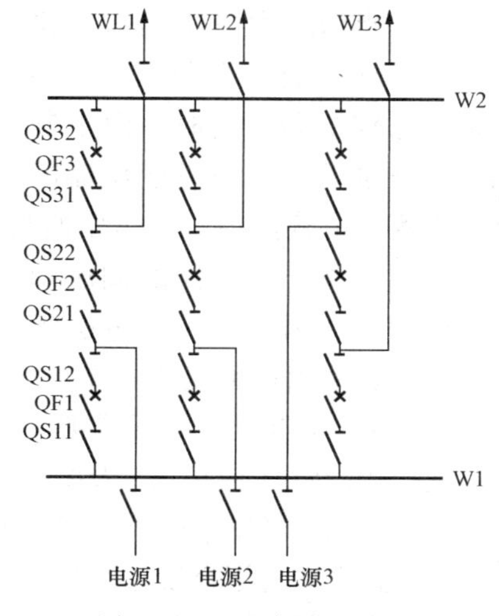

图 4-7　3/2 断路器接线

为防止一串中的中间联络断路器（如 QF2）故障可能同时切除该串所连接的线路，应把电源与负荷配对成串，以避免联络变压器发生故障时，同时切除两个负荷或两个电源。

3/2 断路器接线的缺点是：

（1）断路器数目较多，设备投资和变电所的占地面积相对较大。

（2）继电保护较为复杂。

(3) 为了便于布置，这种接线要求电源数和出线数最好相等，当出线数目较多时，对某些只有引出线的回路，在配电装置中需向不同方向引出，造成布置上的困难。

3/2断路器接线可靠性高和灵活性大，是现代国内外大型发电厂和变电站超高压配电装置应用最广泛的一种典型接线。

三、无汇流母线的主接线

无汇流母线的接线形式的配电装置占地较省，并避免了因母线或母线隔离开关故障而引起的供电中断，也降低了投资，但不易于扩建和发展，一般用于进出线少的场所。

1. 单元接线

单元接线是把电气元件（发电机、变压器、线路）直接串联，没有横向连接。单元接线有以下几种接线方式：

(1) 发电机—变压器单元接线。发电机和主变压器直接连成一个单元，再经断路器接至高压系统，发电机出口处除厂用分支外不再装设母线，这种接线形式称为发电机—变压器单元接线。

1) 发电机—双绕组变压器单元接线，如图4-8 (a) 所示。不设发电机电压母线，输出电能均经过主变压器送至高压电网，发电机和变压器容量配套，两者不可能单独运行，所以，发电机出口一般不装断路器，只在变压器的高压侧装断路器，断路器与变压器之间不必装隔离开关。但为了便于发电机单独试验及在发电机停止工作时由系统供给厂用电，发电机出口可装设一组隔离开关。对200MW及以上机组，一般采用分相式全封闭母线连接发电机与主变压器而不装隔离开关（封闭母线可靠性很高，而大电流隔离开关发热问题较突出），但应装有可拆的连接片以方便调试。

大、中、小型机组均有采用这种接线方式，特别是大型机组广泛采用。

2) 发电机—三绕组变压器（或自耦变压器）单元接线，如图4-8 (b) 所示。一般中等容量的发电厂需升高两级电压向系统送电时多采用此接线。在发电机出口处需装设断路器与隔离开关，以便在发电机停止工作时仍能保持高、中压侧电网之间的联系。

当机组容量为200MW及以上时，可能选择不到合适的断路器（可能现有的断路器不能承受那么大的发电机额定电流，也不能切断发电机出口短路电流），且采用封闭母线后安装工艺也较复杂；同时，由于制造上的原因，三绕组变压器的中压侧不留分接头，只作死抽头，不利于高、中压侧的调压和负荷分配。因此，大容量机组一般不宜采用这种接线方式。

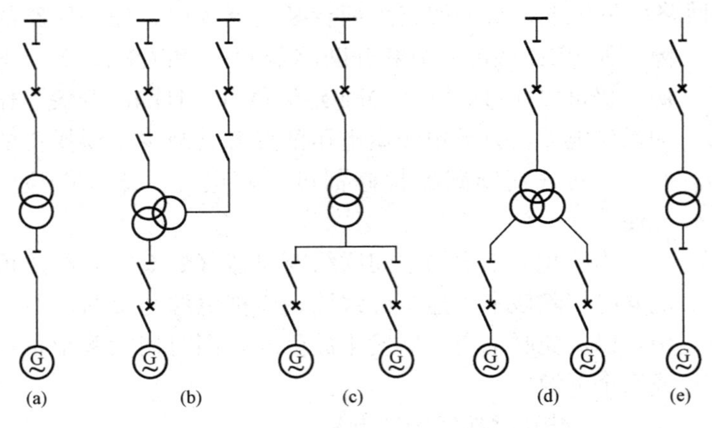

图4-8 单元接线

(a) 发电机—双绕组变压器单元接线；(b) 发电机—三绕组变压器单元接线；(c) 发电机—双绕组变压器扩大单元接线；(d) 发电机—分裂绕组变压器扩大单元接线；(e) 发电机—变压器—线路组单元接线

3) 发电机—变压器扩大单元接线，如图4-8 (c) 及图4-8 (d) 所示。当发电机单机容量不大，且系统备用容量允许时，为了减少变压器和断路器的台数以及节省配电装置的占地面积，可以将两台发电机与一台大容量双绕组变压器相连，或两台发电机分别接至有分裂低压绕组的变压器的两个低压侧，这两种接线都称为扩大单元接线。

(2) 发电机—变压器—线路组单元接线，如图 4-8 (e) 所示。采用这种接线，使发电厂内不需设置复杂的高压配电装置，且接线简单，设备最少，降低投资。该接线适用于无发电机电压负荷且发电厂距系统变电站较近的情况。

当变电站只有一台主变压器（双绕组或三绕组）和一回线路时，可采用变压器—线路单元接线。

(3) 单元接线的特点。

1) 单元接线的优点。接线简单，开关设备少，操作简便；故障可能性小，可靠性高；配电装置结构简单，占地少，投资省。

2) 单元接线的主要缺点。单元中任一元件故障或检修都会影响整个单元的工作。

(4) 单元接线一般用于下述情况：

1) 发电机额定电压超过 10kV（单机容量在 125MW 及以上）。

2) 虽然发电机额定电压不超过 10kV，但发电厂无地区负荷。

3) 原接于发电机电压母线的发电机已能满足该电压级地区负荷的需要。

4) 原接于发电机电压母线的发电机总容量已经较大（6kV 配电装置不能超过 120MW，10kV 配电装置不能超过 240MW）。

2. 桥形接线

当只有两台主变压器和两回输电线路时，宜采用桥形接线，所用断路器数量最少（4 个回路使用 3 台断路器）。按联络断路器与线路及变压器回路断路器的相对位置，桥形接线可分为内桥接线和外桥接线两种，如图 4-9 所示。

(1) 内桥接线。联络断路器 QF3 在线路断路器 QF1、QF2 的内侧（即变压器侧），称为内桥接线，如图 4-9 (a) 所示。

其特点是：两台断路器接在线路上，因此线路的断开和投入比较方便，其中一回线路检修或故障时，其余部分不受影响，操作较简单。但当一台变压器切除、投入或故障时，需操作两台断路器及相应的隔离开关，操作较复杂。例如，当 T1 切除时，要断开 QF1、QF3、QS1，然后重新合上 QF1、QF3；当 T1 故障时，QF1、QF3 自动断开，这时也要先断开 QS1，然后合上 QF1、QF3 恢复供电。两种情况 WL1 均短时停运。

线路侧断路器检修时，线路需较长时间停运。另外，穿越功率（由 WL1 经 QF1、QF3、QF2 送到 WL2 或反方向传送功率）经过的断路器较多，使断路器故障和检修几率大，从而系统开环的几率大。为避免此缺点，可增设正常断开的跨条，如图中的 QS2、QS3。

内桥接线适用于变压器不需要经常切换、输电线路较长、故障断开机会较多、穿越功率较小的场合。

(2) 外桥接线。联络断路器 QF3 在主变压器断路器 QF1、QF2 的外侧（即线路侧），

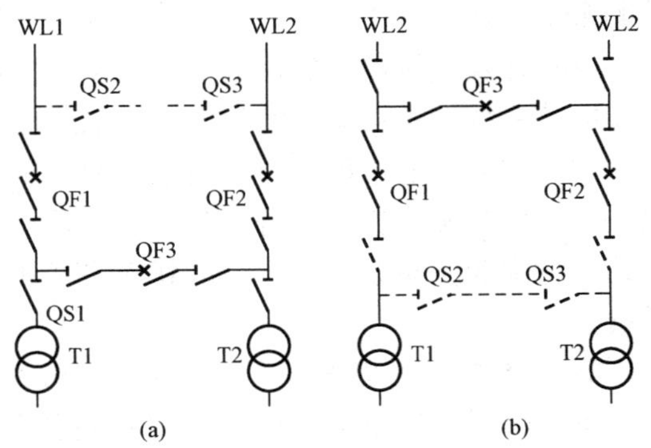

图 4-9　桥形接线
(a) 内桥；(b) 外桥

称为外桥接线，如图 4 - 9（b）所示。当变压器切除、投入或故障时，只需操作断路器 QF1、QF2，而不影响线路工作，操作较简单。而当其中一回线路检修或故障时，有一台变压器需短时停运，操作较复杂。此外，若系统有穿越功率经过时，则只经过断路器 QF3，所造成的断路器故障、检修及系统开环的几率小。

变压器侧断路器检修时，变压器需较长时间停运，联络断路器检修时也会造成开环，可增设 QS2、QS3 解决（同时在 QF1、QF2 的变压器侧各增设一组隔离开关）。

外桥接线适用于输电线路较短，故障率较低，变压器需按经济运行要求经常投、切，以及穿越功率较大的场合。

桥形接线可靠性与灵活性不够高，有时也需要用隔离开关作操作电器。由于使用电器少，布置简单，造价低，目前在 35～220kV 小容量发电厂、变电站配电装置中仍有不少使用。而且，只要在配电装置的布置上采取适当措施，桥形接线较易发展成单母线或双母线接线，因此可用作工程初期的过渡接线。

第三节　主变压器的选择

变压器是电力系统中的主要电气设备。变压器的选择包括变压器的容量、台数的确定和型式的选择。变压器的容量和台数直接影响主接线的形式和配电装置的结构。如果台数选得过多，则会增加投资、占地面积和损耗，增加控制和保护装置的数量，增加运行和检修的工作量；如果容量选得过小、台数过少，则可能封锁发电厂剩余功率的输送，或限制变电站负荷的需要，影响系统不同电压等级之间的功率交换及运行的可靠性等。因此，合理选择主变压器是电气主接线设计中的一个重要方面。

一、主变压器容量、台数的确定

变压器容量、台数的确定必须在对负荷等基础资料分析的基础上，综合考虑输送功率的大小、与系统联系的紧密程度、运行方式及负荷的增长速度等因素，并要考虑电力系统 5～10 年的发展规划。

针对不同情况，主变压器容量、台数的确定可遵循以下原则。

1. 接于发电机电压母线与系统电压母线之间的主变压器

（1）当发电机满出力运行时，扣除发电机电压母线上的最小直配负荷后，应能将发电厂的剩余功率送至系统，计算中不考虑稀有的最小负荷情况。

（2）计及变压器过负荷能力，当发电机电压母线上最大的一台机组退出运行时，主变压器应能从系统倒送功率，满足发电机电压母线上最大可能负荷的需要。

（3）发电机电压母线与系统连接的变压器一般为两台。对主要向发电机电压供电的地方电厂、系统电源主要作为备用时，可以只装一台。若有两台及以上主变压器，当其中容量最大的一台主变压器退出运行时，其他主变压器应能将发电厂最大剩余功率的 70%以上送至系统。

2. 发电机与主变压器为单元接线时的主变压器

主变压器容量应按发电机额定容量扣除本机组的厂用负荷后，留有 10%的裕度选择。每单元的主变压器为一台。

3. 发电厂内连接两种升高电压母线的联络变压器

(1) 联络变压器的容量应满足所联络的两种电压网络之间在各种运行方式下的功率交换。

(2) 联络变压器的容量一般不应小于所联络的两种电压母线上最大一台机组的容量，以保证最大一台机组故障或检修时，通过联络变压器来满足本侧负荷的需要；同时也可在线路检修或故障时，通过联络变压器将剩余功率送入另一侧系统。

(3) 为了布置和引接线方便，联络变压器一般只装一台。

4. 变电站主变压器容量、台数的选择

变电站主变压器的容量一般按变电站建成后5～10年的规划负荷考虑，并应按照其中一台停用时其余变压器能满足变电站最大负荷 S_{max} 的60%～70%（35～110kV变电站为60%，220～500kV变电站为70%）或全部重要负荷（当Ⅰ、Ⅱ类负荷超过上述比例时）选择。

为了保证供电的可靠性，变电站一般装设2台主变压器；枢纽变电站装设2～4台；地区性孤立的一次变电站或大型工业专用变电站可装设3台。供配电系统的变电站仅有少量二级负荷，而且低压侧有足够容量的联络电源作为备用时和仅有容量较小的三级负荷时，可只设1台变压器。当季节性负荷或照明负荷容量较大时，可分别设专用变压器。

按照上述原则计算所需变压器容量后，取其中最大值，并选择与之接近的国家标准容量系列的变压器。目前，我国采用的变压器容量系列是国际通用的R10容量系列，它是按1.26的倍数增加的，比如，容量有400、500、630、800、1000、1250、1600kVA等。当选择容量较计算结果偏小（例如计算结果为6600kVA，而选择6300kVA的变压器）时，需进行过负荷校验，若不满足，则将变压器容量升高一级。10kV电压等级的变压器，单台容量不宜大于1600kVA。变压器的负荷率一般取70%～85%。

二、主变压器型式的选择

主变压器应根据安装位置条件，按用途、绝缘介质、绕组形式、相数、调压方式及冷却方式确定变压器的型式。在可能的条件下，优先选用三相变压器、自耦变压器、低损耗变压器、无励磁调压变压器。

1. 相数的确定

在不受运输条件（如桥梁负重、隧道尺寸等）限制时，330kV及以下的发电厂和变电站中，均应选用三相芯式变压器。因为一台三相芯式变压器较同容量的三相组式变压器的三台单相变压器投资小、占地少、损耗小，同时配电装置结构较简单，运行维护较方便。

2. 绕组数的确定

(1) 只有一种升高电压向用户供电或与系统连接的发电厂，以及只有两种电压的变电站，采用双绕组变压器。

(2) 有两种升高电压向用户供电或与系统连接的发电厂，以及有三种电压的变电站，可以采用双绕组变压器或三绕组变压器（包括自耦变压器）。

当最大机组容量为125MW及以下，有两种升高电压向用户供电或与系统连接，而且变压器各侧绕组的通过容量均达到变压器额定容量的15%及以上（否则绕组利用率太低）时，应优先考虑采用三绕组变压器。一个电厂中的三绕组变压器一般不超过2台，因为三绕组变压器比同容量双绕组联络变压器价格高40%～50%，运行检修比较困难，台数过多时会造成中压侧短路容量过大，且屋外配电装置布置复杂，故应予以限制。

当最大机组容量为125MW及以下，且两种升高电压均为中性点直接接地系统，其送电方向主要由低压侧送向中、高压侧，或由低、中压侧送向高压侧时，优先采用自耦变压器。

当最大机组容量为125MW及以下，但变压器某侧绕组的通过容量小于变压器额定容量的15%时，可采用发电机—双绕组变压器单元加双绕组联络变压器。

当最大机组容量为200MW及以上时，一般采用发电机—双绕组变压器单元加联络变压器。其联络变压器宜选用三绕组（包括自耦变压器），低压绕组可作为厂用备用电源或启动电源，或连接无功补偿装置。

220kV及以上的变电站中，主变压器宜有限选用自耦变压器，其送电方向主要由高压侧送向中压侧。

当采用扩大单元接线时，应优先选用低压分裂绕组变压器，以限制短路电流。

3. 绕组接线组别的确定

变压器的绕组连接方式必须考虑电力系统或机组同步并列的要求及限制3次谐波对电源的影响等因素。电力系统采用的绕组连接方式有星形和三角形两种。我国电力变压器的三相绕组所采用的连接方式为：110kV及以上电压侧均为“YN”，即星形有中性点引出并直接接地；35kV作为高、中压侧时都可能采用“Y”，其中性点不接地或经消弧线圈接地，作为低压侧时可能用“y”或“d”；35kV以下电压侧（不含0.4kV及以下）一般为三角形方式，也有星形方式。当10kV配电系统中$3n$次谐波电流较大或需要提高单相接地故障保护灵敏度时，变压器可采用Dyn11接线组。

三相双绕组电力变压器的接线组别一般为：Yd11；YNd11；YNy0；Yyn0；Dyn11。

三相三绕组电力变压器的接线组别一般为：YNy0d11；YNyn0d11；YNa0d11（YNa0表示高、中压侧之间为自耦方式）等。

4. 调压方式的确定

变压器的电压调整是用分接开关切换变压器的分接头，从而改变其变比来实现。切换方式有两种：①不带电切换，称为无励磁调压，其分接头较少，调压范围在±2×2.5%以内；②带负载切换，称为有载调压，其分接头较多，调压范围可达30%，但其结构复杂、价格贵。

设置有载调压的原则如下：

（1）对于220kV及以上的降压变压器，仅在电网电压可能有较大的变化的情况下采用，一般不宜采用。

（2）对于110kV及以下的变压器，宜考虑至少有一级电压采用有载调压。

（3）接于功率变化大的发电厂的主变压器，或接于时而为送端时而为受端母线上的发电厂的联络变压器，一般采用有载调压。

【例4-1】 某火电厂主接线如图4-10所示。已知：发电机G1、G2容量均为25MW，G3容量为50MW，发电机额定电压10.5kV，高压侧为110kV；10kV母线上最大综合负荷32MW，最小负荷23MW，发电机及负荷的功率因数均为0.8；厂用电率8%。试选择变压器 T1～T3 的容量。

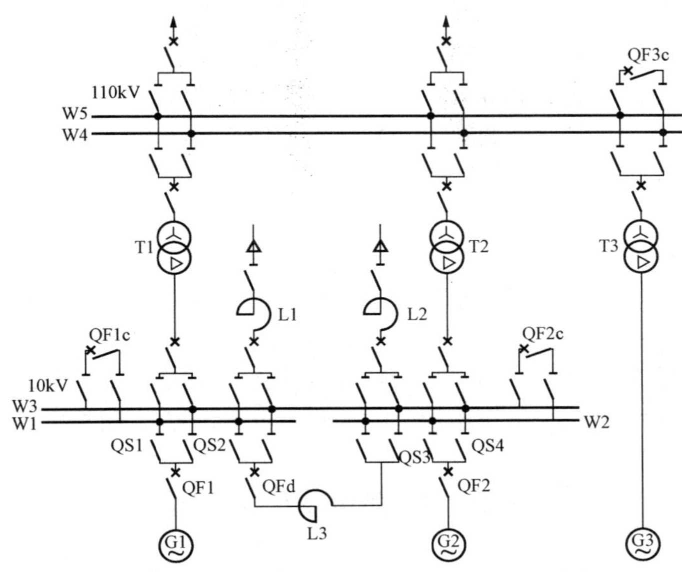

图 4 - 10　某火电厂的电气主接线图

解　(1) T1、T2 容量的选择。

1) T1、T2 同时运行，当 10kV 母线上的负荷最小时，应将发电厂最大剩余功率送入系统。

$$S_N \approx [2\times25(1-0.08)/0.8-23/0.8]/2=14.375(\mathrm{MVA})$$

2) 当 10kV 母线上的负荷最小且 T1、T2 之一退出时，应将发电厂最大剩余功率的 70%以上送入系统。

$$S_N \approx [2\times25(1-0.08)/0.8-23/0.8]\times0.7=20.125(\mathrm{MVA})$$

3) T1、T2 同时运行，当 10kV 母线上的负荷最大且 G1、G2 之一退出时，应从系统倒送功率，满足发电机电压母线上最大负荷的要求。

$$S_N \approx [32/0.8-25\times(1-0.08)/0.8]/2=5.625(\mathrm{MVA})$$

根据计算结果取最大值，选择标准容量系列中最接近的容量，查附录表Ⅲ-5 可选择型号为 SFZ10-20000/110 变压器。

(2) T3 容量的选择。

按发电机额定容量扣除厂用电后，留 10%裕量，则

$$S_N \approx 1.1\times50(1-0.08)/0.8=63.25(\mathrm{MVA})$$

类似地查附录表Ⅲ-5 可选择型号为 SFZ10-63000/110 变压器。

【例 4 - 2】　某高层民用建筑变电站位于主体建筑地下室内，有两回 10kV 电源进线。变电站有 220/380V 一级负荷 304kW，二级负荷 1036kW，三级负荷 1643kW，考虑同时系数后总有功负荷合计 2237kW，其中一、二级负荷合计 1072kW。负荷的自然功率因数约为 0.82，要求无功补偿后功率因数达到 0.92。试选择该变电站变压器。

解　(1) 变压器型式与台数选择。

该变电站位于高层的主体建筑地下室内，电压有 10kV 与 0.4kV，故采用 SCB10 型三相双绕组干式变压器，联结组别为 Dyn11，无励磁调压，电压比为 10 (1±5%) /0.4kV。

变压器外壳的防护等级选用 IP2X。因为一、二级负荷容量较大，故采用两台变压器。

(2) 变压器容量选择。

选择两台等容量的变压器，互为备用。

经计算，补偿装置容量需 600kvar，补偿后的总视在功率为

$$2237/0.92 = 2432(\text{kVA})$$

一、二级负荷合计视在功率为

$$1072/0.92 = 1165(\text{kVA})$$

每台变压器容量按

$$S_N \approx 0.7 \times 2432 = 1702.4(\text{kVA})$$

选择接近的标准系列容量且大于一、二级负荷 1165kVA，取 S_N=1600kVA。

可选择两台型号为 SCB10－1600/10 型三相双绕组干式变压器，联结组别为 Dyn11，容量为 1600kVA，无励磁调压，电压比为 10（1±5%）/0.4kV，阻抗电压百分数 6%。

第四节　限制短路电流的措施

短路是电力系统中时常发生的故障。短路电流通过电气设备时，将引起设备短时发热，并产生巨大的电动力，因此，短路电流直接影响电气一次设备的选择和安全运行。特别在大容量发电厂中，当多台发电机并联运行于发电机电压母线时，短路电流可达几万至几十万安。为使电气设备能承受巨大短路电流的冲击与发热，往往需要加大设备型号，即选用重型电器（其额定电流比所控制电路的额定电流大得多的电器）或增大电缆截面积，这不仅加大了投资，还有可能因断路器开断容量不足而选不到合乎要求的设备。另外，随着系统容量的扩大，系统的短路容量水平也会增大，从而对断路器的开断能力和其他电气设备提出更高的要求，并且在电力系统短路故障时会增加对通信线路的感应干扰和提高发电厂、变电站接地网的电位，所以从系统运行的角度出发，也应当确定允许的系统短路容量水平。

因此，在电网规划和设计电气主接线时，有必要根据具体情况考虑采取限制短路电流的措施。

一、采取合适的网络结构

首先在电网规划上及运行时采取合适的网络结构，是最为有效且可行的措施。例如，在高一级电网发展后，将低一级电网解开分片运行，环形接线开环运行，发展直流互联等。

二、选择适当的电气主接线形式和运行方式

为减少短路电流，可采取计算阻抗大的接线形式和适当的运行方式，例如对具有大容量机组的发电厂中采用单元接线的机组；在降压变电站中，采用变压器低压侧分裂运行方式，例如将图 4－11（a）中的 QF 断开；对具有双回线路的用户，采用线路分开运行方式，例如将图 4－11（b）中的 QF 断开，或在负荷允许时，采用单回运行；对环形供电网络，在环网中穿越功率最小处开环运行，例如将图 4－11（c）中的 QF1 或 QF2 断开。其目的在于增大系统阻抗，从而减小短路电流，但这样可能会降低供电的可靠性和灵活性。

三、采用高阻抗的设备限制短路电流

采用高阻抗的发电机、变压器或低压分裂绕组变压器等来增加阻抗，限制短路电流，此方法已广泛采用。

四、采用限流电抗器

利用增加外电路阻抗的方法来限制短路电流，不仅影响可靠性与灵活性，而且增加损耗。目前，在发电厂和变电站的某些回路中加装限流电抗器也是广泛采用的限制短路电流的方法。限流电抗器分为普通电抗器和分裂电抗器两种。

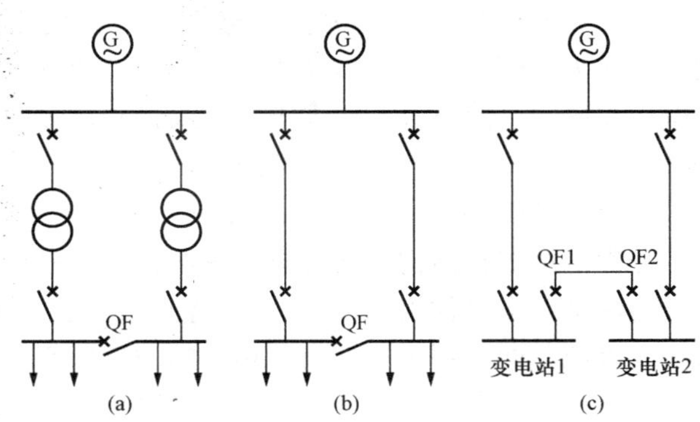

图 4-11　限制短路电流的几种运行方式

(a) 变压器低压侧分裂运行；(b) 双回线路分开运行；(c) 环形网络开环运行

1. 加装普通电抗器

按安装地点和作用，普通电抗器可分为母线电抗器和线路电抗器。母线电抗器装于母线分段上，见图 4-12 中的 L1。当电厂和系统容量较大时，除装设母线电抗器外，还要装设线路电抗器。在馈线上加装电抗器见图 4-12 中的 L2。

母线电抗器的作用是使发电机出口断路器、分段断路器及主变压器低压侧断路器都能按各自回路的额定电流选择。母线分段处一般是正常工作时功率流动最小的地方，在此装设限流电抗器产生的电压损失和功率损耗都比装设在其他地方小。而且无论是厂内（见图 4-12 中 k1、k2 点）或厂外（见图 4-12 中 k3 点）发生短路，母线电抗器均能起到限制短路电流的作用。因此在设计主接线需考虑限制发电机电压母线短路电流时，应首先考虑在分段断路器以及主变压器低压回路中安装母线电抗器，只有当电厂和系统容量较大，经过计算母线电抗器的限流作用不够时，才装设线路电抗器。

线路电抗器主要用来限制 6～10kV 电缆馈线的短路电流。这是因为电缆的电抗值很小且有分布电容，即使在电缆馈线末端短路，其短路电流也与在母线上短路相近。为使出线能够选用轻型断路器且使馈线电缆不致因短路发热而增大截面积，常在出线端装设线路电抗器，它只能限制该馈线电抗器后发生短路（如图 4-12 中 k3 点）时的短路电流。架空线路本身的感抗值较大，较短的线路就能把短路电流限制到装设轻型断路器的要求，所以架空线路上不装设限流电抗器。

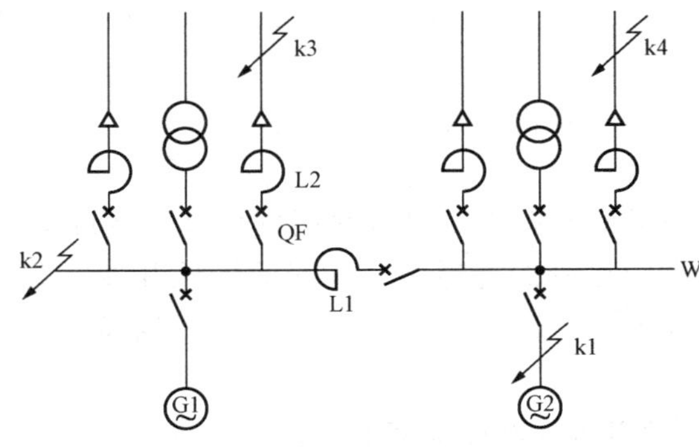

图 4-12　普通电抗器的安装地点

装设限流电抗器虽然增加了投资，使配电装置布置稍复杂，但由于它们限制了短路电流，因而可以选择轻型设备和减小电缆截面积，所以从整体来看还是节省的。而且，当线路电抗器之后发生短路时，由于电压降主要产生在电抗器中，因而母线能维持较高的剩余电压（或称残压，一般大于 65%U_N），对提高发电机并联运行稳定性和连接于母线上非故障用户（尤其是电动机负荷）的工作可靠性极为有利。

为了有效地限制短路电流，母线电抗器的百分电抗值可选得大一些，一般为8%～12%。而为了既能限制短路电流，维持较高的母线剩余电压，又不致在正常运行时产生较大的电压损失（一般要求不应大于5%U_N）和较多的功率损耗，通常线路电抗器的百分电抗值选择3%～6%，具体值由计算确定。

2. 加装分裂电抗器

分裂电抗器在结构上与普通电抗器相似，只是在线圈中间有一个抽头作为公共端，将线圈分为两个分支（称为两臂）。两臂有互感耦合，而且在电气上是连通的。一般中间抽头用来连接电源，两臂用来连接大致相等的两组负荷。

当分裂电抗器的电抗值与普通电抗器相同时，两者在短路时的限流作用一样，但正常运行时的电压损失只有普通电抗器的二分之一，而且比普通电抗器多供一倍的出线，减少了电抗器的数目，故被广泛采用。其缺点是：正常运行中，当一臂的负荷变动时，会引起另一臂母线电压波动；当一臂母线短路时，会引起另一臂母线电压升高。

分裂电抗器可以装设于直配电缆馈线上，每臂可以接一回或几回出线；也可装于发电机回路中，此时它同时起到母线电抗器和出线电抗器的作用；也有的装于变压器低压侧回路中。

第五节 电气主接线中的设备配置

为保证电力系统安全可靠地运行，并满足测量仪表、继电保护和自动装置的要求，根据电力系统运行规程，电气主接线中电气一次设备的配置应该满足一定的要求。这里主要说明220kV及以下电压等级的电气主接线中电气一次设备的配置要求，以便更全面地了解电气主接线。

1. 隔离开关的配置

(1) 中小型发电机出口一般应装设隔离开关；容量在200MW及以上大机组与双绕组变压器为单元连接时，其出口不装设隔离开关，但应有可拆卸连接点。

(2) 接在发电机、变压器引出线和变压器中性点上的避雷器可不装设隔离开关。

(3) 接在220kV及以下母线上的避雷器和电压互感器宜合用一组隔离开关。

(4) 桥形接线中的跨条宜用两组隔离开关串联，以便于不停电检修。

(5) 断路器的两侧均应装设隔离开关，以便在断路器检修时隔离电源。

(6) 中性点直接接地的普通型变压器均应通过隔离开关接地；自耦变压器的中性点则不必装设隔离开关。

(7) 安装在出线上的耦合电容器、电压互感器不应装设隔离开关。

2. 接地开关或接地器的配置

(1) 为保证电气设备和母线的检修安全，35kV及以上每段母线根据长度宜装设1～2组接地开关或接地器，两组接地开关间的距离应尽量保持适中。母线的接地开关宜装设在母线电压互感器的隔离开关上和母联隔离开关上，也可装于其他回路母线隔离开关的基座上。

(2) 66kV及以上配电装置的断路器两侧隔离开关靠断路器侧和线路隔离开关的线路侧宜配置接地开关。双母线接线两组母线隔离开关的断路器侧可共用一组接地开关。

（3）旁路母线一般装设一组接地开关，设在旁路回路隔离开关的旁路母线侧。

（4）66kV 及以上主变压器进线隔离开关的主变压器侧宜装设一组接地开关。

3. 电压互感器的配置

（1）电压互感器的数量和配置与电气主接线方式有关，应满足测量、保护、同期和自动装置的需要，并保证在运行方式改变时，保护装置不得失压，同期点两侧都能提取到电压。

（2）6～220kV 电压等级的每组主母线（工作母线及备用母线，必要时旁路母线）上三相装设电压互感器；桥形接线中桥的两端应各装一组电压互感器。用于供电给母线、主变压器和出线的测量、保护、同步设备、绝缘监察装置（6～35kV 系统）等。

其中，6～20kV 母线的电压互感器，一般为电磁型三相五柱式；35～220kV 母线的电压互感器，一般由三台单相三绕组电压互感器构成，35kV 为电磁式，110～220kV 为电容式或电磁式（为避免铁磁谐振，以电容式为主）。

（3）发电机出口一般装设 2～3 组电压互感器。一组电压互感器（三相五柱式或三台单相三绕组），供电给发电机的测量仪表、保护及同步设备，其开口三角形接一电压表，供发电机启动而未并列前检查接地用。也可设一组不完全星形接线的电压互感器（两台单相双绕组），专供测量仪表用。另一组电压互感器（三台单相双绕组），供电给自动调整励磁装置。对 50MW 及以上的发电机，中性点常接有一单相电压互感器，用于 100％定子接地保护。

（4）当需要监视和检测线路外侧有无电压时，在出线侧的一相上装设电压互感器。

4. 电流互感器的配置

（1）凡装有断路器的回路均应装设电流互感器，其数量应满足测量仪表、继电保护和自动装置要求。

（2）在未装设断路器的下列地点也应装设电流互感器：发电机和变压器的中性点、发电机和变压器的出口、桥形接线的跨条上等。

（3）110kV 及以上大接地短路电流系统的各个回路，一般应按三相配置；35kV 及以下小接地短路电流系统的各个回路，据具体要求按两相或三相配置（例如其中的发电机、主变压器、厂用变压器回路为三相式）。

（4）测量仪表、继电保护和自动装置一般均由单独的电流互感器供电或接于不同的二次绕组，因为其准确度级要求不同，同时为了防止仪表开路时引起保护的不正确动作。

（5）为了防止支柱式电流互感器的套管闪络造成母线故障，电流互感器通常布置在线路断路器的出线侧或变压器断路器的变压器侧。

（6）为减轻发电机内部故障时对发电机的危害，用于自动励磁装置的电流互感器应布置在定子绕组的出线侧。这样，当发电机内部故障使其出口断路器跳闸后，便没有故障电流（来自系统）流经互感器，自励电流不致增加，发电机电势不致过大，从而减小了故障电流。若互感器布置在中性点侧，则不能达到上述目的。

某发电厂的主接线的电气设备配置示例见图 4 - 13。

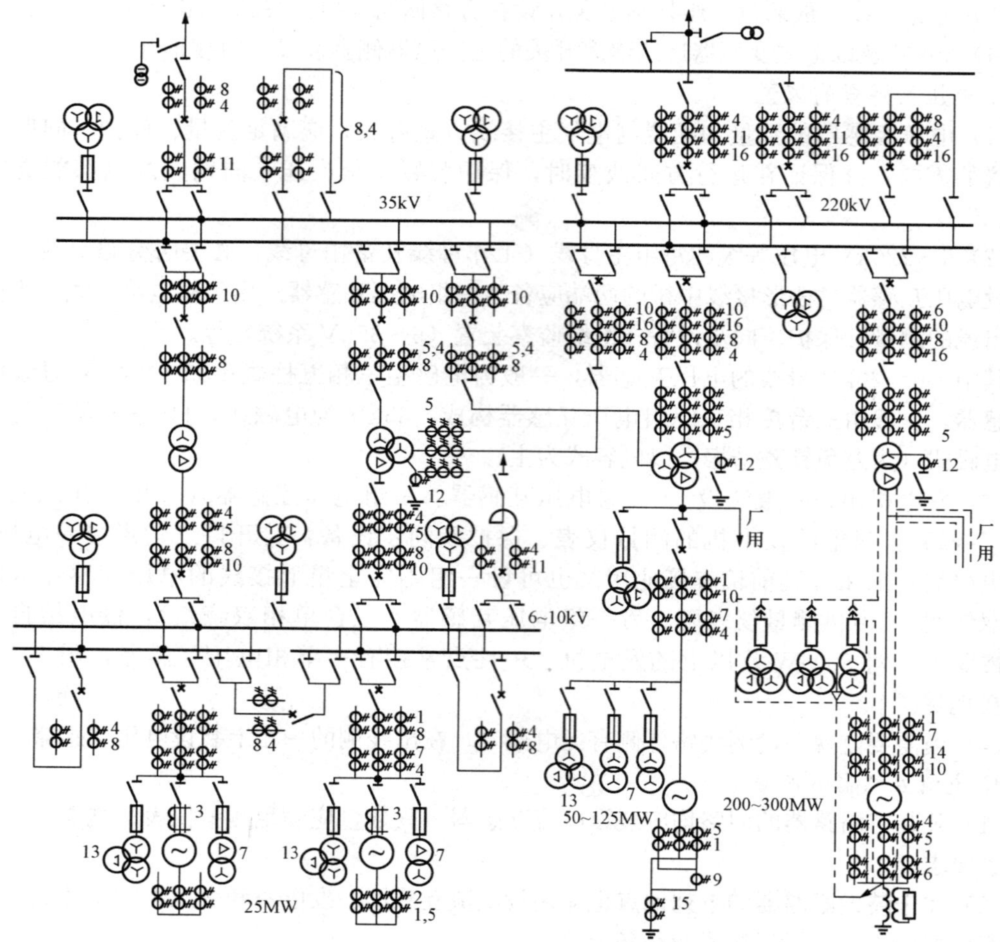

图 4-13 某发电厂主接线的电气设备配置示例（图中数字标明互感器用途）

1—发电机差动保护；2—测量仪表（机房）；3—接地保护；4—测量仪表；5—过电流保护；6—发电机—变压器差动保护；7—自动调节励磁；8—母线保护；9—发电机横差保护；10—变压器差动保护；11—线路保护；12—零序保护；13—仪表和保护用；14—发电机失步保护；15—发电机定子接地保护；16—断路器失灵保护

第六节 配电网接线

一、配电网的分类及特点

配电网按电压等级分类，可分为高压配电网（35～220kV）、中压配电网（6～10kV）、低压配电网（1kV 以下）；按供电区的功能分类，可分为城市配电网、农村配电网和企业配电网等。

我国配电网经过了几十年的发展，在城市和农村各自形成了相应的特点。城市配电网的负荷相对重要、集中，供电可靠性要求较高，短路容量较大。10kV 城市配电网一般为 200～300MVA 左右，10kV 配电线路可采用架空或电缆线路。

农村配电网的负荷分散，供电半径大，线路长，一般采用架空线路。有的 10kV 线路长达几十千米，线路维护工作量大。短路容量较小，10kV农村配电网一般在100～200MVA。企业配电网，尤其是工厂配电网则反映了企业用户的特点和要求。

1. 城网主电源

为了保证城网的供电可靠性，一般在城市外围建设由架空线路组成的双环网，输电双环网在地理上环绕城区。在不能形成地理上的环网时，也可以采用C形电气环网。随着负荷的增长，当环网的短路容量过大时，可以在现有环网的外围建设更高一级电压的环网，将原有环网分片开环运行。对大城市，可以直接建设地理上的分片环网或分片C形电气环网。

2. 城市高压配电网

某些负荷密集、用电量很大的市区，可以采用220kV深入市区的供电方式，一般称为220kV直供。这种为市区供电的220kV线路和变电站属于城网规划范围，即属于城市高压配电网。

城市高压配电网一般包括110kV（66kV）和35kV的线路和变电站。

当高压线路采用架空线时，由于市区通道有限，为充分利用有限的地理空间，一般采用同杆双回的供电方式。架空线的载流量较大，沿线可以“T”接多个变电站。这种接线在遭受雷击和其他自然灾害以及线路检修时有同时停运的可能，因此，有条件时常在两端配备电源，线路分段运行。

“T”接线的主要优点是简单，投资省，有较高的可靠性。单电源双“T”接线的继电保护方式简单可靠，对架空线路装设自动重合闸装置。变电站装备用电源自动投切。考虑到一回线路停电时的影响范围，接在每回线路上的变压器台数不宜多。有条件时把单侧电源的双“T”发展成双侧电源双“T”接线，如图4-14所示，供电可靠性可大为提高，正常时只有一侧送电，当一侧电源退出时，另一侧电源自动投入送电。

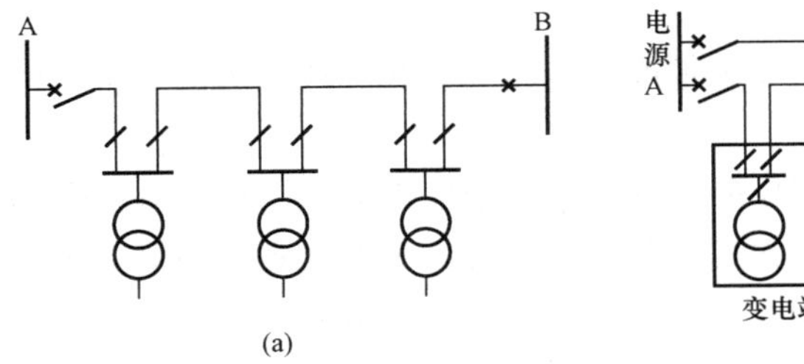

(a)

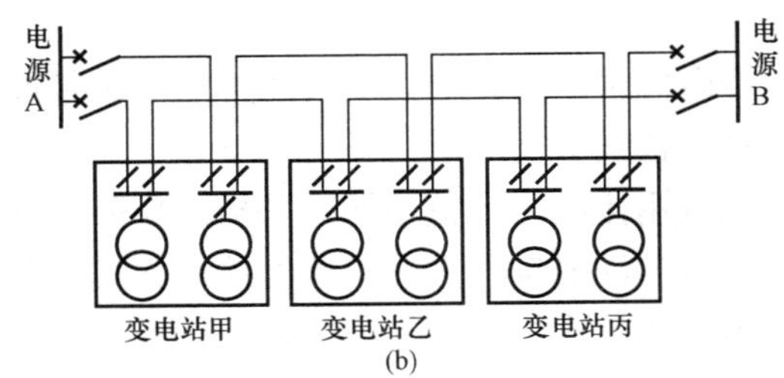

(b)

图4-14　双侧电源“T”接线形式

(a)“T”接线；(b)双“T”接线

当变电站配置3台变压器时，一般需要3回电源进线。但为了简化接线，常常利用二回电源进线进行“T”接，称为“3T”接线，如图4-15所示，其优点是提高了线路和设备的利用率。

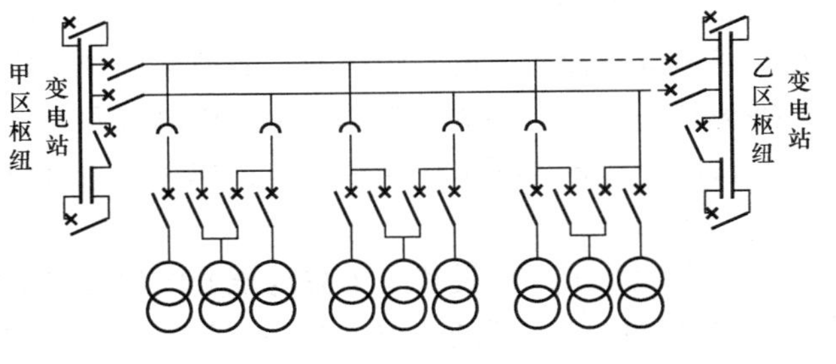

图4-15　“3T”接线

当高压配电线路采用电缆时，不受通道限制，可以多于两回路，很少有停运的可能，因此，单侧电源的电缆可“T”接两个变电站。但“T”接两个以上变电站时，也宜在两端配备电源，且线路分段运行。

高压变电站的进线和变压器一次侧之间常采用线路变压器组接线、桥形接线和有母线接线形式。其中，线路变压器组接线最为灵活，适用于终端变压器，在高压配电网中也常见。有时为了接线的简洁，可省去线路变压器组中的断路器，配置远方跳闸机构。

高压变电站变压器二次侧也有多种接线方式，例如单母线分段接线、单母线分段带旁路接线和双母线接线等。

3. 城市中压配电网

城市中压配电网由10kV线路、配电所、开闭所、箱式配电站、杆架变压器等组成。一般，中压配电网根据高压变电站的位置和负荷分布分成若干相对独立的分区。各个分区配电网具有大致明确的供电范围，且相互之间一般不交错重叠。为了降低损耗和提高用户侧电压，单回中压线路的长度以不超过4～6km为宜。此外，高压变电站之间的中压电网应该具有足够的联络容量，正常时开环运行，异常时能转移负荷。

中压架空线配电网沿道路架设电网，线路遍布每一条道路，在道路交叉点互联，全网用杆架开关分段，形成多分段多联络的开式运行网络。每段电网有一馈入点，自变电站用电缆线馈入电源，每一段中又可分成两个以上小段，以便在需要时将负荷切换至邻近段电网。

电缆网敷设回路数可以较多，因此供电能力大，且不影响环境，随着城市的进一步发展，电缆网将普遍采用。电缆网普遍采用开环运行的单环网，正常时开环运行，发生故障后可以自动操作，从而可很快恢复供电。

当地区内同时存在架空线和电缆时，应该设置专门的联络点将架空线和电缆的供电范围分开。

4. 农村配电网

农村配电网根据负荷对供电可靠性的要求程度，其接线方式一般分为两大类，即有备用接线和无备用接线。

(1) 无备用接线。无备用接线是指用户只能从一个方向取得电能的接线方式，是目前农村电网应用最广泛的接线方式。这类接线方式又分为放射式、干线式和树枝式三种。

无备用接线方式的特点是：简单、经济、运行方便；但供电可靠性和灵活性较差，线路发生故障或检修时就要中断供电。对于电力排灌、农副产品加工和生活照明等一般用户，可以采用无备用接线方式。

(2) 有备用接线。有备用接线是指用户能从两个或两个以上方向取得电能的接线方式，如双回路、环形网、两端供电网络等。

有备用接线的特点是：供电可靠，但运行操作和继电保护整定复杂，建设造价高。用于连续性供电要求比较高的乡镇企业、农业生产和畜牧业用户。

在偏远山区、海岛等只有单个中压供电电源，或供电距离太长使采用多个电源互联的方法不经济时，应该考虑采用柴油发电机作为备用电源。

5. 企业配电网

一般在大型工厂中设置一个总降压变电站和多个配电所。总降压变电站地位相当于电力系统的终端变电站，其高压侧电压为35～110kV，低压侧为10kV或6kV（当工厂有6kV电动机等高压设备时）。10(6) kV配电所的位置应当尽量靠近负荷中心，通常与车间变电所设在一起。车间变电所是将电压降为一般用电设备所需低压的终端变电站。配电所和车间变电所一般设有一回电源，重要的有两回。工厂配电网的构成如图4-16所示。

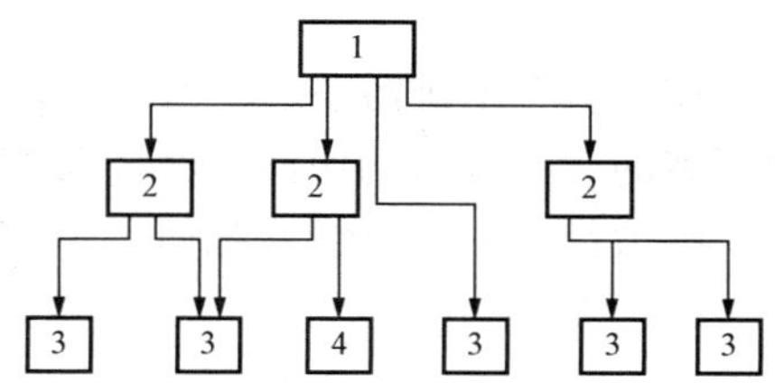

图4-16　工厂配电网构成示意图
1—总降压变电站；2—配电所；3—车间变电所；4—高压用电设备

当然，并不是所有的工厂供电系统都必须包括上述所有组成部分，是否需建总降压变电站，是否需要建配电所，取决于工厂与电源间的距离、工厂的总负荷及其在各车间的分布、厂区内的配电方式和本地区电网的供电条件等。

配电网络的接线方式，根据系统电压水平和负荷对供电可靠性的要求及负荷密度，可以采用放射式、树干式、环式及其组合形式。

二、配电系统的实例

下面通过某高层建筑的低压电力负荷配电系统的实例来了解配电网的不同接线方式的应用。

1. 高层建筑低压配电系统的要求

（1）高层公用建筑低压配电系统的确定，应满足供电安全、可靠、计量、维护、管理的要求，应将照明与电力负荷分成不同的配电系统，消防及其他防灾用电设施的配电应自成系统。

（2）对于容量较大的集中负荷或重要负荷宜从配电室以放射式直接供电。

（3）高层公用建筑的垂直供电干线，应视负荷重要程度、负荷大小及分布情况，可以采用以下方式：

1）以插接式母线槽供电的树干式配电。

2）以电缆干线供电的放射式或树干式配电，当为树干式时，可采用电缆T接端子方式接至各层配电箱或采用预分支电缆。

3）采用分区树干式以适应不同功能区域或用电设备的要求。

（4）高层建筑配电箱的设置和配电回路的划分，应根据防火分区、负荷性质和密度、管理维护方等条件综合确定。

2. 某高层建筑低压电力负荷配电干线系统实例

某高层建筑地下1层，地上25层。地下1层为设备房、汽车库，1～4层为商场，5～25层为写字间，顶层为设备房、电梯机房及水箱间。1～4层设有中央空调。其电力负荷配电干线系统如图4-17所示，各种低压电力负荷及其配电方式如下：

（1）商场中央空调机组1～4为三级负荷，容量较大、负荷集中，对每台机组采用单回路放射式配电（配电干线WP1～WP4）。

（2）商场空调水泵1～4为三级负荷，容量小而分布，采用单回路树干式配电（配电干线WP5）。

（3）商场自动扶梯为二级负荷，但容量小而分散布置，采用双回路树干式配电（配电干线WP6M/WP6S），在末端配电箱进行双电源自动切换。

（4）商场乘客电梯、大厦乘客电梯1～2、生活泵为一、二级负荷，负荷集中。每处就地设置配电控制箱，分别采用双回路放射式配电，在末端配电控制箱进行双电源自动切换。

(5) 地下室排污泵为一级负荷，但容量小而分散布置。每处就地设置控制箱，通过设于地下室的双电源自动切换配电箱采用分区树干式配电。

电力负荷配电干线系统如图 4-17 所示。

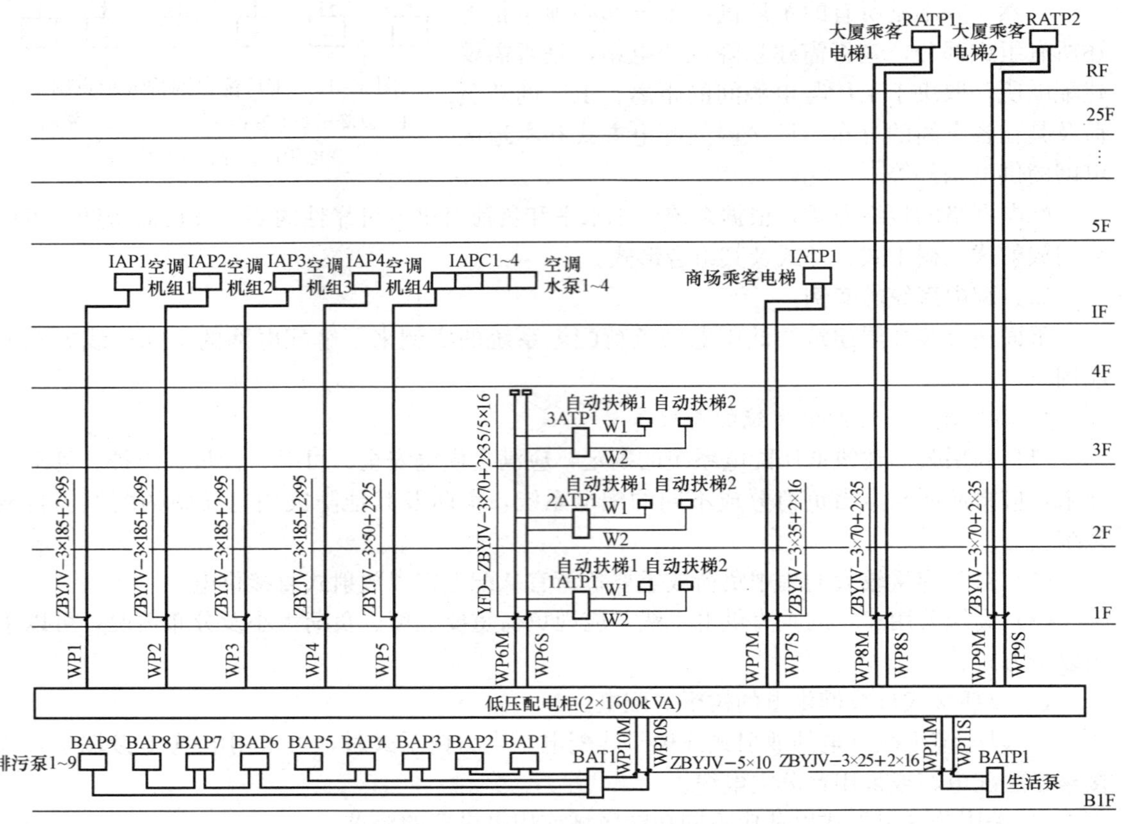

图 4-17 某高层建筑电力负荷配电干线系统图

第七节 配电装置的特点、型式选择及典型布置实例

根据主接线图，由母线、开关设备、保护电器、测量电器及必要的辅助设备等实际连接组成的接受和分配电能的装置，称为配电装置。实际电气工程项目一般有多个电压等级，电气设备可能既有装配式，又有成套式；安装地点既有屋内式，也有屋外式。配电装置的型式选择，应考虑所在地区的地理条件及环境情况，并结合运行、检修和安装要求，通过技术经济比较予以确定。本节只讨论 220kV 及以下配电装置的常用布置型式的特点，型式选择的一般原则以及屋内式与屋外式配电装置典型布置的实例。

一、各类配电装置的特点及布置要求

(1) 屋内配电装置。

1) 优点：安全净距小并可分层布置，占地面积小；维护、巡视和操作在室内进行，不受外界气象条件影响，比较方便；设备受气象及外界有害气体影响较小，可减少维护工作量。

2）缺点：建筑投资大。

（2）屋外配电装置，其特点基本上与屋内配电装置相反。

1）优点：安全净距大，便于带电作业；土建工程量和费用较少，建设周期短，扩建较方便。

2）缺点：占地面积大；维护、巡视和操作在室外进行，受外界气象条件影响；设备受气象及外界有害气体影响较大，运行条件较差，需加强绝缘，设备价格较高。

（3）成套配电装置。

1）优点：结构紧凑，占地面积小；运行可靠性高，维护方便；安装工作量小，建设周期短，而且便于扩建和搬迁。

2）缺点：消耗钢材较多，设备造价较高。

（4）配电装置的布置要求。

1）节约用地。

2）保证运行安全和巡视、操作方便。

配电装置布置要整齐清晰，在运行中应满足对人身和设备的安全要求，例如保证各种电气安全净距，有必要的保护接地、防误操作的闭锁装置、必要的标志、遮栏；有防火、防爆和蓄油、排油等措施。使配电装置一旦发生事故时，能将事故限制到最小范围和最低程度，并使运行人员在正常操作和处理事故的过程中不致发生意外情况。

3）安装、运输、维护和检修方便。

例如要有必要的出口、通道，合理的操作位置，高处作业的措施等。

4）便于分期建设和扩建。

5）力求提高经济性。

在满足上述要求的前提下，布置紧凑，力求节省材料和降低造价。

配电装置各部分之间，为确保人身和设备的安全所必需的最小电气距离，称为安全净距。

DL/T 5352—2006《高压配电装置设计技术规程》中，规定了敞露在空气中的屋内、外配电装置各有关部分之间的最小安全净距，这些距离分 A、B、C、D、E 五类，其中，最基本的是带电部分至接地部分之间及不同相的带电部分之间的最小安全净距，即 A 值。

A 值通过计算和试验确定，在这一距离下，无论是正常最高工作电压或出现内、外过电压时，都不致使空气间隙击穿。空气间隙在耐受不同形式的电压时，具有不同的电气强度，即 A 值不同。一般地说，220kV 及以下的配电装置，大气过电压（雷击或雷电感应引起的过电压）起主要作用；330kV 及以上的配电装置，内部过电压（开关操作、故障、谐振等引起的过电压）起主要作用。另外，空气的绝缘强度随海拔的升高而下降，当海拔超过 1000m 时，A 值需作相应修正（增加）。

其他几类安全净距，是在 A1（带电部分至接地部分之间的安全净距）的基础上再考虑一些其他实际因素而决定的，其含义及数值可参见有关资料。

各级电压配电装置各回路的相序排列应尽量一致。一般为面对出线方向自左至右、由远到近、从上到下接 U、V、W 相顺序排列。对硬导体应涂色，U、V、W 相色标志分别为：黄色，绿色，红色。对绞线一般只标明相别。

为确保设备及工作人员的安全，配电装置应设置有“五防”功能的闭锁装置。“五防”是指：防止带负荷分、合隔离开关，防止带电挂地线，防止带地线合闸，防止误合、误分断路器及防止误入带电间隔等电气误操作事故。

二、屋内配电装置

屋内配电装置可分为装配式布置和成套开关柜式布置两种，这里讨论装配式布置。

在发电厂和变电站中常见的屋内配电装置，按其布置形式的不同，一般可分为三层式、二层式和单层式。三层式是将所有电气设备按轻重和接线顺序分别布置于三层中，它具有安全、可靠性高、占地面积小等优点；但其结构较复杂、施工时间长、造价较高，运行检修也不大方便。二层式是由三层式改进而得，与三层式相比，它的造价较低，运行检修较方便，但占地面积增加。二层式与三层式均适用于有出线限流电抗器的情况。单层式是把所有的设备布置在同一层，它适用于无出线限流电抗器的情况，通常采用成套配电装置。

屋内装配式配电装置的总体布置原则是：

(1) 既要考虑设备的质量，把最重的设备（如电抗器）放在底层，以减轻楼板荷重和方便安装，又需要按照主接线图的顺序来考虑设备的连接，做到进出线方便。

(2) 同一回路的电器和导体应布置在同一个间隔（小间）内，而各回路的间隔则相互隔离，以保证检修时的安全及限制故障范围。

(3) 在母线分段处要用墙把各段母线隔开以防止母线事故的蔓延并保证检修安全。

(4) 布置应尽量对称，以便利操作。

(5) 充分利用各间隔的空间。

(6) 容易扩建。

屋内装配式配电装置通常包括几种下列间隔：①发电机；②变压器；③线路；④母线联络断路器；⑤电压互感器和避雷器。间隔的尺寸应以最小安全净距为基础，再考虑安装和检修的条件来确定。

下面介绍屋内装配式配电装置各间隔的设计布置原则。

1. 母线及隔离开关

屋内装配式配电装置采用硬母线，常用的有矩形和管形两种，前者用于35kV及以下的配电装置中，后者用于110kV及以上的配电装置中。硬母线一般采用支持绝缘子安装在支架或墙壁上。

母线通常装在配电装置的上部，一般可采用水平、垂直布置方式。水平布置不如垂直布置便于观察，但建筑部分简单，可降低建筑物的高度，安装比较容易，因此，在中、小容量的配电装置中采用较多。垂直布置时，相间距离可以取得较大，无需增加间隔深度；支持绝缘子装在水平隔板上，绝缘子间的距离可取较小值，因此，母线结构可获得较高的机械强度。但垂直布置的结构复杂，并增加建筑高度，垂直布置可用于20kV以下、短路电流很大的装置中。

母线相间距离取决于相间电压，并考虑短路时母线和绝缘子的机械强度及安装条件。在6～10kV小容量装置中，母线水平布置时，母线相间距离为250～350mm；母线垂直布置时，母线相间距离为700～800mm。35kV装置，母线水平布置时，母线相间距离约为500mm。

在温度变化时，矩形硬母线会伸缩，所以，在装配时应允许母线在支柱绝缘子上蠕动。对较长的母线，应规定加装母线补偿器，以免在母线、绝缘子和套管中可能产生危险的应力。母线补偿器如图4-18所示，它常用厚0.2～0.5mm的铜片或铝片制成（分别用于铜、铝母线的连接），其总截面积应不小于连接母线截面积的1.25倍。其中螺栓8的螺孔为长方形，且螺栓不完全紧固，以便母线能蠕动。

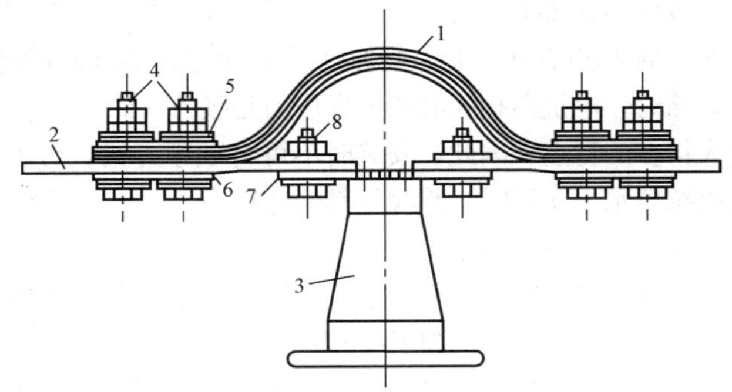

图4-18　母线补偿器
1—伸缩接头；2—母线；3—支柱绝缘子；4、8—螺栓；5—垫圈；6—衬垫；7—盖板

当母线和导线所用材料不同，而又需要互相连接时，应采取措施防止电化腐蚀。例如对铜、铝连接，采用铜铝过渡接头。

母线支持绝缘子的跨距L应根据短路机械强度而定。水平布置且机械强度满足要求时，可采用间隔宽度，这样支持绝缘子便可装在隔墙上，以使结构简化。

双母线布置中的两组母线通常用垂直的隔板分开，这样，在一组母线运行时，可安全地检修另一组母线。母线分段布置时，在两段母线之间也应以隔板墙隔开。

母线隔离开关通常设在母线的下方。隔离开关操动机构的安装高度，摇式一般为0.9m，上下扳式一般为1.05m。

为了防止带负荷误拉隔离开关，确保设备及工作人员的安全，在隔离开关操动机构与相关断路器之间，应设置机械或电气联锁装置。

2. 断路器及断路器操动机构

目前，屋内装配式配电装置的含油断路器逐渐被淘汰。110kV配电装置多采用SF_6断路器，可直接安装在支架上，其操动机构落地安装。

3. 互感器和避雷器

穿墙式电流互感器应尽可能同时作为穿墙套管使用。电压互感器一般经隔离开关和熔断器（66kV及以下采用熔断器）接到母线上，它需占用专门的间隔，但在同一间隔内，可以装设几个不同用途的电压互感器。

当母线上接有架空线路时，母线上应装设避雷器，它可以和电压互感器共用一个间隔。

4. 限流电抗器

由于电抗器比较重，多布置在第一层的封闭小室内。电抗器按其容量不同有三种不同的布置方式，即三相垂直布置、品字形布置和三相水平布置，如图4-19所示。通常用垂直或“品”字形布置较多。当电抗器的额定电流超过1000A、百分电抗值超过5%～6%时，由于质量及尺寸过大，垂直布置会有困难，且使小室高度增加很多，故宜采用“品”字形布置；额定电流超过1500A的母线分段电抗器或变压器低压侧的电抗器（或分裂电抗器），则采取水平布置。

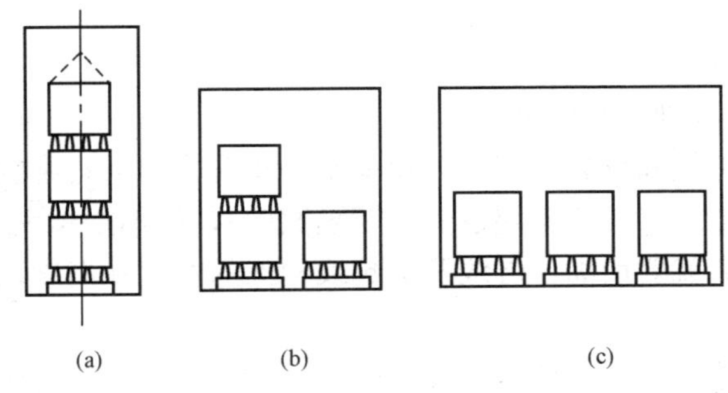

图4-19　电抗器的布置方式
（a）垂直布置；（b）品字形布置；（c）水平布置

安装电抗器必须注意：垂直布置时，V相应放在上下两相的中间；“品”字形布置时，不应将U、W相重叠在一起。其原因是V相电抗器线圈的缠绕方向与U、W相并不相同，这样在外部短路时，电抗器相间的最大作用力是吸力，而不是斥力，以便利用瓷绝缘子抗压强度比抗拉强度大得多的特点。因此，安装时不可将顺序弄错，否则，支持电抗器的绝缘子可能受拉而损坏。当电抗器水平布置时，绝缘子都受弯屈力，故无上述要求。

5. 电缆及电缆构筑物

电缆构筑物是用来放置电缆的，电缆构筑物常用的形式有电缆隧道及电缆沟。电缆隧道为封闭狭长的构筑物，内部高1.8m以上，两侧设有数层敷设电缆的支架，可容纳较多的电缆，人在隧道内能方便地进行敷设和维修电缆的工作。电缆隧道造价较高，一般用于大型电厂。电缆沟为有盖板的沟道，沟深与宽不足1m，敷设和维修电缆必须揭开水泥盖板，很不方便，沟内容易积灰，可容纳的电缆数量也较少；但土建工程简单，造价较低，常为变电站和中、小型电厂所采用。也可以将电缆吊在天花板上，以节省电缆沟。

为确保电缆运行的安全，电缆隧道（沟）应设有0.5%～1.5%排水坡度和独立的排水系统。电缆隧道（沟）在进入建筑物处，应设带门的耐火隔墙（电缆沟只设隔墙），以防发生火灾时烟火向室内蔓延并扩大事故，同时，也防止小动物进入室内。

为使电力电缆发生事故时不致影响控制电缆，一般将电力电缆与控制电缆分开排列在过道两侧。如布置在一侧时，控制电缆应尽量布置在下面，并用耐火隔板与电力电缆隔开。

6. 屋内配电装置布置的其他问题

配电装置室可以开窗采光和通风，但应采取防止雨雪和小动物进入室内的措施。处于空气污秽、多台风和龙卷风地区的配电装置，可开窗采光但不可通风。配电装置室一般采用自然通风，但要设置足够的事故通风装置，特别是当设有含SF_6的设备时，应考虑SF_6发生泄漏事故后的通风要求，增加专用机械通风装置。

三、屋外配电装置

屋外配电装置的结构型式与主接线、电压等级、容量、重要程度、母线和构架的型式、断路器和隔离开关的型式以及地形、地势、可能的占地面积等都有关系。通常，根据电气设备和母线的布置高度，屋外配电装置可分为普通中型、改进中型、分相中型、半高型和高型等。

1. 屋外配电装置的一些问题

（1）母线及构架。

1）母线。屋外配电装置的母线有软母线和硬母线两种。

常用的软母线有钢芯铝绞线、扩径软管母线和分裂导线，三相呈水平布置，用悬式绝缘子悬挂在母线构架上。软母线可选用较大的档距（一般不超过三个间隔宽度），但档距越大，导线弧垂也越大，因而，导线相间及对地距离就要增加，母线及跨越线构架的宽度和高度均需增加。

硬母线常用的有矩形和管形两种，前者用于35kV及以下的配电装置中，后者用于110kV及以上的配电装置中。管形硬母线一般采用柱式绝缘子安装在支柱上，当地震烈度为9度及以上时宜用悬挂式。由于硬母线没有弧垂和拉力，因而不需另设高大的构架；管形母线不会摇摆，相间距离可以缩小，与剪刀隔离开关配合，可以节省占地面积，但抗震能力较差。由于强度关系，硬母线档距不能太大，一般不能上人检修。

2）构架。由钢构件或钢筋混凝土制成。

钢构架经久耐用，机械强度大，可以按任何负荷和尺寸制造，便于固定设备，抗震能力强，运输方便。但钢结构金属消耗量大，且为了防锈需要经常维护，因此，全钢结构使用较少。

钢筋混凝土构架可以节约大量钢材，也可满足各种强度和尺寸的要求，经久耐用，维护简单。钢筋混凝土构架可以在工厂成批生产，并可分段制造，运输和安装都比较方便，是我国屋外配电装置构架的主要形式。

以钢筋混凝土环形杆和镀锌钢梁组成的构架，兼顾了二者的优点，广泛应用于我国各类配电装置中。

(2) 电力变压器。电力变压器外壳不带电，故采用落地布置，安装在铺有铁轨的双梁形钢筋混凝土基础上，轨距中心等于变压器的滚轮中心。为了防止变压器发生事故时燃油流散使事故扩大，单个油箱油量超过1000kg以上的变压器，按照防火要求，在设备下面设置储油池或挡油墙，其尺寸应比设备的外廊大1m，并在池内铺设厚度不小于0.25m的卵石层。

主变压器与建筑物的距离不应小于1.25m，且距变压器5m以内的建筑物，在变压器总高度以下及外廊两侧各3m范围内，不应有门窗和通风孔。当变压器油重超过2500kg以上时，两台变压器之间的防火净距不应小于10m，如布置有困难，应设防火墙。

(3) 高压断路器。110kV高压断路器目前多采用SF_6断路器，安装在2.5m高的支架上。断路器的操动机构装在地面的基础上。

按照断路器在配电装置中所占的位置，可分为单列布置和双列布置。当断路器布置在主母线两侧时，称为双列布置；如将断路器集中布置在主母线的一侧，则称为单列布置。单、双列布置的确定，必须根据主接线、场地的地形条件、总体布置以及出线方向等多种因素合理选择。

(4) 隔离开关、电流互感器、电压互感器、避雷器。这几种设备均安装在2.5m高的支架上。隔离开关的手动操动机构装在其靠边一相基座的一定高度之上。

(5) 电缆沟。屋外配电装置中电缆沟的布置，应使电缆所走的路径最短。电缆沟按其布置方向可分为纵向和横向电缆沟。一般横向电缆沟布置在断路器和隔离开关之间，大型变电站的纵向电缆沟，因电缆数量较多，一般分为两路。

(6) 道路。为了运输设备和消防需要，应在主要设备近旁铺设行车道路，大、中型变电站内一般均应设置3m宽的环形道路，还应设置宽0.8～1m的巡视小道，以便运行人员巡视电气设备，电缆沟盖板可作为部分巡视小道。

2. 屋外配电装置常用布置型式的特点

(1) 普通中型配电装置。普通中型布置将所有电气设备都安装在地面设备支架上，其母线下不布置任何电气设备。

普通中型配电装置布置的优点是：①布置较清晰，不易误操作，运行可靠；②构架高度较低，抗震性能较好；③检修、施工、运行方便，且已有丰富经验；④所用钢材少，造价较低。其缺点主要是占地面积较大。

（2）改进中型配电装置，主要用于110kV。改进中型布置也将所有电气设备都安装在地面设备支架上，将母线构架较普通中型略升高，从而可将母线隔离开关、断路器、电流互感器等电气设备布置在母线下。

改进中型配电装置兼具中型与半高型配电装置的优点，比半高型便于安装检修和运行维护、节约钢材，又比中型节省占地面积，一般宜优先选用。

（3）分相中型配电装置，主要用于220kV及以上。分相中型布置是将母线隔离开关分相直接安装在各相母线的下面。

分相中型配电装置的优点是：①布置清晰、美观，简化构架，减少绝缘子串和母线的数量；②采用硬母线（管形）时，可降低构架高度，缩小母线相间距离，进一步缩小纵向尺寸；③占地少，较普通中型节约用地1/3左右。其缺点主要是：①管形母线施工较复杂，且因强度关系不能上人检修；②使用的柱式绝缘子防污、抗振能力差。

（4）半高型配电装置。半高型配电装置是将母线及母线隔离开关均抬高，将断路器、电流互感器等电气设备布置在母线的下面。

半高型配电装置的优点是：①布置紧凑清晰，纵向尺寸较中型小；②占地约为普通中型的50%～70%，耗用钢材与中型接近；③施工、运行、检修条件比高型好；④母线不等高布置，实现进、出线均带旁路较方便。其缺点与高型配电装置类似，但程度较轻。

（5）高型配电装置。高型布置中母线隔离开关位于断路器之上，主母线又在母线隔离开关之上，整个配电装置的电气设备形成了三层布置。

高型配电装置的优点是：①布置最紧凑，纵向尺寸最小；②占地为普通中型的40%～50%。其缺点有：①耗用钢材多；②施工、运行、检修条件比中型差；③抗震性能不如中型布置方式。

四、配电装置的型式选择

配电装置的结构型式与主接线和电气设备的型式有着密切的关系，还与施工、检修条件、运行经验等因素有关。配电装置的型式选择应考虑所在地区的地理情况及环境条件，通过技术经济比较确定。在技术经济比较合理时，优先选用占地少的型式，并宜符合以下方面。

1. 35kV及以下配电装置

35kV及以下配电装置宜采用屋内布置。当6～10kV出线带电抗器时，其配电装置一般采用两层或三层装配式布置，这种布置适用于大、中型发电厂。其他情况下，一般采用成套高压开关柜单层布置。

2. 110kV配电装置

污秽地区或市区宜选用屋内配电装置；其他地区宜选用屋外改进中型或半高型配电装置；地震烈度8度及以上地区或土地贫瘠地区，可采用屋外普通中型配电装置。110kV配电装置一般采用敞开式布置，大城市中心地区或其他环境特别恶劣地区，经技术经济比较，可采用SF_6全封闭组合电器（GIS）。

由于屋内配电装置防污效果较好，又能大量节约用地，故采用屋内配电装置是一项有效的防污措施。经比较，在2级污秽区，110kV屋外中型配电装置采用2级污秽区电气设备，与采用1级污秽区电气设备的屋内配电装置相比，两者造价接近；至于在3级污秽区，则屋内式肯定较屋外式造价低。因此，从技术经济全面衡量，2级及以上污秽区的110kV配电装置宜选用屋内式。此外，城市市区的土地费用昂贵，征地困难，线路走廊也受到限制，故市区内的 110kV 配电装置也宜选用屋内式。

110kV 屋外高型配电装置由于钢材耗量大，土建费用多，安装检修和运行维护条件较差，所以一般不予采用。

110kV 屋外改进中型配电装置兼具中型与半高型配电装置的优点，比半高型便于安装检修和运行维护，节约钢材，又比中型节省占地面积，一般宜优先选用。

3. 220kV 配电装置

220kV 配电装置一般采用屋外配电装置敞开式布置，当有特殊要求时，经技术经济比较，可采用 SF_6 全封闭组合电器（GIS）布置。

220kV 屋外配电装置分为普通中型、分相中型、半高型和高型等。

220kV 普通中型配电装置便于运行、检修和安装，抗震性能好，但占地过多，只在地震烈度为 8 度及以上的地区采用。

220kV 分相中型布置清晰，构架简化，利于施工、运行和检修，但占地仍较多，一般在土地贫瘠地区才考虑采用。220kV 分相中型软母线方式可代替普通中型配电装置；分相中型硬母线方式可降低构架高度，缩短相间距离，与剪刀式隔离开关配合，可减少占地面积，宜用在污秽不严重、地震烈度不高的地区。

220kV 半高型配电装置占地为普通中型的 50%～70%，运行、检修条件不如中型但优于高型，工程中可根据具体情况选用。

220kV 高型配电装置由于运行、维护、检修都不方便，只是布置受到地形条件与占地面积的限制时才采用。

五、某屋内式 110kV 常规变电站典型布置实例

常规变电站 110kV 屋内式配电装置的适用场合为：市郊土地较昂贵的地区或外界条件限制、站址选择困难区域或大气污染较严重地区。

1. 电气一次部分的设计说明

变电站电气部分具体条件为：本期建设 1 台 40MVA 三相双绕组自冷有载调压变压器，终期建设 2 台 40MVA 三相双绕组自冷有载调压变压器。110kV 本期出线 1 回，采用线路变压器组接线；终期出线 2 回，采用单母线接线。10kV 本期出线 12 回，采用单母线接线；终期出线 24 回，采用单母线分段接线。

主变压器选用 SZ9-40000/110 型三相双绕组自冷有载调压变压器；额定容量 40MVA，额定电压 110±8×1.25%/10.5kV，阻抗电压百分数 $U_k\%=10.5$，接线组别 YNd11。

110kV 断路器选用 SF_6 断路器，额定电流 2500A，开断电流为 31.5kA。隔离开关选用双柱中心水平开启式，额定电流为 1250A，动稳定电流为 80kA。电流互感器采用穿墙式电流互感器。电压互感器采用电容式电压互感器。避雷器均采用氧化锌避雷器。

10kV 配电装置选用中置式开关柜，配置真空断路器，开断电流为 31.5kA。10kV 并联电容器组选用装配式成套电容器装置，配全膜电容器，采用单星形接线，配 6%干式空芯电抗器。10kV 消弧线圈选用干式消弧线圈，容量为 250kVA。

110kV 配电装置母线采用管形母线，主变压器 110kV 侧连接采用软导线（钢芯铝绞线），主变压器 10kV 侧进线与 10kV 配电装置母线采用硬导体（矩形铜导体）。

污秽等级按国家标准Ⅲ级考虑，对应各电压等级爬电比距 110kV 取 2.5cm/kV（最高电压），10kV 户内取 2.0cm/kV（最高电压）。

利用布置在综合楼屋顶的避雷带保护主建筑物和主变压器，以防止配电装置遭受直击雷侵入。为防止线路侵入的雷电波过电压，在各级电压母线、主变压器 10kV 侧均装设氧化锌避雷器，并在主变压器中性点装设氧化锌避雷器。为防止电容器操作过电压，在并联电容器首端装设氧化锌避雷器，另外在 10kV 出线开关柜内均装设氧化锌避雷器。

2. 配电装置布置

（1）电气总平面布置。该变电站的主体是综合楼。综合楼按两层布置，一层为主变压器室、10kV 开关室、电容器室、消弧线圈室和继电器室；二层为 110kV 开关室。站内设有环形运输通道。

（2）110kV 配电装置。110kV 配电装置采用管形母线屋内布置，进线采用架空方式；但在城区等拥挤地区，可采用电缆进线。它具有占地面积小，布置清晰，运行、维护方便，构架少等优点，已有成熟的安装、运行经验。

（3）10kV 配电装置。10kV 配电装置采用屋内中置式开关柜，双列布置。该开关柜采用加强绝缘型结构，配真空断路器，少维护，无污染。柜体宽度仅为 0.8m 或 1.0m，节约占地。柜间母线采用绝缘套管防护和支持，减少母线故障率，断路器中置式布置，维护、检修方便。

（4）10kV 电容器。10kV 电容器采用装配式屋内布置，采用电缆进线，占地省，安装简单，维护方便。

（5）10kV 消弧线圈。10kV 消弧线圈采用干式，屋内布置，电缆进线。占地省，安装简单，维护方便。

（6）变压器。变压器采用屋内布置，选用低噪声自冷变压器，以减少对周围环境的影响。

3. 设计图

该变电站的电气总平面布置如图 4-20 所示，110kV 屋内配电装置主变压器、线路间隔断面图分别如图 4-21、图 4-22 所示。

六、某屋外式 110kV 常规变电站典型布置实例

常规变电站 110kV 屋外式布置的适用于县郊、农村或外界条件不受限制，站址选择比较容易的地区。根据给定的建设规模等条件，电气一次部分典型设计与相关图纸如下。

1. 电气一次部分的设计说明

变电站电气部分具体条件为：本期建设 1 台 50MVA 三相三绕组变压器，终期建设 2 台 50MVA 三相三绕组自冷有载调压变压器。110kV 本期出线 1 回，采用线路变压器组接线；终期出线 2 回，采用内桥接线。35kV 本期出线 3 回，采用单母线接线；终期出线 6 回，采用单母线分段接线。10kV 本期出线 8 回，采用单母线接线；终期出线 16 回，采用单母线分段接线。

无功补偿：本期在变压器 10kV 侧安装 2 组容量为 3000kvar 的电容器，接在 10kV 第Ⅰ段母线上；终期在变压器 10kV 侧增加 2 组容量为 3000kvar 的电容器，接在 10kV 第Ⅱ段母线上。

110kV 中性点采用直接接地方式，主变压器 110kV 侧中性点采用避雷器加保护间隙保护，也可经隔离开关接地。35kV 中性点采用经消弧圈接地方式，消弧线圈容量需根据

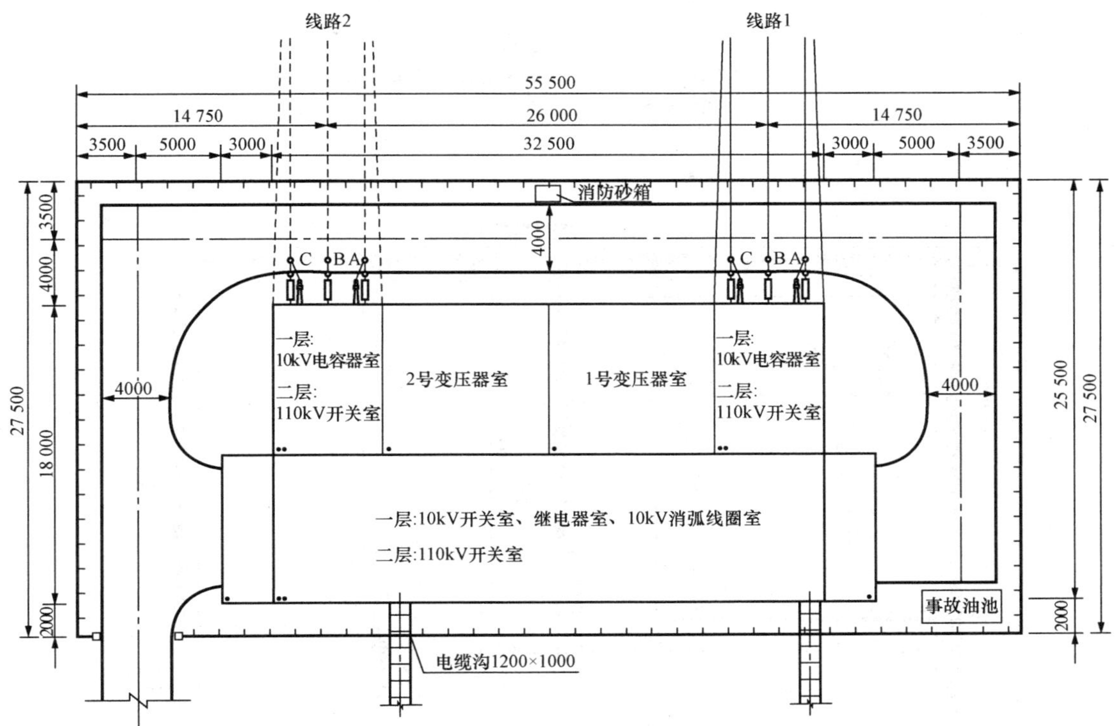

图 4-20　某 110kV 屋内式变电站电气总平面布置图

实际工程单相接地电容电流计算确定。35kV 消弧线圈装设条件按出线单相接地电容电流超过 10A 考虑。35kV 侧终期安装 1 组消弧线圈，直接接于主变压器 35kV 侧中性点；本期不上，电气布置上预留 35kV 消弧线圈位置。10kV 中性点采用不接地方式，不装设消弧线圈。

主变压器选用 SSZ9-50000/110 型三相三绕组自冷有载调压变压器；额定容量 50MVA；额定电压 110±8×1.25%/38.5±2×2.5%/10.5kV；阻抗电压百分数 $U_{k(1-2)}\%=10.5$，$U_{k(1-3)}\%=17.5$，$U_{k(2-3)}\%=6.5$；接线组别 Ynyn0d11；容量比 100/100/100。

110kV 断路器选用 SF_6 断路器，额定电流 2500A，开断电流为 31.5kA；隔离开关选用双柱中心水平开启式，额定电流 1250A，动稳定电流 80kA；电流互感器采用油浸式电流互感器；电压互感器采用电容式电压互感器；避雷器均采用氧化锌避雷器。

35kV 选用手车式开关柜，配真空一体化断路器，开断电流 25kA。

10kV 选用中置式开关柜，配真空一体化断路器，开断电流 25kA；10kV 并联电容器组选用装配式成套电容器装置，每组总容量 3000kvar，采用单星形接线，配 6%干式空芯电抗器。

主变压器 110kV 侧和 35kV 侧电气设备连接均采用软导线（钢芯铝绞线），主变压器 10kV 侧进线采用硬导体（矩形铜导体）。

污秽等级按Ⅲ级考虑，对应各电压等级爬电比距 110kV 取 2.5cm/kV（最高电压），35kV 户外取 3.1cm/kV（最高电压），35kV 户内取 2.0cm/kV（最高电压），10kV 户外取 3.1cm/kV（最高电压），10kV 户内取 2.0cm/kV（最高电压）。

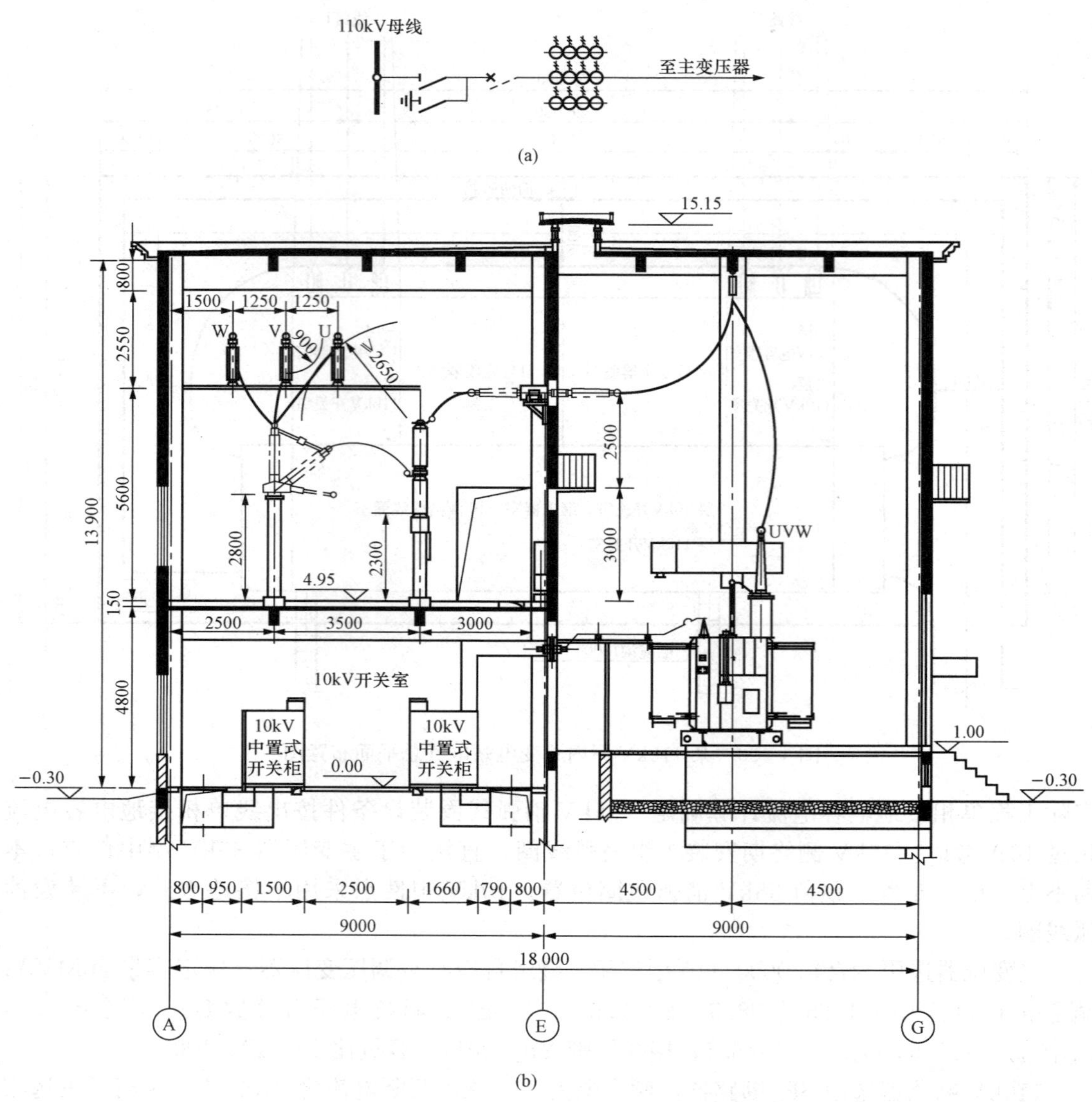

图 4-21　110kV 屋内配电装置主变压器间隔断面图

（a）接线图；（b）断面图

为防止配电装置遭受直击雷及保护 35kV 架空进线段，110kV 配电装置构架装设两根高 25m 构架避雷针，站内装设一根高 45m 独立避雷针。为防止线路侵入的雷电波过电压，在各级电压母线、主变压器 35kV 和 10kV 侧均装设氧化锌避雷器，并在主变压器中性点装设氧化锌避雷器。为防止电容器操作过电压，在并联电容器首端装设氧化锌避雷器，另外在真空断路器开关柜内均装设氧化锌避雷器。

2. 电气设备布置

根据变电站的建设规模，110kV 配电装置布置在站区的北面，生产综合室（包括 10kV 配电室、继电器室）布置在南面，35kV 配电室布置在东面，主变压器布置在 110kV 配电装

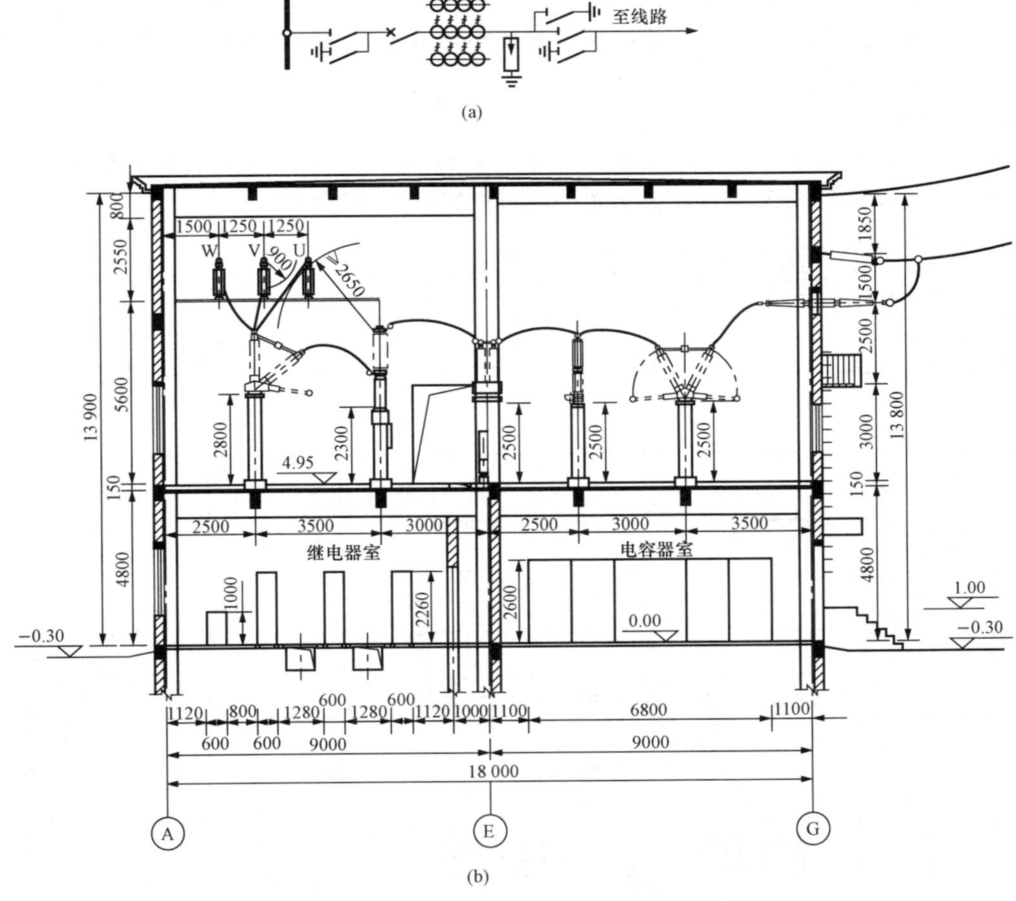

图 4-22 110kV 屋内配电装置线路间隔断面图

(a) 接线图；(b) 断面图

置和生产综合室之间，进站大门在变电站西侧。屋内、外配电装置分别在变压器三侧，分区明确。主变压器布置在变电站中部，靠近进站道路。110kV 线路及变压器侧采用架空进出线；35kV 线路考虑不同时停电检修，采用架空出线和电缆出线相结合，电缆在引出站内出线架后以架空出线；10kV 线路及电容器采用电缆出线，电缆引出站外后也可架空出线。35kV 主变压器侧户外采用架空软导线，户内采用封闭母线筒进线；10kV 主变压器侧户外采用铜排母线桥，户内采用封闭母线筒进线。

(1) 110kV 屋外配电装置。110kV 配电装置采用屋外软母线改进中型布置，进、出线均采用架空方式。它具有占地面积小，布置清晰，运行、维护方便，构架少等优点，并已有成熟的安装、运行经验。

(2) 35kV 屋内配电装置。35kV 配电装置布置在独立的 35kV 配电室，采用手车式开关柜，单列布置。该开关柜间隔宽度 1400mm，占地面积小，配真空断路器，少维护、无污染。

（3）10kV 屋内配电装置。10kV 配电装置布置在生产综合室东侧，采用中置式开关柜，双列布置。该开关柜采用加强绝缘型结构，配真空断路器，少维护、无污染。柜体宽度仅为 0.8m，节约占地。柜间母线采用绝缘套管封护和支持，减少母线故障率，断路器为中置式布置，维护、检修方便。

3. 设计图

该变电站的电气总平面布置如图 4-23 所示，110kV 屋外配电装置各间隔断面图如图 4-24、图 4-25 所示，10kV 屋内配电装置平面布置如图 4-26 所示。

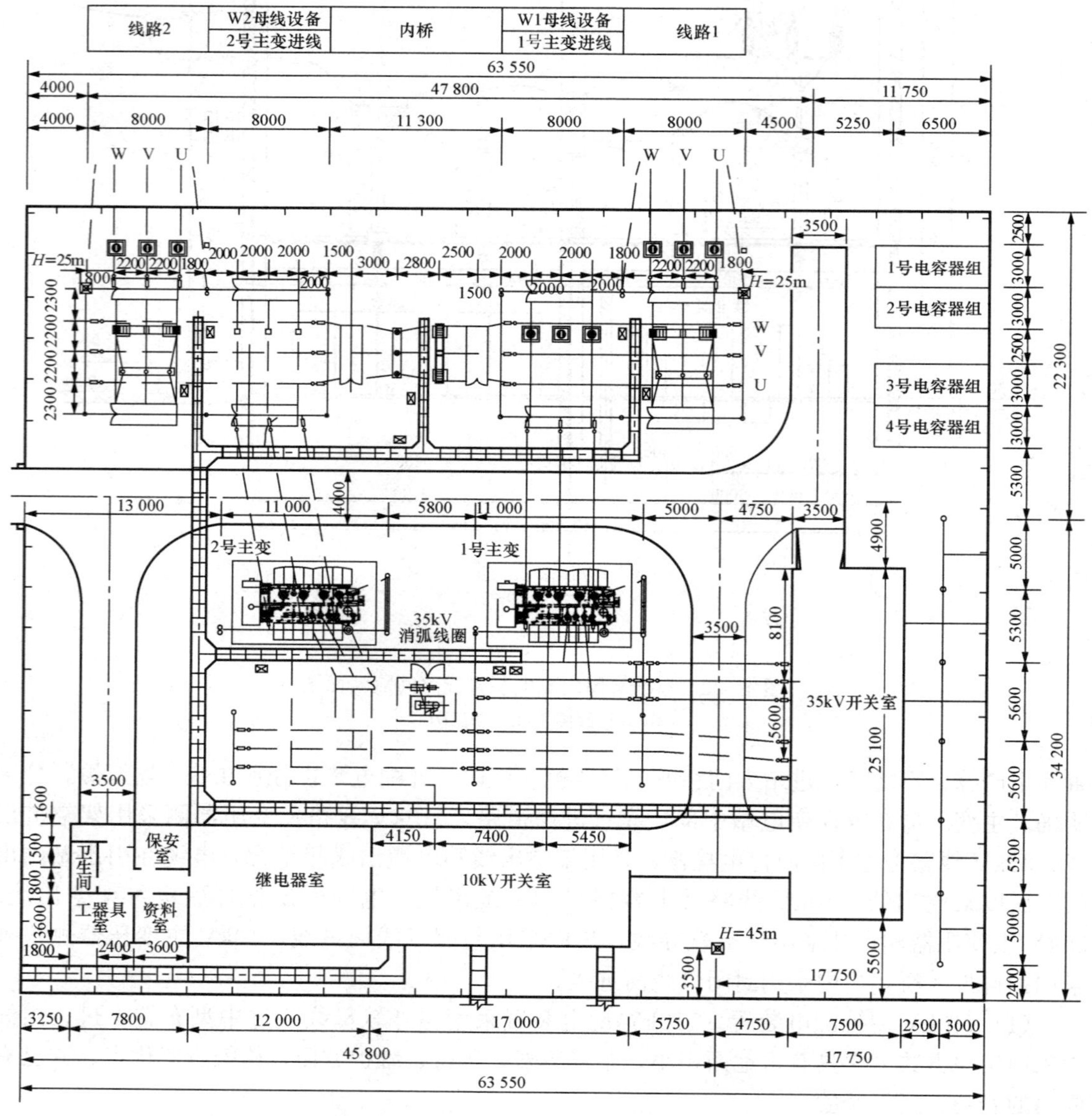

图 4-23 某 110kV 屋外式变电站电气总平面布置图

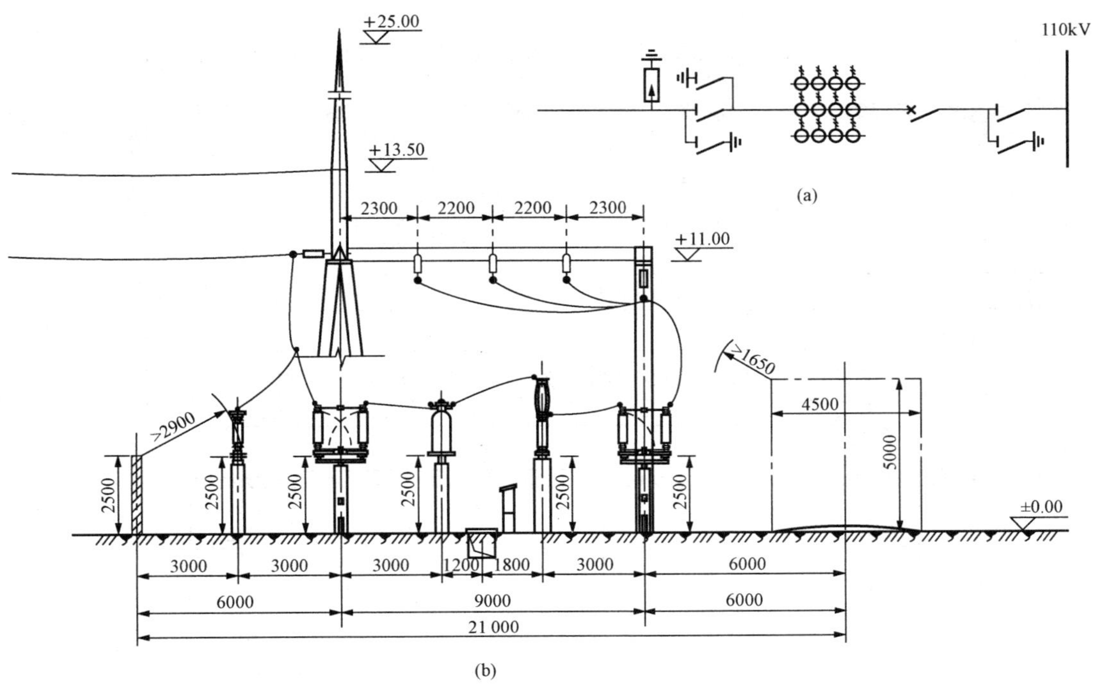

图 4-24　110kV 屋外配电装置线路间隔断面图
（a）接线图；（b）断面图

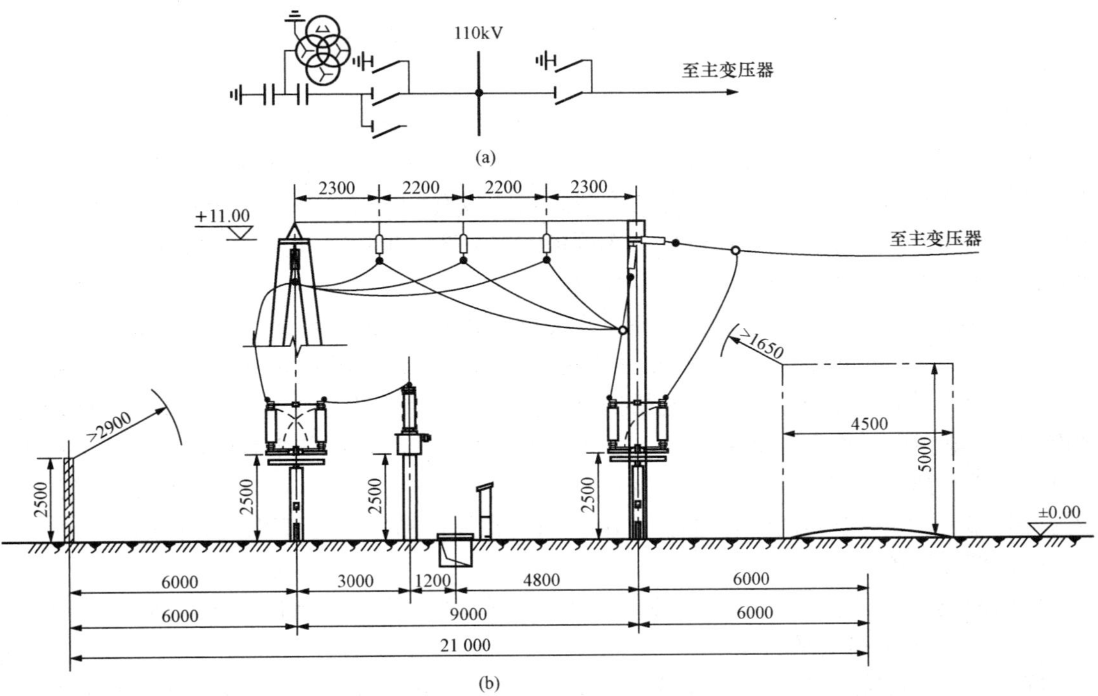

图 4-25　110kV 屋外配电装置主变压器进线及母线设备间隔断面图
（a）接线图；（b）断面图

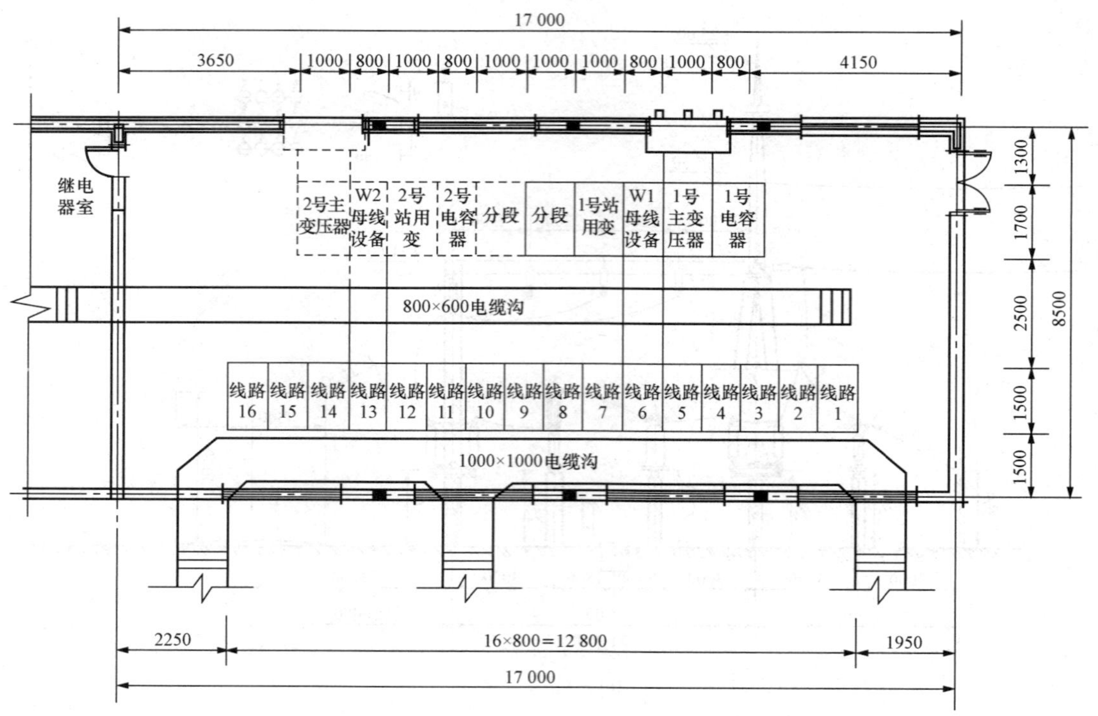

图 4-26　10kV 配电室平面布置图

第八节　成 套 配 电 装 置

成套配电装置是把电气设备如开关电器、测量仪表、继电保护装置和辅助设备等都装配在封闭或半封闭的金属柜（或称开关柜）中，由制造厂成套供应的设备，运到现场后只需安装金属柜，连接母线、进出线导体与二次线即可。成套配电装置一般有多种一次接线方案，比如一个高压开关柜就对应一种电气一次设备配置方案，根据电气主接线配置，选择不同方案的单元组合布置，即可组成成套配电装置。

成套配电装置分为低压配电柜、高压开关柜、高压环网柜、预装式变电站，SF_6 全封闭组合电器（GIS）也可视为一种特殊的成套配电装置。高、低压开关柜一般户内布置在变电站配电室内，单列或双列安装在基础槽钢上，柜下部或后部设有电缆沟。高压环网柜适用于城市 10kV 电网中，作为环网供电或终端供电的开关设备，既有户外型也有户内型。预装式变电站是由高压开关设备、电力变压器和低压开关设备三部分组合构成的成套配电装置，一般为屋外布置。SF_6 全封闭组合电器（GIS）既可以屋内布置，也可以屋外布置。

一、低压配电柜

低压配电柜（屏）是指电压为 1000V 以下的成套配电装置，有固定式和抽出式两种。

1. 固定式低压配电屏

固定式低压配电屏有 PGL、GGD、GGL 等系列。GGD 型如图 4-27 所示，正面上部装有测量仪表，双面开门。三相母线布置在屏顶，闸刀开关、熔断器、低压断路器、互感器和电缆端头依次布置在屏内，继电器、二次端子排也装设在屏内。

固定式低压配电屏结构简单、价格低，维护、操作方便，广泛应用于低压配电装置。

2. 抽出式低压配电柜

抽出式低压配电柜国产的有 GCK、GCS、GCL 等系列，引进的有 DOMINO、MNS、SIKUS 等系列。GCK 柜高度为 2200mm，宽度有 600、800、1000、1200mm 四种，深度有 800、1200mm 两种。GCK 柜为密封式结构，框架结构可分为功能单元室、母线室和电缆室。母线室布置在开关柜的上部，内装主母线，与其他单元隔离。电缆室布置在开关柜的后部，内为出线电缆、二次线和端子排。开关柜前面的门上装有仪表、控制按钮和低压断路器的操作手柄。抽出式功能单元室（抽屉）内装开关元件及其控制元件，抽屉有机械联锁机构，开关合闸时，小门不能打开。功能单元的推进机构设有分离、试验、工作三个位置，并有明显标志。抽屉操作手柄位置如图 4-28 所示。

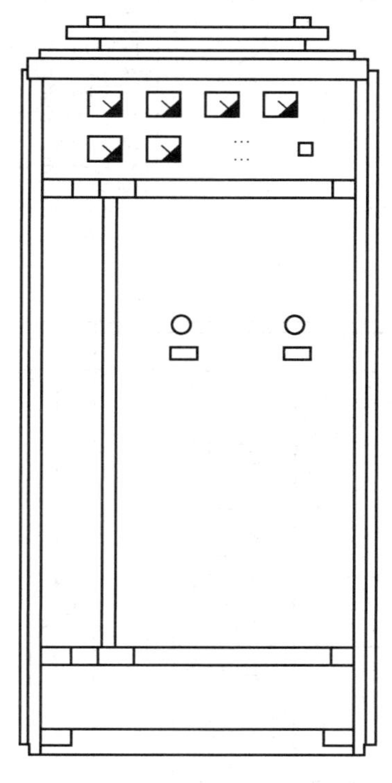

图 4-27　GGD 型固定式低压配电屏

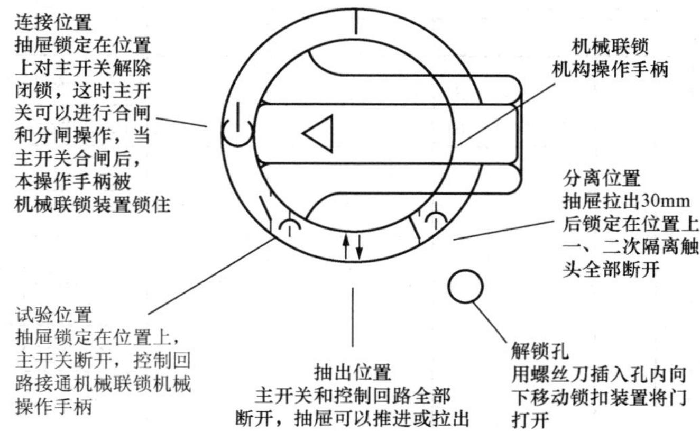

图 4-28　抽屉操作手柄位置图

抽出式低压配电柜的特点是：采用模块化、组合式结构，密封性能好，可靠性高，其间隔结构能限制故障范围；同规格的功能元件互换性好，若回路发生故障时，可立即换上备用的抽屉，迅速恢复供电；布置紧凑，体积小。缺点是结构较复杂，工艺要求较高，钢材消耗多，价格较高。目前，抽出式低压配电柜有逐步取代固定式低压配电柜的趋势。GCK 抽出式开关柜组成的低压成套配电装置示例如图 4-29 所示。各配电柜按用途自左至右依次为进线柜、低压电容补偿柜、出线柜、出线柜、进线柜、出线柜。

二、高压开关柜与环网柜

高压开关柜是指用于 3～35kV 的成套开关设备，目前国内常用的高压开关柜有 KGN、KYN、XGN、XYN、JYN 等系列，其中 KGN、XGN 系列为固定式，KYN、XYN 系列为移开式。高压环网柜一般只用于城市 10kV 电网中，有 XGW、HXGN 系列，均为固定式。

1. KGN□-12 系列铠装固定式金属封闭开关设备

KGN□-12 系列铠装固定式金属封闭开关设备（简称开关柜），适用于三相交流 50Hz、

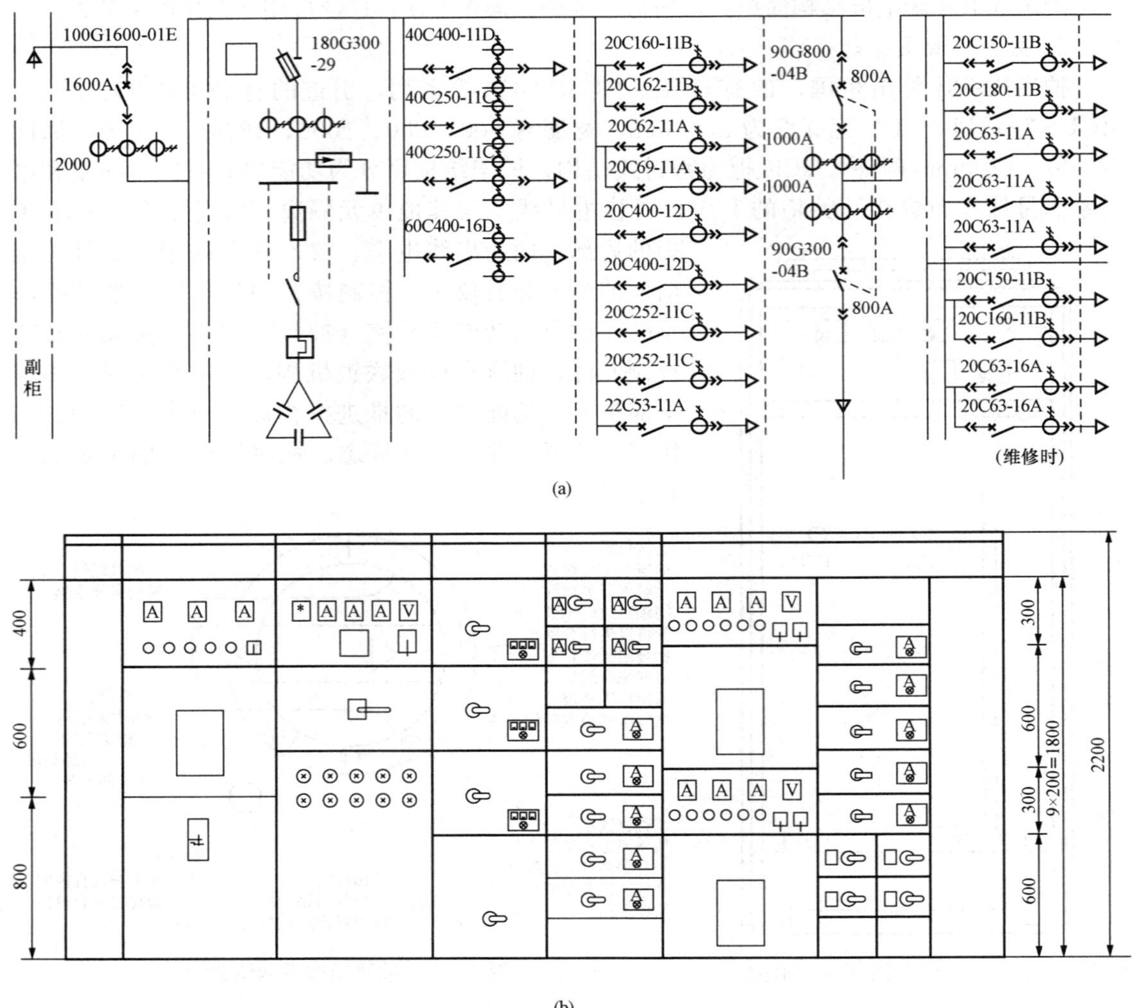

图 4-29 GCK 抽屉式低压配电成套装置示例

(a) 系统配置图；(b) 布置前视图

3～10kV 的单母线及单母线分段或双母线接线系统作接受和分配电能用。其型号含义为：K—铠装；G—固定式；N—户内；□—设计序号；12—额定电压（kV）。

（1）用于单母线及单母线分段的 KGN□-12 开关柜。一般 KGN□-12 开关柜可配装 ZN12、ZN28 等多种型号的真空断路器，不同厂家生产的开关柜内部结构与外形尺寸有所不同。柜体采用钢板弯制与角钢焊接相结合的结构，开关柜被接地的金属隔板分为断路器室、隔离开关室、母线室、电缆室、仪表室等。一次部分小室均设有压力释放通道，以释放内部故障时电弧产生的气体压力。开关柜有五防联锁功能。

（2）用于双母线的 KGN4-12 开关柜。KGN4-12 开关柜可配装 ZN12、ZN28、3AH3 等多种型号的真空断路器，隔离开关可采用电动或手动操作，与综合保护装置配合可实现无人值守远方控制。

柜体采用钢板弯制与角钢焊接相结合的结构，开关柜被接地的金属隔板分为断路器室、隔离开关室、母线室、电缆室、仪表室等。一次部分小室均设有压力释放通道，以释放内部故障时电弧产生的气体压力。开关柜有五防联锁功能。其一次线路方案如图 4-30 所示。

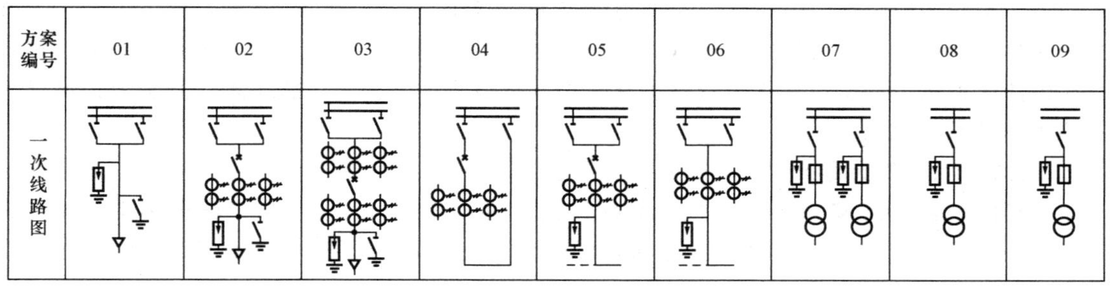

方案编号
01
02
03
04
05
06
07
08
09
一次线路图

图 4-30 KGN4-12 高压开关柜一次线路方案

2. XGN 系列箱型固定式户内交流金属封闭开关设备

XGN□-12，XGN□-40.5 系列箱型固定式户内交流金属封闭开关设备（简称开关柜），适用于三相交流 50Hz、3～10kV 或 35kV 的单母线及单母线带旁路接线系统作接受和分配电能用。其型号含义为：X—箱型；G—固定式；N—户内；□—设计序号；12 或 40.5—额定电压（kV）。

图 4-31 所示为 XGN2-12 型固定式高压开关柜。开关柜配装 ZN28 系列真空断路器，隔离开关和接地开关的操动结构为旋转式全机械闭锁机构。柜体为由钢板和角钢焊接成的金属

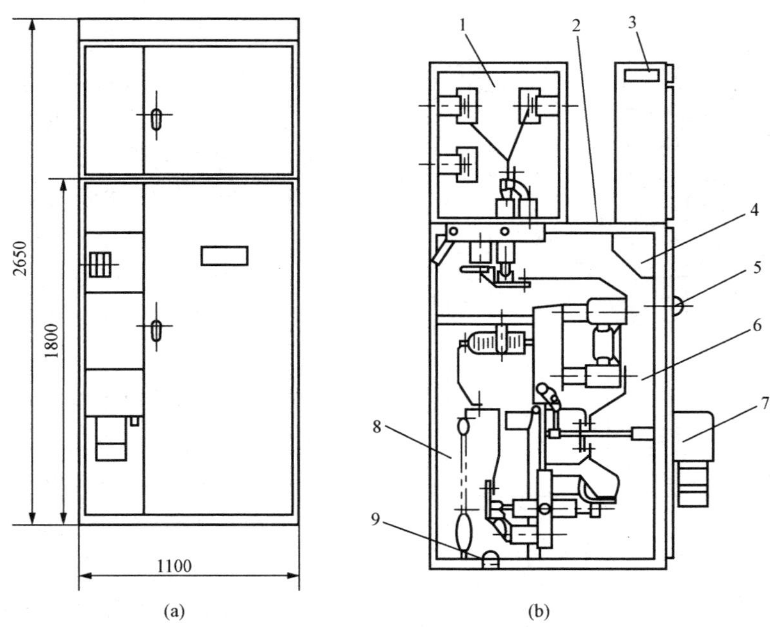

图 4-31 XGN2-12 型固定式高压开关柜

（a）外形图；（b）结构示意图

1—母线室；2—压力释放通道；3—仪表室；4—组合开关室；5—手动操作及联锁机构；6—主开关室；7—电磁式弹簧机构；8—电缆室；9—接地母线

封闭箱式结构，由断路器室、母线室、电缆室和仪表室组成。断路器室在柜体下部，断路器的传动由拉杆与操动机构连接。断路器下接线端子与电流互感器连接，电流互感器与下隔离开关的接线端子连接，断路器上接线端子与上隔离开关接线端子连接。断路器室设有压力释放通道，当内部电弧燃烧时，气体可通过排气通道将压力释放。母线室在柜体后上部，为减小柜体高度，母线呈“品”字形排列。电缆室在柜体下部的后方，电缆固定在支架上。仪表室在柜体前上部，便于运行人员观察。断路器操动机构装在面板左边位置，其上方为隔离开关的操作及联锁机构。

3. KYN 系列铠装移开式户内金属封闭开关设备

KYN□-12、KYN□-40.5 系列铠装移开式户内金属封闭开关设备一般适用于三相交流 50Hz、3～10kV 或 35kV 的单母线及单母线分段接线系统作接受和分配电能用；而 KYN43-12 用于双母线系统。KYN 系列的型号含义为：K—铠装；Y—移开式；N—户内；□—设计序号；12 或 40.5—额定电压（kV）。

图 4-32 为 KYN44A-12 型手车式高压开关柜结构示意图，开关柜为铠装移开式金属封闭结构，由柜体和可抽出部分（中置式手车）两大部分组成。柜体框架用角钢焊接而成，外壳由敷铝锌板经数控机床加工和双重折弯后，用螺栓连接而成，具有很强的抗腐蚀和抗氧化作用。

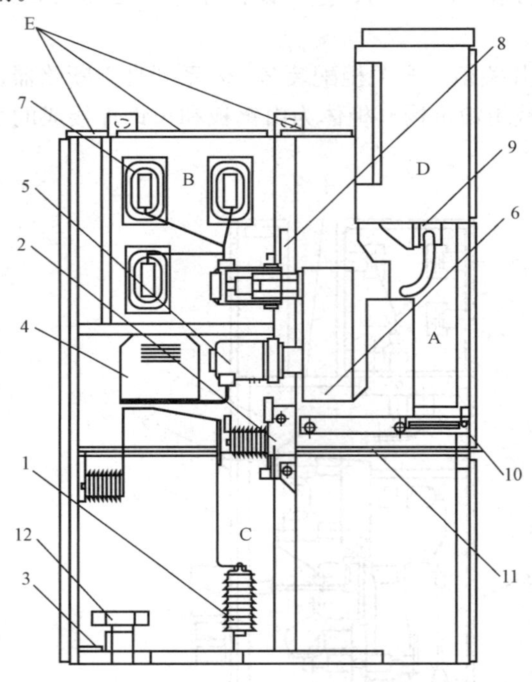

图 4-32 KYN44A-12 型手车式高压开关柜结构示意图（手车工作位置）

A—手车室；B—母线室；C—电缆室；D—仪表室；E—泄压装置
1—避雷器；2—接地开关；3—接地主母线；4—电流互感器；5—静触头盒；6—断路器；7—主母线；8—活门隔板；9—二次插头；10—可抽出式水平隔板；11—接地开关操作杆；12—零序电流互感器

柜体由接地的金属隔板分成母线室、断路器手车室、电缆室和仪表室。母线室封闭于开关柜后上部。各主回路均有各自的泄压通道。由于开关设备采用中置式，电缆室空间较大，电流互感器、接地开关装在电缆室上部，避雷器、零序电流互感器装设在电缆室下部。仪表室内装设继电保护元件、仪表、带电检查指示器以及特殊要求的二次设备等。

手车根据用途不同，可分为断路器手车、隔离车、计量车、电压互感器车及避雷器车等。同类型同规格手车可以自由互换。

开关设备内装有安全可靠的防误操作联锁装置，完全满足五防的要求。手车在柜体内有断开位置、试验位置和工作位置。当手车在试验或工作位置时，断路器才能合闸；断路器合闸时，手车不能从试验位置推入工作位置或从工作位置拉出至试验位置，以防带负荷误推拉断路器手车。接地开关在合闸位置时，手车不能从试验位置推入工作位置，防止带接地线误合断路器。手车只有在试验或移开位置时，接地开关才能合闸，防止带电误合接地开关。手车在工作位置时，二次插头被锁定不能拔除。

仪表室门上装有断路器状态指示性按钮或开关，以防误分、误合断路器。

4. JYN 系列间隔移开式户内金属封闭开关设备

JYN□-12、JYN□-40.5 系列间隔移开式户内金属封闭开关设备，适用于三相交流 50Hz、3～10kV 或 35kV 的单母线及单母线分段接线系统作接受和分配电能用。JYN 系列的型号含义为：J—间隔；Y—移开式；N—户内；□—设计序号；12 或 40.5—额定电压（kV）。

JYN 系列开关柜的结构和特点与 KYN 系列开关柜类似。

5. XGW□-12 系列箱型固定式户外交流金属封闭开关设备

XGW□-12 系列箱型固定式户外交流金属封闭开关设备（简称户外环网柜），其型号含义为：X—箱型；G—固定式；W—户外；□—设计序号；12—额定电压（kV）。

XGW□-12 户外环网柜用于城市电网 10kV 电缆环网供电系统、双电源辐射供电系统中，柜内一般装设真空或 SF_6 负荷开关与熔断器，也可装设真空断路器作进出线控制、保护设备。装置的箱体主要由底座、箱体及顶盖三部分组成，结构全封闭，箱内可排列最多 6 台环网柜。其外观与一次接线如图 4-33 所示。

6. HXGN□-12 系列箱型固定式户内交流金属封闭开关设备

HXGN□-12 系列箱型固定式户内交流金属封闭开关设备（简称环网柜），其型号含义为：H—环网柜；X—箱型；G—固定式；N—户内；□—设计序号；12—额定电压（kV）。

HXGN□-12 环网柜用于城市电网 10kV 电缆环网供电系统、双电源辐射供电系统中，柜内一般装设真空或 SF_6 负荷开关与熔断器作进出线控制、保护设备。

环网柜的结构包括骨架与外壳，其骨架采用角钢焊接而成，外壳由钢板制作的面板、顶板、侧板等组成封闭结构。环网柜顶部为母线室，其前面是仪表室，柜的上部为负荷开关室，中下部为电缆和其他元件室，各室用钢板隔开。环网柜的负荷开关、接地开关、门板、侧板之间设有联锁装置。

(a)

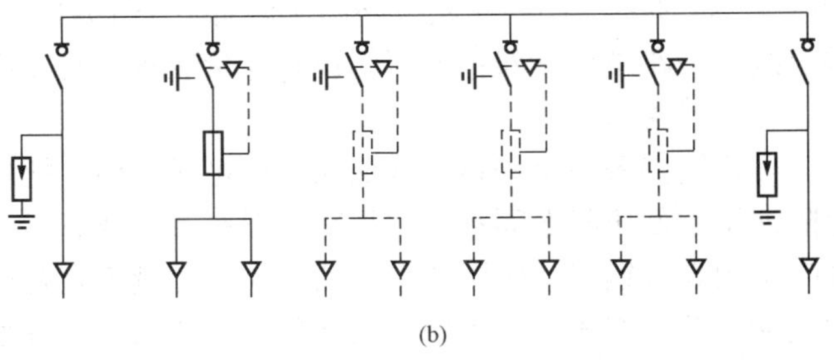

(b)

图 4-33　XGW□-12 户外环网柜

(a) 外观图；(b) 一次接线图（两进一出～四出）

三、预装式变电站

预装式变电站是组合式、箱式和可移动式变电站的统称，又称成套变电站。它用来从高压系统向低压系统输送电能，可作为城市建筑、园林景区、中小型工厂、市政设施、矿山、油田及施工临时用电等用电部门、场所的变配电设备。

预装式变电站是由高压开关设备、电力变压器和低压开关设备三部分组合构成的配电装置。有关元件在工厂内被预先组装在一个或几个箱壳内，箱体结构可采用钢板、铝合金板或非金属的特种玻璃纤维复合板等材料制作，并经防腐处理，还具有防水、防尘性能，使用寿命长。

预装式变电站具有成套性强、结构紧凑、体积小、占地少、造价低、施工周期短、可靠性高、操作维护简便、美观、适用等优点，近年来在我国迅速发展。常用的预装式变电站电压等级为12/0.4kV，目前国内已有企业生产了几种35/12kV预装式变电站。

10kV级预装式变电站有YBM、YBP、ZBW等系列。我国生产的预装式变电站按结构型式主要可分为三类：美式箱变、欧式箱变以及组合了美式箱变与欧式箱变优点的紧凑型箱变。

1. 欧式箱变

欧式箱变的结构由底座、框架与外壳组成。底座由槽钢焊接而成，框架由槽钢、角钢焊接或紧固件连接，外壳由钢板、铝合金板或复合板制成。箱内分为高压室、变压器室及低压室，布置方式分为“目”字形和“品”字形，如图4-34所示，H指高压室，T指变压器室，L指低压配电室。“目”字形结构高压室较宽，能实现环网供电或双电源供电接线；“品”字形结构低压室较宽，可放置5～6台低压柜，有十多回电缆出线。根据要求，箱变可设置内操作走廊。其连接方式，高压采用电缆，变压器与低压柜采用母线连接或电缆连接，低压出线采用电缆。安装方式为台架式（地面上安装）或沉箱式（部分地下安装）。

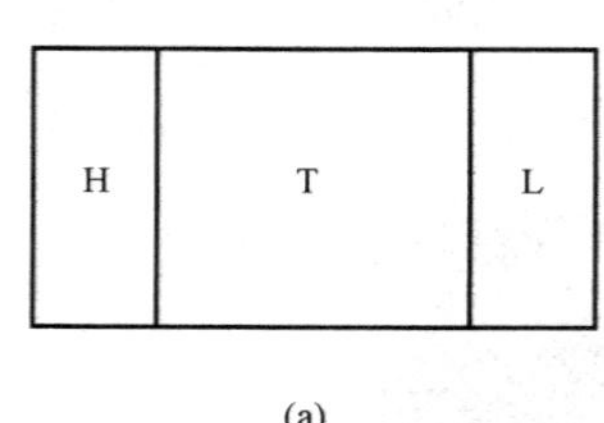

(a)

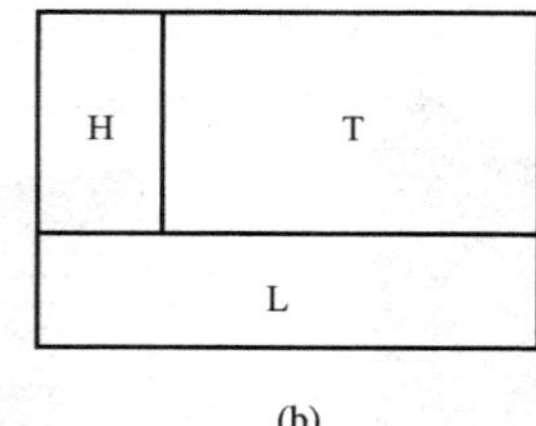

(b)

图4-34　预装式变电站布置方式示意图
(a)“目”字形结构；(b)“品”字形结构
H—高压室；T—变压器室；L—低压配电室

欧式箱变的高压部分可采用HXGN-12型环网开关柜，配装负荷开关与高压熔断器，操作简便，满足五防要求，也可根据需要采用真空断路器；变压器采用干式或油浸式，容量不宜超过1250kVA；低压侧采用固定式或抽出式配电柜，配低压断路器、熔断器等低压设备，可装设低压计量及无功补偿装置，低压出线多。

欧式箱变可用于高压中性点直接接地系统或非直接接地系统。高压侧接线为可为终端型、环网型与双电源型。低压侧为单母线，有两台变压器时为单母线分段。其典型应用方案如图4-35所示。图中一次电路高压侧有三个10kV回路，两路为环网供电的一进一出电缆进出线，一路带变压器；低压侧设有计量装置，有多回电缆出线，一回无功补偿。

2. 美式箱变

美式箱变采用全密封、全绝缘、分箱式结构，把高压开关、熔断器和变压器共用油箱或分隔油箱与低压配电隔室呈“品”字形布置，体积较小，仅为同容量欧式箱变的1/3左右。外壳采用焊接钢板。变压器采用油浸式，容量不宜超过630kVA。高压侧采用两工位或四工位负荷开关，变压器采用插入式熔断器和油箱内后备熔断器串联实现保护。

美式箱变用于高压中性点直接接地系统，用于非直接接地系统时需在低压侧加装断相保护装置。高压主接线可为终端型或环网型，低压侧为单母线接线，低压出线仅4～6路，改

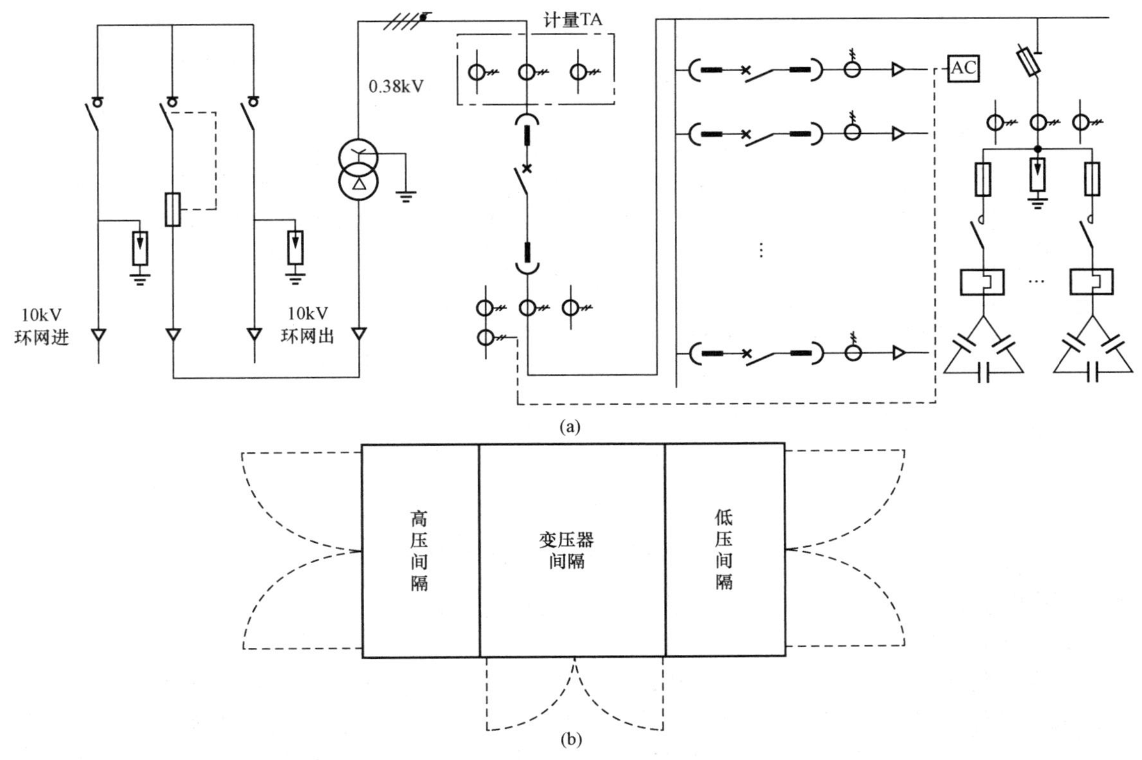

图 4-35　环网接线欧式箱变典型应用方案
(a) 电气主接线；(b) 电气平面布置

进设计可加装低压计量与小容量无功补偿装置。其连接方式高压采用电缆插入式连接，变压器与低压柜采用母线连接，低压出线采用电缆。安装方式为台架式（地面上安装）。

美式箱变具有价格适中、运行可靠、结构紧凑、体积小等优点，但它的质量较重，绝缘油的运行维护与处理都较复杂，加之不能防火（除非采用昂贵的高燃点绝缘油），所以其应用受到一定限制。其典型应用方案如图 4-36 所示。图中一次电路高压侧有两路环网供电的一进一出电缆进出线，油箱内有负荷开关、熔断器与变压器；低压侧设有计量装置，有多回电缆出线，一回无功补偿。

3. 紧凑型箱变

紧凑型箱变结构采用欧式箱变高压受电、低压配电，美式箱变式变压器，组成“目”字形或“品”字形布置，体积适中。外壳采用焊接钢板或新型彩钢板组装。变压器为户外油浸式，容量不宜超过 630kVA。除了低压主接线只为单母线及安装方式为台架式（地面上安装）之外，紧凑型箱变的其他特点与欧式箱变相同。

四、SF_6 全封闭组合电器（GIS）

SF_6 全封闭组合电器配电装置又称 GIS，它以 SF_6 气体和环氧树脂浇注件作为内部绝缘，SF_6 气体同时还作为断路器灭弧介质。GIS 主要由置于密封金属壳体内的母线、断路器、隔离开关、接地开关、电流互感器、电压互感器、避雷器和电缆终端（或出线套管）等标准功能单元组合而成，采用模块式设计，再辅以一些过渡元件（如弯头、三通、伸缩节

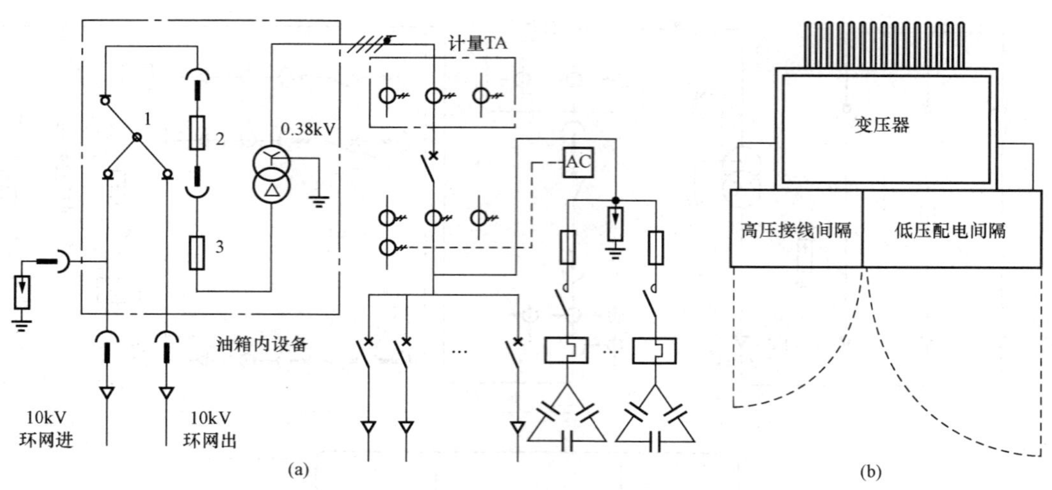

图 4-36 环网接线美式箱变典型应用方案

(a) 电气主接线；(b) 电气平面布置

等)，便可适应不同形式主接线的要求，组成成套配电装置。

1. 总体结构

GIS一般采用母线三相共箱，母线以外的其他元件三相分箱式的结构。外壳用钢板或铝板制成，其作用是容纳SF_6气体及保护内部部件不受外界物质侵蚀，同时作为接地体。外壳内有多个环氧树脂盆式绝缘子，用于支撑带电导体和将装置分隔成若干个不漏气的隔离室(称气隔)，以便于监视、易于发现故障点、限制故障范围以及检修或扩建时减少停电范围等。气隔内的SF_6气体压力一般为0.2～0.5MPa，各气隔一般均装有压力表和监视继电器。

一般情况下，断路器和母线筒的结构型式对装置的整体布置影响最大。对屋内式GIS，当选用水平断口断路器时，一般将断路器水平布置在最上面，母线布置在下面；当选用垂直断口断路器时，则断路器一般落地垂直布置在侧面。对屋外式GIS，断路器一般布置在下部，母线布置在上部，用支架托起。目前多采用屋内式。

220kV双母线接线、断路器水平布置的GIS断面图如图4-37所示。

断路器4为水平断口（双断口），为便于支撑和检修，在总体布置上，主母线Ⅰ、Ⅱ布置在下部，断路器水平布置在上部，出线为电缆，整个装置按照电路顺序成n形布置，使装置结构紧凑。断路器的出线孔支持在其他元件上，检修时，灭弧室沿水平方向抽出。

图4-37中主母线Ⅰ、Ⅱ采用三相共箱式。断路器为单压式，其操动机构一般为液压或弹簧机构。隔离开关有两种可供选择的基本型式，即直角型（进出线导体垂直）及直线型(进出线导体在同一轴线上)，其动作均为插入式，图中为直线型。接地开关与隔离开关制成一体时，两者的同相部件封闭在同一气隔内。

为减少因温度变化和安装误差、振动及基础不同沉降引起的附加应力，在两组母线汇合处装有伸缩节10（沿母线的外壳上也装有伸缩节），它包括母线软导体和外壳两部分。另外，为监视、检查装置的工作状态和保证装置的安全，装置的外壳上还设有检查孔、窥视孔和防爆盘等设备。

2. GIS的特点

GIS的主要优点是：

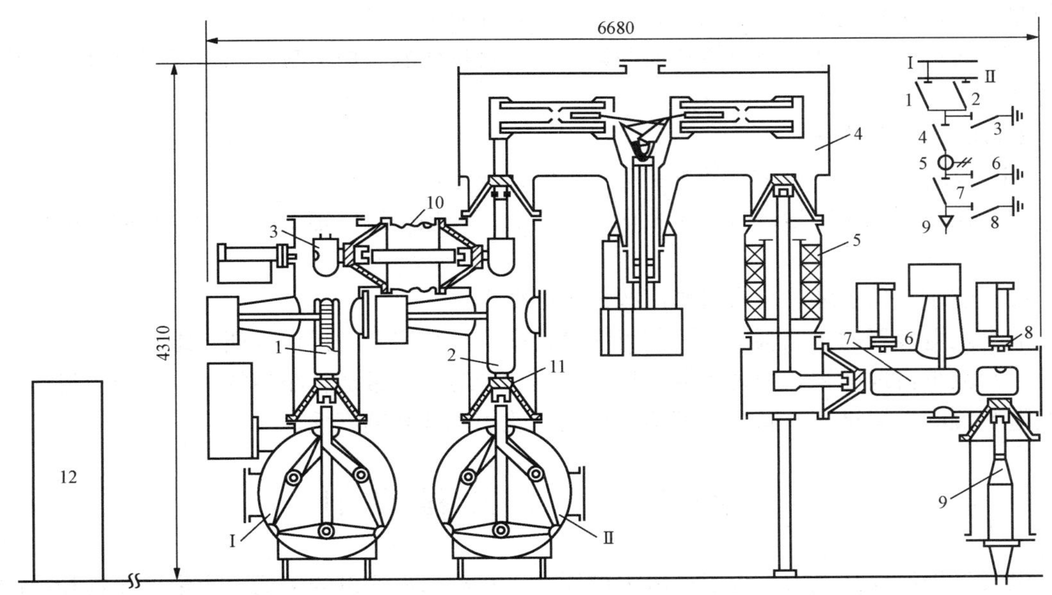

图 4-37　220kV 双母线接线、断路器水平布置的 GIS 断面图

Ⅰ，Ⅱ—主母线；1，2，7—隔离开关；3，6，8—接地开关；4—断路器；5—电流互感器；9—电缆头；10—伸缩节；11—盆式绝缘子；12—控制箱

(1) 占用面积和空间小。这是 GIS 最主要的优点。由于 GIS 取消了各元件的外部绝缘，故缩小了每一相的长度和高度，各相的公共壳体是接地的，故可以缩短相间距离，从而大大缩减了配电装置的占地面积。特别当电压等级越高时，其效果越明显。据有关资料介绍，在 110kV 电压时，GIS 所占面积仅为常规布置所占面积的 13%；220kV 时仅为常规布置所占面积的 8.3%；500～750kV 时仅为常规布置所占面积的 5%。随着占地面积的大大缩减，还相应减少了土建施工量以及各项工程设施（构架等）和设备（绝缘子、导线、二次电缆等）的费用，其效果非常明显。

(2) 设备运行安全可靠。对于 GIS 而言，由于没有或很少有暴露在大气中，其绝缘强度将不受环境条件（雪、雨、污秽、潮湿等）的影响。内部结构简单，机械故障少；加之 SF_6 为不燃烧的惰性气体，没有火灾的危险；高电压部分被金属外壳所屏蔽，不易发生人身触电事故，因而运行可靠性较一般电器大为提高。

(3) 能妥善解决超高压下的静电感应、电晕干扰等环境保护问题。近年来随着电压等级的提高，静电感应、电晕干扰、电磁干扰等环境保护问题日益突出。为此，许多变电站不得不采取各种专门措施。但对于超高压的 GIS 而言，由于封闭且接地的金属外壳起了很好的屏蔽作用，静电感应、电晕干扰等问题都很方便地得到了解决，而无需采取专门的措施，即可满足环境保护中对电磁兼容的有关要求。

(4) 维护工作量小，检修周期长，安装工期短。这类电器在出厂前已调试合格并部分组装好，现场安装工作量主要是进行组装和调试，因而现场工作量可大为减少，从而大大加快了建设速度。此外，运行过程中不需要冲洗绝缘子；触头很少氧化，触头开断时烧损也甚微，断路器累计正常分合 3000～4000 次或累计开断电流 4MA 以上时，才需检修一次触头，实际上在使用寿命内几乎不需解体检修；年漏气率不大于 1%，且用吸附器保持干燥，补气和换过滤器的工作量也很小。另外，GIS的抗震性能也很好。

GIS的主要缺点是：金属材料消耗量大；对材料性能、加工与装配精度要求高；价格较贵等。

3. GIS的应用范围

GIS应用于110～500kV配电装置，可在下列情况下采用。

（1）位于用地狭窄地区（如工业区、市中心、险峻山区、地下、洞内等）的发电厂和变电站。

（2）位于气象、环境恶劣或高海拔地区的变电站。

成套配电装置的优点很突出，其可靠性很高，运行安全，操作方便，维护工作量小，另外还可以减少占地面积，缩短工期，便于扩建和搬运，非常适合小型的用电场合。目前，成套配电装置的发展迅速，新的类型不断出现，使用也越来越广泛。

第九节 电气工程设计

电气工程设计是电力工程建设的关键环节，它对工程建设的工期、质量、投资和投产后的运行安全可靠性和生产的综合经济效益，往往起着决定性的作用。

一、电气工程设计的原则与基本程序

1. 设计工作应遵循的主要原则

电气工程设计应遵循的主要原则是：

（1）遵守国家的法律、法规。

（2）贯彻执行国家的经济建设方针、政策和建设程序。

（3）以设计任务书为依据，根据国家有关的技术规程、标准，结合工程的实际情况，合理确定设计标准。

（4）参考已有设计成果，采用先进的设计工具。

（5）节约资源，保护环境。

（6）提高综合经济效益，促进技术进步。

2. 设计的基本程序

按基本程序进行设计，能使工程的规划设计由主要原则到具体方案，逐步充实，循序渐进，从而得出最优方案，保证质量，避免决策失误。

按照电力工程项目大小的不同，设计阶段及基本程序有所增减。以中等项目为例，设计可分为三个阶段：前期工作阶段、设计阶段和施工运行阶段。各阶段基本程序及任务如表4-1所示。

表4-1　电气工程设计各阶段的基本程序及任务

设计阶段	设计基本程序	任　务
前期工作阶段	可行性研究	编写可行性研究报告，明确建设目的、依据、规模、条件，提出设计原则方案，进行综合技术经济分析和方案比较，提出环境影响报告、投资估算和建设进度等

续表

设计阶段	设计基本程序	任　　务
设计阶段	初步设计	完成初步设计说明书和有关图纸，确定设计原则和建设标准，进行设计方案的比较选择和确定，编制主要设备材料清册，确定总概算，进行施工准备
	施工图设计	完成说明书、各项图纸和设备及主要材料清册，作为订货、施工、运行和工程结算的依据
施工运行阶段	配合施工	解释设计文件，及时解决施工中设计方面出现的问题
	运行回访或总结反馈	总结设计上的经验教训以改进设计

二、电气工程设计的基本步骤

这里只介绍电气工程一次系统设计。电气工程一次系统包含许多部分，各部分的内容具有关联性。按一定的步骤进行设计，可减少失误，提高设计效率。以降压变电站设计为例，电气工程一次系统设计的一般步骤是：

（1）确定设计任务，收集与分析原始资料。

（2）进行负荷分析计算与（需提高功率因数时的）并联无功补偿计算，确定主变压器选择。

（3）进行电气主接线的方案拟订、比较与选择。

（4）变电站站用电源的引接。

（5）短路电流计算。

（6）电气设备的选择与校验。

（7）电气设备的布置及安装（又称为配电装置设计）。

（8）防雷和接地设计。

（9）绘制图纸，编写说明书、设备及主要材料清册。

电气主接线与电力系统运行的可靠性、灵活性、经济性都密切相关，它对电气设备的选择、配电装置的布置、继电保护与自动控制方式的拟订都有重大影响。因此，电气主接线设计是电气工程设计的核心部分。

三、电气主接线的设计步骤

发电厂、变电站的电气主接线设计可分为可行性研究、初步设计和施工设计三个阶段。教学中的电气工程课程设计和毕业设计相当于实际工程设计中的初步设计。

电气主接线的设计步骤及内容如下。

1. 原始资料分析

（1）工程情况。工程情况包括本发电厂或变电站类型、建设规模（近期、远景）、单机容量及台数、可能的运行方式及年最大负荷利用小时数等。

1）总装机容量及单机容量标志着发电厂的规模和在电力系统中的地位及作用。单机容量的选择不宜大于系统总容量的10%，以保证在该机检修或事故情况下系统供电的可靠性。另外，为使生产管理及运行、检修方便，一个发电厂内单机容量以不超过两种为宜，台数以不超过6台为宜，且同容量的机组应尽量选用同一型式。

2）运行方式及年最大负荷利用小时数直接影响主接线的设计。例如，核电厂及单机容量 200MW 以上的火电厂，主要是承担基荷，年最大负荷利用小时数在 5000h 以上，其主接线应以保证供电可靠性为主进行选择；水电厂有可能承担基荷（如丰水期）、腰荷和峰荷，年最大负荷利用小时数在 3000～5000h，其主接线应以保证供电调度的灵活性为主进行选择。

（2）电力系统情况。电力系统情况包括系统的总装机容量，近期及远景（5～10 年）发展规划，归算到本厂（站）高压母线的电抗，本厂（站）在系统中的地位和作用，近期及远景与系统的连接方式及各电压级中性点接地方式等。

发电厂在系统中处于重要地位时其主接线要求较高。系统的归算电抗在主接线设计中主要用于短路计算，以便选择电气设备。发电厂与系统的连接方式与其地位和作用相适应，例如：仅向系统输送不大的剩余功率的发电厂，与系统之间可采用单回弱联系方式；绝大部分电能向系统输送的发电厂，与系统之间则采用双回或环形强联系方式。

电力系统中性点接地方式是一个综合性问题，电网的中性点接地方式决定了主变压器中性点的接地方式，发电机中性点采用非直接接地。125MW 及以下机组的中性点采用不接地或经消弧线圈接地，200MW 及以上机组的中性点采用经接地变压器接地（其二次侧接有一电阻）。

（3）负荷情况。负荷情况包括负荷的地理位置、电压等级、出线回路数、输送容量、负荷类别、最大及最小负荷、功率因数、增长率、年最大负荷利用小时数等。

（4）其他情况。其他情况包括环境条件、设备制造情况等。当地的气温、湿度、覆冰、污秽、风向、水文、地质、海拔高度及地震等因素，对主接线中电气设备的选择、厂房和配电装置的布置等均有影响。

2. 拟订若干个可行的主接线方案

在对原始资料分析的基础上，拟订出若干个可行的主接线方案（近期和远期）。

3. 对各方案进行技术论证

根据主接线的基本要求，从技术上论证各方案的优、缺点，对地位重要的大型发电厂或枢纽变电站要进行可靠性的定量计算与比较，淘汰一些明显不合理的、技术性差的方案，保留 2～3 个技术上相当、能够满足设计要求的方案。

4. 对保留的方案进行经济比较

对上述保留方案进行经济计算，并进行全面的技术、经济比较。经济比较主要是对各个待选主接线方案的综合总投资和年运行费两大项进行综合经济效益比较。比较时，一般只需计算各方案不同部分的综合总投资和年运行费。经济比较的计算有多种方法，可参考有关文献。

5. 确定最优方案

在全面技术、经济比较的基础上，确定最优方案。确定了最优方案后，才可以依据此方案进行后续设计，如短路电流计算、主要电气设备选择与校验、配电装置设计等。

四、参考典型设计以提高设计质量与效率

在电气工程的设计原则中，要求参考已有设计成果，是指对符合本工程具体条件的已有设计成果，如其他已完工项目的设计图纸资料等，尤其是典型设计，在进行设计时应予以套（活）用。

所谓典型设计，是指由行业权威部门组织编制或批准的常见工程的设计方案。典型设计应做到安全可靠、技术先进、投资合理、标准统一、运行高效。

典型设计应具有先进性、适应性、灵活性与时效性。电气工程典型设计的先进性是指主接线方案安全可靠，设备选型先进合理，占地面积小，各项技术经济可比指标先进；适应性是指不同地区的规模、形式、外部条件类似的工程均能适用；灵活性指典型设计的模块划分合理，组合方案多样，规模增减方便；时效性是指随着电网发展和技术进步，典型设计应不断补充、完善与更新。

采用典型设计，能统一建设标准与设备规范，加快设计、评审进度，提高工作效率；方便设备招标，方便运行维护，降低工程建设和运行成本。

五、电气工程一次系统设计中常见图纸及文件的种类及对其要求

电气工程一次系统设计中电气部分常见图纸及文件可分为以下几类：

（1）电气总图，说明书及卷册目录，设备及主要材料清册。

（2）电气主接线图，厂用电接线图及其他系统接线图，短路电流计算及等效阻抗图。将电气主接线中的各种一次设备用行业标准规定的统一图形与文字符号对应表示并连接而成的电路图称为电气主接线图。从电气主接线图中可了解各种电气设备的规格、数量、连接方式和作用，以及各电气回路的相互关系和运行条件等。电气主接线图一般用单线图（用一根线表示三相）绘制，只有对三相接线不完全相同的局部（如各相中电流互感器的配置不同）时，才用三线图表示。电气主接线图中主要电气设备的文字与图形符号参见表8-1。电气主接线图在各设计阶段均需要，但详细程度不同。

（3）电气总平面图，配电装置平面布置图、剖面图，主变压器安装图，发电机引出线布置图。总平面图及各种平面布置图、剖面图的作用是将电气主接线图中的所有电气设备按实际关系布置并表示出来。图纸应按比例绘制出各电气设备及设施的形状、位置及相互关系。平面布置图、剖面图中的设备及其相互关系应与电气主接线图一致，不得疏漏或互相矛盾。本类图纸一般在初步设计阶段开始需要。

（4）设备安装及制作图。设备安装及制作图是具体到单个电气设备在基础或支架上的安装图和安装所需非标准零件的制作图，也应按比例绘制。设备安装及制作图只有到施工图阶段才需要。

（5）过电压保护及接地装置图。避雷针保护范围计算，防雷图应标明避雷针高度、位置、保护范围、被保护物外形；接地电阻计算，接地装置图显示接地网的布置及要求。

（6）电缆敷设图及电缆清册。电缆敷设图应标明电缆的编号、敷设方式及要求、起止点及路径。电缆清册按生产环节统计并汇总电缆的型号规格与数量。

对电气工程一次系统设计各阶段设计图纸及文件的基本要求有：符合各设计阶段的内容及深度要求；符合有关标准规范；采用的原始资料、数据及计算公式正确、合理，计算完整，步骤齐全，结果正确；设计文件内容完整、正确，文字简练，图面清晰，签署齐全。

思考题与习题

4-1　对电气主接线的基本要求是什么？

4-2　电气主接线的基本形式有哪些？

4-3　主母线和旁路母线各起什么作用？设置旁路母线的原则是什么？

4-4　隔离开关与断路器配合操作时，应遵守哪些原则？举例说明对出线停、送电操作的顺序。

4-5　接地开关的作用是什么？举例说明其与隔离开关配合操作的操作顺序。

4-6　绘出单母线分段与单母线分段带旁路母线（分段断路器兼作旁路断路器）及双母线的主接线图，并比较其特点及适用范围。

4-7　绘出内、外桥接线的主接线图，并比较其特点及适用范围。

4-8　说明单元接线的特点及适用范围。

4-9　在主接线设计中可采用哪些限制短路电流的措施？采用这些措施时有什么次序？

4-10　某新建热电厂有 2×50MW＋2×200MW 四台发电机。50MW 发电机 U_N＝10.5kV，$\cos\varphi$＝0.8；200MW 发电机 U_N＝15.75kV，$\cos\varphi$＝0.85；有 10kV 电缆馈线 24 回，10kV 最大综合负荷 60MW，最小负荷 40MW，$\cos\varphi$＝0.8；高压侧 220kV 有 4 回线路与系统连接，不允许停电检修断路器；厂用电率 8%。试选择主变压器并初步设计该电厂的主接线（写出简要的设计说明，绘出主接线图）。

4-11　一座 220kV 重要变电站共有 220、110、10kV 三个电压等级，安装两台 120MVA 三绕组变压器，其 220kV 侧有 4 回出线，110kV 侧有 6 回出线，10kV 侧有 12 回出线。试初步设计其主接线（写出简要的设计说明，绘出主接线图）。

4-12　某新建 110kV 地区变电站，110kV 侧初期有 2 回线接至附近发电厂，终期增加 2 回线接至一终端变电站；10kV 侧电缆馈线 12 回，最大综合负荷 20MW，经补偿后的功率因数为 0.92，重要负荷占 65%。试选择主变压器并初步设计其初、终期的主接线（写出简要的设计说明，绘出主接线图）。

4-13　按电力系统运行规程要求，对题 4-11、题 4-12 中的电气主接线所需的设备如隔离开关、接地开关、电压互感器、电流互感器进行设备配置并绘出主接线图。

4-14　配电装置应设置有五防功能的闭锁装置，五防指的是什么？

4-15　常规配电装置有哪几种类型？各有什么特点？适用于哪些场合？

4-16　说明配电装置断面图图 4-21、图 4-22 中电流通过所流经设备的路径。

4-17　什么是成套配电装置？其特点有哪些？

4-18　预装式变电站按结构可分为哪几种？分别有什么特点？

4-19　GIS 全封闭组合电器的主要特点是什么？一般用于什么场合？

4-20　某降压变电站有两回 10kV 电源进线，总有功负荷合计 2000kW，其中一、二级负荷合计为 1200kW，负荷的功率因数为 0.92。试选择该变电站变压器台数和容量。

第五章 电力系统短路分析

本章介绍了电力系统短路的基本概念；重点讲述了电力系统短路的相关计算方法，包括无限容量系统三相短路电流计算、有限容量系统三相短路电流实用计算、不对称短路故障的分析计算以及低压电网短路电流计算等。

第一节 电力系统短路概述

所谓“短路”，是指电力系统中相与相之间或相与地（或中性点）之间的非正常连接情况。在正常运行时，除中性点外，相与相或相与地之间是相互绝缘的。

一、短路的原因及其后果

1. 发生短路的原因

（1）电气设备及载流导体因绝缘老化、机械损伤、雷击过电压造成的绝缘损坏。

（2）运行人员违反安全规程误操作，如带负荷拉隔离开关，设备检修后遗忘拆除临时接地线而误合隔离开关等均会造成短路。

（3）电气设备因设计、安装及维护不良所导致的设备缺陷引发的短路。

（4）鸟兽跨接在裸露的载流部分以及风、雪、雹等自然灾害也会造成短路。

短路对电力系统正常运行和电气设备有很大的危害。在发生短路时，由于供电回路的阻抗减小以及突然短路时的暂态过程，使短路点及其附近设备流过的短路电流值大大增加，可能超过该回路额定电流许多倍。短路点距发电机的电气距离越近（即阻抗越小），短路电流越大。

2. 短路电流造成的后果

（1）短路电流的热效应会使设备发热急剧增加，可能导致设备过热而损坏甚至烧毁。

（2）短路电流将在电气设备的导体间产生很大的电动力，可引起设备机械变形、扭曲甚至损坏。

（3）由于短路电流基本上是电感性电流，它将产生较强的去磁性电枢反应，从而使发电机的端电压下降，同时短路电流流过线路使其电压损失增加。因而短路时会造成系统电压大幅度下降，短路点附近电压下降得最多，严重影响电气设备的正常工作。

（4）严重的短路可导致并列运行的发电厂失去同步而解列，破坏系统的稳定性，造成大面积的停电。这是短路所导致的最严重的后果。

（5）不对称短路将产生负序电流和负序电压而危及机组的安全运行，如汽轮发电机长期允许的负序电压一般不超过额定电压的8%～10%，异步电动机长期允许的负序电压一般不超过额定电压的2%～5%。

（6）不对称短路产生的不平衡磁场，会对附近的通信系统及弱电设备产生电磁干扰，影响其正常工作，甚至危及设备和人身安全。

二、短路的类型

在三相系统中，可能发生的短路有三相短路、两相短路、两相接地短路及单相接地短路。三相短路时，由于被短路的三相阻抗相等，因而三相电流和电压仍是对称的，因此又称为对称短路。其余几种类型的短路，因系统的三相对称结构遭到破坏，网络中的三相电压、电流不再对称，故称为不对称短路。

表 5-1 列出了各种短路的示意图和代表符号。

各种类型短路事故所占的比例，则与电压等级、中性点接地方式等有关。具体而言，在中性点接地的高压和超高压电力系统中，以单相接地（短路）所占的比例最高，约占全部短路故障的 90%，其余是各种相间短路故障。

表 5-1　　各种短路的示意图和代表符号

短路类型	示意图	表示符号	短路类型	示意图	表示符号
三相短路		$k^{(3)}$	两相接地短路		$k^{(1,1)}$
两相短路		$k^{(2)}$	单相接地短路		$k^{(1)}$

表 5-2 为我国某 220kV 中性点直接接地电力系统自 1961～1977 年间短路故障的统计数据。另据统计，在电压较低的输配电网络中，单相短路约占 65%，两相接地短路约占 20%，两相短路约占 10%，三相短路仅占 5%左右。

表 5-2　　某 220kV 中性点直接接地电力系统短路故障数据

短路类型	三相短路	两相短路	两相接地短路	单相接地短路	其　他
故障率	2.0%	1.6%	6.1%	87.0%	3.3%
备注					包括断线等

三、短路计算的目的和简化假设

为了减少短路故障对电力系统的危害，一方面必须采用限制短路电流的措施，合理设计电网，如在线路上装设电抗器；另一方面是迅速将发生短路的部分与系统其他部分隔离开来，使无故障部分恢复正常运行。这都离不开对短路故障的分析和短路电流的计算。

（1）为选择和校验各种电气设备的动稳定性和热稳定性提供依据。为此，计算短路冲击电流以校验设备的动稳定性，计算短路电流的周期分量以校验设备的热稳定性。

（2）为设计和选择发电厂和变电站的电气主接线提供必要的数据。比如，为了比较各种接线方案或确定某一接线是否需要采取限制短路电流的措施，设计屋外高压配电装置时校验软导线的相间和相对地的安全距离等，均需进行必要的短路电流计算。

（3）为合理配置电力系统中各种继电保护和自动装置并正确整定其参数提供可靠的依

据。选择电气设备和进行保护整定，需要知道系统的最大短路电流；系统发生故障后，保护装置是否会动作，需要知道最小短路电流。因此，应考虑系统最大运行方式和最小运行方式下的短路计算结果。

最大运行方式是指投入运行的电源容量最大，系统的等值阻抗最小，发生故障时，短路电流为最大的运行方式。最小运行方式是指系统投入运行的电源容量最小，系统的等值阻抗最大，发生故障时，短路电流为最小的运行方式。如图 5 - 1 所示，假设电源短路容量一定（实际存在最大短路容量和最小短路容量），当 k 点短路时，若变压器阻抗不同，就有 9 种运行方式：①WL1、WL2 并联运行，T1、T2 并联运行，这时短路阻抗最小，短路电流最大；②WL1 单独运行，T1、T2 并联运行；③WL2单独运行，T1、T2 并联运行；④WL1、WL2 并联运行，T1 单独运行；⑤WL1、WL2 并联运行，T2 单独运行；⑥WL1 单独运行，T1 单独运行；⑦WL1单独运行，T2 单独运行；⑧WL2 单独运行，T1 单独运行；⑨WL2 单独运行，T2 单独运行。最小运行方式在⑥、⑦、⑧、⑨中产生。

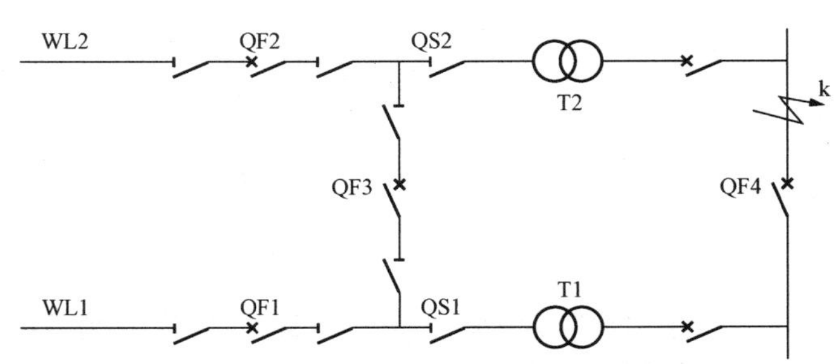

图 5 - 1　系统运行方式示意图

在实际短路计算中，为了简化计算，通常采用一些简化假设，其中主要包括：

（1）负荷用恒定电抗表示或者忽略不计。

（2）认为系统中各元件参数恒定，在高压网络中不计元件电阻和导纳，即各元件均用纯电抗表示，并认为系统中各发电机的电势同相位，从而避免了复数运算。

（3）系统除了不对称故障出现局部不对称外，其余部分是三相对称的。

实际上，采用上述简化假设所带来的计算误差，一般都在工程计算的允许范围之内。

第二节　标　幺　值

在电力系统计算中，可以把电流、电压、功率、阻抗和导纳等物理量分别用相应的单位 A、V、VA、Ω 和 S 等有名值来表示，也可以采用不含单位的这些物理量的相对值来表示。由于电力系统中电力设备的容量规格多，电压等级多，用有名单位制计算工作量很大，尤其是对于多电压等级的归算。因此，在电力系统计算中，尤其在电力系统的短路计算中，各物理量广泛采用没有单位的相对值来表示，该相对值称为标幺值。

在短路电流计算中，各电气量的数值，可以用有名值表示，也可以用标幺值表示。通常在 1kV 以下的低压系统中宜采用有名值，而高压系统中宜采用标幺值。

一、标幺制

所谓标幺制，就是把各个物理量用标幺值来表示的一种运算方法。其中标幺值可定义为物理量的实际值（有名值）与所选定的基准值之间的比值，即

$$\text{标幺值} = \frac{\text{实际值(任意单位)}}{\text{基准值(与实际值同单位)}} \tag{5-1}$$

由于相比的两个值具有相同的单位，因而标幺值没有单位。

在进行标幺值计算时，首先需选定基准值。例如，某电气设备的实际工作电压是35kV，若选定35kV为电压的基准值，则依式（5-1），此电气设备电压的标幺值为1。基准值可以任意选定，基准值选得不同，其标幺值也各异。因此，当说一个量的标幺值时，必须同时说明它的基准值才有意义。

对于阻抗、电压、电流和功率等物理量，如选定 Z_d、U_d、I_d、S_d 为各物理量的基准值，则其标幺值分别为

$$\left.\begin{aligned} Z^* &= \frac{Z}{Z_d} = R^* + jX^* \\ U^* &= \frac{U}{U_d} \\ I^* &= \frac{I}{I_d} \\ S^* &= \frac{S}{S_d} = P^* + jQ^* \end{aligned}\right\} \tag{5-2}$$

式中：上标注“*”者为标幺值；下标注“d”者为基准值；无上、下标者为有名值。

二、基准值的选取

在采用标幺值计算法时，必须首先选定基准值。原则上说，基准值可以随便选择，但通常都选该设备的额定值作为基准值，或者整个系统选择一个便于计算的共同基准值。因为各物理量之间有内在联系（如功率方程式、欧姆定律等），所以并非所有的基准值都可以任意选取。实际上，当某些量的基准值选定以后，其他各量的基准值就已经确定了。例如，在三相制的电力系统计算中，阻抗、电压、电流和功率的基准值 Z_d、U_d、I_d、S_d 之间应当满足下列关系

$$\left.\begin{aligned} S_d &= \sqrt{3}U_d I_d \\ U_d &= \sqrt{3}Z_d I_d \end{aligned}\right\} \tag{5-3}$$

因此，只要事先选定其中两个量的基准值，其余两个基准值也就确定了。在实际计算中，一般先选定视在功率和电压的基准值，于是电流和阻抗的基准值则为

$$\left.\begin{aligned} I_d &= \frac{S_d}{\sqrt{3}U_d} \\ Z_d &= \frac{U_d}{\sqrt{3}I_d} = \frac{U_d^2}{S_d} \end{aligned}\right\} \tag{5-4}$$

它们的标幺值满足

$$\left.\begin{aligned} S^* &= U^* I^* \\ U^* &= Z^* I^* \end{aligned}\right\} \tag{5-5}$$

式（5-5）表明，在标幺制中，三相电路计算公式与单相电路计算公式完全相同。因此，有名单位制中单相电路的基本公式，可直接应用于三相电路中标幺值的运算。此外，线电压和相电压的标幺值相等，三相功率和单相功率的标幺值相等，这是因为各量取用相应的基准值的缘故。标幺制的这一特点，使得计算中无需顾及线电压和相电压、三相和单相标幺值的区别，而只需注意还原成有名值时各自采用相应的基准值即可，这给运算带来了方便。

应用标幺值计算，最后还需将所得结果换算成有名值。根据式（5-2），各个量的有名值等于它的标幺值乘以相应的基准值。

三、不同基准标幺值之间的换算

电力系统中各电气设备如发电机、变压器、电抗器等所给出的标幺值都是额定标幺值，即都是以其自身的额定值为基准的标幺值。但在进行电力系统计算时，系统中往往包含有许多功率、电压等规格不同的发电机、变压器等电气设备，因此，在进行系统计算时应当选择一个共同的基准值，把所有设备以自身的额定值为基准的阻抗标幺值都按照这个新选择的共同基准值去进行归算，只有经过这样的归算后，才能进行统一的计算。下面介绍换算方法。

先将各自以额定值作为基准的标幺值还原为有名值。由式（5-2）、式（5-4）得

$$X = X_N^* X_N = X_N^* \frac{U_N^2}{S_N} \tag{5-6}$$

在选定了功率和电压的基准值 S_d 和 U_d 后，则以此为基准的电抗标幺值为

$$X_d^* = \frac{X}{X_d} = X\frac{S_d}{U_d^2} = X_N^* \frac{U_N^2}{S_N}\frac{S_d}{U_d^2} \tag{5-7}$$

发电机铭牌上一般给出额定电压 U_N，额定功率 S_N 以及以 U_N、S_N 为基准值的电抗标幺值 X_N^*，因此可用式（5-7）将此电抗归算到统一基准值的标幺值。

变压器通常给出 U_N、S_N 及短路电压 U_k 的百分数 $U_k\%$，则以 U_N、S_N 为基准的变压器电抗标幺值即为

$$X_{NT}^* = \frac{U_k\%}{100}$$

这样，在统一基准值下变压器电抗的标幺值为

$$X_T^* = X_{NT}^* \frac{U_N^2 S_d}{S_N U_d^2} = \frac{U_k\%}{100}\frac{U_N^2 S_d}{S_N U_d^2} \tag{5-8}$$

在电力系统中常采用电抗器以限制短路电流。电抗器通常给出其额定电压 U_{NL}、额定电流 I_{NL} 及电抗百分数 $X_L\%$，电抗百分数与其标幺值之间的关系为

$$X_{NL}^* = \frac{X_L\%}{100}$$

电抗器在统一基准下的电抗标幺值可写成

$$X_L^* = X_{NL}^* \frac{S_d}{S_{NL}}\frac{U_{NL}^2}{U_d^2} = \frac{X_L\%}{100}\frac{U_{NL}}{\sqrt{3}I_{NL}}\frac{S_d}{U_d^2} \tag{5-9}$$

式（5-9）中，$S_{NL}=\sqrt{3}U_{NL}I_{NL}$ 为电抗器的额定容量。

输电线路的电抗，通常给出线路长度和每公里欧姆值，可用下式换算成统一基准值下的标幺值

$$X_{WL}^* = \frac{X_{WL}}{X_d} = X_{WL}\frac{S_d}{U_d^2} \tag{5-10}$$

在实际工程应用中，为了便于计算，常取基准容量 $S_d=100$MVA（或 1000MVA），基准电压可用各级线路的平均额定电压 $U_d=U_{av}$。线路平均额定电压 U_{av} 指线路始端最大额定电压与末端最小额定电压的平均值，一般取线路额定电压的 1.05 倍，即 $U_{av}=1.05U_N$，见表 5-3。需要强调的是，式（5-10）中的 U_d 一定是线路安装处的平均电压。

表 5-3 线路的额定电压与平均额定电压

额定电压U_N（kV）	0.22	0.38	3	6	10	35	60	110	220	330
平均额定电压U_{av}（kV）	0.23	0.4	3.15	6.3	10.5	37	63	115	230	345

四、不同电压等级电网中元件参数标幺值的计算

前面所得出的是电力系统中各元件电抗标幺值的计算公式。图 5-2 表示由两台变压器联系的具有三个不同电压等级的输电线路。在工程计算中，对短路电流的计算一般精确度要求不高，所以可以采用近似计算法，即变压器 T1 的变比近似取它所联系两侧电压级的平均额定电压之比，即以近似变比 10.5/115 代替实际的变比 10.5/121。以图 5-2 为例，若基准电压取平均额定电压，即 $U_{d1}=U_{av1}=10.5\text{kV}$，$U_{d2}=115\text{kV}$，$U_{d3}=6.3\text{kV}$。这样，式 (5-7)和式 (5-8) 中的 U_d 和 U_N 就可约掉。也就是说，发电机和变压器的电抗标幺值与电压无关，线路的电抗标幺值只和线路所在处的平均额定电压有关，这对于多电压等级的复杂网络，不管何处短路，系统各元件的标幺电抗都不改变，给短路电流计算带来方便。

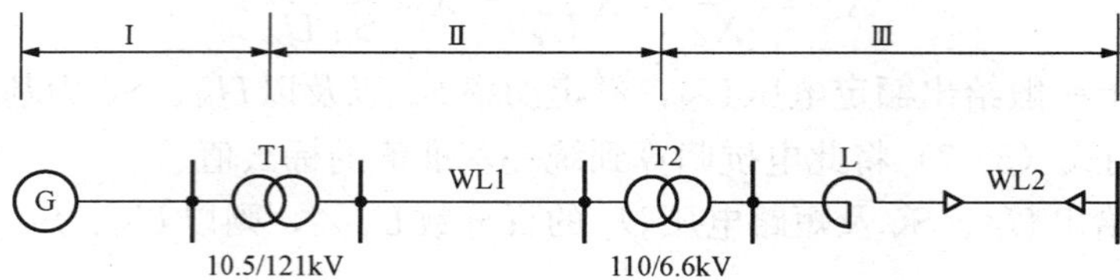

图 5-2 具有三段不同电压级的电力网络

在某些情况下，高额定电压的电抗器可以装在低额定电压的系统上，例如 10kV 的电抗器可能用于 6kV 的网络上，这时，如果用网络的平均额定电压来计算其电抗标幺值，将会带来很大的误差。因此，在计算电抗器电抗的标幺值时，当电抗器的额定电压与所装系统的额定电压不同级时，仍采用电抗器本身的额定电压值；同级时，也可以消掉。

为便于计算，现将准确计算法和近似计算法的电抗标幺值计算公式归纳于表 5-4 中。

表 5-4 电力系统各元件电抗标幺值计算公式

	准确计算法（变压器用实际变比）	近似计算法（变压器用近似变比）
发电机	$X_G^*=X_{NG}^*\dfrac{U_N^2S_d}{S_NU_d^2}$	$X_G^*=X_{NG}^*\dfrac{S_d}{S_N}$
变压器	$X_T^*=\dfrac{U_k\%}{100}\dfrac{U_N^2S_d}{S_NU_d^2}$	$X_T^*=\dfrac{U_k\%}{100}\dfrac{S_d}{S_N}$
电抗器	$X_L^*=\dfrac{X_L\%}{100}\dfrac{U_{NL}}{\sqrt{3}I_{NL}}\dfrac{S_d}{U_d^2}$	$X_L^*=\dfrac{X_L\%}{100}\dfrac{U_{NL}}{\sqrt{3}I_{NL}}\dfrac{S_d}{U_{av}^2}$
输电线路	$X_{WL}^*=X_{WL}\dfrac{S_d}{U_d^2}$	$X_{WL}^*=X_{WL}\dfrac{S_d}{U_{av}^2}$

注 公式中 U_d 或 U_{av} 均为各元件所在段的值。

【例 5-1】 对图 5-3（a）所示的输电系统，试用近似计算法计算等值网络中各元件的标幺值。

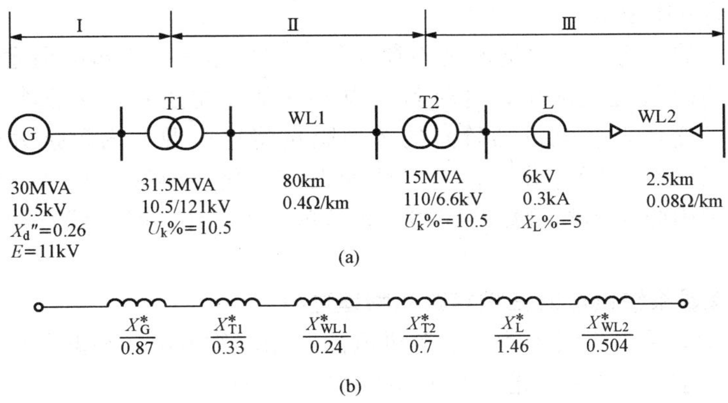

图 5 - 3　具有三段不同电压的输电系统

(a) 输电网络；(b) 等效电路

解　取基准功率 S_d=100MVA，各段的基准电压为各段的平均额定电压，即

$$U_{d1}=U_{av1}=10.5\text{kV},U_{d2}=U_{av2}=115\text{kV},U_{d3}=U_{av3}=6.3\text{kV}$$

各元件电抗的标幺值分别为：

发电机

$$X_G^*=X_{NG}^*\frac{S_d}{S_N}=0.26\times\frac{100}{30}=0.87$$

变压器 T1

$$X_{T1}^*=\frac{U_k\%}{100}\frac{S_d}{S_N}=\frac{10.5}{100}\times\frac{100}{31.5}=0.33$$

输电线路

$$X_{WL1}^*=X_{WL1}\frac{S_d}{U_{d2}^2}=0.4\times80\times\frac{100}{115^2}=0.24$$

变压器 T2

$$X_{T2}^*=\frac{U_k\%}{100}\frac{S_d}{S_N}=\frac{10.5}{100}\times\frac{100}{15}=0.7$$

电抗器

$$X_L^*=\frac{X_L\%}{100}\frac{U_{NL}}{\sqrt{3}I_{NL}}\frac{S_d}{U_{d3}^2}=\frac{5}{100}\times\frac{6}{\sqrt{3}\times0.3}\times\frac{100}{6.3^2}=1.46$$

电缆线

$$X_{WL2}^*=X_{WL2}\frac{S_d}{U_{d3}^2}=0.08\times2.5\times\frac{100}{6.3^2}=0.504$$

各元件电抗标幺值等效电路如图 5 - 3（b）所示。

第三节　无限容量系统三相短路电流计算

无限大功率电源是一种理想电源，它的特点是：①电源功率为无穷大，外电路发生任何变化时，系统频率不发生变化，即系统频率恒定；②电源的内阻抗为零，电源内部不存在电压降，即电源的端电压恒定。

实际上，真正的无穷大功率电源是不存在的，它只是一个相对的概念。当电源的容量足够大时，其等值内阻抗就很小，这时若在电源外部发生短路，则整个短路回路中各元件（如输电线路、变压器、电抗器等）的等值阻抗将比电源的内阻抗大得多，因而电源的端电压变化甚微，在实际计算中，可以认为没有变化，即认为它是一个恒压源。在工程计算中，当电源内阻抗不超过短路回路总阻抗的5%～10%时，就可认为该电源是无限大功率电源。

一、由无限容量系统供电时三相短路的物理过程

如图5-4所示，一由无限大功率电源供电的三相对称电路，短路前电路处于稳态。由于电路三相对称，可写出其中一相如U相电压和电流的算式

$$\left.\begin{aligned} u_U &= U_m\sin(\omega t+\alpha) \\ i_U &= I_m\sin(\omega t+\alpha-\varphi) \end{aligned}\right\} \tag{5-11}$$

式中：U_m 为电压幅值；$I_m=\dfrac{U_m}{\sqrt{(R+R')^2+(X+X')^2}}$ 为电流幅值；$\varphi=\arctan\dfrac{X+X'}{R+R'}$ 为阻抗角；$(R+R')+j(X+X')$ 为短路前阻抗；$R+jX$ 为短路后阻抗；α 为电压初相角，又称为合闸角。

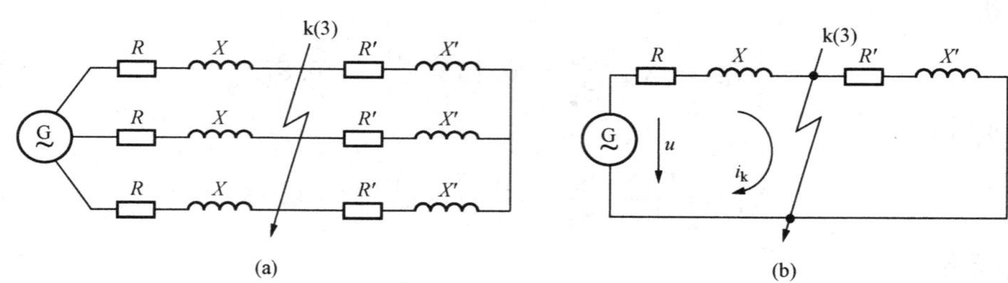

图5-4　无限容量系统中的三相短路

(a) 三相电路；(b) 单相电路

当k点发生三相短路时，此电路被分成两个独立的回路。右边的电路则变成没有电源的电路，电流将从短路瞬间的数值不断地衰减到磁场中所有储存的能量全部变为电阻所消耗热能为止，电流衰减为零。左边电路仍与电源相连，每相阻抗由原先的 $(R+R')+j(X+X')$ 减小到 $R+jX$，由于阻抗减小，其电流必将增大。

设短路发生在 $t=0$ 时刻，由于左侧电路仍为三相对称电路，可只取其中一相进行分析，如图5-4（b）所示。短路后电路中某一相的电流应满足

$$Ri_k+L\frac{di_k}{dt}=U_m\sin(\omega t+\alpha) \tag{5-12}$$

式中：i_k 为短路电流的瞬时值。

这是一阶常系数线性非齐次微分方程，其解即为短路时的全电流，它由两部分组成，第一部分是方程（5-12）的特解，代表短路电流的强制分量；第二部分是方程（5-12）所对应的齐次方程 $Ri_k+L\dfrac{di_k}{dt}=0$ 的通解，代表短路电流的自由分量。

解微分方程（5-12）得

$$i_k = \frac{U_m}{Z}\sin(\omega t + \alpha - \varphi_k) + Ce^{-\frac{t}{T_a}}$$

$$= I_{pm}\sin(\omega t + \alpha - \varphi_k) + Ce^{-\frac{t}{T_a}} = i_p + i_{np} \quad (5-13)$$

式中：i_p 为短路电流的强制分量，是由于电源电动势的作用产生的，与电源电动势具有相同的变化规律，其幅值在暂态过程中保持不变，由于此分量是周期变化的，故又称为周期分量；$I_{pm} = \frac{U_m}{\sqrt{R^2 + X^2}}$ 为短路电流周期分量的幅值；Z 为短路回路每相阻抗 $R+jX$ 的模；φ_k 为每相阻抗 $R+jX$ 的阻抗角，$\varphi_k = \arctan\frac{\omega L}{R}$；$i_{np}$ 为短路电流的自由分量，与外加电源无关，将随时间而衰减至零，它是一个依指数规律而衰减的电流，通常称为非周期分量；C 为积分常数，由初始条件决定，即非周期分量的初值 i_{np0}；T_a 为短路回路的时间常数，它反映自由分量衰减的快慢，$T_a = \frac{L}{R}$。

由于电路中存在电感，而电感中的电流不能突变，则短路前一瞬间的电流应与短路后一瞬间的电流相等。由式（5-11）和式（5-13）可得

$$I_m\sin(\alpha - \varphi) = I_{pm}\sin(\alpha - \varphi_k) + C$$

则

$$C = I_m\sin(\alpha - \varphi) - I_{pm}\sin(\alpha - \varphi_k) = i_{np0}$$

将 C 代入式（5-13），可得

$$i_k = I_{pm}\sin(\omega t + \alpha - \varphi_k) + [I_m\sin(\alpha - \varphi) - I_{pm}\sin(\alpha - \varphi_k)]e^{-\frac{t}{T_a}} \quad (5-14)$$

由于三相电路对称，设式（5-14）为 U 相电流的表达式，只要用 $\alpha-120°$ 和 $\alpha+120°$ 代替式（5-14）中的 α，就可得到 V 相和 W 相电流的表达式，故有

$$\left.\begin{aligned} i_U &= I_{pm}\sin(\omega t + \alpha - \varphi_k) + [I_m\sin(\alpha - \varphi) - I_{pm}\sin(\alpha - \varphi_k)]e^{-\frac{t}{T_a}} \\ i_V &= I_{pm}\sin(\omega t + \alpha - 120° - \varphi_k) + [I_m\sin(\alpha - 120° - \varphi) \\ &\quad - I_{pm}\sin(\alpha - 120° - \varphi_k)]e^{-\frac{t}{T_a}} \\ i_W &= I_{pm}\sin(\omega t + \alpha + 120° - \varphi_k) + [I_m\sin(\alpha + 120° - \varphi) \\ &\quad - I_{pm}\sin(\alpha + 120° - \varphi_k)]e^{-\frac{t}{T_a}} \end{aligned}\right\} \quad (5-15)$$

由式（5-15）可见，短路至稳态时，三相中的稳态短路电流为三个幅值相等、相角相差120°的交流电流，其幅值大小取决于电源电压幅值和短路回路的总阻抗。从短路发生到短路稳态之间的暂态过程中，每相电流还包含有逐渐衰减的直流电流，它们出现的物理原因是电感中的电流在突然短路时不能突变。很明显，三相的直流电流是不相等的。

在短路回路中，通常电抗远大于电阻，即 $\omega L \gg R$，可认为 $\varphi_k \approx 90°$，故

$$i_k = -I_{pm}\cos(\omega t + \alpha) + [I_m\sin(\alpha - \varphi) + I_{pm}\cos\alpha]e^{-\frac{t}{T_a}} \quad (5-16)$$

由式（5-16）可知，当非周期分量电流的初始值最大时，短路全电流的瞬时值为最大，短路情况最严重。短路前后的电流变化越大，非周期分量的初值就越大，所以电路在空载状态下发生三相短路时的非周期分量初始值要比短路前有负载电流时大。因此在短路电流的实用计算中可取 $I_m = 0$，而且短路瞬间电源电压过零值，即初始相角 $\alpha = 0$，因此

$$i_k = -I_{pm}\cos\omega t + I_{pm}e^{-\frac{t}{T_a}} \quad (5-17)$$

对应的短路电流的变化曲线如图 5 - 5 所示。

应当指出，三相短路虽然称为对称短路，但实际上只有短路电流的周期分量是对称的，各相短路电流的非周期分量并不相等。

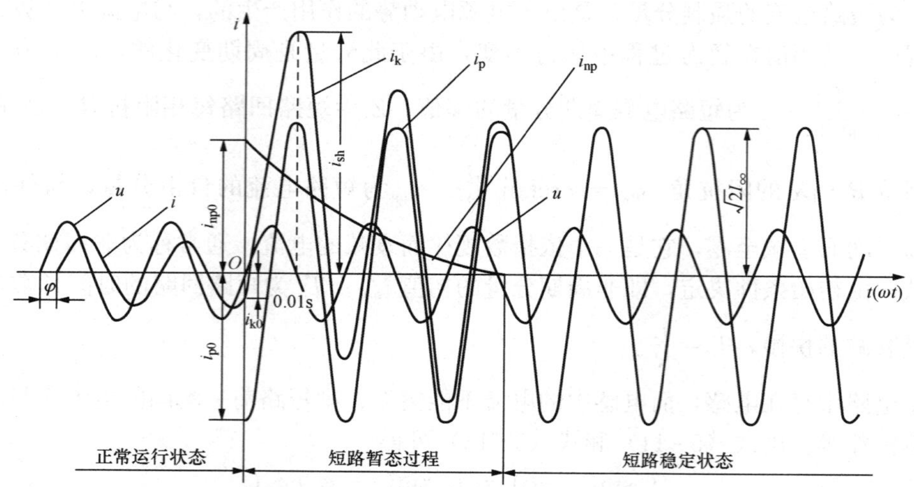

图 5 - 5 无限大容量系统三相短路时短路电流的变化曲线

二、表示暂态短路电流特性的几个参数

观察短路电流曲线可知，在短路发生后，短路电流要经过一段时间后才能达到稳定值，在这一段时间内短路电流的幅值和有效值都是在不断变化的。在选择电气设备时，通常更关心短路电流的最大幅值和最大有效值。

1. 三相短路冲击电流

在最严重短路情况下，三相短路电流的最大瞬时值称为冲击电流，用 i_{sh} 表示。由图5 - 5 知，i_{sh} 发生在短路后约半个周期，当 $f=50\text{Hz}$ 时，此时间约为 0.01s，由式（5 - 17）可得

$$i_{sh}=I_{pm}+I_{pm}e^{-\frac{0.01}{T_a}}=I_{pm}(1+e^{-\frac{0.01}{T_a}})=\sqrt{2}K_{sh}I_p \tag{5 - 18}$$

式中：K_{sh} 为短路电流冲击系数，表示冲击电流对周期分量幅值的倍数，$K_{sh}=1+e^{-\frac{0.01}{T_a}}$。

当电阻 $R=0$ 时，$T_a=\dfrac{L}{R}=\dfrac{X}{\omega R}=\infty$，则 $e^{-\frac{0.01}{T_a}}=e^0=1$，$K_{sh}=2$。当电抗 $X=0$ 时，$T_a=\dfrac{L}{R}=\dfrac{X}{\omega R}=0$，则 $e^{-\frac{0.01}{T_a}}=e^{-\infty}=0$，$K_{sh}=1$。因此，$1\leqslant K_{sh}\leqslant 2$。

在实际应用中，冲击系数可作如下考虑：

（1）在发电机电压母线短路时，取 $K_{sh}=1.9$，则 $i_{sh}=2.69I_p$；

（2）在发电厂高压侧母线或发电机出线电抗器后短路时，$K_{sh}=1.85$，则 $i_{sh}=2.62I_p$；

（3）在其他地点短路时，取 $K_{sh}=1.8$，则 $i_{sh}=2.55I_p$。

冲击电流主要用于校验电气设备和载流导体在短路时的动稳定性。

2. 三相短路冲击电流有效值

由于短路电流含有非周期分量，所以在短路过程中短路电流不是正弦波形。短路任一时刻 t 的短路电流的有效值是指以时刻 t 为中心的一个周期内短路全电流瞬时值的方均根值，即

$$I_{kt}=\sqrt{\frac{1}{T}\int_{t-\frac{T}{2}}^{t+\frac{T}{2}}i_k^2\mathrm{d}t}=\sqrt{\frac{1}{T}\int_{t-\frac{T}{2}}^{t+\frac{T}{2}}(i_p+i_{np})^2\mathrm{d}t} \tag{5-19}$$

式中：I_{kt}为短路全电流的有效值；T 为短路全电流的周期。

为了简化 I_{kt}的计算，可假定在计算所取的一个周期内周期分量电流的幅值为常数，而非周期分量电流的数值在该周期内恒定不变且等于该周期中点的瞬时值。

在上述假定条件下，周期 T 内周期分量的有效值按通常正弦曲线计算，即 $I_{pt}=\frac{I_{pmt}}{\sqrt{2}}$；而周期 T 内非周期分量的有效值，等于它在该周期中点的瞬时值，即 $I_{npt}=i_{np}$。根据上述假定条件，并将上面 I_{pt}和 I_{npt}代入式（5-19），经过积分和代数运算后，可简化得

$$I_{kt}=\sqrt{I_{pt}^2+I_{npt}^2}=\sqrt{I_p^2+i_{np}^2} \tag{5-20}$$

由式（5-20）算出的近似值，在实用上已足够准确。短路全电流的最大有效值 I_{sh}出现在短路后的第一个周期内，又称为冲击电流的有效值。因冲击电流发生在短路后 $t=0.01$s 时，即当 $t=0.01$s 时，I_{kt}就是短路冲击电流有效值 I_{sh}，则

$$\begin{aligned}I_{sh}&=\sqrt{I_p{}^2+i_{np(t=0.01)}{}^2}=\sqrt{I_p{}^2+(\sqrt{2}I_p\mathrm{e}^{-\frac{0.01}{T_a}})^2}\\&=\sqrt{I_p{}^2+[\sqrt{2}(K_{sh}-1)I_p]^2}=I_p\sqrt{1+2(K_{sh}-1)^2}\end{aligned} \tag{5-21}$$

当冲击系数 $K_{sh}=1.9$ 时，$I_{sh}=1.62I_p$；当 $K_{sh}=1.8$ 时，$I_{sh}=1.51I_p$；当 $K_{sh}=1.3$ 时 $I_{sh}=1.09I_p$。

短路电流最大有效值用来校验电气设备的断流能力。

3. 短路容量（短路功率）

当电力系统发生短路故障时，需迅速切断故障部分，使其余部分能继续运行，这一任务要由继电保护装置和断路器来完成。为了校验断路器的断流能力，需要用到"短路容量"（短路功率）的概念。

短路容量等于短路电流有效值乘以短路处的正常工作电压（一般用平均额定电压），即

$$S_k=\sqrt{3}U_{av}I_k \tag{5-22}$$

如用标幺值表示，则为

$$S_k^*=\frac{S_k}{S_d}=\frac{\sqrt{3}U_{av}I_k}{\sqrt{3}U_dI_d}=\frac{I_k}{I_d}=I_k^* \tag{5-23}$$

式（5-23）表明，由于基准电压等于平均额定电压，短路功率的标幺值与短路电流的标幺值相等。利用这一关系，可以由短路电流直接求取短路功率的有名值，给计算带来了很大的方便。当已知短路电流的标幺值时，短路容量的有名值为

$$S_k=S_dS_k^*=S_dI_k^* \tag{5-24}$$

短路容量定义为平均额定电压与短路电流的乘积。其含义为：一方面开关要能切断这样大的短路电流；另一方面，在开关断流时，其触头应能经受住平均额定电压的作用。因此，短路容量只是一个定义的计算量，而不是测量量。短路容量用来校验开关设备的切断能力。

4. 三相短路稳态电流

三相短路稳态电流是指短路电流非周期分量衰减完后的短路全电流，其有效值用 I_∞ 表示。在无限大容量系统中，短路后任何时刻的短路电流周期分量有效值（习惯上用 I_k 表示）

始终不变，所以有

$$I'' = I_{0.2} = I_{\infty} = I_p = I_k \tag{5-25}$$

式中：I''为次暂态短路电流或超瞬变短路电流，它是短路瞬间（$t=0$s）时三相短路电流周期分量的有效值；$I_{0.2}$为短路后0.2s时三相短路电流周期分量的有效值。

三、无限大容量系统短路电流

无限大容量系统的主要特征是：系统的内阻抗$X=0$，端电压$U=C$（常数），它所提供的短路电流周期分量的幅值恒定且不随时间而变化。虽然非周期分量依指数规律衰减，但一般情况下只需计及其对冲击电流的影响。因此，在电力系统短路电流计算中，主要任务是计算短路电流的周期分量。而在无限大容量系统的条件下，周期分量的计算变得非常简单。

如取平均额定电压进行计算，则系统的端电压$U=U_{av}$，若选取$U_d=U_{av}$，短路电流的标幺值为

$$I_k^* = \frac{I_k}{I_d} = \frac{\dfrac{U_{av}}{\sqrt{3}X_{\Sigma}}}{\dfrac{U_d}{\sqrt{3}X_d}} = \frac{\dfrac{U_{av}}{U_d}}{\dfrac{X_{\Sigma}}{X_d}} = \frac{1}{X_{\Sigma}^*} \tag{5-26}$$

式中：X_{Σ}^*为无限大容量系统对短路点的组合电抗（即总电抗）的标幺值，如图5-6所示。

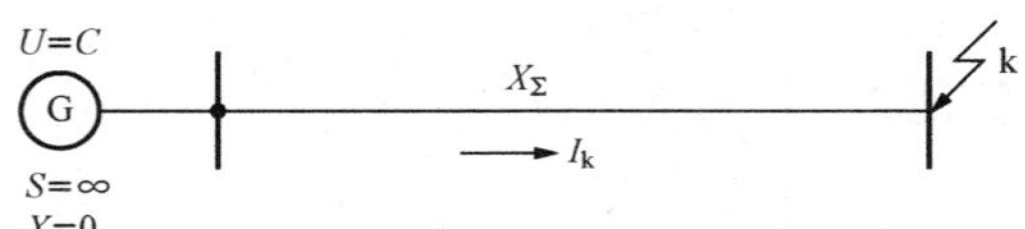

图5-6 无限大容量系统短路电流计算示意图

短路电流的有名值为

$$I_k = I_d I_k^* = \frac{S_d}{\sqrt{3}U_d}\frac{1}{X_{\Sigma}^*} \tag{5-27}$$

短路容量的有名值为

$$S_k = S_d S_k^* = \frac{S_d}{X_{\Sigma}^*} \tag{5-28}$$

若已知由电源至某电压级的短路容量S_k或断路器的额定开断容量S_{Nbr}，利用式（5-28）可求出由电源至某电压级系统电抗的标幺值为

$$X_s^* = \frac{S_d}{S_k} = \frac{S_d}{S_{Nbr}} \tag{5-29}$$

【例5-2】 简单电网有无限大容量电源供电，如图5-7所示。当k点发生三相短路时，试计算短路电流、冲击电流及短路容量（取$K_{sh}=1.8$）。

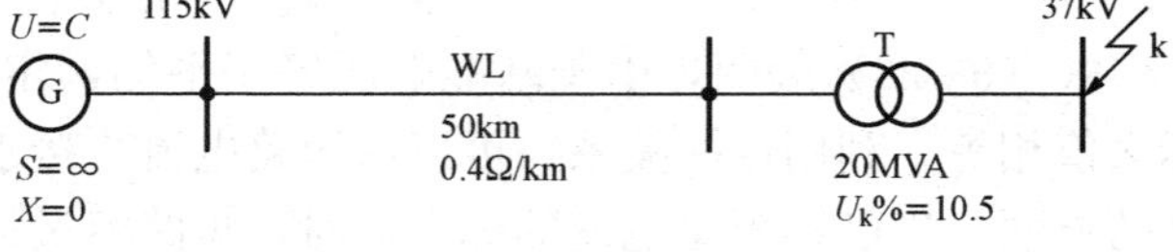

图5-7 ［例5-2］系统图

解 取$S_d=100$MVA，$U_d=U_{av}$。

计算各元件电抗标幺值：

线路

$$X_{WL}^* = X_{WL}\frac{S_d}{U_{av}^2} = 0.4\times 50\times\frac{100}{115^2} = 0.151$$

变压器

$$X_T^* = \frac{U_k\%}{100}\frac{S_d}{S_N} = \frac{10.5}{100}\times\frac{100}{20} = 0.525$$

电源至短路点的总电抗

$$X_{\Sigma}^* = X_{WL}^* + X_T^* = 0.151 + 0.525 = 0.676$$

无限大容量电源

$$E^* = U^* = \frac{U}{U_d} = \frac{115}{115} = 1$$

短路电流周期分量有名值为

$$I_k = \frac{S_d}{\sqrt{3}U_d}\frac{1}{X_\Sigma^*} = \frac{100}{\sqrt{3}\times 37}\times\frac{1}{0.676} = 2.31(\text{kA})$$

冲击电流为

$$i_{sh} = \sqrt{2}K_{sh}I_p = \sqrt{2}\times 1.8\times 2.31 = 5.88(\text{kA})$$

短路容量为

$$S_k = \frac{S_d}{X_\Sigma^*} = \frac{100}{0.676} = 148(\text{MVA})$$

【例 5-3】 图 5-8（a）为某供电网络的电力系统图，试计算最大运行方式下 k1 点和 k2 点短路时的三相短路电流 I_k、短路容量 S_k、短路冲击电流 i_{sh}及冲击电流有效值 I_{sh}；最小运行方式下 k1 点和 k2 点短路时的三相短路电流 I_{kmin}。图中标明了计算所需要的技术数据。

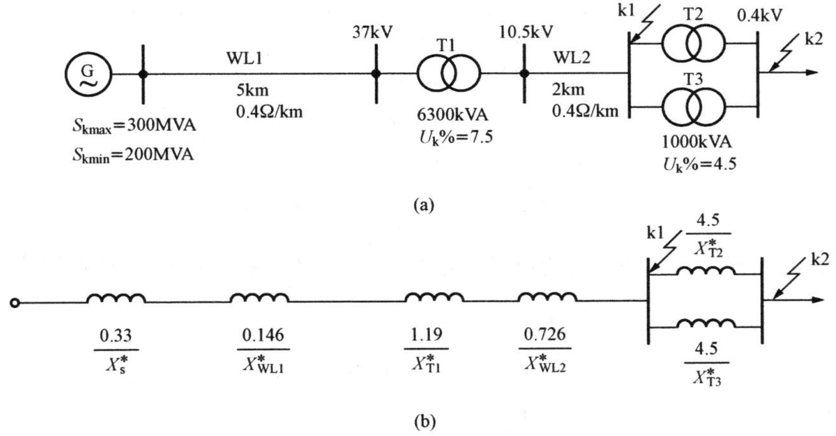

图 5-8　某供电网络的电力系统接线图

（a）系统接线图；（b）等效电路

解　（1）做等效电路如图 5-8（b）所示。

（2）选取基准容量 $S_d=100\text{MVA}$，基准电压 $U_{d1}=10.5\text{kV}$，$U_{d2}=0.4\text{kV}$，则基准电流为

$$I_{d1} = \frac{S_d}{\sqrt{3}U_{d1}} = \frac{100}{\sqrt{3}\times 10.5} = 5.5(\text{kA})$$

$$I_{d2} = \frac{S_d}{\sqrt{3}U_{d2}} = \frac{100}{\sqrt{3}\times 0.4} = 144.3(\text{kA})$$

（3）计算各元件电抗标幺值。

最大运行方式下，系统等效电抗

$$X_{smin}^* = \frac{S_d}{S_k} = \frac{100}{300} = 0.33$$

最小运行方式下，系统等效电抗

$$X_{smax}^{*}=\frac{S_d}{S_k}=\frac{100}{200}=0.5$$

输电线路 WL1

$$X_{WL1}^{*}=X_{WL1}\frac{S_d}{U_{d1}^2}=0.4\times5\times\frac{100}{37^2}=0.146$$

变压器 T1

$$X_{T1}^{*}=\frac{U_k\%}{100}\frac{S_d}{S_N}=\frac{7.5}{100}\times\frac{100}{6.3}=1.19$$

输电线路 WL2

$$X_{WL2}^{*}=X_{WL2}\frac{S_d}{U_{d2}^2}=0.4\times2\times\frac{100}{10.5^2}=0.726$$

变压器 T2、T3

$$X_{T2}^{*}=X_{T3}^{*}=\frac{U_k\%}{100}\frac{S_d}{S_N}=\frac{4.5}{100}\times\frac{100}{1}=4.5$$

(4) 求最大运行方式下 k1 点的总等效电抗标幺值及三相短路电流和短路容量。

$$X_{\Sigma1}^{*}=X_{smin}^{*}+X_{WL1}^{*}+X_{T1}^{*}+X_{WL2}^{*}=0.33+0.146+1.19+0.726=2.392$$

$$I_{k1}=\frac{I_{d1}}{X_{\Sigma1}^{*}}=\frac{5.5}{2.392}=2.3(\text{kA})$$

$$i_{sh}=2.55I_{k1}=2.55\times2.3=5.86(\text{kA})$$

$$I_{sh}=1.51I_{k1}=1.51\times2.3=3.473(\text{kA})$$

$$S_{k1}=\frac{S_d}{X_{\Sigma1}^{*}}=\frac{100}{2.392}=41.8(\text{MVA})$$

(5) 求最大运行方式下 k2 点的总等效电抗标幺值及三相短路电流和短路容量。

$$\begin{aligned}X_{\Sigma2}^{*}&=X_{smin}^{*}+X_{WL1}^{*}+X_{T1}^{*}+X_{WL2}^{*}+\frac{X_{T2}^{*}}{2}\\&=0.33+0.146+1.19+0.726+2.25=4.642\end{aligned}$$

$$I_{k2}=\frac{I_{d2}}{X_{\Sigma2}^{*}}=\frac{144.3}{4.642}=31.1(\text{kA})$$

$$i_{sh}=1.84I_{k2}=1.84\times31.1=57.2(\text{kA})$$

$$I_{sh}=1.09I_{k2}=1.09\times31.1=33.9(\text{kA})$$

$$S_{k2}=\frac{S_d}{X_{\Sigma2}^{*}}=\frac{100}{4.642}=21.52(\text{MVA})$$

(6) 求最小运行方式下 k1 点的总等效电抗标幺值及三相短路电流。

$$X_{\Sigma1max}^{*}=X_{smax}^{*}+X_{WL1}^{*}+X_{T1}^{*}+X_{WL2}^{*}=0.5+0.146+1.19+0.726=2.562$$

$$I_{k1min}=\frac{I_{d1}}{X_{\Sigma1max}^{*}}=\frac{5.5}{2.562}=2.15(\text{kA})$$

(7) 求最小运行方式下 k2 点的总等效电抗标幺值及三相短路电流。

$$\begin{aligned}X_{\Sigma2max}^{*}&=X_{smax}^{*}+X_{WL1}^{*}+X_{T1}^{*}+X_{WL2}^{*}+X_{T2}^{*}\\&=0.5+0.146+1.19+0.726+4.5\\&=7.06\end{aligned}$$

$$I_{k2min}=\frac{I_{d2}}{X_{\Sigma2max}^{*}}=\frac{144.3}{7.06}=20.43(\text{kA})$$

第四节　有限容量系统三相短路电流的实用计算

在由无限大功率系统供电的三相短路过程的分析中，由于假设系统为“无限大”容量，电源的端电压在短路过程中维持恒定，所以短路电流的周期分量的幅值保持不变，使计算过程比较简单。然而，在离发电机出口不远处发生短路时，系统容量总是有限的。尤其在机端时，发电机的端电压将大幅度下降，甚至降低到零值。这时就不能再认为发电机电压恒定而按恒定电动势源处理了。在这种情况下进行短路计算必须考虑电源电动势的变化，即短路电流周期分量的幅值也将随时间而变化。

一、有限容量系统供电时三相短路的物理过程

当电源容量比较小，或者短路点靠近电源时，这种情况称为有限容量系统供电的短路。在这种情况下，电源电压不可能维持恒定，因此，短路电流周期分量的幅值也将随时间而变化，短路的暂态过程将更为复杂。

短路电流周期分量的变化规律与发电机是否装有自动调节励磁装置有关，如果发电机没有装设自动调节励磁装置，在短路过程中，由于发电机电枢反应的去磁作用增大，使定子电动势减小，因而使短路电流周期分量幅值和有效值逐渐减小，其变化曲线如图 5-9 所示。

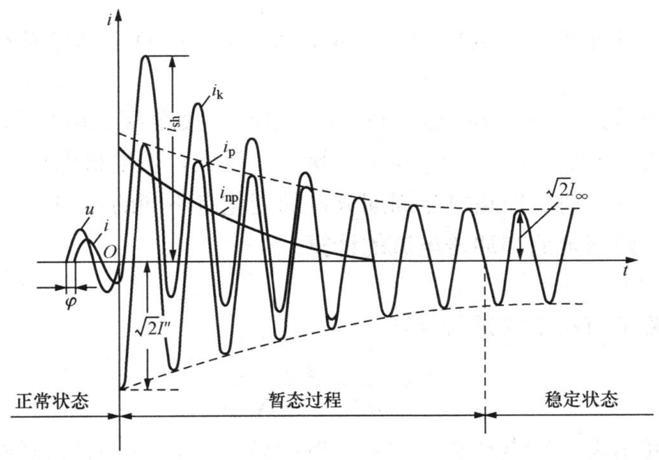

图 5-9　发电机没有自动调节励磁装置时的三相短路暂态过程

现在的同步发电机一般装有自动调节励磁装置，其作用是在发电机电压变动时，能自动调节励磁电流，维持发电机端电压在规定的范围内。但是由于自动调节励磁装置本身的反应时间以及发电机励磁绕组的电感作用，使它不能立即增大励磁电流，而是经过一段很短的时间才能起作用。因此，不论发电机有无自动调节励磁装置，在短路瞬间以及短路后几个周期内，短路电流变化情况是一样的。在有自动调节励磁装置的发电机电路发生短路时，短路电流周期分量最初仍是减小，随着自动调节励磁装置的作用逐渐增大，短路电流也开始增大，最后过渡到稳态，其变化曲线如图 5-10 所示。

短路电流周期分量的变化不仅与发电机有无自动调节励磁装置有关，还和短路点与发电机之间的电气距离有关。电气距离越大，发电机端电压下降得越小，周期分量幅值的变化也

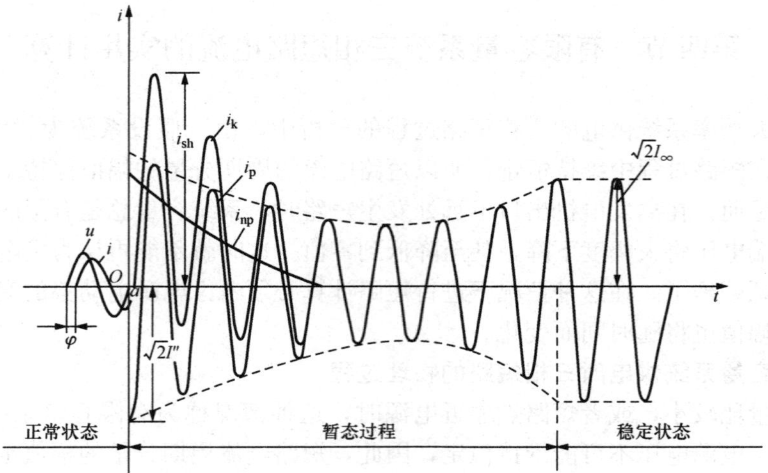

图 5-10 发电机装设自动调节励磁装置时短路电流的变化曲线

越小；反之则越大。电气距离的大小可用短路电路的计算电抗 X_c^* 来表示，其数值可按下式计算

$$X_c^* = X_\Sigma^* \frac{S_{N\Sigma}}{S_d} \tag{5-30}$$

式中：$S_{N\Sigma}$ 为短路电路所连接发电机的总容量；X_Σ^* 为短路回路总电抗标幺值；S_d 为基准容量。

由式（5-30）可见，计算电抗 X_c^* 与短路电路所连接全部发电机总容量 $S_{N\Sigma}$ 以及短路电路总电抗标幺值 X_Σ^* 有关。$S_{N\Sigma}$ 和 X_Σ^* 越大，则 X_c^* 越大，发电机电压下降得越小，反之则越大。显然，不同的 X_c^* 值对短路电流周期分量的变化有不同的影响。

二、起始次暂态短路电流和冲击电流的计算

1. 次暂态短路电流

次暂态短路电流 I'' 可按下式进行计算

$$I'' = \frac{E''_d}{\sqrt{3}(X''_d + X_{ex})} \tag{5-31}$$

式中：E''_d 为发电机超瞬态直轴电动势（次暂态电动势）；X''_d 为发电机超瞬态直轴电抗（次暂态电抗）；X_{ex} 为发电机出口至短路点的外部电抗。

E''_d 可用下式近似计算

$$E''_d \approx U_N + \sqrt{3} I_N X''_d \sin\varphi_N \approx KU_N \tag{5-32}$$

式中：U_N 为发电机额定电压；I_N 为发电机额定电流；φ_N 为发电机额定相位角；K 为比例系数。

汽轮发电机的 X''_d 较小（$X''_d \approx 0.125\Omega$），因此 $K \approx 1$；水轮发电机的 X''_d 较大，K 值可由表 5-5 查得。

I'' 的近似计算公式如下

$$I'' = \frac{KU_N}{\sqrt{3}(X''_d + X_{ex})} \approx \frac{KU_{av}}{\sqrt{3}(X''_d + X_{ex})} \tag{5-33}$$

式中：U_{av} 为发电机的平均额定电压。

表 5-5　水轮发电机比例系数 K 值表

发电机型式	$X''_{d*}+X_{ex*}$ 为下列数值时（以自身额定参数为基准值）								
	0.2	0.27	0.3	0.4	0.5	0.75	1.0	1.5	≥2
无阻尼绕组	—	1.16	1.14	1.1	1.07	1.05	1.03	1.02	1
有阻尼绕组	1.11	1.07	1.07	1.05	1.03	1.02	1.0	1.0	1.0

2. 短路冲击电流

短路冲击电流 i_{sh} 包含 $t=0.01s$ 时的周期分量 i_p 和非周期分量 i_{np} 两部分，即

$$i_{sh}=i_{p(t=0.01)}+i_{np(t=0.01)}=\sqrt{2}K_{sh}I'' \tag{5-34}$$

对一般高压电网，$K_{sh}=1.8$，则 $i_{sh}=2.55I''$；在发电机端部短路时，$K_{sh}=1.9$，则 $i_{sh}=2.69I''$。

三、任意时刻三相短路电流的计算——计算曲线法

在短路过程中，短路电流的非周期分量通常衰减得很快，短路计算主要是计算短路电流的周期分量。电力系统继电保护的整定和断路器开断能力的确定往往需要提供短路发生后某一段时刻的周期分量电流。为方便工程计算，采用概率统计方法绘制出一种短路电流周期分量标幺值 I_{pt}^* 随时间和短路计算电抗 X_c^* 而变化的曲线，称为计算曲线，即 $I_{pt}^*=f(t,X_c^*)$。应用计算曲线来确定任意时刻短路电流周期分量有效值的方法，称为计算曲线法，即根据不同的计算电抗 X_c^*，可在不同时间 t 的曲线上，查出相应的 I_{pt}^*。

计算曲线按汽轮发电机和水轮发电机两种类别分别制作，并计及了负荷的影响，故在使用时可舍去系统中所有的负荷支路。为了便于查找，将这些曲线制作成数字表格，见附录Ⅱ。计算曲线的应用，就是在计算出以发电机额定容量为基准的计算电抗后，按计算电抗和所要求的短路发生后某瞬间 t，从计算曲线或相应的数字表格中查得该时刻短路电流周期分量的标幺值。计算曲线只需做到 $X_c^*=3.45$ 为止，当 $X_c^*>3.45$ 时，表明发电机离短路点电气距离很远，可近似认为短路电流周期分量已不随时间而变化，即系统可以作为无穷大功率电源考虑。

在实际电力系统中，发电机数目很多。如果每台发电机都单独计算，工作量非常大。因此，工程计算中常用合并电源的方法来简化网络。把短路电流变化规律大致相同的发电机尽可能多地合并起来，同时对于条件比较特殊的某些发电机给予个别考虑。这样，根据不同的具体条件，可将网络中的电源分成几个组，每组都用一个等效发电机来代替。合并的主要原则是：

(1) 距短路点电气距离（即相联系的电抗值）大致相等的同类型发电机可以合并。

(2) 远离短路点的不同类型发电机可以合并。

(3) 直接与短路点相连的发电机应单独考虑。

(4) 无限大功率电源因提供的短路电流周期分量不衰减而不必查计算曲线，应单独计算。

应用计算曲线法的具体步骤如下：

(1) 做等值网络。选取网络基准容量和基准电压，计算网络各元件在统一基准下的标幺值。

(2) 进行网络变换。按电源归并原则，将网络合并成若干台等值发电机，无限大功率电源单独考虑，通过网络变换求出各等值发电机对短路点的转移电抗 X_{ik}^*（转移电抗是指连接电源与短路点之间的分支等效电抗）。

（3）求计算电抗。将各转移电抗按各等值发电机的额定容量归算为计算电抗，即

$$X_{ci}^{*} = X_{ik}^{*}\frac{S_{Ni}}{S_d} \tag{5-35}$$

式中：S_{Ni}为第 i 台等效发电机中各发电机的额定容量之和。

（4）求 t 时刻短路电流周期分量的标幺值。根据各计算电抗和指定时刻 t，从相应的计算曲线或对应的数字表格中查出各等值发电机提供的短路电流周期分量的标幺值。对于无限大功率系统，取其母线电压 $U^{*}=1$，则得短路电流周期分量的算式为

$$I_{p\infty k}^{*} = \frac{1}{X_{\infty k}^{*}} \tag{5-36}$$

（5）计算短路电流周期分量的有名值。将（4）中求出的各电流标幺值乘以各自的基准值换算成有名值，再把各有名值相加，即为所求时刻的短路电流周期分量有名值。

【例 5-4】 图 5-11（a）所示电力系统在 k 点发生三相短路，试求 $t=0$ 和 $t=0.5$s 时的短路电流。已知各元件的型号和参数为：发电机 G1、G2 为汽轮发电机，每台容量为 31.25MVA，$X''_d=0.13$，发电机 G3、G4 为水轮发电机，每台容量为 62.5MVA，$X''_d=0.135$；变压器 T1、T2 每台容量为 31.5MVA，$U_k\%=10.5$，变压器 T3、T4 每台容量为 63MVA，$U_k\%=10.5$；母线电抗器 L 为 10kV，1.5kA，$X_L\%=8$；线路 WL1、WL2 的长度分别为 50km 和 80km，单位长度电抗为 0.4Ω/km；无限大功率系统内阻抗 $X=0$。

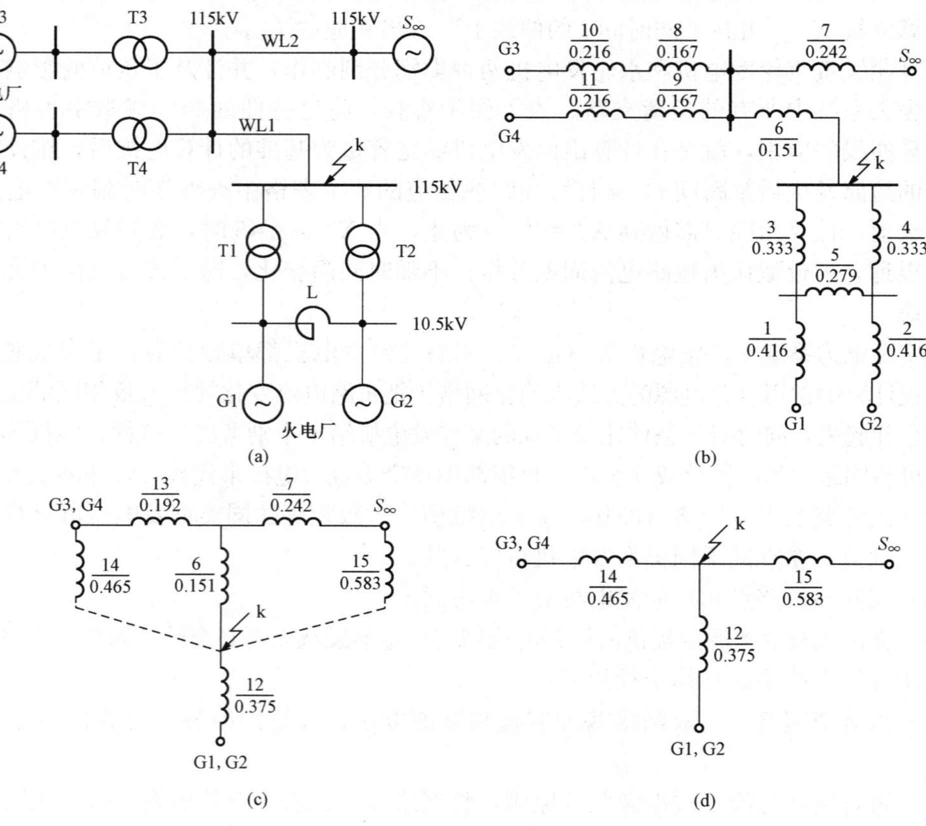

图 5-11 ［例 5-4］的系统图及等效电路

（a）系统接线图；（b）等效电路；（c）化简后网络Ⅰ；（d）化简后网络Ⅱ

解　(1) 做等效网络。取基准容量 $S_d=100\text{MVA}$，$U_d=U_{av}$，各元件电抗的标幺值为

发电机 G1、G2

$$X_1^*=X_2^*=0.13\times\frac{100}{31.25}=0.416$$

变压器 T1、T2

$$X_3^*=X_4^*=\frac{10.5}{100}\times\frac{100}{31.5}=0.333$$

电抗器 L

$$X_5^*=\frac{8}{100}\times\frac{10}{\sqrt{3}\times1.5}\times\frac{100}{10.5^2}=0.279$$

输电线路 WL1

$$X_6^*=0.4\times50\times\frac{100}{115^2}=0.151$$

输电线路 WL2

$$X_7^*=0.4\times80\times\frac{100}{115^2}=0.242$$

变压器 T3、T4

$$X_8^*=X_9^*=\frac{10.5}{100}\times\frac{100}{63}=0.167$$

发电机 G3、G4

$$X_{10}^*=X_{11}^*=0.135\times\frac{100}{62.5}=0.216$$

各元件的电抗标幺值已标于图 5-11 (b) 中。

(2) 化简网络，求各电源到短路点的转移电抗。

从图 5-11 (a) 可见，由火电厂所组成的等效电路对 k 点具有对称关系。因此，发电机组 G1 和 G2 机端等电位，可将其短接，并除去电抗器支路。G1 和 G2 可合并组成等值发电机组。G3 和 G4 距短路点较远，且具有相同的电气距离，可将其合并为另一组等值发电机组。无限大功率系统不能与其他电源合并，只能单独处理，合并后的等值网络如图 5-11 (c) 所示。

在图 5-11 (c) 中，有

$$X_{12}^*=\frac{1}{2}(X_1^*+X_3^*)=\frac{1}{2}\times(0.416+0.333)=0.375$$

$$X_{13}^*=\frac{1}{2}(X_8^*+X_{10}^*)=\frac{1}{2}\times(0.167+0.216)=0.192$$

对图 5-11 (c) 作 Y—△变换，并除去电源间的转移电抗支路，可得到图 5-11 (d)。

在图 5-11 (d) 中，有

$$X_{14}^*=0.151+0.192+\frac{0.151\times0.192}{0.242}=0.465$$

$$X_{15}^*=0.151+0.242+\frac{0.151\times0.242}{0.192}=0.583$$

因此，各等值发电机对短路点的转移电抗分别为

G1、G2 支路

$$X_{1k}^{*}=X_{12}^{*}=0.375$$

G3、G4 支路

$$X_{2k}^{*}=X_{14}^{*}=0.465$$

无限大功率系统

$$X_{3k}^{*}=X_{15}^{*}=0.583$$

(3) 求每个电源的计算电抗。

$$X_{c1}^{*}=0.375\times\frac{2\times31.25}{100}=0.234$$

$$X_{c2}^{*}=0.465\times\frac{2\times62.5}{100}=0.581$$

(4) 查计算曲线数字表，求短路电流周期分量标幺值。

火电厂的 G1、G2，$X_{c1}^{*}=0.234$，应查汽轮发电机的计算曲线表可得

当 $X_{c}^{*}=0.22$ 时，$I_{0}^{*}=4.938$，$I_{0.5}^{*}=2.951$

当 $X_{c}^{*}=0.24$ 时，$I_{0}^{*}=4.526$，$I_{0.5}^{*}=2.816$

因此，当 $X_{c1}^{*}=0.234$ 时，利用差值法，$t=0$ 和 $t=0.5$s 时的短路电流周期分量标幺值分别为

$$I_{0}^{*}=4.526+\frac{4.938-4.526}{0.24-0.22}\times(0.24-0.234)=4.65$$

$$I_{0.5}^{*}=2.816+\frac{2.951-2.816}{0.24-0.22}\times(0.24-0.234)=2.86$$

同理，对于水电厂的 G3、G4，$X_{c2}^{*}=0.581$，应查水轮发电机的计算曲线表，可得到 $t=0$ 和 $t=0.5$s 时的短路电流周期分量标幺值分别为

$$I_{0}^{*}=1.802+\frac{1.938-1.802}{0.6-0.56}\times(0.6-0.581)=1.87$$

$$I_{0.5}^{*}=1.744+\frac{1.845-1.744}{0.6-0.56}\times(0.6-0.581)=1.79$$

无限大功率系统所提供的短路电流即为其转移电抗的倒数，即

$$I_{0}^{*}=I_{0.5}^{*}=\frac{1}{X_{3k}^{*}}=\frac{1}{0.583}=1.72$$

(5) 计算短路电流有名值。

归算到短路点的各等效电源的额定电流或基准电流为

G1、G2 支路 $$I_{N}=\frac{2\times31.25}{\sqrt{3}\times115}=0.314(\text{kA})$$

G3、G4 支路 $$I_{N}=\frac{2\times62.5}{\sqrt{3}\times115}=0.628(\text{kA})$$

无限大功率系统 $$I_{d}=\frac{100}{\sqrt{3}\times115}=0.502(\text{kA})$$

因此，$t=0$ 和 $t=0.5$s 时的短路电流周期分量有名值分别为

$$I_{0}=4.65\times0.314+1.87\times0.628+1.72\times0.502=3.497(\text{kA})$$

$$I_{0.5}=2.86\times0.314+1.79\times0.628+1.72\times0.502=2.885(\text{kA})$$

将计算结果归纳列入表 5 - 6。

表 5-6　［例 5-4］短路电流计算结果

短路计算时间（s）	电流值	提供短路电流的机组			短路点总电流（kA）
		G1，G2	G3，G4	S_∞	
0	标幺值	4.65	1.87	1.72	3.497
	有名值（kA）	1.460	1.174	0.863	
0.5	标幺值	2.86	1.79	1.72	2.885
	有名值（kA）	0.898	1.124	0.863	

第五节　不对称短路故障的分析计算

电力系统中的短路故障大多数是不对称的，对称分量法是分析电力系统不对称故障的常用方法。根据对称分量法，网络发生的不对称故障，可以看成是发电机的正序电动势与故障处的各序等值电动势共同作用于网络的结果，此时网络中的电压、电流不仅含有正序对称分量，而且含有负序或零序对称分量。

一、对称分量法

对称分量法的原理是：任何一个不对称三相系统的相量 $\dot{F}_U$、$\dot{F}_V$、$\dot{F}_W$（可以是电动势、电压、电流等）都可分解成三个对称的三相系统分量，即正序（$\dot{F}_{U1}$、$\dot{F}_{V1}$、$\dot{F}_{W1}$）、负序（$\dot{F}_{U2}$、$\dot{F}_{V2}$、$\dot{F}_{W2}$）和零序（$\dot{F}_{U0}$、$\dot{F}_{V0}$、$\dot{F}_{W0}$）三个对称的分量，如图 5-12 所示。其中，图 5-12（a）为正序分量，为三个大小相等，相位彼此相差 120°，相序与正常运行方式一致的一组对称相量；图 5-12（b）为负序分量，为三个大小相等，相位彼此相差 120°，相序与正常运行方式相反的一组对称相量；图 5-12（c）为零序分量，为三个大小相等，相位相同的一组对称相量。在线性网络中，这三个相序是相互独立的，对每一序可按分析三相对称系统的方法来处理。然后三个对称系统的分析计算结果，按照一定的关系组合起来，得出不对称三相相量。

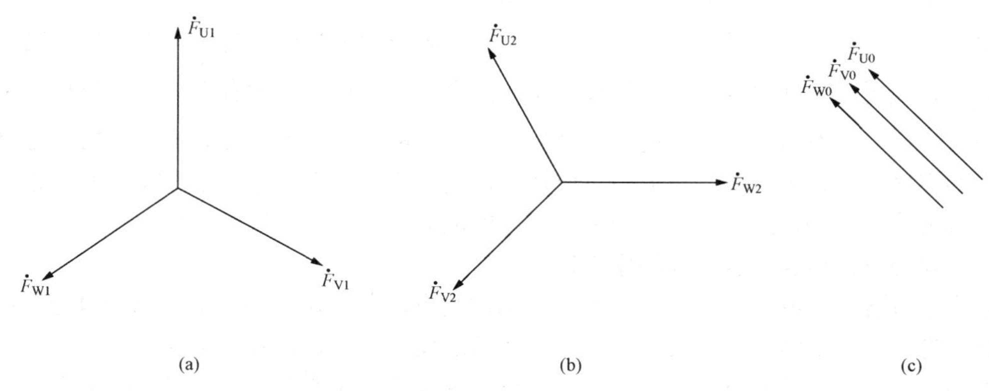

图 5-12　对称分量法
（a）正序；（b）负序；（c）零序

三相相量与其对称分量之间的关系可表示为

$$\left.\begin{aligned}\dot{F}_{U} &= \dot{F}_{U1} + \dot{F}_{U2} + \dot{F}_{U0} \\ \dot{F}_{V} &= \dot{F}_{V1} + \dot{F}_{V2} + \dot{F}_{V0} \\ \dot{F}_{W} &= \dot{F}_{W1} + \dot{F}_{W2} + \dot{F}_{W0}\end{aligned}\right\} \tag{5-37}$$

令 $a = e^{j120^\circ} = -\frac{1}{2} + j\frac{\sqrt{3}}{2}$，$a^2 = e^{j240^\circ} = -\frac{1}{2} - j\frac{\sqrt{3}}{2}$，且有 $a^3=1$ 和 $1+a+a^2=0$，则 V 相和 W 相的各序分量都可用 U 相的序分量来表示，即

正序分量：$\dot{F}_{V1} = a^2\dot{F}_{U1}$，$\dot{F}_{W1} = a\dot{F}_{U1}$

负序分量：$\dot{F}_{V2} = a\dot{F}_{U2}$，$\dot{F}_{W2} = a^2\dot{F}_{U2}$

零序分量：$\dot{F}_{V0} = \dot{F}_{W0} = \dot{F}_{U0}$

因此，式（5-37）可改写为

$$\left.\begin{aligned}\dot{F}_{U} &= \dot{F}_{U1} + \dot{F}_{U2} + \dot{F}_{U0} \\ \dot{F}_{V} &= a^2\dot{F}_{U1} + a\dot{F}_{U2} + \dot{F}_{U0} \\ \dot{F}_{W} &= a\dot{F}_{U1} + a^2\dot{F}_{U2} + \dot{F}_{U0}\end{aligned}\right\} \tag{5-38}$$

以矩阵形式表示，则有

$$\begin{bmatrix}\dot{F}_{U}\\ \dot{F}_{V}\\ \dot{F}_{W}\end{bmatrix} = \begin{bmatrix}1 & 1 & 1\\ a^2 & a & 1\\ a & a^2 & 1\end{bmatrix}\begin{bmatrix}\dot{F}_{U1}\\ \dot{F}_{U2}\\ \dot{F}_{U0}\end{bmatrix} \tag{5-39}$$

其逆关系为

$$\begin{bmatrix}\dot{F}_{U1}\\ \dot{F}_{U2}\\ \dot{F}_{U0}\end{bmatrix} = \frac{1}{3}\begin{bmatrix}1 & a & a^2\\ 1 & a^2 & a\\ 1 & 1 & 1\end{bmatrix}\begin{bmatrix}\dot{F}_{U}\\ \dot{F}_{V}\\ \dot{F}_{W}\end{bmatrix} \tag{5-40}$$

根据式（5-39），可以把三组三相对称相量合成为三个不对称相量；根据式（5-40），可以把三个不对称相量分解成三组三相对称相量。

由式（5-40）可知，若 $\dot{F}_{U} + \dot{F}_{V} + \dot{F}_{W} = 0$，则对称分量中不包含零序分量。在三相系统中，三相线电压之和恒等于零，故线电压中没有零序分量。在没有中线的星形接法中，$\dot{I}_{U} + \dot{I}_{V} + \dot{I}_{W} = 0$，因而不存在电流的零序分量。在三角形接法中，线电流是相电流之差，相电流中的零序分量在闭合的三角形中自成环流，线电流中没有零序分量。零序电流必须以中性线（或地线）作为通路，且中性线中的零序电流为一相零序电流的 3 倍。

二、电力系统中各主要元件的序电抗

电力系统各元件的序阻抗是指施加在该元件端点的某序电压与流过的该序电流的比值。分析各元件的序电抗时，需分析元件各相之间的磁耦合关系，尤其是系统元件的零序电抗与元件的结构、零序电流的路径有关，分析计算较为复杂。在此只给出一般性的结论，详细的理论分析和公式推导可参阅有关文献。

系统中各元件的正序电抗，就是各元件正常对称运行状态下的电抗。对具有静止磁耦合的元件，其正序电抗和负序电抗均相等，如变压器和线路的正序电抗 X_1 等于负序电抗 X_2，

这是由于三相电流的相序改变，并不改变各元件之间的互感。对同步发电机等旋转元件而言，其正序电抗和负序电抗通常不会相等。

1. 同步电机的序电抗

对同步发电机等旋转元件，定子电流中的基波负序分量在空气隙中产生与转子旋转方向相反的旋转磁场，即定、转子之间存在相对运动的磁耦合。对定子负序磁场来说，转子绕组为保持自身磁链不变，总处于次暂态状态，负序旋转磁场产生的磁通随着转子的位置不同，所遇到的磁阻不同，在纵轴方向对应的电抗为 X''_d，在横轴方向对应的电抗为 X''_q，因此，发电机的负序电抗取 X''_d 和 X''_q 的平均值，由下式给出

$$X_2=\frac{1}{2}(X''_d+X''_q) \tag{5-41}$$

作为近似估计值，汽轮发电机和具有阻尼绕组的水轮发电机，$X_2=1.22X''_d$；没有阻尼绕组的水轮发电机，$X_2=1.45X''_d$，在实用计算中，一般取 $X_2\approx X''_d$。

如无电机的确切参数，同步发电机的负序和零序电抗可按表 5-7 取值。

表 5-7　同步发电机的负序和零序电抗

电机类型	X_2	X_0	电机类型	X_2	X_0
汽轮发电机	0.16	0.06	无阻尼绕组的水轮发电机	0.45	0.07
有阻尼绕组的水轮发电机	0.25	0.07	同步调相机和大型同步电动机	0.24	0.08

2. 变压器的序电抗

变压器的负序电抗与其正序电抗相同，零序电抗与变压器的铁芯结构及三相绕组的接线方式等因素有关。

（1）变压器零序电抗与铁芯结构的关系。对于由三个单相变压器组成的变压器组及三相五柱式或壳式变压器，零序主磁通以铁芯为回路，因磁导大，零序励磁电流很小，故零序励磁电抗 X_{0m} 的数值很大，在短路计算中可当作 $X_{0m}=\infty$。对于三相三柱式变压器，零序主磁通不能在铁芯内形成闭合回路，只能通过充油空间及油箱壁形成闭合回路，因磁导小，励磁电流很大，所以零序励磁电抗应视为有限值，通常取 $X_{0m}=0.3\sim1$。

（2）变压器零序电抗与三相绕组接线方式的关系。在星形连接的绕组中，零序电流无法流通，从等效电路的角度来看，相当于变压器绕组开路；在中性点接地的星形连接的绕组中，零序电流可以畅通，所以从等效电路的角度来看，相当于变压器绕组短路；在三角形连接的绕组中，零序电流只能在绕组内部环流，不能流到外电路，因此从外部看进去，相当于变压器绕组开路。可见，变压器三相绕组不同的接线方式对零序电流的流通情况有很大的影响，因此其零序电抗也不相同。

根据以上讨论，可以做出各类变压器的零序等效电路，如图 5-13 所示。

3. 线路的序电抗

线路的负序电抗与正序电抗相等，但零序电抗却与正序电抗相差较大。线路的零序电抗与下列因素有关：

（1）当线路通过零序电流时，三相电流的大小和相位完全相同，各相间的互感磁通是互相加强的。因此，零序电抗大于正序电抗。

（2）零序电流是通过大地形成回路的，因此，线路的零序电抗与土壤的导电性能有关。

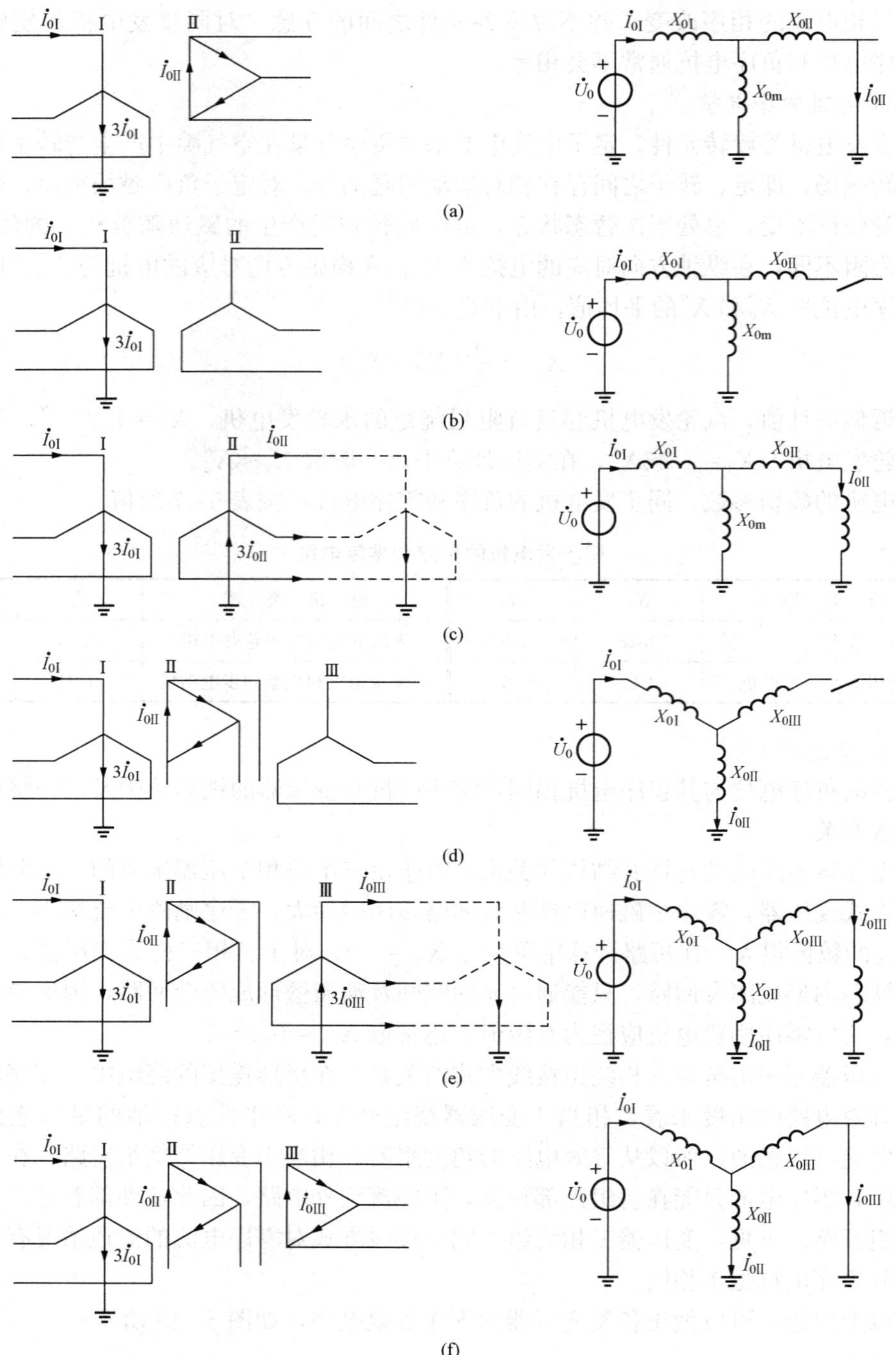

图 5-13 各类变压器的零序等效电路

(a) YNd 接线；(b) YNy 接线；(c) YNyn 接线；(d) YNdy 接线；
(e) YNdyn 接线；(f) YNdd 接线

(3) 当线路装有架空地线时，零序电流的一部分通过架空地线和大地形成回路。由于架空地线中的零序电流与输电线路上的零序电流方向相反，其互感磁通是相互抵消的，将导致零序电抗的减小。

在实用短路计算中，线路的零序电抗的平均值可采用表 5 - 8 所列数据。

表 5 - 8　　线路各序电抗的平均值

序号	线路名称		$x_1=x_2$ (Ω/km)	x_0/x_1	序号	线路名称	$x_1=x_2$ (Ω/km)	x_0 (Ω/km)
1	无避雷线的架空输电线路	单回线	0.4	3.5	7	1kV 三芯电缆	0.06	0.7
2		双回线		5.5	8	1kV 四芯电缆	0.066	0.17
3	有钢质避雷线的架空输电线路	单回线		3	9	6～10kV 三芯电缆	0.08	0.28
4		双回线		5	10	20kV 三芯电缆	0.11	0.38
5	有良导体避雷线的架空输电线路	单回线		2	11	35kV 三芯电缆	0.12	0.42
6		双回线		3				

三、对称分量法在不对称短路计算中的应用

当电力系统的某一点发生不对称短路时，从对称点的三相不对称电压中可以分解出来各序电压的对称分量，它们分别与相应序的电流对称分量成正比。因此，正序、负序、零序对称系统，都能独立地满足欧姆定律。也就是说，不同相序的对称分量之间是没有关系的。所以，不对称短路时的正序、负序、零序系统可以分别做出等效电路，通常称为序网络图，如图 5 - 14 所示。

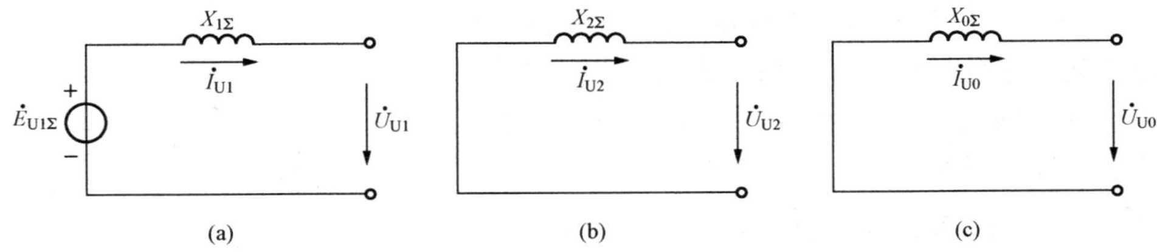

图 5 - 14　序网络图

(a) 正序网络；(b) 负序网络；(c) 零序网络

无论是正常情况还是故障情况，发电机的电动势总被认为是纯正弦的正序对称电动势，不存在负序和零序分量。因此，由图 5 - 14 可以列出各序网络的基本方程

$$\left.\begin{aligned}\dot{U}_{U1}&=\dot{E}_{U1\Sigma}-\mathrm{j}\dot{I}_{U1}X_{1\Sigma}\\ \dot{U}_{U2}&=-\mathrm{j}\dot{I}_{U2}X_{2\Sigma}\\ \dot{U}_{U0}&=-\mathrm{j}\dot{I}_{U0}X_{0\Sigma}\end{aligned}\right\}\qquad(5-42)$$

式中：$\dot{U}_{U1}$、$\dot{U}_{U2}$、$\dot{U}_{U0}$ 分别为短路点电压的正序、负序和零序分量；$\dot{I}_{U1}$、$\dot{I}_{U2}$、$\dot{I}_{U0}$ 分别为短路点电流的正序、负序和零序分量；$X_{1\Sigma}$、$X_{2\Sigma}$、$X_{0\Sigma}$ 分别为正序、负序和零序网络对短路点的等效电抗；$\dot{E}_{U1\Sigma}$ 为正序网络中发电机的等效电动势。

这三个方程式共含有各序电压、电流 6 个未知量。因此，还需根据不对称短路的边界条件列出另外三个方程，才能求解。

四、简单不对称短路的分析计算

1. 单相接地短路

图5-15表示U相单相接地短路的情况。

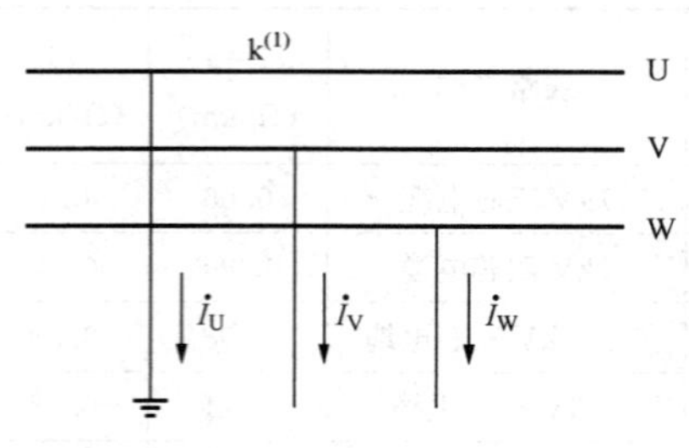

图5-15 U相单相接地短路

短路点的边界条件为

$$\left.\begin{aligned}\dot{U}_U &= 0\\ \dot{I}_V &= \dot{I}_W = 0\end{aligned}\right\}\tag{5-43}$$

将上式转换为对称分量的形式，并整理后可得用序分量表示的边界条件为

$$\left.\begin{aligned}\dot{U}_{U1}+\dot{U}_{U2}+\dot{U}_{U0} &= 0\\ \dot{I}_{U1} = \dot{I}_{U2} &= \dot{I}_{U0}\end{aligned}\right\}\tag{5-44}$$

将基本序网方程式（5-42）和边界条件方程式（5-44）联立求解，可得短路点的正序、负序、零序分量电流为

$$\dot{I}_{U1}=\dot{I}_{U2}=\dot{I}_{U0}=\frac{\dot{E}_{U1\Sigma}}{j(X_{1\Sigma}+X_{2\Sigma}+X_{0\Sigma})}\tag{5-45}$$

式（5-45）还可根据复合序网络求得。所谓复合序网络，是指根据边界条件所确定的短路点各序量之间的关系，由各序网络互相连接起来所构成的网络。由式（5-42）可见，由于各序电流相等，所以正序网络、负序网络、零序网络应互相串联；同时因各个序量电压之和等于零，故三个序网串联后应短接，这就决定了单相接地短路时的复合序网，如图5-16所示。显然，由此网络可直接得到式（5-45）。

短路点的正序分量电流求出后，即可根据边界条件方程式（5-44）和基本序网方程式（5-42）确定短路点电流和电压的各序分量为

$$\left.\begin{aligned}\dot{U}_{U2} &= -j\dot{I}_{U2}X_{2\Sigma}=-j\dot{I}_{U1}X_{2\Sigma}\\ \dot{U}_{U0} &= -j\dot{I}_{U0}X_{0\Sigma}=-j\dot{I}_{U1}X_{0\Sigma}\\ \dot{U}_{U1} &= \dot{E}_{U1\Sigma}-j\dot{I}_{U1}X_{1\Sigma}=-(\dot{U}_{U2}+\dot{U}_{U0})\\ &= j\dot{I}_{U1}(X_{2\Sigma}+X_{0\Sigma})\end{aligned}\right\}\tag{5-46}$$

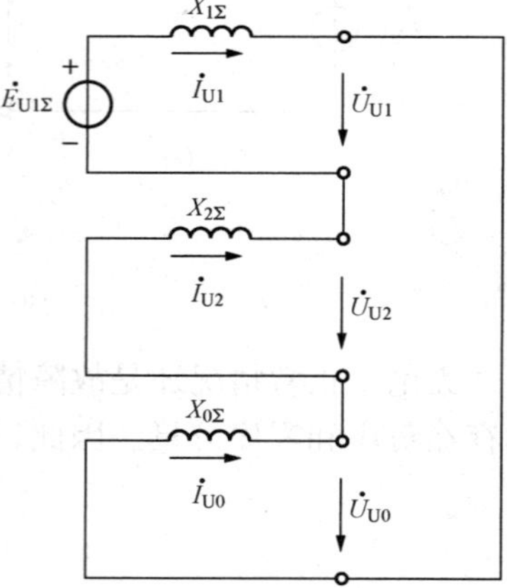

图5-16 单相接地短路的复合序网

短路点的故障相电流为

$$\dot{I}_U=\dot{I}_{U1}+\dot{I}_{U2}+\dot{I}_{U0}=3\dot{I}_{U1}\tag{5-47}$$

单相接地短路电流为

$$I_k^{(1)}=|\dot{I}_U|=3I_{U1}\tag{5-48}$$

短路点的非故障相对地电压为

$$\left.\begin{aligned}\dot{U}_V &= a^2\dot{U}_{U1}+a\dot{U}_{U2}+\dot{U}_{U0}=j\dot{I}_{U1}[(a^2-a)X_{2\Sigma}+(a^2-1)X_{0\Sigma}]\\ \dot{U}_W &= a\dot{U}_{U1}+a^2\dot{U}_{U2}+\dot{U}_{U0}=j\dot{I}_{U1}[(a-a^2)X_{2\Sigma}+(a-1)X_{0\Sigma}]\end{aligned}\right\}\tag{5-49}$$

图5-17为单相接地短路时短路点的电压和电流相量图。它以正序电流 $\dot{I}_{U1}$ 为参考相量，$\dot{I}_{U1}$、$\dot{I}_{U2}$ 与 $\dot{I}_{U0}$ 大小相等，方向相同，$\dot{U}_{U1}$ 超前 $\dot{I}_{U1}90°$，而 $\dot{U}_{U2}$ 和 $\dot{U}_{U0}$ 均滞后 $\dot{I}_{U1}90°$。图5-17所示的电压相量关系对应的是 $X_{0\Sigma}>X_{2\Sigma}$ 的情况，此时 $\dot{U}_V$ 与 $\dot{U}_W$ 的夹角 $\theta_U<120°$。

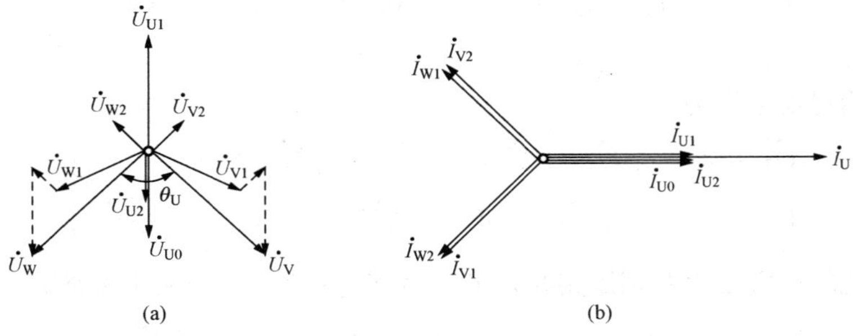

图 5-17　单相接地短路时短路点的电压电流相量图
(a) 电压相量图；(b) 电流相量图

2. 两相短路

图 5-18 表示 V、W 两相短路的情况。

短路点的边界条件

$$\left.\begin{aligned}\dot{I}_U &= 0\\ \dot{I}_V &= -\dot{I}_W\\ \dot{U}_V &= \dot{U}_W\end{aligned}\right\}\tag{5-50}$$

将上式转换为对称分量的形式，并整理后可得用序分量表示的边界条件为

$$\left.\begin{aligned}\dot{I}_{U0} &= 0\\ \dot{I}_{U1} &= -\dot{I}_{U2}\\ \dot{U}_{U1} &= \dot{U}_{U2}\end{aligned}\right\}\tag{5-51}$$

由式（5-51）可见，由于 $\dot{I}_{U0}=0$，所以零序网络开路；又因 $\dot{I}_{U1}=-\dot{I}_{U2}$、$\dot{U}_{U1}=\dot{U}_{U2}$，所以两相短路的复合序网是由正序网络和负序网络并联而成的，如图 5-19所示。

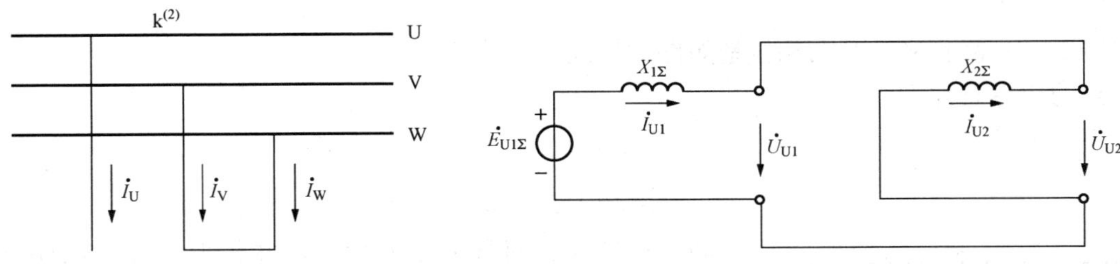

图 5-18　V、W 两相短路

图 5-19　两相短路的复合序网

根据复合序网，可得两相短路时短路点的电流和电压各序分量为

$$\left.\begin{aligned}\dot{I}_{U1} &= -\dot{I}_{U2} = \frac{\dot{E}_{U1\Sigma}}{j(X_{1\Sigma}+X_{2\Sigma})}\\ \dot{U}_{U1} &= \dot{U}_{U2} = -j\dot{I}_{U2}X_{2\Sigma} = j\dot{I}_{U1}X_{2\Sigma}\end{aligned}\right\}\tag{5-52}$$

短路点的故障相电流为

$$\left.\begin{array}{l}\dot{I}_{V}=a^{2}\dot{I}_{U1}+a\dot{I}_{U2}+\dot{I}_{U0}=(a^{2}-a)\dot{I}_{U1}=-\mathrm{j}\sqrt{3}\dot{I}_{U1}\\ \dot{I}_{W}=-\dot{I}_{V}=\mathrm{j}\sqrt{3}\dot{I}_{U1}\end{array}\right\}\tag{5-53}$$

短路点各相对地电压为

$$\left.\begin{array}{l}\dot{U}_{U}=\dot{U}_{U1}+\dot{U}_{U2}+\dot{U}_{U0}=2\dot{U}_{U1}=\mathrm{j}2\dot{I}_{U1}X_{2\Sigma}\\ \dot{U}_{V}=\dot{U}_{W}=a^{2}\dot{U}_{U1}+a\dot{U}_{U2}+\dot{U}_{U0}=-\dot{U}_{U1}=-\frac{1}{2}\dot{U}_{U}\end{array}\right\}\tag{5-54}$$

当在远离发电机的地方发生两相短路时，可认为 $X_{1\Sigma}=X_{2\Sigma}$，则两相短路电流为

$$I_{k}^{(2)}=|\dot{I}_{V}|=|\dot{I}_{W}|=\sqrt{3}I_{U1}=\sqrt{3}\frac{E_{U1\Sigma}}{X_{1\Sigma}+X_{2\Sigma}}=\frac{\sqrt{3}}{2}\frac{E_{U1\Sigma}}{X_{1\Sigma}}=\frac{\sqrt{3}}{2}I_{k}^{(3)}\tag{5-55}$$

式（5-55）表明，当 $X_{1\Sigma}=X_{2\Sigma}$（故障点远离电源）时，两相短路电流为同一地点三相短路电流的$\frac{\sqrt{3}}{2}$倍。

图 5-20 为两相短路时短路点的电压和电流相量图。

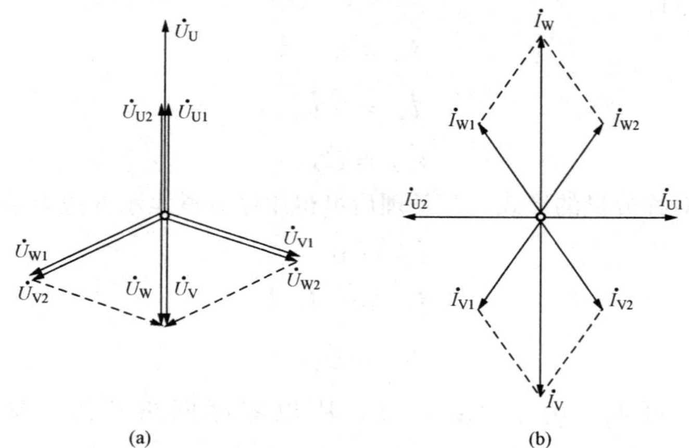

图 5-20　两相短路时短路点的电压电流相量图

（a）电压相量图；（b）电流相量图

3. 两相接地短路

图 5-21 表示 V、W 两相接地短路的情况。

短路点的边界条件为

$$\left.\begin{array}{l}\dot{I}_{U}=0\\ \dot{U}_{V}=\dot{U}_{W}=0\end{array}\right\}\tag{5-56}$$

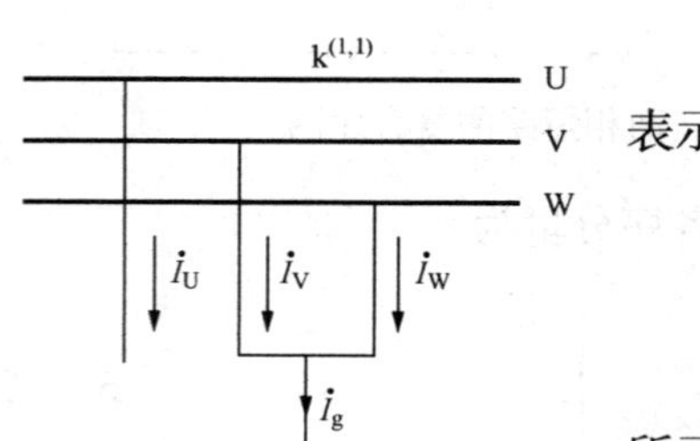

图 5-21　V、W 两相接地短路

将上式转换为对称分量的形式，并整理后可得用序分量表示的边界条件为

$$\left.\begin{array}{l}\dot{I}_{U1}+\dot{I}_{U2}+\dot{I}_{U0}=0\\ \dot{U}_{U1}=\dot{U}_{U2}=\dot{U}_{U0}\end{array}\right\}\tag{5-57}$$

由式（5-57）可做出两相接地短路的复合序网，如图 5-22 所示，它由正序网络、负序网络和零序网络并联而成。

根据复合序网，可得两相接地短路时短路点的各序分量电

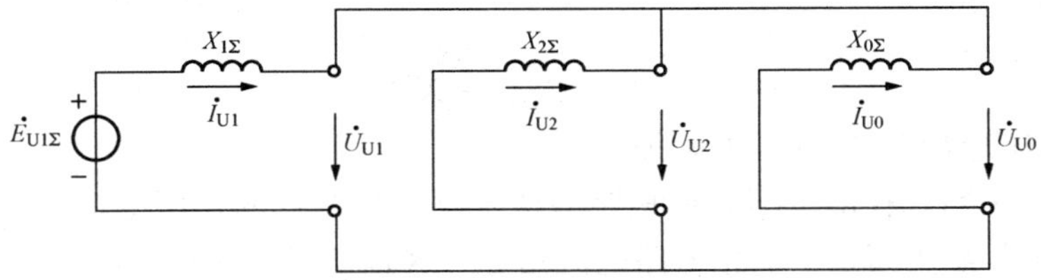

图 5-22　两相接地短路的复合序网

流为

$$\left.\begin{aligned}\dot{I}_{U1}&=\frac{\dot{E}_{U1\Sigma}}{j(X_{1\Sigma}+X_{2\Sigma}/\!/X_{0\Sigma})}\\\dot{I}_{U2}&=-\dot{I}_{U1}\frac{X_{0\Sigma}}{X_{2\Sigma}+X_{0\Sigma}}\\\dot{I}_{U0}&=-\dot{I}_{U1}\frac{X_{2\Sigma}}{X_{2\Sigma}+X_{0\Sigma}}\end{aligned}\right\}\tag{5-58}$$

短路点的各序电压为

$$\dot{U}_{U1}=\dot{U}_{U2}=\dot{U}_{U0}=j\dot{I}_{U1}\frac{X_{2\Sigma}X_{0\Sigma}}{X_{2\Sigma}+X_{0\Sigma}}\tag{5-59}$$

短路点故障相的电流为

$$\left.\begin{aligned}\dot{I}_V&=a^2\dot{I}_{U1}+a\dot{I}_{U2}+\dot{I}_{U0}=\dot{I}_{U1}\left(a^2-\frac{X_{2\Sigma}+aX_{0\Sigma}}{X_{2\Sigma}+X_{0\Sigma}}\right)\\\dot{I}_W&=a\dot{I}_{U1}+a^2\dot{I}_{U2}+\dot{I}_{U0}=\dot{I}_{U1}\left(a-\frac{X_{2\Sigma}+a^2X_{0\Sigma}}{X_{2\Sigma}+X_{0\Sigma}}\right)\end{aligned}\right\}\tag{5-60}$$

两相接地短路电流 $I_k^{(1,1)}$ 为故障相电流的绝对值，即

$$I_k^{(1,1)}=|\dot{I}_V|=|\dot{I}_W|=\sqrt{3}\sqrt{1-\frac{X_{2\Sigma}X_{0\Sigma}}{(X_{2\Sigma}+X_{0\Sigma})^2}}I_{U1}\tag{5-61}$$

两相接地短路时，流入地中的电流为

$$\dot{I}_g=\dot{I}_V+\dot{I}_W=3\dot{I}_{U0}=-3\dot{I}_{U1}\frac{X_{2\Sigma}}{X_{2\Sigma}+X_{0\Sigma}}\tag{5-62}$$

短路点非故障相电压为

$$\begin{aligned}\dot{U}_U&=3\dot{U}_{U1}\\&=j3\dot{I}_{U1}\frac{X_{2\Sigma}X_{0\Sigma}}{X_{2\Sigma}+X_{0\Sigma}}\end{aligned}\tag{5-63}$$

图 5-23 为两相接地短路时短路点的电压和电流相量图。图中示出的电流相量关系对应的是 $X_{0\Sigma}<X_{2\Sigma}$ 的情况，此时 $\theta_I<120°$。

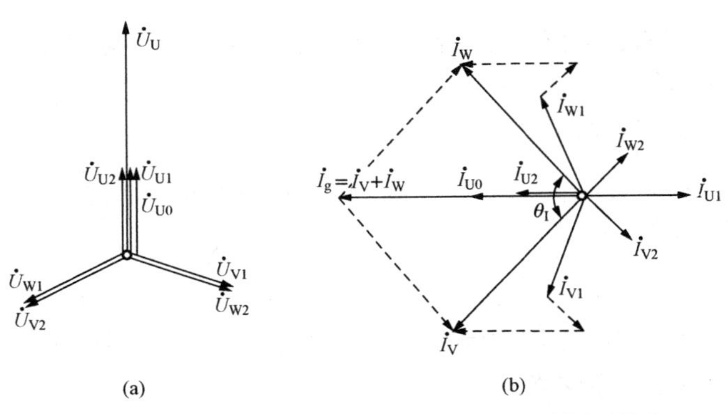

图 5-23　两相接地短路时短路点的电压电流相量图
(a) 电压相量图；(b) 电流相量图

4. 正序等效定则

观察以上各种不对称故障时

的正序电流计算式可知，故障相正序电流绝对值 $I_{U1}^{(n)}$ 可以用以下通式表示

$$I_{U1}^{(n)}=\frac{E_{U1\Sigma}}{X_{1\Sigma}+X_{\Delta}^{(n)}} \tag{5-64}$$

式中：$X_{\Delta}^{(n)}$ 为对应短路类型（n）的附加阻抗。

式（5-64）表明，在简单不对称短路的情况下，短路点的正序电流分量与在短路点每相中接入附加电抗 $X_{\Delta}^{(n)}$ 而发生三相短路电流相等，这就是正序等效定则。

此外，各种不对称故障时短路电流的绝对值 $I_k^{(n)}$ 与其正序电流的绝对值 $I_{U1}^{(n)}$ 成正比，即

$$I_k^{(n)}=m^{(n)}I_{U1}^{(n)} \tag{5-65}$$

式中：$m^{(n)}$ 为比例系数，其值随短路类型而异。

各种短路时的附加电抗 $X_{\Delta}^{(n)}$ 和比例系数 $m^{(n)}$ 见表 5-9。

表 5-9　　各种短路时的 $X_{\Delta}^{(n)}$ 和 $m^{(n)}$ 值

短路类型	三相短路	两相短路	单相接地短路	两相接地短路
$X_{\Delta}^{(n)}$	0	$X_{2\Sigma}$	$X_{2\Sigma}+X_{0\Sigma}$	$\frac{X_{2\Sigma}X_{0\Sigma}}{X_{2\Sigma}+X_{0\Sigma}}$
$m^{(n)}$	1	$\sqrt{3}$	3	$\sqrt{3}\sqrt{1-\frac{X_{2\Sigma}X_{0\Sigma}}{(X_{2\Sigma}+X_{0\Sigma})^2}}$

【例 5-5】 如图 5-24（a）所示电力系统，系统中各元件参数已标于图中，试计算 k 点发生不对称短路时的短路电流。

解　（1）计算各元件电抗标幺值，绘制出各序等值网络。

取基准功率 $S_d=120\text{MVA}, U_d=U_{av}$ 。

1）正序网络

$$X_1^*=0.9\times\frac{120}{120}=0.9$$

$$X_{T11}^*=0.105\times\frac{120}{60}=0.21$$

$$X_{WL1}^*=\frac{1}{2}\times0.4\times105\times\frac{120}{115^2}=0.19$$

因略去负荷，变压器 T2 相当于空载，故不包括在正序网络中，正序网络如图 5-24（b）所示。

2）负序网络

$$X_2^*=0.45\times\frac{120}{120}=0.45$$

$$X_{T12}^*=0.21$$

$$X_{WL2}^*=0.19$$

变压器 T2 同样因空载而不包括在负序网络中，负序网络如图 5-24（c）所示。

3）零序网络

发电机组因有三角形绕组隔开，而不包括在零序网络中，变压器 T2 虽属空载，但为 Y_0/△接法，仍能构成零序电流的通路，应包括在零序网络中。零序等值网络如图 5-24（d）所示。

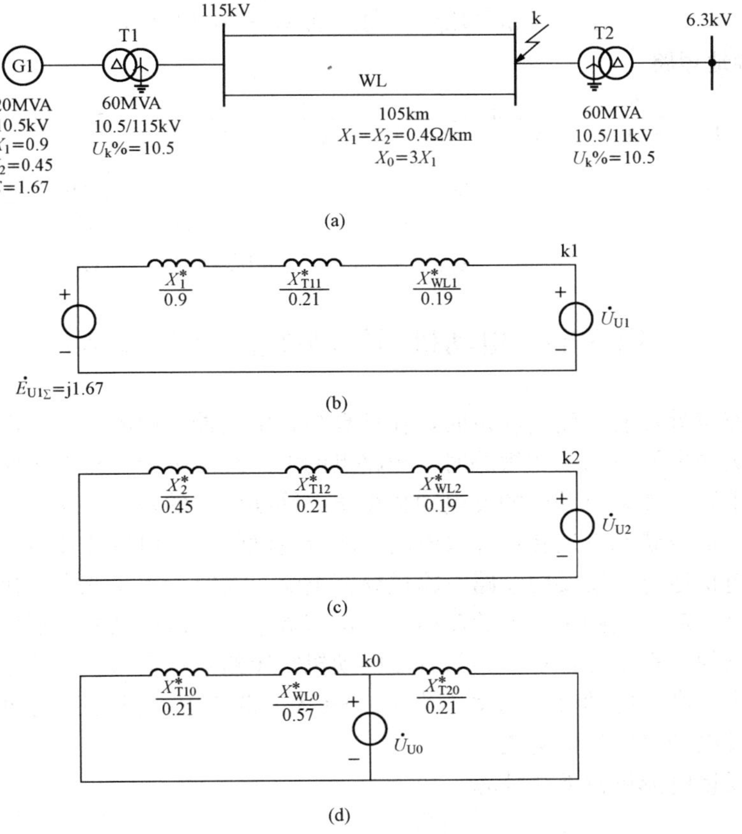

图 5-24 ［例 5-5］的电力系统接线图及各序等值网络
(a) 系统接线图；(b) 正序网络；(c) 负序网络；(d) 零序网络

$$X_{T10}^{*} = 0.21$$

$$X_{WL0}^{*} = 3 \times 0.19 = 0.57$$

$$X_{T20}^{*} = 0.105 \times \frac{120}{60} = 0.21$$

(2) 化简网络，求各序网络对短路点的组合电抗。

$$X_{1\Sigma}^{*} = X_{1}^{*} + X_{T11}^{*} + X_{WL1}^{*} = 0.9 + 0.21 + 0.19 = 1.3$$

$$X_{2\Sigma}^{*} = X_{2}^{*} + X_{T12}^{*} + X_{WL2}^{*} = 0.45 + 0.21 + 0.19 = 0.85$$

$$X_{0\Sigma}^{*} = (X_{T10}^{*} + X_{WL0}^{*}) /\!/ X_{T20}^{*} = (0.21 + 0.57) /\!/ 0.21 = 0.165$$

(3) 计算各种不对称短路的短路电流。

1) 单相接地短路

$$I_{U1}^{(1)} = \frac{E_{U1\Sigma}}{X_{1\Sigma} + X_{2\Sigma} + X_{0\Sigma}} I_{d} = \frac{1.67}{1.3 + 0.85 + 0.165} \times \frac{120}{\sqrt{3} \times 115} = 0.43(\text{kA})$$

$$I_{k}^{(1)} = m^{(1)} I_{U1}^{(1)} = 3 \times 0.43 = 1.29(\text{kA})$$

2) 两相短路

$$I_{U1}^{(2)} = \frac{E_{U1\Sigma}}{X_{1\Sigma} + X_{2\Sigma}} I_{d} = \frac{1.67}{1.3 + 0.85} \times \frac{120}{\sqrt{3} \times 115} = 0.47(\text{kA})$$

$$I_k^{(2)} = m^{(2)} I_{U1}^{(2)} = \sqrt{3} \times 0.47 = 0.81(\text{kA})$$

3）两相接地短路

$$I_{U1}^{(1,1)} = \frac{E_{U1\Sigma}}{X_{1\Sigma} + X_{2\Sigma} /\!/ X_{0\Sigma}} I_d = \frac{1.67}{1.3 + 0.85 /\!/ 0.165} \times \frac{120}{\sqrt{3} \times 115} = 0.68(\text{kA})$$

$$m^{(1,1)} = \sqrt{3}\sqrt{1 - \frac{X_{2\Sigma} X_{0\Sigma}}{(X_{2\Sigma} + X_{0\Sigma})^2}} = \sqrt{3}\sqrt{1 - \frac{0.85 \times 0.165}{(0.85 + 0.165)^2}} = 1.62$$

$$I_k^{(1,1)} = m^{(1,1)} I_{U1}^{(1,1)} = 1.62 \times 0.68 = 1.1(\text{kA})$$

第六节 电动机对短路冲击电流的影响

当靠近短路点处接有交流电动机时，在计算短路电流冲击值时，应把电动机作为附加电源来考虑。因为当电网发生三相短路时，短路点的电压突然下降，接在短路点附近的电动机的电压也大大下降，如果电动机的反电动势小于电网在该点的残余电压，则电动机仍能从电网取得电能并在低压状态下运转；如果电动机的反电动势大于电网在该点的残余电压，则电动机将变为发电机运行，就要向短路点输送反馈电流。同时，由于该电动机已失去电源，电动机将迅速受到制动，送到短路点的反馈电流迅速减小，所以电动机的反馈电流一般只影响短路电流的冲击值。在实际计算中，只有当电动机距短路点很近（一般不超过 5m），且电动机额定功率较大（高压电动机总功率不小于 100kW，低压电动机的单机功率在 20kW 及以上）时，才计及电动机的反馈电流。

电动机的反馈电流可按下式计算

$$i_{shM} = \sqrt{2} \frac{E''^{*}_{M}}{X''^{*}_{M}} K_{shM} I_{NM} = C K_{shM} I_{NM} \tag{5-66}$$

式中：E''^{*}_{M} 为电动机次暂态电动势标幺值；X''^{*}_{M} 为电动机次暂态电抗标幺值；C 为电动机的反馈系数；K_{shM}为电动机短路电流冲击系数，3～6kV 电动机可取 1.4～1.6，380V 电动机可取 1；I_{NM}为电动机的额定电流。

交流电动机的 E''^{*}_{M}、X''^{*}_{M} 和 C 值见表 5-10。

表 5-10 交流电动机的 E''^{*}_{M}、X''^{*}_{M} 和 C 值

电动机类型	感应电动机	同步电动机	同步补偿机	综合性负荷
E''^{*}_{M}	0.9	1.1	1.2	0.8
X''^{*}_{M}	0.2	0.2	0.16	0.35
C	6.5	7.8	10.6	3.2

计及电动机反馈冲击电流后，短路点的总冲击电流为

$$i_{sh\Sigma} = i_{sh}^{(3)} + i_{shM} = \sqrt{2} K_{sh} I_k + C K_{shM} I_{NM} \tag{5-67}$$

第七节 低压电网短路电流计算

一、低压电网短路电流计算的特点

（1）由于低压电网中配电变压器容量远远小于高压侧电力系统的容量，所以在计算配电

变压器低压侧短路电流时，一般不计电力系统到配电高压侧的阻抗，而认为配电变压器高压侧的端电压保持不变。因此变压器一次侧可以作为无穷大容量电源系统来考虑。

(2) 由于低压回路中各元件的电阻与电抗相比已不能忽略，所以计算时需用阻抗值。

(3) 由于低压网中电压一般只有一级，且元件的电阻多以 mΩ 计，所以在计算低压电网的短路电流时，采用有名值计算比较方便。

二、低压电网中各主要元件的阻抗

1. 电力系统的电抗

电力系统的电阻相对于电抗来说很小，一般不予考虑。电力系统的电抗可按下式来计算

$$X_s = \frac{U_N^2}{S_R} \times 10^{-3} \tag{5-68}$$

式中：X_s 为电力系统的电抗，mΩ；S_R为电力系统出口的三相短路容量，也可取高压断路器的额定开断容量，kVA；U_N 为变压器低压侧的额定电压，V。

2. 变压器的阻抗

变压器的电阻 R_T、电抗 X_T 及阻抗 Z_T 可按下式计算

$$\left.\begin{aligned} R_T &= \frac{\Delta P_k U_N^2}{S_N^2} \\ Z_T &= \frac{U_k\%}{100}\frac{U_N^2}{S_N} \\ X_T &= \sqrt{Z_T^2 - R_T^2} \end{aligned}\right\} \tag{5-69}$$

式中：R_T、X_T、Z_T 分别为变压器的电阻、电抗及阻抗，mΩ；ΔP_k 为变压器额定短路损耗，kW；S_N 为变压器的额定容量，MVA；$U_k\%$为变压器的短路电压百分数；U_N 为变压器低压侧的额定电压，V。

3. 母线的阻抗

母线的电阻 R_W 可按下式计算

$$R_W = \frac{l}{\gamma A} \times 10^3 \tag{5-70}$$

式中：R_W 为母线的电阻，mΩ；l 为母线的长度，m；γ 为母线材料的电导率，m/(Ω·mm²)；A 为母线的截面积，mm²。

水平排列的矩形母线，每相母线的电抗 X_W 可按下式计算

$$X_W = 0.145 l \lg \frac{4 s_{av}}{b} \tag{5-71}$$

式中：X_W 为母线的电抗，mΩ；l 为母线的长度，m；b 为母线宽度，mm；s_{av}为母线相间几何均距，mm。

在实用工程计算中，多采用简化计算：母线截面积在 500mm² 以下时，$X_W=0.17l$；母线截面积在 500mm² 以上时，$X_W=0.13l$。

4. 其他元件的阻抗

低压断路器过流线圈的阻抗、低压断路器及刀开关触头的接触电阻、电流互感器一次线圈的阻抗及电缆的阻抗等可从有关手册查得。

三、低压电网三相短路电流计算

1. 三相短路电流有效值

对三相阻抗相同的低压配电系统，三相短路电流有效值可按下式计算

$$I_k^{(3)}=\frac{U_{av}}{\sqrt{3}\sqrt{R_\Sigma^2+X_\Sigma^2}} \tag{5-72}$$

式中：R_Σ 和 X_Σ 为短路回路的总电阻和总电抗，mΩ；U_{av} 为低压侧平均线电压，V，取 400V。

如果只在一相或两相装设电流互感器而使短路电流不对称时，仍可按式（5-72）计算。这时，R_Σ 和 X_Σ 应选择没有电流互感器的那一相的短路回路总阻抗。

2. 短路冲击电流

由于低压电网的电阻值较大，非周期分量电流衰减较快，一般不超过 0.03s，所以只有在变压器低压侧母线附近短路时，才在短路第一个周期内考虑非周期分量。低压电网短路冲击电流 i_{sh} 按下式计算

$$i_{sh}=\sqrt{2}K_{sh}I_k^{(3)} \tag{5-73}$$

式中：K_{sh} 为短路电流冲击系数，可根据短路回路中 $\frac{X_\Sigma}{R_\Sigma}$ 的比值从图 5-25 中查得。

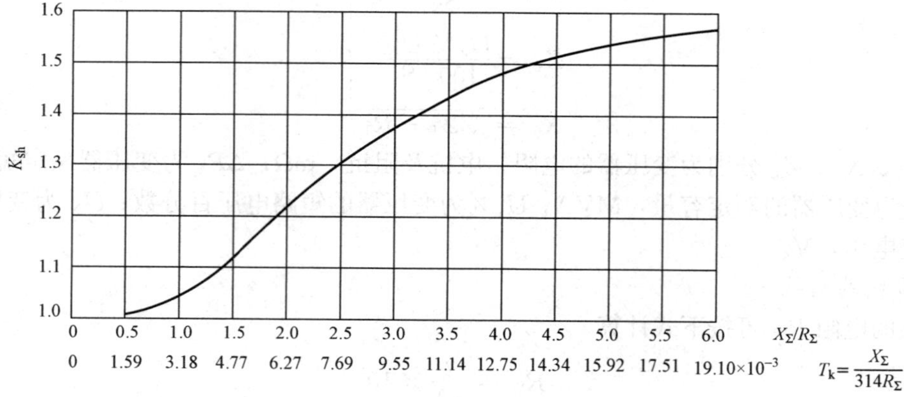

图 5-25 K_{sh} 与 $\frac{X_\Sigma}{R_\Sigma}$ 的关系

若短路点不在变压器低压侧母线附近，可不考虑非周期分量，即 $K_{sh}=1$。

3. 冲击电流有效值的计算

当 $K_{sh}>1.3$ 时，$I_{sh}=I_k^{(3)}\sqrt{1+2(K_{sh}-1)^2}$；当 $K_{sh}\leqslant 1.3$ 时，$I_{sh}=I_k^{(3)}\sqrt{1+\frac{T_k}{0.02}}$，$T_k$ 为短路回路的时间常数，$T_k=\frac{X_\Sigma}{314R_\Sigma}$。

四、低压电网不对称短路电流的计算

1. 两相短路电流计算

由于低压电网距电源（发电机）较远，且变压器容量远小于系统容量，所以两相短路电流可按下式计算

$$I_k^{(2)}=\frac{\sqrt{3}}{2}I_k^{(3)} \tag{5-74}$$

2. 单相短路电流计算

应用对称分量法，可求得单相短路电流为

$$I_{k}^{(1)}=\frac{3U_{ph}}{Z_{1\Sigma}+Z_{2\Sigma}+Z_{0\Sigma}} \tag{5-75}$$

式中：U_{ph}为电源相电压，V；$Z_{1\Sigma}$、$Z_{2\Sigma}$、$Z_{0\Sigma}$分别为电源到短路点总的正序、负序和零序阻抗，Ω。

在实际计算中，单相短路电流常通过“相—零”回路阻抗来求，即

$$I_{k}^{(1)}=\frac{U_{ph}}{Z_{T}+Z_{ph0}} \tag{5-76}$$

式中：Z_T 为变压器的单相阻抗，Ω；Z_{ph0}为“相—零”回路阻抗，Ω，包括除变压器外的所有电器元件的阻抗，如线路和电器线圈的阻抗、触头接触电阻等，可通过查阅有关产品样本获得。

思考题与习题

5-1　什么叫短路？短路的类型有哪几种？短路对电力系统有哪些危害？

5-2　什么叫标幺值？在短路计算中，各物理量的标幺值是如何选取的？

5-3　什么叫无限大容量系统，它有什么特征？

5-4　什么叫短路冲击电流、短路次暂态电流和短路稳态电流？在无限大容量系统中，这三者有什么关系？

5-5　如何计算电力系统各元件的正序、负序和零序阻抗？变压器的零序阻抗跟哪些因素有关？

5-6　不对称短路时，怎样制定系统的正序、负序、零序等效网络和复合序网？

5-7　何谓正序等效定则？如何应用它来计算各种不对称故障？

5-8　某工厂变电站装有两台并列运行的S9—800（Yyn接线）型变压器，其电源由地区变电站通过一条8km的10kV架空线路供给。已知地区变电站出口断路器的断流容量为500MVA，试用标幺值法求该变电站10kV高压侧和380V低压侧的三相短路电流I_k、I''、I_∞、I_{sh}及三相短路容量S_k。

5-9　如图5-26所示系统，电源为恒定电源，当变压器低压母线发生三相短路时，若短路前变压器空载，试计算短路电流周期分量的有效值、短路冲击电流及短路功率。（S_d＝100MVA，U_d＝U_{av}，短路电流冲击系数K_{sh}＝1.8）

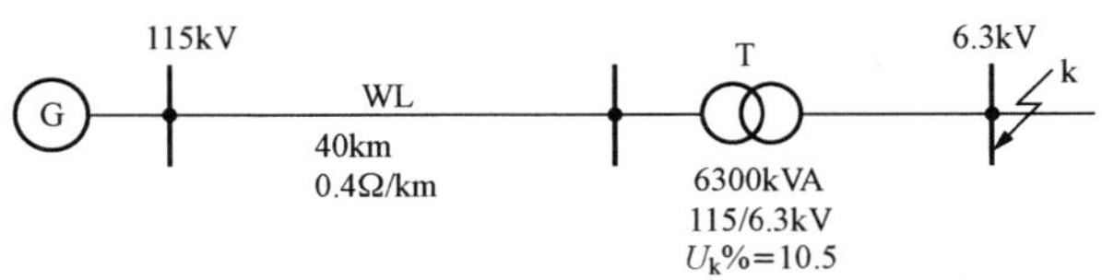

图5-26　习题5-9图

5-10　如图5-27所示网络，各元件的参数已标于图中，试用标幺值法计算k点发生三相短路时短路点的短路电流。

5-11　在图5-28所示的电力系统中，所有发电机均为汽轮发电机。各元件的参数已标于图中，试用运算曲线法计算k点发生短路时0.2s和4s时的短路电流。

5-12　已知某一不平衡的三相系统的$\dot{U}_U$ ＝ 80∠10°V，$\dot{U}_V$ ＝ 70∠135°V，$\dot{U}_W$ ＝ 85∠175°V。试求其正序、负序和零序电压。

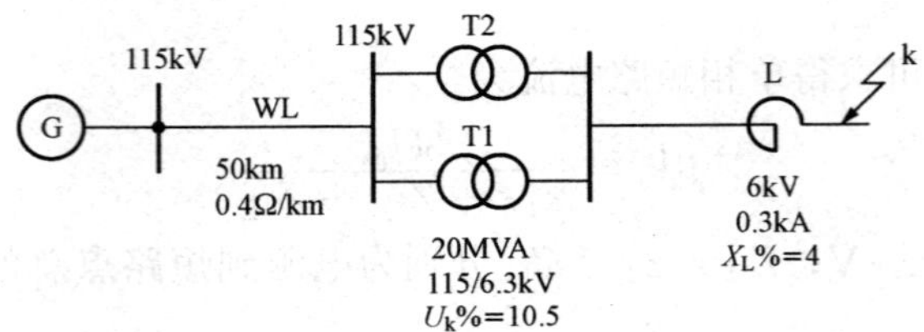

图 5-27 习题 5-10 示意图

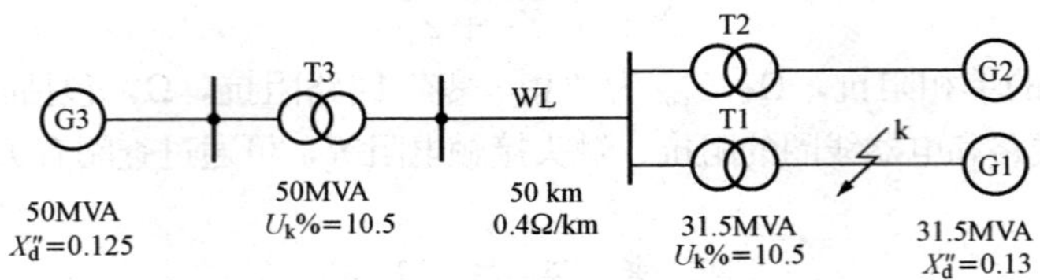

图 5-28 习题 5-11 示意图

第六章 电气设备的选择

本章首先介绍了电气设备的发热和电动力计算，然后介绍了电气设备选择的一般原则；重点讲述了高压开关电器、互感器、限流电抗器、母线和电缆等各种电气设备的具体选择条件和校验方法，给出了典型电气设备的选择实例。

第一节 电气设备的发热和电动力计算

一、电气设备的发热

电气设备在运行中，电流通过导体时产生电能损耗，然后转变为热能，一部分散失到周围介质中，一部分加热导体和电器使其温度升高。电气设备运行实践证明，当导体和电器的温度超过一定范围以后，将会加速绝缘材料的老化，降低绝缘强度，缩短使用寿命，将会恶化导电接触部分的连接状态，以致破坏电器的正常工作。

由正常工作电流引起的发热，称为长期发热。这时导体通过的电流较小，时间长，产生的热量有充分时间散失到周围介质中，发热和散热达到平衡后，导体的温度保持不变。由短路电流引起的发热，称为短路时发热。由于此时导体通过的短路电流大，产生的热量很多，而时间又短，所以产生的热量向周围介质散发的很少，几乎都用于导体温度升高。因此，电气设备的短路时发热是影响其正常使用寿命和工作状态的主要因素。

如果导体在短路时的最高温度不超过设计规程规定的允许温度（见表 6 - 1），则认为导体是满足热稳定要求的。所以短路时发热计算的目的是确定导体在短路时的最高温度，再与该类导体在短路时的最高允许温度相比较。

表 6 - 1　　导体在正常和短路时的最高允许温度及热稳定系数

导体材料和种类			最高允许温度（℃）		热稳定系数 C （$A \cdot \sqrt{s}/mm^2$）
			正常	短路	
母线	铜　芯		70	300	171
	铝　芯		70	200	87
油浸纸绝缘电缆	铜　芯	1～3kV	80	250	148
		6kV	65	250	150
		10kV	60	250	153
		35kV	50	175	—
	铝　芯	1～3kV	80	200	84
		6kV	65	200	87
		10kV	60	200	88
		35kV	50	175	—

续表

导体材料和种类		最高允许温度（℃）		热稳定系数 C
		正常	短路	（$A\cdot\sqrt{s}/mm^2$）
橡皮绝缘导线和电缆	铜　芯	65	150	131
	铝　芯	65	150	87
聚氯乙烯绝缘导线和电缆	铜　芯	65	130	100
	铝　芯	65	130	65
交联聚氯乙烯绝缘电缆	铜　芯	90	250	135
	铝　芯	90	200	80

1. 短路时导体发热计算的特点

（1）由于短路时间很短，温度上升速度很快，可以认为短路过程是一个绝热过程，即短路电流产生的热量不向周围介质散发，全部用来使导体的温度升高。

（2）由于导体的温度变化很大，不能把导体的电阻和比热看作常数，它们是随温度的变化而变化的。

（3）由于短路电流的变化规律复杂，要想把短路电流在导体中产生的热量直接计算出来是很困难的，通常用等效发热的方法进行分析计算。

2. 短路时导体的发热计算

图 6-1 表示短路前后导体的温度变化情况。导体在短路前正常负荷时的温度为 θ_L，设在 t_1 时刻发生短路，导体温度按指数规律迅速升高，在 t_2 时刻保护装置动作将故障切除，这时导体的温度为 θ_k。短路切除后，导体内无电流，不再产生热量，只向周围介质散热，最后冷却到周围介质温度 θ_0。

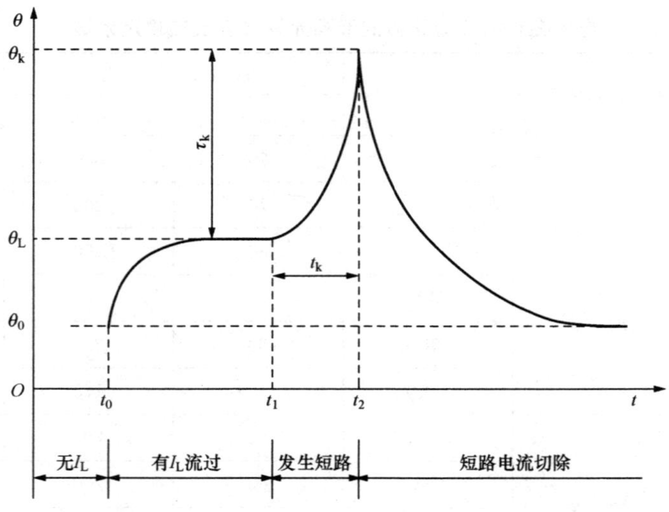

图 6-1　短路前后导体的温度变化情况

要确定短路后导体的最高温度 θ_k，就必须先求出实际的短路电流 i_k 或 I_{kt} 在短路时间内产生的热量，即

$$Q_k = \int_{t_1}^{t_2} I_{kt}^2 R\,dt = \int_0^{t_k} I_{kt}^2 R\,dt \tag{6-1}$$

式中：I_{kt} 为短路全电流的有效值；R 为导体的电阻；t_k 为短路电流的作用时间。

由于短路电流的变化规律比较复杂，按式（6-1）计算 Q_k 相当困难。因此，一般用稳态短路电流 I_∞ 来代替实际短路电流 I_{kt}，并设定一个假想时间 t_{ima}，认为短路电流 I_{kt} 在短路时间 t_k 内产生的热量 Q_k，恰好等于稳态短路电流 I_∞ 在假想时间 t_{ima} 内产生的热量，即

$$\int_0^{t_k} I_{kt}^2 R\,dt = I_\infty^2 R t_{ima} \tag{6-2}$$

式中：t_{ima} 为假想时间，如图 6-2 所示。

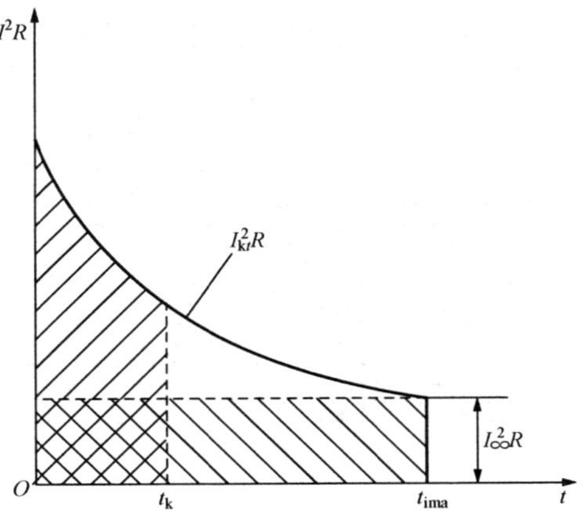

图 6-2　短路发热的假想时间

（1）假想时间的计算。假想时间与短路电流的变化特性有关。短路电流包含周期分量和非周期分量，短路电流的有效值可表示为

$$I_{kt}^2 = I_{pt}^2 + i_{np}^2 \tag{6-3}$$

代入式（6-2），则有

$$\int_0^{t_k} I_{kt}^2 R\,dt = \int_0^{t_k} I_{pt}^2 R\,dt + \int_0^{t_k} i_{np}^2 R\,dt = I_\infty^2 R t_{ima} \tag{6-4}$$

设假想时间也分为相应的周期分量假想时间 t_{imap} 和非周期分量假想时间 t_{imanp}，即

$$t_{ima} = t_{imap} + t_{imanp} \tag{6-5}$$

则有

$$\int_0^{t_k} I_{pt}^2 R\,dt + \int_0^{t_k} i_{npt}^2 R\,dt = I_\infty^2 R t_{imap} + I_\infty^2 R t_{imanp} \tag{6-6}$$

根据式（6-6），周期分量假想时间可表示为

$$t_{imap} = \frac{1}{I_\infty^2}\int_0^{t_k} I_{pt}^2\,dt \tag{6-7}$$

令短路次暂态电流 I'' 与 I_∞ 的比为 β'，即 $\beta' = I''/I_\infty$，可根据短路电流周期分量的变化曲线做出 β' 与 t_{imap} 的关系曲线，如图 6-3 所示，则周期分量假想时间可按短路电流的实际作用时间 $t=t_k$ 查图 6-3 中的曲线求出。t_k 等于距离短路点最近的保护装置的实际动作时间 t_{pr} 和断路器的跳闸时间 t_{ab} 之和。对快速和中速断路器，可取 $t_{ab}=0.1\sim0.15$s；对低速断路器，可取 $t_{ab}=0.2$s。

当短路点距离电源较远时（无限容量系统），可认为 $I''=I_p=I_\infty$，因此周期分量假想时间就等于短路的延续时间，即 $t_{imap}=t_k$。

短路电流非周期分量假想时间 t_{imanp} 只有在短路时间较短（$t_k<1$s）时才考虑，可用下式表示

$$t_{imanp} = \frac{1}{I_\infty^2}\int_0^{t_k} i_{np}^2\,dt \tag{6-8}$$

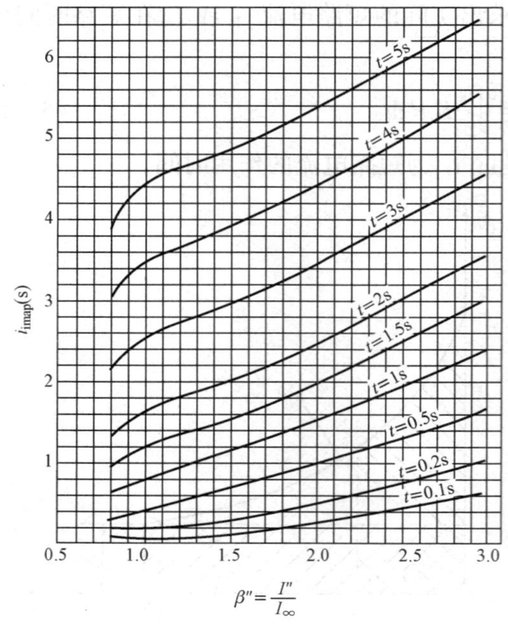

图 6-3 短路电流假想时间周期分量的变化曲线

由于 $i_{np}=\sqrt{2}I''e^{-\frac{t}{T_a}}$，将平均值 $T_a=0.05$s 及 $t=0.01$s 代入式（6-8）得

$$t_{imanp}=0.05\beta''^2 \tag{6-9}$$

在无限容量系统中，$\beta''=1$，故 $t_{imanp}=0.05$s。从而总的假想时间为

$$t_{ima}=t_{imap}+0.05 \tag{6-10}$$

（2）短路时导体的最高温度。由于短路时间很短，可认为短路电流产生的热量全部用来使导体的温度升高，而不向周围介质散热，则热平衡方程式可表示为

$$Q_k=\int_0^{t_k}I_{kt}^2R\,dt=mc(\theta_k-\theta_L)$$
$$=Al\rho_m c\tau_k \tag{6-11}$$

式中：m 为导体的质量，kg；A 为导体的截面积，m^2；l 为导体的长度，m；ρ_m 为导体材料的密度，kg/m^3；c 为导体材料的比热容，J/(kg·K)；τ_k 为导体在短路时间内的温升，℃。

式（6-11）可表示为

$$I_\infty^2Rt_{ima}=Al\rho_m c\tau_k \tag{6-12}$$

故

$$\tau_k=\frac{I_\infty^2Rt_{ima}}{Al\rho_m c} \tag{6-13}$$

令 $\rho_m c=c'$，$R=\rho\frac{l}{A}$，则式（6-13）变为

$$\tau_k=\rho t_{ima}\frac{(I_\infty/A)^2}{c'} \tag{6-14}$$

式中：ρ 为导体材料的电阻率，Ω·m。

因此，短路时导体的最高温度为

$$\theta_k=\theta_L+\tau_k=\theta_L+\rho t_{ima}\frac{(I_\infty/A)^2}{c'} \tag{6-15}$$

由于导体的电阻率 ρ 和比热容 c 是随温度变化的，导体的最高温度很难直接计算出来，工程上多采用查曲线的方法近似计算。图 6-4 是按铜、铝、钢的比热容、密度、电阻率等的平均值所做出的 $\theta=f(K)$ 曲线，横坐标为导体加热系数 K，$K=(I/A)^2t$，纵坐标为导体温度 θ。

（3）根据 $\theta=f(K)$ 曲线确定导体短路时最高温度 θ_k 的方法（参见图 6-5）。

1）根据正常负荷电流确定短路前导体的温度 θ_L。如果难以确定，可选用导体材料的正常最高允许温度。

2）在纵坐标上查出 θ_L，并向右在对应的材料曲线上查出 a 点，再由 a 点在横坐标上查出加热系数 K_L。

3）利用下式计算短路时的加热系数 K_k

$$K_k = K_L + \left(\frac{I_\infty}{A}\right)^2 t_{ima} \quad (6-16)$$

式中：K_L，K_k 分别为正常和短路时的加热系数。

4）从横坐标上找出 K_k 的值，并向上在对应的曲线上查出 b 点，再由 b 点向左在纵坐标上查出 θ_k 值，即为导体短路时的最高发热温度。

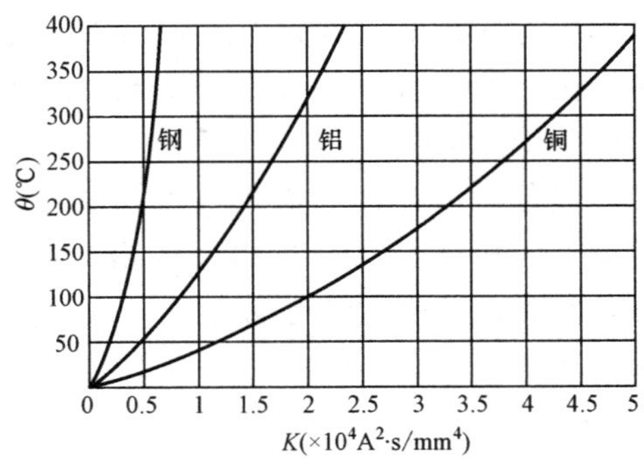

图 6-4　不同材料导体的 $\theta=f(K)$ 曲线

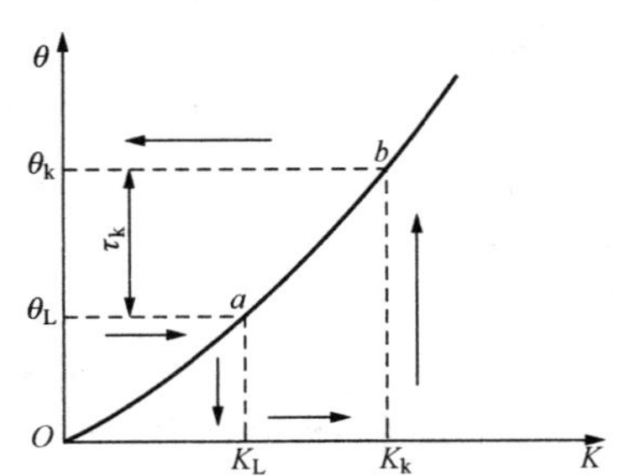

图 6-5　确定导体短路时最高温度 θ_k

二、电气设备的电动力

众所周知，通过导体的电流产生磁场，因此，载流导体之间会受到电动力的作用。正常工作情况下，导体通过的工作电流不大，因而电动力也不大，不会影响电气设备的正常工作。短路时，导体通过很大的冲击电流，产生的电动力可达很大的数值，导体和电器可能因此而产生变形或损坏。闸刀式隔离开关可能自动断开而产生误动作，造成严重事故。开关电器触头压力明显减少，可能造成触头熔化或熔焊，影响触头的正常工作或引起重大事故。因此，必须计算电动力，以便正确地选择和校验电气设备，保证有足够的电动力稳定性，使电气设备可靠地工作。

1. 两平行圆导体间的电动力

两根平行敷设的载流导体，当分别通过电流 i_1 和 i_2 时，它们之间的电动力为

$$F = 2K\frac{i_1 i_2}{a} l \times 10^{-7} \quad (6-17)$$

式中：F 为两平行导体间的电动力，N；i_1 和 i_2 分别为两根载流导体中的电流，A；l 为平行敷设的载流导体的长度，m；a 为两载流导体轴线间的距离，m；K 为与载流导体形状和相对位置有关的截面形状系数，对于圆形和管形导体，$K=1$，对于矩形导体，其值可根据$\frac{a-b}{b+h}$和 $m=\frac{b}{h}$ 查图 6-6 求得。

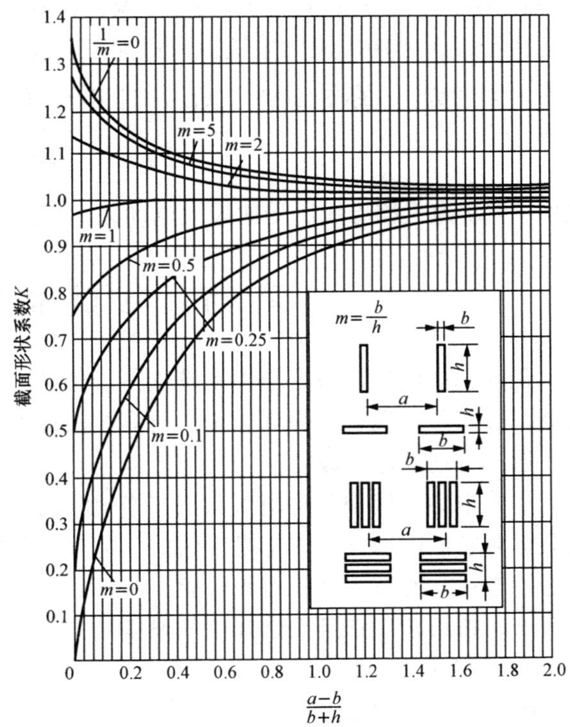

图 6-6　矩形母线的截面形状系数

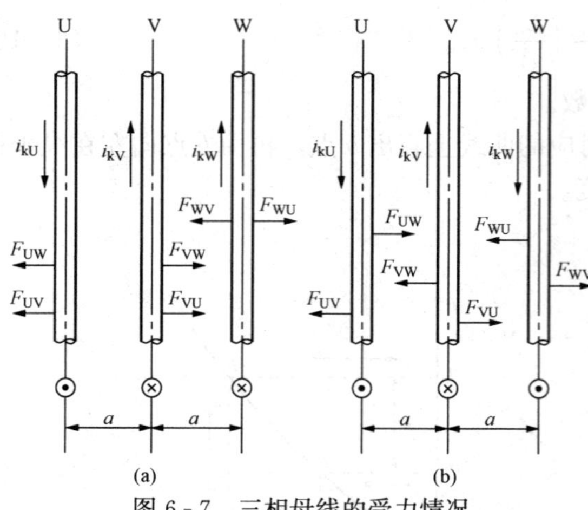

图 6 - 7　三相母线的受力情况

（a）边相电流与其余两相电流方向相反；（b）中间相电流与其余两相电流方向相反

⊗—流入纸面；⊙—流出纸面

2. 三相平行母线间的电动力

若三相母线水平等距离排列，当三相短路电流 i_{kU}、i_{kV} 和 i_{kW} 通过三相母线时，因为短路电流周期分量的瞬时值不会在同一时刻同方向，至少有一相电流方向与其余两相方向相反，可分为图 6 - 7 所示的两种情况。图 6 - 7 中画出了三相母线中每条母线的受力情况。

经分析可知，当边相电流与其余两相电流方向相反时，中间相（V 相）受力最大，此时，V 相所受电动力为

$$F_V = F_{VU} + F_{VW} = 2Ki_{kV}(i_{kU} + i_{kW})\frac{l}{a} \times 10^{-7} \tag{6 - 18}$$

式中：l 为母线的跨距，即两支撑之间的距离，m。

显然，母线间产生电动力最严重的时刻是通过冲击电流的瞬间。因此，最大电动力发生在中间相（V 相）通过最大冲击电流的时候，即

$$F_{Vmax} = 2Ki_{shV}(i_{shU} + i_{shW})\frac{l}{a} \times 10^{-7} \tag{6 - 19}$$

式中：i_{shU}、i_{shV}、i_{shW} 分别为通过 U、V、W 相导体中的冲击短路电流，A。

由于最大的冲击短路电流值只可能发生在一相，如 i_{shV}，则 $i_{shU} + i_{shW}$ 的合成值将比 i_{shV} 略小，大约为 i_{shV} 的 $\sqrt{3}/2$ 倍。从而，三相母线的最大电动力可按下式计算

$$F_{max} = \sqrt{3}Ki_{sh}^2\frac{l}{a} \times 10^{-7} \tag{6 - 20}$$

式中：F_{max} 为三相母线所受的最大电动力，N；i_{sh} 为三相最大冲击短路电流，A。

第二节　电气设备选择的一般原则

正确选择电气设备是电力系统安全、经济运行的重要条件。在进行电气设备选择时，应根据工程实际情况，在保证安全、可靠的前提下，积极而稳妥地采用新技术，并注意节约投资，选择合适的电气设备。

尽管电力系统中各种电气设备的作用和工作条件并不一样，具体选择方法也不完全相同，但对它们的基本要求却是一致的。电气设备要可靠工作，必须按正常工作条件及环境条件进行选择，并按短路状态来校验。常用高低压电气设备选择校验项目见表 6 - 2。

一、按正常工作条件选择电气设备

1. 额定电压

电气设备的额定电压 U_N 就是其铭牌上标出的线电压，另外电气设备还有允许的最高工作电压 U_{alm}。由于电力系统负荷的变化、调压及接线方式的改变而引起功率分布和网络阻抗

变化等，往往使电网某些部分的实际运行电压高于电网的额定电压U_{Ns}。因此，所选电气设备的允许最高工作电压U_{alm}不得低于所在电网的最高运行电压U_{sm}，即

$$U_{alm} \geqslant U_{sm} \tag{6-21}$$

式中：U_{alm}为电气设备所能允许的最高工作电压；U_{sm}为所在电网的最高运行电压。

表 6-2　常用高低压电气设备选择校验项目

设备名称	额定电压	额定电流	开断能力	短路电流校验		环境条件	其　他
				动稳定	热稳定		
断路器	√	√	○	○	○	√	操作性能
负荷开关	√	√	○	○	○	√	操作性能
隔离开关	√	√		○	○	√	操作性能
熔断器	√	√	○			√	上、下级间配合
电流互感器	√	√		○	○	√	二次负荷、准确度等级
电压互感器	√					√	二次负荷、准确度等级
支柱绝缘子	√			○		√	
穿墙套管	√	√		○	○	√	
母线		√		○	○	√	
电缆	√	√			○	√	

注　表中“√”为选择项目，“○”为校验项目。

对于电缆和一般电器，U_{alm}较U_N高10%～15%，即

$$U_{alm} = (1.1 \sim 1.15)U_N \tag{6-22}$$

式中：U_N为电气设备的额定电压。

对于电网，由于电力系统采取各种调压措施，电网的最高运行电压U_{sm}通常不超过电网额定电压的10%，即

$$U_{sm} \leqslant 1.1U_{Ns} \tag{6-23}$$

式中：U_{Ns}为电网的额定电压。

可见，只要U_N不低于U_{Ns}，就能满足式（6-21）。所以，一般按下式选择电气设备的额定电压

$$U_N \geqslant U_{Ns} \tag{6-24}$$

2. 额定电流

电气设备的额定工作电流I_N不应小于正常工作时的最大负荷电流I_{max}，即

$$I_N \geqslant I_{max} \tag{6-25}$$

电气设备的最大长期工作电流I_{max}，在设计阶段即为线路的计算电流I_{30}，运行中可根据实测数据确定。

3. 环境条件

电气设备选择还需要考虑电气装置所处的位置（屋内或屋外）、环境温度、海拔以及有无防尘、防腐、防火、防爆等要求。

当海拔超过制造部门的规定值时，由于大气压力、空气密度和湿度相应减少，使空气间隙和瓷绝缘的抗放电性能下降，影响电气设备的外绝缘强度。一般当海拔在1000～4000m

范围内时，若海拔比厂家规定值每升高100m，则电气设备允许最高工作电压要下降1%。当最高工作电压不能满足要求时，应采用高原型电气设备，或采用外绝缘提高一级的产品。当污秽等级超过使用规定时，可选用有利于防污的电器产品，当经济上允许时可采用屋内电力装置。

当实际环境条件不同于额定环境条件时，电气设备的长期允许工作电流 I_{al} 应作校正。经综合校正后的长期允许工作电流 I_{al} 不得低于所在回路的各种可能运行方式下的最大持续工作电流 I_{max}，即

$$I_{al} = KI_N \geqslant I_{max} \tag{6-26}$$

式中：K 为电气设备的综合校正系数，与环境温度、日照、海拔、安装条件等有关，可查阅相关手册。

一般情况下，电气设备的 I_{al} 均按实际环境温度校正，综合校正系数 K 等于温度校正系数 K_θ。设计时多取环境温度为40℃，若实际装设地点的环境温度高于或低于40℃，额定电流 I_N 应乘以温度校正系数 K_θ。温度校正系数可在式（2-51）的基础上修改为

$$K_\theta = \sqrt{\frac{\theta_{al} - \theta_0'}{\theta_{al} - 40}} \tag{6-27}$$

式中：θ_0' 为电气设备的实际环境温度，℃；θ_{al} 为电气设备正常工作的最高允许温度，℃。

当电气设备使用的环境温度高于40℃但不超过60℃时，环境温度每增高1℃，工作电流可减少额定电流的1.8%；当使用的环境温度低于40℃时，环境温度每降低1℃，工作电流可增加额定电流的0.5%，但其最大过负荷电流不得超过 $20\%I_N$。

我国生产的裸导体和电缆，设计时多取环境温度为25℃。当所在地点温度在－5～＋50℃范围内变化时，导体长期允许通过电流 I_{al} 的温度校正系数 K_θ 可按下式计算

$$K_\theta = \sqrt{\frac{\theta_{al} - \theta_0'}{\theta_{al} - 25}} \tag{6-28}$$

裸导体的 θ_{al} 一般为70℃，而电缆的 θ_{al} 则与电缆结构有关，可参考表6-1或查阅相关手册获得。

二、按短路情况校验电气设备的动稳定和热稳定性

为保证电气设备在短路故障时不至于损坏，应按通过电气设备的最大短路电流校验电气设备的动、热稳定性。其中包括：

（1）短路电流的计算条件应考虑工程的最终规模及最大运行方式。

（2）短路点的选择，应考虑通过设备的短路电流最大值。

（3）短路电流通过电气设备的时间，等于继电保护动作时间（取后备保护动作时间）和断路器开断电路的时间（包括电弧持续时间）之和。对于地方变电站和工业企业变电站，断路器全部分闸时间可取0.2s。

1. 电气设备热稳定校验

（1）校验载流导体热稳定的方法。

1）允许温度法。允许温度法是利用式（6-16）和图6-4中的 $\theta=f(K)$ 曲线来求短路时导体的最高发热温度 θ_k，若满足式（6-29），就认为导体在短路时发热满足热稳定；否则，不满足热稳定。

$$\theta_k \leqslant \theta_{kal} \tag{6-29}$$

式中：θ_{kal}为导体在短路电流通过时的最高允许温度，可通过查表6-1获得。

2）最小截面法。由于计算短路时导体的最高温度θ_k比较麻烦，因而可以根据热稳定条件来计算导体的最小允许截面积。

由式（6-16）可得

$$A_{min}=\frac{I_\infty}{\sqrt{K_k-K_L}}\sqrt{t_{ima}}=\frac{I_\infty}{C}\sqrt{t_{ima}} \tag{6-30}$$

式中：I_∞为三相短路电流稳态值，A；C为导体的热稳定系数，$A\cdot\sqrt{s}/mm^2$，可查表6-1。

只要所选择的导体截面积A大于或等于A_{min}时，热稳定就能满足要求。

（2）校验电气设备热稳定的方法。电气设备的种类多，结构复杂，其热稳定性通常由制造厂给出的热稳定时间t内的热稳定电流I_t来表示。一般t有1、4、5s和10s。t和I_t可从产品技术数据手册查得。

校验电气设备热稳定应满足下式

$$I_t^2t\geqslant I_\infty^2t_{ima} \tag{6-31}$$

式中：I_t为电气设备在t时间内的热稳定试验电流；t为电气设备的热稳定试验时间。

如果不满足式（6-31）的关系，说明该电气设备不满足热稳定，这样的电气设备不能选用。

2. 电气设备动稳定校验

一般电气设备动稳定校验条件为

$$I_{es}\geqslant I_{sh}\text{ 或 }i_{es}\geqslant i_{sh} \tag{6-32}$$

式中：I_{es}、i_{es}分别为电气设备允许通过的动稳定电流的有效值和峰值；I_{sh}、i_{sh}分别为三相短路冲击电流的有效值和峰值。

3. 开关设备开断能力校验

断路器和熔断器等电气设备，均担负着切断短路电流的任务，因此必须具备在通过最大短路电流时能够将其可靠切断的能力，所以选用此类设备时必须使其开断能力大于通过它的最大短路电流或短路容量，即

$$I_{Nbr}>I_k\text{ 或 }S_{Nbr}>S_k \tag{6-33}$$

式中：I_{Nbr}、S_{Nbr}分别为制造厂提供的额定开断电流和额定开断容量；I_k、S_k分别为安装地点的最大三相短路电流和三相短路容量。

第三节　高压开关电器的选择

高压断路器因具有开、断电路的作用，所以高压断路器除应满足一般条件外，还应校验其开断能力。

一、高压断路器的选择

1. 型式选择

根据目前我国高压电器制造情况，电压等级6～35kV的电网中，一般选用真空断路器；电压等级35kV以上的电网中，一般选用SF_6断路器。对于大容量发电机组采用封闭母线时，如果需要装设断路器，宜选用发电机专用断路器。

根据断路器安装地点选择，有户内型和户外型两种。装在屋内配电装置中的断路器选用户内型，装在屋外配电装置中的断路器选用户外型。当屋外配电装置处于严重污秽地区或积

雪覆冰严重地区，应采用高一级电压的断路器。

2. 额定电压选择

高压断路器的额定电压 U_N 应不低于所在电网的额定电压 U_{Ns}，即

$$U_N \geqslant U_{Ns} \tag{6-34}$$

3. 额定电流选择

高压断路器的额定电流 I_N 应不小于所在回路的最大长期工作电流 I_{max}，即

$$I_N \geqslant I_{max} \tag{6-35}$$

4. 额定开断电流校验

高压断路器在给定的额定电压下，额定开断电流 I_{Nbr} 应不小于断路器灭弧触头分开瞬间电路的短路全电流有效值 I_k，即

$$I_{Nbr} \geqslant I_k \tag{6-36}$$

额定开断容量 S_{Nbr} 应不小于所控制回路的最大短路容量 S_k，即

$$S_{Nbr} \geqslant S_k \tag{6-37}$$

当开断时间较长（大于0.1s），短路电流非周期分量 i_{np} 衰减至20%以下时，可采用分断瞬间的短路电流周期分量的有效值 I_p 进行校验。

一般断路器开断单相短路的能力比开断三相短路能力要大15%，所以在中性点直接接地的系统中，当单相短路电流比三相短路电流大15%以上时，应以单相短路电流为校验条件。

5. 额定关合电流校验

如果在断路器关合前已存在短路故障，为了保证断路器关合时不发生触头熔焊及合闸后能在继电保护控制下自动分闸切除故障，断路器额定关合电流 i_{Ncl} 应不小于短路电流最大冲击值 i_{sh}，即

$$i_{Ncl} \geqslant i_{sh} \tag{6-38}$$

6. 短路动稳定校验

高压断路器允许通过的动稳定极限电流 i_{es} 应不小于三相短路时通过断路器的短路冲击电流 i_{sh}，即

$$i_{es} \geqslant i_{sh} \tag{6-39}$$

在断路器产品目录中，部分产品未给出 i_{Ncl}，凡给出的均有 $i_{Ncl}=i_{es}$，故动稳定校验包含了对 i_{Ncl} 的选择，即 i_{Ncl} 的选择可省略。

7. 短路热稳定校验

高压断路器出厂时，制造厂提供时间 t（1、5、10s，新产品4s）内允许通过的热稳定电流 I_t，故断路器的热稳定条件为

$$I_t^2 t \geqslant I_\infty^2 t_{ima} \tag{6-40}$$

式中：I_t 为断路器在时间 t 内的热稳定电流；t 为与 I_t 相对应的时间；I_∞ 为三相最大稳态短路电流；t_{ima} 为短路电流发热假想时间。

【例6-1】 降压变电站中一台变压器，容量为8000kVA，其短路电压百分数为10.5%，二次母线电压为10kV，变电站由无限大容量系统供电，二次母线上短路电流为 $I''=I_\infty=5.5$kA。作用于高压断路器的定时限保护装置的动作时限为1s，瞬时动作的保护装置的动作时限为0.05s，拟采用高压断路器，其固有开断时间为0.05s，灭弧时间为0.05s，断路器全

开断时间则为 $t_{ab}=0.05+0.05=0.1(s)$。试选择高压断路器。

解　(1) 断路器的选择。

断路器额定电压 U_N 应不小于所在电网处的额定电压，故选择 $U_N=12kV$。

所选断路器工作电流为

$$I_{max}=\frac{8000}{\sqrt{3}U_{NT}}=\frac{8000}{\sqrt{3}\times 10}=461.9(A)$$

根据上述计算，查附录选择 ZN28-12-630 型户内真空高压断路器。其主要参数为：额定电压 $U_N=12kV$，额定电流 $I_N=630A$，额定开断电流 $I_{Nbr}=20kA$，额定关合电流 $I_{Ncl}=$动稳定极限电流 $i_{es}=50kA$，$t=4s$ 的热稳定电流 $I_t=20kA$。

(2) 开断电流校验。

额定开断电流校验要满足 $I_{Nbr}\geqslant I_k$ 或 $S_{Nbr}\geqslant S_k$。

由于为无限大容量系统，故

$$I_k=I''=I_\infty=5.5kA<I_{Nbr}=20kA$$

$$S_k=\sqrt{3}U_N I_k=\sqrt{3}\times 12\times 10^3\times 5.5\times 10^3=114.31(MVA)$$

$$S_{Nbr}=\sqrt{3}U_N I_{Nbr}=\sqrt{3}\times 12\times 10^3\times 20\times 10^3=415.68(MVA)$$

$$S_k<S_{Nbr}$$

所选择断路器的开断能力满足要求。

(3) 短路热稳定性校验。

由于短路时间为

$$t_k=t_{pr}+t_{ab}=1+0.1=1.1(s)>1s$$

故可忽略短路电流的非周期分量，则短路电流热效应的等值计算时间为

$$t_{ima}=t_k=1.1s$$

热稳定校验条件为 $I_t^2t\geqslant I_\infty^2t_{ima}$，而

$$I_t^2t=20^2\times 4=1600(kA^2\cdot s)$$

$$I_\infty^2t_{ima}=5.5^2\times 1.1=33.28(kA^2\cdot s)$$

$$I_t^2t>I_\infty^2t_{ima}$$

所选择断路器满足热稳定条件。

(4) 短路动稳定性校验。

动稳定校验条件为 $i_{es}\geqslant i_{sh}$，而

$$i_{sh}=2.55I_\infty=2.55\times 5.5(kA)=14.03(kA)<i_{es}=50kA$$

所选择断路器动稳定也满足要求。

因而，选择 ZN28-12-630 型的户内真空高压断路器满足要求。

将计算结果列入表 6-3。

表 6-3　[例 6-1] 高压断路器选择额定参数与计算数据比较

设备参数	ZN28-12-630	计算数据	
U_N(kV)	12	U_N(kV)	10
I_N(A)	630	I_{max}(A)	461.9
I_{Nbr}(kA)	20	I_k(kA)	5.5

续表

设备参数	ZN28-12-630	计算数据	
$I_t^2 t$(kA²·s)	$20^2 \times 4 = 1600$	$I_\infty^2 t_{ima}$(kA²·s)	33.28
I_{es}(kA)	50	i_{sh}(kA)	14.03

二、高压隔离开关的选择

高压隔离开关的额定电压、额定电流和动、热稳定校验与高压断路器基本相同，但不需校验开断电流。除此之外，还应考虑其种类和形式的选择，其型式应根据电力装置特点和使用要求及技术经济条件来确定。

表 6-4 为隔离开关选型参考表。

表 6-4 隔离开关选型参考表

使用场合		特点	参考型号
户内	屋内配电装置成套高压开关柜	三极，10kV 以下	GN2，GN6，GN8，GN19
	发电机回路 大电流回路	单极，大电流 3000～13 000A	GN10
		三极，15kV，200～600A	GN11
		三极，10kV，大电流 2000～3000A	GN18，GN22，GN2
		单极，插入式结构，带封闭罩，20kV，大电流 100 00～13 000A	GN14
户外	220kV 及以下各型配电装置	双柱式，220kV 及以下	GW4
	高型，硬母线布置	V 形，35～110kV	GW5
	硬母线布置	单柱式，220～500kV	GW6
	220kV 及以上中型配电装置	三柱式，220～500kV	GW7

第四节 互感器的选择

一、电流互感器的选择

1. 电流互感器一次额定电压和额定电流选择

电流互感器一次回路额定电压 U_N 应不低于安装处电网的额定电压 U_{Ns}，一次额定电流 I_{1N}应取线路最大工作电流 I_{max}或者变压器额定电流的 1.2～1.5 倍。

2. 二次额定电流的选择

电流互感器的二次额定电流有 5A 和 1A 两种。当配电装置距离控制室较远时，为使电流互感器能多带二次负荷或减少电缆截面，提高准确度，应尽量采用 1A。

3. 电流互感器种类和型式的选择

电流互感器按安装方式可分为穿墙式、支持式和装入式；按绝缘可分为干式、浇注式和油浸式。应根据安装条件和工作环境选择相适应的类别和型式。6～10kV 户内用电流互感器，采用穿墙式和浇注式；35kV 及以上户外用电流互感器，采用支持式和套管式。

4. 准确度等级的选择

为保证测量仪表的准确度，电流互感器的准确度等级不得低于所供测量仪表的准确度等级。如装于重要回路（如发电机、调相机、变压器、厂用馈线、出线等）中的电能表和计费的电能表一般采用 0.5～1 级，相应的电流互感器的准确度等级不应低于 0.5 级；对测量精度要求较高的大容量发电机、变压器、系统干线和 500kV 电压等级线路宜用 0.2 级。供运行监视、估算电能的电能表和控制盘上仪表，一般皆用 1～1.5 级，相应的电流互感器应为 0.5～1 级。供只需估计电参数仪表的互感器可用 3 级的。当一个电流互感器二次回路中装有几个不同类型仪表时，应按对准确度要求最高的仪表来选择电流互感器的准确度等级。如果同一个电流互感器，既供测量仪表又供保护装置用，应选具有两个不同准确度等级二次绕组的电流互感器。

至此，可初步选出电流互感器的型号，由产品目录或手册查得其在相应准确度等级下的二次负荷额定阻抗 Z_{2N}、热稳定倍数 K_t 和动稳定倍数 K_{es}。

5. 电流互感器二次容量或二次负载的校验

为了保证电流互感器的准确度等级，电流互感器二次侧所接实际负荷 Z_2 或所消耗的实际容量 S_2 应不大于该准确度等级所规定的额定负荷 Z_{2N} 或额定容量 S_{2N}，即

$$Z_{2N} \geqslant Z_2 \text{ 或 } S_{2N} = I_{2N}^2 Z_{2N} \geqslant S_2 = I_{2N}^2 Z_2 \tag{6-41}$$

式中：Z_{2N} 和 S_{2N} 分别为电流互感器某一准确度等级的允许负荷和容量，可从产品样本查得；Z_2 和 S_2 分别为电流互感器二次侧所接实际负荷和容量。

由于电流互感器二次侧所接仪表和继电器的电流线圈及连接导线的电抗很小，可以忽略，只需计及电阻，则 Z_2 和 S_2 可由下面两式求得

$$Z_2 = \sum r_i + r_l + r_c \tag{6-42}$$

$$S_2 = I_{2N}^2 \sum r_i + I_{2N}^2 r_l + I_{2N}^2 r_c = \sum S_i + I_{2N}^2 r_l + I_{2N}^2 r_c \tag{6-43}$$

式中：r_l 为电流互感器二次侧连接导线电阻；r_c 为电流互感器二次连线的接触电阻，由于不能准确测量，一般取为 0.1Ω；$\sum r_i$、$\sum S_i$ 分别为电流互感器二次侧所接仪表的内阻总和与容量总和，$\sum r_i = \sum S_i / I_{2N}^2$。

因此，满足准确度等级的连接导线电阻为

$$r_l \leqslant \frac{S_{2N} - I_{2N}^2(\sum r_i + r_c)}{I_{2N}^2} = Z_{2N} - \sum r_i - r_c \tag{6-44}$$

从而连接导线的截面积可按下式选择

$$A \geqslant \frac{l_c}{\gamma r_l} \tag{6-45}$$

式中：A 为二次侧连接导线的允许截面积；γ 为导线的电导率，铜线取 $53\text{m}/(\Omega \cdot \text{mm}^2)$，铝线取 $32\text{m}/(\Omega \cdot \text{mm}^2)$；$l_c$ 为连接导线的计算长度，与电流互感器的接线方式有关。

假设从电流互感器二次端子到仪表、继电器接线端子的单向长度为 l，则互感器为一相式接线时，$l_c = 2l$；三相完全星形接线时，$l_c = l$；两相不完全星形接线和两相电流差接线时，$l_c = \sqrt{3} l$。

此外，选择二次侧连接导线截面积时，还应按机械强度进行校验，一般要求铜线截面积不得小于 1.5mm^2，铝线截面积不得小于 2.5mm^2。

6. 热稳定和动稳定校验

（1）热稳定校验。电流互感器的热稳定校验只对本身带有一次回路导体的电流互感器进行。电流互感器热稳定能力常以时间 t 内允许通过的热稳定电流 I_t 与一次额定电流 I_{1N} 之

比——热稳定倍数 K_t 来表示，即

$$K_t = \frac{I_t}{I_{1N}} \tag{6-46}$$

故热稳定应按下式校验

$$(K_t I_{1N})^2 t \geqslant I_\infty^2 t_{ima} \tag{6-47}$$

式中：K_t，I_{1N}分别为由生产厂给出的电流互感器的热稳定倍数及一次额定电流；I_∞和t_{ima}分别为短路稳态电流值及热效应假想时间。

（2）动稳定校验。电流互感器动稳定能力，常以允许短时极限通过电流峰值 i_{es}与一次额定电流峰值$\sqrt{2}I_{1N}$之比——动稳定电流倍数 K_{es}表示，即

$$K_{es} = \frac{i_{es}}{\sqrt{2}I_{1N}} \tag{6-48}$$

故内部动稳定可用下式校验

$$\sqrt{2}K_{es}I_{1N} \geqslant i_{sh} \tag{6-49}$$

式中：K_{es}，I_{1N}分别为由生产厂给出的电流互感器的动稳定倍数及一次额定电流；i_{sh}为故障时可能通过电流互感器的最大三相短路电流冲击值。

如果动、热稳定性校验不满足要求，应选择额定电流大一级的电流互感器再进行校验，直至满足要求为止。有关电流互感器的参数可查附录表Ⅲ-13或其他有关产品手册。

7. 继电保护装置用的电流互感器的10%误差

为了保证继电保护装置能够正确动作，保护用电流互感器的允许最大误差不超过10%。电流互感器的10%误差特性曲线如图3-26所示，其校验步骤如下：

（1）按照保护装置类型计算流过电流互感器的一次电流倍数。

（2）根据电流互感器的型号、变比和一次电流倍数，在10%误差曲线上确定电流互感器的允许二次负荷。

（3）按照对电流互感器二次负荷最严重的短路类型，计算电流互感器的实际二次负荷。

（4）比较实际二次负荷与允许二次负荷。如实际二次负荷小于允许二次负荷，表示电流互感器的误差不超过10%；如实际二次负荷大于允许二次负荷，则应采取下述措施：

1）增大连接导线截面积或缩短连接导线长度，以减小实际二次负荷；

2）选择变比较大的电流互感器，减小一次电流倍数，增大允许二次负荷；

3）将电流互感器的二次绕组串联起来，使允许二次负荷增大一倍。

供电系统用的电流互感器，一般都有两个铁芯和两个二次绕组。一个铁芯为测量用，另一个专为继电保护用（准确度等级为3、10或B级），它们的一次绕组是公用的。

【例6-2】 某变电站10kV母线处，三相短路电流 $I_k=8$kA，假想时间 $t_{ima}=1.2$s。现拟在母线的一出线处安装2只LQJ-10型电流互感器，分别装于U、W相，其中0.5级二次绕组用于测量；接有三相有功电能表和三相无功电能表的电流线圈各一只，每一电流线圈消耗功率0.5VA；电流表一只，消耗功率3VA。电流互感器为不完全星形连接，二次回路采用BV-500-1×2.5mm^2 的铜芯塑料线，互感器距仪表的单向长度为2m。若线路负荷计算电流为50A，试选择电流互感器变比并校验其动稳定度、热稳定度和准确度等级。

解 查产品手册，根据线路计算电流50A，初选变比为75/5A的LQJ-10型电流互感

器，有 $K_{es}=225$，1s 热稳定倍数 $K_t=90$，0.5 级二次绕组的 $S_{2N}=10VA$，二次额定负荷 $Z_{2N}=0.4\Omega$。

（1）动稳定校验。

$$i_{sh}=2.55I_k=2.55\times 8=20.4(kA)$$

$$K_{es}\times\sqrt{2}I_{1N}=225\times 1.414\times 0.075=23.86(kA)>20.4kA$$

所以满足动稳定要求。

（2）热稳定校验。

$$(K_tI_{1N})^2t=(90\times 0.075)^2\times 1=45.56(kA^2\cdot s)$$

$$I_{\infty}^2t_{ima}=8^2\times 1.2=76.8(kA^2\cdot s)$$

$$(K_tI_{1N})^2t<I_{\infty}^2t_{ima}$$

所以不满足热稳定要求。

重选变比为 100/5A，则

$$(K_tI_{1N})^2t=(90\times 0.1)^2\times 1=81(kA^2\cdot s)$$

$$I_{\infty}^2t_{ima}=8^2\times 1.2=76.8(kA^2\cdot s)$$

$$(K_tI_{1N})^2t>I_{\infty}^2t_{ima}$$

所以满足热稳定要求。

（3）准确度等级校验。

$$A=2.5mm^2,\ l_c=\sqrt{3}l$$

$$r_l=\frac{l_c}{A\gamma}=\frac{\sqrt{3}l}{A\gamma}=\frac{\sqrt{3}\times 2}{2.5\times 53}=0.026(\Omega)$$

$$\sum S_i=0.5\times 2+3=4(VA)$$

$$S_2=I_{2N}^2\sum r_i+I_{2N}^2r_l+I_{2N}^2r_c=\sum S_i+I_{2N}^2r_l+I_{2N}^2r_c$$

$$=4+5^2\times(0.026+0.1)=7.15(VA)<S_{2N}=10VA$$

满足准确度等级要求。

二、电压互感器的选择

1. 电压互感器一次额定电压选择

为了确保电压互感器安全和在规定的准确度等级下运行，电压互感器一次绕组所接电力网电压应在（0.9～1.1)U_{1N}范围内变动，即满足下列条件

$$0.9U_{1N}<U_{Ns}<1.1U_{1N} \tag{6-50}$$

式中：U_{1N}为电压互感器一次额定电压；U_{Ns}为电压互感器一次绕组所接电力网额定电压。

选择时，满足 $U_{1N}=U_{Ns}$即可。

2. 电压互感器二次额定电压的选择

电压互感器二次额定线间电压为 100V。

3. 电压互感器种类和型式的选择

电压互感器的种类和型式应根据装设地点和使用条件进行选择，例如，在 6～35kV 屋内配电装置中，一般采用油浸式或浇注式；110kV 及以上配电装置多采用干式；110～220kV 配电装置通常采用串级电磁式电压互感器；220kV 及其以上配电装置，当容量和准确度等级满足要求时，也可采用电容式电压互感器。

4. 准确度等级选择

首先根据仪表和继电器接线要求选择电压互感器接线方式，并尽可能将负荷均匀分布在各相上，然后计算各相负荷大小，按照所接仪表的准确度等级和容量选择互感器的准确度等级和额定容量。有关电压互感器准确度等级的选择原则，可参照电流互感器准确度等级选择。一般供功率测量、电能测量以及功率方向保护用的电压互感器应选择 0.5 级或 1 级的，只供估计被测值的仪表和一般电压继电器的电压互感器选用 3 级为宜。

至此，可初步选出电压互感器的型号，由产品目录或手册查得其在相应准确度等级下的二次额定容量。

5. 按二次额定容量选择

电压互感器的二次额定容量（对应于所要求的准确度等级）S_{2N}，应不小于电压互感器的二次负荷 S_2，即

$$S_{2N} \geqslant S_2 = \sqrt{\sum_{i=1}^{n}\left[(S_i\cos\varphi_i)^2 + (S_i\sin\varphi_i)^2\right]} \tag{6-51}$$

式中：S_i、$\cos\varphi_i$ 分别为二次侧所接各仪表并联线圈消耗的功率及其功率因数，可查表得到。

由于电压互感器三相负荷常不相等，为了满足准确度等级要求，通常以最大相负荷进行比较。计算电压互感器各相的负荷时，必须注意互感器和负荷的接线方式。表 6-5 列出了电压互感器和负荷接线方式不一致时每相负荷的计算公式。

由于电压互感器两侧均装有熔断器，故不需进行短路电流下的动稳定和热稳定校验。

表 6-5　　电压互感器二次绕组负荷计算公式

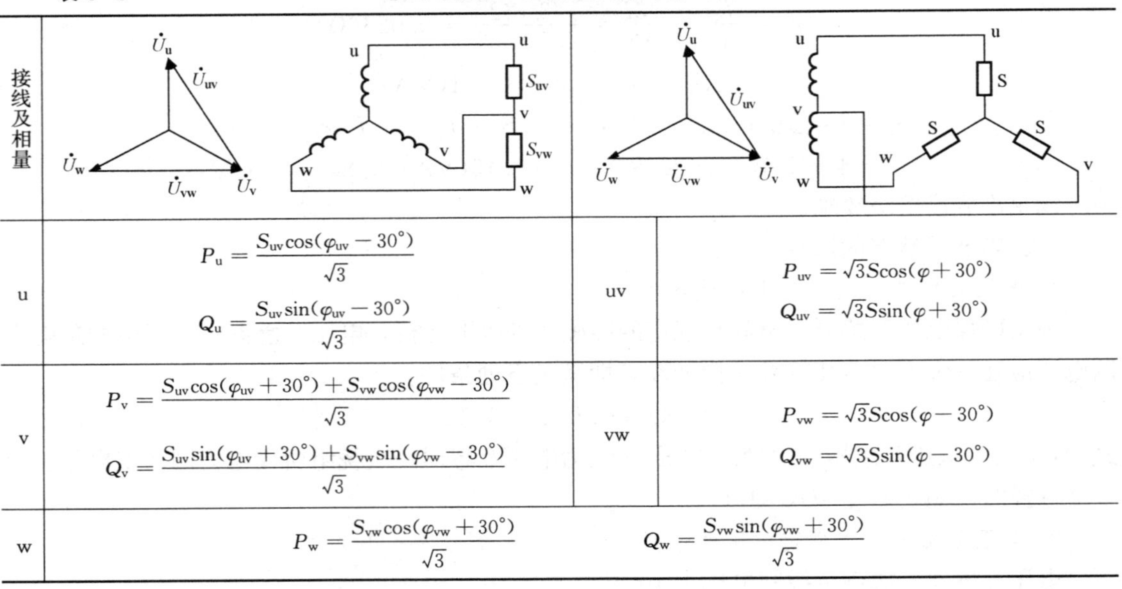

接线及相量	（接线图及相量图）		（接线图及相量图）
u	$P_u = \dfrac{S_{uv}\cos(\varphi_{uv}-30°)}{\sqrt{3}}$ $Q_u = \dfrac{S_{uv}\sin(\varphi_{uv}-30°)}{\sqrt{3}}$	uv	$P_{uv} = \sqrt{3}S\cos(\varphi+30°)$ $Q_{uv} = \sqrt{3}S\sin(\varphi+30°)$
v	$P_v = \dfrac{S_{uv}\cos(\varphi_{uv}+30°)+S_{vw}\cos(\varphi_{vw}-30°)}{\sqrt{3}}$ $Q_v = \dfrac{S_{uv}\sin(\varphi_{uv}+30°)+S_{vw}\sin(\varphi_{vw}-30°)}{\sqrt{3}}$	vw	$P_{vw} = \sqrt{3}S\cos(\varphi-30°)$ $Q_{vw} = \sqrt{3}S\sin(\varphi-30°)$
w	$P_w = \dfrac{S_{vw}\cos(\varphi_{vw}+30°)}{\sqrt{3}}$		$Q_w = \dfrac{S_{vw}\sin(\varphi_{vw}+30°)}{\sqrt{3}}$

第五节　限流电抗器的选择

限流电抗器是用来限制短路电流的。将其串联于电路的首端，能够降低它后面线路发生短路时的短路电流，避免电气设备因短路效应而遭到损坏，可提高母线残压。

一、按额定电压选择

电抗器的额定电压 U_N 应不小于安装处电网的工作电压 U_{Ns}，即

$$U_N \geqslant U_{Ns} \tag{6-52}$$

电抗器能在比其额定电压高10%的电压下可靠工作。

二、按额定电流选择

电抗器的额定电流 I_N 应不小于流过它的最大长期工作电流 I_{max}，即

$$I_N \geqslant I_{max} \tag{6-53}$$

对于分裂电抗器，当用于发电厂的发电机或主变压器回路时，式（6-53）中的 I_{max} 一般按发电机额定电流的70%选择；而用于变电站主变压器回路时，I_{max} 取两臂中负荷电流较大者；当无负荷资料时，一般也按主变压器额定电流的70%选择。

三、按电抗百分值选择

1. 普通型电抗器的选择

（1）电抗器电抗百分值取决于限制短路电流的要求，通常是从限制电抗器后面的次暂态短路电流 I'' 不超过轻型断路器的额定开断电流 I_{Nbr} 出发，即 $I''=I_{Nbr}$，则短路点到电源的总电抗标幺值 X_{Σ}^* 为

$$X_{\Sigma}^* = \frac{I_d}{I''} = \frac{I_d}{I_{Nbr}} \tag{6-54}$$

式中：I_d 为基准电流。

电抗器所需的电抗标幺值为

$$X_L^* = X_{\Sigma}^* - X_{\Sigma s}^* \tag{6-55}$$

式中：$X_{\Sigma s}^*$ 为电源到电抗器前的系统电抗标幺值。

由此可得，电抗器在额定参数的电抗百分值

$$X_L\% = X_L^* \frac{\dfrac{U_d}{\sqrt{3}I_d}}{\dfrac{U_N}{\sqrt{3}I_N}} \times 100 \tag{6-56}$$

式中：X_L^* 为电抗器在基准参数的电抗标幺值；I_N 为电抗器额定电流；U_d 为基准电压；U_N 为电抗器额定电压。

或

$$X_L\% = (X_{\Sigma}^* - X_{\Sigma s}^*)\frac{U_d I_N}{I_d U_N} \times 100 \tag{6-57}$$

根据所求得的电抗百分值，从产品目录选取电抗值接近而偏大的电抗器型号。通常出线电抗器的百分值不宜超过6，母线分段电抗器的电抗百分值不宜超过12。

（2）电抗器的电压损失正常运行时不应超过额定电压的5%。当负荷电流流过电抗器时，根据相应的电压相量图，可推导得电抗器电压损失对装置额定电压的百分数为

$$\Delta U\% = X_L\% \frac{I_{max}}{I_N}\sin\varphi \leqslant 5 \tag{6-58}$$

式中：φ 为线路最大负荷时的功率因数角，一般取 $\cos\varphi=0.8$，即 $\sin\varphi=0.6$。

（3）母线残余电压的校验。目的是为减轻对其他用户供电的影响，当电抗器后短路时，母线上残余电压应不低于电网额定电压值的60%～70%，即

$$\Delta U_{re}\% = \sqrt{3}I''X_L\frac{1}{U_N}\times 100 = \sqrt{3}I''\frac{X_L\%}{100}\frac{U_N}{\sqrt{3}I_N}\times\frac{1}{U_N}\times 100$$

$$= X_L\%\frac{I''}{I_N}\geqslant 60\sim 70 \tag{6-59}$$

当母线上残余电压值不能满足上式要求时，应采取在装有电抗器的出线上装设电流速断继电保护装置，或将电抗器电抗百分值适当加大等措施。对母线分段电抗器、带几回出线的电抗器及装有无时限保护的出线电抗器，不必作本项校验。

2. 分裂电抗器的选择

限制短路电流和维持母线残压，都要求电抗器的电抗值要大，但在正常工作中希望减小电抗器上的电压损失，这就要求电抗器取较小的电抗值，这是普通电抗器不能解决的矛盾。采用分裂电抗器在一定的条件下有助于解决这一矛盾。

分裂电抗器的等值电抗百分值 $X_L\%$可按式（6-56）计算，并按正常运行时分裂电抗器两臂母线电压波动不大于母线额定电压的5%校验。图6-8为分裂电抗器的一相电路。图中两臂的电感 L 相同，每一臂的自感抗 $X_{L1}=\omega L$，这可以在另一臂断开的情况下测量得到。两臂间的互感为 M，两臂间的耦合系数为 $f=\frac{M}{\sqrt{L_1L_2}}=\frac{M}{L}$，一般取 0.4～0.6。极性如图中的"＊"号所示。

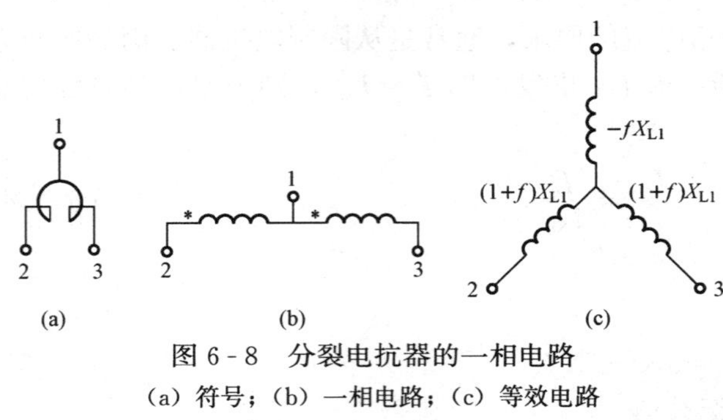

图6-8 分裂电抗器的一相电路

(a) 符号；(b) 一相电路；(c) 等效电路

分裂电抗器的自感电抗 $X_{L1}\%$是按一臂的额定电流为基准计算得到的，故按式（6-56）求得的等值电抗百分值 $X_L\%$进行换算。$X_L\%$和 $X_{L1}\%$的关系还与电流连接方式和限制哪一侧短路电流有关。例如：

（1）当1侧接电源，2侧和3侧无电源，在2或3侧短路时

$$X_L\% = X_{L1}\% \tag{6-60}$$

（2）当1侧无电源，2侧或3侧有电源，在2或3侧短路时

$$X_L\% = 2(1+f)X_{L1}\% \tag{6-61}$$

当 $f=0.5$ 时

$$X_L\% = 3X_{L1}\% \tag{6-62}$$

（3）当2和3侧有电源，1侧短路时

$$X_L\% = \frac{1-f}{2}X_{L1}\% \tag{6-63}$$

当 $f=0.5$ 时

$$X_L\% = \frac{1}{4}X_{L1}\% \tag{6-64}$$

至此，可初步选出电抗器的具体型号，查出其时间 t 内的热稳定电流 I_t 及动稳定电流 i_{es}。

四、热稳定和动稳定校验

电抗器的热稳定条件是

$$I_t^2t\geqslant I_\infty^2t_{ima} \tag{6-65}$$

式中：$I_t^2 t$ 为制造厂提供的热稳定条件值，查产品目录可得；I_∞ 为通过电抗器的短路稳态电流；t_{ima} 为短路电流假想时间。

电抗器的动稳定条件是

$$i_{es} \geqslant i_{sh} \tag{6-66}$$

式中：i_{es} 为电抗器允许通过的动稳定极限电流；i_{sh} 为电抗器安装处的短路冲击电流。

由于分裂电抗器抵御两臂同时流过反向短路电流的动稳定能力较强，除分别按单臂流过短路电流时的动稳定条件校验外，还须按两臂同时流过反向短路电流时的动稳定条件校验。

【例 6-3】 已知：某 10kV 出线 $I_{max}=380A$，$\cos\varphi=0.8$。根据计算，选用 XKSCKL-10-400-4 型电抗器，其 $X_L\%=4$，$I_t^2 t=10^2\times2(kA^2\cdot s)$，$i_{es}=25.2kA$。电抗器后短路时，$t_k=1.1s$，$I''=8.8kA$。对电抗器进行电压损失及热、动稳定校验。

解 （1）电压损失校验。

正常运行时的电压损失

$$\Delta U\% = X_L\% \frac{I_{max}}{I_N}\sin\varphi = 4\times\frac{380}{400}\times0.6 = 2.28 \leqslant 5$$

母线残余电压

$$\Delta U_{re}\% = X_L\% \frac{I''}{I_N} = 4\times\frac{8.8}{0.4} = 88 > 70$$

满足要求。

（2）热、动稳定校验。

因 $t_k>1s$，故仅计及短路电流周期分量的热效应，$t_{ima}=t_k=1.1s$，且 $I_\infty=I''=8.8kA$。

$$I_t^2 t = 200kA^2\cdot s > I_\infty^2 t_{ima} = 8.8^2\times1.1 = 85.18(kA^2\cdot s)$$

$$i_{es} = 25.2kA > i_{sh} = 2.55I'' = 2.55\times8.8 = 22.64(kA)$$

满足热、动稳定要求。

第六节　母线和电缆的选择

一、母线的选择

母线的选择主要包括母线材料、类型和布置方式的选择，导体截面的选择，热稳定、动稳定等项的校验，对重要回路的母线还要进行共振频率的校验等。

1. 母线的材料、类型和布置方式

母线常用导体材料有铜、铝。一般情况下，尽可能用铝，只有在大电流装置及有腐蚀性气体的户外配电装置中，才考虑用铜作为母线材料。

常用的硬母线截面有矩形、槽形和管形。矩形母线常用于 35kV 及以下、电流在 4000A 及以下的电力装置中。单条矩形截面积最大不超过 1250mm²。当工作电流超过最大截面单条母线允许电流时，最多可用四条矩形母线并列使用。

槽形母线机械强度好，载流量较大，集肤效应系数也较小，一般用于 4000～8000A 的电力装置中。管形母线集肤效应系数小，机械强度高，管内还可通风和通水冷却，因此，可用于 8000A 以上的大电流母线。另外，由于圆形表面光滑，电晕放电电压高，因此可用于 110kV 及以上电力装置。

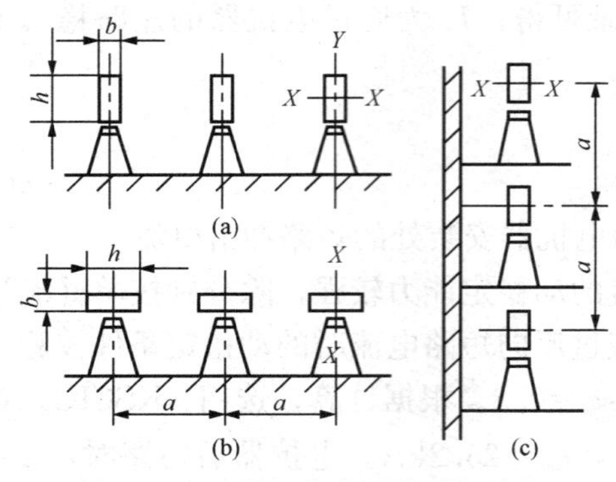

图 6-9 矩形母线布置方式示意图
(a) 水平布置、母线竖放；(b) 水平布置、母线平放；(c) 垂直布置，母线竖放

图 6-9 为矩形母线的布置方式示意图。当三相母线水平布置时，其建筑部分简单，可降低建筑物高度，安装容易，但相间距离受间隔深度限制，不便于观察。图 6-9 (a) 与图 6-9 (b) 相比，前者散热较好，载流量大，但机械强度较低，而后者情况正好相反。图 6-9 (c) 的布置方式兼顾了前两者的优点，其相间距离可取得较大，无需增加间隔深度，便于观察，但使电力装置的高度增加。母线的布置应根据具体情况而定，矩形水平布置多用于中、小容量配电装置中，矩形垂直布置则多用于 20kV 以下、短路电流很大的配电装置中。

2. 母线截面的选择

电力装置的汇流母线、较短导体（20m 以下）及临时装设的母线等按最大长期工作电流来选择截面，即

$$I_{al} = K_{\theta} I_{N} \geqslant I_{max} \tag{6-67}$$

式中：I_{max}为母线所在回路的最大长期工作电流；I_N 是按导体最高允许温度为 70℃、环境温度为 25℃时确定的额定允许载流量；K_{θ} 为环境温度不等于 25℃时的温度校正系数，具体计算见式 (6-28)。

其他母线的截面积按经济电流密度来选择，即

$$A_{ec} = \frac{I_{max}}{J_{ec}} \tag{6-68}$$

式中：I_{max}为通过导体的最大持续工作电流；J_{ec}为经济电流密度，见表 2-5。

3. 热稳定的校验

按正常电流及经济电流密度选出母线截面积后，还应按热稳定校验。按热稳定要求的母线最小截面积为

$$A_{min} = \frac{I_{\infty}}{C} \sqrt{t_{ima} K_s} \tag{6-69}$$

式中：K_s 为集肤效应系数，对于矩形母线截面积在 200mm^2 以下，$K_s=1$，其他情况下的 K_s 值可查阅手册；C 为热稳定系数，其值与材料及发热温度有关，母线的 C 值参见表 6-6。

表 6-6 不同材料母线的热稳定系数 C 值 $A \cdot \sqrt{s}/mm^2$

工作温度（℃）	40	45	50	55	60	65	70	75	80	85	短路时最高允许温度（℃）
硬铝及铝锰合金	99	97	95	93	91	89	87	85	83	81	200
硬铜	186	183	181	179	176	174	171	169	166	163	300

因此母线热稳定校验的条件是

$$A \geqslant A_{min} \tag{6-70}$$

4. 动稳定的校验

各种形状的母线通常都安装在支持绝缘子上，当冲击电流通过母线时，电动力将使母线

产生弯曲应力，因此必须校验母线的动稳定性。

安装在同一平面内的三相母线，其中间相受力最大，即

$$F_{\max} = \sqrt{3}Ki_{\text{sh}}^{2}\frac{l}{a}\times 10^{-7} \tag{6 - 71}$$

式中：$F_{\max}$为母线上所受的相间电动力，N；K为母线形状系数，当母线相间距离远大于母线截面周长时，$K=1$，其他情况可由有关手册查得；l为母线跨距，m；a为母线相间距，m。

母线通常每隔一定距离由绝缘瓷瓶自由支撑，因此当母线受电动力作用时，可以将母线看成一个多跨距载荷均匀分布的梁，当跨距段在两段以上时，其最大弯曲力矩为

$$M = \frac{F_{\max}l}{10} \tag{6 - 72}$$

若只有两段跨距，则

$$M = \frac{F_{\max}l}{8} \tag{6 - 73}$$

母线材料在弯曲时最大计算应力为

$$\sigma_{\max} = \frac{M}{W} \tag{6 - 74}$$

式中：W为母线对垂直于作用力方向轴的截面系数，又称抗弯矩（m^3），其值与母线截面形状及布置方式有关，对常遇到的几种情况的计算式列于表6-7中。

表6-7　母线对垂直于作用力方向轴的截面系数W与母线截面形状及布置方式的关系

序号	母线截面形状与布置方式			W
1	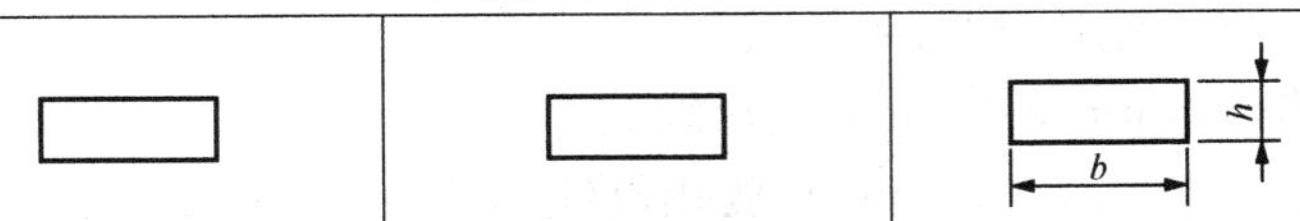		h b	$W=\frac{b^2h}{6}$
2	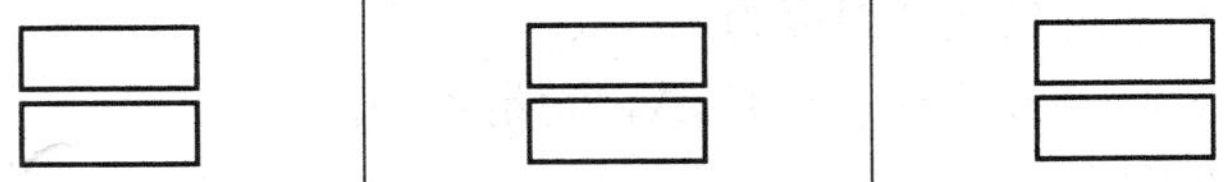			$W=\frac{b^2h}{3}$
3	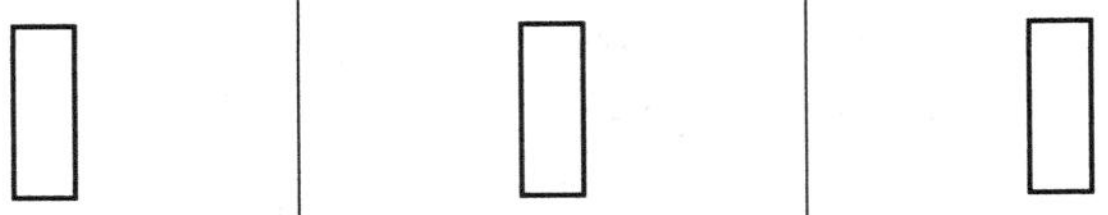			$W=\frac{h^2b}{6}$
4	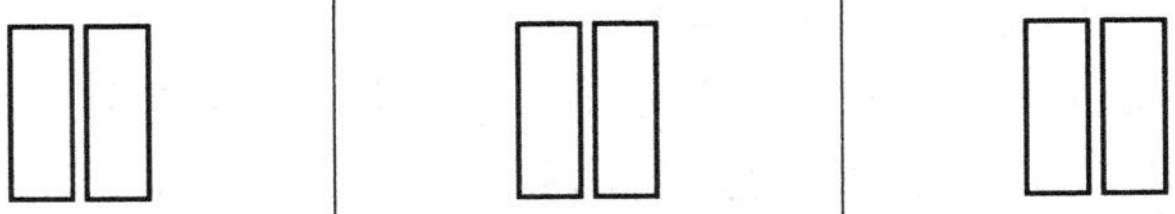			$W=1.44h^2b$
5		D		$W=\frac{\pi D^3}{32}=0.1D^3$
6	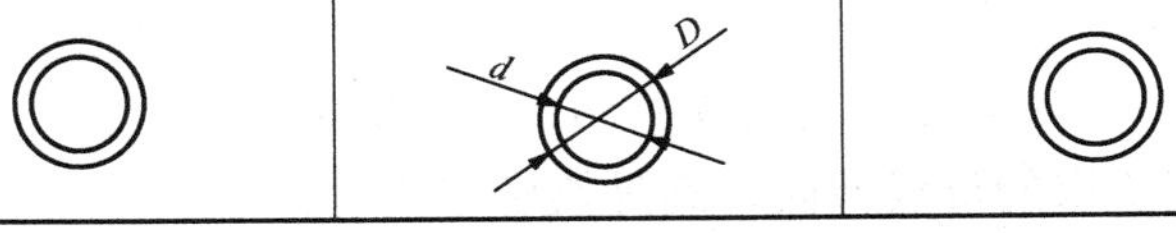	d D		$W=\frac{\pi(D^4-d^4)}{32D}$

要想保证母线不致弯曲变形而遭到破坏，必须使母线的最大计算应力不超过母线的允许应力，即母线的动稳定性校验条件为

$$\sigma_{max} \leqslant \sigma_{al} \tag{6-75}$$

式中：σ_{al}为母线材料的允许应力，硬铝为69×10^6Pa，硬铜为137×10^6Pa，硬钢为157×10^6Pa；σ_{max}为母线最大计算应力。

如果在校验时，$\sigma_{max}>\sigma_{al}$，则必须采取措施减小母线的计算应力。具体措施有：将母线由竖放改为平放；增大母线截面积，但会使投资增加；限制短路电流值能使σ_{max}大大减小，但需增设电抗器；增大相间距离a；减小母线跨距l的尺寸。其中最后一种方法是最经济有效的方法。在设计中，可以按$\sigma_{max}=\sigma_{al}$来确定绝缘瓷瓶之间最大允许跨距l_{max}，即

$$l_{max} = \sqrt{\frac{10\sigma_{al}W}{f_{ph}}} \tag{6-76}$$

式中：$f_{ph}=\sqrt{3}Ki_{sh}^2\dfrac{1}{a}\times10^{-7}$N/m为单位长度母线所受的电动力。

只要母线的实际跨距$l\leqslant l_{max}$，动稳定就能满足要求。为避免矩形导体平放时因本身自重而过分弯曲，所选的实际跨距l一般不得超过1.5～2m。考虑到绝缘子支座及引下线安装方便，常选取绝缘子跨距等于配电装置间隔的宽度。

【例 6-4】 某10kV电力装置主母线长期最大负荷电流为350A，流过母线的三相最大短路电流为10kA，继电保护动作时间为1.33s，断路器的全分闸时间为0.1s，三相母线水平放置，相间距离$a=0.5$m，跨距$l=1$m，周围空气温度为40℃。选择40mm×4mm的矩形铝母线，校验其动、热稳定性。

解 （1）按最大长期工作电流选择母线截面。

已知：$I_{max}=350$A，选择40mm×4mm的铝母线。

查附录表Ⅳ-1，得25℃时40mm×4mm平放铝母线的$I_N=480$A，环境温度为40℃时的温度校正系数$K_\theta=0.81$，长期发热允许温度为70℃。

$I_{al}=K_\theta I_N=0.81\times480=389$（A）$>I_{max}=350$A，满足条件。

（2）校验母线短路时的热稳定。

$$t_{pr} = 1.33\text{s}$$
$$t_{ab} = 0.1\text{s}$$

短路电流持续时间

$$t_k = t_{pr} + t_{ab} = 1.33 + 0.1 = 1.43(\text{s}) > 1\text{s}$$

故不考虑短路电流非周期分量的影响，$I''=I_\infty=10$kA，且$t_{ima}=t_k=1.43$(s)。

由表6-7查得最高允许温度为70℃时铝母线的热稳定系数为$C=87$。

母线最小截面积为

$$A_{min} = \frac{I_\infty}{C}\sqrt{t_{ima}K_s} = \frac{10\times10^3}{87}\sqrt{1.43\times1} = 137(\text{mm}^2)$$

因此

$$A = 40\times4 = 160(\text{mm}^2) > A_{min} = 137\text{mm}^2$$

满足按最大长期工作电流要求的母线截面，满足热稳定要求。

（3）校验母线短路时的动稳定。

短路冲击电流

$$i_{sh}=2.55I''=2.55\times10=25.5(\mathrm{kA})$$

母线上所受的最大相间电动力为

$$F_{max}=\sqrt{3}\,\frac{l}{a}i_{sh}^{2}\times10^{-7}=1.73\times\frac{1}{0.5}\times(25.5\times10^{3})^{2}\times10^{-7}=225(\mathrm{N})$$

母线所受的最大弯矩为

$$M=\frac{F_{max}l}{10}=\frac{225\times1}{10}=22.5(\mathrm{N\cdot m})$$

截面系数

$$W=\frac{hb^{2}}{6}=\frac{4\times10^{-3}\times(40\times10^{-3})^{2}}{6}=1.067\times10^{-6}(\mathrm{m^{3}})$$

母线最大计算应力为

$$\sigma_{max}=\frac{M}{W}=\frac{22.5}{1.067\times10^{-6}}=21.09\times10^{6}(\mathrm{Pa})$$

小于铝母线的允许应力（69×10^{6}Pa），故满足动稳定要求。

二、电缆的选择

电力电缆的选择应包括如下内容：电缆芯线材料和型号、额定电压、截面选择、允许电压损失校验及热稳定校验。电缆的动稳定由厂家保证，因而不必校验。

1. 电缆芯线材料和型号的选择

根据电缆的用途、敷设方法和场所，选择电缆的芯数、芯线材料、绝缘种类、保护层以及电缆的其他特征，最后确定电缆型号。

（1）电缆芯线有铜芯和铝芯，国内工程一般用铝芯，但需要移动或振动剧烈的场所可用铜芯。

（2）在110kV及以上的交流装置中，一般用单芯充油或充气电缆；在35kV及以下三相三线制的交流装置中，用三芯电缆；在380/220V三相四线制的交流装置中，用四芯或五芯（有一芯用于保护接地）电缆；在直流装置中，用单芯或者双芯电缆。

（3）直埋电缆一般采用带保护层的铠装电缆。周围潮湿或有腐蚀性介质的地区应选用塑料护套电缆。

（4）移动机械选用重型橡套电缆；高温场所宜用耐热电缆；重要直流回路或保安电源回路宜用阻燃电缆。

（5）垂直或高差较大处选用不滴流电缆或塑料护套电缆。

（6）敷设在管道（或没有可能使电缆受伤的场所）中的电缆，可用没有钢铠装的铅包电缆或黄麻护套电缆。

2. 额定电压选择

电缆的额定电压 U_N 应不小于其所在电网处的额定电压 U_{Ns}，即

$$U_N\geqslant U_{Ns}\tag{6-77}$$

3. 截面的选择

电力电缆截面一般按长期发热允许电流选择，见式（6-26）；当电缆的最大负荷利用小时数 $T_{max}>5000$h，且长度超过20m时，应按经济电流密度选择，见式（6-68）。

在按长期发热允许电流选择电缆截面时，综合校正系数 K 与电缆的敷设方式和环境温度有关。空气中敷设时，$K=K_\theta K_1$；空气中穿管敷设时，$K=K_\theta K_2$；直接埋地敷设时，$K=K_\theta K_3 K_4$。此处，K_θ 为电缆的环境温度校正系数，可按式（6-28）来确定；K_1 为空气中多根电缆并列敷设的校正系数，可以通过查阅附录表Ⅳ-9或有关设计手册得到；K_2 为空气中穿管敷设的校正系数，在 $U_N \leqslant 10kV$ 情况下，电缆截面积不大于 $95mm^2$ 时，$K_2=0.9$，截面积为 $120 \sim 185mm^2$ 时，$K_2=0.85$；K_3 为直埋电缆因土壤热阻不同的校正系数，K_4 为土壤中多根电缆并列敷设的校正系数，均可通过查阅附录Ⅳ或有关手册得到。

一般情况下，当电缆截面积不大于 $150mm^2$ 时，使用一根单芯电缆；当截面积在 $150 \sim 180mm^2$ 之间时，采用一根三芯电缆；当要求的电缆截面积更大时，可考虑用多根电缆并联使用，并联电缆的根数、截面积要在做技术经济比较后确定。

4. 允许电压损失校验

对于供电距离较远、输送容量较大的电缆线路，还应校验其电压损失 $\Delta U\%$，即

$$\Delta U\% \leqslant 5 \tag{6-78}$$

对于三相交流电路，电压损失 $\Delta U\%$ 可按下式计算

$$\Delta U\% = \frac{173 I_{max} l (r_1 \cos\varphi + x_1 \sin\varphi)}{U_{Ns}} \tag{6-79}$$

式中：I_{max} 为电缆线路最大持续工作电流，A；l 为线路长度，km；r_1、x_1 分别为电缆单位长度的电阻和电抗，Ω/km，可查手册得到；$\cos\varphi$ 为线路的功率因数；U_{Ns} 为电缆线路额定线电压，V。

5. 热稳定校验

电缆的热稳定校验与母线相同，仍然采用式（6-69）。但是，由于电缆芯线一般系多股线构成，截面积在 $400mm^2$ 以下时，$K_s=1$（计入 C 值），则式（6-69）简化为

$$A_{min} = \frac{I_\infty}{C}\sqrt{t_{ima}} \tag{6-80}$$

电缆的热稳定系数 C 值与导体材料、发热条件有关，可参考表6-1，也可查阅有关设计手册。

【例6-5】 某变电站通过双回10kV电缆线路向某重要用户供电，供电距离 $l=1.5km$。用户 $P_{max}=3000kW$，$T_{max}=4000h$，$\cos\varphi=0.85$。电缆末端短路电流为 $I''=7.5kA$，短路时间 $t_k=1.12s$。电缆采用直埋地下，净距200mm，土壤温度 $\theta=20℃$，热阻系数 $g=1.2℃\cdot m/W$。试选择该电缆。

解 （1）电缆额定电压和结构类型选择。

根据题意，选择 $U_N=10kV$ 的YJLV22型电缆（交联聚氯乙烯绝缘、聚氯乙烯护套、钢带铠装、铝芯电缆）。

（2）截面选择。

因 $T_{max}=4000h<5000h$，所以按最大持续工作电流选择截面。由于是双回供电的重要用户，当一回线路故障时，另一回应能供全部负荷，即

$$I_{max} = \frac{P_{max}}{\sqrt{3}U_N\cos\varphi} = \frac{3000}{\sqrt{3}\times 10\times 0.85} = 203.8(A)$$

选择 $A=150\text{mm}^2$ 电缆，$\theta_0=25℃$，$I_N=219A$，$\theta_{al}=90℃$，$\theta_{kal}=200℃$。热阻系数 $g=2.0℃\cdot m/W$，此时的土壤热阻校正系数为 0.87。

将其额定电流折算到热阻系数 $g=1.2℃\cdot m/W$ 时的额定电流，即 $I_N=219/0.87=251.72(A)$。

温度校正系数为

$$K_\theta=\sqrt{\frac{\theta_{al}-\theta_0'}{\theta_{al}-25}}=\sqrt{\frac{90-20}{90-25}}=1.04$$

热阻系数 $g=1.2℃\cdot m/W$ 时的土壤热阻校正系数 $K_3=1.0$，直埋两根并列敷设系数 $K_4=0.92$。这时，允许载流量 I_{al} 为

$$\begin{aligned}I_{al}&=KI_N=K_\theta K_3K_4I_N=1.04\times1.0\times0.92\times251.72\\&=240.85(A)>203.8A\end{aligned}$$

满足长期发热要求。

(3) 允许电压损失校验。

查手册得 150mm^2 电缆的单位长度电阻 $r_1=0.21\Omega/km$，单位长度电抗 $x_1=0.072\Omega/km$，则

$$\begin{aligned}\Delta U\%&=\frac{173I_{max}l(r_1\cos\varphi+x_1\sin\varphi)}{U_{sN}}\\&=\frac{173\times203.8\times1.5\times(0.21\times0.85+0.072\times0.527)}{10\ 000}\\&=1.15<5\end{aligned}$$

电压损失满足要求。

(4) 热稳定校验。

$I_\infty=I''=7.5kA$，$t_{ima}=t_k=1.12s$，查表 6 - 1 得热稳定系数 $C=80A\cdot\sqrt{s}/\text{mm}^2$，则

$$A_{min}=\frac{I_\infty}{C}\sqrt{t_{ima}}=\frac{7.5\times10^3}{80}\sqrt{1.12}=99(\text{mm}^2)<150\text{mm}^2$$

热稳定满足要求。

第七节　支柱绝缘子和穿墙套管的选择

支柱绝缘子按额定电压和类型选择，并按短路校验动稳定；穿墙套管按额定电压、额定电流和类型选择，并按短路校验热、动稳定。

一、按额定电压选择支柱绝缘子和穿墙套管

支柱绝缘子和穿墙套管的额定电压 U_N 应不小于其所在电网的额定电压 U_{Ns}，即

$$U_N\geqslant U_{Ns}\tag{6 - 81}$$

发电厂和变电站的 3～20kV 户外支柱绝缘子和套管，当有冰雪或污秽时，宜选用高一级额定电压的产品。

二、选择支柱绝缘子和穿墙套管的种类和型式

选择支柱绝缘子和穿墙套管时应按装置种类（屋内、屋外）、环境条件选择满足使用要求的产品。

户内联合胶状多棱式支柱绝缘子兼有外胶装式、内胶装式的优点，并适用于潮湿和湿热

带地区，户外棒式支柱绝缘子性能较针式优越。因而，屋内配电装置宜采用联合胶装多棱式支柱绝缘子；屋外配电装置支柱绝缘子宜采用棒式支柱绝缘子。在有严重灰尘或对绝缘有害的气体存在的环境中，应选用防污型绝缘子。

三、按最大持续工作电流选择穿墙套管

穿墙套管的最大允许持续工作电流 I_{al} 应按式（6-67）选择。其中 K_θ 为环境温度不等于25℃时的温度校正系数，具体计算参见式（6-28）。计算时，正常工作时的最高允许温度 θ_{al} 取 85℃，即 $K_\theta=0.149\sqrt{85-\theta_0}$；在环境温度小于 40℃及符合套管长期最高允许发热温度的情况下，允许穿墙套管长期过负荷，但过负荷不应大于 $1.2I_N$。

母线型穿墙套管本身不带导体，不必按持续工作电流选择和校验热稳定，只需保证套管型式与母线条的形状和尺寸能够相配合，并保证它的动稳定即可。

四、校验穿墙套管的热稳定

穿墙套管的热稳定应满足

$$I_t^2 t \geqslant I_\infty^2 t_{ima} \tag{6-82}$$

式中：I_∞ 为三相短路稳态电流；t_{ima} 为短路发热假想时间；I_t 为允许通过穿墙套管的热稳定电流，t 为允许通过穿墙套管的热稳定时间，两者均可通过查阅手册得到。

五、校验支柱绝缘子和穿墙套管的动稳定

当三相导体水平布置时，如图 6-10 所示，支柱绝缘子所承受的最大电动力为

$$F_{max}=\frac{F_1+F_2}{2}=1.73\times10^{-7}\frac{l_1+l_2}{2a}i_{sh}^2 \tag{6-83}$$

式中：l_1、l_2 为与绝缘子相邻的跨距，m；i_{sh} 为三相最大冲击电流，A。

由于制造厂商给出的是绝缘子顶部的抗弯破坏负荷 F_{de}，因此必须将 F_{max} 换算为绝缘子顶部所受的电动力 F_c，见图 6-11。

根据力矩平衡关系可得

$$F_c=F_{max}\frac{H_1}{H} \tag{6-84}$$

$$H_1=H+b+\frac{h}{2}$$

式中：H 为绝缘子高度；H_1 为绝缘子底部到导体水平中心线的高度；h 为导体放置高度；b 为导体支持器下片厚度，一般竖放矩形导体 b=18mm，平放矩形导体及槽形导体 b=12mm。

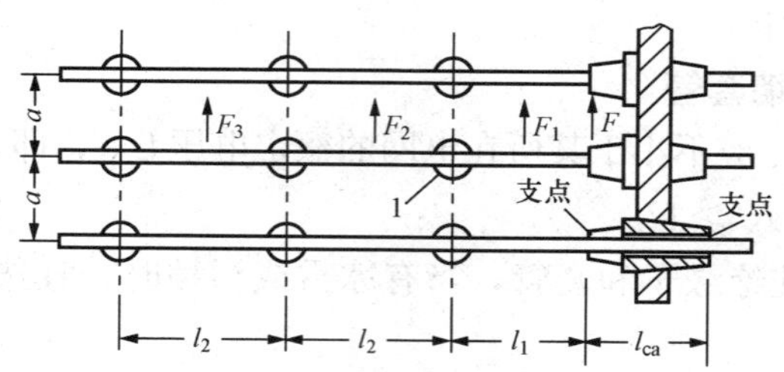

图 6-10 支柱绝缘子和穿墙套管所受的电动力（俯视）

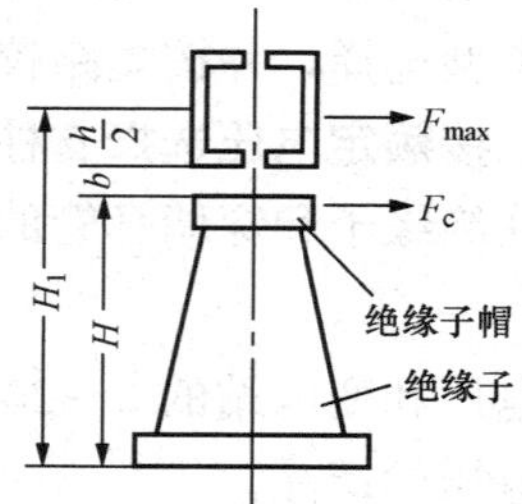

图 6-11 F_{max} 与 F_c 换算

从而支柱绝缘子动稳定校验条件为

$$F_c\leqslant0.6F_{de} \tag{6-85}$$

式中：F_{de}为抗弯破坏负荷，N；0.6 为安全系数。

对于户内 35kV 及以上水平布置的支柱绝缘子，在进行上述电动力计算时，应考虑导体和绝缘子的自重及短路电动力的复合作用，户外支柱绝缘子尚应计及风力和冰雪的附加作用；对于悬式绝缘子，不需校验动稳定。

当三相导体水平布置时，穿墙套管端部所受的最大电动力仍可用式（6-83）计算，但 l_1 为套管端部至最近一个支柱绝缘子之间的距离，见图 6-10；l_2 取套管本身长度 l_{ca}。

故穿墙套管的动稳定校验条件为

$$F_{max} \leqslant 0.6F_{de} \tag{6-86}$$

第八节 低压开关电器的选择

一、低压断路器的选择

1. 低压断路器选择的一般原则

（1）低压断路器的类型及操动机构类型应符合工作环境、保护性能等方面的要求。

（2）低压断路器的额定电压应不低于装设处电网的额定电压。

（3）低压断路器的额定电流应不小于它所能安装的最大脱扣器的额定电流。

（4）低压断路器的短路断流能力不小于线路中的最大短路电流。

2. 低压断路器过电流脱扣器的选择与整定

（1）低压断路器过电流脱扣器的选择。过电流脱扣器的额定电流 I_{NOR}应不小于线路的最大负荷电流 I_{max}，即

$$I_{NOR} \geqslant I_{max} \tag{6-87}$$

（2）低压断路器过电流脱扣器的整定。

1）瞬时脱扣器的动作电流 I_{opo}应躲过线路的尖峰电流 I_{pk}，即

$$I_{opo} \geqslant K_{relo} I_{pk} \tag{6-88}$$

式中：K_{relo}为可靠系数，对于动作时间在 0.02s 以上的万能式断路器（DW 型）取 1.35，对于动作时间在 0.02s 以下的塑壳式断路器（DZ 型），取 1.7～2.0。

2）短延时脱扣器的动作电流 I_{ops}应躲过线路的尖峰电流 I_{pk}，即

$$I_{ops} \geqslant K_{rels} I_{pk} \tag{6-89}$$

式中：K_{rels}为可靠系数，可取 1.2。

3）长延时脱扣器的动作电流 I_{opl}应不小于线路的最大负荷电流 I_{max}，即

$$I_{opl} \geqslant K_{rell} I_{max} \tag{6-90}$$

式中：K_{rell}为可靠系数，可取 1.1。

由于长延时过电流脱扣器是用于负荷保护，动作时间有反时限特征。过负荷电流越大，动作时间越短，反之则越长。动作时间一般不小于 10s。

过电流脱扣器动作电流整定后，还应选择过电流脱扣器的整定倍数。过电流脱扣器的动作值或倍数，一般按照其额定电流的倍数来设定。各种型号断路器的脱扣器的动作电流的整定倍数也不一样。不同类型过电流脱扣器，如瞬时、短延时、长延时，其动作电流倍数也不一样。有些型号断路器动作电流整定倍数分挡设定，有些型号断路器动作电流倍数则可连续调节。应选择最接近且不小于动作电流 I_{op} 的脱扣器动作电流整定值 KI_N，即 $KI_N \geqslant I_{op}$，K

为整定倍数。

4）过电流脱扣器的动作电流 I_{op} 必须与被保护线路的允许电流 I_{al} 相配合，以便在线路过负荷或短路时，能及时切断线路电流，以保护导线或电缆防止因过热而损坏。整定值按下式计算

$$I_{op} \leqslant K_{OL} I_{al} \tag{6-91}$$

式中：I_{al} 为线路的允许载流量；K_{OL} 为过负荷系数，对瞬时或短延时过电流脱扣器取 $K_{OL}=4.5$，长延时过电流脱扣器取 $K_{OL}=1$，对有爆炸性气体区域内的配电线路取 $K_{OL}=0.8$。

当上述配合要求得不到满足时，可改选脱扣器动作电流，或者增大线路导线截面积。

3. 低压断路器热脱扣器的选择与整定

（1）热脱扣器的选择。热脱扣器的额定电流 I_{NTR} 应不小于线路的最大负荷电流 I_{max}，即

$$I_{NTR} \geqslant I_{max} \tag{6-92}$$

（2）热脱扣器的整定。热脱扣器的动作电流 I_{opTR} 应躲过线路的尖峰电流 I_{pk}，即

$$I_{opTR} \geqslant K_{relTR} I_{pk} \tag{6-93}$$

式中：K_{relTR} 为可靠系数，一般取 1.1。

4. 低压断路器过电流保护灵敏度校验

低压断路器过电流保护的灵敏度应按下式计算

$$K_s = \frac{I_{kmin}}{I_{op}} \geqslant 1.5 \tag{6-94}$$

式中：I_{op} 为低压断路器瞬时或短延时过电流脱扣器的动作电流；I_{kmin} 为低压断路器所保护的线路末端最小短路电流，对中性点不接地系统取两相短路电流 $I_k^{(2)}$，对中性点直接接地系统取单相短路电流 $I_k^{(1)}$。

5. 低压断路器断流能力的校验

对动作时间在 0.02s 以上的万能式断路器，其极限分断电流 I_{Nbr} 应不小于通过它的最大三相短路电流有效值 I_k，即

$$I_{Nbr} \geqslant I_k \tag{6-95}$$

对于动作时间在 0.02s 以下的塑壳式断路器，其极限分断电流 I_{Nbr} 应不小于通过它的最大三相短路电流冲击值 I_{sh}，即

$$I_{Nbr} \geqslant I_{sh} \text{ 或 } i_{Nbr} \geqslant i_{sh} \tag{6-96}$$

6. 前后级低压断路器之间的选择性配合

前后级低压断路器的选择性配合应按其保护特性曲线来进行校验。为了保证前后级低压断路器的选择性，一般要求前一级（靠近电源）低压断路器采用短延时过电流脱扣器，而后一级（靠近负荷）低压断路器采用瞬时过电流脱扣器，且前一级动作电流应大于后一级动作电流的 1.2 倍，即

$$I_{op1} \geqslant 1.2 I_{op2} \tag{6-97}$$

如果前后级都采用短延时脱扣器，则前一级动作时间至少应比后一级短延时动作时间大一级。由于低压断路器保护特性时间误差为±20%～±30%，为防止误动作，应把前一级动作时间计入负误差（提前动作），后一级动作时间计入正误差（滞后动作），在这种情况下，仍要保证前一级动作时间大于后一级动作时间，才能保证前后级断路器之间的选择性配合。

【例 6-6】 已知某电力线路的最大工作电流 $I_{max}=125A$，尖峰电流 $I_{pk}=390A$，导线的长期允许电流 $I_{al}=165A$，线路首端的最大三相短路电流 $I_k=7.6kA$，最小单相短路电流 $I_k^{(1)}=2.5kA$。请选择低压断路器的型号及规格。

解 （1）选择型号及规格。

根据题意，选用 DW15-200 型低压断路器，其额定电流

$$I_N = 200A > I_{max} = 125A$$

满足条件。

查附录，确定配置瞬时和长延时过电流脱扣器。

（2）瞬时脱扣器额定电流选择及动作电流整定。

1）选择。要求 $I_{NOR} \geqslant I_{max}=125A$，故选取 $I_{NOR}=200A$ 的瞬时脱扣器。

2）整定。

$$I_{opo} \geqslant K_{relo} I_{pk} = 1.35 \times 390 = 527(A)$$

据此，应选瞬时脱扣器整定倍数 $K=3$，则

$$I_{opo} = KI_N = 3 \times 200 = 600(A) > 527A$$

3）与保护线路的配合。

$$I_{opo} = 600A < K_{OL} I_{al} = 4.5 \times 165 = 743(A)$$

满足条件。故选择动作电流为 600A 的半导体式瞬时过电流脱扣器。

（3）长延时脱扣器动作电流整定。

1）动作电流整定。

$$I_{opl} \geqslant K_{rell} I_{max} = 1.1 \times 125 = 137.5(A)$$

选取 128～160～200 中动作电流为 160A 的热式脱扣器，则 $I_{opl}=160A$。

2）与保护线路的配合。

$$I_{opl} = 160A < K_{OL} I_{al} = 1 \times 165 = 165(A)$$

满足要求。

（4）断流能力校验。

DW15-200 的极限开断电流 $I_{Nbr}=50kA$，大于最大三相短路电流 $I_k=7.6kA$，满足要求。

（5）灵敏度校验。

$$K_s = \frac{I_{kmin}}{I_{op}} = \frac{I_k^{(1)}}{I_{opo}} = \frac{2.5 \times 10^3}{600} = 4.2 > 1.5$$

灵敏度满足要求。

综合上述，所选择低压断路器为 DW15-200，脱扣器额定电流为 200A。

计算结果见表 6-8。

表 6-8　　[例 6-6] 低压断路器选择额定参数与计算数据比较

设备参数	DW15-200	比较条件	计算数据	
U_N(V)	380	⩾	U_N(V)	380
I_N(A)	200	⩾	I_{max}(A)	125
I_{Nbr}(kA)	50	⩾	I_k(kA)	7.6

续表

设备参数		DW15-200	比较条件	计算数据	
长延时脱扣器	I_{NOR}(A)	200	≥	I_{max}(A)	125
	I_{opl}(A)	160	≥	$K_{rell}I_{max}$(A)	1.1×125=137.5
			≤	$K_{OL}I_{al}$(A)	1×165=165
瞬时延时脱扣器	I_{opo}(A)	KI_N=3×200=600	≥	$K_{relo}I_{pk}$(A)	1.35×390=527
			≤	$K_{OL}I_{al}$(A)	4.5×165=743
K_s		$\frac{I_k^{(1)}}{I_{opo}}=4.2$	>	K_s	1.5

二、低压刀开关的选择

低压刀开关主要根据负荷电流的大小来选择其额定容量。一般情况下，由于闸刀开关应该能接通和断开自身标定的额定电流，因此在只有普通负荷的电路中，可以根据负荷电流来选择相应的刀开关。当用刀开关控制电动机时，由于电动机的起动电流大，刀开关的额定电流应该比电动机的额定电流大，一般是电动机额定电流的 3 倍。如果电动机不需要经常起动，而且是一般电路的情况，刀开关的额定电流应为电动机或负载电路额定电流的 2 倍左右。在选择刀开关时，还应根据工作地点的环境，选择合适的操动机构。

组合式刀开关应配有满足正常工作和保护需要的熔断器。选择组合开关的依据是电源的种类、电压等级、触头数量以及断流容量。

思考题与习题

6-1 周期分量假想时间如何计算？

6-2 电力系统中发生三相短路时，哪一相出现的电动力最大？如何计算？

6-3 电气设备选择的一般原则是什么？

6-4 如何校验电气设备的热稳定？如何校验电气设备的动稳定？

6-5 在选择高压断路器、高压隔离开关时，哪些需要校验断流能力？哪些需要校验动、热稳定性？

6-6 电流互感器应按哪些条件来选择？准确度等级如何确定？

6-7 电压互感器应按哪些条件来选择？准确度等级如何确定？

6-8 限流电抗器的作用是什么？选择限流电抗器的条件有哪些？

6-9 母线怎样选择？如何进行母线的动、热稳定性校验？

6-10 试选择某 10kV 高压配电所进线侧的高压户内断路器和高压户内隔离开关的规格型号。已知该进线的计算电流为 350A，三相短路电流稳态值为 2.8kA，继电保护动作时间为 1.1s，断路器的全分闸时间为 0.2s。

6-11 已知某 10kV 线路的 I_{max}=150A，三相短路电流 I_k=9kA，三相短路冲击电流 I_{sh}=23kA，假想时间 t_{ima}=1.4s。装有电流表两只，每只线圈消耗功率 0.5VA；有功功率表和无功功率表各一只，每只线圈消耗功率 0.6VA；有功电能表和无功电能表各一只，每只线圈消耗功率 0.5VA。电流互感器为不完全星形连接，二次回路采用 BV-500-1×2.5mm²

的铜芯塑料线，电流互感器至测量仪表的路径长度 $l=10m$。试选择测量用电流互感器型号并进行动、热稳定性和准确度等级校验。

6-12　某 10kV 电力装置矩形母线，最大负荷电流 $I_{max}=334A$，母线发生三相短路时的最大稳态电流 $I_{\infty}=15.5kA$，继电保护动作时间为 1.25s，断路器全分闸时间为 0.25s，三相母线按水平平放布置，相间距离 0.25m，跨距为 1m，空气温度为 25℃。试选择铝母线截面并进行动、热稳定性校验。

6-13　某 10kV 变电站，通过两条架空线向重要负荷供电，从断路器到出线架空线之间用电力电缆连接，并列敷设于电缆沟内，长度 $l=1.5km$，电缆中心距为电缆外径的 2 倍。两条线路 P_{max} 均为 1600kW，$T_{max}=4200h$，$\cos\varphi=0.85$，敷设电缆沟内的最高温度为 30℃。电缆始端短路电流为 $I''=2.5kA$。线路保护动作时间 $t_{pr}=1s$，断路器全开断时间 $t_{ab}=0.3s$。试选择线路电缆。

6-14　某 380V 低压干线上，计算电流为 250A，尖峰电流为 400A，导线长期允许电流为 350A，安装地点的三相短路冲击电流为 25kA，最小单相短路电流 $I_k^{(1)}=3.5kA$。试选择 DW15 型低压断路器的规格（带瞬时和长延时脱扣器），并校验断路器的断流能力。

第七章 电力系统继电保护

本章介绍了继电保护的作用与基本原理，阐述了对继电保护装置的基本要求。对继电保护装置的构成、发展以及常用的继电器作了简单说明。详细介绍了继电保护的配置与整定原则；电力线路的相间短路保护和接地保护的原理与整定；电力变压器、电动机的保护配置、保护原理与整定计算。

第一节 继电保护概述

一、继电保护的作用与基本原理

1. 电力系统故障及非正常运行状态

电力系统运行中，常见的故障有：①单相接地；②两相接地；③两相短路；④三相短路；⑤断线等。常见的非正常运行状态有：①过负荷；②过电压；③非全相运行；④振荡等。

故障和非正常运行状态都能引起系统事故，造成对用户停止送电或电能质量变坏，严重时会造成设备损坏、人身伤亡，甚至引起电力系统瓦解。

2. 电力系统继电保护的作用

当系统故障和非正常运行状态发生时，继电保护装置的任务包括两个方面：

(1) 在尽可能短的时限和尽可能小的范围内，按预先设定的方式，自动、有选择地跳开断路器，从电力系统中切除故障元件，保证无故障部分迅速恢复正常运行。

(2) 反应电气元件的不正常运行状态，并根据运行维护的条件（如有无经常值班人员），动作于信号、减负荷或延时跳闸。

实现电力系统继电保护功能的成套装置，称为继电保护装置。继电保护装置是电力系统安全稳定运行不可缺少的部分，是保证电力元件，如发电机、变压器、输电线路、母线及用电设备安全运行的基本装备。任何电力元件不得在无继电保护的状态下运行。

3. 继电保护的基本原理

电力系统发生故障或非正常运行时，通常会出现电流增大、电压降低、电流与电压之间的相位角改变，以及产生负序、零序电流、电压分量等现象。利用故障时系统电气量与非电气量的变化特征，可以构成各种不同原理的继电保护。

几种常用的继电保护的基本原理如下：

(1) 反应电流增大的过电流保护。短路或过负荷时，流过被保护元件的电流将大于正常工作电流，达到某个设定值时就使继电保护装置动作，从而构成过电流保护。

(2) 反应电压降低的低电压保护。正常运行时，各母线上的电压一般都在额定电压±5%范围内变化。短路后，离短路点越近，电压降得越低。利用短路时电压幅值的大幅度降低，可以构成低电压保护。

(3) 反应电压与电流的比值即阻抗变化的距离保护。母线上的电压和线路中电流的相量之比称为该线路的测量阻抗。正常运行时，母线电压额定，线路中流过正常负荷电流，线路的测量阻抗幅值大而阻抗角小；短路后，故障相电压降低，电流变大，距离变短，所以线路测量阻抗幅值变小，由于甩掉了负荷，阻抗角变大。

测量阻抗的幅值正比于该线路首端到故障点的距离。短路后测量阻抗幅值变小、阻抗角变大，利用该原理可以构成线路的距离保护。当故障点在设定的某个距离之内，即测量阻抗小于整定阻抗时，保护动作。

(4) 负序、零序保护。在不对称短路中，会出现负序、零序电流和电压，可以利用这些序分量构成零序或负序保护。

(5) 差动保护。差动保护是根据保护区内部发生故障和保护区外部发生故障时的某种电量（如电流和方向）的不同构成保护。由于所选取的判别量不同以及判别量的传送方式和采用的通道不同，就形成了各种形式的差动保护。

(6) 其他保护原理。变压器内部短路时，利用变压器油受热分解所产生的气体，可构成反应气体数量和流速的气体保护；利用线路故障时，故障点产生的暂态行波分量的传播方向不同等特点可以构成各种行波保护等。

二、对继电保护装置的基本要求

作用于断路器跳闸的继电保护装置，应满足四个基本要求：选择性、可靠性、速动性、灵敏性和可靠性。

1. 选择性

选择性是指在电力系统发生故障时，保护装置只需将故障元件从系统中切除，尽量缩小因故障而停电的范围，保证无故障部分继续运行。

选择性的原则是就近原则，即系统短路时，应由距离故障点最近的保护装置切除相应的故障点。如图 7-1 所示，当 k3 点短路时，应由 QF6 跳闸，其他非故障线路可以继续运行；同理，当 k2 点短路时，应由 QF5 跳闸；k1 点短路时，应由 QF1 和 QF2 跳闸。变电站 A 经线路 WL2 向变电站 B 继续供电。

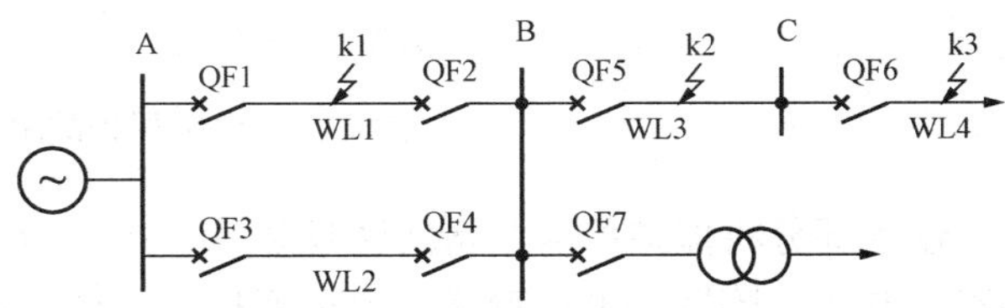

图 7-1　电力系统继电保护选择性说明

当 k3 点短路时，若 QF6 由于某种原因拒动，这时应跳开相邻线路，即 QF5 跳闸这也属于有选择性动作。这种作用称为远后备保护。虽然切除了一部分非故障线路，但尽可能限制了故障的发展，尽量缩小了故障影响范围。如果 QF6 及其保护装置都完好，k3 点短路时 QF5 跳闸，则称为越级跳闸，保护失去了选择性。

因纵联或横联差动保护，是根据差动范围内和差动范围外来区分故障地点的，所以具有“绝对选择性”。

2. 速动性

速动性是指在电力系统发生故障时，继电保护装置尽可能快速地动作并将故障切除，避免故障电流损坏设备，保证系统的稳定运行。

3. 灵敏性

灵敏性是指保护装置对在其保护范围内发生的故障和不正常运行状态的反应能力。要求保护装置对保护范围内发生的故障，无论此时系统运行方式是最大还是最小，也无论故障点位置、故障类型如何以及故障点过渡电阻的大小，都能灵敏地反应，即具有足够的灵敏度。灵敏度一般用灵敏系数来衡量。各类保护的灵敏系数要求值在GB/T 50062—2008《电力装置的继电保护和自动装置设计规范》中有规定。

4. 可靠性

保护装置的可靠性是指保护在应该动作时可靠动作，即不拒动，不该动作时不动作，即不误动。可靠性主要取决于保护装置本身的制造质量，保护系统的设计、整定计算和运行维护水平。为保证可靠性，宜选用性能满足要求、原理尽可能简单的保护方案，应采用由可靠的硬件和软件构成的装置，并应具有必要的自动检测、闭锁、告警等措施，以便于整定、调试和运行维护。

以上四个基本要求，可靠性是最重要的，选择性是关键，灵敏性必须足够，速动性则应达到必要的程度。选择性和速动性有时是矛盾的。可以根据侧重点不一样来保证主要的属性。例如主要为了满足选择性时，在系统稳定允许的条件下，可以牺牲一些速动性；有时也暂时牺牲部分选择性来保证速动性，并采用自动重合闸或备用电源自动投入等措施予以补救。

三、继电保护装置的构成与发展

1. 继电保护装置的组成

不管由什么原理、材料、元件与工艺做成的保护装置，它们的基本组成部分是相同的，即继电保护装置由测量部分、逻辑部分和执行部分三大部分组成，其组成原理框图如图7-2所示。

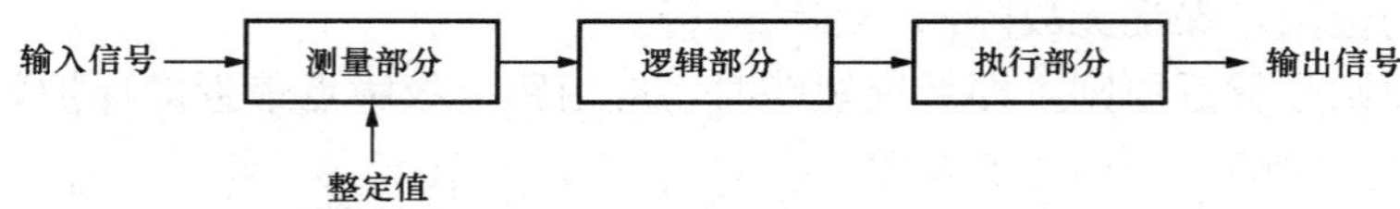

图7-2 继电保护的组成原理框图

输入部分将保护所需测量的物理量从一次电力系统中取出并进行相关的处理（如电流互感器、电压互感器、电压变换、电流变换、采样保持等一个或几个环节）后送入继电保护装置的测量部分。

测量部分对输入的信号进行量测或计算并与保护的整定值进行比较，根据比较结果确定是否启动保护的逻辑部分。

逻辑判断部分的作用是：测量部分启动后，按自身的逻辑关系判断故障的类型、范围，最后确定是否应该使断路器跳闸、发出信号或不动作，并将对应的指令传给执行部分。

执行部分的作用是：根据逻辑判断传来的指令，发出跳闸脉冲及相应的动作信息，发出报警信号或不动作。

继电保护装置的各组成部分根据保护的类型和所使用的电路、元件等不同而有不同的种类。

2. 继电保护装置的输入电路

输入电路应将电力系统中的强电量变换成为满足继电保护二次电路需要的各种弱电量。因此，输入回路包括各种互感器、变换器、序滤过器、滤波电路、整流电路、模数变换等部件。

（1）电压互感器和电压变换器。电压互感器（用 TV 表示）的作用是将电力系统的高电压变为保护测量回路允许的电压，如 100V 等；电压变换器（用 TVM 表示）可将电压互感器输出的电压变换成更低的某些保护所需的电压。

（2）电流互感器和电流变换器。电流互感器（用 TA 表示）将一次系统中的大电流变换成为保护测量回路允许的小电流，如 5、1A 或 0.5A；而电流变换器（用 TAM 表示）可将电流互感器输出的电流变换成更小的电流，以适合某些保护测量回路的需要，故又称为中间变流器。当电流变换器带上电阻负载后，它可将输入电流变换成电压，故也可称它为电压形成回路。

（3）电抗变压器。电抗变压器（用 UR 表示）是一个铁芯带气隙的变换器，具有励磁阻抗很小的特征。可用它将电流信号变成电压信号后送入测量元件。

（4）序量滤过器。当某些保护测量回路的输入为序分量，如负序电流（电压）、零序电流（电压），或序分量的综合值时，则必须有获取序分量的滤过器，这些序分量滤过器则成为有关保护的输入部分。

关于微机保护的输入回路与常规保护的要求有所不同，除了用到上述有关的输入部分之外，还需对来自电力系统中的电量进行预处理，如滤波、采样保持、模数转换、数据更新排序和隔离等多个环节后再送入计算机进行相关的软件处理。

3. 继电保护装置的发展

继电保护装置是随着电力系统的发展以及技术的进步而发展起来的。从构成元件的材料、结构型式及制造工艺等方面看，它大致经历了电磁型（机电型）、晶体管型、集成电路型和微机型。

（1）首先出现的是机电式继电器保护，这类保护装置的构成元件一般由有机械传动部件的机电式各类元件（如电磁型继电器、感应型继电器等）组成。

（2）第二类，是由晶体管元件组成的晶体管继电保护，又称电子式静态保护装置。

（3）第三类，是由集成电路组成的集成电路保护，它是静态保护装置的主要形式，其保护的构成元件由集成电路模块组成。

（4）第四类，微型计算机保护，这类保护的构成元件除输入电路、输出回路和执行元件之外，其他构成部分一般由程序软件组成。

目前，在电力系统中呈现上述继电保护装置并存的局面，但微机保护是以后的主要方向。

四、常用的继电器

1. 电流继电器

电流继电器的文字符号为 KA。

（1）电磁型电流继电器。常用的电磁型电流继电器有 DL-10 系列。它的工作原理是电磁感应原理，如图 7 - 3 所示。

图 7 - 3（a）中，1 为电磁铁；2 为可动衔铁，其上装有反作用弹簧并将可动接点片固定在可动衔铁上；3 为触头（含动、静触头）；4 为反作用弹簧；5 为用以限制可动衔铁行程的支撑；6 为线圈。

当继电器线圈中通入电流 I_k 时，在铁芯中产生的磁通 Φ 对转动衔铁 2 产生电磁转矩，

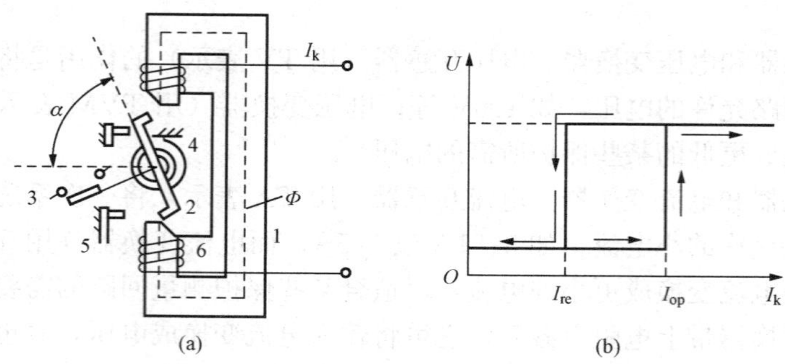

图 7-3　电磁型电流继电器

(a) 原理结构图；(b) 继电特性

1—电磁铁；2—可动衔铁；3—触头；4—反作用弹簧；5—支撑；6—线圈

转矩 M 的大小为

$$M = K\frac{W_k^2}{R_M^2}I_k^2 \tag{7-1}$$

式中：K 为比例系数；W_k 为继电器线圈匝数；R_M 为磁阻。

设弹簧的反作用力矩为 M_s，衔铁在运动过程中的摩擦力矩为 M_m，当满足电磁力矩 M 大于弹簧力矩与摩擦力矩之和时，即 $M \geqslant M_s + M_m$ 时，衔铁将转动，使动合触点 3 闭合，称为继电器动作。电流越大，继电器越易动作，能使继电器动作的最小电流称为继电器的动作电流，用 I_{op} 表示。

当继电器处在动作状态而减少流入继电器的电流时，电磁力矩将减小，当弹簧的反作用力矩大于电磁力矩与摩擦力矩之和时，即 $M_s \geqslant M + M_m$，继电器的动合触点将打开，称为继电器返回。电流越小，继电器越易返回。能使继电器返回的最大电流称为继电器的返回电流，用 I_{re} 表示。

继电器的返回电流与动作电流的比称为返回系数，其值小于 1，用 K_{re} 表示，即

$$K_{re} = \frac{I_{re}}{I_{op}} \tag{7-2}$$

返回系数是继电器的一个重要性能指标，过电流继电器的返回系数一般要求在 0.85～0.99 之间。

电流继电器的动作电流、返回电流与触点输出电压之间的关系曲线，称为继电器的继电特性，如图 7-3（b）所示。

由以上分析可知，电磁型电流继电器的动作电流可以用下面几种方法调节：改变线圈匝数；改变弹簧反作用力矩；改变磁矩（通过改变磁路的气隙长度）。

电磁型电流继电器本身的动作是瞬时的，配合时间继电器可实现延时保护。

（2）感应型电流继电器。常用的感应型电流继电器有 GL-10 和 GL-20 系列。它有两个系统，一个是感应系统，动作是有时限的；另一个是电磁系统，动作是瞬时的。

当继电器的铁芯尚未饱和时，线圈中的电流 I_k 越大，动作时间就越短，这就是感应型电流继电器的“反时限特性”，如图 7-4 所示曲线中的 ab 段。当 I_k 进一步增大时，铁芯达到饱和，动作时限基本恒定，如图 7-4 所示曲线中的 bc 段，称为“定时限”部分。如果 I_k 增大到速断电流时，GL 型电流型继电器的电磁元件瞬时动作，其动作时间仅仅为继电器本

身的固有动作时间，如图 7-4 所示曲线中的 de 段，称为“速断特性”部分。

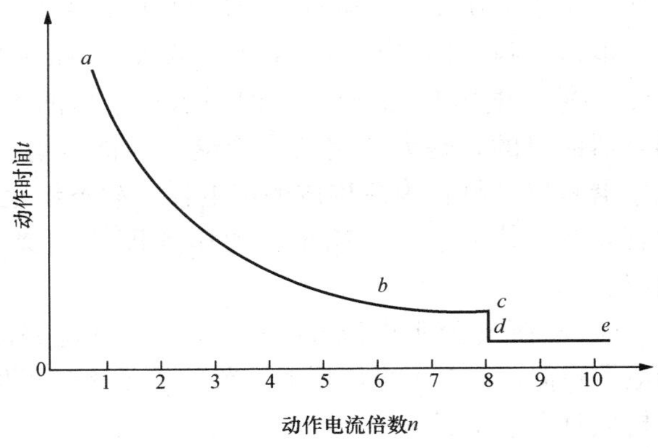

图 7-4 感应型电流继电器的动作特性曲线

应当注意，GL 型电流继电器时限特性曲线上标明的“动作电流倍数”是流入继电器线圈的实际电流与整定的感应元件动作电流之比。GL-10 和 GL-20 系列电流继电器的速断动作电流倍数一般为 2～8。

感应系统的动作电流，可利用改变线圈的匝数来进行级进调节，也可以利用调节弹簧的拉力来进行平滑调节。电磁系统的动作电流可以利用螺钉改变衔铁与电磁铁之间的气隙大小来调节。感应系统的动作时限，是利用螺杆来改变扇形齿轮顶杆行程的起点，以使动作特性上下移动。

(3) 晶体管型电流继电器。晶体管型继电器属于静态继电器。静态继电器的“静态”是相对于电磁型继电器的触点动作而言的。电磁型继电器的信息传递主要是依靠继电器触点的开闭动作来达到的，而静态继电器的信息传递主要是通过高、低电平信息传递的。

晶体管型过电流继电器一般由电压形成回路、整流滤波回路、比较回路（逻辑回路）和执行回路四部分组成，其原理如图 7-5 所示。

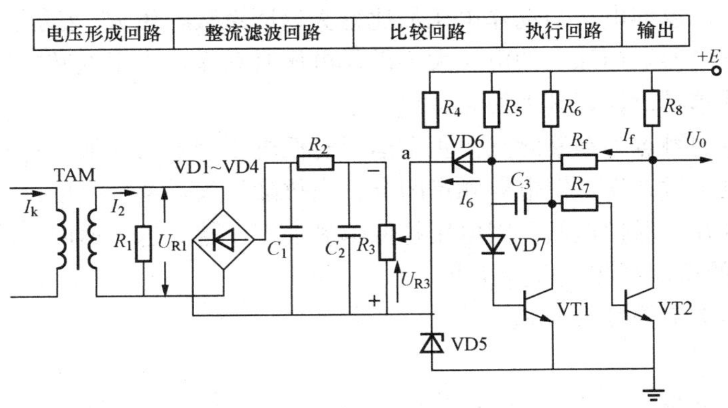

图 7-5 晶体管型过电流继电器原理图

电压形成回路由继电保护的测量变换器构成，其作用是通过中间变流器 TAM 将加入继电器的电流转换成一个在电阻 R_1 上的电压降 U_{R1}，以取得晶体管回路所需要的电压信号。

整流滤波回路由二极管 VD1～VD4 和 π 形滤波器（C_1、C_2、R_2）组成，其作用是将交流电压 U_{R1} 变成一个比较平滑的直流电压加在电位器 R_3 上，从 R_3 滑动触头取出的电压 U_{R3} 与加入继电器的电流 I_k 成正比。

比较回路由电阻 R_4 和稳压管 VD5 组成，在 VD5 两端得到门槛电压 U_d，继电器是否动作，主要取决于 U_{R3} 和 U_d 比较的结果。因此，调节整定电位器 R_3 就可以调整继电器的启动电流。执行回路是一个由晶体管 VT1 和 VT2 构成的两级直流放大式单稳态触发器，VT2 的输出电压 U_0 的变化，即表示继电器的不同工作状态（动作与返回）。采用单稳态触发器的目的，是为了使晶体管继电器能具有与有触点继电器相类似的继电特性。静态继电器是以硅材料为主构成的继电器。静态继电器相对于动态继电器（电磁型继电器等）而言，具有体积小、功耗小、动作速度快和灵敏度高等优点，现在已逐步取代动态继电器。

（4）集成电路型电流继电器。是由集成电路构成的静态继电器，它的基本构成与晶体管继电器相似，也是由电压形成回路、整流滤波回路、逻辑回路和执行回路部分组成，但在具体构成时有些差别。

集成电路型电流继电器的电压形成回路与晶体管继电器相同，整流滤波回路由运算放大器构成，逻辑回路由 CMOS 等数字电路构成。为了减小直流电压的脉动系数，减轻滤波负担，在整流电路中广泛采用的是由运算放大器构成的全波整流电路或裂相整流电路；为了消除暂态过程中非周期分量的影响及各种谐波分量的影响，并同时考虑继电器应快速动作、快速返回的要求，滤波回路一般都采用高品质因数的带通有源滤波器。因此，集成电路型继电器在功耗小、灵敏度高、动作快等优点上比晶体管继电器更突出。

2. 电压继电器

电压继电器有过电压继电器和低电压继电器。过电压继电器的触点也是动合触点，继电器的动作值、返回值的定义与过电流继电器相类似。

能使电压继电器动作的极值电压称为动作电压；能使电压继电器返回原位的极值电压值，称为返回电压。返回电压与动作电压的比称为返回系数，用 K_{re} 表示。

对于过电压继电器，当加入的电压大于动作电压时动作，小于返回电压时返回，电压越高越易动作，越低越易返回，其返回系数仍小于 1。

低电压继电器的触点为动断触点。正常运行时低电压继电器的触点打开，当故障使母线电压下降到动作电压时动作，继电器触点闭合；当故障消失，系统电压恢复上升到返回电压时，继电器触点打开，保护返回。因电压越低越易动作，越高越易返回，故其返回系数大于 1。低电压继电器的返回系数一般为 1.25。

电压继电器的文字符号为 KV。

3. 中间继电器

中间继电器的主要作用是增加触点数量及容量，其一般有几对触点，可以是动合触点或动断触点。中间继电器的文字符号为 KM。

4. 时间继电器

时间继电器的作用是建立必要的延时，以保证动作的选择性和逻辑关系。时间继电器的文字符号为 KT。

5. 信号继电器

信号继电器用作继电保护装置和自动装置动作的信号指示，标示装置所处的状态或接通灯光（音响）信号回路。信号继电器动作之后触点自保持，不能自动返回，需由值班人员手动复归或电动复归。信号继电器的文字符号为 KS。

几种常用继电器的图形符号及文字符号见表 7-1。

表 7-1　几种常用继电器的图形符号及文字符号

序号	元件	文字符号	图形符号	序号	元件	文字符号	图形符号
1	过电流继电器	KA	$I>$	4	中间继电器	KM	
2	欠电压继电器	KV	$U<$	5	信号继电器	KS	
3	时间继电器	KT	t	6	差动继电器	KD	

第二节　继电保护的配置与整定原则

一、电力系统继电保护的配置原则

1. 影响继电保护配置的因素

电力系统继电保护配置方案应满足电力系统对继电保护“四性”即选择性、速动性、灵敏性、可靠性的要求，其中，可靠性是“四性”的前提。

整个电力系统是非常复杂的有机联系的整体，任一电力设备和线路的故障如不能及时切除都将影响电力系统的安全运行，影响的程度主要视电力设备和线路在电力系统中所处地位而定。因此，不同电压等级的电力网中，各电力设备和线路对继电保护的“四性”要求，特别是对可靠性与速动性的要求是有区别的。

在确定电力网继电保护配置时，一般要考虑以下问题：

(1) 电力网电压等级。一定的电压等级一般对应一定的电力网容量、供电负荷大小与供电范围。同时，不同电压等级的电力网具有不同的机电和电磁特征。例如，330kV 以上的电力网，输送功率大，稳定问题突出，系统暂态过程严重，要求保护装置的可靠性高，动作快。而 110kV 及以下电力网，这类问题一般影响不大。

(2) 中性点接地方式。中性点接地方式影响电力网中接地保护的选型与配置。中性点直接接地电力网的接地保护，反应于单相接地电流与电压，动作于跳闸；中性点非直接接地电力网的接地保护，一般反应于单相接地电容电流或暂态电流，通常作用于信号。

(3) 电力网结构型式。由于技术或经济上的原因，继电保护还不能保证对任何结构型式的电力网都能完全满足“四性”的要求。因此，要求进行电力网规划及安排运行方式时，要同时考虑使继电保护简单可靠、协调配合。一些电力网的接线方式，如成串或成环的短线路、主干线上“T”接分支线等，一般会严重恶化继电保护运行性能，在设计及运行中均应适当限制。

(4) 故障类型及概率。在拟制保护装置和设计保护配置方案时，对电力网中常见运行方式及故障类型，继电保护应保证快速可靠动作，并具有选择性；对稀有故障，可根据对电力网影响程度或后果，采取相应措施，使保护能正确动作。对两种稀有故障同时出现的情况可不考虑，但不允许电力网内任一运行元件在无继电保护状态下工作。

(5) 其他因素。包括事故教训和运行经验；保护配置应具有灵活性，以适应运行方式的变化及电力网的发展；保护装置的产品性能、工艺水平及供货条件等。

2. 电力系统继电保护的配置原则

电力系统中的电力设备包括发电机、电力变压器、输配电线、母线、断路器、同步调相机、电力电容器、并联电抗器和异步、同步电动机等。这些电力设备和线路因结构及电压等级等情况不同，发生短路和出现异常运行情况的种类、部位等也不同。

原则上，电力设备和线路可能出现什么样的短路故障和异常运行状态，就应配置与之对应的保护方式。反应电力设备和线路短路故障的保护应有主保护和后备保护，必要时可再增设辅助保护。重要的设备要求配置双重主保护；各个相邻元件保护区域之间需有重叠区，不允许有无继电保护的区域和电力设备；必要时线路应装设自动重合闸装置。

(1) 主保护。主保护是指满足系统稳定和设备安全要求，能以最快速度有选择性地切除元件任意一点故障的保护装置。从动作时限上划分，主保护有全线瞬时动作（一般为纵联差动保护）及按阶梯时间动作两类。

(2) 后备保护。后备保护是指当主保护动作失败或断路器拒绝动作时来切除故障的保护，具有相对选择性。后备保护可分为远后备和近后备两种方式。

远后备是当主保护或断路器拒动时，由相邻电力设备或线路的保护实现后备。远后备方式后备范围广，但动作时间长，在复杂电力网中往往因灵敏度或选择性不足而不能采用，故多用于 110kV 及以下电力设备和线路。

近后备是当主保护拒动时，由该电力设备或线路的另一套保护实现保护；当断路器拒动时，由断路器失灵保护来实现的后备保护。近后备方式动作相对速度快，灵敏度及选择性均较好，主要用于 220kV 及以上电力设备和线路。

(3) 辅助保护。辅助保护是为补充主保护和后备保护的性能或当主保护和后备保护退出运行而增设的简单保护。

二、继电保护整定计算的原则

继电保护整定计算的基本任务，就是要对各种继电保护的动作参数给出整定值。按照规定进行正确的继电保护整定是保证电网稳定运行、减轻故障设备损害程度的必要条件。

继电保护整定应以保证电网全局的安全稳定运行为根本目标，电网继电保护整定应满足可靠性、速动性、选择性和灵敏性要求，如果由于电网运行方式、装置性能等因素不能兼顾可靠性、速动性、选择性和灵敏性要求时，应该按照局部电网服从整个电网、下一级电网服从上一级电网的基本原则合理地进行取舍。

继电保护整定时应遵循以下原则。

1. 逐级配合原则

(1) 上下级保护之间，除有特殊规定外，必须遵循逐级配合原则，在灵敏度与动作时间上相互配合，即同一类保护，上一级的灵敏度大于下一级的灵敏度，上一级的动作时间大于下一级的动作时间，以保证电网保护在电网发生故障时或出现异常运行情况下有选择地动作。

(2) 相邻保护之间一般主保护段与主保护段配合，后备保护段与后备保护段配合，如果后备保护段与相邻主保护段配合可以满足后备段灵敏度时，也可以采用，以加速保护动作时间。

（3）反应同种故障类型之间进行配合，即相间保护与相间保护配合、接地保护与接地保护配合。

2. 灵敏度校验原则

（1）保护灵敏度按常见运行方式下的最不利故障类型进行校验。

（2）在工程设计中，灵敏度的校验均采用金属性短路作为校验假设条件。有配合关系的相邻保护之间灵敏度应保证本故障线路保护的灵敏度高于相邻下级线路有配合关系的保护的灵敏度。

3. 时限级差的选择原则

定时限保护装置之间除在灵敏度上必须配合外，在动作时限上也应配合，动作时限的配合按时限阶梯原则来确定，两个相邻保护装置之间动作时差用时限阶段 Δt 表示。对采用一般电磁型时间继电器，Δt 取 0.5s；对采用高精度时间元件，Δt 可取 0.3s。

4. 可靠系数设置原则

保护定值，除有特殊规定或有特殊闭锁措施者外，要求在事故过负荷、系统振荡、区外故障时和在重合闸过程中不使保护误动作。

因此，按躲区外故障、躲负荷、躲振荡、躲非全相运行等和按与相邻保护配合整定继电保护定值时，都应考虑必要的可靠系数，以防止由于计算方法、试验表计、电流互感器、电压互感器、一次设备参数与装置本身等误差造成保护误动作。

5. 短路电流计算的假设条件

在工程设计阶段，继电保护整定时进行短路计算所需各设备的阻抗参数对已运行设备应采用实测值，尚未投产或规划中设备参数可利用典型参数或计算值。在一般情况下，短路计算采用以下假设条件：

（1）忽略发电机、调相机、变压器、架空线路、电缆线路等阻抗参数的电阻部分，并假定旋转电机的负序电抗等于正序阻抗，即 $X_2=X_1$。

（2）发电机及调相机的正序电抗可采用 $t=0$ 时的初瞬态值 X''_d 的饱和值。

（3）发电机电动势标幺值可以假定均等于 1，且相位一致。

（4）不考虑短路电流的衰减，以及强励与调压器的作用。

（5）各级电压可采用标称电压值（如 220、110、66、35kV 等）或选用某一平均电压值，而不考虑变压器电压分接头实际位置的变动。

（6）不计线路电容电流和负荷电流的影响。

（7）不计故障点接地电阻。

6. 运行方式和变压器中性点接地方式的确定

继电保护整定计算应考虑最大运行方式和最小运行方式，但以常见的运行方式为基础。所谓常见运行方式，是指正常运行方式和与被保护设备相邻近的一回线或一个元件检修的正常运行检修运行方式。

计算保护定值时，一般只考虑在常见运行方式下，一回线或一个元件发生故障的情况，对某些不常见的特殊运行方式，可以依据实际情况处理。

变压器中性点接地运行方式的安排，应尽量保持变电站零序网络基本不变。

第三节　电力网的相间短路保护

一、单侧电源线路的相间短路电流保护

单侧电源线路的相间短路电流保护一般按三段式设置。第Ⅰ段为瞬时电流速断保护，第Ⅱ段为带时限电流速断保护，第Ⅲ段为定时限过电流保护。其中，第Ⅰ、Ⅱ段共同构成线路的主保护，第Ⅲ段作为本线路的近后备保护和相邻线路的远后备保护。

1. 瞬时电流速断保护

反应电流增大到设定值而瞬时动作的电流保护，称为瞬时电流速断保护。

(1) 瞬时电流速断保护的构成。瞬时电流速断保护的原理接线如图 7-6 所示。KA 为过电流继电器，KS 为信号继电器。过电流继电器接于电流互感 TA 的二次侧，正常情况下，电流继电器不动作；当线路出现故障时，电流增大，使继电器启动，若无闭锁（这时闭锁输出为 1)，使断路器瞬时跳闸，并发出信号；若由于某些原因，需要闭锁（闭锁信号为 0)，保护装置不动作。

(2) 瞬时电流速断保护的整定计算。瞬时电流速断保护动作电流的整定可用图 7-7 来说明。图中曲线 1 是最大运行方式下三相短路时，三相短路电流随导线长度变化的关系曲线，即 $I_{\text{kmax}}^{(3)}=f(l)$；曲线 2 是最小运行方式下两相短路时，两相短路电流随导线长度变化的关系曲线，即 $I_{\text{kmin}}^{(2)}=f(l)$。设在线路首端均装设了电流速断保护，即保护 1 和保护 2。为保证选择性，当线路 WL2 首端 k2 点发生短路时，保护 1 的电流速断保护不应该动作，所以它的动作电流 I_{op}^{I} 应大于本保护区末端 B 处的最大短路电流 $I_{\text{kBmax}}^{(3)}$，即

$$I_{\text{op}}^{\text{I}}=K_{\text{rel}}^{\text{I}}I_{\text{kBmax}}^{(3)} \tag{7-3}$$

式中：$K_{\text{rel}}^{\text{I}}$为可靠系数，取 1.2～1.3。

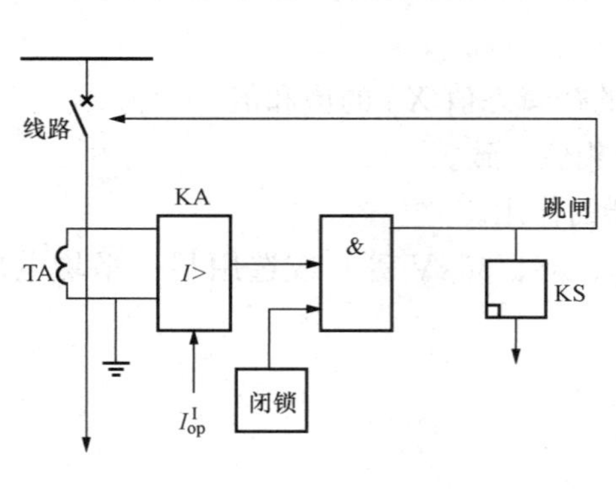

图 7-6　瞬时电流速断保护的单相原理接线

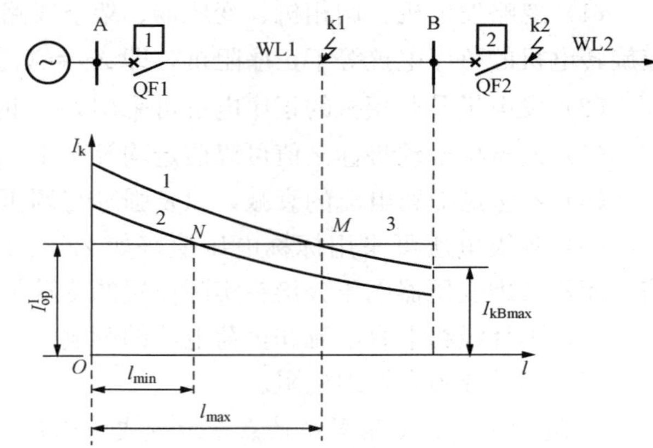

图 7-7　瞬时电流速断保护的工作原理

图 7-7 中水平直线 3 为动作电流，它与曲线 1 和 2 分别交于 M 点和 N 点。在交点前发生短路时，由于短路电流大于动作电流，保护装置动作。在交点后发生短路时，由于短路电流小于动作电流，保护装置不动作。可见，电流速断保护不能用于保护线路的全长，M 点

对应的横坐标为最大保护范围，N 点对应的横坐标为最小保护范围。

(3) 瞬时电流速断保护灵敏度校验。瞬时电流速断保护的灵敏度，通常用保护范围来衡量，要求其最小保护范围 l_{min} 不小于线路全长的 15%～20%。l_{min} 可按最小运行方式下两相短路电流等于动作电流求得，即

$$I_{op}^{\mathrm{I}} = \frac{\sqrt{3}}{2} \times \frac{E_s}{X_{smax} + x_1 l_{min}} \tag{7-4}$$

式中：E_s 为系统的等效电源相电动势，V，工程计算中可用 U_{av} 求得；X_{smax} 为系统的等效最大电抗，Ω；x_1 为被保护线路单位长度的电抗，Ω/km；l_{min} 为最小保护范围，km。

另一种校验电流速断保护灵敏度的方法，是按被保护线路首端的最小两相短路电流来求它的灵敏度。以保护 1 为例，若 A 点的最小两相短路电流为 $I_{kAmin}^{(2)}$，则其灵敏度为

$$K_s = \frac{I_{kAmin}^{(2)}}{I_{op}^{\mathrm{I}}} \tag{7-5}$$

规程要求 $K_s \geqslant 2.0$。

(4) 瞬时电流速断保护的应用。瞬时电流速断保护接线简单、动作快速，但因不能保护线路全长，而且受系统运行方式影响很大，因此它不能单独作为主保护，必须与其他保护配合使用。而在高压电力网中，由于它能快速切除线路近端短路故障，对保护电力系统稳定运行往往具有极为关键的特殊作用。

当电网的终端线路上采用线路变压器组的接线方式时，由于线路和变压器可以看成一个元件，因此速断保护可以按照躲开变压器低压侧线路出口处的三相最大短路电流来整定。由于变压器的阻抗一般较大，这时电流速断保护可以保护线路全长，并保护变压器的一部分。

2. 带时限电流速断保护

由于瞬时电流速断保护不能保护本线路全长，因此必须增加一段带时限动作的电流速断保护，用来切除本线路上速断保护范围以外的故障，同时也作为瞬时速断保护的后备。对带时限电流速断保护的要求是在任何情况下都能可靠保护本线路全长，且动作时间尽可能短，因此，其保护范围须延伸至相邻线路中。为保证保护的选择性，本线路的带时限电流速断保护的动作电流和动作时间必须与相邻线路的瞬时电流速断保护配合。

(1) 带时限电流速断保护工作原理及构成。带时限电流速断保护的原理接线如图 7-8 所示。与瞬时电流速断保护不同的是，增加了延时环节，即时间继电器 KT。

(2) 带时限电流速断保护的整定。因为带时限电流速断保护为保护本线路全长而延伸至相邻线路，所以在下级线路首端及邻近点短路时也会启动。为保证选择性，即本线路短路时保护动作，下级线路首端及邻近点短路时作为远后备保护，本线路带时限电流速断保护的动作电流 I_{op}^{II} 要大于下级线路瞬时速断保护动作电流 I_{op}^{I}，用公式表示为

$$I_{op}^{\mathrm{II}} = K_{rel}^{\mathrm{II}} I_{op}^{\mathrm{I}} \tag{7-6}$$

式中：K_{rel}^{II} 为可靠系数，一般取为 1.1～1.2。

在动作时间上，本线路带时限电流速断保护的动作时限要比下级线路速断保护的动作时间大一个时限级差 Δt，Δt 一般取为 0.5s。

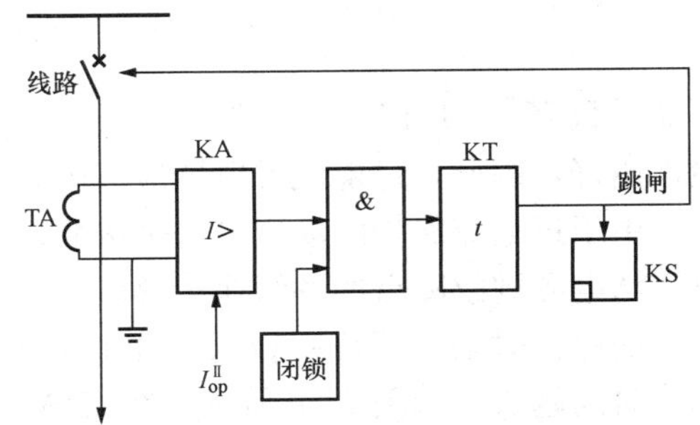

图 7-8　带时限电流速断保护原理接线图

线路上装设瞬时电流速断和带时限电流速断

保护以后，它们联合工作，就可以保证全线范围内的故障都能在 0.5s 内予以切除。在一般情况下都能满足速动性要求，因此可以作主保护。这种主保护只适用于 110kV 以下中、低压电力网对速动性要求不是很高的电网。

（3）灵敏度校验。为了能够保护本线路全长，带时限电流速断保护必须对在系统最小运行方式下，线路末端发生两相短路时（设这时的短路电流为 $I_{kmin}^{(2)}$），有足够的反应能力，应该保证

$$K_s = \frac{I_{kmin}^{(2)}}{I_{op}^{II}} \geqslant 1.3 \sim 1.5 \tag{7-7}$$

3. 带时限过电流保护

延时动作的线路过电流保护有定时限过电流保护和反时限过电流保护两种。

定时限过电流保护是动作时限与通过的电流水平（大于过电流元件的启动值）无关的能保护线路全长的延时过电流保护。常用作多段式线路过电流保护的第Ⅲ段保护。

反时限过电流保护是利用反时限电流继电器构成的线路延时过电流保护。故障点离保护装置安装处越近，通过的电流越大，其动作时间也越短。恰当地选择所需要的动作反时限特性，可以同时获得本线路短路故障时有较短的动作时间，而当相邻电力设备故障时又可以与后者的保护选择配合。有的还设有速动过电流部件，可根据需要实现无时限过电流保护功能。它是辐射形简单电力网中最常见的一种线路保护方式。

（1）定时限过电流保护的作用。定时限过电流保护作为下级线路主保护拒动和断路器拒动的远后备保护，同时作为本线路主保护拒动时的近后备保护，也作为过负荷时的保护。

（2）定时限过电流保护的整定计算。定时限过电流保护的启动电流 I_{op}^{III}，一方面要躲过本线路正常运行时的尖峰电流，一般为正常运行并伴有电动机自启动时流过的最大电流，即

$$I_{op}^{III} > K_{ss} I_{Lmax} \tag{7-8}$$

式中：K_{ss}为电动机自启动系数，其大小由负荷性质决定，一般 $K_{ss}=1.5\sim3$；I_{Lmax}为正常运行时的最大负荷电流。

同时还必须考虑在外部故障切除后电压恢复时，在电动机自启动电流作用下，保护装置必须能够返回。因此，其返回电流 I_{re}也应大于自启动下的负荷电流，即

$$I_{re} > K_{ss} I_{Lmax} \tag{7-9}$$

又因为返回系数 $K_{re}=\frac{I_{re}}{I_{op}^{III}}=0.85\sim0.95$，所以只要满足后一个条件即可。引入可靠系数 K_{rel}^{III}，过电流保护一次侧的动作电流为

$$I_{op}^{III} = \frac{K_{rel}^{III} K_{ss}}{K_{re}} I_{Lmax} \tag{7-10}$$

可靠系数 $K_{rel}^{III}=1.15\sim1.25$。由式（7-10）可知，返回系数 K_{re}越大，动作电流越小，其灵敏性越好，因此，过电流继电器应有较高的返回系数，但也不能等于 1。

由于过电流保护的动作电流是按躲过最大负荷电流整定的，所以当被保护线路某点故障时，从电源到故障点的各级保护都启动。为了满足保护的选择性，只有各级过电流保护带有不同的保护时限，即每一级的动作时间都比相邻下级的动作时间大 Δt。这样越靠近电源，动作时间越长，如图 7-9 所示。线路 WL1 过电流保护的动作时间 t_1 比线路 WL2 的过电流保护的动作时间 t_2 大 Δt。Δt 一般取 0.5s。

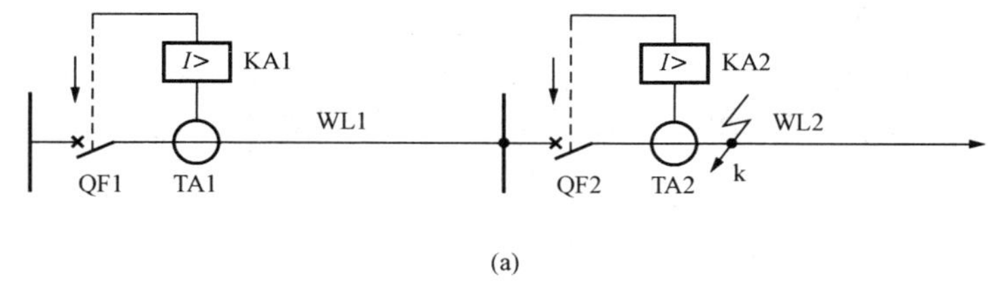

(a)

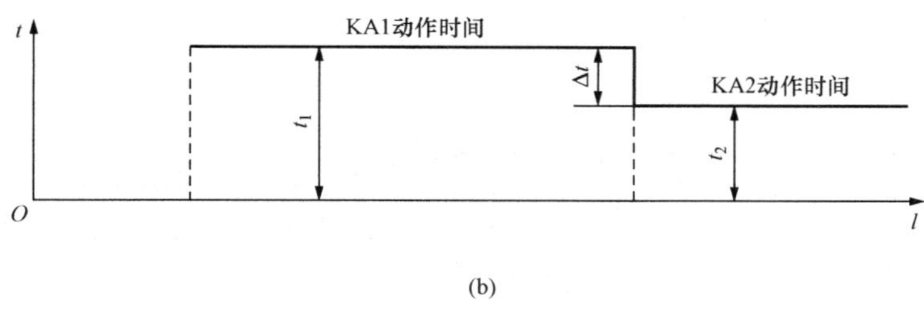

(b)

图 7-9　线路过电流保护动作时间

(a) 过电流保护的配置；(b) 过电流保护动作时间

(3) 灵敏度校验。过电流保护的灵敏度 K_s 为

$$K_s = \frac{I_{kmin}^{(2)}}{I_{op}^{Ⅲ}} \tag{7-11}$$

式中：$I_{kmin}^{(2)}$为当过电流保护作为本线路的主保护时，最小运行方式下本线路末端的两相短路电流，这时要求 $K_s \geqslant 1.3 \sim 1.5$；当过电流保护作为相邻线路的后备保护时，为相邻线路最小运行方式下的两相短路电流，这时要求 $K_s \geqslant 1.2$。

当过电流保护的灵敏度不满足要求时，可采用低电压闭锁启动的过电流保护或复合电压启动的过电流保护。

4. 三段式过电流保护的配合及应用

为了迅速而有选择地切除本线路上的故障及作为下一级相邻线路的远后备保护，在110kV以下单侧电源辐射形网络中往往采用由瞬时电流速断保护（称作第Ⅰ段）、带时限电流速断保护（称作第Ⅱ段）和定时限过电流保护（称作第Ⅲ段）配合构成整套保护，称之为三段式过电流保护。其中，Ⅰ、Ⅱ段联合作为线路的主保护，Ⅲ段作为本线路的近后备和相邻线路的远后备保护。但有些情况下，可以只装设两段保护（如Ⅰ、Ⅲ段或Ⅱ、Ⅲ段），甚至仅装一段保护，比如最靠近负荷的线路上可只装设过电流保护。

三段式过电流保护必须处理好保护区和动作时限的相互配合。其各段的保护范围和时限配合关系如图 7-10 所示。

图 7-10 中线路 WLl 的第Ⅰ段保护为瞬时电流速断保护，其动作电流为 $I_{op1}^{Ⅰ}$，保护范围为 $l_1^{Ⅰ}$，动作时间 $t_1^{Ⅰ}$ 为继电器的固有动作时间，它只能保护本线路的一部分，其动作时限不需要考虑配合问题，通常称为本线路的辅助保护。

第Ⅱ段保护为带时限电流速断保护，其动作电流为 $I_{op1}^{Ⅱ}$，保护范围为 $l_1^{Ⅱ}$，它不仅能保护本线路的全长，而且向下一级相邻线路（WL2）延伸了一段，动作时限应按阶梯原则执行，即 $t_1^{Ⅱ} = t_2^{I} + \Delta t$，第Ⅱ段保护是本线路的主保护。

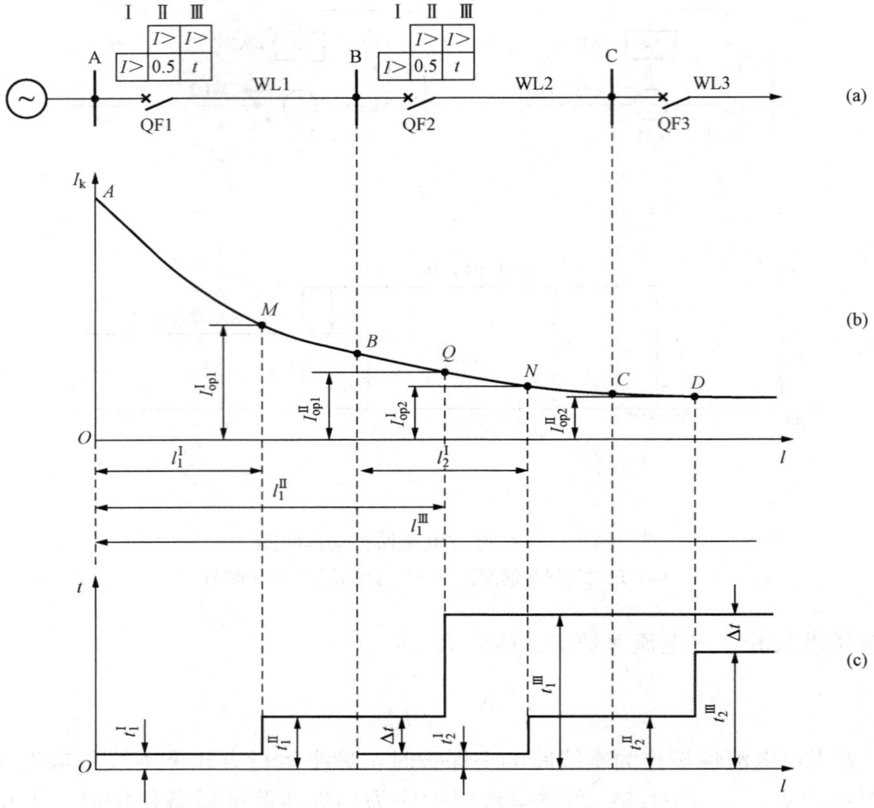

图 7-10　三段式过电流保护的保护范围及时限配合

(a) 保护配置；(b) 保护范围；(c) 时限配合

第Ⅲ段为定时限过电流保护，其动作电流为 $I_{op1}^{Ⅲ}$，保护范围为 $l_1^{Ⅲ}$，它不仅保护了相邻线路 WL2 的全长，而且延伸到再下一级线路 WL3 一部分，既作为本线路主保护的后备（近后备），又作为下一级相邻线路保护的后备（远后备），其动作时限为 $t_1^{Ⅲ}=t_2^{Ⅲ}+\Delta t$。

5. 电流保护的接线方式

电流保护的接线方式，就是指保护中电流继电器与电流互感器二次绕组之间的连接方式。对于相间短路的电流保护，目前广泛使用的是完全星形接线（也称三相三继电器接线）[如图 7-11 (a) 所示] 和不完全星形接线 [如图 7-11 (b) 所示]。这时，各种电流保护，继电器的动作电流为保护一次侧的启动电流除以电流互感器的变比。

6. 三段式电流保护的构成

三段式电流保护的功能框图如图 7-12 所示。其中，电流继电器 1KA、4KA、7KA 为电流速断保护的启动元件；2KA、5KA、8KA 为限时电流速断保护的启动元件；3KA、6KA、9KA 为过电流保护的启动元件；时间继电器 2KT 和 3KT 分别为Ⅱ段保护和Ⅲ段保护的延时元件；KCO 为出口跳闸元件。

【例 7-1】 如图 7-13 所示，试对保护 1 进行三段式电流保护整定计算并求继电器的动作电流。已知线路单位长度电抗 $x_1=0.4\Omega/\mathrm{km}$，$K_{rel}^{Ⅰ}=1.3$，$K_{rel}^{Ⅱ}=1.1$，$K_{rel}^{Ⅲ}=1.2$，$K_{ss}=2$，

$K_{re}=0.85$，$k_{TA}=\frac{600}{5}$。

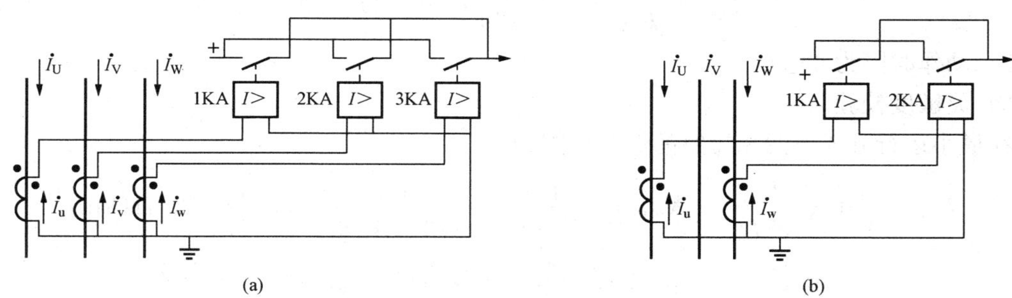

图 7-11　电流保护接线方式

（a）三相三继电器完全星形接线；（b）两相两继电器不完全星形接线

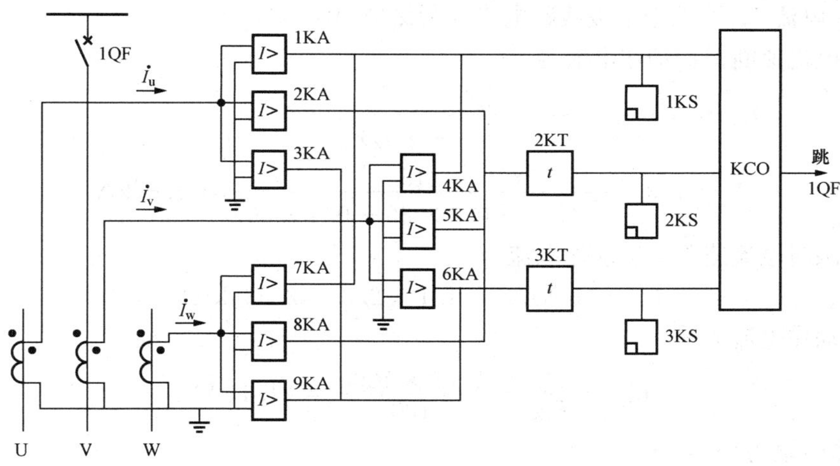

图 7-12　三段式电流保护的功能框图

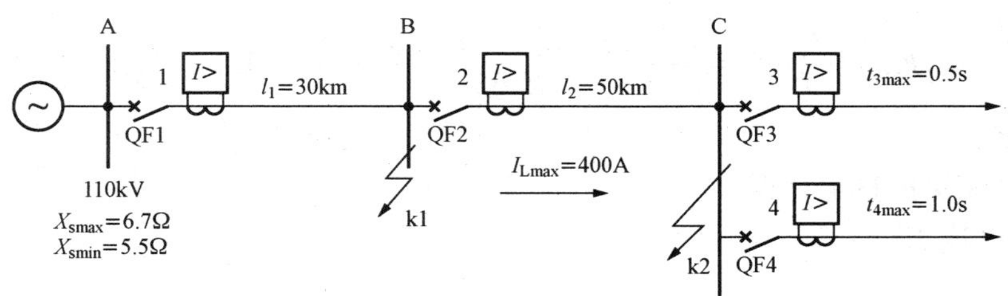

图 7-13 ［例 7-1］图

解　(1) 电流速断整定计算。

1) 求动作电流 I_{opl}^{I}。按躲过最大运行方式下本线路末端最大三相短路电流来整定

$$I_{opl}^{\mathrm{I}}=K_{rel}^{\mathrm{I}}I_{k1max}^{(3)}=K_{rel}^{\mathrm{I}}\frac{U_{av}}{\sqrt{3}(X_{smin}+x_1l_1)}$$

$$=\frac{1.3\times115}{\sqrt{3}(5.5+0.4\times30)}=4.93(\mathrm{kA})$$

采用两相不完全星形接线时，流过继电器的动作电流为

$$I_{\mathrm{opK}}^{\mathrm{I}}=\frac{I_{\mathrm{op1}}^{\mathrm{I}}}{k_{\mathrm{TA}}}=\frac{4.93\times1000}{120}=41.1(\mathrm{A})$$

2）动作时限为0s。

3）灵敏度校验。

在最小运行方式下两相短路的保护范围为

$$l_{\min}=\frac{1}{x_1}\left(\frac{\sqrt{3}}{2}\frac{U_{\mathrm{av}}}{\sqrt{3}I_{\mathrm{op1}}^{\mathrm{I}}}-X_{\mathrm{smax}}\right)=\frac{1}{0.4}\left(\frac{\sqrt{3}}{2}\times\frac{115}{\sqrt{3}\times4.93}-6.7\right)=12.41(\mathrm{km})$$

$$l_{\min}\%=\frac{l_{\min}}{l_1}\times100\%=\frac{12.41}{30}\times100\%=41.37\%>15\%$$

满足要求。

(2）限时电流速断保护整定。

1）动作电流 $I_{\mathrm{op1}}^{\mathrm{II}}$ 要大于下级线路电流速断保护动作电流 $I_{\mathrm{op2}}^{\mathrm{I}}$。

线路2电流速断保护动作电流为

$$\begin{aligned}I_{\mathrm{op2}}^{\mathrm{I}}&=K_{\mathrm{rel}}^{\mathrm{I}}\frac{U_{\mathrm{av}}}{\sqrt{3}(X_{\mathrm{smin}}+x_1l_1+x_1l_2)}\\&=1.3\times\frac{115}{\sqrt{3}(5.5+0.4\times30+0.4\times50)}=2.3(\mathrm{kA})\end{aligned}$$

线路1限时电流速断保护动作电流为

$$I_{\mathrm{op1}}^{\mathrm{II}}=K_{\mathrm{rel}}^{\mathrm{II}}I_{\mathrm{op2}}^{\mathrm{I}}=1.1\times2.3=2.53(\mathrm{kA})$$

继电器动作电流为

$$I_{\mathrm{opK}}^{\mathrm{II}}=\frac{I_{\mathrm{op1}}^{\mathrm{II}}}{k_{\mathrm{TA}}}=\frac{2.53\times1000}{120}=21.1(\mathrm{A})$$

2）动作时限为0.5s。

3）灵敏度为

$$K_{\mathrm{s}}=\frac{I_{\mathrm{k1min}}^{(2)}}{I_{\mathrm{op1}}^{\mathrm{II}}}=\frac{\frac{\sqrt{3}}{2}\times\frac{115}{\sqrt{3}(6.7+0.4\times30)}}{2.53}=1.32>1.3$$

满足要求。

(3）过电流保护整定计算。

1）动作电流 $I_{\mathrm{op1}}^{\mathrm{III}}$。

根据式（7-10）

$$I_{\mathrm{op1}}^{\mathrm{III}}=\frac{K_{\mathrm{rel}}^{\mathrm{III}}K_{\mathrm{ss}}}{K_{\mathrm{re}}}I_{\mathrm{Lmax}}=\frac{1.2\times2}{0.85}\times400=1129.4(\mathrm{A})$$

继电器动作电流

$$I_{\mathrm{opK}}^{\mathrm{III}}=\frac{1129.4}{120}=9.41(\mathrm{A})$$

2）动作时限。

应比相邻下级线路的最大动作时限高一个时间级差 Δt，即

$$t_1^{\mathrm{III}}=t_{2\max}^{\mathrm{III}}+\Delta t=1.0+0.5+0.5=2.0(\mathrm{s})$$

3）灵敏度。

作本线路保护时

$$K_s=\frac{I_{k1min}^{(2)}}{I_{op1}^{III}}=\frac{\frac{\sqrt{3}}{2}\times\frac{115}{\sqrt{3}(6.7+0.4\times30)}}{1.129}=2.72>1.5$$

满足要求。

作远后备保护时

$$K_s=\frac{I_{kmin}^{(2)}}{I_{op1}^{III}}=\frac{\frac{\sqrt{3}}{2}\times\frac{115}{\sqrt{3}(6.7+0.4\times80)}}{1.129}=1.32>1.2$$

满足要求。

二、双侧电源网络线路相间短路的方向性电流保护

1. 问题的提出

单侧电源线路的断路器和继电保护装置都设在被保护线路的电源一侧。当线路发生故障时，短路电流从母线流向被保护线路，各保护相互配合实现选择性与速动性。而现代电力系统是由多个电源组成的复杂网络。在多电源系统中，按照单侧电源线路的保护方式来配置电流保护已不能满足要求。

下面用图 7 - 14 所示的双侧电源供电网络线路进行分析。

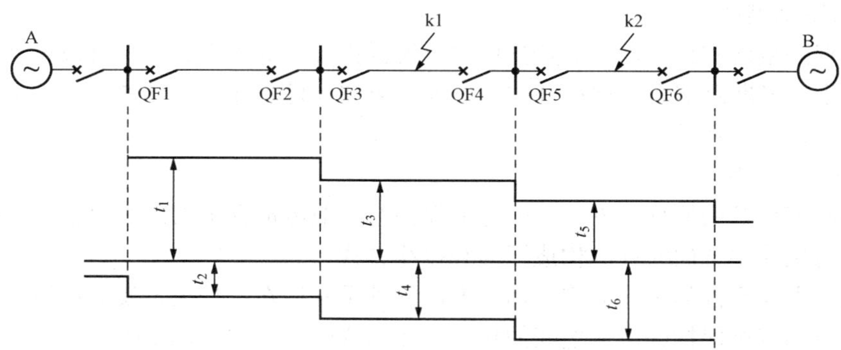

图 7 - 14　双侧电源供电网络线路

在图 7 - 14 所示的双侧电源线路中，由于两侧都有电源，因此在系统中任何地方发生短路故障，凡是有电源的地方，都要向故障点提供短路电流。那么在每条线路的两侧均需装设断路器和保护装置。当 k1 点短路时，对 B 侧电源来说，为保证选择性，要求 $t_5>t_4$；而当 k2 点短路时，又要求 $t_5<t_4$，显然这两种要求是矛盾的。

如果规定电流（或功率）从母线流向线路为正，为了解决上述矛盾，在每个断路器的电流保护中增加一个功率方向测量元件，并规定该元件只有当功率从母线流向线路（为正）时动作，而当功率从线路流向母线（为负）时不动作，就可以把它拆开成两个单侧电源网络的保护。图中保护 1、3、5 是一个系统，负责切除由电源 A 供给的短路功率；保护 2、4、6 是一个系统，负责切除由电源 B 供给的短路功率。这样，保护 4 和保护 5 的过电流保护动作时间已不再需要配合，而仅需要功率方向相同的过电流保护动作时间进行配合，按阶梯原则

应满足 $t_1>t_3>t_5$ 和 $t_6>t_4>t_2$。

由以上分析可知，方向过电流保护就是在原有保护的基础上，增设一个方向闭锁元件，以在反方向故障时将保护闭锁起来，防止发生误动作。

2. 方向电流保护的构成

具有方向性的三段式过电流保护单相原理框图如图 7-15 所示。

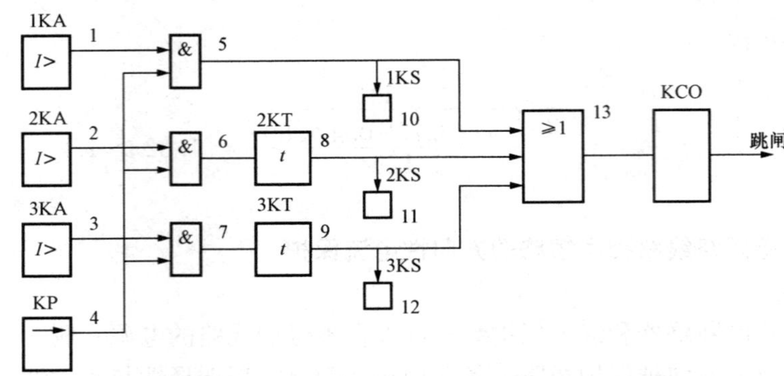

图 7-15 具有方向性的三段式过电流保护单相原理框图

图 7-15 中 1、2、3 分别为方向电流保护Ⅰ、Ⅱ、Ⅲ段的电流测量元件；4 为功率方向测量元件，在短路功率为正时动作；8、9 分别为方向电流保护第Ⅱ、Ⅲ段的延时逻辑元件；KCO 为出口跳闸继电器。

为简化保护接线和提高保护的选择性，电流保护每相的第Ⅰ、Ⅱ、Ⅲ段可共用一个方向元件。实际上，各断路器电流保护并非一定要装方向元件，而仅在动作电流和动作时间不满足选择性时才加方向元件。

3. 功率方向元件

从方向电流保护的原理可见，方向电流保护与一般电流保护的差别仅多了一个功率方向元件。下面讨论功率方向元件的构成原理和接线方式。

(1) 功率方向元件的工作原理。功率方向元件是利用在保护正、反方向短路时，保护安装处母线电压和流过保护的电流之间的相位变化构成的，如图 7-16 所示。功率方向测量元件加入保护安装处母线电压 $\dot{U}_r$ 和保护所在线路的电流 $\dot{I}_r$。若以母线电压 $\dot{U}_r$ 为参考轴，当正方向 k1 点短路时，流入功率方向元件的电流 $\dot{I}_r$ 为 $\dot{I}_{k1}$，它滞后 $\dot{U}_r$ 一个相角 $\varphi_r=\varphi_{k1}$，$0°<\varphi_r<90°$；而反方向 k2 点短路时，流入功率方向元件的电流为 $\dot{I}'_r=\dot{I}_{k2}$，由于 $\dot{I}_{k2}$ 与 $\dot{I}_{k1}$ 方向相反，这时 $\dot{U}_r$ 与 $\dot{I}'_r$ 之间的相角为 $\varphi_r=\varphi_{k2}=180°+\varphi_{k1}$。

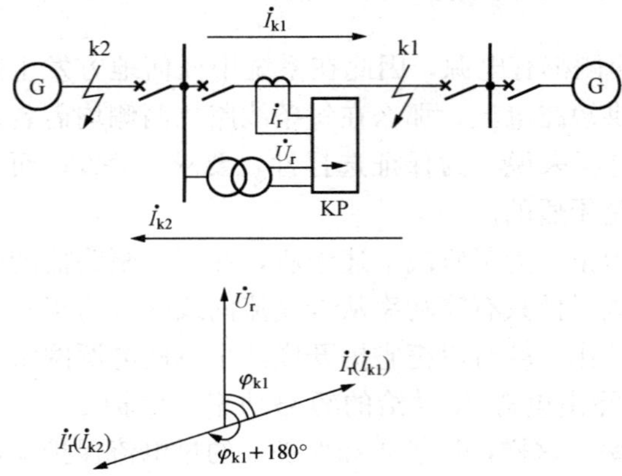

图 7-16 功率方向测量元件

正方向短路时，使 $-90°\leqslant\varphi_r\leqslant 90°$，此时，短路功率为 $P_k=U_rI_r\cos\varphi_r>0$，功率方向元件动作；反方向短路时，使 $\varphi_r>90°$ 或 $\varphi_r<-90°$，此时，短路功率为 $P_k=U_rI_r\cos\varphi_r<0$，功率方

向元件不动作。因此，功率方向测量元件可以通过判断角度 φ_r 的大小，来正确区分正、反方向短路。

（2）对功率方向元件的要求。

1）正方向任何形式的故障都能动作，而反方向故障时不动作。

2）相间短路时，没有死区，加入方向元件的电流 $\dot{I}_r$ 和电压 $\dot{U}_r$ 应尽可能大，灵敏度尽可能高。

（3）功率方向元件的接线方式。为满足对功率方向元件的要求，相间短路的功率方向元件一般采用 90°接线方式。所谓 90°接线方式，是指在三相对称且功率因数为 1 的情况下，接入功率方向元件的电流超前所加电压 90°，也称非故障相相间电压的接线方式，如图 7-17 所示。若接入功率方向测量元件的电流为 $\dot{I}_U$，则加入该功率方向测量元件的电压应为 $\dot{U}_{VW}$，同理 $\dot{I}_V$ 对应 $\dot{U}_{WU}$，$\dot{I}_W$ 对应 $\dot{U}_{UV}$。采用这种接法，当两相短路故障时，所接的电压不会为零，没有保护死区；母线附近三相短路故障时，电压近似为零，有保护死区，应该想办法解决。分析可知，正方向不太远处相间短路时，电压、电流之间的夹角 φ_r 的变化范围为 $-90° \leqslant \varphi_r \leqslant 0°$。

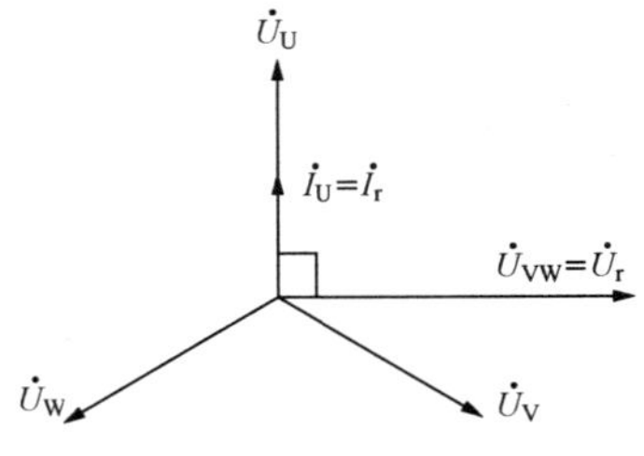

图 7-17 功率方向测量元件的 90°接线

第四节 电力网的接地短路保护

上一节介绍的相间电流保护若用于单相接地故障，灵敏度一般不能满足要求。因此必须根据接地电流、电压的特点安装接地保护。反应于接地短路的保护主要有零序电流、零序电压和零序功率方向的电流、电压保护，接地距离保护及纵联保护等。本节只介绍零序电流、零序电压和零序方向保护。

零序电流保护具有以下特点：

（1）由于线路的零序阻抗是正序阻抗的 3 倍以上，而电源侧的零序阻抗一般均比正序阻抗较小，因而在线路首、末端发生接地短路故障时通过线路的零序电流幅值变化很大，远远大于相间短路时相应相电流的变化。因此，利用零序电流保护比较容易获得动作时间快、保护范围相对稳定且易于实现相邻保护间的选择配合等优点。

（2）因为正常运行时线路不通过零序电流，因而零序电流保护（或者它的某一段）可以有较低的启动电流值，从而实现对线路发生高电阻接地电阻故障（例如对树放电等，对 500kV 线路可高达 300Ω）时的保护，这是任何其他保护方式所不及的。

一、中性点直接接地系统中的多段式零序电流保护

1. 中性点直接接地系统接地故障的特征

图 7-18 所示为中性点直接接地系统中发生单相接地时零序电压、零序电流的分布和相量关系。从图中可以看出，当发生单相接地时，在故障点出现了零序电压 $\dot{U}_{k0}$，规定零序电压的方向是线路高于大地为正。零序电流是由故障点的零序电压所产生的，它必须经过变压器的中性点形成回路，零序电流的方向仍然采用由母线流向故障点为正。

由零序等效网络图可知，零序分量具有以下特点：

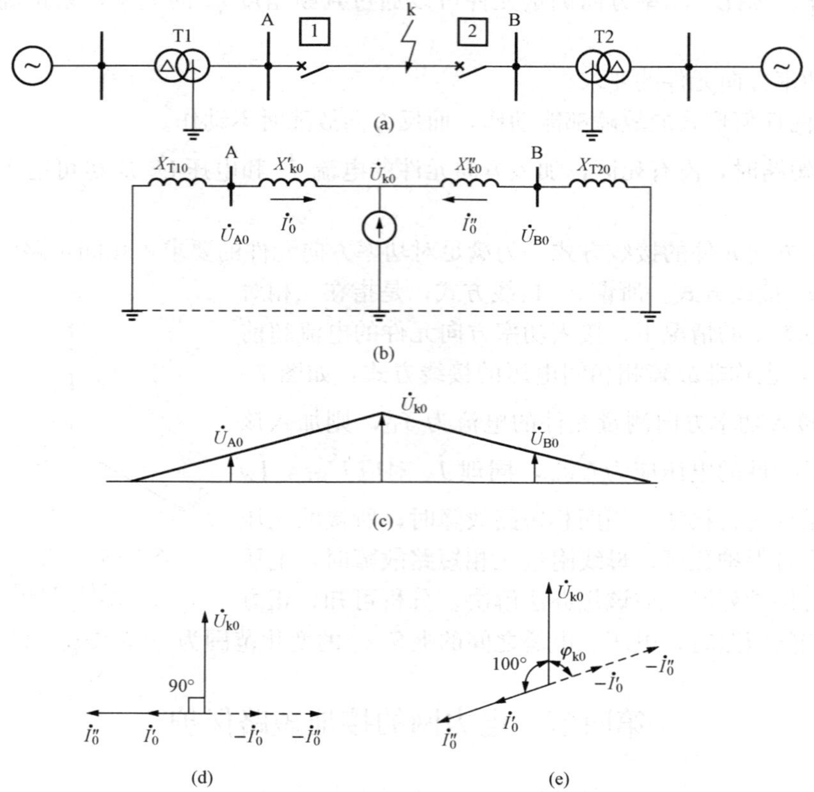

图 7-18　接地短路时的零序等效网络

（a）电力网接线；（b）零序等效网络；（c）零序电压；（d），（e）零序电流与零序电压相量图

（1）故障点的零序电压最高，离故障点越远，零序电压越低，变压器中性点接地处的零序电压为零。A、B 母线上的零序电压为 $\dot{U}_{A0}$、$\dot{U}_{B0}$，称为零序残压。$\dot{U}_{A0}=-\dot{I}'_0X_{T10}$，$\dot{U}_{B0}=-\dot{I}''_0X_{T20}$，其大小取决于变压器的零序电抗，与被保护线路的零序阻抗及故障点的位置无关。

（2）由于零序电流是由零序电压 $\dot{U}_{k0}$ 产生的，实际方向由故障点经由线路流向大地。当忽略回路的电阻时，流过故障点两侧线路的零序电流 $\dot{I}'_0$ 和 $\dot{I}''_0$ 将超前 $\dot{U}_{k0}$ 90°，如图 7-18（d）所示；而当涉及回路电阻时，例如零序阻抗角为 $\varphi_{k0}=80°$，则 $\dot{I}'_0$ 和 $\dot{I}''_0$ 将超前 $\dot{U}_{k0}$ 100°，如图 7-18（e）所示。

零序电流的分布，取决于送电线路的零序阻抗和中性点接地变压器的零序阻抗，而与电源的数目和位置无关，例如当变压器 T2 的中性点不接地时，则 $\dot{I}''_0=0$。

（3）对于发生故障的线路，两端零序功率的方向与正序功率的方向相反，零序功率方向实际上都是由线路流向母线的。

在这里需要说明一点，前面曾经提到，当系统发生接地短路时，短路点的电压为零，而此处说故障点的零序电压最高，这两种说法有没有矛盾？实际上这两种说法并不矛盾，因为还有正序分量和负序分量，它们和零序分量叠加的结果，故障点的电压一定是零。

用零序电流和零序电压的幅值以及它们的相位关系即可实现接地短路的零序电流和方向保护。

2. 零序分量的获取方法

(1) 零序电流一般用滤过器获得，如图 7-19 所示，此时流入继电器回路的电流为 $\dot{I}_r=\dot{I}_u+\dot{I}_v+\dot{I}_w=3\dot{I}_0$。没有发生接地故障时，$\dot{I}_0$ 为三个电流互感器产生的不平衡电流，幅值很小，继电器不动作；发生接地故障时，$\dot{I}_0$ 为接地短路电流，幅值较大，继电器动作。

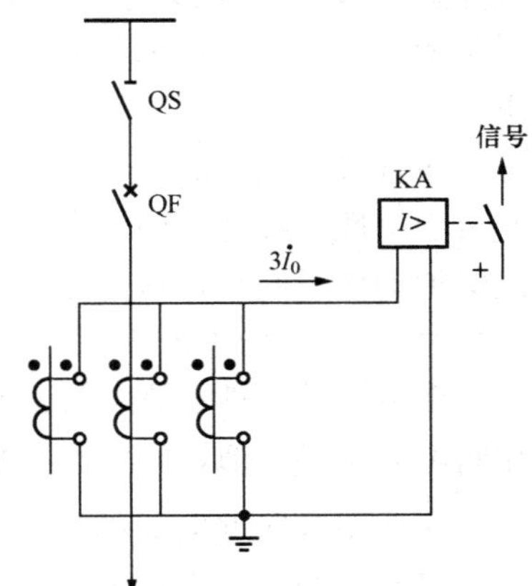

图 7-19　零序电流的获取

(2) 零序电压的获取。如图 7-20 (a) 所示，零序电压是将三个单相电压互感器的二次侧接成开口三角形；或从三相五柱式电压互感器二次侧开口三角形绕组获取，如图 7-20 (b) 所示，这样从 m、n 端就得到输出电压为 $\dot{U}_{mn}=\dot{U}_u+\dot{U}_v+\dot{U}_w=3\dot{U}_0$。

当发电机的中性点经电压互感器（或消弧线圈）接地时，如图 7-20 (c) 所示，从它的二次绕组中也能取得零序电压。

在数字式保护中，由电压形成回路取得三个相电压后，利用加法器将三个相电压相加，如图 7-20 (d) 所示，也可以获得零序电压。

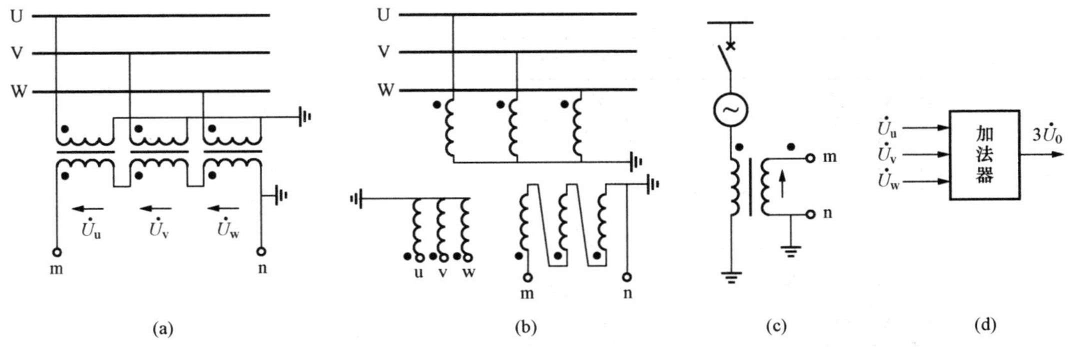

图 7-20　零序电压获取

(a) 三个单相电压互感器连接；(b) 三相五柱式电压互感器连接；
(c) 发电机中性点经电压互感器接地；(d) 采用加法器

3. 多段式零序电流保护

与相间电流保护一样，零序电流保护也分为三段保护，即零序Ⅰ段、零序Ⅱ段和零序Ⅲ段。

(1) 零序电流速断（Ⅰ段）保护。整定原则有两条：

1) 躲开下一条线路出口处单相或两相接地短路时可能出现的最大零序电流。

2) 躲开断路器三相不同时合闸时所出现的最大零序电流。

零序电流保护Ⅰ段也只能保护本线路的一部分。但由于零序阻抗 $Z_{0\Sigma}$ 大于正序阻抗

$Z_{1\Sigma}$，因此，$3I_0=f(l)$ 曲线较陡；又由于零序电流受运行方式的变化影响小，因此零序Ⅰ段保护的保护范围大且稳定。

(2) 零序电流限时速断（Ⅱ段）保护。零序电流限时速断的整定原则与相间短路限时电流速断一样，其启动电流首先考虑与下一条线路的零序电流速断相配合，并带有一个 0.5s 的延时。

(3) 零序过电流（Ⅲ段）保护。整定规则：因为正常情况下，没有零序电流，因此只能按照躲开在下一条线路出口处相间短路时所出现的最大不平衡电流来整定。根据经验，不平衡电流很小，一般不会超过 4A，所以零序电流保护Ⅲ段的灵敏度一般均能满足要求。

零序Ⅲ段的动作时间与相间过电流保护一样，也按阶梯原则整定。由于零序过电流保护只安装于中性点接地的中性点直接接地系统，因此零序过电流保护的动作时限比相间短路过电流保护动作时间短，这是零序电流保护的又一大优点。

4. 方向性零序电流保护

在多电源的中性点直接接地系统中，为了保证接地故障时零序电流保护动作的选择性，与相间电流保护相似，常常也要加装零序功率方向元件。

零序功率方向继电器的接线方式如图 7-21 (a) 所示，其电流取 $3\dot{I}_0$，电压取 $-3\dot{U}_0$，功率方向元件的动作判据为

$$P_0 = 3U_0 \times 3I_0 \cos(\varphi_{k0} - \varphi_{sen}) > 0 \quad (7-12)$$

式中：φ_{k0} 为 $3\dot{I}_0$ 滞后 $-3\dot{U}_0$ 的角度，一般 $\varphi_{k0}=70°$，如图 7-20 (b) 所示；φ_{sen} 为使 P_0 最大的灵敏角，一般取 $\varphi_{sen}=70°$。

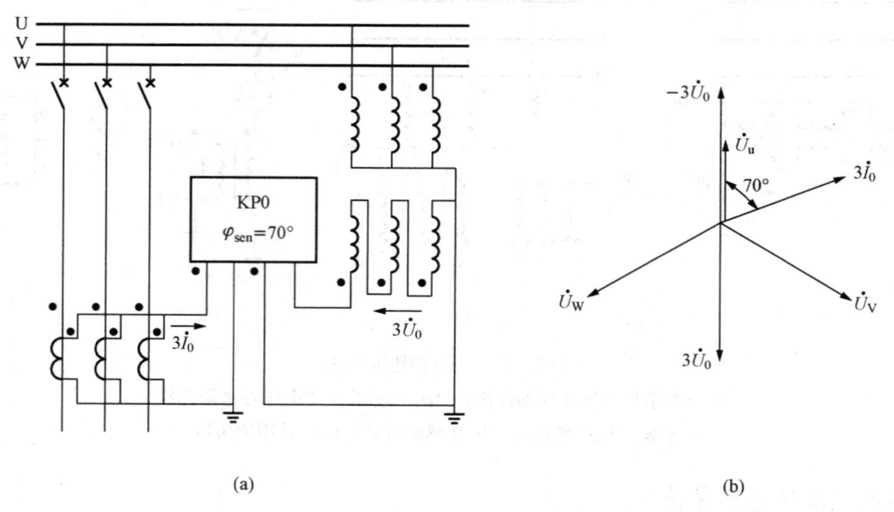

图 7-21　零序功率方向继电器的接线与相量图
(a) 接线图；(b) 相量图

二、中性点非直接接地系统的接地保护

中性点非直接接地电网指的是中性点不接地电网、中性点经消弧线圈接地电网和中性点经高电阻接地的电网。中性点不接地电网中单相接地故障的特点见第一章。下面分析中性点不接地电网单相接地的保护方法。

1. 中性点不接地系统单相接地时电容电流分布

当同一电压等级有多条回路时，如图7-22所示，若系统中的某一线路（如WL3）发生单相接地时，全系统该相对地电压都为零，于是，所有该相的对地电容电流也为零。各线路上非故障相的电容电流 I_{C1}、I_{C2} 及 I_{C3} 等都流过接地点，通过故障线路构成回路。

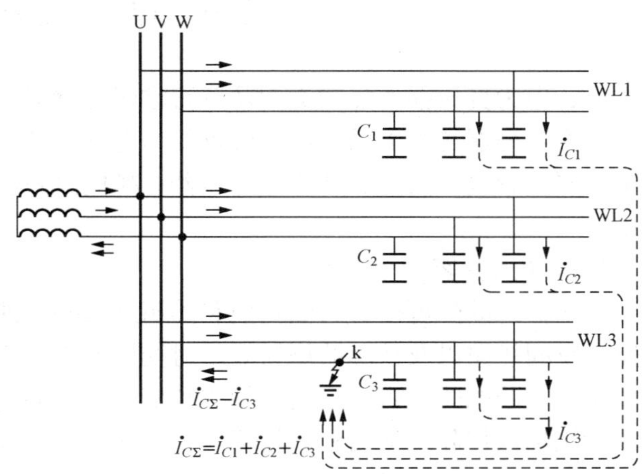

图7-22　中性点不接地系统单相接地时电容电流分布

单相接地时，若相电压为 U_{ph}，每回线路等效电容为 C_1、C_2、C_3，则每回线路的电容电流为 $I_{C1}=3\omega C_1 U_{ph}$，$I_{C2}=3\omega C_2 U_{ph}$，$I_{C3}=3\omega C_3 U_{ph}$。

流过非故障线路WL1、WL2的电流互感器（为零序滤过器）TA1、TA2的电容电流为本回路的电容电流 I_{C1}、I_{C2}，方向为由母线流向线路；流过故障线路WL3电流互感器TA3的电流等于全系统总的电容电流 $I_{C\Sigma}$ 减去故障回路本身的电容电流 I_{C3}，即

$$I_{C\Sigma}-I_{C3}=(I_{C1}+I_{C2}+I_{C3})-I_{C3}=I_{C1}+I_{C2}$$

即等于所有非故障回路电容电流之和，方向为由线路流向母线。

2. 中性点非直接接地系统的单相接地保护

（1）绝缘监视装置。发生单相接地故障时，利用母线电压互感器二次侧开口三角形端子上的零序电压来启动保护动作与信号。但给出的信号没有选择性，还需要通过依次跳开各条线路来判断故障回路。

（2）零序电流保护。根据故障回路电容电流为所有非故障回路电容电流之和这一特点，可以构成有选择性的零序电流保护，可动作于信号或跳闸。

零序电流的获取，对于架空线路，可采用零序电流滤过器的接线方式；对电缆线路，可采用零序电流互感器的接线方式，如图7-23所示。由于其他回路故障时，非故障回路流过本身的电容电流，所以为了保证动作的选择性，其动作电流应整定为

$$I_{op}=K_{rel}I_C \tag{7-13}$$

式中：I_C 为其他回路单相接地时，本回路的电容电流；K_{rel} 为可靠系数，保护瞬时动作时一般取4～5，保护延时动作时取1.5～2。

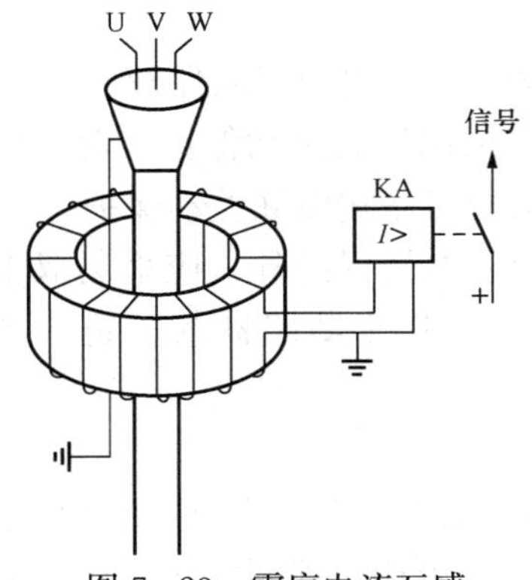

图7-23　零序电流互感器的接线

灵敏度校验：由于流过故障回路的零序电流为所有非故障回路电容电流之和，因此灵敏度为

$$K_s=\frac{I_{C\Sigma}-I_C}{I_{op}} \tag{7-14}$$

对架空线要求 $K_s\geqslant 1.5$，对电缆线路要求 $K_s\geqslant 1.2$。

对于中性点经消弧线圈接地系统的单相接地保护，因补偿后流过故障点的电流比较小，判断故障线路比较困难。目

前，可以利用微机保护的强大功能，采用多种检测原理构成保护，具体情况可参考有关文献。

第五节 电力变压器保护

一、电力变压器的故障类型及不正常运行状态

电力变压器是电力系统中十分重要的电气元件，其故障将对供电可靠性和系统的正常运行带来严重影响。因此必须研究变压器有哪些故障和不正常运行状态，以便采取相应的保护措施。

1. 电力变压器的故障类型

变压器的故障可以分为油箱内和油箱外两种。油箱内的故障包括绕组的相间短路、接地短路、匝间短路以及铁芯的烧损等。对变压器来讲，这些故障都是十分危险的，因为油箱内故障时产生的电弧，将引起绝缘物质和变压器油的汽化，从而可能引起爆炸，因此这些故障应该尽快加以切除。油箱外的故障，主要是绝缘套管和引出线上发生相间短路和接地短路。

2. 变压器的不正常运行状态

变压器的不正常运行状态有过负荷；外部相间短路引起的过电流和外部接地短路引起的过电流和中性点过电压；由于漏油等原因引起的油面降低。

二、变压器的继电保护配置

对于电力变压器的各种故障及不正常运行状态，应设置变压器主保护、后备保护以及必要的辅助保护。变压器的继电保护配置如下。

1. 气体保护

0.4MVA 及以上车间内油浸式变压器和 0.8MVA 及以上油浸式变压器，均应装设气体保护。当壳内故障产生轻微气体或油面下降时，应瞬时动作于信号；当壳内故障产生大量气体时，应瞬时动作于变压器各侧断路器。

带负荷调压变压器的充油调压开关，亦应装设气体保护。

气体保护应采取措施，防止因气体继电器的引线故障、振动等引起气体保护误动作。

2. 相间短路主保护

对变压器的内部、套管及引出线的短路故障，按其容量及重要性的不同，应装设下列保护作为主保护，并瞬时动作于变压器的各侧断路器。

(1) 电压在 10kV 及以下、容量在 10MVA 及以下的变压器，采用电流速断保护。

(2) 电压在 10kV 以上、容量在 10MVA 及以上的变压器，采用纵联差动保护。对于电压为 10kV 的重要变压器，当电流速断保护灵敏度不符合要求时也可采用纵联差动保护。

(3) 电压为 220kV 及以上的变压器装设数字式保护时，除非电量保护外，应采用双重化保护配置。当断路器具有两组跳闸线圈时，两套保护宜分别动作于断路器的一组跳闸线圈。

3. 相间短路后备保护

对外部相间短路引起的变压器过电流，应装设相间短路后备保护。保护带延时跳开相应的断路器。相间短路后备保护宜选用过电流保护、复合电压（负序电压和线间电压）启动的过电流保护或复合电流保护（负序电流和单相式电压启动的过电流保护）。

4. 接地短路后备保护

与110kV及以上中性点直接接地电网连接的变压器，对外部单相接地短路引起的过电流，应装设零序过电流接地保护。保护可由两段组成，其动作电流与相关线路零序过电流保护相配合。每段保护可设两个时限，并以较短时限动作以缩小故障影响范围，或动作于本侧断路器，以较长时限动作于变压器各侧断路器。

三、变压器的气体保护

气体保护是反应油浸式变压器内部故障的一种保护装置。当变压器油箱内发生故障时，在故障电流和电弧作用下，变压器油和绝缘材料会受热分解产生气体，这些气体必然会从油箱流向储油柜，故障越严重，产生的气体就越多，气体压迫油，使气和油同时冲向储油柜。利用这种原理来实现保护，称为气体保护。

气体保护的主要元件是气体继电器，它装在油箱和储油柜之间的连接管道上，如图7-24所示。为了不妨碍气体的流通，变压器安装时应有1%～1.5%的坡度，通往继电器的连接管道有2%～4%的坡度。

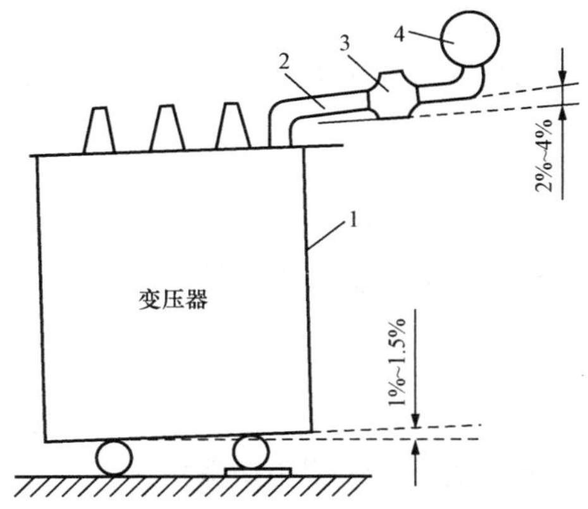

图7-24 气体继电器的安装位置

1—变压器油箱；2—连接管；3—气体继电器；4—储油柜

气体继电器有两个输出触点，如图7-25所示，一个反应变压器内部的不正常情况或轻微故障，这时轻微气体保护动作于信号；另一个反应变压器严重故障，这时严重气体保护动作于变压器各侧断路器。

为了防止严重故障时油速不稳定造成触点抖动，出口中间继电器KM具有自保持功能，利用KM第三对触点进行自锁，以保证断路器可靠跳闸。其中按钮SB用于解除自锁。

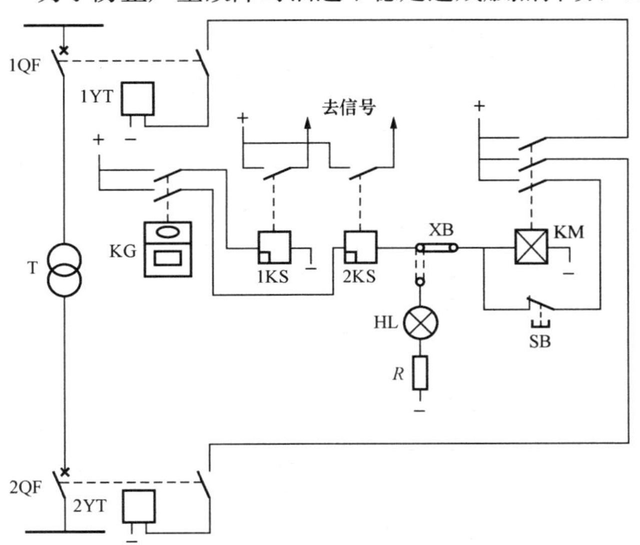

图7-25 变压器气体保护原理图

KG—气体继电器；1KS—轻微故障信号；2KS—严重故障信号；XB—连接片；KM—中间继电器；SB—按钮；1YT—断路器1QF跳闸线圈；2YT—断路器2QF跳闸线圈

为了防止气体保护在变压器换油、气体继电器试验、变压器新安装或大修后投入运行之初误动作，出口回路设有切换端XB，将XB投向电阻R侧，可使严重故障时只发信号。

气体保护能反应油箱内各种故障，切除动作迅速、灵敏性高、接线简单；但不能反应油箱外的引出线和套管上的故障，必须与电流速断或纵联差动保护共同作为变压器的主保护。

四、变压器电流速断保护

对于容量较小的电力变压器，可在电源侧装设电流速断保护。

1. 电流速断保护的整定计算

为保证选择性，电流速断保护的动作电流应满足以下两个条件：

（1）躲过变压器二次侧母线短路时，穿越变压器一次侧的最大短路电流，即

$$I_{op} = K_{rel} I'_{k2max} \tag{7-15}$$

式中：K_{rel}为可靠系数，取1.2～1.3；I'_{k2max}为变压器二次侧母线三相短路时，穿越变压器一次侧的最大短路电流。

（2）躲过变压器空载合闸时的最大励磁涌流，即

$$I_{op} = (3 \sim 5) I_{NT1} \tag{7-16}$$

式中：I_{NT1}为变压器一次额定电流。

2. 灵敏度校验

电流速断保护只能保护变压器的一部分绕组，其灵敏度按下式校验

$$K_s = \frac{I_{kmin}^{(2)}}{I_{op}} \geqslant 2$$

式中：$I_{kmin}^{(2)}$为保护装置安装处的最小两相短路电流。

五、变压器纵联差动保护

1. 纵联差动保护的基本原理

如图7-26所示，为双绕组变压器纵联差动保护的原理接线。当变压器外部k1点故障时，流入继电器的电流为$\dot{I}_k = \dot{I}_1 - \dot{I}_2$，适当选择变压器两侧电流互感器的变比，使$\dot{I}_1 = \dot{I}_2$，则这时$\dot{I}_k = 0$，继电器不动作。

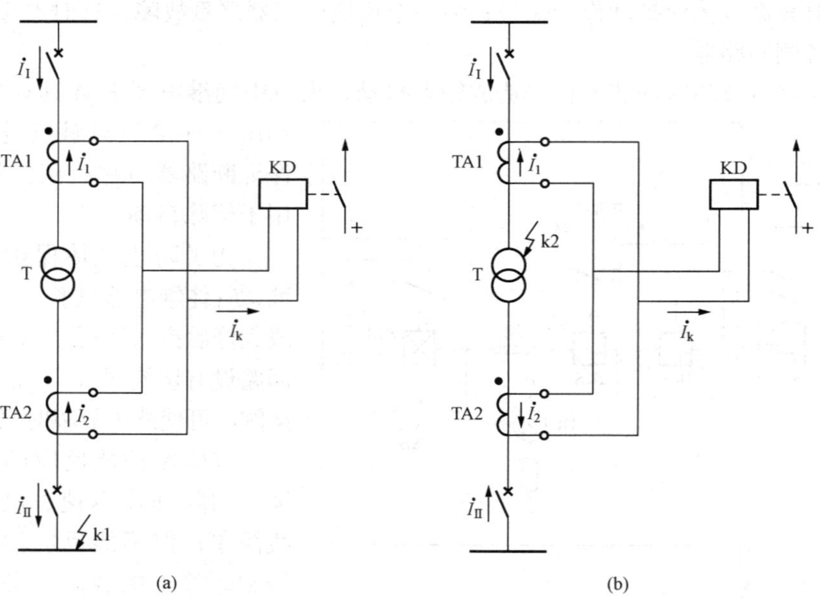

图7-26 双绕组变压器差动保护原理接线图

（a）外部故障；（b）内部故障

当变压器内部k2点短路时，流入继电器的电流$\dot{I}_k = \dot{I}_1 + \dot{I}_2$（双侧电源），或$\dot{I}_k = \dot{I}_1$（单侧电源），这时继电器动作。由此可见，差动保护的保护范围，是变压器两侧电流互感器安

装地点之间的区域，因此，它可以保护变压器内部及两侧套管和引出线上的相间短路，与气体保护合起来构成变压器的主保护。

2. 差动保护存在的问题

由以上分析可知，保护范围以外故障时，使保护不动作的前提是 $\dot{I}_1=\dot{I}_2$。可实际上，由于变压器存在变比，两侧接线方式不同以及变压器空载投入及外部故障切除后的励磁涌流，都会使 $\dot{I}_1\neq\dot{I}_2$，即存在不平衡电流。

3. 不平衡电流产生的原因及减小不平衡电流的方法

（1）由变压器励磁涌流 I_μ 所产生的不平衡电流及减小方法。因为变压器的励磁涌流仅流过变压器一次侧，所以反应到差动回路中产生不平衡电流。在正常运行的情况下，励磁电流较小，影响不是很大；但是，当变压器空载投入和外部故障切除后电压恢复时，由于电磁感应的影响，可能出现数值很大的励磁电流（又称为励磁涌流）。励磁涌流可能达到额定电流的 6～8 倍，这就相当于变压器内部短路时的短路电流，因此必须解决。为了消除励磁涌流的影响，首先分析励磁涌流的特点。励磁涌流具有以下特点：

1）包含很大成分的非周期分量，往往使涌流偏向时间轴一侧。

2）包含大量的高次谐波，并以二次谐波为主。

3）波形之间出现间断，如图 7-27 所示。

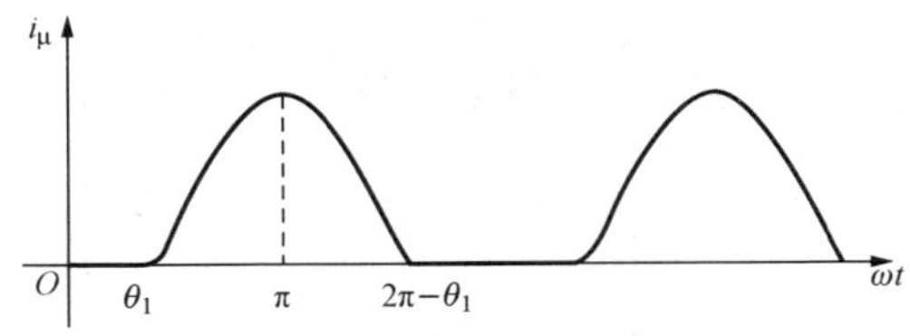

图 7-27　励磁涌流波形

根据以上特点，在变压器纵联差动保护中，防止励磁涌流的方法有：

1）采用具有速饱和特性的中间变流器。中间变流器采用很容易饱和的铁芯，当差动电流中含有较大的非周期分量并偏向时间轴一侧时，铁芯迅速饱和，非周期分量不容易被转变到它的二次侧。

应当指出，变压器内部故障时，故障电流中也含有非周期分量。采用饱和变流器后，纵联差动保护需要等待非周期分量衰减完后才能动作，延长了故障切除时间，已逐渐被淘汰。

2）利用二次谐波制动。二次谐波制动方法是根据励磁涌流中含有大量的二次谐波分量的特点。当检测到差动电流中二次谐波含量大于一定值时，就将差动保护闭锁，以防止励磁涌流引起的误动。一般情况下，当二次谐波含量为基波分量的 0.15～0.2 倍时，就将差动保护闭锁。

3）间断角鉴别的方法。由于励磁涌流的波形会出现间断，而变压器内部故障时的稳态电流是正弦波，不会出现间断角，因此，当间断角大于整定值时，将差动保护闭锁。

（2）由变压器两侧电流相位不同而产生的不平衡电流及减小方法。由于变压器通常采用 Yd11 接线方式，如图 7-28 所示，两侧电流相位差 30°，也会有一个差电流流入继电器。为了消除这种不平衡电流的影响，通常都是将变压器星形侧的三个电流互感器接成三角形，而将变压器三角形侧的三个电流互感器的接成星形。但是，当电流互感器采用上述连接方式以后，在互感器接成三角形侧的差动一臂中，电流又增加了$\sqrt{3}$倍。此时为保证在正常运行及外部故障情况下差动回路没有电流，就必须将该侧电流互感器的变比加大$\sqrt{3}$倍，使之与另一侧的电流相等，即

$$\frac{k_{TA2}}{k_{TA1}/\sqrt{3}} = k_T \tag{7-17}$$

式中：k_{TA1} 和 k_{TA2} 分别为变压器 Y 侧和 d 侧电流互感器变比；k_T 为变压器变比。

（3）由计算变比与实际变比不同而产生的不平衡电流及减小方法。由于电流互感器的变比都是系列化、标准化的，变压器的变比也是一定的，因此，很难满足 $\frac{k_{TA2}}{k_{TA1}} = \frac{k_T}{\sqrt{3}}$ 的要求，此时差动回路中将有电流流过。当采用具有速饱和铁芯的差动继电器时，通常都是利用它的平衡线圈来进行补偿。否则，只有依靠增加差动保护的动作电流来躲过不平衡电流。

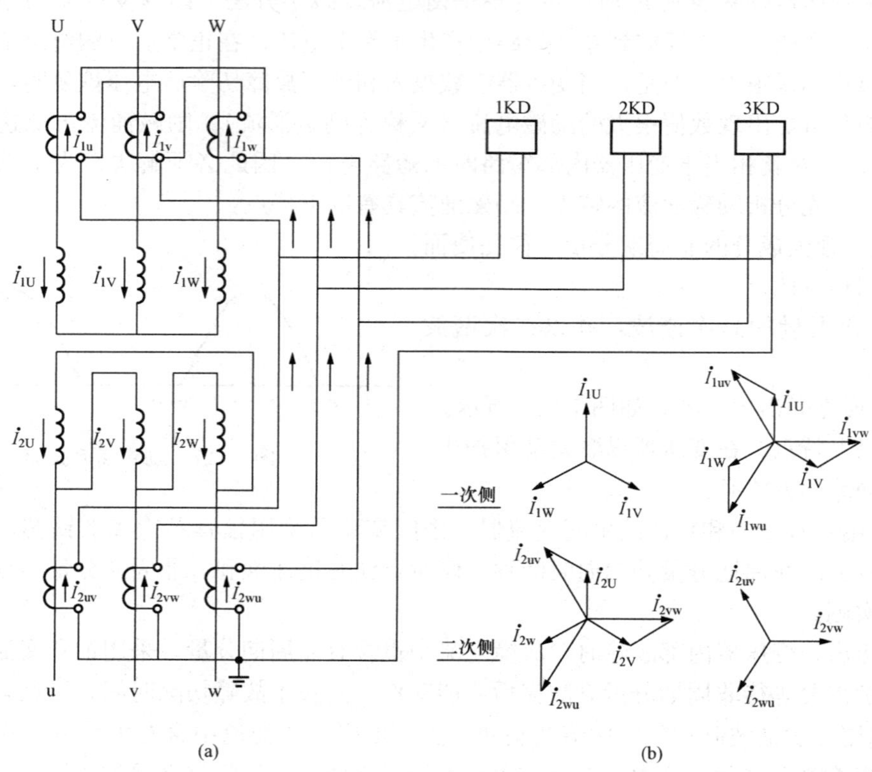

图 7-28　Yd11 接线变压器纵联差动保护接线和相量图

（4）两侧电流互感器型号不同产生的不平衡电流。由于变压器两侧电流不同，互感器型号也不同，它们的饱和特性、励磁电流也就不同，因此，在差动回路中产生不平衡电流。差动保护的动作电流要考虑此不平衡电流的影响。

（5）由于变压器带负荷调整分接头而产生的不平衡电流。带负荷调整变压器分接头，实际上就是改变变压器的变比，从而改变变压器二次电流。前面已经说过，变压器的差动保护与变压器的变比有关，当分接头改变时，就会产生一个新的不平衡电流流入差动回路。因此，对由此产生的不平衡电流，应在纵联差动保护的整定值中予以考虑。

由以上分析，在稳态情况下，整定变压器纵联差动保护所采用的最大不平衡电流 I_{unbmax} 为

$$I_{unbmax} = (\Delta f_{za} + \Delta U + 0.1K_{np}K_{st})I_{kmax} \tag{7-18}$$

式中：I_{kmax}为外部短路故障时流过变压器的最大短路电流；Δf_{za}为由于电流互感器计算变比和实际变比不一致所引起的相对误差，对 Yd11 接线的三相变压器，$\Delta f_{za}=1-k_{TA1}k_T/\sqrt{3}k_{TA2}$，当采用中间变流器进行补偿时，取补偿后剩余的相对误差；ΔU 为由变压器分接头改变引起的相对误差，一般可取调压范围的二分之一；0.1 为电流互感器允许的最大稳态相对误差；K_{st}为电流互感器的同型系数，两侧 TA 型号不同时取 1，相同时取 0.5；K_{np}为非周期分量系数，一般取 1.5～2，当采用速饱和变流器时，可取为 1。

4. 变压器纵联差动保护的整定计算

（1）纵联差动保护启动电流的整定原则。

1）应躲过外部短路故障时的最大不平衡电流，即

$$I_{op}=K_{rel}I_{unbmax} \tag{7-19}$$

式中：K_{rel}为可靠系数，取 1.3。

2）应躲过变压器最大励磁涌流，即

$$I_{op}=K_{rel}K_uI_N \tag{7-20}$$

式中：K_{rel}为可靠系数，取 1.3～1.5；I_N 为变压器额定电流；K_u 为励磁涌流的最大倍数（即励磁涌流与变压器额定电流的比值），取 4～8，若通过鉴别励磁涌流与故障电流的差别，将差动保护闭锁时，$K_u=1$。

3）应躲过电流互感器二次回路断线引起的差动电流，即

$$I_{op}=K_{rel}I_{Lmax} \tag{7-21}$$

式中：K_{rel}为可靠系数，取 1.3；I_{Lmax}为变压器最大负荷电流，在最大负荷电流不能确定时，可取变压器的额定电流。

按以上三个条件计算纵联差动保护的动作电流，选取最大者作为启动电流。对于 Yd11 接线三相变压器，在计算故障电流和负荷电流时，要注意 Y 侧电流互感器的接线方式，通常在 d 侧计算比较方便。动作电流要归算到电流互感器的二次侧。

（2）灵敏度校验

$$K_s=\frac{I_{kminr}}{I_{op2}} \tag{7-22}$$

式中：I_{kminr}为各种运行方式下，变压器差动保护区内故障时，流到差动回路的最小差动电流；I_{op2}为归算到电流互感器的二次侧的动作电流，要求 $K_s\geqslant 2$。

5. 变压器差动保护的基本类型

为了能可靠地躲开外部故障时的不平衡电流和励磁涌流，同时又能提高变压器内部故障时的灵敏度，在变压器的差动保护中广泛采用具有不同特性的差动保护装置。这里只把它们列出来，具体的可参考有关文献。

（1）带加强型速饱和变流器的差动保护。

（2）具有磁力制动特性的差动保护。这种保护的基本原理是增加了一组制动线圈，利用外部短路时的短路电流来实现制动。使继电器的启动电流不再是一个常值，而是随外部故障电流的增大而增大，它能够可靠地躲开外部故障时的不平衡电流，并提高内部故障时的灵敏度，因此是应用最多、也是最成熟的一种保护。

（3）利用变压器励磁涌流出现间断角的特点构成的差动保护。

（4）利用励磁涌流中含有较大的二次谐波的原理构成二次谐波制动的差动保护。

六、变压器的后备保护

为了反应变压器外部故障而引起的变压器线圈过电流，以及在变压器内部故障时，作为差动保护和瓦斯保护的后备，变压器应装有过电流保护。根据变压器容量和系统短路电流水平的不同，实现保护的方式有：过电流保护、低电压启动的过电流保护、复合电压启动的过电流保护以及负序过电流保护等。

1. 过电流保护

变压器过电流保护的原理、接线与线路保护相同，一般用于降压变压器。过电流保护装置的动作电流应躲开变压器可能出现的最大负荷电流，具体应作如下考虑：

(1) 对并列运行的变压器，应考虑切除一台时出现的过负荷。

(2) 对于降压变压器，应考虑低压侧电动机自启动时的最大电流。保护装置的动作时限应比出线过电流保护的动作时限大一个时限级差 Δt。

2. 低电压启动的过电流保护

这是在过电流保护的基础上，再加上低电压检测元件，只有当电流元件和电压元件同时启动后，才启动保护装置，这时的动作电流按躲过变压器的额定电流来整定。与单纯的过电流保护相比，动作电流变小，灵敏度变大。

3. 复合电压启动的过电流保护

这种保护是低电压启动过电流保护的一个发展，它是在过电流保护的基础上，再检测负序电压和线电压（低压继电器），如图 7-29 所示。当发生各种不对称故障时，都能出现负序电压，故负序电压继电器 2KV 作为不对称故障的电压保护，而低电压继电器 1KV 则作为三相短路故障时的电压保护。

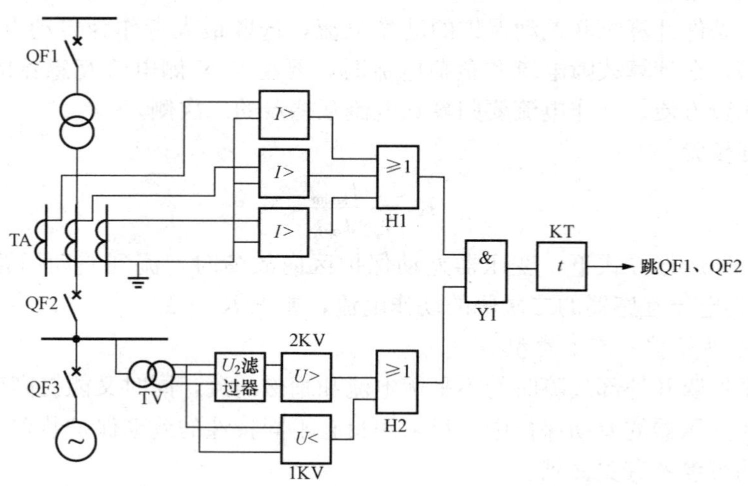

图 7-29 复合电压启动的过电流保护原理接线图

低电压启动的过电流保护整定原则与过电流保护一样。低电压继电器的动作电压，当电压互感器是由变压器低压侧互感器供电时，为 $(0.5\sim0.6)U_N$；当电压互感器是由变压器高压侧互感器供电时，为 $0.7U_N$。

负序过电压继电器的动作电压，按躲过正常运行时的负序滤过器出现的最大不平衡电压来整定，通常取 $(0.06\sim0.12)U_N$。

复合电压启动的过电流保护在不对称故障时，有较高的灵敏度，因此取代低电压启动的过电流保护，被广泛应用。

【例 7 - 2】 某工厂车间变电站装有两台型号为 S9-1000/10 的变压器。变压器二次额定电压为 0.4kV，变压器一、二次侧的三相短路电流分别为 $I_{k1}^{(3)}=2.67\text{kA}$，$I_{k2}^{(3)}=33.46\text{kA}$。试对该车间变压器进行保护设置和整定计算。

解 （1）保护设置。

根据规程规定，容量为 1000kVA 的变压器应装设气体保护、电流速断保护、过电流保护和过负荷保护。

（2）保护整定计算。

1）电流速断保护。采用不完全星形接线方式。保护装置的动作电流应躲过变压器二次侧母线短路时穿越到一次侧的最大三相短路电流，即

$$I_{op}=K_{rel}I'_{k2max}=1.3\times\left(\frac{1}{2}\times 33.46\times 10^3\right)\times\frac{0.4}{10.5}=828.5(\text{A})$$

灵敏度

$$K_s=\frac{I_{k1min}^{(2)}}{I_{op}}=\frac{0.866\times 2.67\times 10^3}{828.5}=2.8>2$$

2）过电流保护。采用不完全星形接线方式，保护装置的动作电流应躲过变压器可能出现的最大负荷电流，即

$$I_{op}=\frac{K_{rel}K_{st}}{K_{re}}I_{NT}=\frac{1.2\times 1.5}{0.85}\times\frac{1000}{\sqrt{3}\times 10}=122.3(\text{A})$$

灵敏度应按变压器二次侧母线两相短路时，穿越变压器一次侧的短路电流来校验，即

$$K_s=\frac{I'^{(2)}_{k2min}}{I_{op}}=\frac{0.866\times\frac{1}{2}\times 33.46\times\frac{0.4}{10.5}\times 10^3}{122.3}=4.5>1.5$$

动作时间应与装在变压器低压侧的断路器的动作时限相配合，时限阶段 $\Delta t=0.5\text{s}$。

3）过负荷保护。因过负荷电流一般三相对称，因此过负荷保护只需检测一相电流，动作电流按躲开变压器额定电流整定，即

$$I_{op}=\frac{K_{rel}}{K_{re}}I_{NT}=\frac{1.05}{0.85}\times\frac{1000}{\sqrt{3}\times 10}=71.3(\text{A})$$

动作时间取 10～15s。

第六节 电动机保护

一、电动机的故障类型和异常运行状态

电动机的主要故障是定子绕组的相间短路，其次是单相接地和一相绕组的匝间短路；不正常运行方式有过负荷、低电压。对于同步电动机还有失步和失磁问题等。

二、电动机的保护配置

针对电动机的各种故障和不正常运行方式，要配置不同的保护。

电动机的保护应力求简单可靠。对于 500V 以下的电动机，特别是 75kW 及其以下的电动机，广泛采用熔断器和低压断路器来保护相间短路和接地短路；用热继电器作过负荷和两

相运行保护。本节的主要内容是电压为3kV及以上的异步电动机和同步电动机的各种保护。

(1) 对电动机的定子绕组及其引出线的相间短路故障，应按下列规定装设相应的保护：

1) 2MW以下的电动机，装设电流速断保护，保护宜采用两相式。

2) 2MW及以上的电动机，或2MW以下，但电流速断保护灵敏度不符合要求时，可装设纵联差动保护。纵联差动保护应防止在电动机自启动过程中误动作。

3) 上述保护应动作于跳闸，对于有自动灭磁装置的同步电动机保护还应动作于灭磁。

(2) 对单相接地，当接地电流大于5A时，应装设单相接地保护。单相接地电流为10A及以上时，保护动作于跳闸；单相接地电流为10A以下时，保护可动作于跳闸，也可动作于信号。

(3) 下列电动机应装设过负荷保护：

1) 运行过程中易发生过负荷的电动机，保护应根据负荷特性，带时限动作于信号或跳闸。

2) 启动或自启动困难，需要防止启动或自启动时间过长的电动机，保护动作于跳闸。

(4) 下列电动机应装设低电压保护，保护应动作于跳闸：

1) 当电源电压短时降低或短时中断后又恢复时，为保证重要电动机自启动而需要断开的次要电动机。

2) 当电源电压短时降低或中断后，不允许或不需要自启动的电动机。

3) 需要自启动，但为保证人身和设备安全，在电源电压长时间消失后，须从电力网中自动断开的电动机。

4) 属Ⅰ类负荷并装有自动投入装置的备用机械的电动机。

(5) 2MW及以上电动机，为反应电动机相电流的不平衡，也作为短路故障的主保护的后备保护，可装设负序过电流保护，保护动作于信号或跳闸。

(6) 对同步电动机失步，应装设失步保护，保护带时限动作，对于重要电动机，动作于再同步控制回路，不能再同步或不需要再同步的电动机，则应动作于跳闸。

(7) 对于负荷变动大的同步电动机，当用反应定子过负荷的失步保护时，应增设失磁保护，失磁保护带时限动作于跳闸。

(8) 对不允许非同步冲击的同步电动机，应装设防止电源中断再恢复时造成非同步冲击的保护。

三、电动机的相间短路保护

1. 电流速断保护

电流速断保护作为电动机相间短路的主保护，为了能反应电动机与断路器连线的故障，电流互感器应尽量靠近断路器。电流互感器采用不完全星形接线，其构成与线路电流速断保护相同。

电流速断保护在电动机启动时不应动作，所以电流速断保护的动作电流为

$$I_{op} = K_{rel} I_{stmax} \tag{7-23}$$

式中：K_{rel}可靠系数，$K_{rel}=1.4\sim1.6$；I_{stmax}为电动机最大启动电流。

若电动机的额定电流为I_{NM}，则

单笼型电动机

$$I_{stmax} = (5.5 \sim 7) I_{NM}$$

双笼型电动机

$$I_{stmax}=(3.5\sim4)I_{NM}$$

绕线转子电动机

$$I_{stmax}=(2.0\sim2.5)I_{NM}$$

灵敏度校验

$$K_s=\frac{I_{kmin}^{(2)}}{I_{op}}\geqslant2 \tag{7-24}$$

式中：$I_{kmin}^{(2)}$为系统在最小运行方式下，电动机出口两相短路电流最小值。

为了提高灵敏度，电流速断保护的动作电流可以有高、低两个定值，高定值在电动机启动时投入，低定值在电动机启动结束后投入。

2. 纵联差动保护

图 7 - 30 所示为电动机纵联差动保护原理接线图。

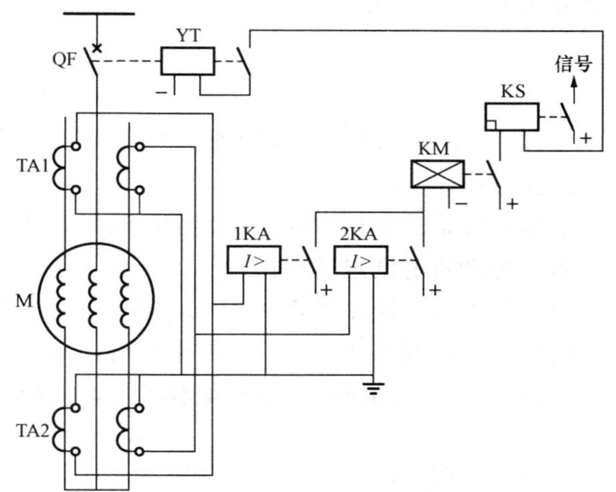

图 7 - 30 电动机纵联差动保护原理接线图

电动机容量在 5MW 以下时，电流互感器采用两相式接线；在 5MW 以上时，采用三相式接线，以保证一点在保护区内，另一点在保护区外的两点接地时快速跳闸。

保护的动作电流按躲过电动机的额定电流整定，即

$$I_{op}=K_{rel}I_{NM} \tag{7-25}$$

式中：K_{rel}为可靠系数，对 BCH-2 继电器K_{rel}为 0.5～1，对 DL-11 继电器K_{rel}为 1.2～1.5。

保护灵敏度

$$K_s=\frac{I_{kmin}^{(2)}}{I_{op}}\geqslant2$$

式中：$I_{kmin}^{(2)}$为电动机出口处最小两相短路电流。

四、电动机的单相接地保护

中性点非直接接地系统的高压电动机，当单相接地电流大于 5A 时，应装设单相接地保护，并瞬时动作于跳闸，电动机单相接地保护一般均采用零序电流保护，与线路的零序电流保护原理接线相同。

保护的动作电流，应躲过电动机外部单相接地时流经被保护电动机回路的最大接地电容电流 I_{Cmax}，即

$$I_{op}=K_{rel}I_{Cmax} \tag{7-26}$$

式中：可靠系数 K_{rel}取 4～5。

灵敏度校验

$$K_s=\frac{I_{Cmin}}{I_{op}}\geqslant2 \tag{7-27}$$

式中：I_{Cmin}为电动机出口处发生单相接地短路时，流经保护的最小接地电容电流。

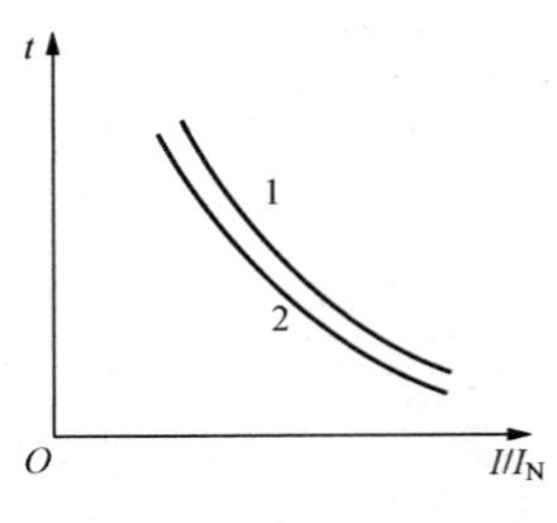

图 7-31 电动机允许过负荷及其保护的反时限特性

五、电动机过负荷保护

电动机的过负荷保护，一般都采用反时限特性。这是因为，通过电动机的过负荷电流越小，允许的时间越长；反之，过负荷越大，允许的时间越短。用反时限过电流继电器作为电动机的过负荷保护，其过负荷电流与工作时间关系的反时限特性曲线示于图 7-31 中。图中曲线 1 为电动机允许的过负荷特性，曲线 2 为反时限过电流继电器的动作特性。

过负荷保护的动作电流，按躲过电动机的额定电流 I_{NM} 来整定，即

$$I_{op}=\frac{K_{rel}}{K_{re}}I_{NM} \tag{7-28}$$

式中：K_{rel} 为可靠系数，当保护动作于信号时，取 1.05～1.1，动作于跳闸时取 1.2～1.25；K_{re} 为返回系数，取 0.85。

过负荷保护的动作时间，应大于电动机启动所需时间，一般为 10～15s。

六、电动机的低电压保护

(1) 当电源电压短时降低或中断后，根据生产过程不需要自启动的电动机，或者为保证重要电动机启动而需要断开的次要电动机，应装设低电压保护。

为保证重要电动机自启动有足够电压，保护装置的动作电压 U_{op} 一般整定为

$$U_{op}=(60\%\sim70\%)U_N \tag{7-29}$$

其动作时限应取 0.5～1.5s。

(2) 需要自启动，但为保证人身和设备安全或由于生产工艺要求，在电源电压长时间消失后不允许再自启动的电动机也应装设低电压保护，但动作时限应足够大，一般取 5～10s，其动作电压一般整定为

$$U_{op}=(40\%\sim50\%)U_N \tag{7-30}$$

(3) 低电压保护接线应满足的基本要求：

1) 当电压互感器一次侧一相及两相断线，或二次侧各种断线时，保护装置不应误动作。为此，装设三相低电压启动元件，如图 7-32 所示。

2) 电压互感器一次侧隔离开关断开时，保护装置应予闭锁，不致误动作。

TV 断线的判据为：TV 单相断线或两相断线时，电动机三相均有电流而无负序电流，但有负序电压，其值大于 8V；TV 三相断线时，三相均有电流而无正序电压。

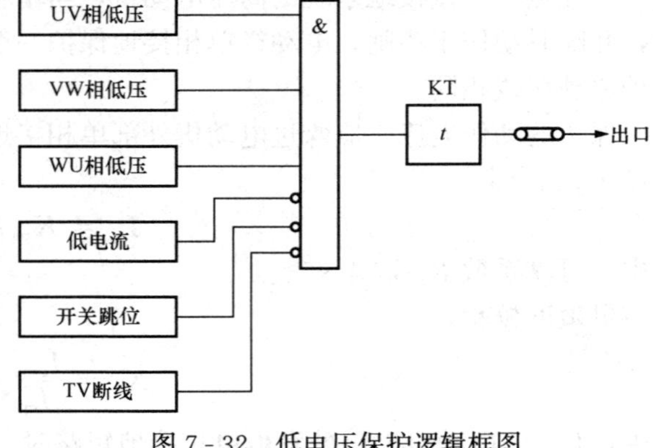

图 7-32 低电压保护逻辑框图

七、同步电动机的失步和失磁保护

1. 失步保护

同步电动机供电电压降低或励磁电流减小，均导致转矩减小。当转矩最大值小于机械负荷的转矩时，同步电动机将失去同步。由于此时同步电动机励磁电压并未消失，所以同步电动机发生振荡，所以同步电动机的阻抗角 φ_M（同步发电机端电

压和电流之间的夹角）发生变化。正常运行时，$\varphi_M<30°$；同步电动机失步时，$\varphi_M>30°$。因此，可通过检测 φ_M 的值来判断是否失步，当 $\varphi_M>40°\sim60°$时，启动保护。

图 7-33 所示为同步电动机失步保护逻辑框图。失步保护在同步电动机启动结束后投入。TV 断线，低电流（为额定值的 50%）时闭锁失步保护。失步保护的动作延时以不大于 $\frac{1}{2}$振荡周期为宜。判断同步电动机失步后，经适量延时后动作于再同步回路，不能再同步时，可动作于跳闸。

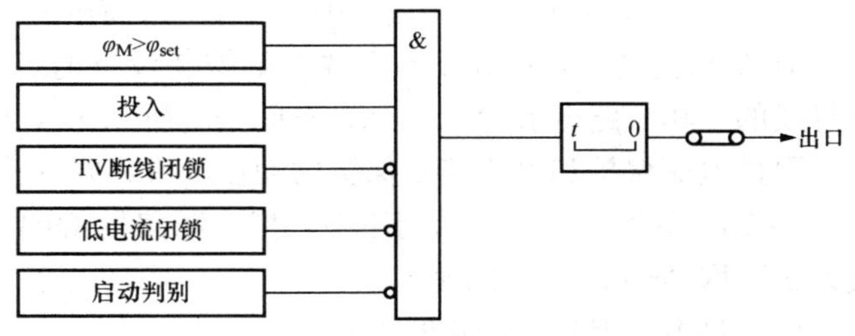

图 7-33 同步电动机失步保护逻辑框图

同步电动机失步保护原理还可以用反应转子回路出现交流分量，反应定子过负荷等构成。

2. 失磁保护

同步电动机失磁后，可导致电动机失步并转入异步运行，在异步运行期间，由于转矩交变，同步电动机发生振荡，对同步电动机不利。失磁后，同步电动机有如下特点：

(1) 励磁回路中感应出交变电流。

(2) 无功功率方向发生改变。同步电动机在正常运行时，总是处在过励状态下运行，功率因数超前。失磁后，电动机吸取感性电流，功率因数滞后。

根据同步电动机失磁后的特征，可以构成失磁保护，即同步电动机的失磁检测，可利用检测励磁回路内的交流电流构成，也可以用功率方向检测出来。

思考题与习题

7-1 电力系统继电保护的任务是什么？对继电保护的基本要求是什么？

7-2 何谓电力系统的最大和最小运行方式？

7-3 根据电力系统短路情况下电气量的差异，可以构成哪些原理的保护？

7-4 什么叫三段式电流保护？各段的保护范围和动作时限是如何配置的？

7-5 功率方向保护的作用是什么？

7-6 功率方向元件为什么要采用 90°接线？

7-7 零序功率方向继电器的电压为什么反极性接入？它有动作死区吗？为什么？

7-8 变压器差动保护不平衡电流产生的原因是什么？如何减小不平衡电流？

7-9 中性点经消弧线圈接地系统，能否采用零序电流、零序电压及零序功率方向保护？为什么？

7-10 如图 7-34 所示的 35kV 系统中，已知 A 母线发生三相短路时的最大短路电流为 5.25kA，最小短路电流为 2.5kA，线路 AB、BC 的长度分别为 50km 和 40km，单位长度电抗取 0.4Ω/km。试求：

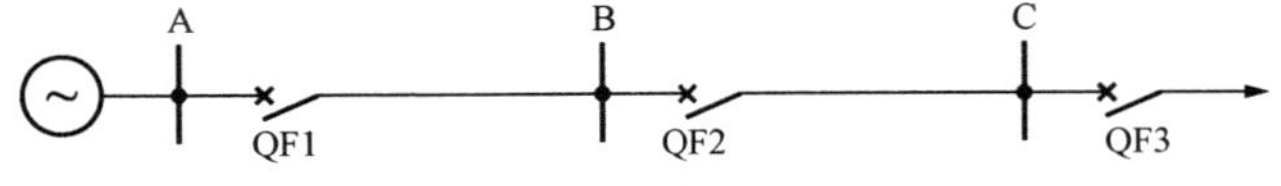

图 7-34 习题 7-10 的图

(1) 线路 AB 的电流Ⅰ段的整定值及保护范围；

(2) 线路 AB 的电流Ⅱ段的整

定值及灵敏度。

7-11 某 10kV 电网，架空线路总长度 30km，电缆线路总长度为 20km。试求此中性点不接地的电力系统发生单相接地时的电容电流。若其中一条电缆线路长 5km，拟对其装设延时动作的零序电流保护，试整定动作电流，并进行灵敏度校验。

7-12 某企业 10kV 高压配电所，有一条高压配电线路供电给一台型号为 S11-M-1000/10 型的车间变电器，该高压配电线首端拟装设过电流保护和电流速断保护。已知高压配电所母线的三相短路电流为 2.2kA，车间变电所 0.4kV 母线的三相短路电流为 16kA，试计算定时限过电流保护和电流速断保护的动作电流，并校验灵敏度。

7-13 如图 7-35 所示网路中，拟在断路器 QF1～QF5 上装设过电流保护和零序过电流保护，取 $\Delta t=0.5\text{s}$。试确定：

（1）过电流保护的动作时限；

（2）零序过电流保护的动作时限。

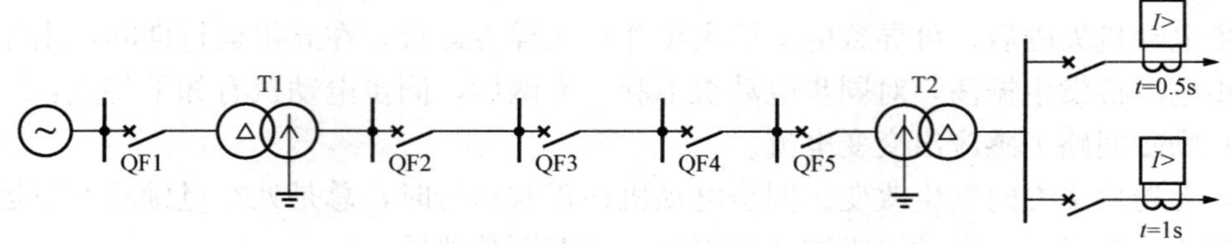

图 7-35 习题 7-13 的图

7-14 有一台 S10-6300/35 型电力变压器，Yd11 接线，额定电压为 35/10.5kV。若对此变压器配置纵联差动保护，试选择两侧电流互感器的接线方式和变比，并求出正常运行时差动保护回路的不平衡电流。

第八章 二次系统与自动装置

本章简要介绍发电厂和变电站二次原理接线图和安装接线图构成的基本原理，断路器控制回路、中央信号、测量仪表回路等的典型接线，发电厂和变电站常用的备用电源自动投入装置、自动重合闸装置、同期装置等的接线和工作原理。

第一节 二次接线图

一、概述

发电厂和变电站二次回路是指对一次回路进行监视、控制、测量和保护的回路。二次接线图是用二次设备特定的图形、文字符号表示二次设备相互连接的电气接线图。

为了能看懂二次回路原理图，必须了解其各组成元件的图形和文字符号，故将常用二次设备的新、旧图形和文字符号对照分别列于表8-1和表8-2中。

表8-1 二次设备常用新、旧图形符号对照

序号	名称	图形符号		序号	名称	图形符号	
		新	旧			新	旧
1	一般继电器及接触器线圈			10	切换片		
2	热继电器驱动器件			11	连接片		
3	指示灯			12	动合（常开）触点		
4	机械型位置指示器			13	动断（常闭）触点		
5	电容			14	延时闭合的动合（常开）触点		
6	电流互感器			15	延时断开的动合（常开）触点		
7	仪表电流线圈			16	电阻		
8	仪表电压线圈			17	电铃		
9	蜂鸣器			18	延时断开的动断（常闭）触点		

续表

序号	名称	图形符号		序号	名称	图形符号	
		新	旧			新	旧
19	限位开关的动合（常开）触点			25	延时闭合的动断（常闭）触点		
20	限位开关的动断（常闭）触点			26	动断（常闭）按钮		
21	机械保持的动合（常开）触点			27	接触器的动合（常开）触点		
22	机械保持的动断（常闭）触点			28	接触器的动断（常闭）触点		
23	热继电器的动断（常闭）触点			29	非电量继电器的动合（常开）触点		
24	动合（常开）按钮			30	非电量继电器的动断（常闭）触点		

注 在二次接线图中，元件的触点及开关电器的辅助触点都是按“常态”表示的。所谓“常态”是指元件未通电（或开关电器断开）时的状态。例如，表8-1中“动合（常开）触点”是指“常态”下断开，元件一旦通电（或开关电器合闸）立即闭合的触点；“动断（常闭）触点”是指“常态”下闭合，元件一旦通电（或开关电器合闸）立即断开的触点。其余概念可类推。

表8-2　二次设备常用新、旧文字符号对照表

序号	名称	新符号		旧符号	序号	名称	新符号		旧符号
		单字母	多字母				单字母	多字母	
1	装置	A			16	声、光指示器	H		
2	自动重合闸装置		APR	ZCH	17	声响指示器		HA	
3	电源自动投入装置		AAT	BZT	18	无功功率表		PPR	
4	中央信号装置		ACS		19	有功电能表		PJ	
5	自动准同步装置		ASA	ZZQ	20	无功电能表		PRJ	
6	手动准同步装置		ASM		21	频率表		PF	
7	硅整流装置		ALF		22	合闸信号灯		HLC	
8	警铃		HAB	DL	23	绿灯		HG	LD
9	蜂鸣器、电喇叭		HAU	FM	24	红灯		HR	HD
10	光指示器		HL		25	白灯		HW	BD
11	跳闸信号灯		HLT		26	光字牌		HP	GP
12	电容器（组）	C			27	继电器	K		J
13	发热器件；热元件；发光器件	E			28	电流继电器		KA	LJ
14	熔断器		FU	RD	29	电压继电器		KV	YJ
15	蓄电池		GB		30	时间继电器		KT	SJ

续表

序号	名　　称	新符号		旧符号	序号	名　　称	新符号		旧符号
		单字母	多字母				单字母	多字母	
31	信号继电器		KS	XJ	59	控制回路开关	S		
32	控制（中间）继电器		KC	ZJ	60	控制开关		SA	KK
33	防跳继电器		KCF	TBJ	61	按钮		SB	AN
34	出口继电器		KCO	BCJ	62	测量转换开关		SM	CK
35	跳闸位置继电器		KCT	TWJ	63	手动准同步开关		SSMI	ISIK
36	合闸位置继电器		KCC	HWJ	64	解除手动准同步开关		SSMI	ISTK
37	事故信号继电器		KCA	SXJ	65	自动准同步开关		SSAI	DTK
38	预告信号继电器		KCR	YXJ	66	电流互感器		TA	LH
39	同步监察继电器		KY	TJJ	67	电压互感器		TV	YH
40	重合闸继电器		KRC	ZCH	68	连接片；切换片		XB	LP
41	重合闸后加速继电器		KCP	JSJ	69	端子排		XT	
42	闪光继电器		KH		70	合闸线圈		YC	HQ
43	脉冲继电器		KP	XMJ	71	跳闸线圈		YT	TQ
44	绝缘监察继电器		KVI		72	交流系统电源相序			
45	电源监视继电器		KVS	JJ		第一相		L1	A
46	压力监视继电器		KVP			第二相		L2	B
47	闭锁继电器		KCB	BSJ		第三相		L3	C
48	气体继电器		KG	WSJ	73	交流系统设备端相序			
49	温度继电器		KH	WJ		第一相	U		A
50	热继电器		KR	RJ		第二相	V		B
51	接触器		KM	C		第三相	W		C
52	电流表		PA			中性线	N		
53	电压表		PV		74	保护线		PE	
54	有功功率表		PPA		75	接地线	E		
55	电力电路开关器件	Q			76	直流系统电源			
56	刀开关		QK	DK		正	+		
57	自动开关		QA	ZK		负	−		
58	电阻器；变阻器	R		R		中间线	M		

二次接线图分为原理接线图和安装接线图，其中原理接线图又分为归总式原理接线图和展开式原理接线图。

二、原理接线图

表示二次回路工作原理的接线图称原理接线图，简称原理图。

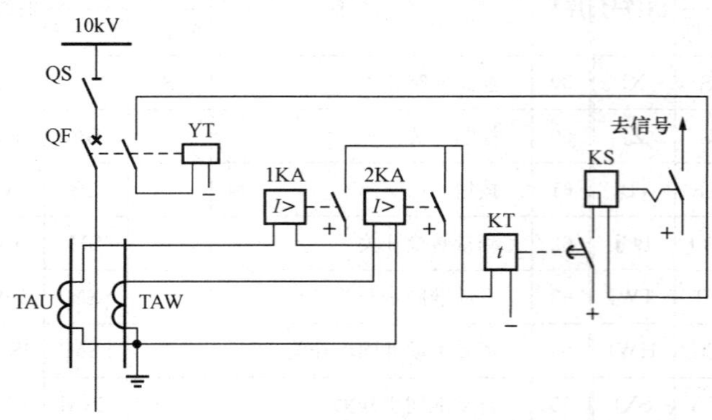

图 8-1　10kV 线路过电流保护归总式原理图

QS—隔离开关；QF—断路器；TAU，TAW—电流互感器；1KA，2KA—电流继电器；YT—断路器跳闸线圈；KT—时间继电器；KS—信号继电器

1. 归总式原理接线图

如图 8-1 所示为 10kV 线路过电流保护归总式原理图，该图的特点是：将二次接线与一次接线的有关部分画在一起，图中各元件用整体形式表示；其相互联系的交流回路及直流回路都综合在一起，并按实际连接顺序画出。其优点是能清楚地表明各元件的型式、数量、相互联系和作用，利于对装置的构成形成明确的整体概念，便于理解装置的工作原理。

2. 展开式原理接线图

如图 8-2 所示是 10kV 线路过电流保护展开式原理图，该图的特点是：①交流回路与直流回路分开表示；②属于同一仪表或继电器的电流线圈和触点分开画，采用相同的文字符号，有多副触点时加下标；③交、直流回路各分为若干行，交流回路按 U、V、W 相顺序画，直流回路则基本上按元件的动作顺序从上到下排列。每行中各元件的线圈和触点按实际连接顺序由左至右排列。每回路的右侧有文字说明，引至端子排的回路加有编号，元件及触点通常也有端子编号。

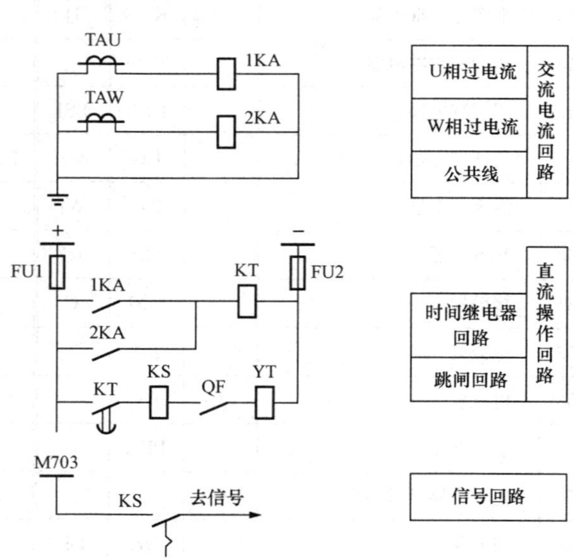

图 8-2　10kV 线路过电流保护展开式原理图

TAU，TAW—电流互感器；1KA，2KA—电流继电器；FU1，FU2—熔断器；KT—时间继电器；KS—信号继电器；YT—跳闸线圈

回路加标号的目的是为了了解该回路的用途及进行正确地连接。表 8-3 为我国采用的常用小母线新、旧文字符号及回路标号对照表。回路标号由 1～4 位数字组成，对于交流回路，数字前加相别文字符号；不同用途的回路规定不同标号数字范围，相应地由标号数字范围可知道属于哪类回路。回路标号是根据等电位原则进行的，即任何时候电位都相等的那部分电路用同一标号，所以，元件或触点的两侧应该用不同标号。具体工程中，只对引至端子排的回路加以标号，同一安装单位的屏内设备之间的连接一般不加回路标号。

表 8-3　　常用小母线新、旧文字符号及回路标号对照表

序号	小母线名称		新编号 文字符号	新编号 回路标号	旧编号 文字符号	旧编号 回路标号
			（一）直流控制、信号和辅助小母线			
1	控制回路电源		+、−		+KM、−KM	1、2；101、102；201、202；301、302；401、402
2	信号回路电源		+700、−700	7001、7002	+XM、−XM	701、702
3	事故音响信号	不发遥信时	M708	708	SYM	708
4	事故音响信号	用于直流屏	M728	728	ISYM	728
5	事故音响信号	用于配电装置	M7271、M7272、M7273	7271、7272、7273	2SYMⅠ、2SYMⅡ、2SYMⅢ	727Ⅰ、727Ⅱ、727Ⅲ
6	事故音响信号	发遥信时	M808	808	3SYM	808
7	预告音响信号	瞬时	M709、M710	709、710	1YBM、2YBM	709、710
8	预告音响信号	延时	M711、M712	711、712	3YBM、4YBM	711、712
9	预告音响信号	用于配电装置	M7291、M7292、M7293	7291、7292、7293	YBMⅠ、YBMⅡ、YBMⅢ	729Ⅰ、729Ⅱ、729Ⅲ
10	控制回路断线预告信号		M7131、M7132、M7133、M713		KDMⅠ、KDMⅡ、KDMⅢ、KDM	713Ⅰ、713Ⅱ、713Ⅲ
11	灯光信号		M726（−）	726	（−）DM	726
12	配电装置信号		M701	701	XPM	701
13	闪光信号		M100（+）	100	（+）SM	100
14	合闸电源		+、−		+HM、−HM	
15	“掉牌未复归”光字牌		M703、M716	703、716	FM、PM	703、716
16	指挥装置音响		M715	715	ZYM	715
17	同步合闸		M721、M722、M723	721、722、723	1THM、2THM、3THM	721、722 723
18	隔离开关操作闭锁		M880	880	GBM	880
19	厂用电源辅助信号		+701、−701	7011、7012	+CFM、−CFM	701、702
20	母线设备辅助信号		+702、−702	7021、7022	+MFM、−MFM	701、702
			（二）交流电压、同步小母线			
21	同步电压	待并系统	L1-610、L3-610	U610、W610	TQM$_a$、TQM$_c$	A610、C610
22	同步电压	运行系统	L1′-620、L3′-620	U620、W620	TQM$_{a'}$、TQM$_{c'}$	A620、C620
23	母线段电压	第一（或奇数）组母线段	L1-630、L2-630（600）、L3-630、L-630、L3-630（试）、N-600（630）	U630、V630（V600）、W630、L630（试）W630、N600（630）	1YM$_a$、1YM$_b$（YM$_b$）1YM$_c$、1YM$_L$、1S$_c$YM、YM$_N$	A630、B630（B600）、C630、L630、S$_c$630、N600
24	母线段电压	第二（或偶数）组母线段	L1-640、L2-640（600）、L3-640、L-640、L3-640（试）、N-600（640）	U640、V640（V600）、W640、L640（试）W640、N600（640）	2YM$_a$、2YM$_b$（1YM$_b$）2YM$_c$、2YM$_L$、2S$_c$YM、YM$_N$	A640、B640（B600）、C640、L640、S$_c$640、N600

展开式原理图接线清晰，便于阅读，易于了解整套装置的动作程序和工作原理，便于查找和分析故障，实际工作中用得最多。

三、安装接线图

表示二次设备的具体安装位置和布线方式的图称安装接线图，简称安装图。它是二次设备制造、安装的实用图纸，也是运行、调试、检修的主要参考图纸。安装图包括屏面布置图、屏后接线图和端子排图。

1. 屏面布置图

屏面布置面是表明二次设备的尺寸、在屏面上的安装位置及相互距离的图纸，应按比例绘制，如图 8-3（a）所示。

2. 屏后接线图

屏后接线图是表明屏后布线方式的图纸。它根据屏面布置图中设备的实际安装位置绘制，但为背视图，即其左右方向正好与屏面布置图相反；每个设备都有“设备编号”，设备的接线柱上都加有标号和注明去向，如图 8-3（b）所示。屏后接线图不要求按比例绘制。

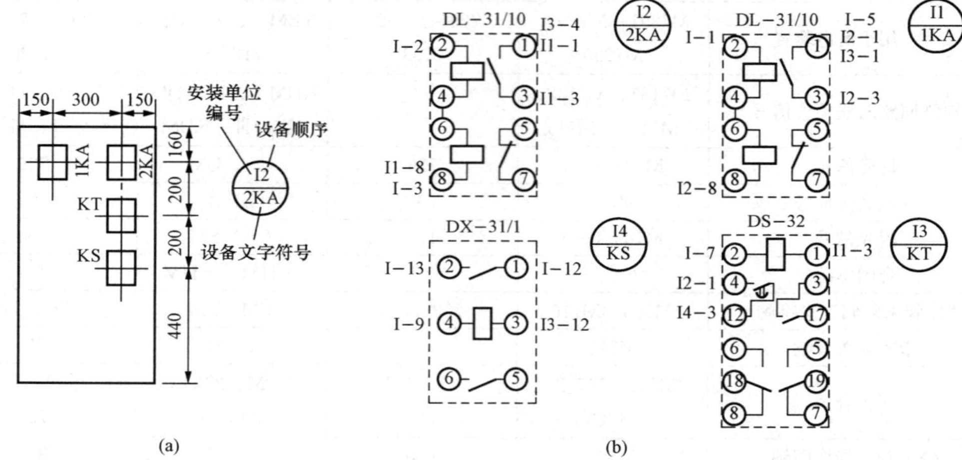

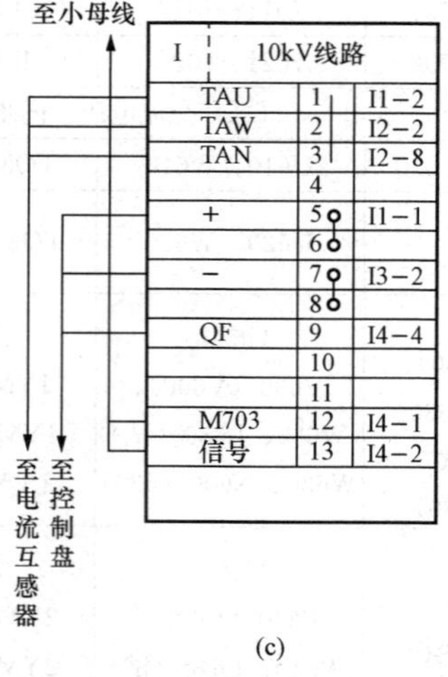

图 8-3 10kV 线路过电流保护安装接线图

（a）屏面布置图；（b）屏后接线图；（c）端子排图

（1）设备编号。通常在屏后接线图上，各设备图形的右（或左）上方都贴有一个圆圈，表明设备的编号。其中：①安装单位编号及同一安装单位设备顺序号，标在圆圈上半部，如Ⅰ1、Ⅰ2、Ⅰ3等，罗马数字表示安装单位编号，阿拉伯数字表示同一安装单位设备顺序号，按屏后顺序从右到左依次编号；②设备的文字符号及同类设备顺序号，标在圆圈下半部，如1KA、2KA等，与展开图一致。另外，在设备图形的上方还标有设备型号，如电磁型电流继电器DL-31/10等。

（2）设备接线编号。由于屏内各设备之间及屏内设备至端子排之间的连接线很多，如果把每条连线都用线条表示，不但制图很费事，而且配线时也很难分辨清楚。因此，普遍采用“相对编号法”，即在需要连接的两个接线柱上分别标出对方接线柱的编号。

从图8-3中可看出相对编号法的应用。例如，与展开图相对应的是：图8-3（b）中，从电流继电器Ⅰ2右侧端子①到时间继电器Ⅰ3左侧端子④相互连接，这两个接线柱上分别标出Ⅰ3—4和Ⅰ2—1。

3. 端子排图

屏内设备与屏外设备之间的连接，屏内设备与屏后上方直接接至小母线的设备（如熔断器或小刀闸等）的连接，各安装单位主要保护的正电源的引接及经本屏转接的回路等，都要通过一些专门的接线端子，这些接线端子的组合称为端子排。

（1）端子分类。端子按用途可分为：

1）一般端子。用于连接屏内、外导线（电缆），如图8-4（a）所示。

2）连接端子。用于上下端子间连接构成通路，如图8-4（b）所示。

3）特殊端子。用于需要很方便地断开的回路，如图8-4（c）所示。

4）试验端子。用于需接入试验仪表的电流回路，专供电流互感器二次回路用，如图8-4（d）所示。

5）连接型试验端子。用于在端子上需彼此连接的电流试验回路，如图8-4（d）所示。

6）终端端子。用于固定端子或分隔不同安装单位的端子排。

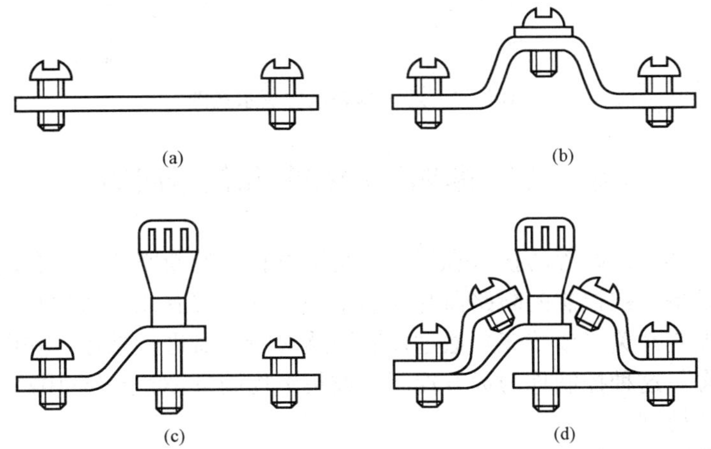

图8-4　不同类型的端子

（a）一般端子；（b）连接端子；（c）特殊端子；（d）试验端子

（2）端子排表示方法。图8-5为端子排表示方法示意图，最上面一个端子，标出安装单位编号（罗马数字表示，同时也代表该端子排的设备编号）及名称（汉字）；下面的端子在图上皆画成三格，从左至右各格的含义如下：①第一格表示安装单位的回路编号和屏外或屏顶引入设备的文字符号及接线柱号，如图 8-3（c）中的 TAU、TAW 等；②第二格表示端子的顺序号和型号；③第三格表示屏内设备的文字符号及设备的接线柱号，如图 8-3（c）中的Ⅰ1—2、Ⅰ2—2 等。

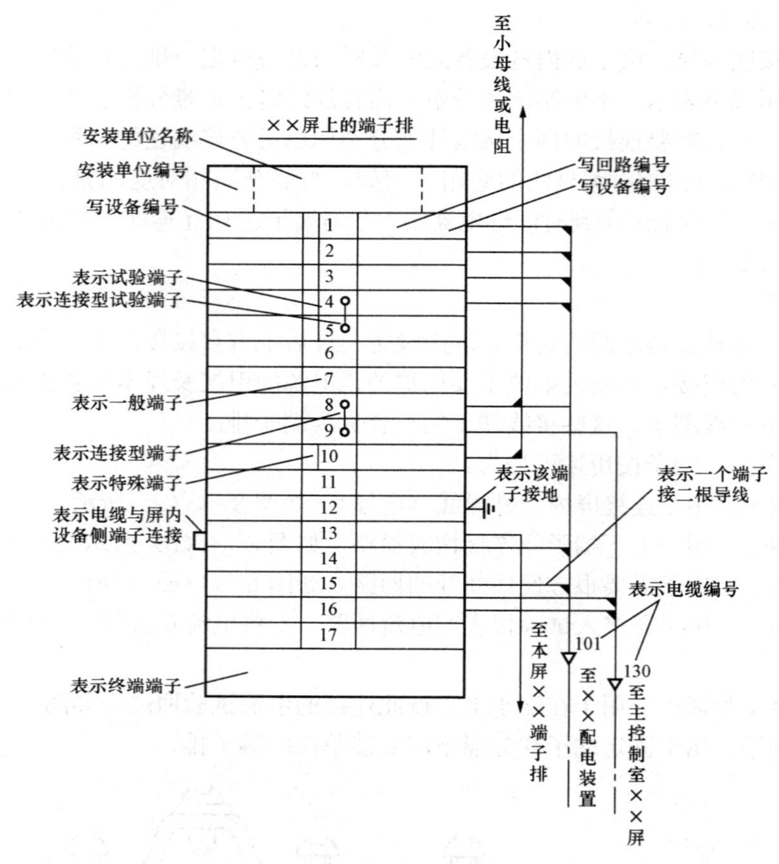

图 8-5　端子排表示方法示意图

第二节　断路器的控制和信号回路

发电机、变压器、线路等的投入和切除，是通过相应的断路器进行合闸和跳闸操作来实现的。对于主要设备，被控制的断路器与控制室之间一般都有几十米到几百米的距离，运行人员在控制室用控制开关（或按钮）通过控制回路对断路器进行操作，并由灯光信号反映出断路器的位置状态，这种控制称为远方控制（或集中控制）；对于 6～10kV 线路以及厂用电动机可以采用就地控制。

一、控制开关和操动机构

1. 控制开关

发电厂和变电站中，控制开关多采用 LW2 系列万能密闭转换开关。该系列开关除了在各种开关设备的控制回路中用作控制开关外，还在各种测量仪表、信号、自动装置及监察装置等回路中用作转换开关。其结构包括操作手柄、面板、触点盒等。

LW2 系列转换开关制造成旋转式，触点盒一般有数节，装于转轴上；每节触点盒都有 4 个定触点和一对动触片；4 个定触点引出接线端子，端子上有触点号；手柄通过主轴与触点盒连接，可以每隔 90°或 45°设一个定位。

为了说明操作手柄在不同位置时各触点的通、断情况，一般都列出触点表。表 8 - 4 为常用的 LW2-Z-1a、4、6a、40、20、20/F8 型控制开关的触点图表。型号中：LW2-Z 为开关型号；1a、4、6a、40、20、20 为触点盒的形式；F8 为面板及手柄形式。这种控制开关有两个固定位置：水平位置为“跳闸后”位置；垂直位置为“合闸后”位置。

表 8 - 4　　LW2-Z-1a、4、6a、40、20、20/F8 型控制开关的触点图表

手柄样式和触点盒编号																		
手柄和触点盒型式		F8	1a		4		6a			40			20			20		
触点号			1-3	2-4	5-8	6-7	9-10	9-12	10-11	13-14	14-15	13-16	17-19	17-18	18-20	21-23	21-22	22-24
位置	跳闸后		—	×	—	—	—	—	×	—	×	—	—	—	×	—	—	×
	预备合闸		×	—	—	—	×	—	—	×	—	—	—	×	—	—	×	—
	合闸		—	—	×	—	—	×	—	—	—	×	×	—	—	×	—	—
	合闸后		×	—	—	—	×	—	—	—	—	×	×	—	—	×	—	—
	预备跳闸		—	×	—	—	—	—	×	×	—	—	—	×	—	—	×	—
	跳闸		—	—	—	×	—	—	×	—	×	—	—	—	×	—	—	×

注　表中“×”号表示触点接通，“—”号表示断开。

进行合闸操作，操作手柄是在“跳闸后”位置，首先顺时针方向将手柄转动 90°至“预备合闸”位置（垂直位置），然后再顺时针方向转动 45°至“合闸”位置，此时触点 5—8 接通，发出合闸脉冲。在操作完成松开手柄后，在复位弹簧作用下，操作手柄自动返回到垂直位置，但是，这次复位是在发出合闸命令之后，所以称为“合闸后”位置，在不同的位置都有不同的触点接通。

同理，进行跳闸操作，操作手柄是在“合闸后”位置，首先逆时针方向将手柄转动 90°至“预备跳闸”位置，然后再逆时针方向转动 45°至“跳闸”位置，此时触点 6—7 接通，发出跳闸脉冲。

2. 操动机构

操动机构是断路器本身携带的跳、合闸传动装置，其种类很多，有电磁操动机构、弹簧操动机构、液压操动机构、气压操动机构等。不同的断路器使用不同的操动机构。

断路器跳、合闸操作，都必须分别接通操动机构中的跳闸线圈和合闸线圈。各种类型操动机构的跳闸电流一般都不大（当直流操作电压为 110～220V 时，跳闸电流为 0.5～5A）。而合闸电流相差较大，如弹簧、液压、气压操动机构，合闸电流较小（当直流操作电压为 110～220V 时，合闸电流不超过 5A）；电磁操动机构合闸电流很大，可由几十安到几百安，此点在设计控制回路时必须注意。对于电磁操动机构，合闸线圈回路不能利用控制开关触点直接接通，必须采用中间接触器，利用接触器带灭弧装置的触点接通合闸线圈回路。

二、对控制回路的基本要求及分类

1. 基本要求

断路器的控制回路随着断路器的型式、操动机构的类型及运行上的不同要求而有所差别，但基本接线类似。对控制回路的基本要求如下：

(1) 应能用控制开关进行手动合、跳闸，且能由自动装置和继电保护实现自动合、跳闸。

(2) 应能在合、跳闸动作完成后迅速自动断开合、跳闸回路。

(3) 应有反映断路器位置状态（手动及自动合、跳闸）的明显信号。

(4) 应有防止断路器多次合、跳闸的防跳装置。

(5) 应能监视控制回路的电源及其合、跳闸回路是否完好。

2. 分类

(1) 按监视方式分类。

1) 灯光监视的控制回路，多用于中、小型发电厂和变电站。

2) 音响监视的控制回路，常用于大型发电厂和变电站。

(2) 按电源电压分类。

1) 强电控制，直流电压为 220V 或 110V。

2) 弱电控制，直流电压一般为 48V。一般都采用强电控制。

三、灯光监视的断路器控制和信号回路

以电磁操动机构的断路器控制和信号回路为例，如图 8-6 所示，其工作原理如下。

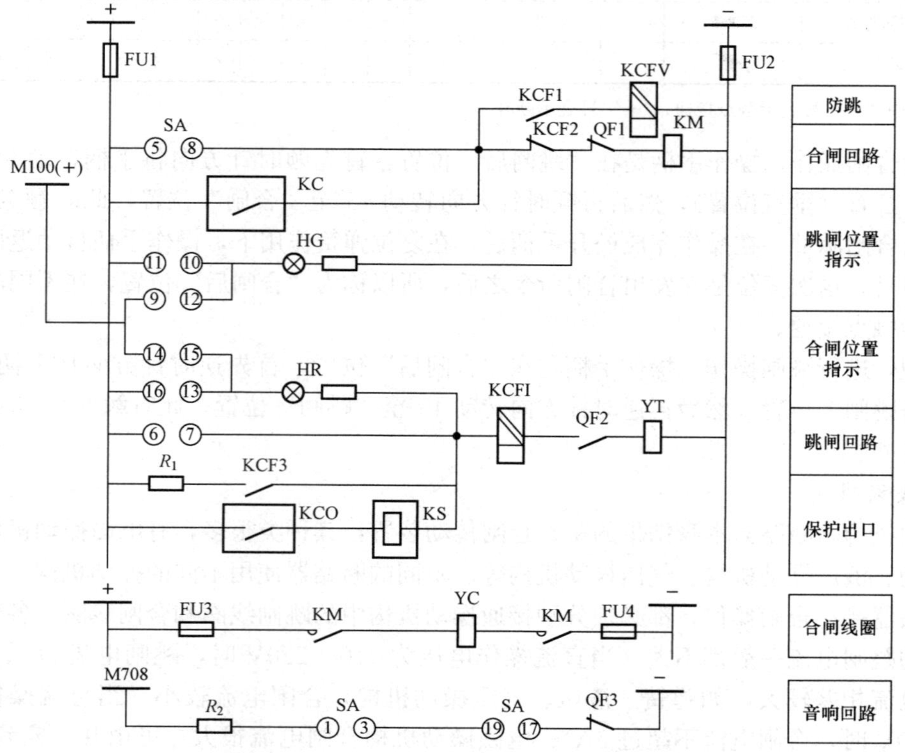

图 8-6 灯光监视的断路器控制和信号回路

1. 手动合闸

合闸操作前，控制开关 SA 的手柄在“跳闸后”位置（水平），断路器 QF 在跳闸状态。此时，触点 SA(11-10)、断路器辅助触点 QF1 闭合、绿灯 HG、接触器 KM 带电，即下述回路接通：

$$+\rightarrow FU1\rightarrow SA(11\text{-}10)\rightarrow HG\rightarrow QF1\rightarrow KM\rightarrow FU2\rightarrow -$$

绿灯 HG 亮平光表明：①QF 在跳闸位置；②熔断器 FU1、FU2 及合闸回路完好，起到监视熔断器及合闸回路的作用。此时，合闸接触线圈 KM 中虽有电流流过，但由于 KM 的电阻比 HG 的电阻及其附加电阻小得多，使加于 KM 上的电压不足以使其启动，故断路器不会合闸。

手动合闸操作分三步进行：

（1）将 SA 的手柄顺时针转 90°至“预备合闸”位置。此时触点 SA(9-10) 闭合，将 HG 回路改接到闪光小母线 M100(+) 上，下述回路接通：

$$M100(+)\rightarrow SA(9\text{-}10)\rightarrow HG\rightarrow QF1\rightarrow KM\rightarrow FU2\rightarrow -$$

闪光装置启动，HG 发出闪光。表明：①预备合闸，提醒操作人员核对所操作的 QF 是否有误（这时 QF 仍在跳闸位置）；②合闸回路仍完好。

（2）将 SA 的手柄再顺时针转 45°至“合闸”位置。此时触点 SA(5-8)、SA(13-16) 闭合，且防跳继电器 KCF 未启动，其触点 KCF2 闭合，下述回路接通：

$$+\rightarrow FU1\rightarrow SA(5\text{-}8)\rightarrow KCF2\rightarrow QF1\rightarrow KM\rightarrow FU2\rightarrow -$$

控制回路电压几乎全部加到 KM 上，KM 启动，它的两对动合触点接通合闸线圈 YC 回路，YC 启动，操动机构使 QF 合闸。当 QF 完成合闸动作后，QF1 断开，自动切断 KM 和 YC 的电流。同时 QF2 闭合，使下述红灯 HR 回路接通：

$$+\rightarrow FU1\rightarrow SA(13\text{-}16)\rightarrow HR\rightarrow KCFI\rightarrow QF2\rightarrow YT\rightarrow FU2\rightarrow -$$

此时，HG 因 QFl 断开而熄灭，红灯 HR 发平光，表明 QF 已合上。

（3）将 SA 手柄松开，手柄自动返回到“合闸后”位置（垂直）。这时触点 SA(5-8) 断开，防止因 QF1 失灵而使控制电流长期流过 KM 及 YC。SA(13-16) 仍接通，HR 保持平光。表明：①QF 在合闸位置；②熔断器 FU1、FU2 及跳闸回路完好，起到监视熔断器及跳闸回路的作用。此时，加在防跳继电器电流线圈 KCFI 及跳闸线圈 YT 上的电压也不足以使它们动作。

2. 手动跳闸

跳闸操作前，控制开关 SA 的手柄在“合闸后”位置（垂直），断路器 QF 在合闸状态。此时，触点 SA(13-16)、QF2 闭合，HR 发平光，跳闸回路完好。

手动跳闸操作与手动合闸操作完全相似，也分三步进行：

（1）将 SA 的手柄逆时针转 90°至“预备跳闸”位置。此时触点 SA(13-14) 闭合，将红灯 HR 回路改接到闪光小母线 M100(+) 上，下述回路接通：

$$M100(+)\rightarrow SA(13\text{-}14)\rightarrow HR\rightarrow KCFI\rightarrow QF2\rightarrow YT\rightarrow FU2\rightarrow -$$

闪光装置启动，红灯 HR 发出闪光。表明：①预备跳闸，提醒操作人员核对所操作的 QF 是否有误（这时 QF 仍在合闸位置）；②跳闸回路仍完好。

（2）将 SA 的手柄再逆时针转 45°至“跳闸”位置。此时触点 SA(6-7)、SA(10-11) 闭合，下述回路接通：

+→ FU1 → SA(6-7) → KCFI → QF2 → YT → FU2 →—

控制回路电压几乎全部加到 KCF1 和 YT 上，KCF1 和 YT 均启动，操动机构使 QF 跳闸。当 QF 完成跳闸动作后，QF2 断开，自动切断 KCF1 和 YT 的电流。同时 QFl 闭合，使下述 HG 回路接通：

+→ FU1 → SA(11-10) → HG → QF1 → KM → FU2 →—

此时 HR 熄灭，HG 发平光，表明 QF 已跳闸。

(3) 将 SA 手柄松开，手柄自动返回到"跳闸后"位置（水平）。此时触点 SA(6-7) 断开，防止因 QF2 失灵而使控制电流长期流过 KCFI 及 YT。SA(10-11) 仍接通，HG 保持平光。

3. 自动合闸

为了实现自动合闸，将自动装置（备用电源自动投入装置、自动重合闸装置等）回路中的中间继电器触点 KC 与 SA(5-8) 触点并联。

设断路器原在"跳闸"位置，SA 的手柄在"跳闸后"位置，触点 SA(10-11)、SA(14-15) 接通。当自动装置动作后，触点 KC 闭合，下述回路接通：

+→ FU1 → KC → KCF2 → QF1 → KM → FU2 →—

这时，HG 因被短接而熄灭，KM 动作，使 QF 自动合闸。当 QF 完成合闸动作后，QFl 断开，QF2 闭合，使下述 HR 回路与 M100(+) 接通：

M100(+) → SA(14-15) → HR → KCFI → QF2 → YT → FU2 →—

HR 发闪光，表明 QF 已完成自动合闸。这种信号回路是按"不对应"方式构成的。所谓"不对应"是指 SA 手柄位置与 QF 位置不一致。在上述情形中，QF 已合闸，而 SA 手柄仍在"跳闸后"位置。这时，操作人员应将 SA 操作到"合闸后"位置，使 SA(14-15) 断开、SA(13-16) 接通，HR 变平光。由自动重合闸装置实现的自动合闸见后述。

4. 自动跳闸

为了实现自动跳闸，将继电保护出口继电器的触点 KCO 经信号继电器 KS 与 SA(6-7) 并联。QF 原在"合闸"位置，SA 手柄在"合闸后"位置，触点 QF2、SA(1-3)、SA(9-10)、SA(13-16)、SA(19-17) 接通。当设备出现故障时，继电保护动作，其出口继电器的触点 KCO 闭合，下述回路接通：

+→ FU1 → KCO → KS → KCFI → QF2 → YT → FU2 →—

KS、KCF1、YT 均动作，QF 自动跳闸。当 QF 完成跳闸动作后，QF2 断开，QF1、QF3 闭合。QF1 使 HG 回路与 M100(+) 接通，其回路同"预备合闸"，HG 发闪光，表明 QF 已完成自动跳闸。QF3 使下述事故音响回路接通：

M708 → R2 → SA(1-3) → SA(19-17) → QF3 →—

事故信号装置启动（后述），发出事故音响（蜂鸣器）。此时值班人员应将 SA 操作至"跳闸后"位置，使之与 QF 对应，则 HG 变平光。

5. 防跳装置

为了防止断路器出现连续多次跳、合闸事故，必须装设防跳装置。

(1) 断路器的跳跃现象。假定图 8-6 中没有 KCF 继电器，当 QF 经 SA(5-8) 或 KC 触点合闸到有永久性故障的电网上时，继电保护将会动作，触点 KCO 闭合而使 QF 自动跳闸。如果由于某种原因造成 SA(5-8) 或 KC 未复归（例如 SA 手柄未返回或触点焊住），则 QF

重新合闸。而由于是永久性故障，继电保护将再次动作，使 QF 再次跳闸。然后又再次合闸，直到接触器 KM 回路被断开为止。这种断路器 QF 多次“跳—合”的现象，称为断路器跳跃。跳跃会使断路器损坏，造成事故扩大，所以需采取防跳措施。

（2）防跳装置的动作原理。在图 8-6 中，KCF 即为专设的防跳继电器。这种继电器有两个线圈：①KCFI 为电流线圈，供启动用，接于跳闸回路；②KCFV 为电压线圈，供自保持用，经自身触点 KCF1 与 KM 并接。其防跳原理如下。

当手动或自动合闸到有永久性故障的电网上时，继电保护动作使触点 KCO 闭合，接通跳闸回路，使 QF 跳闸。同时，跳闸电流流过 KCFI，使 KCF 启动，触点 KCF2 断开合闸回路，KCF1 接通 KCFV，若此时触点 SA(5-8) 或 KC 未复归，则 KCFV 经 SA(5-8) 或 KC 实现自保持，使 KCF2 保持断开状态，QF 不能再次合闸，直到 SA(5-8) 或 KC 复归（断开）为止。

另外，触点 KCF3 与 R1 串联，然后与触点 KCO 并联，其作用是保护 KCO 触点。因为，当继电保护动作于 QF 跳闸时，触点 KCO 可能较 QF2 先断开，以致 KCO 因切断跳闸电流而被电弧烧坏。由于 KCF3、R1 回路与 KCO 并联，在 QF 跳闸时，KCFI 启动并经 KCF3 及 QF2（QF2 断开前）自保持，即使 KCO 在 QF2 之前断开，也不会发生由 KCO 切断跳闸电流的情况，即起到保护 KCO 触点的作用。

R1 的阻值只有 1Ω，对跳闸回路自保持无多大影响。在 KCO 触点串联有电流型信号继电器（KS 电阻不超过 1Ω）情况下，R1 可保证其线圈不致被 KCF3 短接而能可靠动作。

四、音响监视的断路器控制回路

音响监视的断路器（带电磁操动机构）控制回路如图 8-7 所示，其接线及工作原理与图 8-6 所示的带电磁操动机构控制回路有所不同。

1. 接线方面的主要区别

（1）在合闸回路中，用跳闸位置继电器 KCT 代替绿灯 HG；在跳闸回路中，用合闸位置继电器 KCC 代替红灯 HR。

（2）断路器的位置信号灯回路与控制回路是分开的，而且只用一个信号灯。该信号灯装在控制开关的手柄内。控制开关为 LW2-YZ 型，其第一触点盒是专为信号灯而设。采用这种控制开关可使控制屏的屏面布置简化、清楚。

（3）在位置信号灯回路及事故音响信号启动回路，分别用 KCT 和 KCC 的动合触点代替断路器的辅助触点，从而可节省控制电缆。另外，因信号灯只有一个，所以，KCTl 和 KCCl 移至信号灯前。

2. 工作原理

（1）手动合闸。操作前，断路器 QF 在“跳闸”位置，控制开关 SA 的手柄在“跳闸后”（水平）位置，下述回路接通：

$$+\rightarrow FU1\rightarrow KCT\rightarrow QF1\rightarrow KM\rightarrow FU2\rightarrow -$$

$$+700\rightarrow FU3\rightarrow SA(15\text{-}14)\rightarrow KCT1\rightarrow SA(1\text{-}3)\text{ 及灯}\rightarrow R\rightarrow -700$$

前一回路使 KCT 启动，触点 KCTl 闭合；后一回路使信号灯发平光，再借助 SA 的手柄位置可判断 QF 处在跳闸位置。手动合闸的步骤：

1）将 SA 手柄顺时针转 90°至“预备合闸”位置，下述回路接通：

$$M100(+)\rightarrow SA(13\text{-}14)\rightarrow KCT1\rightarrow SA(2\text{-}4)\text{ 及灯}\rightarrow R\rightarrow -$$

此时，信号灯闪光。

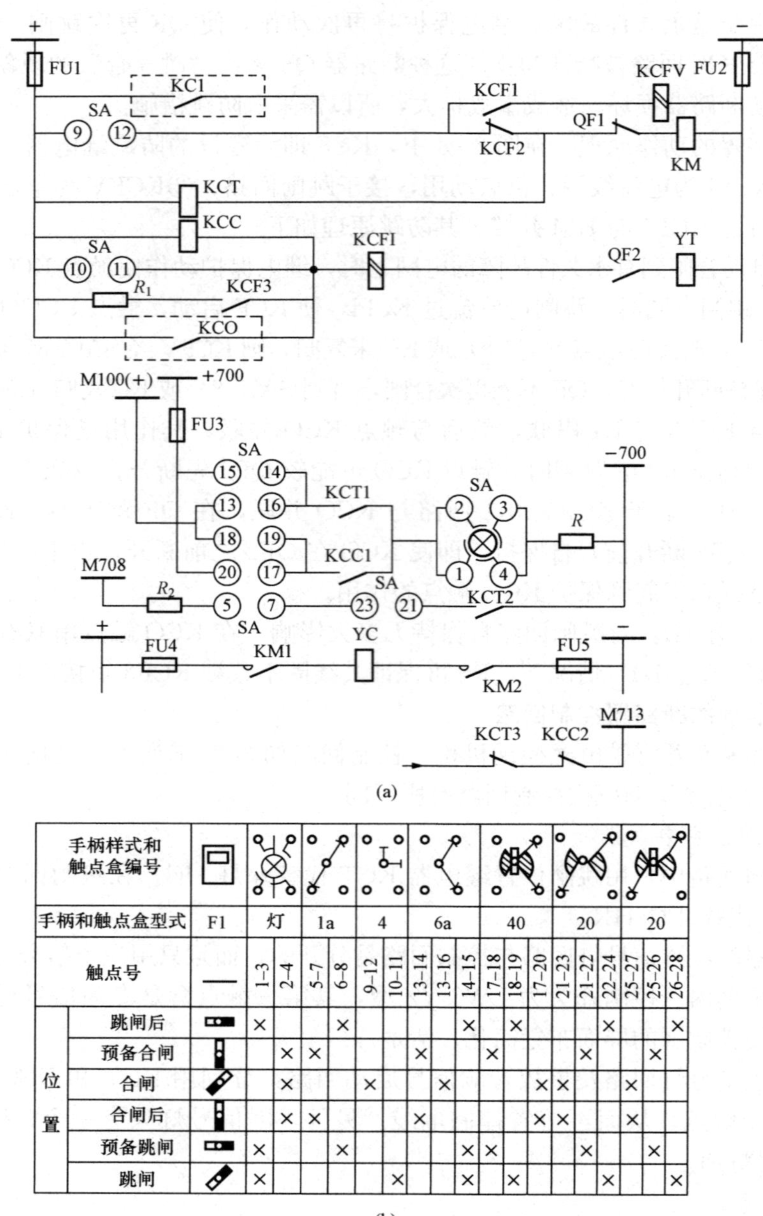

手柄样式和触点盒编号																				
手柄和触点盒型式		F1	灯		1a		4		6a			40			20			20		
触点号		—	1–3	2–4	5–7	6–8	9–12	10–11	13–14	13–16	14–15	17–18	18–19	17–20	21–23	21–22	22–24	25–27	25–26	26–28
位置	跳闸后		×			×					×		×				×			×
	预备合闸			×	×				×			×				×			×	
	合闸			×			×			×				×	×			×		
	合闸后			×	×				×					×	×			×		
	预备跳闸		×			×					×	×				×			×	
	跳闸		×					×			×		×				×			×

(b)

图 8-7　音响监视的断路器控制回路

(a) 控制和信号回路；(b) 控制开关的触点

2）将 SA 手柄再顺时针转 45°至“合闸”位置，下述回路接通：

$$+\rightarrow \mathrm{FU1}\rightarrow \mathrm{SA(9\text{-}12)}\rightarrow \mathrm{KCF2}\rightarrow \mathrm{QF1}\rightarrow \mathrm{KM}\rightarrow \mathrm{FU2}\rightarrow -$$

KCT 被短接，KCT1 断开，信号灯短时熄灭，同时 KM、YC 相继动作，操动机构使 QF 合闸。当 QF 完成合闸动作后，下述回路接通：

$$+\rightarrow \mathrm{FU1}\rightarrow \mathrm{KCC}\rightarrow \mathrm{KCFI}\rightarrow \mathrm{QF2}\rightarrow \mathrm{YT}\rightarrow \mathrm{FU2}\rightarrow -$$

$$+700\rightarrow \mathrm{FU3}\rightarrow \mathrm{SA(17\text{-}20)}\rightarrow \mathrm{KCC1}\rightarrow \mathrm{SA(2\text{-}4)}\text{ 及灯}\rightarrow R\rightarrow -700$$

前一回路使 KCC 启动，触点 KCC1 闭合；后一回路使信号灯发平光，表明 QF 已合上。

3）将 SA 的手柄松开，手柄自动返回到“合闸后”位置（垂直）。这时 SA(17-20) 仍接通，信号灯保持平光（回路不变），再借助 SA 的手柄位置可判断 QF 处在合闸位置。

（2）手动跳闸。其操作过程及原理与手动合闸完全相似。

（3）自动合闸。设 QF 原在“跳闸”位置，SA 手柄在“跳闸后”位置。当自动装置动作后，KCl 闭合，下述回路接通：

+→ FU1 → KC1 → KCF2 → QF1 → KM → FU2 →−

KCT 被短接，KCT1 断开，信号灯短时熄灭，同时 KM、YC 相继动作，使 QF 合闸。当 QF 完成合闸动作后，下述回路接通：

M100(+) → SA(18-19) → KCC1 → SA(1-3) 及灯 → R →− 700

信号灯闪光，表明 QF 已完成自动合闸。这时，值班人员应将 SA 操作到“合闸后”位置，使信号灯变平光，回路与手动“合闸后”相同。

（4）自动跳闸。设 QF 原在“合闸”位置，SA 的手柄在“合闸后”位置。当设备出现故障时，继电保护动作，KCO 闭合，下述回路接通：

+→ FU1 → KCO → KCFI → QF2 → YT → FU2 →−

KCC 被短接，KCC1 断开，信号灯短时熄灭，同时 YT 动作，使 QF 自动跳闸。当 QF 完成跳闸动作后，QF2 断开，QF1 闭合，使 KCT 动作，KCT1 闭合，信号灯闪光，表明 QF 已完成自动跳闸，其回路同“预备合闸”。同时，KCT2 闭合，接通下列事故音响信号回路，即

M708 → R2 → SA(5-7) → SA(21-23) → KCT2 →− 700

事故信号装置启动，发出事故音响。若值班人员将 SA 手柄转至“跳闸后”位置，则信号灯变平光，回路同手动“跳闸后”。

由上述可见，在音响监视的控制回路中，QF 的实际位置要同时借助信号灯及 SA 手柄位置来判断，即手柄在“合闸后”位置，灯平光为手动合闸，灯闪光为自动跳闸；手柄在“跳闸后”位置，灯平光为手动跳闸，灯闪光为自动合闸。

（5）音响监视。该接线用 KCT、KCC 的触点来监视电源、控制回路熔断器及合、跳闸回路的完好性。

1）KCT 能监视合闸回路是否完好。当 QF 在跳闸状态时，QF1 闭合，QF2 断开；KCT 通电，KCT3 断开；KCC 失电，KCC2 闭合。当 QF 的合闸回路（QF1、KM）中任何地方断线或控制回路熔断器（FU1、FU2）熔断时，KCT 将失电，使 KCT3 闭合，接通断线预告信号小母线 M713，启动预告信号装置，发出音响（警铃），并且“控制回路断线”光字牌亮；另外，KCT1 断开会使该回路的信号灯熄灭，值班人员可据此确定是哪台 QF 的控制回路发生了断线。当仅仅是信号灯熄灭时，说明只有信号灯回路故障，而控制回路仍完好。

2）KCC 能监视跳闸回路（KCFI、QF2、YT）是否完好，原理与上述相同。

第三节　中　央　信　号

中央信号由事故信号和预告信号组成，分别用来反映电气设备的事故及异常运行状态。

一、事故信号

事故信号的作用是：当断路器发生事故跳闸时，启动蜂鸣器（电笛）发出音响，通知运行人员处理事故，并能手动或自动复归。

事故信号装置分为不能重复动作和能重复动作两类。前者用于小型变电站及小型发电厂的炉、机、给水等控制屏；后者用于大、中型发电厂、变电站。

1. 不能重复动作、中央复归的事故信号装置

不能重复动作的事故信号回路如图 8 - 8 所示。其中，控制开关为表 8 - 4 所列 LW2 型万能转换开关，图 8 - 8 中虚线及黑点表示开关处于什么位置时，触点接通。例如，SA1(1-3) 触点右边的三条虚线 1、2、3 分别代表“预备合闸”、“合闸”和“合闸后”；左边的三条虚线 1、2、3 分别代表“预备跳闸”、“跳闸”和“跳闸后”。图 8 - 8 中下面的黑点代表 SA1(1-3) 在预备合闸和合闸后接通。

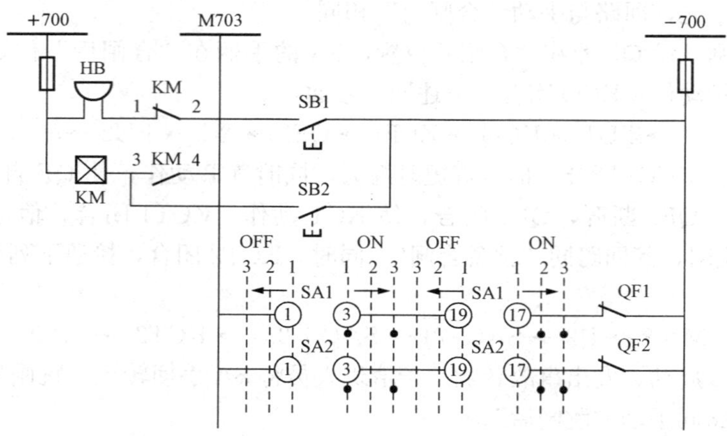

图 8 - 8 不能重复动作的事故信号回路

图 8 - 8 中 HB 为蜂鸣器，当任一台断路器自动跳闸后，断路器的辅助触点都接通事故音响信号。例如，断路器 QF1 事故跳闸，下列回路接通：

$$+700 \rightarrow HB \rightarrow KM(1\text{-}2) \rightarrow SA1(1\text{-}3) \rightarrow SA(19\text{-}17) \rightarrow QF1 \rightarrow -700$$

HB 发出音响信号。在值班人员得知事故信号后，可按下按钮 SB2，即可解除事故音响信号。但控制屏上断路器的闪光信号继续保留。图 8 - 8 中 SB1 为音响信号的试验按钮。

这种信号装置不能重复动作，即第一台断路器（如 QF1）自动跳闸后，值班人员虽已解除事故音响信号，而控制屏上的闪光信号依然存在，即 SA1 的手柄没有旋转到对应的“跳闸后”位置。假设这时又有一台断路器（如 QF2）自动跳闸，因为中间继电器 KM 触点 KM(3 - 4) 已将 KM 线圈自保持，KM(1 - 2) 是断开的，所以事故音响信号将不会重复动作。只有将第一台断路器的控制开关转至“跳闸后”位置，另一台断路器自动跳闸时，才会发出信号。

2. 能重复动作、中央复归的事故信号装置

用 JC-2 型冲击继电器构成的能重复动作、中央复归的事故信号回路如图 8 - 9 所示。虚线框内为冲击继电器的内部电路，包括具有双线圈和双位置的极化继电器 KP、电容 C 及电阻 R_1、R_2。当线圈 KP1 流过 1、2 方向或线圈 KP2 流过 3、4 方向的冲击电流时，KP 动作

(亦即冲击继电器 KM1 动作)，并保持在动作状态；当 KP1、KP2 之一流过反向电流时，KP 返回。装置的动作原理如下：

(1) 启动音响回路。当某台断路器（例 QF1）事故跳闸时，冲击电流自 KM1 的端子 5 流入，在电阻 R1 上得到电压增量，该电压经线圈 KP1、KP2 给电容 C 充电，充电回路为：

+700 → FU1 → KP1 → C → KP2 → M708 → SA1(1-3) →
SA1(19-17) → QF1 → FU2 →− 700

充电电流使 KP 动作，触点 KM1 闭合。当 C 充电完毕后，线圈中的电流消失，触点 KM1 仍保留在闭合位置。触点 KM1 闭合后，启动中间继电器 KC1，其两对动合触点闭合；其中一对触点启动蜂鸣器 HB，发出音响，表明 QF1 事故跳闸；重要回路事故跳闸时，尚应向调度部门发遥信。

(2) 音响解除（复归）。中间继电器 KC1 另一对触点启动时间继电器 KT1。KT1 整定时间约为 5s，待延时到达后，其触点闭合，以下回路接通：

+700 → FU1 → R1 → KP2 → R2 → KT1 → FU2 →− 700

KP2 中电流方向与启动时相反，KM1 复归，其触点断开，继电器 KC1、KT1 相继断电，蜂鸣器回路被断开，音响停止；欲使音响提前解除，可按复归按钮 SB2，动作过程与上述相同。

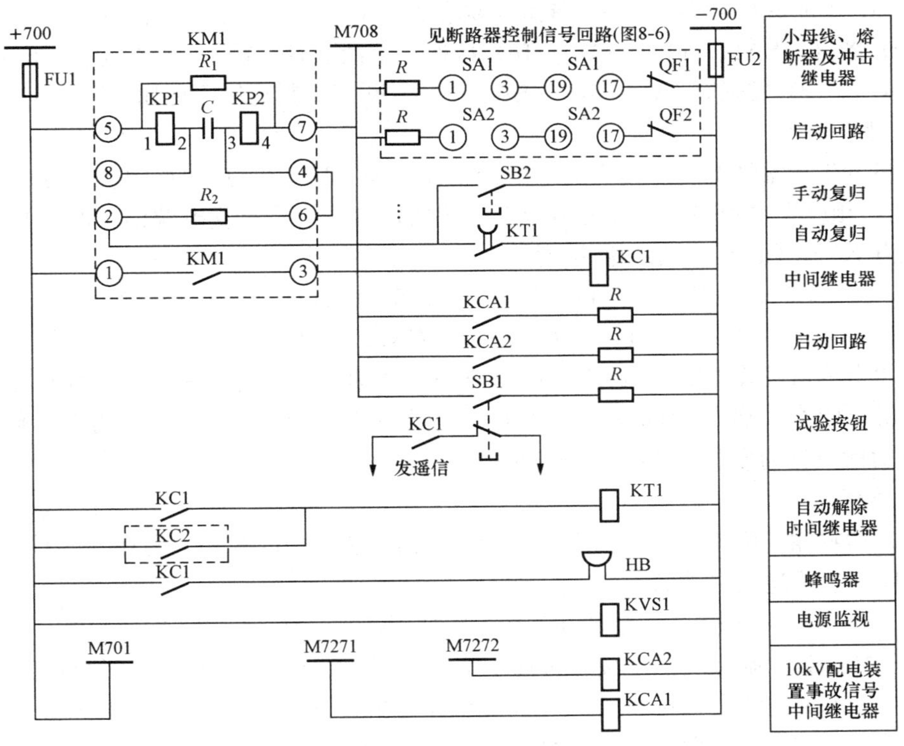

图 8-9　能重复动作、中央复归的事故信号回路

(3) 重复动作。KM1 的特点是：每通过一次冲击电流，就可动作一次。所以在每台 QF 的事故音响启动回路中都串接有一个适量的电阻 R，当某台 QF 事故跳闸发出音响并被解除后（SA 仍在“合闸后”位置），如果又有另一台 QF 事故跳闸，则小母线 M708 与−700 之

间再并入一条启动回路，总电阻减小，冲击电流突然增加，KM1 再次启动发出音响。只要回路电阻选择适当，可重复动作 8 次。

（4）试验。SB1 为事故信号装置的试验按钮。进行试验时，按下 SB1（按到位即可放手），其动合触点闭合，启动 KM1，发出音响（动作过程同前述），说明装置完好；其动断触点用于断开遥信回路，以免误发遥信。

（5）电源监视。事故信号装置电源的完好性由继电器 KVS1 监视。当熔断器 FU1 或 FU2 熔断或其他原因使电源消失时，KVS1 失电，其动断触点闭合，使“事故信号装置电源消失”光字牌亮，并启动预告信号回路（参见图 8-10）。

二、预告信号

预告信号的作用是，当电气设备出现异常运行情况（如发电机过负荷、变压器过负荷、变压器油温过高、电压互感器回路断线等）时，让警铃响，同时点亮标有异常情况的光字牌，通知运行人员采取措施。

用 JC-2 型冲击继电器构成的中央预告信号回路如图 8-10 所示。其主要元件也是冲击继电器 KM2，动作原理与事故信号装置相似。不同的是：①预告信号的启动回路，由反应相应异常情况的继电器的触点和两个灯泡组成，并接于小母线＋700 和 M709、M710 之间；②KM2首先接通 KT2，预告信号带 0.3～0.5s 延时动作；③音响为警铃。

图 8-10 中的 SA 为转换开关，其触点状态为：平时手柄在垂直位置时，触点 SA(1-2)、SA(11-12）断开，SA(13-14)、SA(15-16）接通；手柄顺时针转 45°至“检查”位置时，SA(1-2)、SA(11-12）接通，SA(13-14)、SA(15-16）断开。其动作原理如下。

1. 启动警铃

当设备发生异常情况时，相应的继电器动作（如 KVS1），其触点闭合，经光字牌灯泡启动 KM2，相应光字牌亮，同时发出铃声。例如，事故信号装置电源消失时，其电源监视继电器触点 KVS1 闭合，下述回路接通：

＋700 → FU3 → 触点 KVS1 → 光字牌 H1 → M709、M710 →
SA(13-14)、SA(15-16) → KM2 → FU4 →－700

标有“事故信号装置电源消失”的光字牌 H1 立即亮（这时两只灯泡并联）；同时 KM2 启动，其触点闭合，启动时间继电器 KT2；触点 KT2 延时 0.3～0.5s 闭合，启动 KC2；KC2 的一对触点接通警铃 HAB，发出音响。

2. 音响解除

（1）自动解除。KC2 的另一对触点启动事故信号装置中的 KT1（见图 8-9）。KT1 经一段延时后闭合，下述回路接通：

＋700 → FU3 → 触点 KT1 → R2 → KP1 → R_1 → FU4 →－700

KM2 中的 KP1 流过反向电流，KM2、KT2、KC2、KT1 相继复归，音响停止。如果异常在 0.3～0.5s 内消失，在 KM2 中的电阻 R_1 上的电压出现一个减量，使电容 C 经极化继电器线圈反向放电，从而使 KM2 返回，避免误发音响。

（2）手动解除。按下解除按钮 SB4 即可手动解除。音响解除后，光字牌仍亮着，直到异常情况消除、启动其继电器触点返回才熄灭。

3. 10kV 配电装置的预告信号

反映 10kV 配电装置Ⅰ、Ⅱ段异常情况的启动回路，分别接于＋700 与 M7291 或 M7292

之间，出现异常时，中间继电器 KCR1 或 KCR2 动作，其一对触点接通“10kV 配电装置 I 段（或Ⅱ段）”光字牌（与事故信号共用），另一对触点去启动 KM2，发警铃。

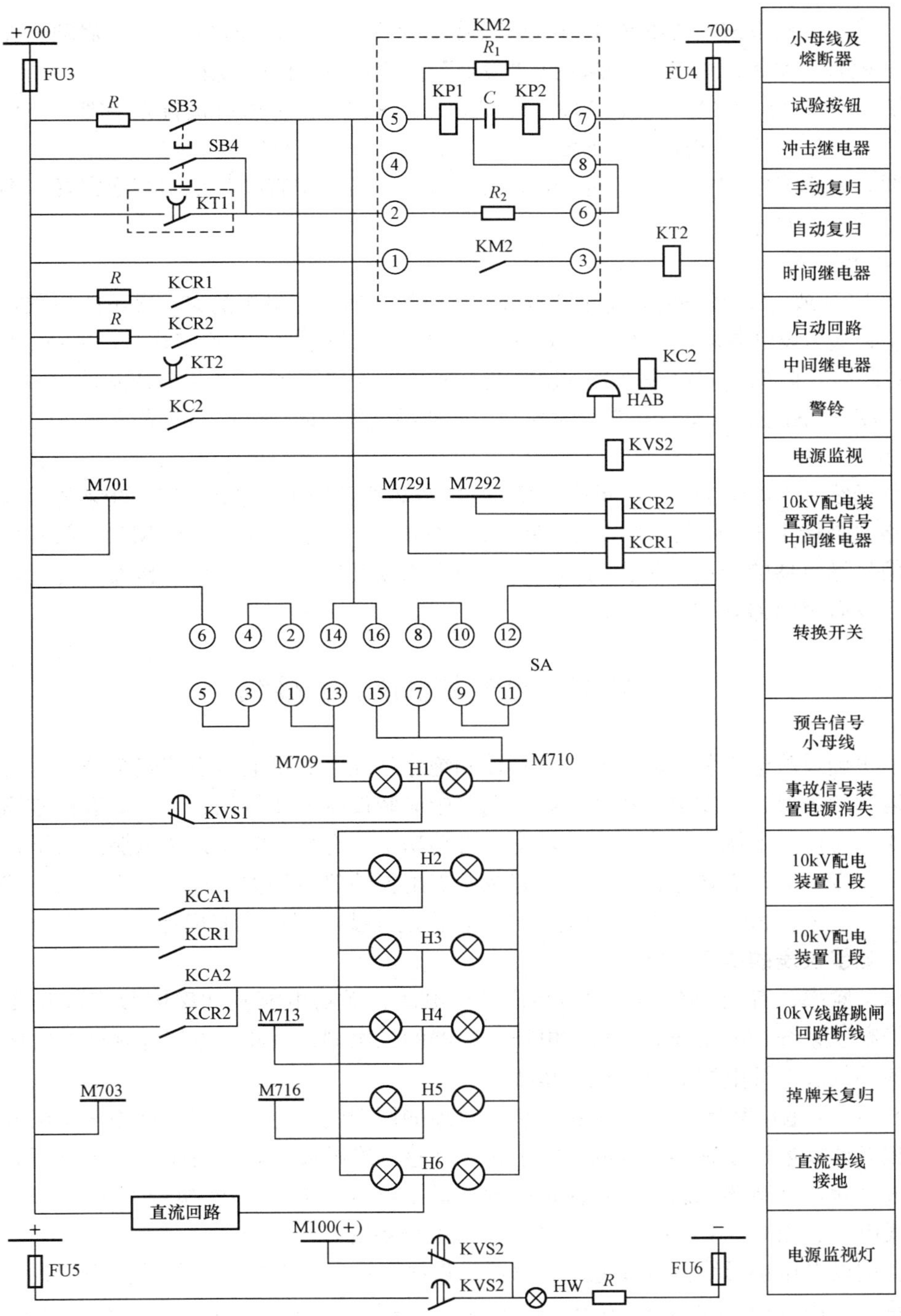

图 8-10　用 JC-2 型冲击继电器构成的中央预告信号回路

4. 重复动作

预告信号如同事故信号一样，可实现重复动作。

5. 试验和检查光字牌

（1）试验。按下试验按钮SB3，可试验装置是否完好，其动作过程与上述启动过程类似。

（2）检查光字牌。将SA手柄转到“检查”位置，下述回路接通：

＋700 → FU3 → SA(5-6)、SA(3-4)、SA(1-2) → M709 → 所有预告光字牌 → M710
→ SA(7-8)、SA(9-10)、SA(11-12) → FU4 →－700

这时，每个光字牌的两个灯泡串联，灯光较暗。若光字牌亮，说明灯泡完好；否则，说明有一个或两个灯泡损坏。

6. 电源监视

由于FU3或FU4熔断时，整个装置都失去电源，所以，电源消失信号不能用预告信号形式发出，必须另设电源监视灯回路。KVS2为电源监视继电器，电源完好时，KVS2通电，其动合触点闭合，监视灯HW发平光，说明电源完好；当FU3或FU4熔断或其他原因造成电源消失时，KVS2断电，其动合触点延时断开，动断触点延时闭合，启动闪光装置，HW闪光。

7. 其他

在小母线＋700与M713之间接有反应“10kV线路跳闸回路断线”的继电器触点，其启动回路也是接于＋700与M7291或M7292之间；在小母线M703与M716之间并联有继电保护信号继电器的触点，保护动作时发“掉牌未复归”光字牌，但不再发警铃，因为事故跳闸时已发有蜂鸣器音响。

第四节　电气测量仪表的接线

为了正确反映电力装置的电气运行参数和绝缘状况，满足电力系统安全经济运行和电力商业化运营的需要，在发电厂和变电站的电路中应装设电气测量仪表。需要进行监测的电气参数主要有电流、电压、频率、有功功率、无功功率、有功电能及无功电能。由于各个电路的性质和特点不同，需要进行监测的内容及所需配置的仪表种类和数量也不相同，其配置应符合DL/T 5137—2001《电测量及电能计量装置设计技术规程》的规定。

一、测量仪表的电压回路

电压、频率、有功功率、无功功率、有功电能、无功电能及功率因数表都需要电压线圈，对于高压系统，电压线圈要接在电压互感器的二次侧。因此，电压互感器二次侧引出小母线供各种仪表、继电器的电压线圈接线。

图8-11是电压互感器二次侧中性点N接地的原理图，它是由三个单相三绕组电压互感器或三相五柱式电压互感器构成的。为了防止互感器绝缘损坏时，高压串入低压而对设备和人员造成危险，互感器二次侧进行保护接地。母线电压表PV1经转换开关SA1切换，可测量三个线电压。图8-11适用于110kV及以上电压系统。

二次侧设电压小母线。母线电压互感器是供接在该母线上的所有元件公用的。为了减少电缆联系，采用电压小母线L1-630、L2-630、L3-630、N600、L-630。由于110kV及以上电压系统中性点直接接地，线路上通常装有零序方向保护，其功率方向元件需要3倍零序电压$3U_0$，因而设有$3U_0$电压小母线L-630；为了检验零序功率方向元件接线的正确性，开口三角形 W 相绕组的末端引出试验小母线 L3-630（试），并经继电器 KC1 的动合触点引出，同时设熔断器 FU1 保护。电压互感器二次侧引出后直接接于电压小母线上。各电气设备的测量表计、继电保护和自动装置所需要的二次电压均由小母线上取得。

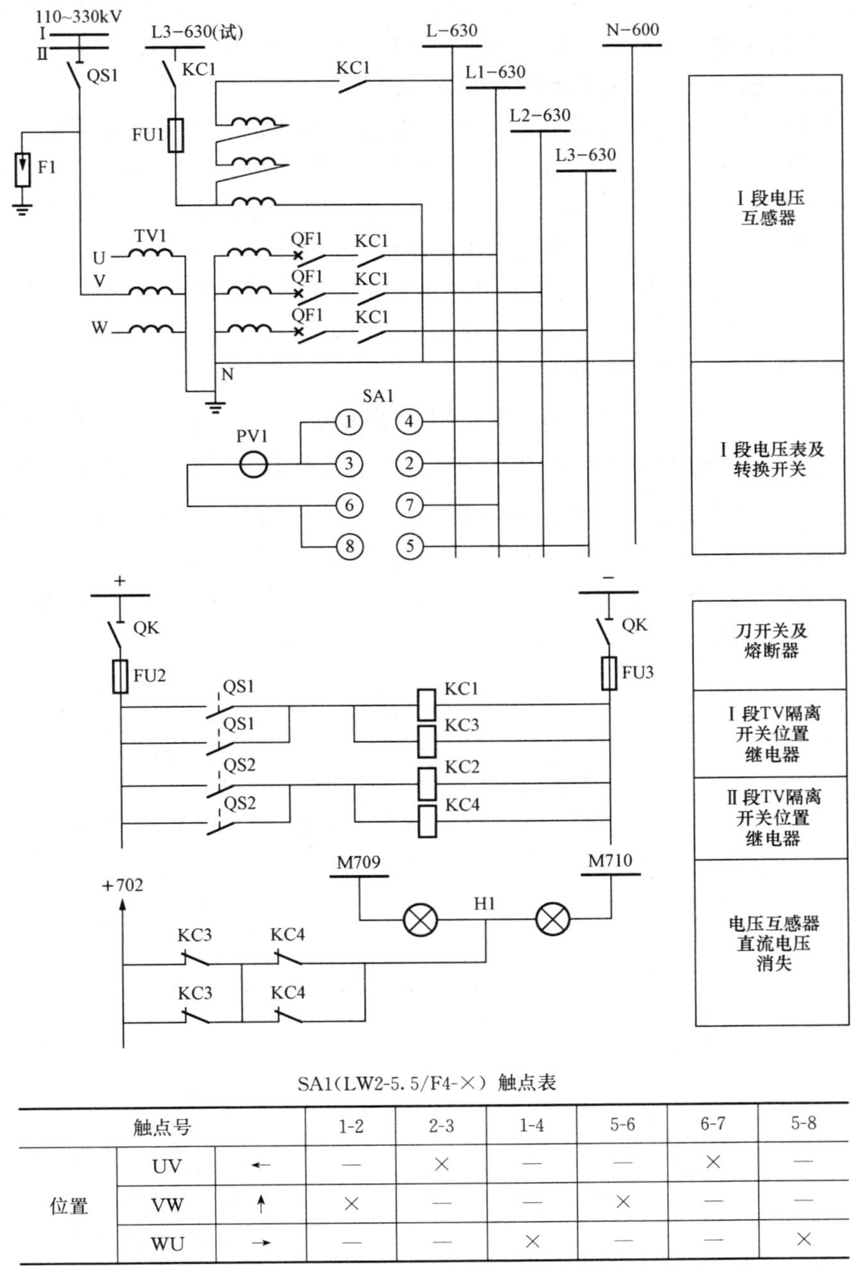

SA1(LW2-5.5/F4-×）触点表

触点号			1-2	2-3	1-4	5-6	6-7	5-8
位置	UV	←	—	×	—	—	×	—
	VW	↑	×	—	—	×	—	—
	WU	→	—	—	×	—	—	×

图 8-11　测量仪表的电压回路

110kV 及以上的电力线路一般都装有距离保护装置。如果在电压互感器二次回路的末端发生短路故障，则由于短路电流较小，熔断器不能快速熔断，但在短路点附近的电压较低或接近于零，可能引起距离保护误动作。因此，在主二次绕组引出端装设快速低压断路器

QA1 代替熔断器，在发生上述故障时能能迅速将故障相断开，使断线闭锁装置快速而可靠地闭锁距离保护。但辅助二次绕组引出端不装设快速低压断路器，因为正常运行时其电压为零或接近于零，而其二次回路的末端发生短路时，短路电流极小，低压断路器难以自动断开。主、辅二次绕组均经互感器隔离开关 QS1 的位置继电器 KC1 的动合触点引出。

为了确保距离保护中的电压回路断线闭锁装置能可靠动作，互感器二次侧接地中性点 N 的引出线不经任何隔离开关辅助触点或继电器引出。

当直流回路的刀开关 QK 接触不良、FU2 或 FU3 熔断时，直流电压消失，KC1～KC4 均失电。其中 KC3、KC4 的动断（常闭）触点闭合，点亮“电压互感器直流电压消失”光字牌，并启动预告音响信号；这同时意味着两段（组）母线电压互感器的二次侧已分别被 KC1、KC2 的触点断开，各交流小母线电压也已消失，电压表、有功及无功功率表指示零。

“电压互感器直流电压消失”光字牌回路为 KC3、KC4 的动断（常闭）触点并联，当仅仅是隔离开关 QS1、QS2 之一的辅助触点接触不良时，不发此信号。

二、高压线路主要测量仪表接线

图 8-12 为 6～10kV 线路电气测量仪表的原理接线图。其中，电流表 PA 串接于电流互感器 TA1 和 TA2 二次侧的公共回路中，检测到的电流为 $\dot{I}_U+\dot{I}_W$，三相对称时 $\dot{I}_U+\dot{I}_W=\dot{I}_V$；有功电能表和无功电能表（或有功和无功功率表，均为二元件三相表），电流线圈串接于电流互感器的二次侧；电压线圈并接于电压互感器二次侧的小母线。无功电能表 PJ2 在电压线圈中人为串联了一个附加电阻，使电压线圈的阻抗角由原来的 90°减小到 60°，即电压线圈中的电流滞后电压 60°。

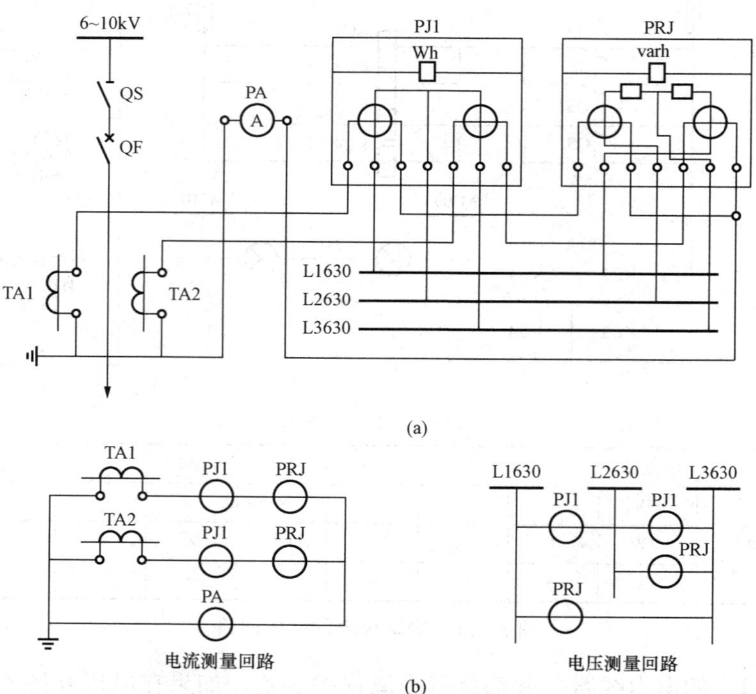

图 8-12 6～10kV 线路电气测量仪表的原理接线图

(a) 总归式原理图；(b) 展开式原理图

目前采用的数字式仪表，其输入电流、电压值要从电流互感器和电压互感器二次侧小母线取得。

三、220/380V 低压照明线路测量仪表接线

图 8-13 为 220/380V 低压照明线路电气测量仪表的原理接线图。因为三相不对称，所以三相上都要装电流互感器、电流表，有功电能表为三元件三相表。

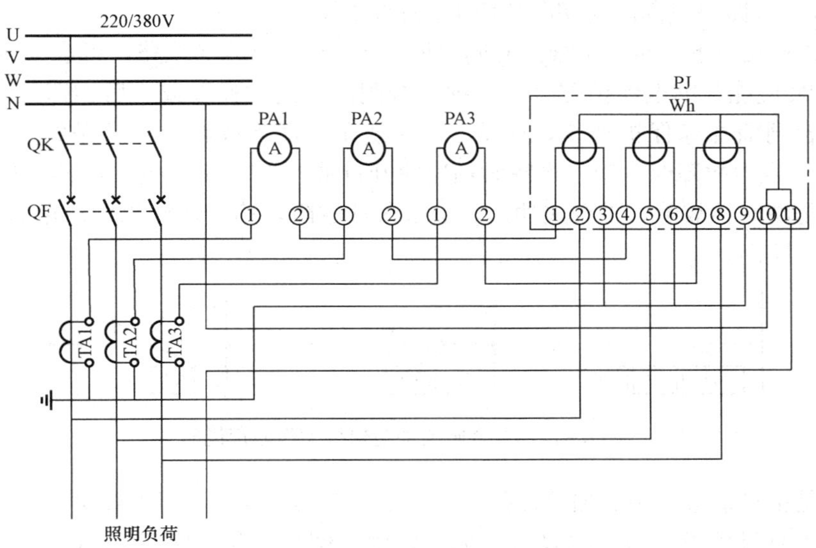

图 8-13　220/380V 低压照明线路电气测量仪表的原理接线图

第五节　输电线路的自动重合闸

一、概述

输电线路的自动重合闸，就是当架空线路上发生故障时，由继电保护装置将其迅速断开，延时后重新将线路自动投入的装置，英文简称 APR。

1. 输电线路自动重合闸的作用

(1) 在电力系统中，架空输电线路的故障大多数是瞬时性故障，如果把跳开的线路再重新合闸，就能恢复正常供电，提高供电的可靠性。

(2) 对于有双侧电源的高压输电线路，可以提高系统并列运行的稳定性。

(3) 可以纠正继电保护误动作引起的误跳闸。

2. 对自动重合闸的基本要求

(1) 除遥控变电站外，应采用控制开关手柄位置与断路器位置“不对应原则”启动 APR，即 SA 在“合闸后”位置，QF 在“跳闸”位置。

(2) 手动跳闸时不应重合。

(3) 手动合闸于故障线路不重合。

(4) APR 的动作次数应符合预先规定。自动重合闸装置若重合于永久性故障线路上，继电保护装置将再次跳闸，APR 若多次重合于永久性故障线路，将使系统多次受到冲击，还可能使断路器损坏，从而扩大事故。根据运行资料统计，APR 的一次动作成功率在 60%～90%

之间，因此大部分的APR规定只允许动作一次。

(5) APR动作后应能自动复归，准备再次动作。

(6) APR的动作时间应尽可能短。APR的动作时间应满足以下三个条件：

1) 应大于故障点电弧及周围介质的去游离时间。

2) 应大于断路器及操动机构复归原位、准备重合闸的时间。

3) 应大于线路对侧断路器切断故障电流的时间。

对于35kV及以下线路，重合闸时间可取0.8～1s；110kV线路，可取1s或再长一些。

(7) APR应能与继电保护配合，实现重合闸的“前加速”或“后加速”。所谓前加速，是指自动重合闸前加速保护动作，如图8-14所示，即当线路上（整条线路，包括WL1、WL2、WL3）发生故障时，第一次瞬时加速跳开首端（WL1处）的断路器，然后，APR动作一次，若是瞬时性故障，重合成功；若是永久性故障，第二次则以定时限方式从WL3处的断路器依次跳闸。

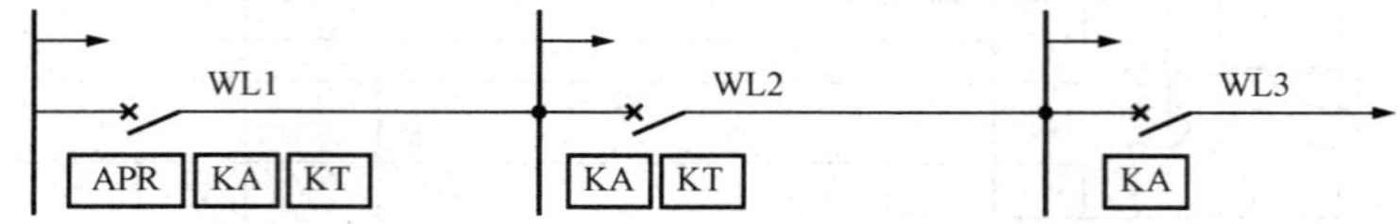

图8-14 重合闸前加速保护动作原理说明

后加速是指自动重合闸后加速保护动作，如图8-15所示，即当线路上发生永久性故障时，第一次带时限跳闸，第二次以瞬时加速跳闸。例如，若线路WL2处发生永久性故障，第一次WL2处的保护装置延时将断路器跳闸，然后，WL2处的APR重合一次，因为是永久性故障，第二次，WL2处的保护装置瞬时跳闸。

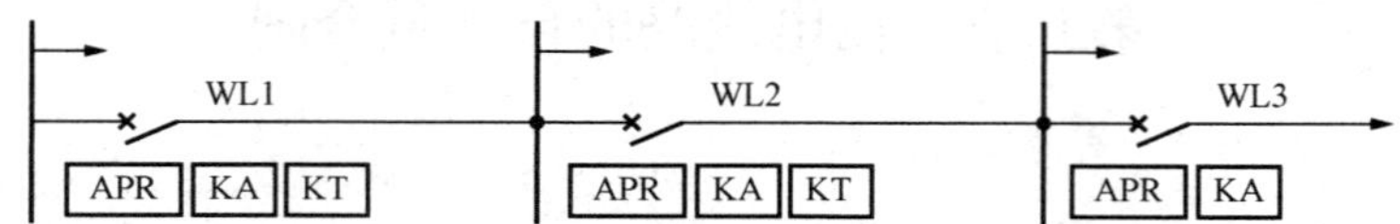

图8-15 重合闸后加速保护动作原理说明

比较重合闸的前加速或后加速保护可知，前加速的优点是只需装设一套APR装置，设备投资少；缺点是合闸不成功会扩大事故范围；主要用于35kV及以下线路。后加速保护的优点是能快速切除永久性故障，不会扩大事故范围；缺点是在每个断路器处都装有一套APR装置，投资大；主要用于35kV以上线路。

3. 自动重合闸装置的分类

自动重合闸装置按其功能可分为三相重合闸及综合重合闸（即单相自动重合闸和三相自动重合闸的综合）。110kV及以下线路采用三相重合闸，即不论线路发生单相接地（110kV线路）或相间故障，都由继电保护动作把断路器的三相跳开，然后由重合闸装置动作把三相合闸；220kV及以上线路采用综合重合闸，即当发生单相接地时，采用单相重合闸方式；当发生相间短路时，采用三相重合闸方式。

二、三相一次重合闸

三相一次重合闸可以由继电器构成，也可以由单片机或PLC构成。由继电器构成的带三相一次重合闸后加速的断路器控制回路如图8-16所示。其中APR由时间继电器KT、带电流保持线圈的中间继电器 KC、信号灯 HW、电容器 C 和电阻 R_4、R_5、R_6、R_{17} 等组成。

电路的工作原理如下。

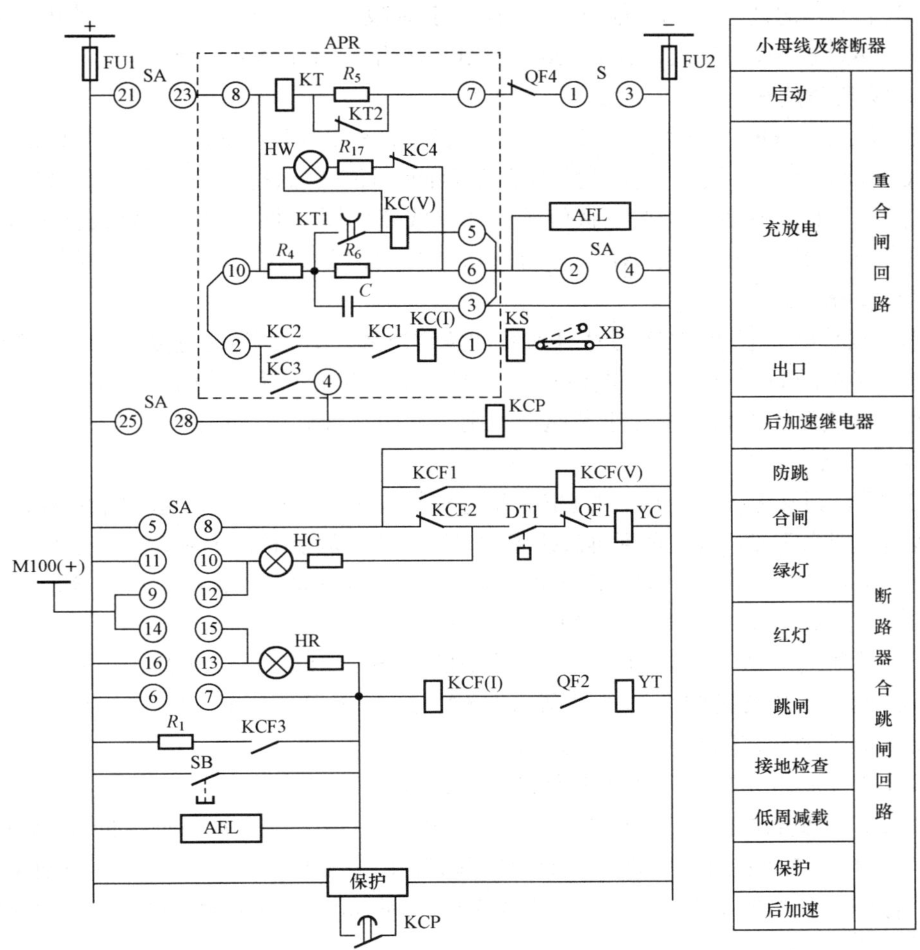

图 8-16　由继电器构成的带三相一次重合闸后加速的断路器控制回路

1. 正常运行

正常运行时，QF 处于合闸位置，其辅助触点 QF1、QF4 断开，QF2 闭合；APR 投切开关 S 在“投入”位置，S（1-3）接通；SA 在“合闸后”位置，触点 SA(9-10)、SA(13-16)、SA(21-23) 接通，APR 投入运行。

（1）电容 C 经 R_4 充电，经 15～20s 时间，充到所需电压。

（2）回路“+→FU1→SA(21-23)→R_4→R_6→KC4→R_{17}→HW→KC(V)→FU2→−”接通，HW 亮指示 APR 已处于准备工作状态。由于 R_4、R_6 和 R_{17} 的分压作用，KC(V) 虽然带电，但不足以启动。

2. APR 动作过程

当 QF 因线路故障跳闸时，其辅助触点 QF1、QF4 闭合、QF2 断开，QF 与 SA 位置不对应，于是 APR 动作（即非对应启动）。

（1）回路“+→FU1→SA(21-23)→KT→KT2→QF4→S(1-3)→FU2→−”接通，KT启动。KT2断开，KT经R_5保持在动作状态。

（2）KT的延时闭合的动合触点KT1经整定时限（0.5～1.5s）闭合，使电容C对KC（V）放电，KC启动，其触点KC1、KC2、KC3闭合，KC4断开。此时：

1）HW暂时熄灭。

2）回路“+→FU1→SA(21-23)→KC2、KC1→KC(I)→KS→XB→KCF2→DT1→QF1→YC→FU2→−”接通，使断路器重新合闸。KC自保持，使QF可靠合闸。同时由KS的触点发“重合闸动作”光字牌信号。如果线路为瞬时性故障，则恢复正常运行。QF合闸后，QF4、QF1分别断开APR启动回路和合闸回路，KT、KC、KS复归，HW重新点亮，C重新充电。

3）KC动作时，触点KC3同时启动后加速继电器KCP，其延时复归的动合触点闭合，解除过电流保护的时限（短接过电流保护延时接通的出口回路）。如果线路为永久性故障，则重合闸后过流保护将瞬时动作于断路器跳闸，从而实现后加速保护。

3. 保证只动作一次

若QF重合到永久故障上时，则QF在继电保护作用下再次跳闸。这时虽然APR的启动回路再次接通，但由于QF从重合到再次跳闸的时间很短，加上KTl的延时也远远小于15～20s，不足以使C充电到所需电压，故KC不会再次动作，从而保证了APR只动作一次。

4. 正常用SA进行手动跳闸时APR不动作

当手动跳闸时，从“预备跳闸”到“跳闸后”SA(21-23)均断开，切断APR启动回路；另一方面在“预备跳闸”和“跳闸后”SA(2-4)闭合，使C放电。所以，KC不会动作，从而保证了手动跳闸时APR不会动作。

5. 用SA手动合闸于故障线路时加速跳闸且APR不动作

在用SA手动合闸前，SA在“跳闸后”位置，SA(2-4)接通，使C向R_6放电。当手动合闸操作时，SA(21-23)接通、SA(2-4)断开，C才开始充电。由于线路有故障，当SA手转到“合闸”位置时，SA(25-28)接通KCP，使QF加速跳闸，C实际充电时间很短（即便不加速），其电压也不足以使KC动作。

6. 闭锁APR

当某些保护或自动装置动作跳闸，又不允许APR动作时（例如母线差动保护、内桥接线中的主变压器保护、按频率减负载装置等动作跳线路上的QF），可以利用其出口触点短接触点SA(2-4)，使C在QF跳闸瞬时开始放电，尽管这时接通了APR的启动回路，但在KTl延时闭合之前，C已放电完毕或电压很低，KC无法启动，APR不会动作于QF合闸。

三、综合重合闸

我国220kV及以上的高压线路，广泛采用综合重合闸。综合重合闸装置必须装设判断是单相接地故障还是相间故障的故障判断元件和故障相的选相元件。

1. 选相元件

单相接地时，选相元件应可靠选出故障相，根据单相接地的特点，选相元件有以下几种：

（1）电流选相元件。根据故障相出现短路电流的特点构成相电流选相元件，元件的动作电流应按躲过线路最大负荷电流和单相接地时非故障相电流整定。原理简单，但短路电流小时不能采用。一般作为阻抗选相元件消除死区的辅助选相元件。

（2）电压选相元件。根据故障相出现电压下降的特点构成电压选相元件，动作电压按躲过正常运行和单相接地非故障相可能出现的最低电压整定。通常只作为辅助选相元件。

（3）阻抗选相元件和反应两相电流差的突变量选相元件。工作原理可参考相关书籍。

2. 故障判断元件

一般由零序电流继电器和零序电压继电器构成故障判断元件。线路发生相间短路时，判断元件不动作，由继电保护启动三相跳闸回路跳三相断路器。接地短路时，判断元件会动作，继电保护经选相元件判断是单相接地短路还是两相接地短路后，再决定跳单相还是跳三相。

3. 综合重合闸逻辑框图

综合重合闸逻辑框图如图 8-17 所示，为判断元件与继电保护、选相元件配合组成的逻辑电路。

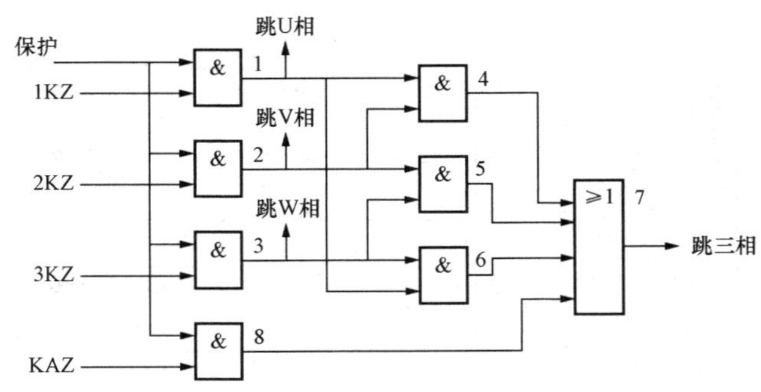

图 8-17　综合重合闸逻辑框图

图 8-17 中，1KZ、2KZ、3KZ 分别是三个反应 U、V、W 单相接地短路的阻抗选相元件。KAZ 是判断是否发生接地短路的零序电流元件。当线路发生相间短路时，没有零序电流，判断元件 KAZ 不动作，继电保护通过与门 8 跳三相断路器；当线路发生接地短路时，故障线路上有零序电流，判断元件 KAZ 动作，闭锁 8，不能直接跳三相断路器。如果是单相接地短路，则仅一个选相元件动作，与门 1、2、3 中之一开放，跳单相；如果两个选相元件动作，则说明发生了两相接地短路，与门 4、5、6 之一开放，经或门 7 保护跳三相断路器。因单相重合闸动作时间比三相重合闸动作时间长，这时单相重合闸不会动作。

第六节　备用电源自动投入装置

备用电源自动投入装置（AAT），是当工作电源因故障断开后，能自动将备用电源投入工作，使用户不至于停电的一种装置。它主要用于明备用变压器、内桥接线正常断开的桥断路器、分段或联络断路器、明备用线路、发电厂的厂用电和变电站的站用电等。

一、对带备用电源自动投入装置的基本要求

（1）当工作母线失去电压（不论何因）且备用电源母线上电压正常时，AAT 均应启动，但工作电源的电压互感器熔丝熔断时不应误动作。

（2）备用电源应在工作电源的受电侧断路器确实断开后才投入，以防止两个电源的非同步并列。

（3）备用电源只允许自动投入一次，以防止工作母线或其引出线上有永久性故障时，备用电源多次投到故障元件上。

（4）AAT 的时限整定尽可能短（通常为 1～1.5s），以保证电动机自启动的时间要求。

二、备用电源自动投入装置工作原理

两台互为备用的变压器自动投入装置电路如图 8-18 所示。该图表示变压器 T1 工作、T2 备用时的 AAT 电路，若 T2 工作、T1 备用时与此图相类似。

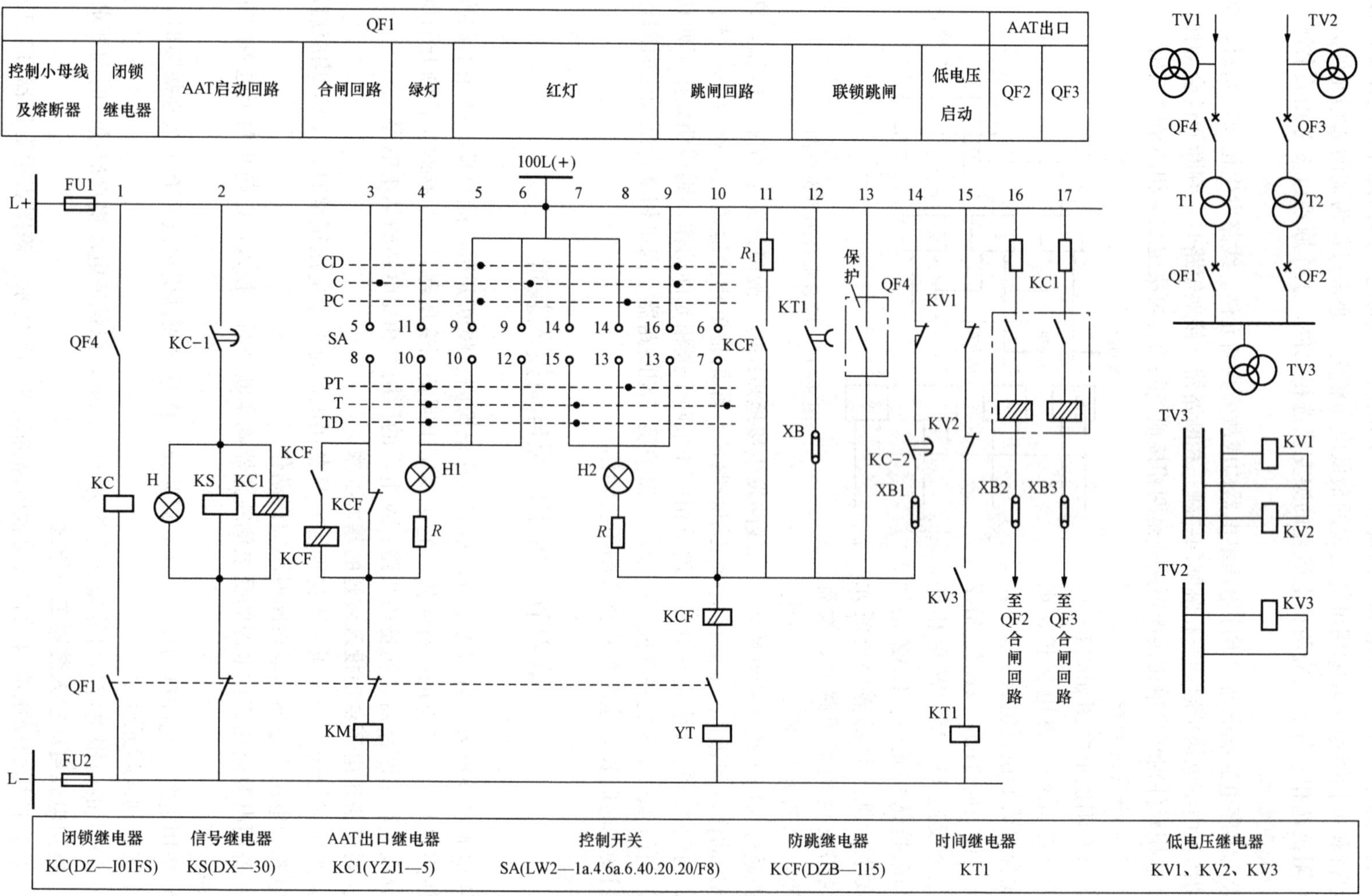

图 8-18 两台互为备用的变压器自动投入装置电路

1. 正常运行

正常时变压器 T1 运行，低电压继电器 KV1、KV2 取自变压器低压侧电压互感器 TV3 的二次侧，过电压继电器 KV3 取自备用变压器 T2 高压侧电压互感器 TV2 的二次侧。QF1 和 QF4 处于合闸状态，闭锁继电器 KC 动作，其动合触点 KC-1 闭合，为 AAT 的启动回路做好准备；KC-2 闭合，为 QF4 联跳 QF1 做好准备。

2. 启动 AAT

当变压器 T1 故障时，继电保护使断路器 QF1、QF4 跳闸，QF4 的辅助动断触点闭合，AAT 启动回路接通，使信号灯 H 点亮，信号继电器 KS 启动，AAT 出口继电器 KC1 启动。KC1 两对动合触点闭合，使断路器 QF2、QF3 合闸。断路器 QF1、QF4 跳闸后，闭锁继电器 KC 动合点 KC-1 延时断开，切断 AAT 启动回路，保证自动装置只投入一次。

当低压工作母线失压，而备用变压器高压侧有电压时，低电压继电器 KV1、KV2 动作，其动断触点闭合，KV3 动作，其动合触点闭合，启动时间继电器 KT1，其动合触点经延时后闭合，使断路器 QF4 和 QF1 跳闸，启动 AAT。

如果备用变压器高压侧无电，也不启动 AAT。KV1、KV2 两个动断触点串联，防止电压互感器熔丝熔断时误动作。只有在 QF4 跳闸后，才能启动 AAT。

第七节　同　期　装　置

发电机与发电机、发电机与系统或系统与系统之间并列运行所需完成的操作，称为同期并列。只有满足一定的并列条件，才可进行操作。否则，将产生巨大的冲击电流，不仅危及电气设备，而且使电力系统发生振荡以致瓦解。

一、同期并列方式

目前，电力系统中应用的同期并列方式有两种：准同期并列和自同期并列。按同期过程的自动化程度，又各分为手动、半自动和自动同期方式。

1. 准同期（或准同步）并列方式

准同期并列方式是将待并发动机转速升至接近同步转速后，加励磁，然后对发动机进行电压、频率的调节，使并列断路器两侧的电压满足大小相等、频率相等、相位相同的条件时，进行并列。

要完全满足这些条件是困难的，因而实际并列操作中允许有一定误差。一般规定：电压有效值差不超过 5%～10%，频率差不超过 0.05～0.25Hz，相位差不超过 10°。

准同期方式的优点是合闸时冲击电流较小，发动机能较快地被拉入同期，对系统扰动小；缺点是并列操作时间较长，操作复杂。且如果由于某种原因造成非同期并列，冲击电流会很大。特别是当相角差为 180°时，则冲击电流将大于发动机出口短路电流，从而引起主设备严重损坏，并引起系统非同期振荡，以致瓦解。因此，准同期并列都经过同期闭锁装置闭锁，以防止人员误操作或自动装置误动作而造成非同期并列。

目前，发电厂和变电站广泛采用准同期并列方式。

2. 自同期并列方式

自同期并列方式是将未励磁的发电机在接近同步转速时先并入系统，然后加上励磁，使发动机自行拉入同期。它要求的条件较宽，一般正常并列时允许转差率为±(1～2)%，事故情况下并列时允许转差率为±5%，甚至更大些。

自同期方式的优点是并列迅速，操作简单，容易实现操作自动化，在电网电压和频率大大下降的情况仍有应用的可能性；缺点是合闸时冲击电流较大，振动较大，可能对机组有一定影响或使电网电压下降。因此，火电厂大容量机组一般不采用自同期方式，水轮发电机及小容量汽轮发电机作系统事故紧急备用时才采用。

这里仅介绍手动准同期装置，其他同期装置可参考有关资料。

二、同期点的设置

在发电厂和变电站中担任同期并列任务的断路器，称为同期点。发电厂和变电站的诸多断路器中，并不是每个断路器都可用于并列。由同期并列含义可知，只有两侧均有不同电源的断路器才可能设置为同期点。例如，母线发电机出口断路器、变压器有电源的各侧断路器、母线分段断路器、母线联络断路器、旁路断路器、35kV及以上联络线的断路器等。

三、同期电压取得方式

电力系统同期接线方式有三相和单相两种，广泛采用的是单相同期接线。单相同期接线准同期并列时，只需将同期点断路器两侧的单相同名电压引入同期装置比较。

同期点电压取得方式如下。

1. 110kV及以上中性点直接接地系统母线之间（或线路之间）

对于110kV及以上中性点直接接地系统，通常采用的电压互感器有两个二次绕组，其中主二次绕组的相电压为$100/\sqrt{3}$V，辅助二次绕组相电压为100V，由于距离保护和零序方向保护要求电压互感器主二次绕组中性点N接地，所以同期电压从辅助二次绕组接入，一般取W相电压（也有取U相的），待并系统和运行系统电压分别为$\dot{U}_{WN}$和$\dot{U}_{W'N}$，分别由该侧电压小母线L3-630（试）[或L3-640（试）]及N-600取得，见表8-5。

2. Yd11变压器高、低压侧

对于Yd11变压器，高压侧（Y侧）比低压侧（d侧）同相电压滞后30°，为使两侧同期电压相位和数值相等，高压侧同期电压取该侧电压互感器辅助二次绕组相电压（100V），低压侧同期电压取该侧电压互感器主二次绕组线电压（100V），待并（低压侧）和运行（高压侧）系统电压分别为$\dot{U}_{WV}$和$\dot{U}_{W'N}$，分别由该侧相应的电压小母线取得，见表8-5。低压侧的L2-600及高压侧的N-600均接地。

3. 中性点不接地或经高阻抗接地系统

中性点不接地或经高阻抗接地系统单相接地时，中性点会产生位移，同期电压不能用相电压，只能用线电压。电压互感器主二次侧V相接地。同期电压取电压互感器主二次绕组线电压（100V），因V相接地，只需取W相电压（也有取U相的），待并和运行系统电压分别为$\dot{U}_{WV}$和$\dot{U}_{W'V'}$，见表8-5，分别由该侧电压小母线L3-630（或L3-640）及L2-600取得。

表8-5 单相同期接线同期电压取得方式

同期方式	运行系统	待并系统	说明
中性点直接接地系统母线之间	U′ V′ N W′	U V N W	利用电压互感器接成开口三角形的辅助二次绕组的W相电压$\dot{U}_{W'N}$和$\dot{U}_{WN}$

续表

同期方式	运行系统	待并系统	说　　明
中性点直接接地系统线路之间	N W′	N W	利用电压互感器按成开口三角形的辅助二次绕组的 W 相电压 $\dot{U}_{W'N}$ 和 $\dot{U}_{W'N}$
Yd11 变压器两侧断路器	N W′	V U W	运行系统取电压互感器辅助二次绕组相电压 $\dot{U}_{W'N}$，待并系统取 $\dot{U}_{WV}$
中性点非直接接地系统	V′ U′ W′	V U W	电压互感器二次侧为 V 相接地，利用 $\dot{U}_{W'V'}$ 和 $\dot{U}_{WV}$

四、手动准同期接线

电力系统广泛采用的手动准同期装置接线如图 8-19 所示。

1. 同期交流电压回路

图 8-19 是以母线发电机的断路器为例，表明其两侧同期电压的取得方式，同期交流电压回路及合闸回路（直流回路见后）。

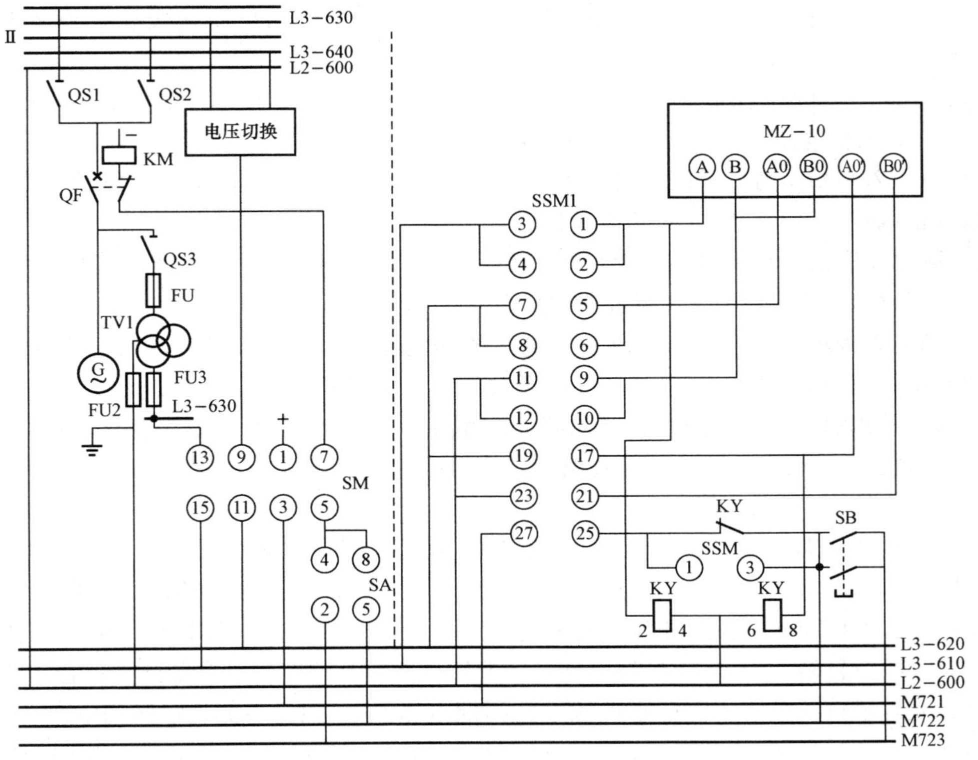

图 8-19　手动准同期装置接线图

（1）每个同期点都有一个同期开关 SM，常采用 LW2-H-1.1.1.1.1/F7-X 型转换开关，其手柄在“断开”（水平）位置时，双号触点接通；在“投入”（垂直）位置时，单号触点接通。SA 为断路器控制开关。

（2）待并系统电压取自发电机出口电压互感器 TV1 主二次绕组 W 相，由 W 相的电压小母线 L3-630 经 SM（13-15）引到同期电压小母线 L3-610 上；运行系统电压取自母线电压互感器主二次绕组 W 相，由 W 相的电压小母线 L3-630、L3-640 经电压切换回路切换后，其中之一经 SM(9-11）引到同期电压小母线 L3-620 上。两系统电压互感器二次侧均采用 V 相接地，并直接接到小母线 L2-600 上，作为两侧同期电压的公共端。

（3）同期电压小母线 L3-610、L3-620 为控制室各同期点的公用小母线。任一同期点进行同期并列时，均如上述一样将两侧同期电压引到这些小母线上，以便共用一套同期装置。为了避免差错，同一控制室所有同期点的同期开关公用一个可抽出手柄，且手柄只在“断开”时才能抽出，以限制在任何既定时间内只对一台断路器进行同期并列操作，保证在同期电压小母线上只存在由一台同期开关引入的同期电压。

2. 手动准同期装置

图 8-19 右侧为装置部分，装置主要设备包括：单相组合式同期表（多采用 MZ-10 型），手动准同期开关 SSM1，同期闭锁开关 SSM，同期检定继电器 KY。

（1）组合式同期表。组合同期表由电压差表、频率差表和同期表三部分组成。仪表的正面有该三部分的指针，右侧为电压差表，左侧为频率差表，中间为同期表。表背面有 6 个接线柱，其中 A、B 用于接入待并系统（如发电机）的电压，A0、B0、A0′、B0′用于接入运行系统的电压。在内部，A、B 与三只表都连接，A0、B0 只与电压差表和频率差表连接，A0′、B0′只与同期表连接。

为叙述简便，待并系统和运行系统的电压和频率分别用 U、U' 和 f、f' 表示，电压差用 ΔU 表示，电压相角差用 $\Delta\varphi$ 表示，频率差用 Δf 表示。

1）电压差表指示待并系统和运行系统的电压差。当 $U=U'$ 时，指针不偏转；当 $U>U'$ 时，指针正偏转；当 $U<U'$ 时，指针负偏转。

2）频率差表指示待并系统和运行系统的频率差。当 $f=f'$ 时，指针不偏转；当 $f>f'$ 时，指针正偏转；当 $f<f'$ 时，指针负偏转。

3）同期表指示待并系统和运行系统电压的相角差（$\Delta\varphi$）。当 $\Delta U=0$，$\Delta f=0$，$\Delta\varphi=0$ 时，即两系统完全同期时，指针指示在 0 点钟位置，即同期点位置；当 $\Delta f\neq 0$ 时，$|\Delta f|$ 越大，指针旋转越快。但由于同期表可动部分的惯性，当 $|\Delta f|$ 大到一定程度时，指针作大幅度摆动；当 $|\Delta f|$ 很大时，指针将停在某个位置。因此一般规定，只有当 $|\Delta f|\leqslant 0.5$Hz 时才允许将同期表接入，以免同期表损坏。

（2）手动准同期开关 SSM1。为了避免在同期点两侧频差很大时接入同期表而使之损坏，在同期电压小母线与组合式同期表之间加装了手动准同期开关 SSM1。常采用 LW2-H-2.2.2.2.2.2.2/F7-8X 型转换开关，其手柄有“断开”（垂直）、“粗同期”（逆时针转 45°）、“精同期”（顺时针转 45°）三个位置。在“断开”位置时，所有触点全部断开；在“粗同期”位置时，双号触点接通，将同期小母线上的同期电压经 A、B、A0、B0 接到电压差表和频率差表上，而此时同期表未接通；在“精同期”位置时，单号触点接通，此时三只表均接通。

（3）准同期闭锁回路。该回路由同期检定继电器 KY 的触点与同期闭锁开关的触点 SSM(1-3）并联后再与触点 SSM1(25-27）串联组成。它跨接在同期合闸小母线 M721 和 M722 之间，并串接在每个同期点断路器的合闸回路中。

1）同期检定继电器 KY。KY 的作用是避免在较大的相角差下合闸，常采用 DT-13/200 型电磁式继电器。它有两个参数相同的线圈，经 SSM1 开关分别接到两系统的同期小母线上。SSM1 在“断开”位置时，两线圈均不通电，触点 KY 在反作用弹簧的作用下处于闭合状态；在“粗同期”位置时，有一个线圈经 SSM1(2-4）通电；在“精同期”位置时，两线圈均通电。

通电时，合成磁通产生的作用力与两系统电压的相量差有关，即与相角差 $\Delta\varphi$ 有关，$\Delta\varphi$ 越大，作用力越大。$\Delta\varphi$ 大到一定程度时，作用力大于弹簧力，使触点断开，闭锁合闸回路；$\Delta\varphi$ 小到一定程度时，作用力小于弹簧力，使触点闭合，允许合闸。调整反作用弹簧，可使继电器触点在某个 $\Delta\varphi$ 时接通或断开，一般整定在 20°～40°。

2）同期闭锁开关 SSM。常采用 LW2-H-1.1/F7-X 型转换开关，其手柄在“闭锁”位置（水平）时，SSM(1-3）断开，使触点 KY 能起闭锁作用；其手柄在“解除”位置（垂直）时，SSM(1-3）接通，使触点 KY 的闭锁作用解除，这在个别情况下是必要的，例如由于某种原因（如调度要求本侧先合闸，在对侧进行同期并列或待并发电机未发电时进行断路器操作试验）使断路器的一侧无电压时，则触点 KY 总是断开状态，这时只有解除闭锁才能合闸。

五、同期点断路器的合闸回路

同期点断路器的控制回路与一般断路器不同之处主要是合闸回路。其接线如图 8-19 所示，展开图如图 8-20 所示。虚线框内为手动准同期闭锁回路及自动准同期出口回路的设备，属公用部分，如果装有自同期装置，则其出口回路跨接在 M721 和 M723 之间；虚线框外为同期点断路器合闸回路；SSA1 为自动准同期开关。

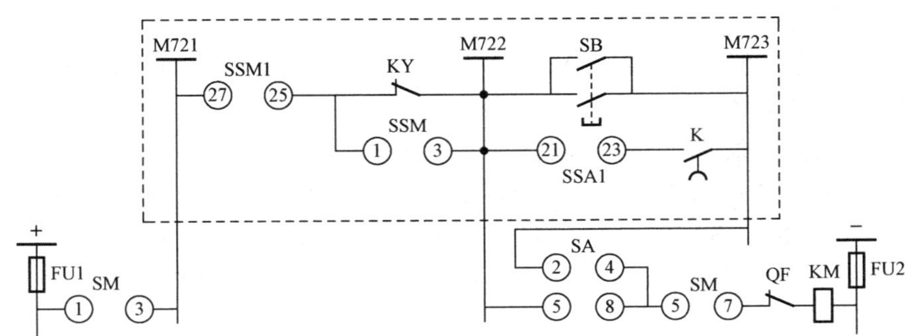

图 8-20　同期点断路器的控制回路

由图 8-19 可见，不论采用哪种同期方式，断路器的合闸回路都经同期开关 SM 的触点控制。当 SM 在“投入”位置时，触点 SM(1-3)、SM(5-7）才接通，才有可能合闸。

1. 手动准同期操作步骤

以图 8-19 中的母线发电机并列为例。假定有关准备工作已做好（控制回路熔断器、各 TV 的隔离开关、发电机的母线隔离开关等已合上，发电机已励磁升压接近额定值）。

（1）用控制开关 SA 并列。

1）将准同期闭锁开关SSM置“闭锁”位置（平时应在此位置），此时SSM(1-3）断开。

2）插入同期开关SM的手柄，并置于“投入”位置，这时断路器两侧的同期电压被引到同期小母线上。

3）将手动准同期开关SSM1置“粗同期”位置（此前应在“断开”位置），此时电压差表、频率差表接通。

4）观察电压差表、频率差表，调整发电机电压、频率与系统接近。

5）将手动准同期开关SSM1置“精同期”位置。此时电压差表、频率差表、同期表、同期检定继电器KY均接通。

6）调整发电机频率略高于系统频率，使同期表指针顺时针缓慢旋转（转动一周约10s较为合适）。

7）将控制开关SA置“预备合闸”位置，当同期表指针转至接近同期点（10°左右较为合适）时，触点KY已闭合，将SA转到“合闸”位置，下述合闸回路接通：

+→FU1→SM(1-3)→SSM1(25-27)→KY→SA(5-8)→SM(5-7)→QF→KM→FU2→−

若红灯发平光，说明发电机已与系统并列，此时同期表指针准确停在同期点。让SA转到“合闸后”位置，并置SM、SSM1于“断开”位置。

(2）用按钮SB并列（SA在“跳闸后”位置）。

1）与上述步骤1）～6）相同。

2）当同期表指针转至接近同期点时，按下SB，下述合闸回路接通：

+→FU1→SM(1-3)→SSM1(25-27)→KY→SB→SA(2-4)→SM(5-7)→
QF→KM→FU2→−

若红灯闪光，说明发电机已与系统并列。将SA转到“合闸后”位置，红灯变平光。

2. 自动准同期操作步骤（SA在“跳闸后”位置）

自动准同期也要经过同期闭锁，其操作步骤与上述类似，但电压、频率等调整自动进行。

(1）将SSM置“闭锁”位置、SM置“投入”位置、自动准同期开关SSA1置“投入”位置、SSM1置“精同期”位置。

(2）当符合准同期条件时，触点K闭合，下述合闸回路接通：

+→FU1→SM(1-3)→SSM1(25-27)→KY→SSA1(21-23)→
K→SA(2-4)→SM(5-7)→QF→KM→FU2→−

若红灯闪光，说明发电机已自动与系统并列。将SA转到“合闸后”位置，红灯变平光。

随着电力系统的发展，发电厂和变电站的规模越来越大，需要监控的信息量也越来越多，靠常规的监控手段已不能满足要求。因此，自20世纪80年代起，我国在部分超高压变电站和大型发电厂开始应用微机监控系统，并逐渐发展，从变电站和发电厂的全局出发，并研究了全微机化的变电站二次部分，即发电厂和变电站自动化系统。

变电站自动化系统是将变电站的二次设备（包括测量仪表、信号系统、继电保护、自动装置和运动装置等）经过功能的组合和优化设计，利用先进的计算机技术、现代电子技术、通信技术和信号处理技术，实现全变电站的主要设备和输、配电线路的自动测量、监控和微机保护，以及与调度通信的综合自动化功能。变电站自动化系统是利用多台微型计算机和大规模集成电路组成的系统，替代常规的二次设备，具有功能综合化、操作监视屏幕化、运行管理智能化的特点。

变电站自动化的发展方向是将保护和控制功能集成到同一装置中，实现数据的完全共享。与传统的独立部件的结构相比，这种保护和控制集成的结构，可提供大量的保护功能和更多的监控及数据采集功能，而使性能价格比更优。

思考题与习题

8-1　二次接线图有哪几种形式，各有何特点?

8-2　对断路器控制回路的基本要求是什么?在控制回路中怎样实现这些要求?

8-3　变电站信号装置按用途可分为哪几种?各有什么作用?

8-4　对备用电源自动投入装置的基本要求是什么?

8-5　对自动重合闸的基本要求是什么?自动重合闸与继电保护的配合方式有几种?

8-6　何谓同期点?同期点同期电压的取得方式有哪几种?

8-7　何为准同期?手动准同期装置由哪些设备构成?这些设备的作用是什么?

第九章 接地与电气安全

本章主要讨论电气安全的知识，防止电气设备外壳带电引起触电的措施，即保护接地和保护接零；剩余电流动作保护器的工作原理及安装方法；接地装置的基本概念，接地电阻的允许值及接地电阻的计算，接地装置的选择、布置等。

第一节 电气安全知识

一、电流对人体的作用

电流通过人体，会令人有发麻、刺痛、打击等感觉。电流大到一定程度，还会令人产生痉挛、血压升高、昏迷、心律不齐、窒息、心室颤动等症状，严重时导致死亡。

电流对人体的伤害程度与通过人体的电流大小、持续时间、路径和电流的种类等多种因素有关。

1. 伤害程度与电流大小的关系

通过人体的电流越大，人体的生理反应越明显，伤害越严重。根据试验，人体的感知电流、摆脱电流、致命电流如下：

(1) 感知电流：男 1.1mA，女 0.7mA；

(2) 摆脱电流：男 9mA，女 6mA；

(3) 致命电流：50mA，一般通过人体的工频电流超过 100mA 时，引起死亡是难免的。

2. 伤害程度与电流持续时间的关系

通过人体电流的持续时间越长，越容易引起心室颤动，危险性就越大。根据统计分析，引起心室颤动的工频电流 I（mA）与通电时间 t(s) 的关系为

$$I = \frac{116 \sim 185}{\sqrt{t}} \tag{9-1}$$

式（9-1）的允许时间范围为 0.01～5s。

也就是说，如果通过人体的电流低于 50mA，通过时间较长也比较安全；如果通过人体的电流超过 50mA，只要通电时间低于按式（9-1）计算出的相应时间，仍属安全；如果通过人体的电流超过 100mA，即使时间很短，也是危险的。

3. 伤害程度与电流路径的关系

电流通过心脏会引起心室颤动，电流较大时会使心脏停止跳动；电流通过中枢神经，会引起中枢神经严重失调而导致死亡；电流通过头部会使人昏迷，电流较大时会对脑组织产生严重损坏而导致死亡；电流通过脊髓会使人瘫痪。因此，左手到胸部是最危险的电流路径；手与手、手与脚是较危险的电流路径；脚与脚是危险性较小的电流路径。

4. 伤害程度与电流种类的关系

直流电流、交流电流、高频电流、静电电荷以及特殊波形电流对人体都有伤害作用，通常以 25～300Hz 的交流电流对人体的危害最为严重，直流电流次之，1000Hz 以上的高频电

流对人体的伤害作用明显下降。

二、人体电阻

人体电阻包括体内电阻和皮肤电阻。体内电阻约 500Ω，不受外界影响。皮肤电阻较大，集中在角质层，正常时可达 $10^4 \sim 10^5 \Omega$。但皮肤电阻是非线性的，接触电压增高，会击穿角质层，降低人体电阻；皮肤潮湿、多汗、有损伤等，也会降低皮肤电阻；通过电流加大，通电时间加长，会增加发热出汗，也会降低皮肤电阻。一般情况下，人体电阻可按 1000～2000Ω 考虑。

三、安全电压与安全电流

1. 人体允许电流

人被电击后，若能自主摆脱带电体，解除触电危险的电流可以看作是安全电流，因安全电流与通电时间有关，所以，在一般情况下人体的安全电流可按 30mA·s 考虑，即人体通过 30mA 电流的时间不能超过 1s。

2. 安全电压

安全电压是指不致使人直接致死或致残的电压，它取决于人体允许的电流和人体电阻。我国规定的安全电压，根据使用环境不同而不同，等级为 42、36、24、12V 和 6V。

凡在危险环境中使用携带式电动工具或潮湿而有粉尘的环境，如无特殊安全结构或安全措施，应采用 42V 或 36V；金属容器内、隧道内、矿井内等工作地点狭窄、行动不便以及周围有大面积接地导体的环境，应采用 24V 或 12V；水下作业场所采用 6V。

由于人体的平均电阻为 1000～2000Ω，若取 1700Ω，而安全电流取 30mA，则人体允许持续接触的安全电压为 50V，这一电压是从人身安全角度考虑的。在一般正常环境下，通常称交流 50V 为持续接触的“安全特低电压”。

第二节 接地的有关概念

一、接地和接地装置

电气设备除故障接地外，还根据需要人为接地。这里讲的接地都是人为接地。电气设备的某个部分与大地进行良好的电气连接称为接地。直接与大地接触的金属导体，称为接地体，如图 9-1 所示。连接接地体与电气设备接地部分的金属导体，称为接地线。接地体与接地线的总和，称为接地装置。

二、电气上的“地”和对地电压

当电气设备发生接地故障时，接地电流 I 通过接地体向大地作半球形散开，如图 9-2 所示，该半球体就是接地电流的导体。距接地体越近，半球面积越小，其流散电阻越大，接地电流通过此处的电位也越高；反之，距接地体越远，半球面积越大，其流散电阻越小，接地电流通过此处的电位也越低。分布如图 9-2 所示。

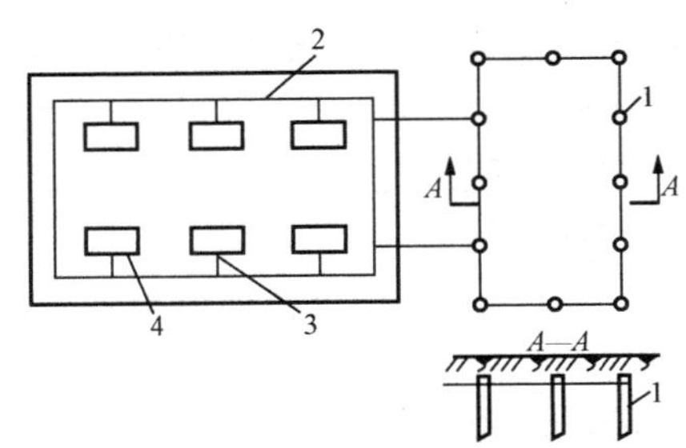

图 9-1 接地装置示意图
1—接地体；2—接地干线；3—接地支线；4—电气设备

实践证明：在距接地体 20m 以外的地方，散流电阻已趋近于零，电位也趋近于零。该电位等于零的地

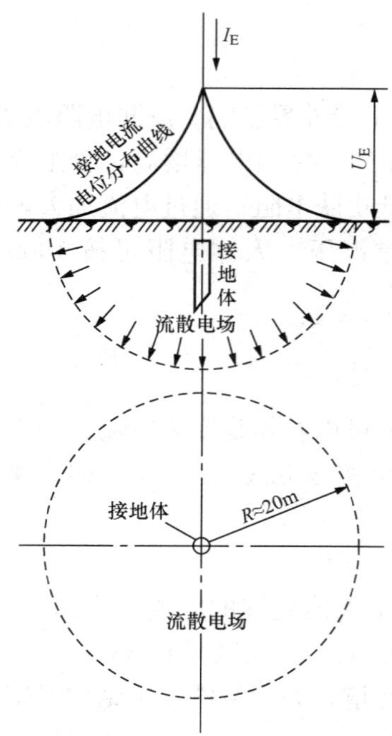

图 9-2 接地电流和对地电压分布

方称为电气上的“地”或“大地”。

电气设备的接地部分与零电位地之间的电位差，称为接地部分的对地电压，用U_E表示。

三、接触电压和跨步电压

当电气设备发生接地故障时，人体触及的电气设备和大地两点之间的电位差，称为接触电压，如图9-3中的U_{tou}。

人在接地故障点附近行走时，两脚之间的电位差，称为跨步电压，如图 9-3 中的U_{step}。

接触电压和跨步电压的允许值为：

(1) 在 110kV 及以上中性点直接接地和 6～35kV 低电阻接地系统中

$$U_{tou}=\frac{174+0.17\rho_f}{\sqrt{t}}(\mathrm{V}) \quad (9-2)$$

$$U_{step}=\frac{174+0.7\rho_f}{\sqrt{t}}(\mathrm{V}) \quad (9-3)$$

式中：ρ_f 为人脚站立处地表面的土壤电阻率，Ω·m；t 为接地短路电流持续时间，s。

(2) 在 6～63kV 中性点不接地、经消弧线圈接地和高电阻接地系统中

$$U_{tou}=50+0.05\rho_f(\mathrm{V}) \quad (9-4)$$

$$U_{step}=50+0.2\rho_f(\mathrm{V}) \quad (9-5)$$

(3) 在条件特别恶劣的场所，例如矿山井下，接触电压和跨步电压的允许值降低。

四、流散电阻、接地电阻、冲击接地电阻

接地体的对地电压与通过接地体流入地中的电流之比，称为流散电阻。

电气设备接地部分的对地电压与接地电流之比，称为接地装置的接地电阻。接地电阻等于接地线的电阻与流散电阻之和。由于相对流散电阻来说，接地线的电阻较小，所以接地电阻近似等于流散电阻。

工频接地电流流经接地装置所呈现的接地电阻，称为工频接地电阻；因雷电流是冲击波，雷电流流经接地装置所呈现的电阻，称为冲击接地电阻。冲击接地电阻与工频接地电阻不同。同一接地装置的冲击接地电阻与工频接地电阻的比，称为冲击系数，用α表示，即

$$\alpha=\frac{冲击接地电阻}{工频接地电阻} \quad (9-6)$$

α的取值范围为 0.2～1.25，雷电流越大，土壤电阻率越大，α越小。这是因为：强大的雷电冲击波，会使土壤中的气隙、气层、接地体与土壤之间发生火花放电现象，

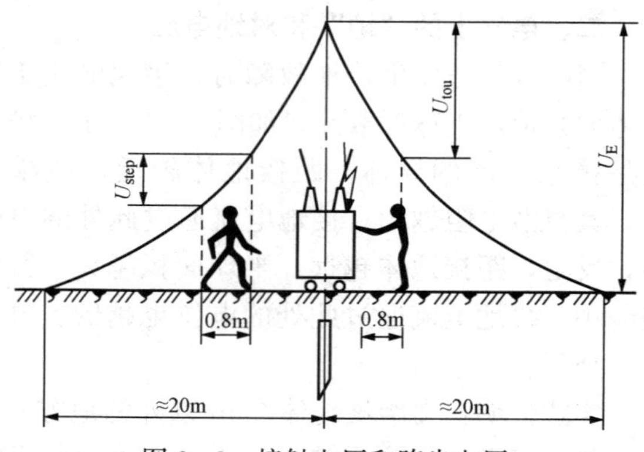

图 9-3 接触电压和跨步电压

有使接地电阻减小的趋向；同时由于土壤中电感的作用，又有使接地电阻增大的作用。究竟哪一种趋向占优势，取决于具体情况，可查有关手册。表 9-1 列出了部分接地体的冲击系数。

表 9-1　长 2～3m 直径 6cm 以下垂直接地体的冲击系数 α

土壤电阻率（Ω·m）	雷电流（kA）			
	5	10	20	40
100	0.85～0.90	0.75～0.85	0.6～0.75	0.5～0.6
500	0.6～0.7	0.5～0.6	0.35～0.45	0.25～0.3
1000	0.45～0.55	0.35～0.45	0.25～0.3	—

五、接地的类型

（1）工作接地。根据电力系统运行的需要，人为地将电力系统中性点与大地作金属连接，称为工作接地。

（2）保护接地。为保证人身安全、防止触电事故，将电气设备平时无电，当绝缘击穿时可能带电部分与大地作良好的连接，称为保护接地。

（3）保护接零。为保证人身安全、防止触电事故，将电气设备平时无电，当绝缘击穿时可能带电部分与变压器或发动机的中性点连线连接，称为保护接零。

（4）防雷接地。为防雷装置（避雷针、避雷器、避雷线等）向大地泄放雷电流而进行的接地，称为防雷接地。

（5）防静电接地。为防止静电对易燃油、天然气储罐和管道等的危险作用而设的接地。

第三节　接地和接零

一、保护接地的作用

保护接地适用于中性点不接地或经高阻抗（约 1000Ω）接地的系统中，电气设备的外壳直接接地，称为 IT 系统。

中性点不接地系统中无保护接地的情况如图 9-4 所示。正常运行时，外壳不带电。当一相对外壳的绝缘损坏时，外壳即处在一定的电压下，若有人触及该外壳，就有接地电流通过人体。如果绝缘损坏处是在绕组的首端，则触及外壳相当于触及导体的一相，流过人体的电流为单相接地电流 I_m，会造成人身触电事故。

中性点不接地系统中有保护接地的情况如图 9-5 所示，当人触及绝缘损坏的外壳时，人体电阻 R_m 与接地装置的电阻 R_E 并联，此时流过人体的电流 I_m 为

$$I_m = \frac{R_E}{R_m + R_E} I_C \tag{9-7}$$

式中：I_C 为单相接地电流，主要为电容电流。

接地电阻 R_E 越小，流过人体的电流 I_m 越小。通常 R_E 比 R_m 小得多，I_m 比 I_C 小得多。因此，适当选择接地电阻，就能使 I_m 小于安全电流，从而免除人体触电的危险，保护人身的安全。

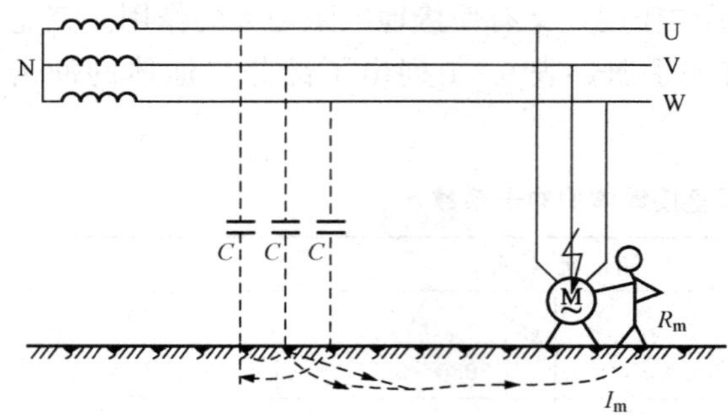

图 9-4　中性点不接地系统中没有保护接地

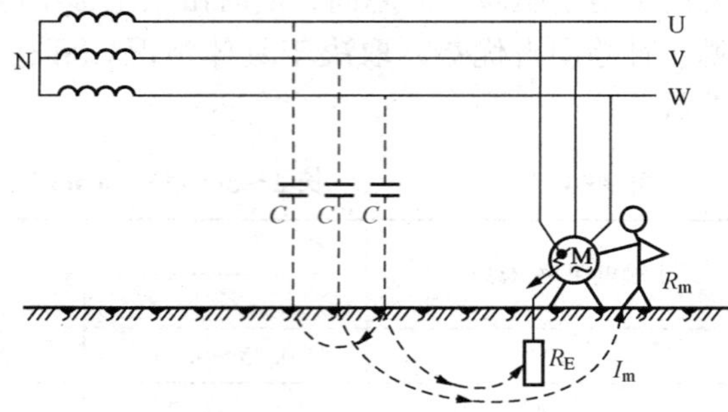

图 9-5　中性点不接地系统中有保护接地

二、保护接零的作用

在中性点接地的 380/220V 系统中，采用保护接地是不安全的，必须采用保护接零系统。

在中性点接地的三相系统中，如果采用保护接地，电路如图 9-6 所示，在正常情况下，电气设备外壳对地电压为零，人体触及不会触电。

当电动机某相绝缘击穿时，形成接地短路，由于人体电阻比接地装置电阻大得多，此时的单相接地短路电流为

$$I_E \approx \frac{U_{ph}}{R_N + R_E} \tag{9-8}$$

式中：U_{ph}为相电压；R_N 变压器中性点接地电阻；R_E 为保护接地装置接地电阻。

此时，地面上的电位分布如图 9-6 中曲线所示。

变压器中性点对地电压为

$$U_N = \frac{R_N}{R_N + R_E} U_{ph} \tag{9-9}$$

电动机外壳对地电压为

$$U_E = \frac{R_E}{R_N + R_E} U_{ph} \tag{9-10}$$

且

$$U_E + U_N = U_{ph} \tag{9-11}$$

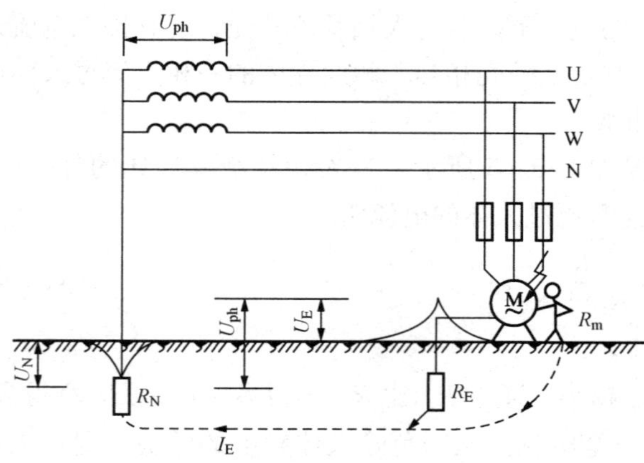

图 9-6　在中性点接地系统中采用保护接地

如果　$R_N = R_E = 4\Omega$

则　$U_E = U_N = \frac{1}{2} U_{ph}$

可见，在 380/220V 系统中，电动机外壳对地电压大于安全电压（安全电压≤50V）。那么，再来看看短路电流 I_E 是否使熔断器或低压断路器快速动作。在 U_{ph}=230V、R_N=R_E=4Ω 的情况下

$$I_E = \frac{U_{ph}}{R_0 + R_E} = \frac{230}{4+4} = 28.75(\text{A})$$

一般短路电流要比熔断器熔体额定电流大 4 倍，比低压断路器脱扣器的整

定电流大 1.5 倍，它们才能快速动作，而熔断器熔体额定电流和低压断路器脱扣器的整定电流都比电气设备的额定电流大，因此额定电流大的设备和线路不能被保护。若只减小 R_E，则 U_N 增加；若同时减小 R_N 和 R_E，则接地成本太高，有时，接地电阻太小，难以实现。总之，在 380/220V 系统中，采用保护接地一般是不安全的。

若电气设备的额定电流较小，单相接地时保护灵敏度满足要求；或低压系统额定相电压较低（如日本低压相电压为 100V），在低压中性点接地系统中，也可以采用电气设备外壳保护接地，这样的系统称为 TT 系统。

在中性点接地系统中，若从中性点引出一根导线，称为中性线或保护线（用 PEN 表示）；若从中性点引出两根线，其中一根线为中性线（用 N 表示），另一根称为保护线（用 PE 表示），也称为零线。

保护接零简称为接零，就是将电气设备在正常情况下不带电的金属部分（外壳），用导线与低压配电网的 PE 线或 PEN 线直接连接，以保护人身安全，防止发生触电事故，如图 9-7所示。

保护接零的作用是，当发生碰壳短路时，短路电流由相线流经外壳到零线，再回到变压器的中性点。由于故障回路的电阻、电抗都很小，所以故障电流很大，它足以使线路上的保护装置（熔断器或低压断路器）迅速动作，从而将漏电的设备断开电源，消除危险，起到保护作用。

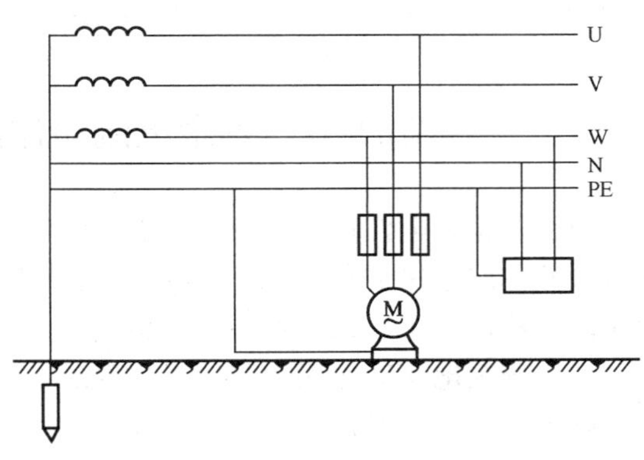

图 9-7 在中性点接地系统中采用保护接零

保护接零一般与熔断器、脱扣器等配合，作为低压中性点直接接地系统的防触电措施。

保护接地和保护接零相比，保护接零较保护接地更具有优越性，因为零线的阻抗小、短路电流大，从而克服了保护接地要求其电阻值很小的局限性。

三、接地与接零中应注意的问题

1. 在中性点接地电网中，电气设备应采用同一种接地保护方式

在中性点接地电网中，由同一台发电机、同一台变压器、同一段母线供电的线路，不应一部分设备采用保护接地，另一部分设备采用保护接零。如图 9-8 所示，如果 b 电机上 V 相发生碰壳接地时，凡是与保护线连接的设备外壳都可能带危险电压。

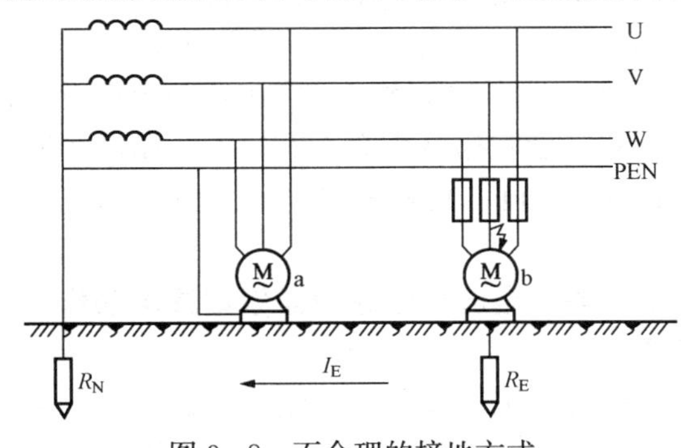

图 9-8 不合理的接地方式

2. TN 系统中，应进行重复接地

采用保护接零的电气设备，如果保护线断裂，如图 9-9 所示，则断裂点后面的某一设备发生碰壳短路时，所有连接于该段中性线上的电气设备的外壳均承受接近于相电压的电压，这些设备仍然存在触电的危险。

将 PEN 线每隔一段进行一次重复接地，如图 9-10 所示，可以确保接地装置的可靠性，而且能够起到平衡电位的作用。在重复

接地的情况下，如果保护线断裂，断点后的某一设备发生碰壳短路时，断点前和断点后的电压之和等于相电压。可见重复接地能够起到降低机壳电位的作用。即便如此，降低电位后的系统仍是不安全的。因此中性线或保护线的断裂应当尽量避免，必须精心施工，加强维护，防止断裂。显然，PEN 线上不能装设熔断器。

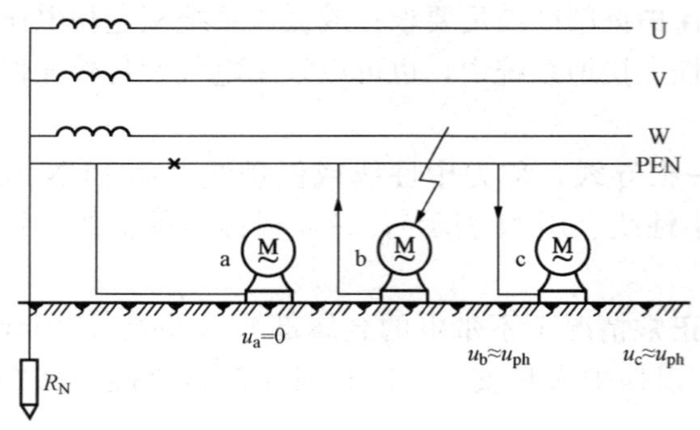

图 9-9　无重复接地时中性线断裂时的情况

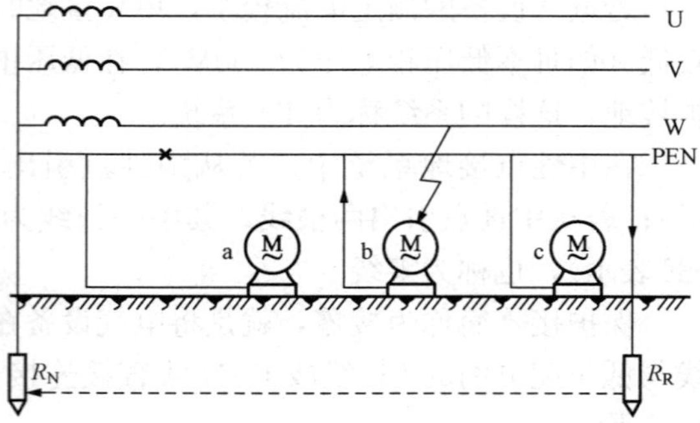

图 9-10　有重复接地时中性线断裂时的情况

第四节　剩余电流动作保护器的工作原理和应用

为了防止触电伤亡事故及漏电引起的火灾事故，国、内外都在推广使用剩余电流动作保护器（又称漏电保护器）。下面介绍广泛使用的电流型剩余电流动作保护器（简称剩余电流动作保护器，RCD）的工作原理及应用。

一、剩余电流动作保护器的工作原理

剩余电流动作保护器主要包括检测元件（零序电流互感器 TAN）、中间环节（包括放大器 A、比较器、脱扣器 YT 等）、执行元件（主断路器 QF）以及试验元件等部分，如图 9-11 所示。

在被保护电路工作正常、没有发生漏电或触电的情况下，由基尔霍夫定律可知，通过 TAN 一次侧的电流相量和等于零。这时，TAN 的二次侧不产生感应电动势，剩余电流动作保护器不会动作，系统保持正常供电。

当被保护电路发生漏电或有人触电时，由于漏电电流的存在，通过 TAN 一次侧各相电流的相量和不再等于零，产生了漏电电流，在铁芯中出现了交变磁通。在交变磁通作用下，TAN 二次侧线圈就有感应电动势产生，此漏电信号经中间环节进行处理和比较，当达到预定值时，使主断路器分励脱扣器线圈 YT 通电，驱动主断路器 QF 自动跳闸，切断故障电路，从而实现保护功能。

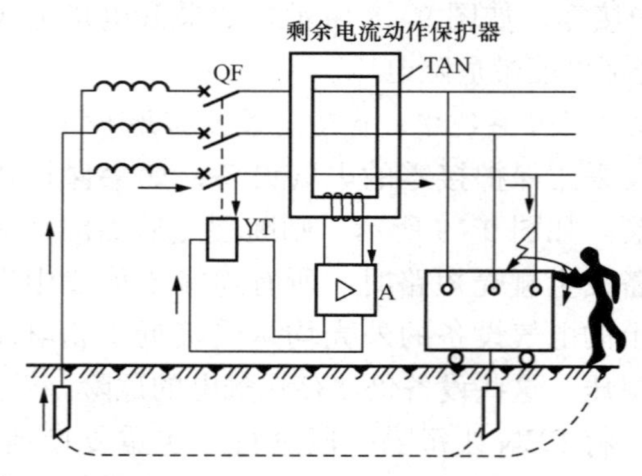

图 9-11　剩余电流动作保护器的工作原理示意图

二、剩余电流动作保护器额定漏电动作电流的选择

正确合理地选择剩余电流动作保护器的额定漏电动作电流非常重要。一方面，在发生触电或

泄漏电流超过允许值时，剩余电流动作保护器可有选择地动作；另一方面，剩余电流动作保护器在正常泄漏电流作用下不应动作，防止供电中断而造成不必要的经济损失。

剩余电流动作保护器的额定漏电动作电流应满足以下三个条件：

（1）为了保证人身安全，额定漏电动作电流应不大于人体安全电流值，国际上公认30mA为人体安全电流值。

（2）为了保证电网可靠运行，额定漏电动作电流应躲过低压电网的正常漏电电流。

（3）为了保证多级保护的选择性，下一级额定漏电动作电流应小于上一级额定漏电动作电流，各级额定漏电动作电流应有级差1.2～1.5倍。

第一级剩余电流动作保护器安装在配电变压器低压侧出口处。该级保护的线路长，漏电电流较大，其额定漏电动作电流在无完善的多级保护时，最大不得超过100mA；具有完善多级保护时，漏电电流较小的电网，非阴雨季节为75mA，阴雨季节为200mA；漏电电流较大的电网，非阴雨季节为100mA，阴雨季节为300mA。

第二级剩余电流动作保护器安装于分支线路出口处，被保护线路较短，用电量不大，漏电电流较小。剩余电流动作保护器的额定漏电动作电流应介于上、下级保护器额定漏电动作电流之间，一般取30～75mA。

第三级剩余电流动作保护器用于保护单个或多个用电设备，是直接防止人身触电的保护设备。被保护线路和设备的用电量小，剩余电流动作电流小，一般不超过10mA。

三、剩余电流动作保护器的正确接线方式

剩余电流动作保护器的正确接线方式如图9-12所示。

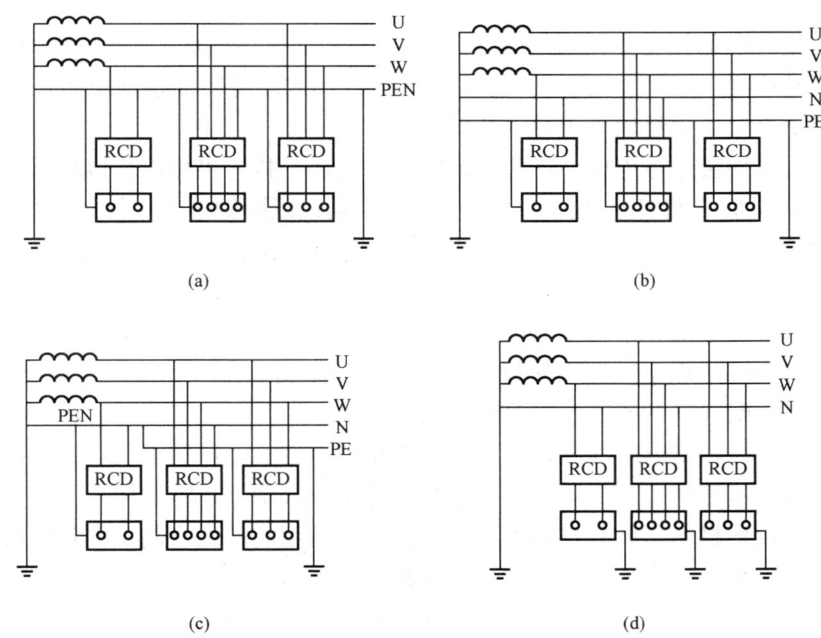

图9-12　剩余电流动作保护器的正确接线方式

（a）TN-C系统剩余电流动作保护器接线；（b）TN-S系统剩余电流动作保护器接线；（c）TN-C-S系统剩余电流动作保护器接线；（d）TT系统剩余电流动作保护器接线

TN系统分为TN-C系统，TN-S系统，TN-C-S系统。

(1) TN-C系统。系统中N线与PE线合为一根PEN线，所有设备的外露可导电部分均接PEN线，如图9-12 (a) 所示。

(2) TN-S系统。系统中的N线与PE线完全分开，所有设备的外露可导电部分均接PE线，如图9-12 (b) 所示。

(3) TN-C-S系统。系统中前面线路采用TN-C系统，而后面线路采用TN-S系统，所有设备的外露可导电部分接PEN线或PE线，如图9-12 (c) 所示。

(4) TT系统。在中性点直接接地系统中，所有设备的外露可导电部分均接地，如图9-12 (d) 所示。

安装时必须严格区分中性线N和保护线PE。剩余电流动作保护器的中性线，不管其负荷侧中性线是否使用都应将电源中性线接入保护器的输入端。经过剩余电流动作保护器的中性线不得作为保护线，不得重复接地或接设备外露可导电部分；保护线不得接入剩余电流动作保护器。

第五节 接地电阻计算

一、接地体与接地、接零干线的安装方式

人工接地体可采用钢管、圆钢、扁钢、角钢等制成。一般接地体宜垂直埋设于地中，为了避免天气对接地装置流散电阻的影响，应将接地极埋得深一些，使其上端离地面0.7～0.8m。在多岩石地区，接地体可水平埋设。

通常，垂直埋设的接地体用直径38～50mm的钢管或40mm×40mm×4mm～50mm×50mm×5mm的角钢。接地体长度以2.5m左右为宜，太短将增加接地电阻；太长则施工困难，增加钢材消耗量，而接地电阻减少甚微。

接地装置由多根接地体组成，这些接地体可以排成一排，也可以排成环形。接地体之间的距离以3～5m为宜，将各接地体打入地中后，用扁铁或圆钢连成一体。

水平埋设的接地体可用40mm×4mm扁钢或直径为16mm的圆钢，排成放射式或横排式或环式。

接地干线或接零干线宜采用20mm×4mm～40mm×4mm扁铁沿车间四周敷设，离地高度保持在200～250mm以上，与墙保持15mm以上的距离。

接地支线可由配线铁管兼之，或单独装设。

接地装置可埋设在变电站周围，也可埋设在车间周围。全厂的电气设备外壳通过接地干线和接地支线（或接零干线和支线）与接地装置连接成接地（接零）网，见图9-1。

目前，根据接地材料发展趋势和市场需求开发出新型的接地产品：铜包钢接地极。

铜包钢接地极是一种双金属复合材料，是将铜与钢两种金属通过特殊工艺加工而成的复合导体。该导体既有钢的高强度、优异的弹性、较大的热阻和高磁导率特性，又有铜的良好导电性能和优良的抗腐蚀性能。

铜包钢接地极是接地极强度与抗腐蚀性能的完美结合，是接地效果佳、成本低、施工方便的接地极。该产品导电能力强，抗腐蚀性能极佳，而且由于所使用的钢材具有极高的抗张强度，可以直接打入地下。

进行接地接零设计，主要是根据对接地电阻的要求，确定接地体的布置方式和数量。

二、接地电阻的最大允许值

为了限制 U_{tou} 和 U_{step} 在安全电压范围以内，必须保证 R_E 足够小。具体要求如下：

（1）1000V 及以上中性点直接接地系统的设备

$$R_E \leqslant 0.5\Omega$$

（2）1000V 及以上中性点不接地电网中

仅用于高压电气设备 $$R_E \leqslant \frac{250}{I_E} \quad (\Omega) \tag{9-12}$$

与低压电气设备共用 $$R_E \leqslant \frac{120}{I_E} \quad (\Omega) \tag{9-13}$$

式中：I_E 为中性点不接地系统的单相接地短路电流。

（3）1000V 以下中性点接地系统的设备，一般情况下

$$R_E \leqslant 4\Omega$$

（4）低压系统重复接地及独立避雷针和避雷线接地

$$R_E \leqslant 10\Omega$$

（5）无避雷线的架空线路接地

$$R_E \leqslant 30\Omega$$

三、接地电阻的计算

1. 自然接地体的利用

凡是埋设于地下的金属水管和其他金属管道（易燃液体、易燃气体或易爆炸气体的管道除外），建筑物和构筑物的地下金属结构和金属电缆外皮等，都可作为自然接地体。能利用自然接地体的地方，首先利用自然接地体，当自然接地体电阻不能满足要求时，再加人工接地装置。自然接地体的电阻可实测或通过计算（参考《电力工程设计手册》）求得。考虑自然接地体后，因它与人工接地体并联，人工接地体的允许电阻可以增大，但对于高压中性点直接接地系统，人工接地体的允许接地电阻 $R_E \leqslant 1\Omega$。

设自然接地体的接地电阻为 R'，与人工接地体 R'_E 并联后到达规定值 R_E，故人工接地电阻允许值为

$$R'_E = \frac{R_E R'}{R' - R_E} \tag{9-14}$$

2. 人工接地装置接地电阻计算

（1）单根垂直埋设接地体的接地电阻为

$$R_{E(1)} = \frac{\rho}{2\pi l}\ln\frac{4l}{d} \tag{9-15}$$

式中：$R_{E(1)}$ 为单根接地体接地电阻，Ω；ρ 为土壤电阻率，Ω·m；l 为接地体长度，m；d 为接地铁管或圆钢的直径，m。

若垂直接地体采用角钢或扁钢，设角钢或扁钢的边长为 b，则其等效直径为：

等边角钢 $d = 0.84b$

扁钢 $d = 0.5b$

（2）土壤电阻率 ρ 的确定。

1）向当地供电局调查。

2）根据土壤性质估算，见表 9-2。

表 9-2　　常见土壤电阻率参考值

土壤性质	电阻率近似值（Ω·m）	不同情况下电阻率的变化范围（Ω·m）		
		较湿时	较干时	地下水含盐碱时
陶黏土	10	5～20	10～100	3～10
泥炭、泥灰岩、沼泽地	20	10～30	50～300	3～30
捣碎的木炭	40	—	—	—
黑土、田园土、陶土	50	30～100	50～300	10～30
黏土	60	30～100	50～300	10～30
沙质黏土	100	30～30	80～1000	10～30
黄土	200	100～200	250	30
含沙黏土、沙土	300	100～1000	1000 以上	30～100
多石土壤	400	—	—	—
沙、沙砾	1000	250～1000	1000～2500	—

3）测量土壤电阻率。土壤电阻率的测量与计算按以下程序进行：

a）测定接地电阻。具体做法是在相距超过 20m 远的地方打下三个接地体 R_1、R_2、R_3，接地体的顶与地面齐，如图 9-13 所示。然后在每两根接地体上加电压，测量电压与电流，得到三组数据 U_{1-2}、I_{1-2}；U_{2-3}、I_{2-3}；U_{1-3}、I_{1-3}。

因
$$R_1+R_2=\frac{U_{1-2}}{I_{1-2}},\ R_2+R_3=\frac{U_{2-3}}{I_{2-3}},\ R_1+R_3=\frac{U_{1-3}}{I_{1-3}}$$

联立解之得

$$R_1=\frac{1}{2}\left(\frac{U_{1-2}}{I_{1-2}}+\frac{U_{1-3}}{I_{1-3}}-\frac{U_{2-3}}{I_{2-3}}\right) \tag{9-16}$$

式中：R_1 为接地点单根接地体的接地电阻（主要为土壤流散电阻）。

b）测定时的土壤电阻率 ρ_0 为

$$\rho_0=\frac{lR_1}{\frac{1}{2\pi}\ln\frac{4l}{d}} \tag{9-17}$$

式中：l 为测定用的接地体长度，m；d 为测定用的接地体管外径，m；ρ_0 为测定时的土壤电阻率，Ω·m。

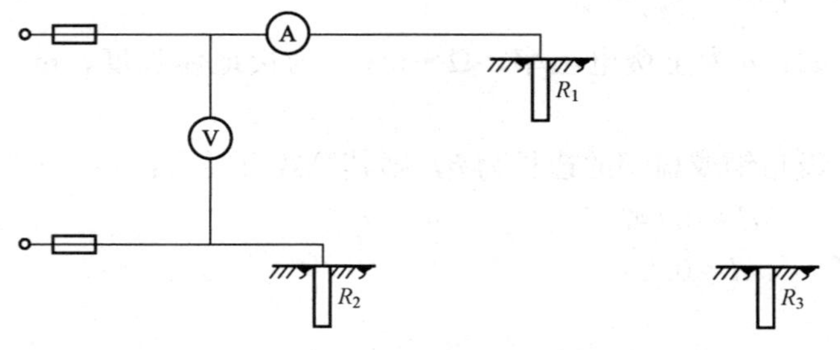

图 9-13　用电压表和电流表测量接地电阻接线图

同一个地方的土壤电阻率大小与土壤中含水量有关。在干燥季节土壤电阻率最大，在雨后土壤电阻率最小。设计接地装置应考虑最干燥季节的情况，而测定土壤电阻率则不一定在最干燥的季节进行，应该将实测的土壤电阻率 ρ_0 修正，换

算为最干燥季节的土壤电阻率 ρ，即

$$\rho = \psi\rho_0 \tag{9-18}$$

式中：ψ 为根据土壤性质决定的换算系数，见表 9-3。

表 9-3　根据土壤性质决定的换算系数

土壤性质	深度（m）	ψ_1	ψ_2	ψ_3
黏土	0.5～0.8	3	2	1.5
黏土	0.8～3	2	1.5	1.4
陶土	0～2	2.4	1.36	1.2
沙砾盖以陶土	0～2	1.8	1.2	1.1
园地	0～3	—	1.32	1.2
黄沙	0～2	2.4	1.56	1.2
杂以黄沙的沙砾	0～2	1.5	1.3	1.2
泥炭	0～2	1.4	1.1	1.0
石灰石	0～2	2.5	1.51	1.2

注　ψ_1 在测量前数天下过较长时间的雨时用；ψ_2 在测量时土壤具有中等含水量时用；ψ_3 在土壤干燥或测量前降雨不大时用。

（3）多根垂直接地体的接地电阻。当一根接地体接地不能满足要求时，要用 n 根接地体并联。但是，n 根接地体并联时，入地的流散电流将互相排挤，使接地装置的利用率有所下降。相邻接地体入地电流互相排挤的现象，称为屏蔽效应。因此，要引入利用系数 η，见表 9-4 和表 9-5。为了减小屏蔽效应，垂直接地体的间距不宜小于其长度的 2 倍。此外，对以垂直接地体为主的接地装置，在接地计算中，可以不单独计算水平接地体的接地电阻，水平接地体的作用可使垂直接地体的接地电阻减少 10%。因此，n 根接地体并联时的接地电阻 R_E 为

$$R_E = 0.9\frac{R_{E(1)}}{n\eta} \tag{9-19}$$

表 9-4　成排垂直敷设的管形接地体的利用系数 η

管间距离与管长之比	管子根数					
	2	3	5	10	15	20
1	0.84～0.87	0.76～0.80	0.67～0.72	0.56～0.62	0.51～0.56	0.47～0.50
2	0.90～0.92	0.85～0.88	0.79～0.83	0.72～0.77	0.66～0.73	0.63～0.70
3	0.93～0.95	0.90～0.92	0.85～0.88	0.79～0.83	0.76～0.80	0.74～0.79

表 9-5　环形垂直敷设的管形接地体的利用系数 η

管间距离与管长之比	管子根数					
	6	10	20	40	60	100
1	0.58～0.65	0.52～0.58	0.44～0.50	0.38～0.44	0.36～0.42	0.33～0.39
2	0.71～0.75	0.6～0.71	0.6～0.66	0.55～0.61	0.52～0.58	0.49～0.55
3	0.78～0.82	0.7～0.78	0.68～0.73	0.64～0.69	0.62～0.67	0.59～0.65

接地装置中应装设的接地体根数为

$$n=\frac{0.9R_{\mathrm{E(1)}}}{R_{\mathrm{E}}\eta} \tag{9-20}$$

（4）水平接地体的接地电阻。发电厂和变电站中，若土壤电阻率较大（$300\Omega\cdot\mathrm{m}\leqslant\rho\leqslant500\Omega\cdot\mathrm{m}$），必须靠装设水平接地体来降低接地电阻，水平接地体的接地电阻 R_{E}（Ω）按下式计算

$$R_{\mathrm{E}}=\frac{\rho}{2\pi l}\left(\ln\frac{l^2}{hd}+A\right) \tag{9-21}$$

式中：R_{E} 为水平接地体接地电阻，Ω；ρ 为土壤电阻率，Ω·m；l 为水平接地体总长度，m；d 为水平接地体的直径或等效直径，m；h 为接地体埋设深度，m；A 为因受屏蔽影响使接地电阻增加的系数，见表 9-6。

由表 9-6 知，由于敷设形状不同，A 值的差别较大，如表 9-6 中 $A\geqslant2.19$ 时不宜采用。

表 9-6　　水平接地体的屏蔽系数

水平接地体形状	—	L	⅄	○	+	□	✱	✻	✳	✳
A 值	−0.6	−0.18	0	0.48	0.89	1	2.19	3.03	4.71	5.65

（5）以水平接地体为主，且边沿闭合的复合接地体的接地电阻。复合接地体是由垂直与水平两种接地体构成的闭合环形接地网。发电厂、变电站内需要有良好的接地装置满足工作、安全和防雷保护的接地要求。一般的做法是，根据安全和工作接地的要求敷设一个统一的接地网，然后再在避雷针和避雷器安装处增加接地体以满足防雷接地的要求。

接地网由扁钢水平连接，埋入地下 0.6～0.8m 处，其面积 S 大体与发电厂和变电站的面积相同，如图 9-14 所示。这种接地网的总接地电阻可按式（9-22）求得，也可按式（9-23）估算

$$R_{\mathrm{E}}=\frac{\rho\sqrt{\pi}}{4\sqrt{S}}+\frac{\rho}{2\pi l}\ln\frac{2l^2}{\pi hd\times10^4} \tag{9-22}$$

$$R_{\mathrm{E}}=\frac{0.44\rho}{\sqrt{S}}+\frac{\rho}{l}\approx0.5\frac{\rho}{\sqrt{S}} \tag{9-23}$$

式中：S 为接地网的总面积，m^2；l 为接地体总长度，包括垂直接地体在内，m；d 为水平接地体的直径或等效直径，m；h 为水平接地体埋设深度，m。

接地网构成网孔形的目的主要在于均压，接地网中两水平接地带之间的距离一般可取 3～10m，校核接触电压和跨步电压后再予以调整。

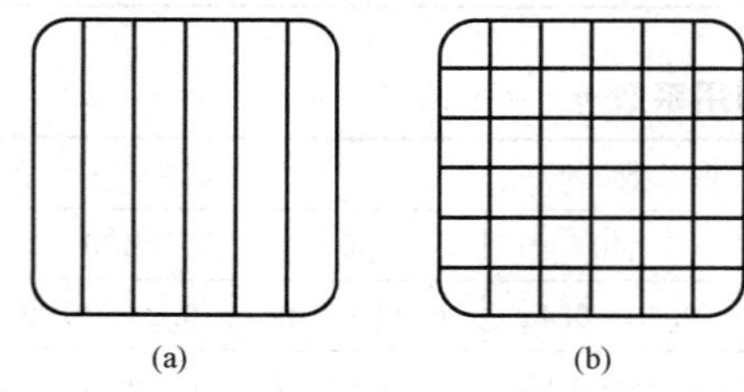

图 9-14　接地网示意图
（a）平行布置；（b）网孔布置

【例 9-1】 设计某 110/10kV 变电站的保护接地装置。配电装置的布置方式及尺寸如图 9-15 所示。

（1）110kV 中性点接地，10kV 中性点不接地。变电站用电系统电压为 380/220V，中性点直接接地；

（2）110kV 侧单相短路电流起始值 $I=5\mathrm{kA}$，单相短路电流主保护持续时间为 0.3s；

（3）土质为沙质黏土，八月份测定的土壤电阻率为 $\rho_0=80\Omega\cdot\text{m}$，土壤具有中等含水量；

（4）10kV 架空线全长 $l_1=24\text{km}$，10kV 电缆线全长 $l_2=6\text{km}$；

（5）变电站各级电压配电装置考虑共用一个接地装置。

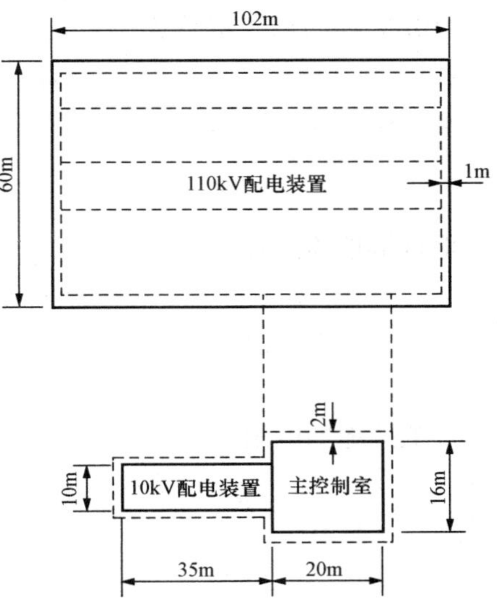

图 9-15 ［例 9-1］接地网布置计算图

根据上述条件设计接地网。

解　（1）确定接地电阻允许值。

110kV 中性点接地系统，接地电阻允许值

$$R_E\leqslant 0.5\Omega$$

10kV 中性点不接地系统，单相接地短路电流

$$I_C=\frac{(l_1+35l_2)U_N}{350}=\frac{(24+35\times6)\times10}{350}=6.69(\text{A})$$

接地电阻允许值　$R_E\leqslant\frac{120}{I_C}=\frac{120}{6.69}=17.94\ (\Omega)$

变电站站用电 380/220V 系统，接地电阻允许值

$$R_E\leqslant 4(\Omega)$$

因此，共用一个接地装置，接地电阻的允许值为 $R_E\leqslant0.5\Omega$。

（2）接地电阻计算。

查表 9-3，土壤具有中等含水量时，根据土壤性质决定的换算系数 $\psi=1.5$，因此土壤电阻率为

$$\rho=\psi\rho_0=1.5\times80=120(\Omega\cdot\text{m})=1200\Omega\cdot\text{cm}$$

可利用 10kV 直埋电缆的金属外皮作自然接地体，实测或计算，若自然接地体的接地电阻 $R'=0.60\Omega$，与人工接地体 R'_E 并联后到达规定值 $R_E=0.5\Omega$，故人工接地电阻应为

$$R'_E=\frac{R_ER'}{R'-R_E}=\frac{0.5\times0.6}{0.6-0.5}=3\Omega$$

对于中性点直接接地系统，人工接地电阻不能大于 1Ω，故取 $R'_E=1\Omega$。

围绕 110kV 屋外配电装置、10kV 屋内配电装置和主控制室，分别敷设环形接地网。两接地网间用 2 根接地干线连接。垂直接地体采用 $\phi40$ 的钢管，每根长 2.5m，管距取 7.5m，上端埋深 0.8m；其间以 40mm×4mm 的扁钢连成环形，并以扁钢作均压带（均压带具有减小接触电压和跨步电压的作用，又有散流的作用），如图 9-15 虚线所示。110kV 环内均压带根数为

$$58/7.5-1=7(\text{根})$$

根据图中尺寸，计算如下：

接地网总面积

$$S=100\times58+35\times14+24\times20=6770(\text{m}^2)$$

接地网环边总长为

$$l_{h1}=(100+58)\times2+(14+35\times2)+(20+24\times2)=468(\text{m})$$

110kV 环内均压带总长

$$l_{h2} = 100 \times 7 = 700(\text{m})$$

垂直接地体的根数为

$$n = \frac{468}{7.5} = 62(\text{根})$$

垂直接地体总长

$$l_v = 62 \times 2.5 = 155(\text{m})$$

接地网接地体总长

$$l = l_{h1} + l_{h2} + l_v = 468 + 700 + 155 = 1323(\text{m})$$

人工接地网电阻

$$R_E = \frac{0.44\rho}{\sqrt{S}} + \frac{\rho}{l} = \frac{0.44 \times 120}{\sqrt{6770}} + \frac{120}{1323} = 0.733(\Omega)$$

或

$$R_E = \frac{0.5\rho}{\sqrt{S}} = \frac{0.5 \times 120}{\sqrt{6770}} = 0.729(\Omega)$$

人工接地电阻值 $R_E \leqslant R'_E = 1\Omega$，故满足要求。

四、降低土壤电阻率的方法

在土壤电阻率较高的地方（$\rho \geqslant 500\Omega \cdot \text{m}$），必须采取措施降低土壤电阻率，才能使接地电阻达到所要求的数值，常用的方法有以下几种：

（1）更换土壤。这种方法是采用电阻率较低的土壤（如黏土、黑土及沙质黏土等）替换原有电阻率较高的土壤，置换范围在接地体周围 0.5m 以内和接地体的 1/3 处。这种取土置换方法对人力和工时耗费都较大。

（2）人工处理土壤（对土壤进行化学处理）。在接地体周围土壤中加入化学物质，如食盐、木炭、炉灰、氮肥渣、电石渣、石灰等，提高接地体周围土壤的导电性。采用食盐，对于不同的土壤其效果也不同，如沙质黏土用食盐处理后，土壤电阻率可减小 1/3～1/2，沙土的电阻率减小 3/5～3/4，沙的电阻率减小 7/9～7/8；对于多岩土壤，用 1%食盐溶液浸渍后，其导电率可增加 70%。这种方法虽然工程造价较低且效果明显，但土壤经人工处理后，会降低接地的热稳定性、加速接地体的腐蚀、减少接地体的使用年限。因此，一般来说，万不得已的条件下才建议采用此方法。

（3）深埋接地极。当地下深处的土壤或水的电阻率较低时，可采取深埋接地极的方法来降低接地电阻值。这种方法对含沙土壤最有效果。据有关资料记载，在 3m 深处的土壤电阻系数为 100%，4m 深处为 75%，5m 深处为 60%，6m 深处为 60%，6.5m 深处为 50%，9m 深处为 20%。这种方法可以不考虑土壤冻结和干枯所增加的电阻系数，但施工困难，土方量大，造价高，在岩石地带困难更大。

（4）多支外引式接地装置。如接地装置附近有导电良好及不冻的河流湖泊，可采用此法。但在设计、安装时，必须考虑到连接接地极干线自身电阻所带来的影响，因此，外引式接地极长度不宜超过 100m。

（5）利用接地电阻降阻剂。在接地极周围敷设了降阻剂后，可以起到增大接地极外形尺寸，降低与起周围大地介质之间的接触电阻的作用，因而能在一定程度上降低接地极的接地电阻。降阻剂用于小面积的集中接地、小型接地网时，其降阻效果较为显著。

降阻剂是由几种物质配制而成的化学降阻剂，是具有导电性能良好的强电解质和水分。这些强电解质和水分被网状胶体所包围，网状胶体的空格又被部分水解的胶体所填充，使它不至于随地下水和雨水而流失，因而能长期保持良好的导电作用。这是目前采用的一种较新和积极推广普及的方法。

（6）利用水和水接触的钢筋混凝土体作为流散介质。充分利用水工建筑物（水井、水池等）以及其他与水接触的混凝土内的金属体作为自然接地体，可在水下钢筋混凝土结构物内绑扎成的许多钢筋网中，选择一些纵横交叉点加以焊接，与接地网连接起来。

（7）采取伸长水平接地体。根据工程实际运用，经过分析，结果表明，当水平接地体长度增大时，电感的影响随之增大，从而使冲击系数增大，当接地体达到一定长度后，再增加其长度，冲击接地电阻也不再下降。接地体的有效长度可根据土壤电阻率确定，一般说来，水平接地体的有效长度不应大于表 9-7 中所列数值。

（8）采取污水引入。为了降低接地体周围土壤的电阻率，接地体采用钢管时，可在钢管上每隔 20cm 钻一个直径 5mm 的小孔，并将污水引到埋设接地体处，使水渗入土壤中。

表 9-7　　在不同土壤电阻率下的水平接地体有效长度

土壤电阻率（Ω·m）	500	1000	2000
水平接地体有效长度（m）	30～40	45～55	60～80

思考题与习题

9-1　什么叫接地？电气上的地是什么意思？

9-2　保护接地和保护接零的作用是什么？各适用于什么场合？

9-3　剩余电流动作保护器的工作原理是什么？在 TN 系统中如何接线？

9-4　重复接地的作用是什么？

9-5　什么叫接触电压？什么叫跨步电压？

9-6　发电厂、变电站中的接地网一般是如何敷设的？均压带有何作用？

9-7　某 220kV 变电站，土壤电阻率为 300Ω·m，变电站面积为 100m×100m，试估算其接地网的工频接地电阻。

第十章 电力系统过电压保护

本章主要阐述电力系统过电压的基本形式，雷电的基本知识，防雷装置及保护范围，发电厂、变电站和输电线路的防雷方法等。

第一节 过电压与雷电的基本知识

一、过电压的形式

电力系统在运行中由于雷击、误操作、故障、谐振等原因引起的电气设备电压高于其额定工作电压的现象称为过电压。过电压按其产生的原因不同，可分为外部过电压和内部过电压。

1. 外部过电压

外部过电压又称雷电过电压或大气过电压，由直击雷和感应雷引起，特点是持续时间短暂，冲击性强，与雷击活动强度有直接关系，与设备电压等级无关。因此，220kV 以下系统的绝缘水平往往由防止大气过电压决定。

2. 内部过电压

内部过电压包括下列三种：

(1) 工频过电压。由长线路的电容效应及电网运行方式的突然改变引起，特点是持续时间长，过电压倍数不高，一般对设备绝缘危险性不大，但在超高压、远距离输电确定绝缘水平时起重要作用。

(2) 操作过电压。由电网内开关操作引起，特点是具有随机性，但在最不利情况下过电压倍数较高。因此 330kV 及以上超高压系统的绝缘水平往往由防止操作过电压决定。

(3) 谐振过电压。由系统电容及电感回路组成谐振回路时引起，特点是过电压倍数高、持续时间长。

二、雷电的基本知识

电力系统的防雷保护，是确保供配电安全的重要措施之一。在防雷工程设计中，要做到技术先进、安全可靠和经济合理，首先取决于对雷电流的科学认识。为了计算研究雷电过电压，进而采取合理的防雷措施，必须掌握雷电基本特性。人们对雷电进行了长期的观测，积累了不少有关雷电参数的资料，对获得的数据统计分析，供防雷工程应用。

1. 雷电现象

雷云放电的过程称为雷电现象。雷电有线状雷电、片状雷电和球状雷电等形式，发生几率最多的是线状雷电。目前国内外科学家已经基本上认识了雷云放电的物理过程和雷电的特性。雷云放电最多的是空中两层雷云之间放电，雷云对大地放电即为雷击。

雷云带有电荷，与大地之间形成一个大电容。在雷云的感应下，大地聚积大量与雷云异号的电荷。雷云中的电荷分布是不均匀的，常常形成多个电荷聚集中心。当雷云中的的电场强度超过 25～30kV/cm 时，该处的空气被击穿，形成一个导电通道，称为雷电先导或雷电先驱。先驱放电不是连续的，而是一个一个脉冲相继向前发展（称为阶段先驱），平均发展速度为 107～108cm/s，每阶段向前推进长度约 50m。当先驱流柱离地面 100～300m 时，地面（或建筑物）感应的异性电荷易于聚集在较高的突出物上，形成迎雷先导。迎雷先导和雷电先导在空中相互靠近，当两者接触时，正负电荷强烈中和，产生强大的雷电流并伴有雷鸣和闪光，即开始主放电阶段。主放电时间很短，一般为 50～100μs。主放电阶段过后，雷电的剩余电荷沿主放电通道继续流向大地，称为放电的余晖阶段，时间为 0.03～0.15s，但电流较小，约几百安。雷云放电大多数是重复的，一次雷击重复数最多可达到 40 次，一般只有 3～4 次。重复放电也包括先驱放电和主放电，但重复放电的先驱是连续的，重复放电的电流峰值一次比一次小。

2. 雷电放电的等效电路

若大地为一理想导体，设先导通道中的电荷线密度为 σ，主放电发展速度为 v_L，则流经主放电通道的电流（即流入大地的电流）为 σv_L，其极性与雷云的极性相同。

假设先导通道具有均匀的电路参数，其波阻抗为 z_0，则上述雷击大地的过程可用图 10-1（a）、图 10-1（b）来描述，即将先导放电的发展看作是一根均匀分布电荷的长导线自雷云向大地延伸，而将先导头部临近地面时气隙被击穿看作是开关突然合闸。假定土壤电阻率为零，则先导通道的对地电位为 $z_0\sigma v_L$。于是，可以画出雷击地面时的等效电路，如图 10-1（c）所示。

当雷击物体时，在主放电过程中，正电荷形成的电流波沿先导通道向上运动，而负电荷形成的电流波则沿主放电通道及被击物体向下运动，对于接地的物体，该电流迅速流入大地，如图 10-2（a）所示。若被击物体的波阻抗或雷击点与大地零电位参考点间的集中参数阻抗为 z_1，其等效电路如图 10-2（b）所示。

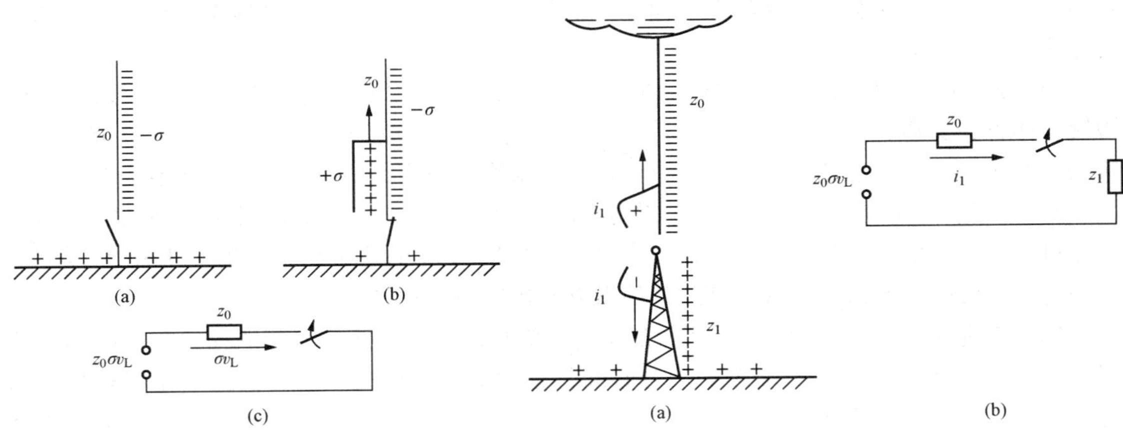

图 10-1　雷击大地时的放电过程
（a）先导放电；（b）主放电；（c）计算雷电流的等效电路

图 10-2　雷击物体时电流波的运动
（a）电流波的运动；（b）计算 i_1 的等效电路

流经被击物体的电流 i_1 可用下式表示

$$i_1 = \frac{\sigma v_L z_0}{z_0 + z_1} \tag{10-1}$$

由式（10-1）可知，流经被击物体的电流 i_1 与被击物体的阻抗 z_1 有关。z_1 越大，i_1 越小；z_1 越小，i_1 越大。当 $z_1=0$ 时，流经被击物体的电流被定义为“雷电流”，以 i_L 表示。

根据式（10-1），$i_L = \sigma v_L$。实际上被击物体的阻抗不可能为零值，故国际上通常将雷击于接地阻抗小于 30Ω 的物体时流过该物体的电流当成是雷电流 i_L。

流入大地的雷电流有正有负。统计表明，约有 80%以上的雷击，流入大地的是负电流；20%以下的雷击，流入大地的是正电流。

3. 雷电流波形

雷电的破坏作用主要是雷电流引起的。用快速电子示波器测得的雷电流波形如图 10-3 所示。

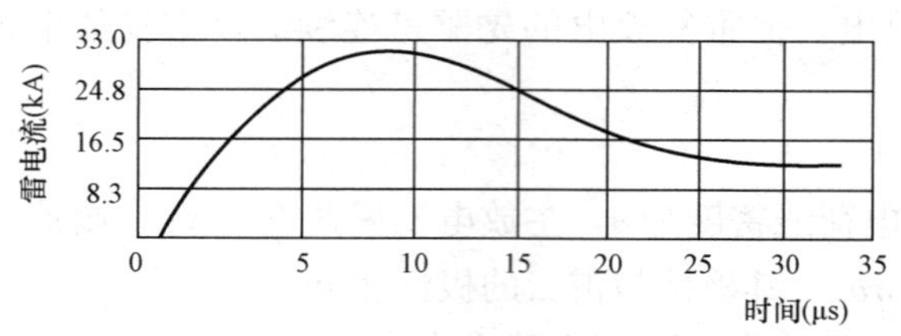

图 10-3　雷电流示波图

（1）雷电流幅值。根据观测统计，直击雷的电流幅值变化范围很大，小者为 2～5kA，大者可达 200～330kA。在波兰曾测到 515kA 的特大雷电流。20 多年的实测结果表明，我国大部分地区（除西北地区外）的概率分布大体相同。经过全国各科研试验单位多年测得的 1205 个测量数据分析可知，等于和大于 40kA 的雷电流占 45%，等于和大于 80kA 的雷电流占 17%，等于和大于 108kA 的雷电流占 10%。我国实测的最大雷电流为 330kA，只占 0.1%。

出于经济方面的考虑，IEC（国际电工委员会）标准和国家标准 GB 50057—1994《建筑物防雷设计规范》按需要防护的建筑物的重要性、使用性质、发生雷电事故的可能性和后果，将建筑物进行了防雷分类并规定了其防范的雷电流的幅值。

1）第一类防雷建筑物。指具有火灾危险爆炸环境和有特别重要用途的建筑物，如国家级会堂、办公建筑、档案馆，大型博展建筑，大型铁路客运站，国际型航空港，国宾馆，国际港口客运站；国家级重点文物保护建筑物以及高度超过 100m 的建筑物等。规定其防范的雷电流幅值为 200kA。

2）第二类防雷建筑物。指重要的或人员密集的大型建筑物，如省部级办公楼、会堂、博展、体育、交通、通信、广播等建筑物；省级重点文物保护建筑物；高度超过 50m 的建筑物以及大型计算中心和装有重要电子设备的建筑物。规定其防范的雷电流幅值为 150kA。

3）第三类防雷建筑物。指预计年雷击次数大于或等于 0.05，或经过调查确认需要防雷的建筑物；建筑群中最高或位于建筑群边缘高度超过 20m 的建筑物；高度为 15m 及以上的烟囱、水塔等孤立建筑物。规定其防范的雷电流幅值为 100kA。

（2）雷电流参数。图 10-4 是简化的雷电流波形图。假定该雷电流的幅值为 100kA，从图上可以看出幅值从 0 到 100kA 的上升时间是很短的，在达到峰值后，雷电流以较长时间逐步降低。为用文字描述雷电波波形，IEC 使用了波头时间 T_1、半值时间 T_2 和平均陡度 I/T_1 这样一些概念。

1）波头时间 T_1。指雷电流由幅值的 10%（即 100kA 的 10%为 10kA），上升到 90%（即 100kA 的 90%为 90kA）所需要的时间。IEC 规定该时间首次雷击为 10μs，后继雷击为 0.25μs。

2）半值时间 T_2。指雷电流由幅值的 10%上升到峰值，并逐渐下降到幅值的 50%（即 100kA 的 50%为 50kA）所需要的时间。IEC 规定该时间首次雷击为 350μs，后继雷击为 100μs。

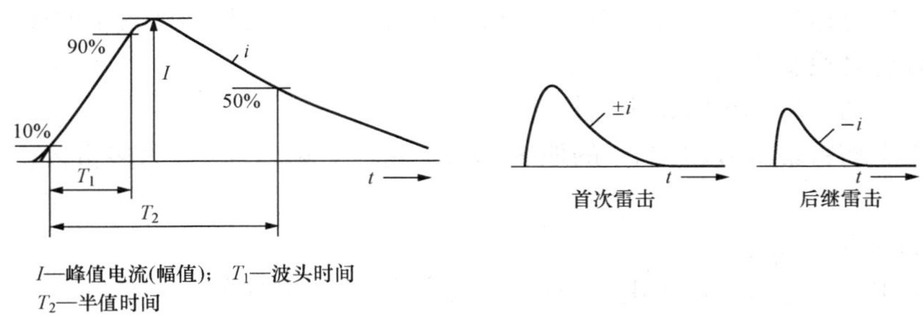

图 10-4　雷电流参数定义

可以用 T_1/T_2 来表示波形，如 10/350μs 代表首次雷击波形，0.25/100μs 代表后继雷击波形。在过电压保护试验时还常用 8/20μs，1.2/50μs 等波形。

3）雷电流陡度。指雷电波头部分随时间的变化率 $\mathrm{d}i/\mathrm{d}t$。这是一个非常关键的物理量，用 a 表示，即

$$a=\frac{\mathrm{d}i}{\mathrm{d}t} \tag{10-2}$$

雷电流陡度是防雷设计的重要参数之一。实测表明，雷电流陡度超过 50kA/μs 的概率很小，大约只有 4%。一般取幅值 I 与波头时间 T_1 的比为平均陡度，即 I/T_1。一般防雷设计时取平均陡度为 30kA/μs。

4. 雷电活动强度

进行防雷设计应从当地雷电活动的具体情况出发，采取合理的防护措施。一个地区雷电活动的频繁程度通常以该地区多年统计得到的年平均雷暴日数或雷暴小时数来表示。雷暴日是一年中有雷电的日数。雷暴小时数是一年中有雷电的小时数。在 1 天或 1h 内只要听到雷声就算一个雷暴日或一个雷暴小时。通常采用雷暴日作为计算单位。我国大部分地区一个雷暴日约折合为 3 个雷暴小时。

各个地区雷电活动的强弱因纬度、气象等情况的不同而有很大的差别。我国各地区的年平均雷暴日见表 10-1。上述雷电日数分布情况是大概情况，即使是同一地区，雷电活动强度也不完全相同。有些局部地区，雷击要比邻近地区多得多，如广州的沙河、北京的十三陵等，称这些地区为该地区的雷击区。

表 10-1　　我国各地区的年平均雷暴日

地　区	年平均雷暴日	地　区	年平均雷暴日
西北地区	20 以下	长江以南北纬 23°线以北	40～80
东北地区	30 左右	长江以南北纬 23°线以南	80 以上
华北和中部地区	40～45	海南岛、雷州半岛	120～130

在同一地区，有些地方很少遭雷击，有些地方雷击的概率较大，这种现象称为雷击选择性。产生雷击选择性的原因有：

（1）雷击区的形成与地理条件有关。山岳地区有利于雷云形成，有明显的雷击区。山的东坡、南坡较山的北坡、西坡易遭受雷击。

（2）雷击区与地质结构有关。土壤电阻率特别小的地方雷击概率较大。

（3）雷击区与边界效应有关。即在良导体与不良导体的交界地区雷击的概率高，如山坡与稻田接壤处容易遭受雷击。

（4）地面上的设施也影响雷击选择性。

一般把年平均雷暴日数超过90的地区称为强雷区，超过40的为多雷区，少于15的为少雷区。

5. 雷电过电压的基本形式

（1）直击雷。雷电直接击中电气设备、线路、建筑物等物体。

（2）感应雷。是由于雷电流的强大电场和磁场变化产生的静电感应和电磁感应造成的。

1）静电感应。当金属屋顶或其他导体处于雷云和大地间形成的电场中时，金属屋顶或导体上就会感应出与雷云符号相反的大量电荷。雷云放电后，云与大地间的电场突然消失，导体上的电荷来不及立即流散，产生很高的对地电位。这种对地电位称为“静电感应电压”。对于第一、二类防雷建筑，为了防止静电感应雷击，应将建筑物的金属屋顶、房屋中的大型金属物体，全部进行良好的接地处理。

2）电磁感应。由于雷电流具有很大的幅值和陡度，在它的周围空间里，会产生强大变化的电磁场。处在这一电磁场中的导体会感应出较大的电动势。如果在强磁场中放置一个开口的金属环，将在环上感应出较大的电动势，使开口间隙产生火花放电。电磁感应现象还可以使构成闭合回路的金属物产生感应电流。如果回路间的导体接触不良，就会引起局部发热，这对于存放易燃或易爆物品的建筑物是十分危险的。

为了防止电磁感应引起的不良后果，应该将所有互相靠近的金属物体很好地连接起来。

架空线感应雷的形成过程如图10-5所示。当架空线路上方附近有雷云时，架空线路上感应出大量的异性电荷，当雷云对架空线周围的其他物体放电后，架空线路上的电荷失去束缚而产生高电位雷电波。

（3）雷电冲击波。当电力线路受到直接雷击或感应雷时，在电力线路导线上产生高电位的雷电冲击波，它沿导线向两侧传播。雷电冲击波又称为行波。雷电冲击波沿电力线路传播到变电站或建筑物，将使电气设备绝缘破坏，甚至引起火灾、爆炸、人身事故等。

（4）球状雷。最常见的雷是线状雷，也能在云层中见到片状雷，最少见的是球状雷。球状雷是一个火球，球雷多数较冷，在局部地方温度很高，可达到1.6万℃，直径10～20cm，最大有达10m的。球状雷沿地面滚动或在空气中飘行，能通过烟囱、开着的门窗和其他缝隙进入室内，有的无声消失，有的发出嘶嘶的声音，有的在遇到障碍物时发生爆炸而消失。

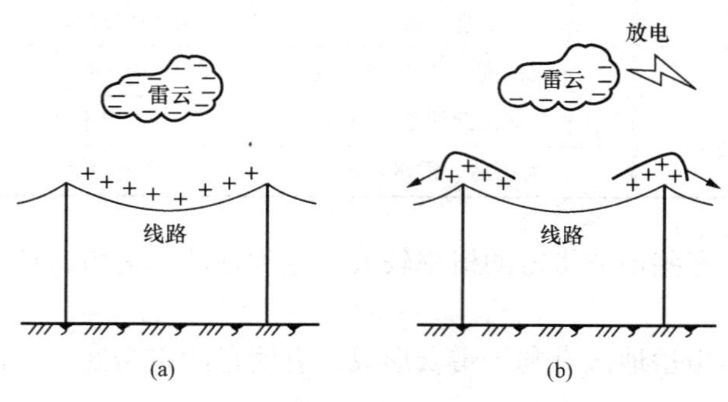

图10-5 架空线路上的感应过电压
（a）感应电荷；（b）产生雷电波

在我国曾多次发现球状雷。目前还没有防止球状雷雷击的可靠方法。我国防雷科学工作者根据全国球状雷事故调研结果指出，球状雷都发生在阴雨天气，预防的办法最好是雷雨天不要打开门窗。在烟囱和通风管道等处，装上网眼不大于4cm^2、导线粗2～2.5mm的接地铁丝网保护，可减少球状雷的危害。

6. 建筑物的雷击规律

建筑物的雷击规律，一般是通过调查统计和模拟试验的方法来掌握的。试验结果表明，雷击建筑物的部位与建筑物高度、长度、屋顶坡度有关。用"━━"表示可能遭雷击的部位；用"○"表示雷击率最高的部位。长 50m、宽 12.5m、高 25m 的建筑物雷击部位与坡度关系如图 10-6 所示。

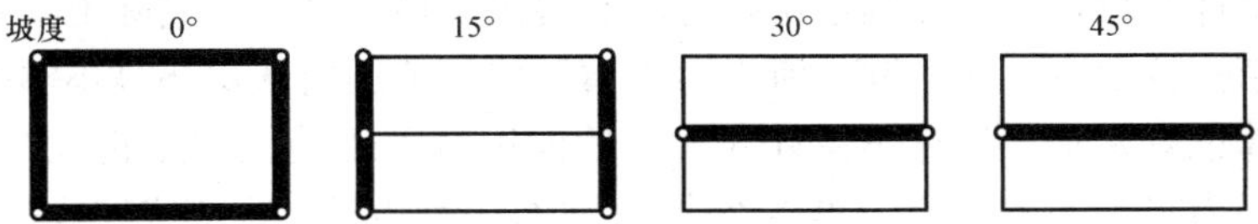

图 10-6　长 50m、宽 12.5m、高 25m 建筑物雷击部位与坡度关系

通过调研和试验，建筑物的雷击部位有以下规律：

(1) 建筑物的屋角和檐角雷击率最高。

(2) 对于高度小于 30m 的建筑物，平顶建筑物遭受雷击的部位是四角和四周的女儿墙；坡顶建筑物的屋脊、屋檐和屋面均有可能遭受雷击。当屋顶坡度大于 40°时，屋檐不会遭受雷击。

(3) 对于屋顶坡度为 27°，高度小于 16m，宽度不大于 21m 的坡顶建筑物，屋面不会遭受雷击；当建筑物长度小于 50～60m 时，屋檐不会遭受雷击；当建筑物长度小于 30～35m 时，屋脊也不会遭受雷击。

第二节　直接雷击的防护措施

直接雷击的后果是非常严重的，对直击雷的防护措施通常是装设避雷针、避雷线、避雷带和避雷网，它们统称为避雷装置。

一、避雷装置的组成

为了防止直接雷击造成对建筑物和电气设备的破坏作用以及人畜伤亡事故，通常是在建筑物、工程设施、电力架空线路上方装设接闪器，通过引下线将接闪器与接地装置连接起来。接闪器、引下线与接地装置组成避雷装置。

1. 接闪器

不同的被保护对象应该用不同的接闪器。常用的接闪器有避雷针、避雷带、避雷网和避雷线。避雷针通常采用镀锌圆钢或镀锌焊接钢管制成；避雷带和避雷网主要用于保护高层建筑物免遭雷击，通常采用圆钢或扁钢焊接而成，并沿房屋边缘或屋顶敷设；避雷线一般采用截面积不小于 $35mm^2$ 的镀锌钢绞线。

2. 引下线

连接接闪器与接地装置，将雷电流导入地下。为保证雷电流通过时不致熔化，一般用直径不小于 10mm 的圆钢或截面积不小于 $80mm^2$ 的扁钢制成。

3. 接地装置

接地装置是埋在地下的接地导线和接地体的总称。

二、避雷装置的防护原理

当雷电先导达到一定高度以下时，接闪器使电场发生明显的畸变，并将最大电场强度方向（即放电发展方向）引到接闪器，使雷云向接闪器放电，雷电击中接闪器之后，很大的雷电流通过引下线和接地装置流散到大地，使被保护的建筑物、工程设施、电力线路等免遭雷击。因此，避雷装置的作用是吸引雷电击于自身，所以必须用良好的接地系统。

三、避雷针、避雷线的保护范围

避雷针保护方式出现得很早，并且已有长期的运行经验和多年的实验室模拟研究。避雷针保护的运行统计资料，对正确确定保护范围有着决定性意义。但实际上这种统计不可能太多，而实验室模拟技术也存在问题，所以对避雷针保护范围的认识还是不够的，各国关于其保护范围的计算也有差别。计算避雷针（线）的保护范围传统上使用折线法。近十几年来，滚球法是IEC推荐的计算避雷针（线）保护范围的一种方法，已被许多国家列入其防雷规范。GB 50057—1994也用滚球法代替传统的折线法，以适应建筑物、信息系统防雷的需要。下面介绍用滚球法计算避雷针（线）保护范围的方法。

所谓滚球法，就是选择一个半径为 h_r（滚球半径）的球体，沿需要防护直击雷的部位滚动。如果球体只接触到避雷针（线）与地面，而不触及需要保护的部位，则该部位就在避雷针（线）的保护范围之内。

表10-2　我国标准规定的滚球半径

建筑物物防雷类别	滚球半径 h_r（m）
第一类防雷建筑物	30
第二类防雷建筑物	45
第三类防雷建筑物	60

不同防雷级别的建筑物，采用的滚球半径 h_r 不同，见表10-2。防雷级别越高，所用的滚球半径越小。变电站为一级防雷，滚球半径 h_r 取30m。

1. 单支避雷针的保护范围

如图10-7所示，单支避雷针的保护范围，应按下列方法确定：

（1）避雷针高度 $h \leqslant h_r$。

1）距地面 h_r 处做一平行于地面的平行线。

2）以针尖为圆心，以 h_r 为半径做弧线，交于平行线的 A、B 两点。

3）以 A、B 为圆心，以 h_r 为半径做弧线，该弧线与针尖相交并与地面相切。从此弧线起到地面止就是保护范围。保护范围是一个对称的锥体。

4）避雷针在高度为 h_x 的 xx' 平面上的保护半径，按下式计算

$$r_x = \sqrt{h(2h_r - h)} - \sqrt{h_x(2h_r - h_x)} \tag{10-3}$$

在地面上，因高度 $h_x=0$，所以

$$r_0 = \sqrt{h(2h_r - h)} \tag{10-4}$$

式中：r_0 为避雷针在地面上的保护半径，m；r_x 为避雷针在 h_x 高度的 xx' 平面上的保护半径，m；h 为避雷针高度，m，是从接闪器顶端到地面的距离；h_x 为被保护物的高度，m。

（2）避雷针高度 $h > h_r$。当 $h > h_r$ 时，在避雷针上取高度为 h_r 的一点代替

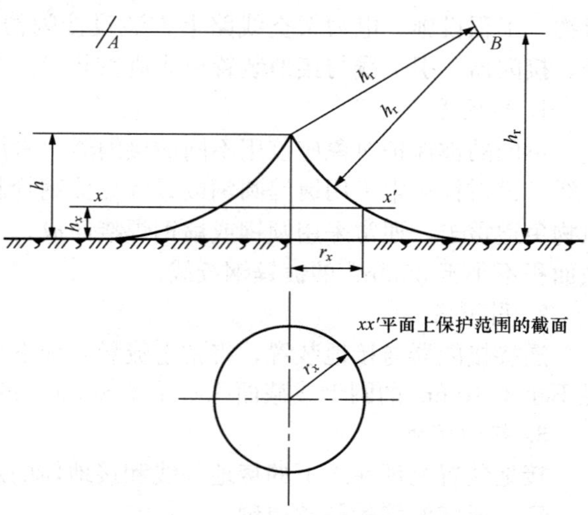

图10-7　单支避雷针的保护范围

单支避雷针针尖作为圆心，其余的作法同（1）。

2. 双支等高避雷针的保护范围

如图 10-8 所示，当两避雷针的距离 $D \geqslant 2\sqrt{h(2h_r-h)}$ 时，各按单支避雷针的方法计算保护范围。当 $D<2\sqrt{h(2h_r-h)}$ 时，两避雷针外侧保护范围与单支避雷针的相同，两避雷针间保护范围的上部边缘线为一圆弧，其圆心在中心线上距地面高度为 h_r 的 O' 点，半径 R 按下式计算

$$R=\sqrt{(h_r-h)^2+\left(\frac{D}{2}\right)^2} \tag{10-5}$$

设圆弧 AB 上任一点 F 至中心线的距离为 x，则保护范围上边线 h_x 的计算式为

$$h_x=h_r-\sqrt{(h_r-h)^2+\left(\frac{D}{2}\right)^2-x^2} \tag{10-6}$$

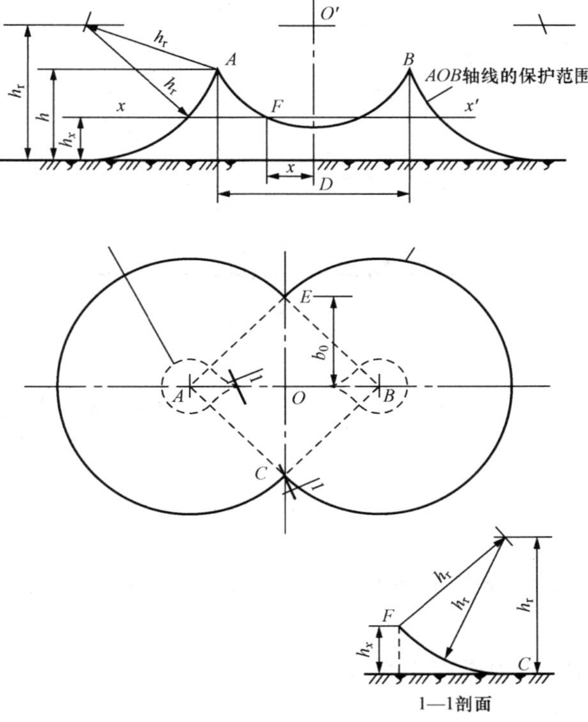

图 10-8　双支等高避雷针的保护范围

四边形 $AEBC$ 外侧的保护范围各按单支避雷针的方法确定；而其内侧保护范围借助于以圆弧 AB 上 F 点（逐点取之）为一假想避雷针的顶端，通过 F、C（E）点的垂直面上按单支避雷针的方法确定（参见图 10-8 剖面图）。

双支等高避雷针在地面上的保护范围每侧的最小保护宽度 b_0 按下式计算

$$b_0=\overline{CO}=\overline{EO}=\sqrt{h(2h_r-h)-\left(\frac{D}{2}\right)^2} \tag{10-7}$$

双支等高避雷针在高度 h_x 上的平面保护范围，分别由以 A、B 为圆心，以 r_x 为半径，和以 E、C 为圆心，以 (r_0-r_x) 为半径分别所做的这些圆弧来确定。当 $(r_0-r_x)<b_0$ 时，保护范围每侧的最小保护宽度的计算式为

$$b_x=\sqrt{h(2h_r-h)-\left(\frac{D}{2}\right)^2}-\sqrt{h_x(2h_r-h_x)} \tag{10-8}$$

当 $(r_0-r_x)>b_0$ 时，在 h_x 高度上的保护范围如图 10-8 中的虚线所示。

3. 单根避雷线的保护范围

按 GB 50057—1994 的规定，当避雷线的高度 $h \geqslant 2h_r$ 时，无保护范围；当避雷线的高度 $h<2h_r$ 时，保护范围如图 10-9 所示。

（1）距地面 h_r 处做一平行于地面的平行线。

（2）以避雷线为圆心，以 h_r 为半径，做弧线交于平行线的 A、B 两点。

（3）以 A、B 为圆心，以 h_r 为半径做弧线，该两弧线相交或相切，并与地面相切。从该弧线起到地面止就是保护范围。

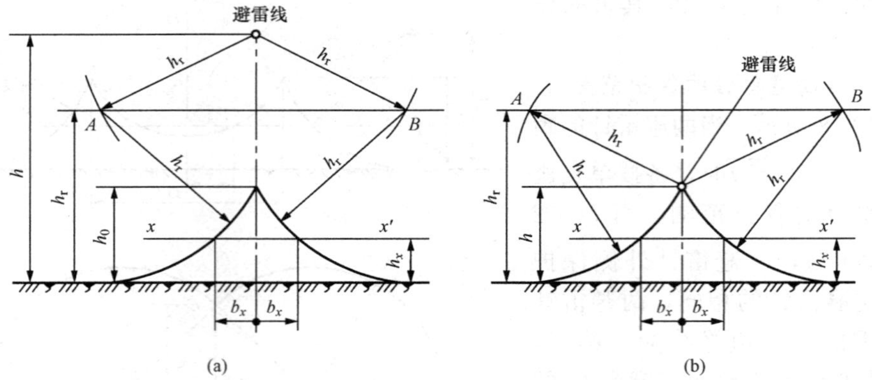

图 10-9 单根避雷线的保护范围

(a) $h_r<h<2h_r$；(b) $h\leqslant h_r$

当 $h_r<h<2h_r$ 时，保护范围最高点的高度 h_0 按下式计算

$$h_0 = 2h_r - h \tag{10-9}$$

避雷线在 h_x 高度的 xx' 平面上的保护宽度 b_x，按下式计算

$$b_x = \sqrt{h(2h_r - h)} - \sqrt{h_x(2h_r - h_x)} \tag{10-10}$$

式中：h 为避雷线的高度，m；h_x 为被保护物的高度，m。

4. 两根等高避雷线的保护范围（$h\leqslant h_r$）

(1) 当两根避雷线的距离 $D \geqslant 2\sqrt{h(2h_r-h)}$ 时，各按单根避雷线的方法确定其保护范围。

(2) 当 $D < 2\sqrt{h(2h_r-h)}$ 时，两根避雷线外侧的保护范围各按单根避雷线的方法确定；两根避雷线之间保护范围的上部边缘是圆弧，如图 10-10 所示，圆心在连接两根避雷线 A、B 的平分线上的 O 点，半径 $\overline{OA}=\overline{OB}=h_r$，其最低点的高度 h_0 按下式计算

$$h_0 = \sqrt{h_r^2 - \left(\frac{D}{2}\right)^2} + h - h_r \tag{10-11}$$

避雷线两端部的保护范围按双支等高避雷针的方法确定，但在中心线上 h_0 线需内移，其内移位置按以下方法确定：在中心线上以高度为 $h'_0 = \sqrt{h(2h_r - h) - \left(\frac{D}{2}\right)^2} - \sqrt{h_x(2h_r - h_x)}$ 的一点作为假想避雷针的顶端，其保护范围的延长弧线与 h_0 线交于 E 点，

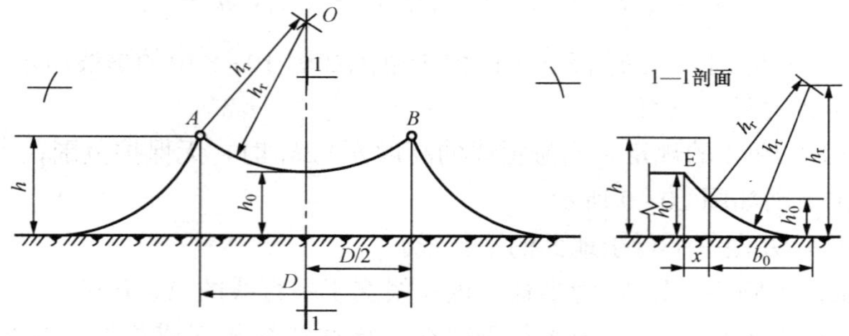

图 10-10 两根等高避雷线在 $h\leqslant h_r$ 时的保护范围

其内移距离 x 按下式计算

$$x = \sqrt{h_0(2h_r - h_0)} - b_0 \tag{10-12}$$

式（10-12）中的 b_0 按式（10-7）计算。

第三节　雷电冲击波及其防护措施

一、雷电冲击波的基本特性

1. 波阻抗

在输电线路中，设每相导线单位长度的电感为 L_0，单位长度的对地电容为 C_0。在电压冲击波 u 沿线路传播的过程中，电流冲击波 i 同时存在，两者波形相同，并且电压冲击波的幅值与电流冲击波的幅值成正比。两者的比值称为波阻抗，用 Z 表示，则

$$z = \frac{u}{i} = \sqrt{\frac{L_0}{C_0}} \tag{10-13}$$

由式（10-13）看出，冲击波的波阻抗只取决于导线本身的分布参数 L_0 和 C_0，而与导线的长度和终端负载的性质无关。式（10-13）的形式与欧姆定律一样，但物理意义完全不同，欧姆定律反映电路的稳态关系，而波阻抗所反映的是电压冲击波和电流冲击波沿导线传播时的动态关系。

架空线路的波阻抗 z 一般均在 400～500Ω 范围内，电缆线路的波阻抗约为架空线路波阻抗的十分之一。

2. 冲击波沿无损导线传播速度 v

$$v = \frac{1}{\sqrt{C_0 L_0}} \tag{10-14}$$

冲击波沿架空线路传播速度 $v=3\times10^8$m/s，该速度正是电磁波的传播速度，即光速。冲击波沿电缆线路传播速度 $v=(1\sim1.5)\times10^8$m/s。

3. 雷电冲击波的特性

（1）当输电线路的一部分遭受雷击受到过电压作用时，输电线路的另一部分在同一时间可能完全没有过电压。只有经过一定时间之后，该过电压才传过来，所以对进行波来讲只有进行波到达地方时避雷设备才起作用。

（2）波阻抗 z 与冲击波传播速度 v 只取决于导线本身的分布参数 L_0 和 C_0，与导线长度和负载性质无关。

（3）雷电冲击波与电磁波一样，在沿导线流动时，把能量的二分之一用于建立磁场，另二分之一用于建立电场，故有下式成立

$$\frac{1}{2}L_0 i^2 = \frac{1}{2}C_0 u^2 \tag{10-15}$$

二、波的反射与折射

当冲击波传播过程中遇到结点（波阻抗发生变化的点）就要发生反射和折射，能量的分配可能要变化（例如，遇到线路开路时，电流只能为零，全部能量为电场能）。

当雷电冲击波沿波阻抗为 z_1 的一段无损导线传播、经过结点 A 遇到波阻抗为 z_2 的第二段无损导线时，由于结点两边波阻抗不同，冲击波进入第二段导线时，波的电压幅值和电流

幅值与原来在第一段导线时比起来已改变。对结点 A 来说，沿第一段导线侵入的波叫前行波（用 u_{i1} 表示），进入第二段导线的波叫折射波，折射波自结点 A 沿线路 z_2 继续向前传播。对第二段导线来说，折射波就是线路 z_2 的前行波（用 u_{i2} 表示），从结点 A 向第一段导线反射回去的波叫反射波（用 u_r 表示），如图 10 - 11 所示。

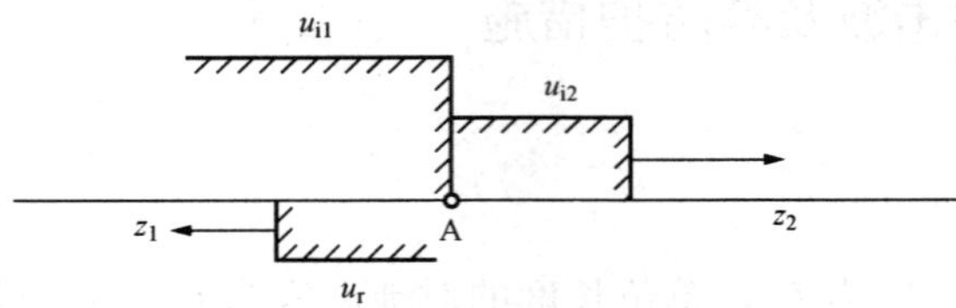

图 10 - 11 行波在结点 A 的折射与反射

对于电压冲击波和电流冲击波的正方向规定如下：电压的正向行波与反向行波的正方向，都与线路上电压方向相一致；电流行波的正方向恒与波的进行方向相一致。也就是说，前行电压波与前行电流波同方向；反射波电压与反射波电流极性相反。

根据这一规定，对结点 A 而言，根据边界条件，任一瞬间在结点上呈现一个电压值和电流值，于是有以下方程

$$u_{i2} = u_{i1} + u_r \tag{10 - 16}$$

$$i_{i2} = i_{i1} + i_r = \frac{u_{i1}}{z_1} - \frac{u_r}{z_1} \tag{10 - 17}$$

式中：i_{i1} 为侵入结点的前行波电流；i_{i2} 为结点上的折射波电流；i_r 为由结点 A 反射回去的反射波电流。

式（10 - 17）中，负号表示反射波电流的符号与反射波电压的符号相反。由式（10 - 16）与式（10 - 17）得出

$$2u_{i1} = i_{i2}(z_1 + z_2) \tag{10 - 18}$$

式（10 - 18）可用集中参数等效电路描述，如图 10 - 12 所示。

由图 10 - 12 可求得折射波电压 u_{i2} 为

$$u_{i2} = \frac{2z_2}{z_1 + z_2}u_{i1} = \alpha u_{i1} \tag{10 - 19}$$

反射波电压 u_r 为

$$u_r = u_{i2} - u_{i1} = \frac{z_2 - z_1}{z_1 + z_2}u_{i1} = \beta u_{i1} \tag{10 - 20}$$

$$\alpha = \frac{2z_2}{z_1 + z_2},\ \beta = \frac{z_2 - z_1}{z_2 + z_1}$$

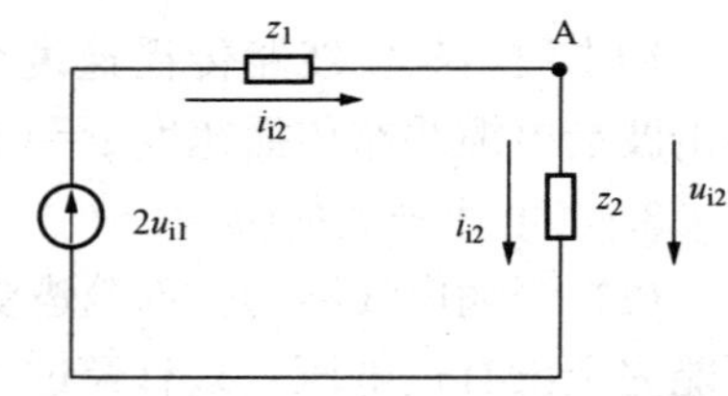

图 10 - 12 计算 z_2 上折射电压和电流的等效电路图

式中：α 为雷电冲击波的折射系数；β 为雷电冲击波的反射系数。

三、几种特殊网络的反射波和折射波

1. 线路终端开路时的反射波和折射波

当前行波 u_{i1} 沿波阻抗为 z_1 的线路行进时，若线路终端开路，则 $z_2 = \infty$，$\alpha = 2$，$\beta = 1$，电压波发生全反射，如图 10 - 13 所示。在波阻抗 z_1 的线路上，任一点的电压都等于前行波与反射波之和。如果前行波为矩形波，则波阻抗为 z_1 的线路上的电压为来波的 2 倍。如此高的电压将引起线路终端绝缘薄弱处闪络，例如变电站进线的隔离开关或断路器，可能经常处于断路状态，若此时线路侧带电，当沿线有雷电波侵入时，在此断点将发生全反射，使电压升高 1 倍，有可能使开路的断路器或隔离开关对地闪烁，由于线路侧带电，将导致工频短路并可能将断路器或隔离开关的绝缘支座烧毁。

2. 线路终端短路时的反射波和折射波

在线路终端接地的情况下，当前行波行进到终端时，$z_2=0$，$\alpha=0$，$\beta=-1$，$u_{i1}=-u_r$，$i_{i2}=i_{i1}+i_r=2i_{i1}$，如图 10-14 所示。这表明：当前行波到达结点时，反射电压波等于负的入射电压波，进线上的合成波电压等于前行波与反射波电压之和为零，折射电流波将升高 1 倍。由此可看出，架空避雷线沿途进行良好接地，或避雷针具有良好的接地，侵入其上的冲击波电压能迅速消失，可减少危害和破坏。

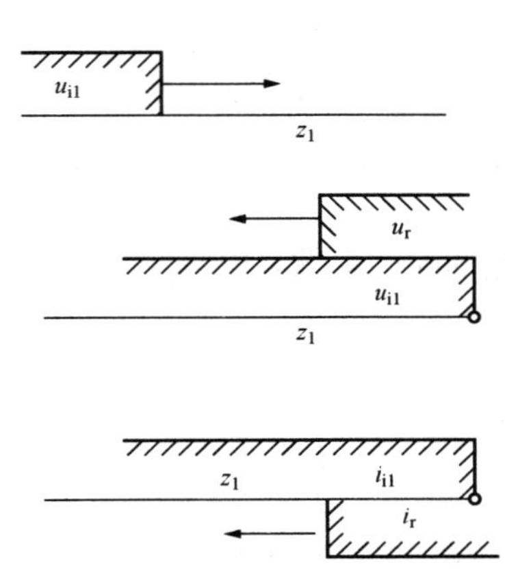

图 10-13　线路终端开路时的反射波和折射波

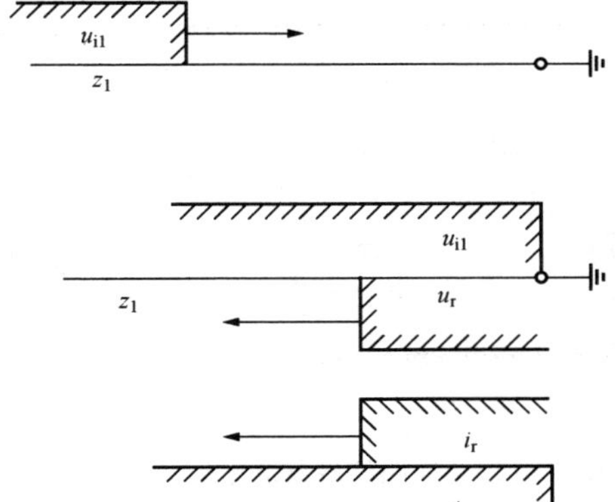

图 10-14　线路终端短路时的反射波和折射波

3. 线路出线口接有限流电抗器时的折射波

为了限制短路电流或为了限制冲击波陡度，可在变电站进出线上装限流电抗器或电感线圈，如图 10-15（a）所示，其等效电路如图 10-15（b）所示。

假定侵入线路的雷电冲击波是矩形波，则 u_{i1} 等于常数，电路的基本方程为

$$2u_{i1}=i_{i2}(z_1+z_2)+L\frac{\mathrm{d}i_{i2}}{\mathrm{d}t} \tag{10-21}$$

这是一个典型的一阶线性微分方程，考虑边界条件（电感中的电流不能突变），解方程得

$$i_{i2}=\frac{2u_{i1}}{z_1+z_2}(1-\mathrm{e}^{-\frac{t}{T}}) \tag{10-22}$$

式中：T 为电路的时间常数，$T=\frac{L}{z_1+z_2}$。

同样，折射波电压为

$$u_{i2}=i_{i2}z_2=\frac{2u_{i1}z_2}{z_1+z_2}(1-\mathrm{e}^{-\frac{t}{T}}) \tag{10-23}$$

可见，由于电感 L 的作用，折射波电流 i_{i2} 按指数曲线上升，拉平了冲击波的波头，降低了冲击波的陡度，如图 10-15（a）所示。

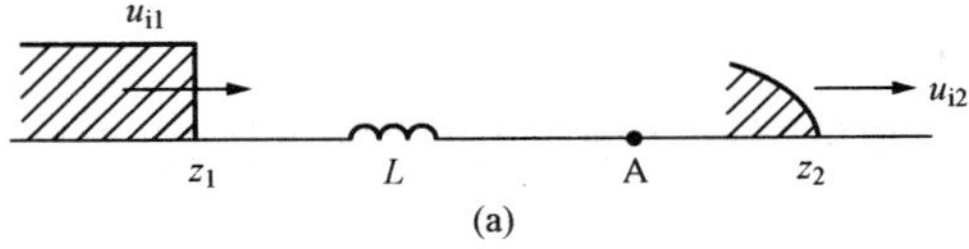

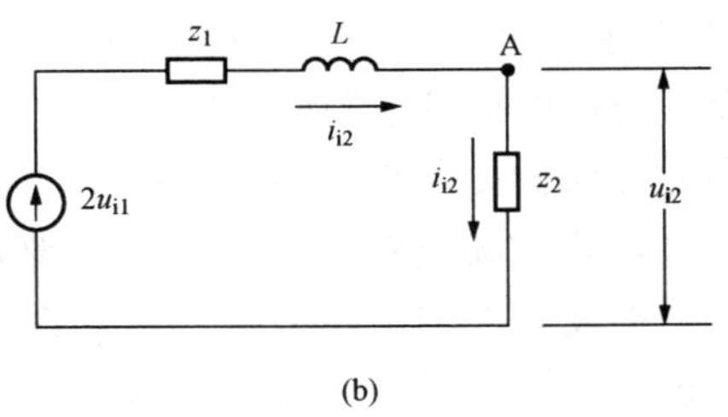

图 10-15　线路出线口串联电感
（a）折射波；（b）等效电路

4. 线路终端并联电容时的折射波

将电容并联在电力线路终端的导线与大地之间，其电路与等效电路如图 10-16 所示。

仍假设侵入电力线路的雷电冲击波为矩形波，根据图 10-16（b），电路的基本方程为

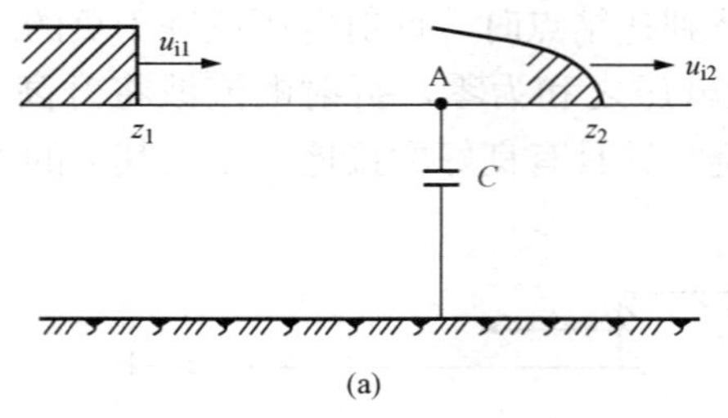

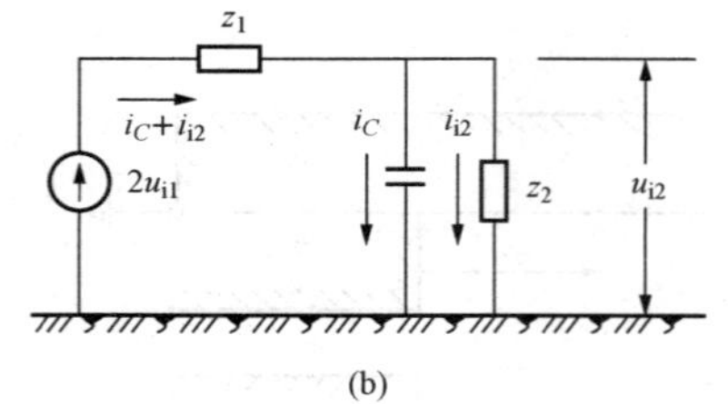

图 10-16 线路终端并联电容

（a）折射波；（b）等效电路

$$
\begin{aligned}
2u_{i1} &= (i_C + i_{i2})z_1 + i_{i2}z_2 \\
&= \left(C\frac{\mathrm{d}u_{i2}}{\mathrm{d}t} + i_{i2}\right)z_1 + i_{i2}z_2 \\
&= Cz_1z_2\frac{\mathrm{d}i_{i2}}{\mathrm{d}t} + i_{i2}(z_1 + z_2)
\end{aligned} \tag{10-24}
$$

式中：C 为并联电容。

解式（10-24）表示的微分方程得

$$i_{i2} = \frac{2u_{i1}}{z_1+z_2}(1-\mathrm{e}^{-\frac{t}{T}}) \tag{10-25}$$

式中：T 为电路的时间常数，$T=\dfrac{Cz_1z_2}{z_1+z_2}$。

电容两端的电压为

$$
\begin{aligned}
u_{i2} &= \frac{2u_{i1}z_2}{z_1+z_2}(1-\mathrm{e}^{-\frac{t}{T}}) \\
&= \alpha u_{i1}(1-\mathrm{e}^{-\frac{t}{T}})
\end{aligned} \tag{10-26}
$$

式中：α 为雷电冲击波的折射系数。

由式（10-25）和式（10-26）可看出，在导线与大地之间并联电容，结点后的折射波电流和电压也按指数曲线上升，使冲击波波头平缓，波头陡度下降，电容 C 值越大，冲击波波头越平缓。

电缆线路的对地电容比架空线路大，电缆进线能起到拉平波头的作用。对于波阻抗很大的设备（如发电机），通常用并联电容的方法来降低冲击波陡度。

需要说明的是，行波遇到结点时，可能发生多次折反射的情况，有关的内容，可参考相关书籍。

四、避雷器的结构和工作原理

避雷器是一种用来限制雷电过电压的保护电器，它可防止雷电过电压沿线路侵入变配电所或其他建筑物内。避雷器应与被保护物并联，装在被保护物的电源侧，如图 10-17（b）所示。

避雷器的类型主要有保护间隙、管型避雷器、阀型避雷器和氧化锌避雷器等。

1. 保护间隙与管形避雷器

（1）保护间隙。保护间隙由两个间隙（即主间隙和辅助间隙）组成，常用的角型间隙及其与被保护设备的并联如图 10-17 所示。为使被保护设备得到可靠保护，当雷电波入侵时，间隙先击穿，工作母线接地，避免了被保护设备上的电压升高，从而保护了设备。过电压消失后，间隙中仍有由工作电压产生的工频电弧电流（称为续流），此电流是间隙安装处的短路电流，由于间隙的熄

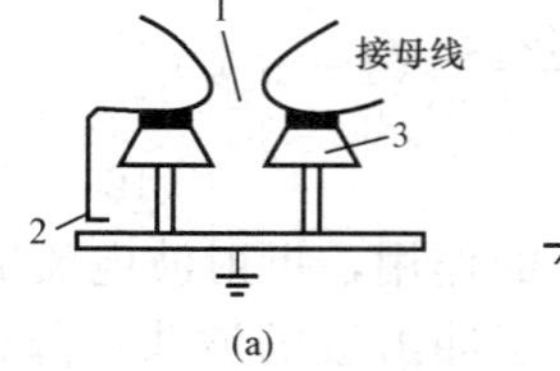

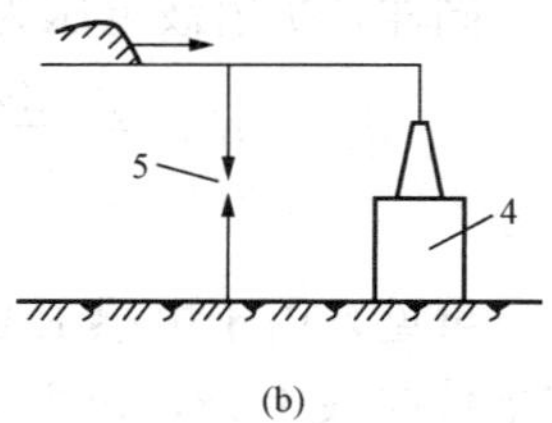

图 10-17 角型保护间隙及其与被保护设备的并联

（a）结构；（b）与被保护设备的连接

1—主间隙；2—辅助间隙（为防止主间隙被外界物体短路而装设）；3—绝缘子；4—被保护设备；5—保护间隙

弧能力较差，往往不能自行熄灭，将引起断路器的跳闸。这样，虽然保护间隙限制了过电压，保护了电气设备，但将造成线路跳闸事故，这是保护间隙的主要缺点。为此，可将间隙与自动重合闸配合使用。

（2）管型避雷器。管型避雷器实质上是一种具有较高熄弧能力的保护间隙，其原理结构如图 10-18 所示。管型避雷器由内部火花间隙 s1 和外部火花间隙 s2 串联组成。内部火花间隙装设在胶木纤维或塑料或橡胶制成产气管里边，电极一边为棒形电极 2，另一边为环形电极 3。

其工作原理是：当雷电过电压超过避雷器的放电电压时，内外间隙均被击穿，雷电流经间隙流入大地；过电压消失后，内外间隙的击穿状态将由导线上的工作电压维持，此时流经间隙的工频电流为工频续流，其值为管型避雷器安装处的短路电流，工频续流电弧的高温使管内产气材料分解出大量气体，使管内压力升高，气体在高压力作用下由环形电极的开口孔喷出，形成强烈的纵吹，从而使工频续流在第一次经过零值时就被切断。管型避雷器的熄弧能力与工频续流大小有关，续流太大产气过多，管内气压太高将造成管子炸裂；续流太小产气过少，管内气压太低不足以熄弧，故管型避雷器切断工频续流有上、下限的规定，通常在型号中表明。例如我国生产使用的管型避雷器为 GXS 型，若标为 GXS35/2-10，则其意义是额定电压为 35kV，可切断的工频续流最大为 10kA（有效值），最小为 2kA（有效值）。

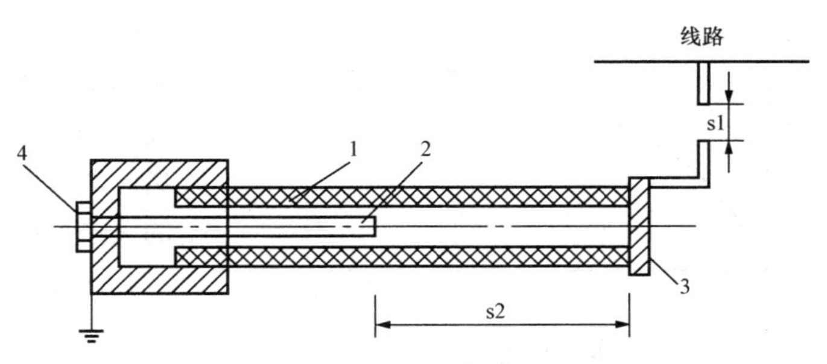

图 10-18　管型避雷器的原理结构图

1—产气管；2—棒形电极；3—环形电极；4—螺母

s1—内部间隙；s2—外部间隙

外间隙 s2 的作用是隔离工作电压，避免产气管被流经管子的工频泄漏电流烧坏。

2. 阀型避雷器

阀型避雷器是由多个火花间隙与非线性电阻（称阀片）串联构成的，全部组成元件均密封在瓷套管内，套管上端有引进线，与电网导线连接（一般均通过避雷器间隙与电网连接），下端引出线为接地线，与大地连接。其结构示意图如图 10-19 所示。

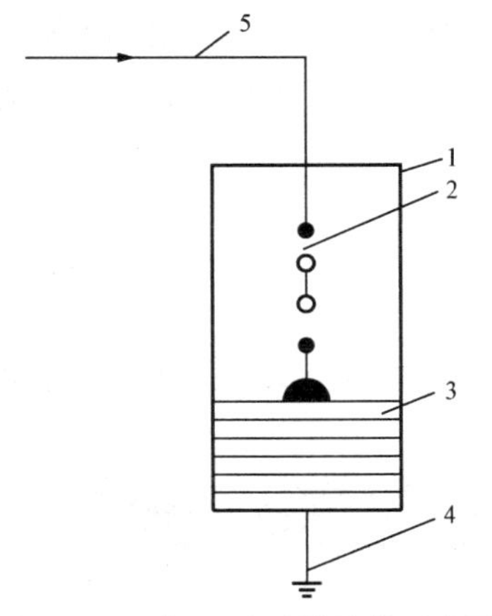

图 10-19　阀型避雷器结构示意图

1—瓷套；2—间隙；3—阀片；

4—接地线；5—进线

（1）阀片。阀型避雷器的阀片是非线性电阻，由金刚砂（SiC）细粒、水玻璃和石墨在一定的温度下烧结而成。阀片的电阻值与流过的电流有关，具有非线性特性，电流越大电阻越小。电流—电压关系曲线如图 10-20 所示，可用下式表示

$$u = ci^{a} \qquad (10-27)$$

式中：c 为取决于材料的常数；a 为非线性系数，一般为 0.2～0.24，a 越小说明阀片的非线程度越高，性能越好。

目前我国生产的阀片分为两大类，一类是普通型用的低温下焙烧的阀片，另一类是磁吹型用的高温下焙烧的阀

片。前者非线性系数低（约为 0.2），但通流容量小（5kA）；后者非线性系数高（约为 0.24），但通流容量大（10kA）。

电阻阀片的主要作用是用来限制工频续流，使间隙能在续流第一次过零时即将电弧熄灭。在雷电流通过时，其电阻很小，所产生的电压降（一般称为残压）不超过被保护设备的绝缘水平，同时，不产生较陡的截波。雷电电流通过后，其电阻变大，将工频续流限制在 80A 峰值以下，以保证间隙可靠灭弧。

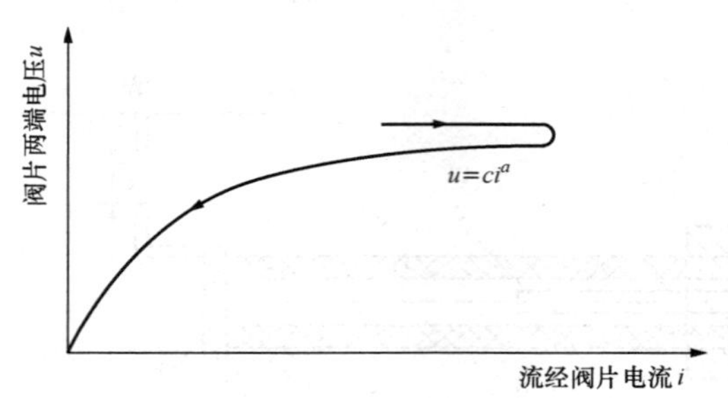

图 10-20 阀片的电流—电压关系曲线

（2）火花间隙。避雷器的火花间隙由许多个间隙串联而成。单个间隙的电极由黄铜板冲压而成，两电极极间以云母垫圈隔开形成间隙，如图 10-21 所示。间隙电场近似均匀电场，故其伏秒特性（放电电压与放电时间之间的关系曲线）较平坦且分散。

火花间隙的任务是：在正常情况下使避雷器的阀片与电力系统隔离；在过电压到来时发生击穿，使雷电流泄入大地，以降低过电压幅值；当过电压过去后，在半个周波内（0.01s）将工频读流切断，恢复正常的工作状态。多个火花间隙串联，把长弧切短，有利于电弧的熄灭。实践证明，在没有热电子发射时，单个间隙的初始恢复强度可达 250V 左右，间隙绝缘强度恢复的快慢与工频续流的大小有关。我国生产的 FS 和 FZ 型避雷器，当工频续流分别不大于 50A 和 80A（峰值）时，能够在续流第一次过零时使电弧熄灭。

（3）工作原理。阀型避雷器的基本工作原理如下：在电力系统正常工作时，间隙将电阻阀片与工作母线隔离，以免由母线的工作电压在电阻阀片中产生的电流使阀片烧坏。当系统中出现过电压且其峰值超过间隙放电电压时，间隙击穿，冲击电流通过阀片流入大地，由于阀片的非线性特性，故在阀片上产生的压降（称为残压）将得到限制，使其低于被保护设备的冲击耐压，设备就得到了保护。当过电压消失后，间隙中由工作电压产生的工频电弧电流（称为工频续流）将继续流过避雷器，此续流受阀片电阻的非线性特性所限制比冲击电流小，使间隙能在工频续流第一次经过零值时就将电流切断。以后，就依靠间隙的绝缘强度能够耐受电网恢复电压的作用而不会发生重燃。这样，避雷器从间隙击穿到工频续流的切断不超过半个工频周期，继电保护来不及动作系统就已恢复正常。

（4）阀型避雷器参数选择。阀型避雷器通常有五项基本参数：

1）额定电压（有效值）。避雷器的额定电压必须与装接地点的网络电压等级相一致。允许网络的最大工作电压超过避雷器额定电压 15%。

2）灭弧电压（有效值）。该数据表示避雷器在不超过这一电压的作用下，能可靠地折断续流。当装接地点上的电压超过该数值时，将因工频续流增大而引起爆炸。阀型避雷器的灭弧电压，宜按下列要求确定：在中性点直接接地的电力系统中，不低于被保护设备最高运行线电压的 80%；在中性点非直接接地的系统中，不应低于被保护设备最高运行

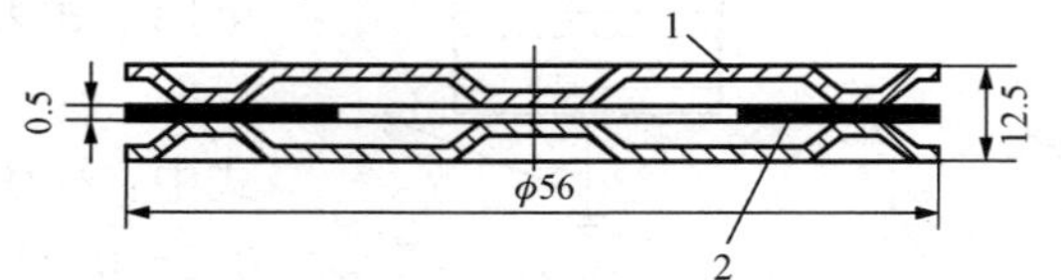

图 10-21 普通阀型避雷器单个火花间隙
1—黄铜电极；2—云母垫圈

线电压的 100%。

3）工频放电电压（有效值）。选择该参数应考虑三个因素：①避雷器的工频放电电压，应避开操作过电压，对于中性点非直接接地系统，工频放电电压应在系统最大的运行相电压的 3.5 倍以上；对于高压的中性点直接接地系统，应在相电压的 3 倍以上；②为了保证间隙能可靠地灭弧，避雷器的工频放电电压应不小于其灭弧电压的 180%；③由于避雷器有一定的冲击系数（冲击放电电压与工频放电电压之比，一般均大于 1），如果选得工频放电电压太高，冲击放电电压将超过规定数值。

4）冲击放电电压（峰值）。避雷器的冲击放电电压是指在发生大气过电压时避雷器的动作值。它是决定避雷器保护水平的主要特性之一。

5）残压（峰值）。这是避雷器在动作后通过一定的雷电流时的电压降数值。一般应保证被保护电气设备绝缘的冲击耐压值比避雷器的残压高 10%～15%。

6）伏秒特性配合问题。避雷器和被保护设备的伏秒特性是用 1.5/40μs 的冲击波对绝缘进行冲击耐压试验而得到的，如图 10-22 所示。其纵坐标表示冲击放电电压，横坐标表示起始放电时间，由于伏秒特性试验点有分散性，将分散的区域用上包线和下包线划出。为了保证避雷器能对被保护的设备有可靠的保护作用，应使避雷器的伏秒特性比被保护物绝缘的伏秒特性低一定的数量间隔。从图 10-22 中可以看出，阀型避雷器伏秒特性与变压器的伏秒特性容易配合。

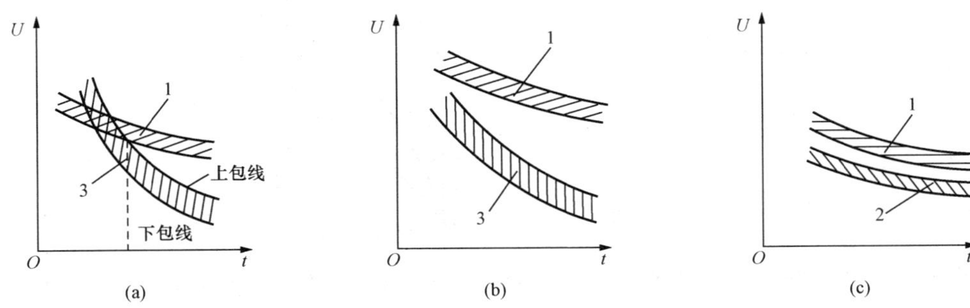

图 10-22　避雷器与变压器伏秒特性配合

（a）管型避雷器伏秒特性高；（b）管型避雷器伏秒特性低；

（c）阀型避雷器伏秒特性与变压器伏秒特性配合

1—变压器的伏秒特性曲线；2—阀型避雷器的伏秒特性曲线；3—管型避雷器的伏秒特性曲线

（5）我国生产的各种阀型避雷器使用场合。FS 系列避雷器用于低压及 3～10kV 高压小容量配电装置及电缆头保护。FZ 系列避雷器用于 3～220kV 网络，保护大、中容量配电装置。FCD 系列避雷器，用于保护 3～10kV 旋转电机。

阀型避雷器阀片的通流容量（一般不超过 10kA）与直击雷雷电流相差甚远，因此不宜用作线路防雷保护，一般只在变电站中用作防护大气过电压。

3. 氧化锌避雷器

氧化锌避雷器是国外 20 世纪 60 年代开始发展起来的过电压保护新技术，我国从 1976 年开始进行电力氧化锌避雷器的研究。我国的氧化锌避雷器技术发展很快，并引进国外先进技术及生产线，目前国内氧化锌避雷器的生产，从数量、规格、质量上都已形成相当的规模和水平，采用国际标准生产的产品都以接近或达到国际先进水准。现已开发出 500kV 的氧化锌避雷器；由带串并联间隙发展到无间隙，电阻片通流容量不断提高。目前，氧化锌避雷器已经在电力系统中得到广泛的应用。为提高氧化锌避雷器安全可靠运行的水平，既要不断地提高产品设计水平和制造质量，也要有效加强对运行中氧化锌避雷器的严格检测和定期预防性试验。此外，进行氧化锌避雷器的在线监测也是保证其安全可靠运行的有效手段。

（1）氧化锌阀片和伏安特性。氧化锌避雷器，其核心元件是 ZnO（氧化锌）阀片，它的主要成分是 ZnO，还掺入精选的多种微量金属氧化物，经混料、选粒、成型，在高温下烧结而成。

ZnO 阀片的伏安特性可分为小电流区、非线性区和饱和区，如图 10 - 23 所示。1mA 以下的区域为小电流区；电流在 1mA～3kA 范围内时，通常为非线性区；在饱和区，随电压的增加电流增长不快。

氧化锌阀片具有很理想的非线性伏安特性，图 10 - 24 所示是 SiC 避雷器（阀型避雷器）、ZnO 避雷器与理想避雷器的伏安特性曲线。假定 ZnO、SiC 电阻片在 10kA 下的残压基本相同，那么在相电压下，SiC 阀片将流过幅值达 100A 左右的电流，必须用间隙加以隔离。而 ZnO 阀片在相电压下流过的电流数量级只有 10^{-5}A，可省去隔离间隙。

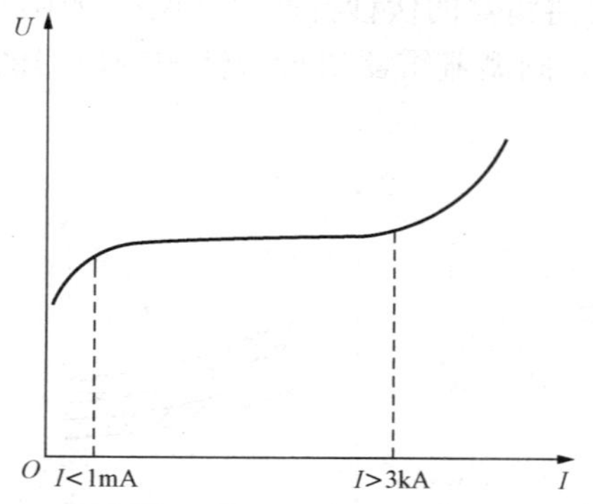

图 10 - 23　ZnO 阀片的伏安特性

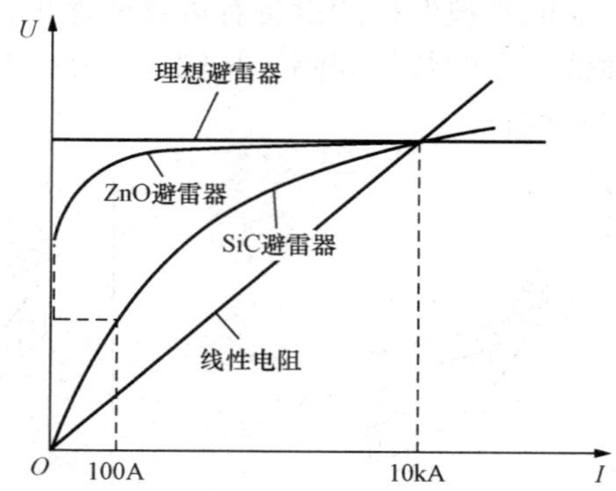

图 10 - 24　ZnO、SiC 与理想避雷器伏安特性的比较

（2）ZnO 避雷器的特点。由于 ZnO 阀片具有优异的非线性伏安特性，使得 ZnO 避雷器具有许多优点：

1）可以做成无间隙。在正常工作电压下，流过 ZnO 阀片的电流只有几十微安，不会烧坏阀片，所以无需串联间隙来隔离工作电压（SiC 阀片在工作电压下要流过几十安或几百安电流，不得不串联间隙）。由于无间隙，解决了 SiC 避雷器因串联间隙所带来的一系列问题，如污秽、内部气压变化使间隙放电电压不稳定、陡波响应特性差等。

2）无续流。由于在正常工作电压下流过 ZnO 的电流极小，相当于绝缘体，所以不存在工频续流。而 SiC 阀片却不同，它不仅要吸收过电压的能量，还要吸收工频续流的能量。ZnO 避雷器因无续流只需吸收过电压的能量，动作负载轻，所以在大电流长时间重复冲击后特性稳定。

3）保护性能优越。虽然 10kA 下 ZnO 避雷器的残压值与 SiC 避雷器相差不多，但 ZnO 阀片具有优异的非线性伏安特性，还有进一步降低残压的潜力。SiC 避雷器只在间隙放电后才开始泄放雷电流的能量，而 ZnO 避雷器在过电压的全部过程中都流过电流，吸收过电压能量，抑制过电压的发展；由于没有间隙，ZnO 避雷器没有间隙的放电时延，而且在陡波下伏秒特性的上翘又比 SiC 的低得多，因而陡波响应特性得到显著改善，特别适合像 SF_6 组合电器那样伏秒特性十分平坦的设备的保护。此外，在伏安特性的非线性区，ZnO 阀片具有很小的正温度系数，可忽略温度变化对其保护特性的影响。

4）通流容量大。ZnO 阀片单位面积通流容量要比 SiC 阀片的大 4～4.5 倍，又无串联间隙烧伤的制约，因此可用来限制操作过电压。

由于无间隙且通流容量大，使得 ZnO 避雷器体积小、质量轻、结构简单、运行维护方便、使用寿命长。由于无续流，使得 ZnO 避雷器可以应用于直流输电系统。

氧化锌避雷器具有一系列的优点，发展潜力很大，是避雷器发展的主要方向，正逐步取代传统的带间隙的 SiC 避雷器，也是未来特高压系统关键的过电压保护装置。

（3）氧化锌避雷器的基本电气参数。

1）额定电压 U_r。它是避雷器两端之间允许施加的最大工频电压有效值，即在系统短时工频过电压直接加在 ZnO 阀片上时，避雷器仍允许吸收规定的雷电及操作过电压能量，特性基本不变，不发生热崩溃。此额定电压与 SiC 避雷器的灭弧电压相对应，但含义不同，它是与热负载有关的量，是决定避雷器各种特性的基准参数。

按 IEC 标准的规定，避雷器必须能够耐受相当于额定电压数值的暂时过电压至少 10s。避雷器额定电压 U_r 可按下式选择

$$U_r \geqslant KU_t \tag{10-28}$$

式中：K 为切除短路故障时间系数，10s 及以内切除故障 $K=1.0$，10s 以上切除故障 $K=1.3\sim1.4$；U_t 为暂时过电压，kV。

在选择避雷器额定电压时，仅考虑单相接地、甩负荷和长线电容效应引起的暂时过电压。例如，中性点非直接接地系统相对地避雷器的额定电压可按表 10-3 确定。

表 10-3　避雷器的额定电压

接地方式	中性点非直接接地									
	10s 及以内切除故障					大于 10s 切除故障				
系统标称电压（kV）	3	6	10	35	66	3	6	10	35	66
U_r（kV）	4	8	13	42	72	5	10	17	54	90

2）最大持续运行电压 U_c。它是允许持续加在避雷器两端之间的最大工频电压有效值，决定了避雷器长期工作的老化性能，即避雷器吸收过电压能量后温度升高，在此电压下应能正常冷却，而不发生热崩溃。持续运行电压也是氧化锌避雷器的重要特征参数，该参数的选择对其运行的可靠性有很大影响。

一般情况下，避雷器最大持续运行电压 $U_c \geqslant 0.8U_r$。中性点直接接地系统的相对地无间隙金属氧化物避雷器，其 U_c 可按不低于系统最高相电压选取（有文献认为偏低）。在中性点非直接接地系统中，如单相接地故障能在 10s 以内切除，其 U_c 仍可按不低于相电压选取（有文献认为偏低）。但是，由于我国大部分中性点非直接接地系统中允许带接地故障运行 2h 以上，此时 U_c 可以按以下原则选取：10s 以上切除故障时，对于 35～66kV 系统，$U_c \geqslant U_m$；对于 3～10kV 系统，$U_c \geqslant 1.1U_m$。此处的 U_m（kV）为系统最高工作电压。国家标准规定，系统供电端电压应略高于系统的标称电压（或额定电压）U_N 的 K 倍，即 $K=U_m/U_N$；对于 220kV 及以下系统，K 取 1.15；对于 330kV 及以下系统，K 取 1.1。

3）直流参考电压U_{1mA}。它是指避雷器通过1mA工频电流峰值或直流电流时，其两端之间的工频电压峰值或直流电压。该电压大致位于ZnO阀片伏安特性曲线由小电流区上升部分进入非线区平坦部分的转折处，所以又称为转折电压或拐点电压。通常直流参考电压不小于避雷器额定电压的峰值。

4）残压。它是放电电流通过ZnO避雷器时避雷器两端之间出现的电压峰值，包括三种放电电流波形下的残压。其中，雷电冲击波下的残压称为标称放电电流（标称放电电流是指用于划分避雷器等级的放电电流峰值）下的残压。三种放电电流见表10-4。

表10-4　三种放电电流

放电电流的种类	放电电流峰值（kA）	波前时间/半峰值时间（μs）
陡波电流	5，10，20	1/5
雷电冲击波电流	5，10，20	8/20
操作冲击波电流	0.5，1，2	30/60

5）通流容量。它表示阀片耐受通过电流的能力，通常用短持续时间（4～10μs）大冲击电流（10～65kA）作用2次和长持续时间（0.5～3.2ms）近似方波电流（150～1500A）多次作用来表征。我国目前大多用通过2ms方波电流值作为避雷器的通流容量。

复合外套氧化锌避雷器的技术参数见表10-5。

表10-5　复合外套氧化锌避雷器技术参数

产品型号	额定电压（kV）	系统标称电压（kV）	持续运行电压（kV）	直流参考电压（kV）	5kA雷电冲击电流下的残压（kV）	2ms方波通流容量（A）	4/10μs大电流冲击耐受（kA）	总高（mm）
YH5WZ-10/27	10	6	8.0	≥14.5	≤27	200	65	200
YH5WS-10/30	10	6	8.0	≥15.0	≤30	100	65	222
YH5WZ-17/45	17	10	13.6	≥24.5	≤45	400	40	255
YH5WS-17/50	17	10	13.6	≥25.0	≤50	100	65	265
YH5WZ-51/134	51	35	41.0	≥73.0	≤134	400	65	635
YH5WX-54/150	54	35	43.2	≥80.0	≤150	400	65	690
YH10WZ-100/260	100	110	78.0	≥145.0	≤260	600	100	1160
YH10WZ-102/266	102	110	79.6	≥148.0	≤266	600	100	1160
YH10WZ-108/281	108	110	84.0	≥157.0	≤281	600	100	1160

（4）氧化锌避雷器性能优劣的评价指标。

1）保护水平。氧化锌避雷器的雷电保护水平为雷电冲击残压和陡波冲击残陡压除以1.15所得商的较大者；操作冲击水平等于操作冲击残压。

2）压比。压比指氧化锌避雷器通过波形为8/20μs的标称冲击放电电流时的残压与直流参考电压之比。例如，在10kA下的压比为U_{10kA}/U_{1mA}。压比越小，表示非线性越好，流过大电流时的残压就越低，避雷器的保护性能也就越好。目前，此值为1.6～2.0。

3）荷电率。荷电率指氧化锌避雷器的最大持续运行电压峰值与直流参考电压的比值。荷电率越高说明避雷器稳定性能越好，耐老化，能在靠近转折点长期工作。若荷电率等于极限值1，说明避雷器不会老化。荷电率一般采用45%～75%或者更大。在中性点非直接接地系统中，因为单相接地时健全相上的电压峰值较高，所以一般选用较低的荷电率。

4）保护比。保护比指标称放电电流下的残压与最大持续运行电压峰值的比值或压比与

荷电率之比，即

$$保护比=\frac{标称放电电流下的残压}{最大持续运行电压}=\frac{压比}{荷电率}$$

降低压比或提高荷电率均可降低氧化锌避雷器的保护比。保护比越小，则保护性能越好。

（5）氧化锌避雷器的分类。

1）按电压等级分类。氧化锌避雷器按额定电压等级可分为三类：

a）高压类。指 66kV 及以上电压等级的氧化锌避雷器，包括 500、220、110、66kV 四个等级。

b）中压类。指 3～35kV 电压等级的氧化锌避雷器，包括 3、6、10、35kV 四个等级。

c）低压类。指 3kV 以下的氧化锌避雷器系列产品，包括 1、0.5、0.38、0.22kV 四个等级。

2）按标称放电电流分类。氧化锌避雷器按标称放电电流可分为 20、10、5、2.5、1.5kA 五类。

3）按结构分类。氧化锌避雷器按结构可分为瓷外套与复合外套两大类。

a）瓷外套。瓷外套氧化锌避雷器按耐污秽性能分为四个等级：①Ⅰ级为普通型；②Ⅱ级为用于中等污秽地区（爬电比距 20mm/kV，爬电比距为瓷套爬电距离与系统最高工作电压之比）；③Ⅲ级为用于重污秽地区（爬电比距 25mm/kV）；④Ⅳ级为用于特重污秽地区（爬电比距 31mm/kV）。

b）复合外套。复合外套氧化锌避雷器是用复合硅橡胶材料做外套，并选用高性能的氧化锌电阻片，内部采用特殊结构，采用先进工艺方法装配而成，具有硅橡胶材料和氧化锌电阻片的双重优点。该系列产品除具有瓷外套氧化锌避雷器的优点外，还具有很好的绝缘性能、很高的耐污秽性能及良好的防爆性能，并且体积小、质量轻、不需维护、不易破损、密封可靠、耐老化。

4）按结构性能分类。氧化锌避雷器按结构性能可分为无间隙（W）、带串联间隙（C）、带并联间隙（B）三类。

5）按用途分类。氧化锌避雷器按用途可分为七类：系统用线路型、系统用电站型、系统用配电型、并联补偿电容器组保护型、电气化铁道型、电动机及电动机中性点型、变压器中性点型。

各类氧化锌避雷器的型号含义如下：

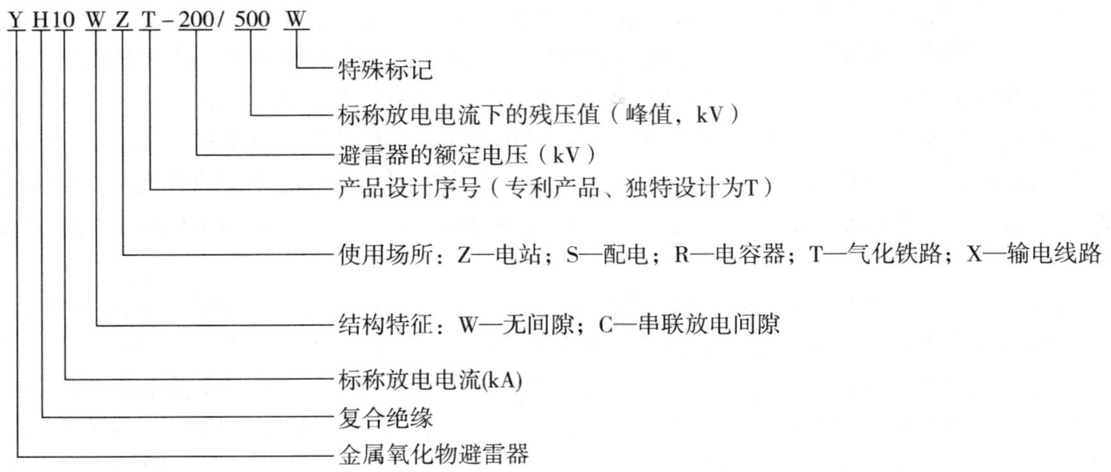

第四节　发电厂和变电站的防雷保护

发电厂、变电站遭受雷害可能来自两个方面：①雷直击于发电厂、变电站；②雷击线路并沿线路向发电厂、变电站入侵的雷电波。

一、发电厂、变电站防直接雷击的措施

为了防止雷直击于发电厂、变电站，可以装设避雷针（线），应该使所有设备都处于避雷针的保护范围之内。

由于避雷针可等效为电阻和电感串联电路，在雷击避雷针时，雷电流流经避雷针及其接地装置，避雷针 h_x 高度处和避雷针的接地装置上，将出现高电位。当避雷针（线）与附近设施间的绝缘距离不够时，两者之间会发生强烈的放电现象，这种情况称为反击。反击可引起电气设备绝缘损坏，金属管道被击穿，甚至引起火灾、爆炸、和人身伤亡。为了防止反击事故的发生，避雷针（线）与附近其他金属导体之间必须保持足够的安全距离，如图 10 - 25 所示。

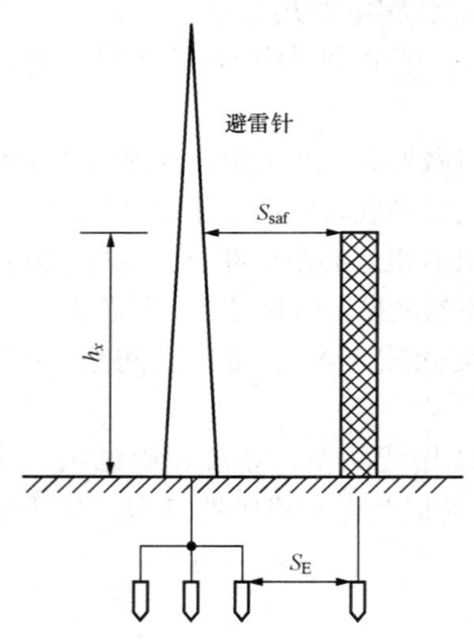

图 10 - 25　独立避雷针与变电站被保护物间距离

根据过电压保护设计规定，若取空气的平均电场强度为 500kV/m，独立避雷针（线）及其引下线与其他金属物体在空气中的安全距离应满足

$$S_{saf} \geqslant 0.3R_{sh} + 0.1h_x \qquad (10-29)$$

式中：S_{saf} 为空气中的安全距离，m；R_{sh} 为独立避雷针（线）的冲击接地电阻，Ω；h_x 为被保护物的高度，m。

独立避雷针（线）的接地体与变电站接地网间的最小地中距离应满足

$$S_E \geqslant 0.3R_{sh} \qquad (10-30)$$

式中：S_E 为地中的安全距离，m。

一般情况下，S_{saf} 不应小于 5m，S_E 不应小于 3m。

对于 110kV 及以上的变电站，可以将避雷针架设在配电装置的构架上。这是由于此类电压等级配电装置的绝缘水平较高，雷击避雷针时在配电构架上出现的高电位不会造成反击事故。装设避雷针的配电构架应装设辅助接地装置，且此接地装置与变电站接地网的连接点离主变压器接地装置与变电站接地网的连接点之间的距离不应小于 15m，目的是使雷击避雷针时在避雷针接地装置上产生的高电位，在沿接地网向变压器接地点传播的过程中逐渐衰减，以到达变压器接地点时不会造成变压器的反击事故。由于变压器的绝缘较弱又是变电站中最重要的设备，故在变压器门型构架上不应装设避雷针。

对于 35kV 及以下的变电站，因其绝缘水平较低，不允许将避雷针装设在配电构架上，以免出现反击事故。因此，这时需要架设独立避雷针，并应满足不发生反击的要求。

关于线路终端杆塔上的避雷线能否与变电站构架相连的问题，也可按上述装设避雷针的原则（即是否会发生反击的原则）来处理，110kV 及以上的变电站允许相连，35kV 及以下的变电站一般不允许相连。但根据 DL/T 620—1997《交流电气装置的过电压保护和绝缘配

合》的建议，若土壤电阻率不大于 500Ω·m，则 35kV 及以下的变电站也允许相连。

发电厂厂房一般不装设避雷针，以免发生反击事故或引起继电保护误动作。

二、变电站防雷电冲击波的保护措施

1. 35kV 及以上的大中容量变电站的保护接线分析

35kV 及以上的变电站，凡采用架空送电线路的，都应装设防雷电冲击波的保护装置。其保护接线如图 10-26 所示。

(1) 方案一，如图 10-26 (a) 所示，是未沿全线架设避雷线的 35～110kV 的架空输电线路，它的变电站进线段可采用这种接线。其中各部分的作用是不同的。

在变电站 1～2km 进线段架设避雷线，既可防护直击雷，还可以使感应雷过电压产生于 1～2km 以外。如此，在进线段内发生雷绕击或反击并产生入侵雷电波的机会是非常小的；而在进线段以外落雷时，由于进线段导线本身阻抗的作用使流经避雷器的雷电流受到限制。同时，由于进线段内导线上冲击电晕的影响，将使入侵波的陡度和幅值下降。

避雷器 F1 的作用：将木杆线路或钢筋混凝土杆木横担线路在远方雷击时的高幅值行波限制到对变电站不危险的程度。F1 的接地电阻应不大于 10Ω。如果因土壤电阻率特别高而做不到 10Ω 及以下，可以在进线段第三座杆塔上加装避雷器，使侵入波进一步受抑制。

避雷器 F2 的作用：保护经常开路运行的 35～110kV 断路器和隔离开关。在断路器或者隔离开关断开的情况下，当行波到达时，由于波的反射，开关上的电压将为进线保护段侵入波电压的 2 倍。此时，F2 应该动作，使开关承受的电压降低。但在开关闭合的情况下，侵入波到来时 F2 不应动作。

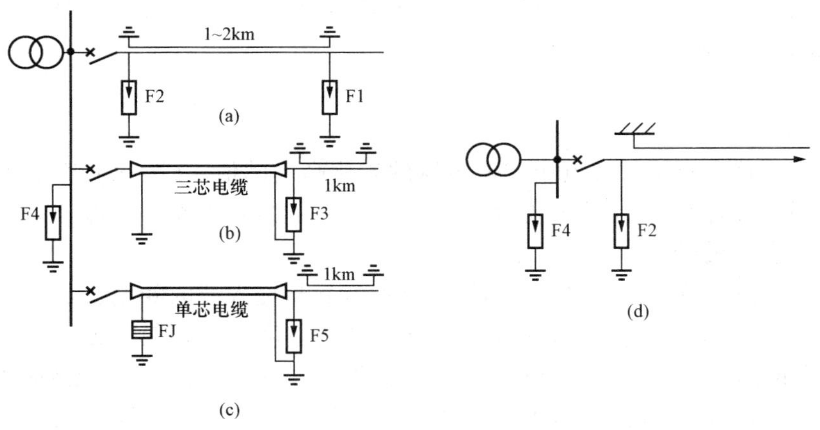

图 10-26 35kV 及以上大中容量变电站的保护接线

(a) 35～110kV 架空进线；(b) 35kV 及以上有三芯电缆段的进线；(c) 35kV 及以上有单芯电缆段的进线；(d) 110kV 以上全线有避雷线

FJ—接地器

(2) 方案二，如图 10-26 (b) 所示，是三芯电缆进线段线路，该进线电缆段除了能限制感应高电位以外，还可以限制由于直击雷引起的高电位。它之所以能限制感应高电位，是由于电缆本身有较大电容，与线路末端并联电容的情况类似。而它之所以能够限制直击雷引起的高电位，则是由于电缆的电磁封锁作用。

如图 10-27 所示，当高电位 u_i 到达电缆首端时，保护间隙 JX 击穿，电缆芯与其外皮连通。由于集肤效应，电流被排挤到外皮上去，电缆表皮的电流在缆芯上产生反电动势，使流过缆芯的电流减小。如果电缆段有足够的长度（50～100m），两端接地电阻也足够小（例如5～10Ω），则绝大部分电流将经过电缆外皮流入大地，电缆末端电压可降到始端电压值的1%～2%。

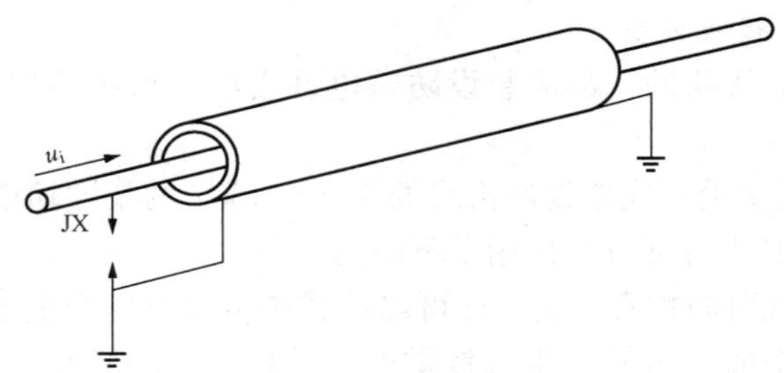

图10-27 电缆段的电磁封锁作用示意图

对于三芯电缆，由于三相电流的对称性，在外皮上感应的电动势极小，在电缆外皮不会产生较大的环流，可以将电缆外皮在两端直接接地。

(3) 方案三，如图10-26(c)所示，是单芯电缆进线段线路。一般35kV及以上的进线电缆大多用单芯电缆，为了防止在电缆外皮中引起环流，只允许将单芯电缆外皮的一端接地，而电缆的另一端可通过阀片式接地器接地。

(4) 方案四，如图10-26(d)所示，是110kV及以上全线有避雷线的变电站进线段防雷保护，避雷器F2的作用与图10-26(a)中的F2相同。

(5) 母线上的避雷器F4主要用于保护变压器、电压互感器及电气设备等，可使侵入变压器的冲击波电压减小。合理选择避雷器参数，可使侵入变压器的冲击波电压不超过变压器的耐压能力。根据规程规定，变电站的每组母线都应装设避雷器，变电站内所有避雷器，均应以最短的接地线与配电装置的主接地网连接。

由于避雷器与被保护主变压器及电气设备之间有一段距离，如图10-28所示，当斜角的雷电冲击波侵入时，遇到变压器要发生折射和反射，避雷器放电后，变压器处承受的冲击波电压比避雷器的残压高Δu

$$\Delta u = 2at = \frac{2al}{v} \tag{10-31}$$

式中：Δu为变压器处承受的波电压比避雷器的残压高出的值；t为从避雷器到被保护主变压器冲击波传播的时间；a为侵入波的陡度，kV/μs；l为避雷器与被保护主变压器之间的距离，m；v为侵入波的波速，m/μs。

由式(10-31)可知，由于波速v是一定的，Δu与侵入波的陡度a成正比，与避雷器和被保护主变压器之间的距离l成正比。当侵入波的陡度a一定时，Δu与l成正比。l越长，变压器所承受的波电压越高。避雷器与被保护设备之间的最大允许距离必须保证它们的绝缘所能承受的冲击耐压值大于所作用的过电压。避雷器与被保护物的最大电气距离如图10-29、图10-30所示。

图10-29与图10-30中，侵入波计算陡度a'的单位是kV/m。侵入波计算陡度a'与侵入波陡度a之间的关系为

$$a' = \frac{a}{v} \tag{10-32}$$

2. 35～110kV小容量变电站的简化保护接线

对于35kV小容量变电站，可根据变电

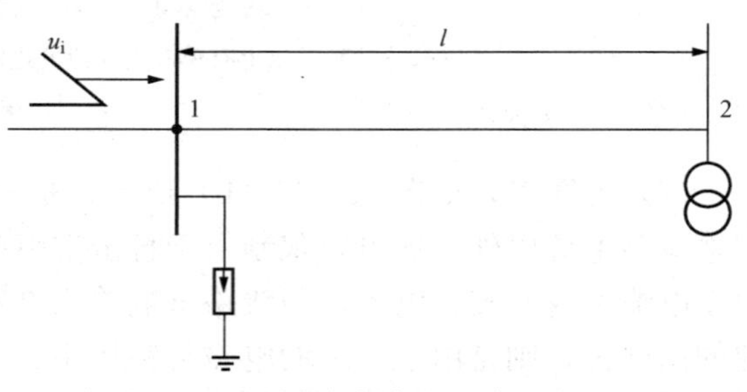

图10-28 避雷器与被保护设备之间的距离

站的重要性和雷电活动强度等情况采取简化的进线保护。由于35kV小容量变电站占地面积小，避雷器距变压器的距离一般在10m以内，允许入侵波陡度a适当增加，进线段长度可以缩短到500～600m。为限制流入变电站阀型避雷器的雷电流，可在进线首端装设一组管型避雷器或保护间隙，如图10-31所示。

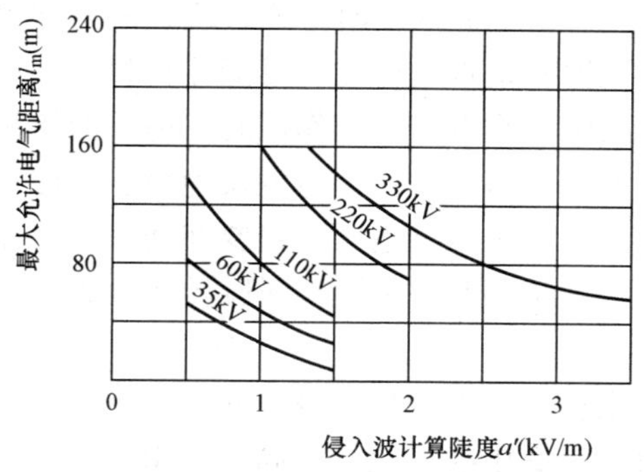

图10-29　一路进线的变电站中，避雷器与变压器的最大电气距离与入侵波计算陡度的关系曲线

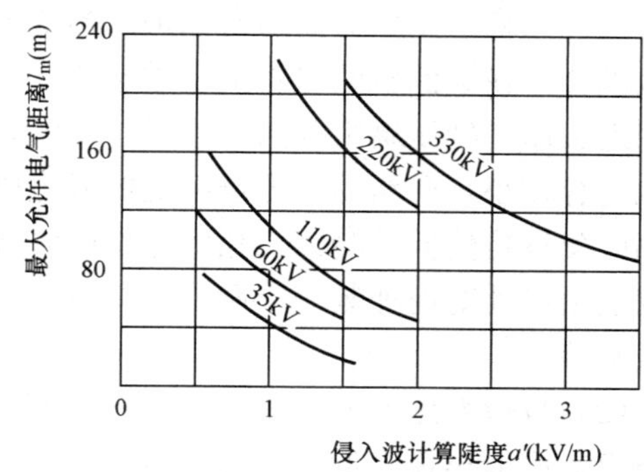

图10-30　二路进线的变电站中，避雷器与变压器的最大电气距离与入侵波计算陡度的关系曲线

对于35～110kV变电站，如进线段装设避雷线有困难或进线段杆塔接地电阻难以下降时，可在进线的终端杆上安装一组1000μH左右的电抗线圈来代替进线段，如图10-32所示。该电抗线圈既能够限制流过避雷器的雷电流，又能限制雷电侵入波的陡度。

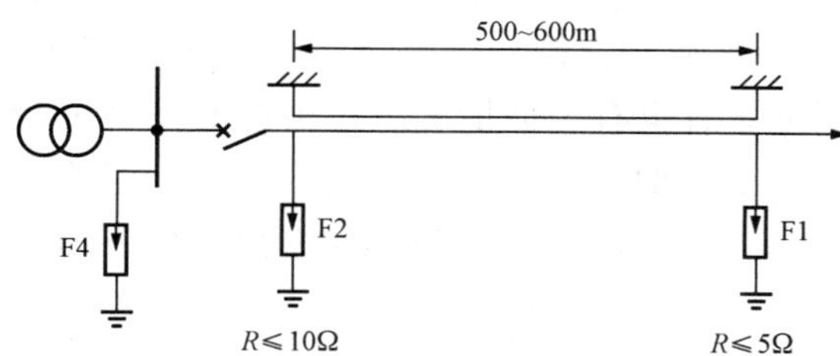

图10-31　3150～5000kVA、35kV变电站的简化保护接线

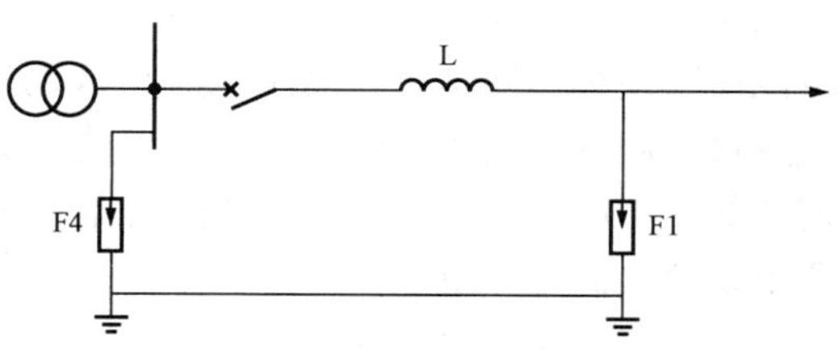

图10-32　用电抗线圈代替进线段的保护接线

3.3～10kV变电站防雷电侵入波的保护接线

变电站的3～10kV配电装置（包括电力变压器），应在每组母线和每组架空进线上装设阀型避雷器，图10-33给出了三种可供选择的接线方案。

有电缆段的架空线路，避雷器应装设在电缆头附近，其接地端应和电缆金属外皮相连。如果各架空线路均有电缆进线段，避雷器与主变压器的最大电气距离不受限制。

避雷器的最短接地线与变电站、配电所的主接地网（包括电缆金属外皮）连接。在避雷器附

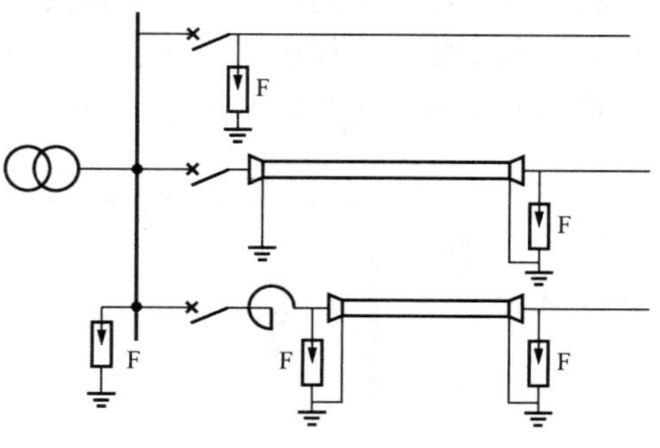

图10-33　3～10kV配电装置防雷侵入波的保护接线

近应装设集中接地装置。

多雷区的3～10kV变压器，为了防止低压侧雷电侵入波和反变换波击穿高压侧绝缘，低压侧宜装设一组低压避雷器或击穿保险器。

4. 三绕组变压器和自耦变压器的防雷保护

（1）三绕组变压器的防雷保护。当变压器高压侧有雷电波入侵时，通过绕组间的静电和电磁耦合，在其低压侧也将出现过电压。三绕组变压器在正常运行时，可能存在只有高、中压绕组工作，低压绕组开路的情况。此时，在高压或中压侧有雷电波作用时，由于低压绕组对地电容较小，开路的低压绕组上的静电感应分量可达很高的数值，将危及绝缘。考虑到静电感应分量将使低压绕组三相的电位同时升高，为了限制这种过电压，只要在任一相低压绕组直接出口处对地加装一个避雷器即可。中压绕组虽也有开路的可能，但其绝缘水平较高，一般不装。

（2）自耦变压器的防雷保护。自耦变压器一般除有高、中压自耦绕组外，还有低压非自耦绕组，可能出现高低压绕组运行、中压绕组开路和中低压绕组运行、高压绕组开路的运行方式。当入侵波从高压端线路袭来，中压端开路运行时可能使处于开路的中压端套管闪络，因此在中压侧与断路器之间应装设一组避雷器，以便当中压侧断路器开路时保护中压侧绝缘；当高压侧开路，中压侧有雷电波入侵时，高压端的稳态电压由电磁感应而形成，在振荡过程中，电位可达中压侧入侵波电压的$2K$倍（K为高压侧与中压侧绕组的变比），这将危及开路的高压侧，因此在高压侧与断路器之间也应装设一组避雷器。自耦变压器的防雷保护接线如图10-34所示。

此外，尚应注意下列情况，即中压侧有出线（相当于点经线路波阻抗接地）而高压侧有雷电波入侵时，A′相当于接地，雷电波电压大部分将加在自耦变压器绕组的AA′绕组上，可能使其损坏。同理，当高压侧有出线而中压侧进波时也有类似情况。这种情况在AA′绕组越短（即变比越小）时越危险，因此当变比小于1.25时，在AA′之间还应装加一组避雷器，如图10-34中F3所示，此避雷器的灭弧电压应大于高压或中压侧接地短路条件下AA′所出现的最高工频电压。

5. 变压器中性点保护

当变压器绕组通过三相来波时，变压器中性点的电位理论上会达到绕组首端电压的2倍。因此，需要考虑变压器中性点的保护问题。

对于中性点不接地或经消弧线圈接地的系统，变压器是全绝缘的，即变压器中性点的绝缘水平与相线端是一样的。由于：①三相来波的概率不大；②大多数来波自线路较远处袭来，其陡度很小；③变电站进线不止一条，非雷击进线起了分流作用；④变压器绝缘有一定裕度，因此规程规定，35～60kV变压器中性点一般不需保护。

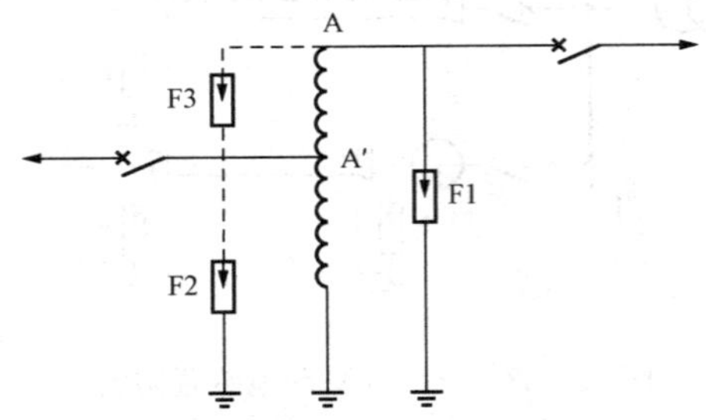

图10-34 自耦变压器的防雷保护接线

对于中性点接地系统，由于继电保护的要求，其中一部分变压器的中性点是不接地的，而在这些系统中的变压器往往是分级绝缘的，即变压器中性点绝缘水平要比相线端低得多（如我国110kV变压器一般采用分级绝缘结构，中性点绝缘有35、44、60kV电压等级），所以需在中性点上加装避雷器或间隙用以保护。

三、旋转电机的防雷保护

直接与架空线相连的旋转电机（包括发电机、同期调相机、大型电动机等）称为直配电机，在此情况下因线路上的雷电波可以直接传入电机，故其防雷保护显得特别突出。旋转电机的防雷保护应包括电机主绝缘、匝间绝缘和中性点绝缘的保护。

1. 旋转电机防雷保护的特点

（1）由于结构和工艺上的特点，在相同电压等级的电气设备中旋转电机的绝缘水平是最低的。旋转电机主绝缘的出厂冲击耐压值与变压器冲击耐压值的比较见表 10-6。

从表 10-6 可知，旋转电机出厂冲击耐压值仅为变压器的 1/2.5～1/4，而且在运行过程中，由于受到机械、电、热和化学的联合作用，电机的绝缘将会老化。因此，运行中电机主绝缘的实际冲击耐压将较表中所列数值为低。

保护电机用氧化锌避雷器见表 10-7，表中给出了 3～10kV 陶瓷绝缘外套氧化锌避雷器主要技术参数。

表 10-6　电机和变压器的冲击耐压值

电机额定电压（有效值，kV）	电机出厂冲击耐压（幅值，kV）	同级变压器出厂冲击耐压（幅值，kV）	FCD 型磁吹避雷器 3kA 下残压（幅值，kV）
10.5	34	80	31
13.8	43.3	108	40
15.75	48.8	108	45

（2）从表 10-6 和表 10-7 可知，保护旋转电机用的避雷器的保护性能与电机绝缘水平的配合裕度很小。电机出厂冲击耐压值只比避雷器残压高 8%～10%。

表 10-7　保护电机用氧化锌避雷器

产品型号	系统额定电压	避雷器额定电压	避雷器持续运行电压	直流 1mA 参考电压	2ms 方波通流容量	残压			泄漏电流	爬电比距
						雷电冲击电流	陡波冲击电流	操作冲击电流		
	（有效值，kV）			kV	A	（峰值，kV）			μA	mm/kV
Y2.5W-3.8/9.5	3.2	3.8	2	≥5.7	400	≤9.5	≤10.7	≤7.6	≤20	35
Y2.5W-7.6/19	6.3	7.6	4	≥11.2	400	≤19	≤21	≤15	≤20	33
Y2.5W-12.7/31	10.5	12.7	6.6	≥18.6	400	≤31	≤34.7	≤25	≤20	32
Y2.5W-4/9.5	3.2	4	3.2	≥5.7	400	≤9.5	≤10.7	≤7.6	≤20	35
Y2.5W-8/18.7	6.3	8	6.3	≥11.2	400	≤18.7	≤21	≤15	≤20	33
Y2.5W-13.5/31	10.5	13.5	10.5	≥18.6	400	≤31	≤34.7	≤25	≤20	32
MYGK-6kV/5kA	6.3	8	6.3	≥11.2	400	≤18.7	≤21	≤15	≤20	33
MYGK-10kV/5kA	10.5	13.5	10.5	≥18.6	400	≤31	≤34.7	≤25	≤20	32

2. 旋转电机的防雷保护

旋转电机的防雷保护应根据发电机的容量、重要性以及当地雷电活动的情况，因地制宜地加以处理。我国规定 60 000kW 以上的发电机不宜与架空线路直接相连。

一般来说，发电机绕组中性点是不接地的，三相进波时在直角波头情况下，中性点电压可达相端电压的 2 倍，因此必须对中性点采取保护措施。试验表明，入侵波陡度降低时，中性点过电压也随之减小，当入侵波陡度降至 2kV/μs 以下时，中性点过电压将不超过相端的过电压。

作用在直配电机上的大气过电压有两类：①与电机相连的架空线路上的感应雷过电压；②由雷直击于与电机相连的架空线路而引起的，这是直配电机防雷的主要方面。感应雷过电压出现的机会较多。如前述，感应雷过电压是由线路导线上的感应电荷转为自由电荷所引起的，在相同的感应电荷下，增加导线对地电容可以降低感应过电压，为了限制作用在电机上的感应过电压，使之低于电机的冲击耐压强度值，可在发电机电压母线上装设电容器，如图 10 - 35 所示。

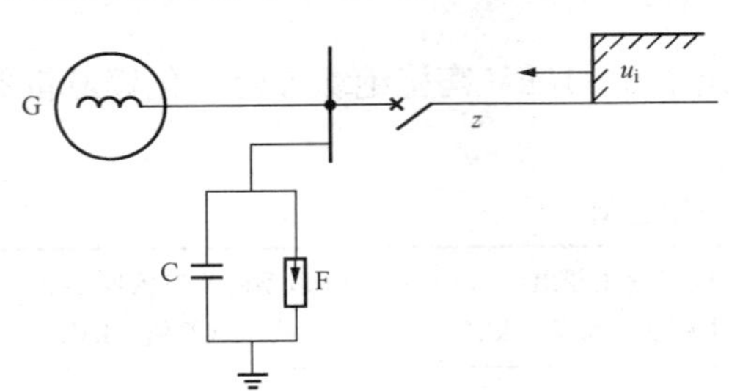

图 10 - 35　电机母线上装设避雷器和电容 C

旋转电机的防雷措施有：

(1) 在每台发电机出线母线处装设一组避雷器，以限制雷电侵入波的幅值。同时，采取进线保护措施以限制流经避雷器中的雷电流。

(2) 在发电机电压母线上装设电容器。一般旋转电机的绝缘水平都较低，线圈匝间绝缘强度更低。加装电容器的目的是降低雷电流的陡度从而降低匝间绝缘电位梯度，避免匝间绝缘击穿和防止电机中性点出现危险的过电压。为了保护匝间绝缘，必须将侵入波的陡度 a 限制在 5kV/μs 以下。

(3) 进线段保护。为了限制流经电机母线上装设的避雷器中的雷电流小于规定值（FCD 型为 3kA），需要设置进线保护段，如图 10 - 36 所示。

图 10 - 36 所示为电缆与避雷器联合作用的典型进线保护段。雷电波入侵时，避雷器 F2 动作，电缆芯线与外皮经 F2 短接在一起，雷电流流过 F2 和接地电阻形成的电压同时作用在外皮与芯线上，沿着外皮将有电流 i 流向电机侧，由于集肤效应，电流大部分通过外皮，从而减小流过芯线的电流，也即限制了流经 F1 的雷电流。

计算表明，当电缆长度为 100m，电缆末端外皮接地引下线到接地网的距离为 12m，F2 接地电阻为 5Ω，电缆段首端落雷且雷电流幅值为 50kA 时，流经每相 FCD 的雷电流不会超过 3kA，即此种保护接线的耐雷水平为 50kA。

该进线段保护的限流作用完全依靠 F2 动作，但由于电缆线的波阻抗远比架空线为小，侵入波到达图 10 - 36 中的 A 点时将发生负反射，使 A 点电压降低，因此实际上 F2 的动作是有困难的。若 F2 不动作，则电缆段的限流作用将不能发挥，流经 F1 的电流就有可能超过规定值。为了避免上述情况的发生，可将 F2 沿架空线前移 70m，

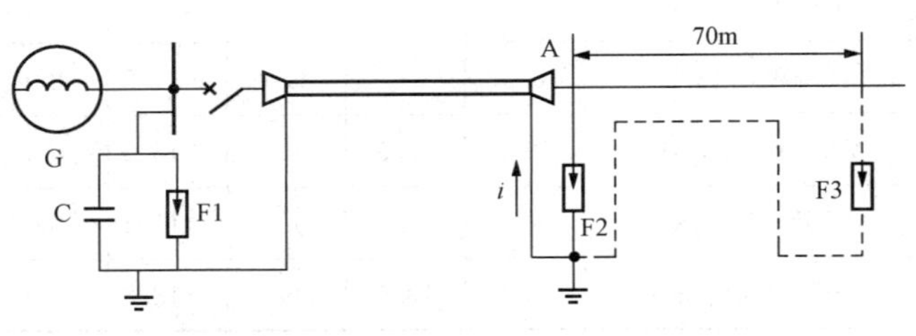

图 10 - 36　电机进线段保护

如图 10-36 中的 F3 虚线所示。在电缆首端 A 点与 F2 之间加装 100～300μH 的电感可达到相同的效果。

（4）电机中性点保护。要保护电机中性点的绝缘，除了限制侵入波的陡度 a 不超过 2kV/μs 之外，尚需在中性点加装避雷器。考虑到电机在受到雷击时可能有单相接地的存在，中性点将出现相电压，故中性点避雷器（FCD 型）的灭弧电压应大于相电压。用于电机中性点保护的氧化锌避雷器见表 10-8，表中给出了 3～10kV 陶瓷绝缘外套氧化锌避雷器主要技术参数。若电机中性点不能引出，则需将每相电容增大至 1.5～2μF，以进一步降低侵入波的陡度，确保中性点的绝缘安全。

表 10-8　　电机中性点保护用氧化锌避雷器

产品型号	系统额定电压	避雷器额定电压	避雷器持续运行电压	直流 1mA 参考电压	2ms 方波通流容量	残压			泄漏电流	爬电比距
						雷电冲击电流	陡波冲击电流	操作冲击电流		
	（有效值，kV）			kV	A	（峰值，kV）			μA	mm/kV
Y1.5W-2.4/6	3.2	2.4	1.9	≥3.4	400	6		≤5	≤20	35
Y1.5W-4.8/12	6.3	4.8	3.8	≥6.8	400	12		≤10	≤20	33
Y1.5W-8/19	10.5	8	6.4	≥11.4	400	19		≤15.9	≤20	32

（5）典型接线。规程规定的大容量（25 000～60 000kW）的直配电机的典型保护接线如图 10-37 所示。图中，L 为限制工频短路电流用电抗器，非为防雷专设。L 前加装一台避雷器，以保护电抗器和电缆终端。由于 L 的存在，使侵入波的陡度进一步降低。

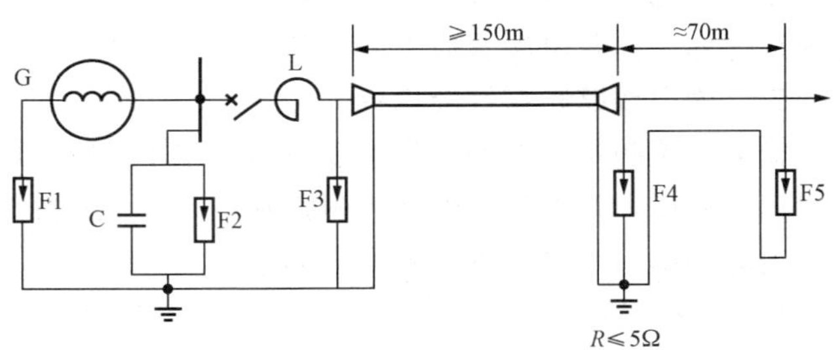

图 10-37　25 000～60 000kW 直配电机的典型保护接线

容量较小（6000kW 以下）或少雷区的直配电机的保护接线如图 10-38 所示。在进线保护段长度 l_b 内应装设避雷针或线。进线段的长度 l_b 一般为 450～600m。流经母线避雷器的雷电流与 F1 的接地电阻 R 有关，R 越小，流经 F3 的雷电流越小。进线长度越长，其等效电感越大，则流经 F3 的雷电流越小。

DL/T 620—1997 建议：

对 3、6kV 线路

$$\frac{l_b}{R} \geqslant 200 \tag{10-33}$$

对 10kV 线路

$$\frac{l_b}{R} \geqslant 150 \tag{10-34}$$

如果达不到要求，应再装设一组避雷器 F4，如图 10-38 中的虚线所示。图中，F2 用来保护开路状态的断路器或隔离开关。

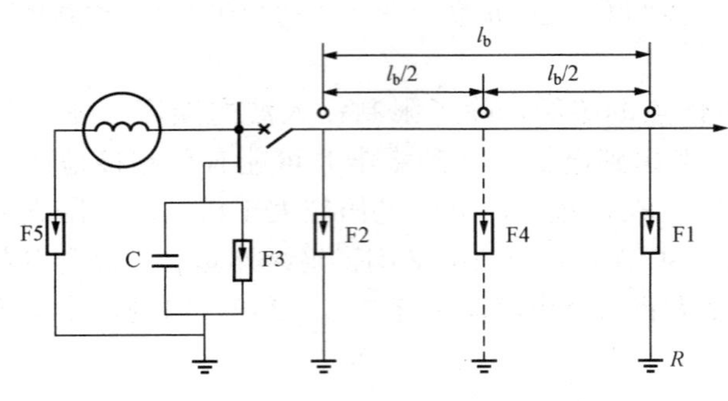

图 10-38 6000kW 以下直配电机或少雷区直配电机的保护接线

根据我国运行经验，在一般情况下，无架空直配线路的电机不需要装设电容器和避雷器。在多雷区，对特别重要的发电机，则宜在发电机出线上装设一组FCD型（或氧化锌）避雷器。若发电机与变压器之间有长度大于50m的架空母线或软连线时，此段母线除应对直击雷进行保护，还应防止雷击附近而产生的感应过电压。此时，应在电机每相出线上加装不小于0.15μF的电容器，或加装磁吹避雷器或氧化锌避雷器。

第五节 输电线路的防雷保护

输电线路纵横延伸，地处旷野，易受雷击，雷击线路造成的跳闸事故在电网总事故中占有很大比例。同时，雷击线路时自线路入侵变电站的雷电波也是威胁变电站的主要因素。因此，对线路的防雷保护应予充分重视。

一、输电线路的过电压类型

输电线路上出现的大气过电压有两种：①雷直击于线路引起的直击雷过电压；②雷击线路附近地面，由于电磁感应引起的感应雷过电压。

二、输电线路防雷性能指标

输电线路防雷性能的优劣主要由耐雷水平及雷击跳闸率来衡量。雷击线路时线路绝缘不发生闪络的最大雷电流幅值称为耐雷水平，以kA为单位。低于耐雷水平的雷电流击于线路不会引起闪络；反之，则必然发生闪络。

每100km线路每年由雷击引起的跳闸次数称为雷击跳闸率，这是衡量线路防雷性能的综合指标。

三、输电线路的防雷措施

在确定输电线路的防雷方式时，应全面考虑线路的重要程度、系统运行方式、线路经过地区雷电活动的强弱、地形地貌的特点、土壤电阻率的高低等条件，结合当地原有线路的运行经验，根据技术经济比较的结果，因地制宜，采取合理的保护措施。

1. 架设避雷线

避雷线是高压和超高压输电线路最基本的防雷措施，其主要目的是防止雷电直击导线。此外，避雷线对雷电流还有分流作用，可以减小流入杆塔的雷电流，使塔顶电位下降；对导线有耦合作用，可以降低导线上的感应过电压。

我国规程规定：330kV及以上线路应全线架设双避雷线；220kV线路应全线架设避雷线；110kV线路一般应全线装设避雷线，但在少雷区或者运行经验证明雷电活动轻微的地区可以不沿全线架设避雷线。

为了降低正常工作时避雷线中电流引起的附加损耗和将避雷线兼作通信用，可将避雷线经小间隙对地绝缘，雷击时此小间隙击穿，避雷线接地。

2. 降低杆塔接地电阻

对于一般高度的杆塔，降低杆塔的接地电阻是提高线路耐雷水平、防止反击的有效措施。规程规定：有避雷线的线路，每基杆塔（不连避雷线）的工频接地电阻，在雷季干燥时不宜超过表 10 - 9 所列数值。

表 10 - 9　　有避雷线输电线路杆塔的工频接地电阻

土壤电阻率（Ω·m）	100 及以下	100～500	500～1000	1000～2000	2000 以上
接地电阻（Ω）	10	15	20	25	30

在土壤电阻率低的地区，应充分利用杆塔的自然接地电阻，采用与线路平行的地中伸长地线的办法，因其与导线间的耦合作用可降低绝缘子串上的电压，从而使线路的耐雷水平提高。

3. 架设耦合地线

在降低杆塔接地电阻有困难时，可以采用在导线下方架设地线的措施，其作用是增加避雷线与导线间的耦合作用以降低绝缘子串上的电压。此外，耦合地线还可增加对雷电流的分流作用。运行经验证明，耦合地线对降低雷击跳闸率的作用是很显著的。

4. 用不平衡绝缘方式

在现代高压及超高压线路中，同杆架设的双回路线路日益增多，对此类线路，在采用通常的防雷措施尚不能满足要求时，还可采用不平衡绝缘方式来降低双回路雷击同时跳闸率，以保证不中断供电。不平衡绝缘的原则是使两回路的绝缘子串片数有差异，雷击时绝缘子串片数少的回路先闪络，闪络后的导线相当于地线，增加了对另一回路导线的耦合作用，提高了另一回路的耐雷水平使之不发生闪络以保证继续供电。一般认为，两回路绝缘水平的差异宜为$\sqrt{3}$倍相电压幅值，差异过大将使线路总故障率增加。差异究竟取多少，应通过技术经济比较来决定。

5. 装设自动重合闸

由于雷击造成的闪络大多能在跳闸后自行恢复绝缘性能，线路重合闸成功率比较高。据统计：我国 110kV 及以上高压线路重合成功率为 75%～95%；35kV 及以下线路约为 50%～80%。因此，各电压等级的线路应尽量装设自动重合闸。

6. 采用消弧线圈接地方式

对于雷电活动强烈、接地电阻又难以降低的地区，可考虑采用中性点不接地或经消弧线圈接地的方式。绝大多数的单相着雷闪络接地故障能被消弧线圈消除；而在两相或三相着雷时，雷击所引起的第一相导线闪络并不会造成跳闸，闪络后的导线相当于地线，增加了耦合作用，使未闪络相的绝缘子串上的电压下降，从而提高了耐雷水平。

7. 装设避雷器

一般在线路交叉处和在高杆塔上装设避雷器以限制过电压。

8. 加强绝缘

对于高杆塔，可采取增加绝缘子串片数的办法来提高其防雷性能。高杆塔的等值电感大，感应过电压大，绕击率也随高度而增加。因此，规程规定：全高超过 40m 有避雷线的杆塔，每增高 10m，应增加一片绝缘子；全高超过 100m 的杆塔，绝缘子数应结合运行经验，通过计算确定。

第六节 电力系统中避雷器的配置

根据DL/T 620—1997的有关规定，对于电力系统安装避雷器主要有以下要求：

（1）配电装置的每组母线上，应各装设一组避雷器，但进出线都装设避雷器时除外。

（2）220kV及以下主变压器到母线避雷器的电气距离超过允许值时，应在主变压器附近增设一组避雷器。电气距离指主变压器到母线避雷器连接导体的长度。

（3）自耦变压器的两个自耦合绕组的出线上各装设一组避雷器，并且应接在变压器与断路器之间。

（4）下列情况的变压器的低压绕组三相出线上应装设避雷器：①与架空线路连接的三绕组变压器（包括自耦、分裂变压器）的低压侧，有开路运行的可能时；②发电厂的双绕组变压器，当发电机断开时由高压侧倒送厂用电时。

（5）下列情况的变压器中性点应装设避雷器：①中性点直接接地系统中，变压器中性点为分级绝缘且装有隔离开关时；②变压器中性点为全绝缘，但变电站为单进线且为单台变压器运行时；③中性点非直接接地系统中，多雷区的单进线变电站的变压器中性点。

注意：①变压器（电抗器等）绕组的所有与端子相连接的出线端（包括中性点端）都具有相同的对地工频耐受电压的绝缘，称全绝缘；②若变压器靠近中性点（尾端）部分的绝缘水平比其首端低，即首尾端绝缘水平不同，称分级绝缘或半绝缘；③多雷区是指平均年雷暴日数超过40日但不超过90日的地区。

（6）单元接线中的发电机出口宜装设一组避雷器。

（7）接在发电机电压母线上的发电机，即与直配线连接的发电机（简称直配线发电机），当其容量为25MW及以上时，应在发电机出线处装设一组避雷器；当其容量为25MW以下时，应尽量将母线上的避雷器靠近发电机装设或装在发电机出线上。

（8）如直配线发电机中性点引出且未直接接地，应在中性点装设一台避雷器。

（9）连接在变压器低压侧的调相机出线处应装设一组避雷器。

（10）35～220kV配电装置，在雷季，如线路的隔离开关或断路器可能经常断路运行，同时线路侧又带电，应在靠近隔离开关或断路器处装设一组避雷器。

（11）发电厂、变电站的35kV及以上电缆进线段，在电缆与架空线的连接处应装设避雷器，其接地端应与电缆金属外皮连接。

（12）3～10kV配电装置的架空线上，一般装设一组避雷器，有电缆段的架空线路，避雷器应装设在电缆头附近。

（13）SF_6全封闭组合电器（GIS）的架空线路侧，必须装设避雷器。

思考题与习题

10-1 试说明在何种情况下，保护变电站免受直击雷的避雷针可以装设在变电站构架上？何种情况下不行，为什么？

10-2 当雷电波自线路入侵变电站时，试分析变压器上出现振荡波的原因，以及变压器上电压高于避雷器残压的原因。

10-3　为什么要限制入侵波的陡度？一般采取什么措施？

10-4　一般采取什么措施来限制流经避雷器的雷电流使之不超过 5kA，若超过则可能出现什么后果？

10-5　为什么说直配电机的防雷保护比变电站更为困难？

10-6　在直配电机的防雷保护方案中，采取什么措施来降低入侵波的陡度？为什么不能采取与变电站相同的措施？限制入侵波陡度的目的与变电站是否相同？

10-7　试说明直配电机防雷接线耐雷水平的含义。

10-8　某电厂的原油罐，直径为 10m，高出地面 10m，用独立避雷针保护，针距罐壁至少 5m。试设计避雷针的高度。

附录Ⅰ 课程设计任务书

参考课题一

《电气工程基础》课程设计任务书

题目 ××110/10kV 变电站电气部分设计

专业＿＿＿＿＿＿**班级**＿＿＿＿＿＿**学号**＿＿＿＿＿＿**姓名**＿＿＿＿＿＿

一、设计内容

(1) 对待设计 110kV 变电站在电力系统中的地位和作用进行分析；

(2) 选择待设计变电站主变压器的台数、容量、型式；

(3) 分析确定高、低压侧主接线及配电装置型式；

(4) 进行互感器、避雷器等电气设备配置；

(5) 进行短路电流计算；

(6) 选择变电站高、低压侧的断路器、隔离开关；

(7) 选择 10kV 硬母线；

(8) 进行变电站继电保护及自动装置配置；

(9) 编写设计说明书、计算书，绘制电气主接线图。

二、设计文件及图纸要求

(1) 设计说明书一份；

(2) 设计计算书一份；

(3) 计算机绘制变电站电气主接线图一张。

三、有关原始资料

(1) 发电厂、变电站地理位置图（见图Ⅰ-1），各变电站布置方式无特殊要求；

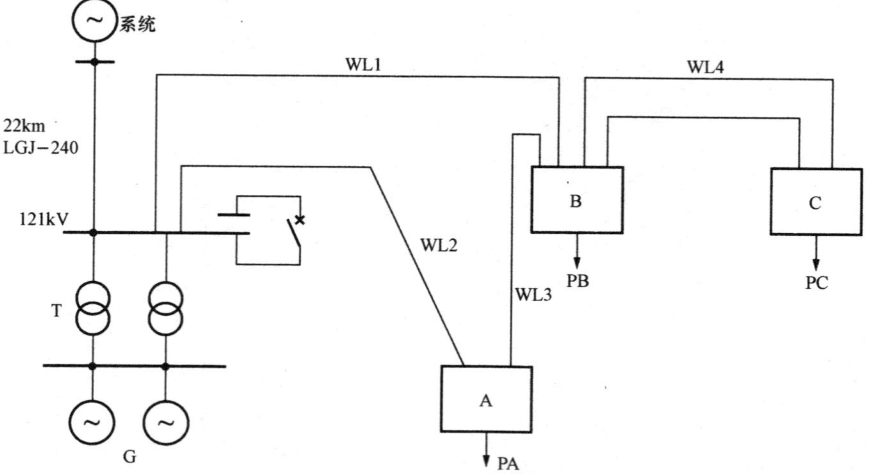

图Ⅰ-1 发电厂、变电站地理位置图

(2) 环境最高气温40℃，最热月最高平均气温32℃；

(3) 110kV输电线路电抗均按0.4Ω/km计；

(4) 最大运行方式时，发电机并联运行，线路全部运行；

(5) 各变电站负荷的功率因数cosφ均按0.9计；

(6) 设计参数，见表Ⅰ-1。

表Ⅰ-1　变电站电气部分设计参数

条件序号	输电线路长度（km）				系统容量（MVA）	各变电站10kV最大负荷（MW）					
	WL1	WL2	WL3	WL4		PA	重要负荷率	PB	重要负荷率	PC	重要负荷率
1							65%		70%		55%
2											
3											
4											

注　每一组条件由教师给定WL1～WL4、PA～PC以及系统容量数据，每组有A、B、C三个变电站需设计。可根据学生人数给出多组条件。

图Ⅰ-1中发电机和变压器参数为：

G—汽轮发电机：QFS-50-2，10.5kV，50MW，cosφ=0.8，X''_d=0.195；

T—变压器：SF10-63000/121±2×2.5%，YNd11，U_k%=10.5，P_0=45.5kW，P_k=221kW，I_0（%）=0.4。

参考课题二

《电气工程基础》课程设计任务书

题目＿＿＿某机械厂降压变电站的电气设计＿＿＿

专业＿＿＿＿＿**班级**＿＿＿＿＿**学号**＿＿＿＿＿**姓名**＿＿＿＿＿

一、设计内容

(1) 负荷计算和无功功率补偿；

(2) 变电站位置和型式的选择；

(3) 变电站主变压器台数、容量与类型的选择；

(4) 变电站主接线方案的设计；

(5) 短路电流的计算；

(6) 变电站一次设备的选择与校验；

(7) 变电站进出线的选择与校验；

(8) 变电站二次回路方案的选择及继电保护的整定；

(9) 防雷保护和接地装置的设计。

二、设计文件及图纸要求

（1）设计说明书一份；

（2）设计计算书一份；

（3）计算机绘制变电站电气主接线图一张；

（4）变电站平、剖面图 1 张；

（5）其他，如某些二次回路接线图等。

三、有关原始资料

1. 工厂总平面图

工厂总平面图如图Ⅰ-2 所示。

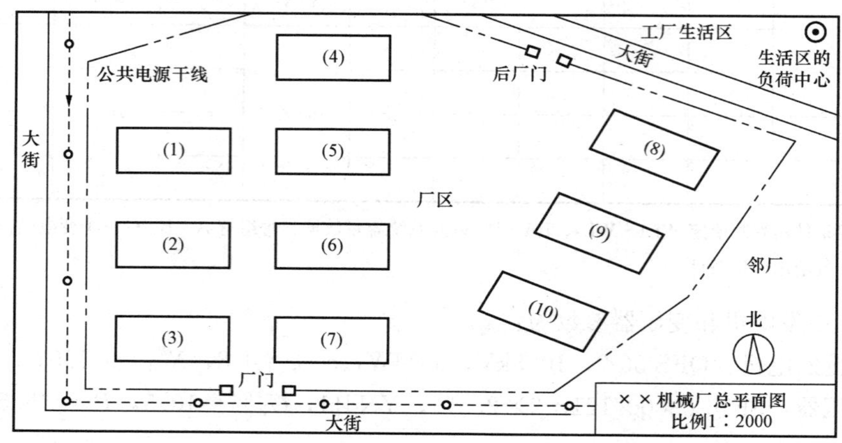

图Ⅰ-2 工厂总平面图

2. 工厂负荷情况

该厂多数车间为两班制，年最大负荷利用小时为 4800h，日最大负荷持续时间为 6h。该厂除铸造车间、电镀车间和锅炉房属二级负荷外，其余均属三级负荷。该厂的具体负荷统计资料见表Ⅰ-2。

表Ⅰ-2 工厂负荷统计资料

厂房编号	厂房名称	负荷类别	设备容量（kW）	需要系数 K_d	功率因数 $\cos\varphi$
1	铸造车间	动力	300	0.3	0.70
		照明	6	0.8	1.0
2	锻压车间	动力	350	0.3	0.65
		照明	8	0.7	1.0
7	金工车间	动力	400	0.2	0.65
		照明	10	0.8	1.0
6	工具车间	动力	360	0.3	0.60
		照明	7	0.9	1.0

续表

厂房编号	厂房名称	负荷类别	设备容量（kW）	需要系数 K_d	功率因数 $\cos\varphi$
4	电镀车间	动力	250	0.5	0.80
		照明	5	0.8	1.0
3	热处理车间	动力	150	0.6	0.80
		照明	5	0.8	1.0
9	装配车间	动力	180	0.3	0.70
		照明	6	0.8	1.0
10	机修车间	动力	160	0.2	0.65
		照明	4	0.8	1.0
9	锅炉房	动力	50	0.7	0.80
		照明	1	0.8	1.0
8	仓库	动力	20	0.4	0.80
		照明	1	0.8	1.0
生活区		照明	350	0.7	0.90

3. 供电电源情况

按照工厂与当地供电部门签订的供用电协议规定，该厂可由附近一条10kV的供用电源干线取得工作电源，该干线的走向参看图Ⅰ-2。该干线的导线型号为LGJ－150，导线为等边三角形排列，线距为2m；干线首端距离工厂约8km。干线首端所装设的高压断路器断流容量为500MVA，此断路器配备有定时限过电流保护和电流速断保护，定时限过电流保护整定的动作时间为1.7s。为满足工厂二级负荷的要求，可采用高压联络线由邻近的单位取得备用电源。已知与该厂高压侧有电气联系的架空线路总长度为80km，电缆线路总长度为25km。

4. 气象资料

该厂所在地区的年最高气温为38℃，年平均气温为23℃，年最低气温为－8℃，年最热月平均最高气温为33℃，年最热月平均气温为26℃，年最热月地下0.8m处平均气温为25℃。当地主导风向为东北风，年雷暴日数为20。

5. 地质水文资料

该厂所在地区平均海拔500m，地层以沙黏土为主，地下水位为2m。

6. 电费制度

该厂与当地供电部门达成协议，在工厂变电站高压侧计量电能，设专用计量柜，按两部电费制缴纳电费。每月基本电费按主变压器容量计为18元/kVA，动力电费为0.20元/kVA，照明电费为0.50元/kWh。工厂最大负荷时的功率因数不得低于0.90。此外，电力用户需按新装变压器容量计算，一次性地向供电部门缴纳供电贴费：6～10kV为800元/kVA。

参考课题三

《电气工程基础》课程设计任务书

题目 35kV终端变电站初步设计

专业________ **班级**________ **学号**________ **姓名**________

一、设计内容

(1) 变电站总体分析，并确定主变压器台数（两台）、型号、容量等；

(2) 电气主接线设计（查阅有关文献，论证设计方案）；

(3) 无功补偿设计及相关短路电流计算；

(4) 电气设备选择（各电压级下母线、断路器、隔离开关及出线的架空线路所用导线等）；

(5) 配电装置及电气总平面图设计；

(6) 防雷保护设计及出线继电保护整定。

二、设计文件及图纸要求

(1) 设计说明书一份；

(2) 设计计算书一份；

(3) 电气主接线图；

(4) 配电装置平面布置图、间隔断面图；

(5) 避雷针平面布置及保护范围。

三、有关原始资料

1. 设计依据

该站为位于矿区负荷中心的新建变电站，除供给本矿区工业及生活用电外，还向周围乡镇工业企业及农业供电。变电站位于该地区负荷中心，为保证电能质量，必须保证供电可靠性。由于Ⅰ类和Ⅱ类负荷所占比重较大，故对电能质量提出很高要求，特别是铁矿，一旦停电，除造成经济损失外，还易造成人身伤亡，因此该变电站属地区重要变电站。

其电力系统接线简图如图Ⅰ-3所示。

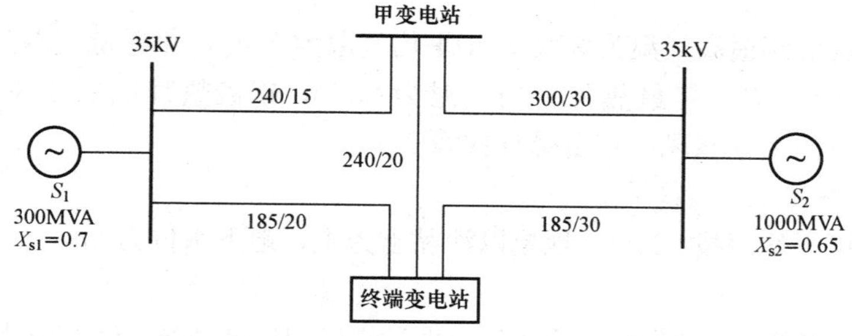

图Ⅰ-3 电力系统接线简图

附注：

(1) 图Ⅰ-3中，系统容量、系统阻抗均相当于最大运行方式。

(2) 最小运行方式下：$S_1=250\text{MVA}$，$X_{s1}=0.80$；$S_2=800\text{MVA}$，$X_{s2}=0.70$。

(3) 系统可保证本站 110kV 母线电压波动在±5%以内。

2. 建设性质及其规模

该地区矿产资源丰富，工农业发展前景良好，为满足该县工农业生产及人民生活用电要求，决定新建本变电站。

电压等级：35/10kV。

线路回数：35kV，总 5 回，远景 2 回，近期 3 回；10kV，总 16 回，远景 2 回，近期 14 回。

3. 地形、地质、水文、气象等条件

所址地区海拔 250m，地势平坦，输电线路走廊开阔，地震烈度 6 度。土壤性质为黄黏土，地耐力 2.5kg/cm^2，土壤电阻率 120Ω·m。年最高气温+40℃，年最低温度为－10℃，年平均气温 15℃，最热月平均最高温度为+32℃。最大风速为 25m/s，微风风速 3.5m/s，属于我国典型 III 级气象区。常年主导风向为 NW。历年最大覆冰厚度为 5mm。热阻系数 $\rho=120°\text{C}\cdot\text{cm/W}$，土壤温度 20℃。

4. 变电站地理位置

变电站地理位置简图如图Ⅰ-4 所示。

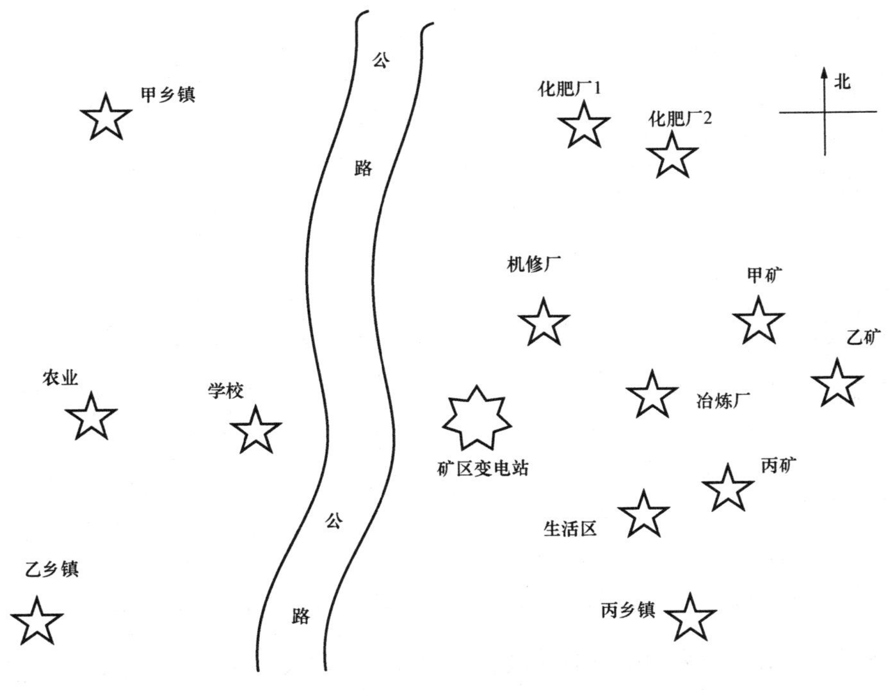

图Ⅰ-4　变电站地理位置

5. 各电压等级主要负荷

(1) 综合最大计算负荷计算公式为

$$S_{js}=K_t\left(\sum\frac{P_{i.\max}}{\cos\varphi}\right)(1+\alpha\%)$$

式中：K_t 为同时系数，出线回数较少时，可取 0.9～0.95，出线回数较多时，取 0.85～0.9；$\alpha\%$为线损，取 5%。

（2）各电压级具体负荷情况见表Ⅰ-3。

表Ⅰ-3 各级负荷情况

电压等级	负荷名称	最大负荷（MW）		穿越功率（MW）		负荷组成（%）			自然公率	T_{max}（h）	线路长度（km）	备注
		近期	远景	近期	远景	一级	二级	三级				
35kV	桃云线			15	20							
	桃源线			10	15							
	桃化线			10	15							
	备用一				10							
	备用二				15							
10kV	甲乡镇变电站	3.2	4.5			10	30		0.85	5500	18	
	乙乡镇变电站	4.3	4.8			10	30		0.85	5500	15	
	丙乡镇变电站	3.25	4.15			10	30		0.85	5500	20	
	化肥厂 1	2.75	3.8			20	35		0.9	5500	10	
	化肥厂 2	2.5	3.2			20	35		0.8	5500	8	
	甲矿 1	1.75	2.3			20	40		0.8	5500	5	
	乙矿 1	2	2.7			20	40		0.8	5500	7	
	丙矿 2	2	2.8			20	40		0.8	5500	3	
	冶炼厂 1	2.3	2.7			30	30		0.8	5500	6	
	冶炼厂 2	2.3	2.8			30	30		0.8	5500	6	
	机修厂	3	4			30	40		0.85	6000	4	
	学校	1.5	2			20	30		0.85	4500	15	
	生活区	0.8	1.2			20	30		0.79	4000	4	
	农业	1	1.5			20	20		0.6	2000	6	
	站用变压器											
	备用 1		4						0.75			
	备用 2		4						0.8			

（3）站用变压器负荷采用换算系数法，不经常而短时及不经常而断续运行的负荷均可不列入计算负荷，当有备用站用变压器时，其容量应与工作变压器相同。

站用变压器容量按下式计算

$$S \geqslant K_1 \sum P_1 + \sum P_2$$

式中：$\sum P_1$ 为站用动力负荷之和，kW；$\sum P_2$ 为电热及照明负荷之和，kW；K_1 为站用动力负荷换算系数，一般取 0.85。

站用变压器负荷计算见表Ⅰ-4。

表Ⅰ-4 站用变压器负荷计算结果

站用变压器负荷	数 量	每台容量（kW）	性 质
主变压器风扇	2×16	0.15	经常连续运行
消防生活水泵	1	5	经常而断续运行
屋内配电装置风机	1	1.1	经常连续运行
电焊	1	7.5	不经常而断续运行
生产楼空调	2	1.25	经常而断续运行
UPS 电源	1	1	经常连续运行
主控室交流电源	1	3	经常连续运行
全站照明		10	经常连续运行
设备加热器	10	1	不经常而断续运行
直流屏	1	10.5	经常连续运行

附录Ⅱ 短路电流计算曲线数字表

表Ⅱ-1 汽轮发电机短路电流计算曲线数字表

X_c	t (s)										
	0	0.01	0.06	0.1	0.2	0.4	0.5	0.6	1	2	4
0.12	8.963	8.603	7.186	6.400	5.220	4.252	4.006	3.821	3.344	2.795	2.512
0.14	7.718	7.467	6.441	5.839	4.878	4.040	3.829	3.673	3.280	2.808	2.526
0.16	6.763	6.545	5.660	5.146	4.336	3.649	3.481	3.359	3.060	2.706	2.490
0.18	6.020	5.844	5.122	4.697	4.016	3.429	3.288	3.186	2.944	2.659	2.476
0.20	5.432	5.280	4.661	4.297	3.715	3.217	3.099	3.016	2.825	2.607	2.462
0.22	4.938	4.813	4.296	3.988	3.487	3.052	2.951	2.882	2.729	2.561	2.444
0.24	4.526	4.421	3.984	3.721	3.286	2.904	2.816	2.758	2.628	2.515	2.425
0.26	4.178	4.088	3.714	3.486	3.106	2.769	2.693	2.644	2.551	2.467	4.404
0.28	3.872	3.705	3.472	3.274	2.939	2.641	2.575	2.534	2.464	2.415	2.378
0.30	3.603	3.536	3.255	3.081	2.785	2.520	2.463	2.429	2.379	2.360	2.347
0.32	6.368	3.310	3.063	2.909	2.646	2.410	2.360	2.332	2.299	2.306	2.316
0.34	3.159	3.108	2.891	2.754	2.519	2.308	2.264	2.241	2.222	2.252	2.283
0.36	2.975	2.930	2.736	2.614	2.403	2.213	2.175	2.156	2.149	2.109	2.250
0.38	2.811	2.770	2.597	2.487	2.297	2.126	2.093	2.077	2.081	2.148	2.217
0.40	2.664	2.628	2.471	2.372	2.199	2.045	2.017	2.004	2.017	2.099	2.184
0.42	2.531	2.499	2.357	2.267	2.110	1.970	1.946	1.936	1.956	2.052	2.151
0.44	2.411	2.382	2.253	1.170	2.027	1.900	1.879	1.872	1.899	2.006	2.119
0.46	2.302	2.275	2.157	2.082	1.950	1.835	1.817	1.812	1.845	1.963	2.088
0.48	2.203	2.178	2.069	2.000	1.879	1.774	1.759	1.756	1.794	1.921	2.057
0.50	2.111	2.088	1.988	1.924	1.813	1.717	1.704	1.703	1.746	1.880	2.027
0.55	1.913	1.894	1.810	1.757	1.665	1.589	1.581	1.583	1.635	1.785	1.953
0.60	1.748	1.732	1.662	1.617	1.539	1.478	1.474	1.479	1.538	1.699	1.884
0.65	1.610	1.596	1.535	1.497	1.431	1.382	1.391	1.388	1.452	1.621	1.819
0.70	1.492	1.479	1.426	1.393	1.336	1.297	1.298	1.307	1.375	1.549	1.734
0.75	1.390	1.379	1.332	1.302	1.253	1.221	1.225	1.235	1.305	1.484	1.596
0.80	1.301	1.291	1.249	1.223	1.179	1.154	1.159	1.171	1.243	1.424	1.474
0.85	1.222	1.214	1.176	1.152	1.114	1.094	1.100	1.112	1.186	1.358	1.370
0.90	1.153	1.145	1.110	1.089	1.055	1.039	1.047	1.060	1.134	1.279	1.279
0.95	1.091	1.084	1.052	1.032	1.002	0.990	0.998	1.012	1.087	1.200	1.200
1.00	1.035	1.028	0.999	0.981	0.954	0.945	0.954	0.968	1.043	1.129	1.129
1.05	0.985	0.979	0.952	0.935	0.910	0.904	0.914	0.928	1.003	1.067	1.067
1.10	0.940	0.934	0.908	0.893	0.870	0.866	0.876	0.891	0.966	0.011	0.011

续表

X_c	t (s)										
	0	0.01	0.06	0.1	0.2	0.4	0.5	0.6	1	2	4
1.15	0.898	0.892	0.869	0.854	0.833	0.832	0.842	0.857	0.932	0.961	0.961
1.20	0.860	0.855	0.832	0.819	0.800	0.800	0.811	0.825	0.898	0.915	0.915
1.25	0.825	0.820	0.799	0.786	0.769	0.770	0.781	0.796	0.864	0.874	0.874
1.30	0.793	0.788	0.768	0.756	0.740	0.743	0.754	0.769	0.621	0.836	0.836
1.35	0.763	0.758	0.739	0.728	0.713	0.717	0.728	0.743	0.800	0.802	0.802
1.40	0.735	0.731	0.713	0.703	0.688	0.693	0.705	0.720	0.769	0.770	0.770
1.45	0.710	0.705	0.688	0.678	0.665	0.671	0.682	0.697	0.740	0.740	0.740
1.50	0.686	0.682	0.665	0.656	0.644	0.650	0.662	0.676	0.713	0.713	0.713
1.55	0.663	0.659	0.644	0.635	0.623	0.630	0.642	0.657	0.687	0.687	0.687
1.60	0.642	0.639	0.623	0.615	0.604	0.612	0.624	0.638	0.664	0.664	0.664
1.65	0.622	0.619	0.605	0.596	0.586	0.594	0.606	0.621	0.642	0.642	0.642
1.70	0.604	0.601	0.587	0.579	0.570	0.478	0.590	0.604	0.621	0.621	0.621
1.75	0.586	0.583	0.570	0.562	0.554	0.562	0.574	0.589	0.602	0.602	0.602
1.80	0.570	0.567	0.554	0.547	0.539	0.548	0.559	0.573	0.584	0.584	0.584
1.85	0.554	0.551	0.539	0.532	0.524	0.534	0.545	0.559	0.566	0.566	0.566
1.90	0.540	0.537	0.525	0.518	0.511	0.521	0.532	0.544	0.550	0.550	0.550
1.95	0.526	0.523	0.511	0.505	0.498	0.508	0.520	0.530	0.535	0.535	0.535
2.00	0.512	0.510	0.498	0.492	0.486	0.796	0.508	0.517	0.521	0.521	0.521
2.05	0.500	0.497	0.486	0.480	0.474	0.485	0.496	0.504	0.507	0.507	0.507
2.10	0.488	0.485	0.475	0.469	0.463	0.474	0.485	0.792	0.494	0.494	0.494
2.15	0.476	0.474	0.464	0.458	0.453	0.463	0.474	0.481	0.482	0.482	0.482
2.20	0.465	0.463	0.453	0.448	0.443	0.453	0.464	0.470	0.470	0.470	0.470
2.25	0.455	0.453	0.443	0.438	0.430	0.444	0.454	0.459	0.459	0.459	0.459
2.30	0.445	0.443	0.433	0.428	0.424	0.435	0.444	0.448	0.448	0.448	0.448
2.35	0.435	0.433	0.424	0.419	0.415	0.426	0.435	0.438	0.438	0.438	0.438
2.40	0.426	0.424	0.415	0.411	0.407	0.418	0.426	0.428	0.428	0.428	0.428
2.45	0.417	0.415	0.407	0.402	0.399	0.410	0.417	0.419	0.419	0.419	0.419
2.50	0.409	0.407	0.399	0.394	0.391	0.402	0.409	0.410	0.410	0.410	0.410
2.55	0.400	0.399	0.391	0.387	0.383	0.394	0.401	0.402	0.402	0.402	0.402
2.60	0.392	0.391	0.383	0.379	0.376	0.387	0.393	0.393	0.393	0.393	0.393
2.65	0.385	0.384	0.376	0.372	0.369	0.380	0.385	0.386	0.386	0.386	0.386
2.70	0.377	0.377	0.369	0.365	0.362	0.373	0.378	0.378	0.378	0.378	0.378
2.75	0.370	0.370	0.362	0.359	0.356	0.367	0.371	0.371	0.371	0.371	0.371
2.80	0.363	0.363	0.356	0.352	0.350	0.361	0.364	0.364	0.364	0.364	0.364
2.85	0.357	0.356	0.350	0.346	0.344	0.354	0.357	0.357	0.357	0.357	0.357
2.90	0.350	0.350	0.344	0.340	0.338	0.348	0.351	0.351	0.351	0.351	0.351

续表

X_c	t (s)										
	0	0.01	0.06	0.1	0.2	0.4	0.5	0.6	1	2	4
2.95	0.344	0.344	0.338	0.335	0.333	0.343	0.344	0.344	0.344	0.344	0.344
3.00	0.338	0.338	0.332	0.329	0.327	0.337	0.338	0.338	0.338	0.338	0.338
3.05	0.332	0.332	0.327	0.324	0.322	0.331	0.332	0.332	0.332	0.332	0.332
3.10	0.327	0.326	0.322	0.319	0.317	0.326	0.327	0.327	0.327	0.327	0.327
3.15	0.321	0.321	0.317	0.314	0.312	0.321	0.321	0.321	0.321	0.321	0.321
3.20	0.316	0.316	0.312	0.309	0.307	0.316	0.316	0.316	0.316	0.316	0.316
3.25	0.311	0.311	0.307	0.304	0.303	0.311	0.311	0.311	0.311	0.311	0.311
3.30	0.306	0.306	0.302	0.300	0.298	0.306	0.306	0.306	0.306	0.306	0.306
3.35	0.301	0.301	0.298	0.295	0.294	0.301	0.301	0.301	0.301	0.301	0.301
3.40	0.297	0.297	0.293	0.291	0.290	0.297	0.297	0.297	0.297	0.297	0.297
3.45	0.292	0.292	0.289	0.287	0.286	0.292	0.292	0.292	0.292	0.292	0.292

表Ⅱ-2 水轮发电机短路电流计算曲线数字表

X_c	t (s)										
	0	0.01	0.06	0.1	0.2	0.4	0.5	0.6	1	2	4
0.18	6.127	5.695	4.623	4.331	4.100	3.933	3.867	3.807	3.605	3.300	3.081
0.20	5.526	5.184	4.297	4.045	3.856	3.754	3.716	3.681	3.563	3.378	3.234
0.22	5.505	4.767	4.026	3.806	3.633	3.556	3.531	3.508	3.430	3.302	3.191
0.24	4.647	4.402	3.764	3.575	3.433	3.378	3.363	3.348	3.300	3.220	3.151
0.26	4.290	4.083	3.538	3.375	3.253	3.216	3.208	3.200	3.174	3.133	3.098
0.28	3.993	3.816	3.343	3.200	3.096	3.073	3.070	3.067	3.060	3.049	3.043
0.30	3.727	3.574	3.163	3.039	2.950	2.938	2.941	2.943	2.952	2.970	2.993
0.32	3.494	3.360	3.001	2.892	2.817	2.815	2.822	3.828	2.851	2.895	2.943
0.34	3.285	3.168	2.851	2.755	2.692	2.699	2.709	2.719	2.754	2.820	2.891
0.36	3.095	2.991	2.712	2.627	2.574	2.589	2.602	2.614	2.660	2.745	2.837
0.38	2.922	2.831	2.583	2.508	2.464	2.484	2.500	2.515	2.569	2.671	2.782
0.40	2.767	2.685	2.464	2.398	2.361	2.388	2.405	2.422	2.484	2.600	2.728
0.42	2.627	2.554	2.356	2.297	2.267	2.297	2.317	2.336	2.404	2.532	2.675
0.44	2.500	2.434	2.256	2.204	2.179	2.214	2.235	2.255	2.329	2.467	2.624
0.46	2.385	2.325	2.164	2.117	2.098	2.136	2.158	2.480	2.258	2.406	2.575
0.48	2.280	2.225	2.079	2.038	2.023	2.064	2.087	2.110	2.192	2.348	2.527
0.50	2.183	2.134	2.001	1.964	1.953	1.996	2.021	2.044	2.130	2.293	2.482
0.52	2.095	2.050	1.928	1.895	1.887	1.933	1.958	1.983	2.071	2.241	2.438
0.54	2.013	1.972	1.861	1.831	1.826	1.874	1.900	1.925	2.015	2.191	2.396
0.56	1.938	1.899	1.798	1.771	1.769	1.818	1.845	1.870	1.963	2.143	2.355

续表

X_c	t (s)										
	0	0.01	0.06	0.1	0.2	0.4	0.5	0.6	1	2	4
0.60	1.802	1.770	1.683	1.662	1.665	1.717	1.744	1.770	1.866	2.054	2.263
0.65	1.658	1.630	1.559	1.543	1.550	1.605	1.633	1.660	1.759	1.950	2.137
0.70	1.534	1.511	1.452	1.440	1.451	1.507	1.535	1.562	1.663	1.846	1.964
0.75	1.428	1.408	1.358	1.349	1.363	1.420	1.449	1.476	1.578	1.741	1.794
0.80	1.336	1.318	1.276	1.270	1.286	1.343	1.372	1.400	1.498	1.620	1.642
0.85	1.254	1.239	1.203	1.199	1.217	1.274	1.303	1.331	1.423	1.507	1.513
0.90	1.182	1.169	1.138	1.135	1.155	1.121	1.241	1.268	1.352	1.403	1.403
0.95	1.118	1.106	1.080	1.078	1.099	1.156	1.185	1.210	1.282	1.308	1.308
1.00	1.061	1.050	1.027	1.027	1.048	1.105	1.132	1.156	1.211	1.225	1.225
1.05	1.009	0.999	0.979	0.980	1.002	1.058	1.084	1.105	1.146	1.152	1.152
1.10	0.962	0.953	0.936	0.937	0.959	1.015	1.038	1.057	1.085	1.087	1.087
1.15	0.919	0.911	0.896	0.898	0.920	0.974	0.995	1.011	1.029	1.029	1.029
1.20	0.880	0.872	0.859	0.862	0.885	0.936	0.955	0.966	0.977	0.977	0.977
1.25	0.843	0.837	0.825	0.829	0.852	0.900	0.916	0.923	0.930	0.930	0.930
1.30	0.810	0.804	0.794	0.798	0.821	0.866	0.878	0.884	0.888	0.888	0.888
1.35	0.780	0.774	0.765	0.769	0.792	0.834	0.843	0.847	0.849	0.849	0.849
1.40	0.751	0.746	0.738	0.743	0.766	0.803	0.810	0.712	0.813	0.813	0.813
1.45	0.725	0.720	0.713	0.718	0.740	0.774	0.778	0.780	0.780	0.780	0.780
1.50	0.700	0.696	0.690	0.695	0.717	0.746	0.749	0.750	0.750	0.750	0.750
1.55	0.677	0.673	0.668	0.673	0.694	0.719	0.722	0.722	0.722	0.722	0.722
1.60	0.655	0.652	0.647	0.652	0.673	0.694	0.696	0.696	0.696	0.696	0.696
1.65	0.635	0.632	0.628	0.633	0.653	0.671	0.672	0.672	0.672	0.672	0.672
1.70	0.616	0.613	0.610	0.615	0.634	0.649	0.649	0.649	0.649	0.649	0.649
1.75	0.598	0.595	0.592	0.598	0.616	0.628	0.628	0.628	0.628	0.628	0.628
1.80	0.581	0.578	0.576	0.582	0.599	0.608	0.608	0.608	0.608	0.608	0.608
1.85	0.565	0.563	0.561	0.566	0.582	0.590	0.590	0.590	0.590	0.590	0.590
1.90	0.550	0.548	0.546	0.552	0.566	0.572	0.572	0.572	0.572	0.572	0.572
1.95	0.536	0.533	0.532	0.538	0.551	0.556	0.556	0.556	0.556	0.556	0.556
2.00	0.522	0.520	0.519	0.524	0.537	0.540	0.540	0.540	0.540	0.540	0.540
2.05	0.509	0.507	0.507	0.512	0.523	0.525	0.525	0.525	0.525	0.525	0.525
2.10	0.497	0.495	0.495	0.500	0.510	0.512	0.512	0.512	0.512	0.512	0.512
2.15	0.485	0.483	0.483	0.488	0.497	0.498	0.498	0.498	0.498	0.498	0.498
2.20	0.474	0.472	0.472	0.477	0.485	0.486	0.486	0.486	0.486	0.486	0.486
2.25	0.463	0.462	0.462	0.466	0.473	0.474	0.474	0.474	0.474	0.474	0.474
2.30	0.453	0.452	0.452	0.456	0.462	0.462	0.462	0.462	0.462	0.462	0.462

续表

X_c	t (s)										
	0	0.01	0.06	0.1	0.2	0.4	0.5	0.6	1	2	4
2.35	0.443	0.442	0.442	0.446	0.452	0.452	0.452	0.452	0.452	0.452	0.452
2.40	0.434	0.433	0.433	0.436	0.441	0.441	0.441	0.441	0.441	0.441	0.441
2.45	0.425	0.424	0.424	0.427	0.431	0.431	0.431	0.431	0.431	0.431	0.431
2.50	0.416	0.415	0.415	0.419	0.422	0.422	0.422	0.422	0.422	0.422	0.422
2.55	0.408	0.407	0.407	0.410	0.413	0.413	0.413	0.413	0.413	0.413	0.413
2.60	0.400	0.399	0.399	0.402	0.404	0.404	0.404	0.404	0.404	0.404	0.404
2.65	0.392	0.391	0.392	0.394	0.396	0.396	0.396	0.396	0.396	0.396	0.396
2.70	0.385	0.384	0.384	0.387	0.388	0.388	0.388	0.388	0.388	0.388	0.388
2.75	0.378	0.377	0.377	0.379	0.380	0.380	0.380	0.380	0.380	0.380	0.380
2.80	0.371	0.370	0.370	0.372	0.373	0.373	0.373	0.373	0.373	0.373	0.373
2.85	0.364	0.363	0.364	0.365	0.366	0.366	0.366	0.366	0.366	0.366	0.366
2.90	0.358	0.357	0.357	0.359	0.359	0.359	0.359	0.359	0.359	0.359	0.359
2.95	0.351	0.351	0.351	0.352	0.353	0.353	0.353	0.353	0.353	0.353	0.353
3.00	0.345	0.345	0.345	0.346	0.346	0.346	0.346	0.346	0.346	0.346	0.346
3.05	0.339	0.339	0.339	0.340	0.340	0.340	0.340	0.340	0.340	0.340	0.340
3.10	0.334	0.333	0.333	0.334	0.334	0.334	0.334	0.334	0.334	0.334	0.334
3.15	0.328	0.328	0.328	0.329	0.329	0.329	0.329	0.329	0.329	0.329	0.329
3.20	0.323	0.322	0.322	0.323	0.323	0.323	0.323	0.323	0.323	0.323	0.323
3.25	0.317	0.317	0.317	0.318	0.318	0.318	0.318	0.318	0.318	0.318	0.318
3.30	0.312	0.312	0.312	0.313	0.313	0.313	0.313	0.313	0.313	0.313	0.313
3.35	0.307	0.307	0.307	0.308	0.308	0.308	0.308	0.308	0.308	0.308	0.308
3.40	0.303	0.302	0.302	0.303	0.303	0.303	0.303	0.303	0.303	0.303	0.303
3.45	0.298	0.298	0.298	0.298	0.298	0.298	0.298	0.298	0.298	0.298	0.298

附录Ⅲ　部分电力设备技术数据

表Ⅲ-1　　部分汽轮发电机技术参数

型号	TQSS2-6-2	QF2-12-2	QF2-25-2	QFS-50-2	QFN-100-2	QFS-125-2	QFS-200-2	QFS-300-2	QFSN-600-2
额定容量（MW）	6	12	25	50	100	125	200	300	600
额定电压（kV）	6.3	6.3 (10.5)	6.3 (10.5)	10.5	10.5	13.8	15.75	18	20
功率因数 $\cos\varphi$	0.8	0.8	0.8	0.8	0.85	0.85	0.85	0.85	0.90
同步电抗 X_d	2.680	1.598 (2.127)	1.944 (2.256)	2.14	1.806	1.867	1.962	2.264	2.150
暂态电抗 X'_d	0.290	0.180 (0.232)	0.196 (0.216)	0.393	0.286	0.257	0.246	0.269	0.265
次暂态电抗 X''_d	0.185	0.1133 (0.1426)	0.122 (0.136)	0.195	0.183	0.18	0.146	0.167	0.205
负序电抗 X_2	0.22	0.138 (0.174)	0.149 (0.166)	0.238	0.223	0.22	0.178	0.204	0.203
T'_{d0}（s）	2.59	8.18	11.585	4.22	6.20	6.9	7.40	8.376	8.27
T''_{d0}（s）	0.0549	0.0712	0.2089	0.089	0.1916	0.1916	0.1714	0.998	0.045
发电机 GD^2（t·m²）		1.80	4.94	5.7	13.00	14.20	23.00	34.00	40.82

注　T（位于第一个字母）—同步；T（位于第二个字母）—调相；Q（位于第一或第二个字母）—汽轮；F—发电机；Q（位于第三个字母）—氢内冷；S或SS—双内冷；K—快装；G—改进；TH—湿热。

表Ⅲ-2　　部分水轮发电机技术参数

型　　号	TS425/65-32	TS425/94-28	TS854/184-44	TS1280/180-60	TS1264/160-48
额定容量（MW）	7.5	10	72.5	150	300
额定电压（kV）	6.3	10.5	13.8	15.75	18
功率因数 $\cos\varphi$	0.8	0.8	0.85	0.85	0.875
X_d	1.186	1.070	0.845	1.036	1.253
X'_d	0.346	0.305	0.275	0.314	0.425
X''_d	0.234	0.219	0.193	0.218	0.280
X_q	0.746	0.749	0.554	0.684	0.88
X'_q			0.200		0.322
X''_q	0.547	0.228	0.197		0.289
T'_{d0}（s）		3.43	5.90	7.27	4.88
GD^2（t·m²）		540	12 600	52 000	53 000

表Ⅲ-3 **部分6～10kV电力变压器技术数据**

型号	额定容量(kVA)	额定电压(kV)	联结组号	空载损耗(kW)	短路损耗(kW)	空载电流(%)	短路阻抗(%)	备注
SC10-100/10	100	高压 11，10.5，10，6.3，6 低压 0.4	Yyn0或Dyn11	0.395	1.42	1.6	4	干式 C—成型固体浇注式
SC10-160/10	160			0.54	1.91	1.5		
SC10-200/10	200			0.62	2.27	1.3		
SC10-250/10	250			0.71	2.48	1.3		
SC10-315/10	315			0.81	3.13	1.2		
SC10-400/10	400			0.97	3.60	1.1		
SC10-500/10	500			1.17	4.40	1.0		
SC10-630/10	630			1.30	5.37	0.9	6	
SC10-800/10	800			1.53	6.27	0.8		
SC10-1000/10	1000			1.77	7.32	0.6		
SC10-1200/10	1250			2.10	8.19	0.5		
SC10-1600/10	1600			2.42	10.56	0.4		
S11-M-100/10	100			0.20	1.5	1.6	4	油浸 M—密封式
S11-M-160/10	160			0.28	2.2	1.4		
S11-M-200/10	200			0.34	2.6	1.3		
S11-M-250/10	250			0.40	3.05	1.2		
S11-M-315/10	315			0.48	3.65	1.1		
S11-M-400/10	400			0.57	4.30	1.0		
S11-M-500/10	500			0.68	5.1	1.0		
S11-M-630/10	630			0.81	6.2	0.9	4.5	
S11-M-800/10	800			0.98	7.5	0.8		
S11-M-1000/10	1000			1.15	10.3	0.7		
S11-M-1250/10	1250			1.36	12.0	0.6		
SH15-M-100/10	100			0.075	1.50	1.0	4	H—非晶合金油浸 M—密封式
SH15-M-160/10	160			0.1	2.20	0.7		
SH15-M-200/10	200			0.12	2.60	0.7		
SH15-M-250/10	250			0.14	3.05	0.7		
SH15-M-315/10	315			0.17	3.65	0.5		
SH15-M-400/10	400			0.20	4.3	0.5		
SH15-M-500/10	500			0.24	5.15	0.5		
SH15-M-630/10	630			0.32	6.20	0.30	4.5	
SH15-M-800/10	800			0.35	7.50	0.30		
SH15-M-1000/10	1000			0.45	10.30	0.30		
SH15-M-1250/10	1250			0.53	12.00	0.20		
SH15-M-1600/10	1600			0.63	14.50	0.20		

表Ⅲ-4 部分35kV双绕组电力变压器技术数据

型　号	额定容量（kVA）	额定电压（kV）	联结组号	空载损耗（kW）	短路损耗（kW）	空载电流（%）	短路阻抗（%）	备注
S10-100/35	100	高压 35±5% 低压 0.4	Yyn0	0.25	2.03	1.26	6.5	
S10-200/35	200			0.39	3.30	1.09		
S10-250/35	250			0.45	3.90	0.98		
S10-315/35	315			0.53	4.70	0.98		
S10-400/35	400			0.64	5.70	0.91		
S10-500/35	500			0.75	6.90	0.91		
S10-630/35	630			0.91	8.20	0.88		
S10-800/35	800			1.08	10.00	0.74		
S10-1000/35	1000			1.26	12.00	0.70		
S10-1250/35	1250			1.54	14.00	0.60		
S10-1600/35	1600			1.86	16.50	0.53		
S10-1000/35	1000	高压 35±5% 低压 10.5，6.3，3.15	Yd11	1.26	11.54	0.70	6.5	
S10-1250/35	1250			1.54	13.94	0.63		
S10-1600/35	1600			1.93	16.67	0.60		
S10-2000/35	2000			2.38	16.93	0.53		
S10-2500/35	2500			2.80	19.67	0.53		
S10-3150/35	3150	高压 38.5，35±5% 低压 10.5，6.3，3.15		3.33	23.09	0.50	7.0	
S10-4000/35	4000			4.00	27.36	0.50		
S10-5000/35	5000			4.73	31.40	0.42		
S10-6300/35	6300			5.74	35.06	0.42	7.5	
SZ10-2000/35	2000	高压 38.5，35 ±3×2.5% 低压 10.5，6.3		2.52	17.76	0.70	6.5	有载调压
SZ10-2500/35	2500			2.98	20.65	0.70		
SZ10-3150/35	3150			3.54	24.71	0.63	7.0	
SZ10-4000/35	4000			4.24	29.20	0.63		
SZ10-5000/35	5000			5.08	34.20	0.60		
SZ10-6300/35	6300			6.16	36.08	0.60	7.5	

表Ⅲ-5　　部分110kV双绕组电力变压器技术数据

型号	额定容量(kVA)	额定电压(kV)	联结组号	空载损耗(kW)	短路损耗(kW)	空载电流(%)	短路阻抗(%)	备注
SF10-6300/110	6300	高压 121，110 ±2×2.5% 低压 11，10.5，6.6，6.3	YNd11	8.1	34.9	0.9	10.5	
SF10-8000/110	8000			9.8	42.5	0.9		
SF10-10000/110	10 000			11.6	50.2	0.8		
SF10-12500/110	12 500			13.7	59.5	0.8		
SF10-16000/110	16 000			16.5	73.1	0.7		
SF10-20000/110	20 000			19.3	88.4	0.7		
SF10-25000/110	25 000			22.8	104.6	0.6		
SF10-31500/110	31 500			26.6	125.8	0.6		
SF10-40000/110	40 000			32.2	147.9	0.5		
SF10-50000/110	50 000			38.5	183.6	0.5		
SF10-63000/110	63 000			45.5	221	0.4		
SFZ10-6300/110	6300	高压 121，110 ±8×1.25% 低压 11，10.5，6.6，6.3		8.8	34.9	1.2	10.5	有载调压
SFZ10-8000/110	8000			10.5	42.5	1.2		
SFZ10-10000/110	10 000			12.5	50.2	1.1		
SFZ10-12500/110	12 500			14.7	59.5	1.1		
SFZ10-16000/110	16 000			17.7	73.1	1.0		
SFZ10-20000/110	20 000			21.0	88.4	1.0		
SFZ10-25000/110	25 000			24.9	104.6	0.9		
SFZ10-31500/110	31 500			29.5	125.8	0.9		
SFZ10-40000/110	40 000			35.4	147.9	0.8		
SFZ10-50000/110	50 000			41.5	183.6	0.8		
SFZ10-63000/110	63 000			49.7	221	0.7		

表Ⅲ-6　　部分110kV三绕组电力变压器技术数据

型号	额定容量(kVA)	额定电压(kV)	联结组号	空载损耗(kW)	短路损耗(kW)	空载电流(%)	短路阻抗(%)	备注
SFS10-6300/110	6300	高压 121，110 ±2×2.5% 中压 38.5，35 ±2×2.5% 低压 11，10.5，6.6，6.3	YNyn0d11	9.8	45.1	1.1	高中 10.5 高低 17～18 中低 6.5	
SFS10-8000/110	8000			11.6	53.6	1.1		
SFS10-10000/110	10 000			13.9	62.9	1.0		
SFS10-12500/110	12 500			16.1	73.9	1.0		
SFS10-16000/110	16 000			19.6	90.1	0.9		
SFS10-20000/110	20 000			23.1	106.3	0.9		
SFS10-25000/110	25 000			26.9	125.0	0.8		
SFS10-31500/110	31 500			32.2	148.0	0.8		
SFS10-40000/110	40 000			38.2	175.5	0.7		
SFS10-50000/110	50 000			45.5	212.5	0.7		
SFS10-63000/110	63 000			53.9	255	0.6		

续表

型　号	额定容量（kVA）	额定电压（kV）	联结组号	空载损耗（kW）	短路损耗（kW）	空载电流（%）	短路阻抗（%）	备注
SFSZ10-6300/110	6300	高压 121，110 ±8×1.25% 中压 38.5，35 ±2×2.5% 低压 11，10.5， 6.6，6.3	YNyn0d11	10.5	45.1	1.5	高中 10.5 高低 17～18 中低 6.5	有载调压
SFSZ10-8000/110	8000			12.6	53.6	1.5		
SFSZ10-10000/110	10 000			14.9	62.9	1.4		
SFSZ10-12500/110	12 500			17.7	73.9	1.4		
SFSZ10-16000/110	16 000			21.2	90.1	1.3		
SFSZ10-20000/110	20 000			25.1	106.3	1.3		
SFSZ10-25000/110	25 000			29.1	125.0	1.2		
SFSZ10-31500/110	31 500			35.2	148.0	1.2		
SFSZ10-40000/110	40 000			42.1	175.5	1.1		
SFSZ10-50000/110	50 000			49.8	212.5	1.1		
SFSZ10-63000/110	63 000			59.3	255	1.0		

注　电力变压器型号□□□□□□□-□/□□中各符号含义依次为：

相数：D—单相，S—三相；

冷却方式：自冷不标，F—油浸风冷，S—水冷；

循环方式：自然循环不标，P—强迫循环；

绕组数：双绕组不标，S—三绕组，F—双分裂；

导线材料：铜线不标，L—铝线；

调压方式：无励磁调压不标，Z—有载调压；

设计序号：9，10，11 等；

额定容量：kVA；

高压绕组额定电压：kV；

防护代号：一般不标，TH—湿热，TA—干热。

表Ⅲ-7　　部分高压断路器技术数据

型　号	额定电压（kV）	额定电流（A）	额定开断电流（kA）	极限通过电流峰值（kA）	热稳定电流（kA）	固有分闸时间（s）	合闸时间（s）	类别
SN10-10Ⅰ	12	630、1000	16	40	16（4s）	≤0.06	≤0.2	少油户内
SN10-10Ⅱ		1000	31.5	80	31.5（2s）			
SN10-10Ⅲ		1250、2000、3000	40	125	40（4s）			
ZN5-12		630	20	50	20（4s）	≤0.05	≤0.1	真空户内
		1000、1250	25	63	25（4s）			
ZN12-12		1250、1600、2000、2500	31.5	80、100	31.5（4s）	≤0.065		
		1600、2000、3150	40	100、130	40（4s）			
		1600、2000、3150	50	125、140	50（3s）			
ZN28-12		630	20	50	20（4s）	≤0.06		
		1250	25	63	25（4s）			
		1250、1600、2000	31.5	80	31.5（4s）			
		2500、3150	40	100	40（4s）			

续表

型号	额定电压（kV）	额定电流（A）	额定开断电流（kA）	极限通过电流峰值（kA）	热稳定电流（kA）	固有分闸时间（s）	合闸时间（s）	类别
ZW1-12 ZW8-12	12	630	6.3	16	6.3（4s）			真空户外
			12.5	31.5	12.5（4s）			
			16	40	16（4s）			
			20	50	20（4s）			
ZW20-12		400	16	40	16（4s）			
		630	20	50	20（4s）			
LN2-12		1250	31.5	80	31.5（4s）	≤0.06	≤0.15	SF_6 户内
LW3-12		400、630、1250	12.5	31.5	12.5（4s）			SF_6 户外
			16	40	16（4s）			
			20	50	20（4s）			
ZN12-40.5 ZN39-40.5	40.5	1250、1600	25	63	25（4s）			真空户内
		2000	31.5	80	31.5（4s）			
ZW7-40.5 ZW□-40.5		1250、1600	25	63	25（4s）	≤0.06	≤0.15	真空户外
		2000	31.5	80	31.5（4s）	≤0.085		
LN2-40.5		1600	25	63	25（4s）	≤0.06	≤0.15	SF_6 户内
LW8-40.5		1600、2000	25	63	25（4s）		≤0.1	SF_6 户外
			31.5	80	31.5（4s）			
LW33-126	126	3150	31.5	80	31.5（4s）	≤0.03	≤0.1	
LW35-126		3150	40	100	40（4s）			
LW36-126		3150	40	100	40（4s）			
LW10B-252	252	3150	50	125	50（3s）			
LW11-252		4000	50	125	50（3s）			
LW15-252		3150	40	1000	40（3s）			
		4000	50	125	50（3s）			

表Ⅲ-8　部分高压隔离开关技术数据

型号	额定电压（kV）	额定电流（A）	极限通过电流峰值（kA）	4s 热稳定电流（kA）	操作机构型号	备注
GN6-7.2T	7.2	200	25.5	10（5s）	CS6-1T	户内
		400	52	14（5s）		
		600	52	20（5s）		
GN2-12	12	1000	80	36（10s）	CS6-2	
		2000	100	50（10s）		

续表

型　号	额定电压（kV）	额定电流（A）	极限通过电流峰值（kA）	4s热稳定电流（kA）	操作机构型号	备注
GN10-12	12	3000	160	70（5s）	CS9或CJ2	户内
		4000		85（5s）		
GN19-12		400	31.5	12.5	CS6-1	
		630	50	20		
		1000	80	31.5		
		1250、1600、2000	100	40		
GW4-12		400	25	10	CS6-1	户外
		630	50	20		
GW4-40.5	40.5	630	50	20	CS11-G或CS17	
		1250	80	31.5		
		2000、2500	100	40		
GW5-40.5		630	50	20	CS17-G	
		1250、1600	80	31.5		
GW4-126	126	630	50	20	CS17-G或CJ6	
		1250	80	31.5		
		2000	100	40		
GW5-126		630	50	20	CS17-G	
		1250、1600	80	31.5		
GW7-126		630	50	20		
		1250、1600	80	31.5		
		2000	100	40		
GW4-252	252	1250	80	31.5	CS14-G或CJ6	
		2000	100	40		
		2500	125	50		
GW7-252		1250	80	31.5	CJ16	
		2500、3150	125	50（3s）		
GW10-252		1250、1600	100	40（3s）	CJ16-1	
		2500、3150	125	50（3s）		

表Ⅲ-9 部分高压负荷开关技术数据

型号	额定电压（kV）	额定电流（A）	额定负载开断电流（A）	额定电缆充电开断电流（A）	额定开断空载变压器容量（kVA）	极限通过电流峰值（kA）	4s 热稳定电流（kA）	备注
FN3-12	12	400	1450			25	8.5	压气式灭弧
FN20-12		630、1250	630、1250	10	1250	50	20	真空灭弧
FZN21-12		630	630	10	1250	50	20	
FZN25-12		630	630	10	1600	50	20	
FLN38-12		630、1250	630、1250	10		63	25（2s）	SF_6 灭弧
FLN43-12		630	630	10		63	25（2s）	
FKW18-12		630	630			40	16	户外
FZW□-12		630	630	10	1250	50	20	
FW□-40.5	40.5	400	400	10		40	16	
FZW□-40.5		1250	1250			25	12.5	

表Ⅲ-10 部分户内高压负荷开关—熔断器组合电器技术数据

型号	额定电压（kV）	额定电流（A）	额定短路开断电流（kA）	额定短路关合电流（kA）	额定开断空载变压器容量（kVA）	极限通过电流峰值（kA）	额定转移电流（A）	备注
FKRN12-12	12	125	31.5	80		80	1200	
FZRN21-12		125	31.5	50		50	3150	
FKRN27-12		125	31.5	80	1600	80	3150	
FLRN38-12		125	31.5	50		50	1250	

表Ⅲ-11 部分高压熔断器技术数据

型号	额定电压（kV）	额定电流（A）	熔体电流（A）	三相断流容量（MVA）	最大开断电流有效值（kA）	最小开断电流（额定电流倍数）	过电压倍数（额定相电压倍数）	备注
RN1-6	6	20，75，100，200	2，3，5，7.5，10，15，20，25，30，40，50，60，75，100	200	20	1.3	2.5	户内
RN1-10	10	20，50，75，100，200			12	1.3		
RN1-35	35	10，20，30，40			3.5	1.3		
RN2-6	6	0.5	0.5	1000	85			户内保护 TV
RN2-10	10	0.5	0.5		50			
RN2-35	35	0.5	0.5		17			
RW10-10	10	50，100，200		100				户外
RW10-35	10	2，3，5，10		600				
RW10-35	35	0.5	0.5	2000				户外保护 TV

表Ⅲ-12 **部分电压互感器技术数据**

型号	额定电压（kV）			额定容量（cosφ=0.9）（VA）			最大容量（VA）	备注
	一次绕组	二次绕组	辅助绕组	0.5级	1级	3级		
JDG-0.5	0.22	0.1		25	40	100	200	单相干式
JDG4-0.5	0.5	0.1		15	25	50	100	
JDJ-6	6	0.1		50	80	200	400	
JDJ-10	10	0.1		80	150	320	640	
JDJ-35	35	0.1		150	250	600	1200	
JDZ-6	$6/\sqrt{3}$	$0.1/\sqrt{3}$		50	80	200	300	
JDZ-10	$10/\sqrt{3}$	$0.1/\sqrt{3}$		80	120	300	500	
JDZJ-6	$6/\sqrt{3}$	$0.1/\sqrt{3}$	0.1/3	50	80	200	400	
JDZJ-10	$10/\sqrt{3}$	$0.1/\sqrt{3}$	0.1/3	50	80	200	400	
JDZJ-35	$35/\sqrt{3}$	$0.1/\sqrt{3}$	0.1/3	150	250	500	1000	
JSZW-6	$6/\sqrt{3}$	$0.1/\sqrt{3}$	0.1/3	90	150	300	600	三相干式
JSZW-10	$10/\sqrt{3}$	$0.1/\sqrt{3}$	0.1/3	90	150	300	600	
JSJW-6	$6/\sqrt{3}$	$0.1/\sqrt{3}$	0.1/3	80	150	320	640	三相油浸式
JSJW-10	$10/\sqrt{3}$	$0.1/\sqrt{3}$	0.1/3	120	200	480	960	
JSJJ-35	$35/\sqrt{3}$	$0.1/\sqrt{3}$	0.1/3	150	250	600	1000	
JCC1-110	$110/\sqrt{3}$	$0.1/\sqrt{3}$	0.1/3		500	1000	2000	串级式
JCC2-110	$110/\sqrt{3}$	$0.1/\sqrt{3}$	0.1		500	1000	2000	
JCC2-220	$220/\sqrt{3}$	$0.1/\sqrt{3}$	0.1		500	1000	2000	
YDR-110	$110/\sqrt{3}$	$0.1/\sqrt{3}$	0.1		220	440	1200	
YDR-220	$220/\sqrt{3}$	$0.1/\sqrt{3}$	0.1		220	440	1200	

表Ⅲ-13 **部分电流互感器技术数据**

型号	额定一次电流（A）	级次组合	额定二次负荷（Ω）				10%误差		1s热稳定		动稳定	
			0.5级	1级	3级	B、D级	二次负荷（Ω）	倍数	电流（kA）	倍数	电流（kA）	倍数
LMZ1-0.5	5～300	0.5/3 1/3	0.2	0.3								
	400～600		0.2	0.4								
LMZJ1-0.5	15～800	0.5/3 1/3	0.4	0.6								
	1000～5000		0.6	0.8	2.0							
LA-10	5～200	0.5/3 1/3	0.4					10		90		160
	300～400			0.4						75		135
	500				0.6					60		110
	600～1000									50		90

续表

型号	额定一次电流（A）	级次组合	额定二次负荷（Ω）				10%误差		1s热稳定		动稳定	
			0.5级	1级	3级	B、D级	二次负荷（Ω）	倍数	电流（kA）	倍数	电流（kA）	倍数
LAJ-10 LBJ-10	20～200	0.5/D 1/D D/D	0.6	1.0		0.6		15		120		215
	400		0.8	1.0		0.8		10 （15） 括号内为 D级倍数		75		135
	600～800		1.0	1.0		0.8				50		90
	1000～1500		1.2	1.6		1.0				50		90
	2000～6000		2.4	2.0		2.0				50		90
LDZJ1-10	600～1500	0.5/3 1/3	1.2	1.6						50		90
		0.5/D D/D		1.2	1.2	1.6		15				
LDZB6-10	400～500	0.5/B	0.8			1.2		15	31.5		80	
LFZD2-10	75～200	0.5/D D/D	0.8					15		120		210
	300～400					1.2				80		160
LCW-35	15～1000	0.5/B	2			2		28/5		45		115
LCWD-35	15～1000	0.5/D	1.2			1.2				65		100
LCWDL-35	（2×20）～ （2×300）	0.5/D	2			2		15		75		135
LCW-110	（2×50）～ （2×300）	0.5/1	1.2	1.2				15		75		150
LCWD-110	（2×50）～ （2×600）	D1/D2 /0.5						15		75		150
LCW-220	4×300	0.5/D D/D	2			1.2		30		60		
LCLWB-220	2×1250	B/B/B /0.2				2.4		16	40 /4s		100	

注 1. 电流互感器额定一次电流（A）系列：5，10，15，20，30，40，50，75，100，150，200，300，400，500，600，750，800，1000，1200，1250，1500，2000，2500，3000，4000，5000，6000。

2. 本表中电流互感器额定二次电流都为5A。

3. 各厂家数据有所不同，本表仅供参考。

表Ⅲ-14　**部分限流电抗器技术数据**

型　号	额定电压（kV）	额定电流（A）	电抗率（%）	额定电抗（Ω）	75℃时一相额定损耗（W）	2s热稳定电流（kA）	极限通过电流峰值（kA）	备注
XKSCKL-10-200	10	200	4	1.2112	1910	5.0	12.8	
			5	1.516	2040	4.0	10.2	
			6	1.819	2170	3.3	8.5	
			8	2.425	2610	2.5	6.4	
XKSCKL-10-400		400	4	0.606	3000	10.0	25.5	
			5	0.758	3160	8.0	20.4	
			6	0.909	3900	6.7	17.0	
			8	1.212	4480	5.0	12.8	
			10	1.516	5220	4.0	10.2	
XKSCKL-10-600		600	4	0.404	3320	15.0	38.3	
			5	0.505	4000	12.0	30.6	
			6	0.606	4900	10.0	25.5	
			8	0.808	5800	7.5	19.1	
			10	1.010	6710	6.0	15.3	
XKSCKL-10-800		800	4	0.303	4250	20.0	51.0	
			5	0.379	4990	16.0	40.8	
			6	0.455	5700	13.3	34.4	
			8	0.606	6100	10.0	25.5	
			10	0.758	6850	8.0	20.4	
XKSCKL-10-1000		1000	4	0.242	5350	25.0	63.8	
			5	0.303	6330	20.0	51.0	
			6	0.364	6230	16.7	42.5	
			8	0.485	6810	12.5	31.9	
			10	0.606	8900	10.0	25.5	
			12	0.727	10200	8.33	21.3	

注　XK—限流；S—三相；C—成型固体或干式；K—空芯；L—铝线。

表Ⅲ-15　**部分支柱绝缘子技术数据**

型　号	额定电压（kV）	绝缘子高度（mm）	机械破坏负荷（kN）	型　号	额定电压（kV）	绝缘子高度（mm）	机械破坏负荷（kN）
ZL-10/4	10	160	4	ZL-35/4	35	380	4
ZL-10/8		170	8	ZL-35/8		400	8
ZL-10/16		185	16	ZS-35/4		400	4
ZL-10/4G		210	4	ZS-35/8		420	8
ZS-10/4		210	4	ZS-35/16		500	16
ZS-10/5		22	5	FZSW-35/6			6
FZSW-10/4			4	FZSW-110/10	110		10
ZS2-110/850A	110	1060	8.3	FZSW-220/10	220		10
ZS2-110/1500		1200	14.7	ZS2-220/400		2120	3.9

注　FZSW为复合支柱绝缘子。

表Ⅲ-16　　部分穿墙套管技术数据

型　　号	额定电压（kV）	额定电流（A）（母线型套管内径，mm）	套管长度（mm）	5s热稳定电流（kA）	机械破坏负荷（kN）	备注
CLB-10	10	250，400，600 1000，1500	505 520	3.8，7.6，12 20，30	7.5	户内
CLC-10		1500，2000	620	30，40	12.5	
CLD-10		2000 3000，4000	580 620	40 60	20	
CMD-10		（60×8，60×6）	480		20	
CME-10		（60×8，80×8，80×10，100×10）	488		30	
CNR-110	110	600	3050			
CWLB-10	10	250，400，600 1000，1500	230 600	3.8，7.6，12 20，30	7.5	户外
CWLC-10		1000，1500 2000，3000	570 650	20，30 40，60	12.5	
CWLD-10		2000，3000 4000	645 685	40，60	20	
CWLB-35	35	250，400 600，1000，1500	1020 1060	3.8，7.6 12，20，30	7.5	
CRL2-110	110	600，1200	～3700		40	
CR-220	220	600，1200	～5500		40	

表Ⅲ-17　　部分并联电力电容器技术数据

型　　号	额定容量（kvar）	额定电容（μF）	型　　号	额定容量（kvar）	额定电容（μF）
BWF0.4-20-1/3	20	0.96	BWF10.5-22-1W	22	0.64
BWF0.4-25-1/3	25	1.28	BWF10.5-25-1W	25	0.72
BWF6.3-25-1	25	2	BWF10.5-30-1W	30	0.87
BWF6.3-30-1	30	2.4	BWF10.5-40-1W	40	1.15
BWF6.3-40-1	40	3.2	BWF10.5-50-1W	50	1.44
BWF6.3-50-1	50	4	BWF10.5-100-1W	100	2.89
BWF6.3-100-1	100	8	BWF10.5-120-1	120	3.47
BWF6.3-120-1	120	9.63			

表Ⅲ-18　　部分电站型金属氧化物避雷器技术数据

型　　号	系统额定电压（kV）	避雷器额定电压（kV）	避雷器持续运行电压（kV）	直流1mA参考电压（kV）≥	操作冲击电流残压峰值（kV）≤	雷电冲击电流残压峰值（kV）≤	陡波冲击残压峰值（kV）≤	2ms方波通流容量（A）
Y5WZ1-10/27 YH5WZ1-10/27	6	10	8.0	14.4	23.0	27.0	31.0	200，400
Y5WZ1-12/32.4 YH5WZ1-12/32.4	10	12	9.6	17.4	27.6	32.4	37.2	

续表

型号	系统额定电压（kV）	避雷器额定电压（kV）	避雷器持续运行电压（kV）	直流1mA参考电压（kV）≥	操作冲击电流残压峰值（kV）≤	雷电冲击电流残压峰值（kV）≤	陡波冲击残压峰值（kV）≤	2ms方波通流容量（A）
Y5WZ1-13/36 YH5WZ1-13/36	10	13	7.0	19.0	30.6	36.0	41.4	200，400
Y5WZ1-15/40.5 YH5WZ1-15/40.5	10	15	12.0	21.8	34.5	40.5	46.5	
Y5WZ1-17/45 YH5WZ1-17/45	10	17	13.6	24.0	38.3	45.0	51.8	
YH5W1-42/100 YH10W1-42/100	35	42	30	67	102	120	138	400，600
YH5W1-42/126 YH10W1-42/126	35	42	30	72	107	126	145	
YH5W1-51/134 YH10W1-51/134	35	51	40.8	73	114	134	154	
Y10W-100/260 YH10W-100/260	110	100	78	145	231	260	291	600，800
Y10W-102/266 YH10W-102/266	110	102	79.6	148	226	266	297	800
Y10W-108/281 YH10W-108/281	110	108	84	157	239	281	315	600
Y10W-192/500 YH10W-192/500	220	192	150	280	426	500	560	800
Y10W-200/520 YH10W-200/520	220	200	156	290	442	520	582	600

注 Y—瓷套式；YH—复合外套式金属氧化物避雷器。

表Ⅲ-19 部分变压器中性点用金属氧化物避雷器技术数据

型号	避雷器额定电压（kV）	避雷器持续运行电压（kV）	雷电冲击电流残压峰值（kV）≤	操作冲击电流残压峰值（kV）≤	直流1mA参考电压（kV）≥
Y1.5W-60/144 YH1.5W-60/144	60	48	144	135	85
Y1.5W-72/186 YH1.5W-72/186	72	58	186	174	103
Y1.5W-96/260 YH1.5W-96/260	96	77	260	243	137
Y1.5W-144/320 YH1.5W-144/320	144	116	320	299	205
Y1.5W-207/440 YH1.5W-207/440	207	160	440	410	292

注 Y—瓷套式；YH—复合外套式金属氧化物避雷器。

表Ⅲ-20 **部分配电型金属氧化物避雷器技术数据**

型号	系统额定电压（kV）	避雷器额定电压（kV）	避雷器持续运行电压（kV）	直流1mA参考电压（kV）≥	操作冲击电流残压峰值（kV）≤	雷电冲击电流残压峰值（kV）≤	陡波冲击残压峰值（kV）≤	2ms方波通流容量（A）
Y5WS-10/30 YH5WS-10/30	6	10	8.0	15	23.0	27.0	31.0	100
Y5WS-12/35.8 YH5WS-12/35.8	10	12	9.6	18	30.6	35.8	41.2	
Y5WS-15/45.6 YH5WS-15/45.6	10	15	12.0	23	39.0	45.6	52.5	
Y5WS-17/50 YH5WS-17/50	10	17	13.6	25	42.5	50.0	57.5	

表Ⅲ-21 **FZ及FCZ系列避雷器技术数据**

型号	额定电压（kV）	灭弧电压（kV）	工频放电电压（kV）		冲击放电电压峰值（预放电时间1.5～20μs，kV）≤	冲击电流下的残压峰值（波形10/20μs，kV）≤	
			≥	≤		5kA	10kA
FZ-6	6	7.6	9	11	30	27	30
FZ-10	10	12.7	26	31	45	45	50
FZ-35	35	41	84	104	134	134	148
FZ-110J	110	100	224	268	310	332	364
FZ-110	110	126	254	312	375	375	440
FZ-220J	220	200	448	536	630	664	728
FCZ-35	35	40	72	85	108	103	113
FCZ-110J	110	100	170	195	265	265	295
FCZ-110	110	126	255	290	345	332	365
FCZ-220J	220	200	340	390	515	515	570

附录Ⅳ　导体及线缆技术数据

表Ⅳ-1　**矩形铝导体（LMY）长期允许载流量**　A

母线尺寸（宽×厚，mm×mm）	单条		双条		三条	
	平放	竖放	平放	竖放	平放	竖放
40×4	480	503				
40×5	542	562				
50×4	586	613				
50×5	661	692				
63×6.3	910	952	1409	1547	1886	2111
63×8	1038	1085	1623	1777	2113	2379
63×10	1168	1221	1825	1994	2381	2665
80×6.3	1128	1178	1724	1892	2211	2505
80×8	1274	1330	1946	2131	2491	2809
80×10	1472	1490	2175	2373	2774	3114
100×6.3	1371	1430	2054	2253	2633	2985
100×8	1542	1609	2298	2516	2933	3311
100×10	1278	1803	2558	2796	3181	3578
125×6.3	1674	1744	2446	2680	2079	3490
125×8	1876	1955	2725	2982	3375	3813
125×10	2089	2177	3005	3282	3725	4194

注　1. 环境温度+25℃，最高允许温度+70℃，无风、无日照。

2. 数据引自西北电力设计院编《电力工程电气设计手册》（电气一次部分），水利电力出版社，1989。

表Ⅳ-2　**裸导体载流量的温度校正系数**

导体最高允许温度（℃）	实际环境温度为下值时的载流量校正系数（℃）											
	−5	0	+5	+10	+15	+20	+25	+30	+35	+40	+45	+50
80	1.24	1.20	1.17	1.13	1.09	1.04	1.00	0.95	0.90	0.85	0.80	0.74
70	1.29	1.24	1.20	1.15	1.11	1.05	1.00	0.94	0.88	0.81	0.74	0.67
65	1.32	1.27	1.22	1.17	1.12	1.06	1.00	0.94	0.87	0.79	0.71	0.61
60	1.36	1.31	1.29	1.20	1.19	1.07	1.00	0.39	0.85	0.76	0.66	0.54
50	1.48	1.41	1.34	1.26	1.18	1.09	1.00	0.89	0.78	0.63	0.45	—

表Ⅳ-3 **LGJ型钢芯铝绞线长期允许载流量**

导线规格（GB 1179—1983）	导体最高允许温度为下值时的载流量（A）		导线规格（GB 1179—1983）	导体最高允许温度为下值时的载流量（A）	
	+70℃	+80℃		+70℃	+80℃
16	105	108	120	380	401
25	130	138	150	445	452
35	175	183	185	510	531
50	210	215	240	610	613
70	265	280	300	690	765
95	330	352	400	800	840

表Ⅳ-4 **JL/G1A、JL/G1B、JL/G2A、JL/G2B、JL/G3A型钢芯铝绞线长期允许载流量**

导线规格（钢比%）（GB 1179—1999）	导体最高允许温度为下值时的载流量（A）		导线规格（钢比%）（GB 1179—1999）	导体最高允许温度为下值时的载流量（A）	
	+70℃	+80℃		+70℃	+80℃
16（17%）	79	111	450（7%）	846	917
25（17%）	109	147	450（13%）	855	923
40（17%）	152	198	500（7%）	913	981
63（17%）	211	265	500（13%）	923	989
100（17%）	293	355	560（7%）	990	1055
125（6%）	338	405	560（13%）	1002	1064
125（16%）	345	410	630（7%）	1078	1139
160（6%）	403	473	630（13%）	1090	1147
160（16%）	411	780	710（7%）	1175	1231
200（6%）	473	546	710（13%）	1188	1240
200（16%）	483	553	800（4%）	1273	1324
250（10%）	561	634	800（8%）	1282	1330
250（16%）	568	639	900（4%）	1386	1429
315（7%）	658	732	900（8%）	1395	1434
315（16%）	670	741	1000（4%）	1496	1530
400（7%）	781	854	1250（4%）	1756	1767
400（13%）	789	859	1250（8%）	1767	1773

注 1. 最高允许温度+70℃时，载流量按环境温度+25℃、无风、无日照计算。

2. 计及日照时，钢芯铝绞线可按+80℃考虑；载流量按环境温度+25℃、日照0.1W/cm²、风速0.5m/s、海拔1000m、导线表面黑度0.9计算。

表Ⅳ-5　**LGJ 型钢芯铝绞线的电阻和电抗**　Ω/km

导线型号	r_1	x_1			
		6～10kV	35kV	110kV	220kV
LGJ-16	1.969	0.414			
LGJ-25	1.260	0.399			
LGJ-35	0.900	0.389	0.433		
LGJ-50	0.630	0.379	0.423	0.452	
LGJ-70	0.450	0.368	0.412	0.441	
LGJ-95	0.332	0.356	0.400	0.429	
LGJ-120	0.223	0.348	0.392	0.421	
LGJ-150	0.210		0.387	0.416	
LGJ-185	0.170		0.380	0.410	0.440
LGJ-210	0.150		0.376	0.405	0.435
LGJ-240	0.131		0.372	0.401	0.432
LGJ-300	0.105		0.365	0.395	0.425
LGJ-400	0.079			0.386	0.416

表Ⅳ-6　**常用三芯铝（铜）电力电缆长期允许载流量**　A

电缆电压		6kV						10kV			
绝缘类型		黏性纸绝缘		聚氯乙烯绝缘		交联聚乙烯绝缘		黏性纸绝缘		交联聚乙烯绝缘	
缆芯最高工作温度（℃）		65		70		90		60		90	
敷设方式		直埋	空气中	直埋	空气中	直埋	空气中	直埋	空气中	直埋	空气中
环境温度（℃）		25	40	25	40	25	40	25	40	25	40
土壤热阻系数（℃·m/W）		1.2		1.2		2.0		1.2		2.0	
缆芯截面积（mm^2）	10			50	40						
	16	58	46	65	54			55	42		
	25	79	62	83	71	87		75	56	90	100
	35	94	76	100	85	105	114	90	68	105	123
	50	114	92	126	108	123	141	107	81	120	141
	70	140	118	149	129	148	173	133	106	152	173
	95	167	143	177	160	178	209	160	126	182	214
	120	193	169	205	185	200	246	182	146	205	246
	150	215	194	228	212	232	277	206	171	219	278
	185	249	223	255	246	262	323	233	195	247	320
	240	288	265	300	293	300	378	272	232	292	373
	300	323	295	332	323	343	432	308	260	328	428

注　铜芯电缆的载流量约为同等条件下铝芯电缆的 1.29 倍。

表Ⅳ-7　**电力电缆直接埋地多根并列敷设时载流量的校正系数**

并列电缆根数		1	2	3	4	5	6	7	8
电缆之间净距（mm）	100	1.0	0.9	0.85	0.80	0.78	0.75	0.73	0.72
	200	1.0	0.92	0.87	0.84	0.82	0.81	0.80	0.79
	300	1.0	0.93	0.90	0.87	0.86	0.85	0.85	0.84

表Ⅳ-8 35kV及以下电力电缆在不同环境温度时的载流量校正系数 K_θ

敷设方式		空气中				土壤中			
环境温度（℃）		30	35	40	45	20	25	30	35
缆芯最高工作温度（℃）	60	1.22	1.11	1.0	0.86	1.07	1.0	0.93	0.85
	65	1.18	1.09	1.0	0.89	1.06	1.0	0.94	0.87
	70	1.15	1.08	1.0	0.91	1.05	1.0	0.94	0.88
	80	1.11	1.06	1.0	0.93	1.04	1.0	0.95	0.90
	90	1.09	1.05	1.0	0.94	1.04	1.0	0.96	0.92

注 其他环境温度下 K_θ 按书中公式计算。

表Ⅳ-9 电力电缆在空气中多根并列敷设时载流量的校正系数

电缆根数		1	2	3	4	6	4	6
排列方式		○	○○	○○○	○○○○	○○○○○○	○○ ○○	○○○ ○○○
电缆中心距离	$S=d$	1.0	0.9	0.85	0.82	0.80	0.80	0.75
	$S=2d$	1.0	1.0	0.98	0.95	0.90	0.90	0.90
	$S=3d$	1.0	1.0	1.0	0.98	0.96	1.0	0.96

注 1. d 为电缆外径，S 为相邻电缆中心线距离。

2. 本表不适用于三相交流系统单芯电缆。

表Ⅳ-10 不同土壤热阻系数时电缆载流量的校正系数

土壤热阻系数（℃·m/W）	分类特征	校正系数
0.8	土壤很潮湿，经常下雨。如华东、华南地区	1.05
1.2	土壤潮湿，规律性下雨。如东北、华北地区，湿度为12%～14%的沙—泥土等	1.00
1.5	土壤较干燥，雨量不大。如湿度为8%～12%的沙—泥土等	0.93
2.0	土壤较干燥，少雨。如湿度为4%～8%的沙—泥土等	0.87
3.0	多石地层，非常干燥。如湿度小于4%的沙土等	0.75

表Ⅳ-11 常用三芯电力电缆的电阻和电抗 Ω/km

缆芯截面积（mm^2）	r_1		x_1		
	铜芯	铝芯	6kV	10kV	35kV
10			0.100	0.113	
16			0.094	0.104	
25	0.74	1.28	0.085	0.094	
35	0.52	0.92	0.079	0.083	
50	0.37	0.64	0.076	0.082	
70	0.26	0.46	0.072	0.079	0.132
95	0.194	0.34	0.069	0.076	0.126
120	0.153	0.27	0.069	0.076	0.119
150	0.122	0.21	0.066	0.072	0.116
185	0.099	0.17	0.066	0.069	0.113
240			0.063	0.069	
300			0.063	0.066	

表Ⅳ-12 LJ型铝绞线的载流量及电阻和电抗

导线型号	载流量 (A)	电阻 r_1 (Ω/km)	电抗 x_1 (Ω/km) 线间几何均距（m）									
			0.6	0.8	1.0	1.25	1.5	2.0	2.5	3.0	3.5	4.0
LJ-25	135	1.28	0.345	0.363	0.377	0.391	0.402	0.421	0.435	0.448		
LJ-35	170	0.92	0.336	0.352	0.366	0.380	0.392	0.410	0.424	0.435	0.445	0.453
LJ-50	215	0.64	0.325	0.341	0.355	0.369	0.380	0.398	0.413	0.424	0.433	0.441
LJ-70	265	0.46	0.312	0.330	0.344	0.358	0.370	0.388	0.399	0.410	0.420	0.428
LJ-95	325	0.34	0.303	0.321	0.335	0.349	0.360	0.378	0.392	0.403	0.413	0.419
LJ-120	375	0.27	0.295	0.313	0.327	0.341	0.353	0.371	0.385	0.396	0.406	0.411
LJ-150	440	0.21	0.288	0.305	0.319	0.333	0.345	0.363	0.377	0.388	0.398	0.406
LJ-185	500	0.17	0.281	0.299	0.313	0.327	0.339	0.356	0.371	0.382	0.392	0.400
LJ-240	610	0.132	0.273	0.291	0.305	0.319	0.330	0.348	0.362	0.374	0.383	0.392
LJ-300	680	0.106	0.267	0.284	0.298	0.302	0.322	0.341	0.355	0.367	0.376	0.385

注 载流量按环境温度+25℃，最高允许温度+70℃时计算。

附录Ⅴ 习题参考答案

第一章 电力工程概论

1-6 发电机G：额定电压为10.5kV。

变压器T1：低压侧绕组额定电压为10.5kV，高压侧绕组的额定电压为242kV。

变压器T2：高压侧绕组额定电压为220kV，中压侧绕组的额定电压为121kV，低压侧绕组的额定电压为38.5kV。

变压器T3：高压侧绕组额定电压为110kV，低压侧绕组的额定电压为11kV。

变压器T4：高压侧绕组额定电压为35kV，低压侧绕组的额定电压为6.3kV。

变压器T5：高压侧绕组额定电压为10.5kV，低压侧绕组的额定电压为3.15kV。

1-16 单相接地电容电流为38A，大于30A，系统中性点应改为经消弧线圈接地。

第二章 电力网及其分析

2-5 π形等效电路如图Ⅴ-1所示。

2-6 变压器的等效电路如图Ⅴ-2所示。

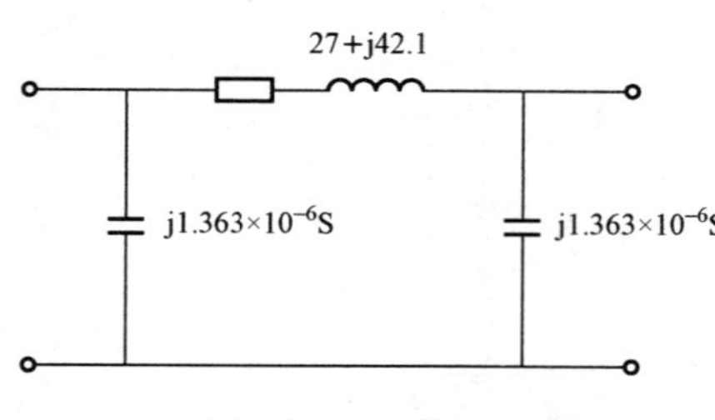

图Ⅴ-1 π形等效电路

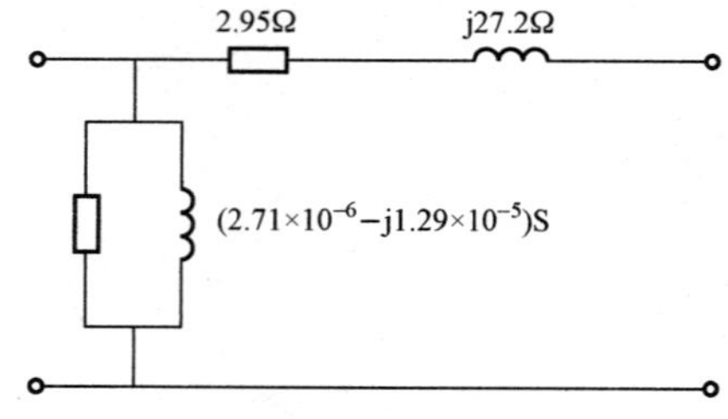

图Ⅴ-2 变压器的等效电路

2-7 变压器的各支路电抗参数（归算至110kV侧）为

$$X_{T1}=33.27\Omega;X_{T2}=-1.51\Omega;X_{T3}=21.17\Omega$$

2-8 ΔU=12.758kV，送端电压U_1=12.758+110=122.758（kV）

2-9 ΔW_L=9 485 590 470kWh

2-10 ΔW_T=638 520×2=1 277 040（kWh）

2-11 选JL/G1A导线，A=250mm^2。

2-12 ΔU_x=99.2V，ΔU_R=400.8V，A=31.18mm^2，选LJ-35导线。

第五章 电力系统短路分析

5-8 10kV侧，$I_k=I''=I_\infty$=1.774kA，I_{sh}=2.68kA，S_k=32.25MVA；380V侧，$I_k=I''=I_\infty$=24.4kA，I_{sh}=26.2kA，S_k=16.91MVA。

5-9 12.61kA，32.159kA，229.36MVA。

5-10 0.318kA。

5-11 16.17kA，13.05kA。

第六章 电气设备的选择

6-10 高压断路器额定参数与计算数据比较见表V-1，高压隔离开关额定参数与计算数据比较见表V-2。

表V-1 **高压断路器额定参数与计算数据比较**

设备参数	ZN28-12-630	比较条件	计算数据	
U_N (kV)	12	≥	U_{sN} (kV)	10
I_N (A)	630	≥	I_{max} (A)	350
I_{Nbr} (kA)	20	≥	I_{kt} (kA)	2.8
$I_t^2 t$ [(kA)^2·s]	$20^2\times4=256$	≥	$I_\infty^2 t$ [(kA)^2·s]	7.84
i_{es} (kA)	50	≥	i_{sh} (kA)	7.14

表V-2 **高压隔离开关额定参数与计算数据比较**

设备参数	GN19-12-400	比较条件	计算数据	
U_N (kV)	12	≥	U_{sN} (kV)	10
I_N (A)	400	≥	I_{max} (A)	350
i_{es} (kA)	31.5	≥	i_{sh} (kA)	7.14
$I_t^2 t$ [(kA)^2·s]	$12.5^2\times4=625$	≥	$I_\infty^2 t$ [(kA)^2·s]	7.84

6-11 选择变比为200/5的LA-10型电流互感器。$I_{1N}=200$A，$I_{2N}=5$A，$K_{es}=160$，$K_t=90$，0.5级，二次额定负荷$Z_{2N}=0.4\Omega$，动热稳定和准确级均满足要求。

6-12 选择50mm×5mm的铝母线。$I_N=661$A，母线最大计算应力52.05×10^6Pa。满足动热稳定性要求。

6-13 选择$U_N=10$kV的YJLV22型电缆（交联聚氯乙烯绝缘、聚氯乙烯护套、钢带铠装、铝芯电缆）。截面积为50mm^2，$\theta_N=40$℃，$I_N=141$A，$\theta_{al}=90$℃，$\theta_{kal}=200$℃。$\Delta U\%=1.66\%$，$A_{min}=36$mm^2。动热稳定性均满足要求。

6-14 低压断路器额定参数与计算数据比较见表V-3。

表V-3 **低压断路器额定参数与计算数据比较**

设备参数		DW15-600	比较条件	计算数据	
U_N (V)		380	≥	U_N (V)	380
I_N (A)		600	≥	I_{max} (A)	250
过电流脱扣器额定电流	$I_{N\cdot OR}$(A)	600	≥	I_{max} (A)	250
瞬时过电流脱扣器动作电流	$I_{op(o)}$(A)	$KI_N=3\times200=600$	≥	$K_{rel}I_{pk}$ (A)	$1.35\times400=540$
			≤	$K_{OL}I_{al}$ (A)	$4.5\times350=1575$
长延时过电流脱扣器动作电流	$I_{op(1)}$(A)	$KI_N=1\times300=300$	≥	$K_{rel}I_{max}$ (A)	$1.1\times250=275$
			≤	$K_{OL}I_{al}$ (A)	$1\times350=350$
灵敏度校验	K_s	$\frac{I_k^{(1)}}{I_{op(o)}}=5.8$	>	K_s	1.5
断流能力校验	I_{Nbr}(kA)	30	≥	I_k	9.8

第七章 电力系统继电保护

7-10 (1) $X_{smax}=8.55\Omega$，$X_{smin}=4.06\Omega$，$I_{opA}^{\mathrm{I}}=1.129\text{kA}$，$L_{min}\%=39$；(2) $I_{opA}^{\mathrm{II}}=0.762\text{kA}$，$K_s=0.85$，不满足要求。

7-11 $I_{op}=10\text{A}$，$K_s=2.36$。

7-12 速断保护 $I_{op}=731\text{A}$，$K_s=2.08$；过电流保护 $I_{op}=122\text{A}$，$K_s=4.3$。

7-13 过电流保护的动作时限和零序过电流保护的动作时限如图Ⅴ-3所示。

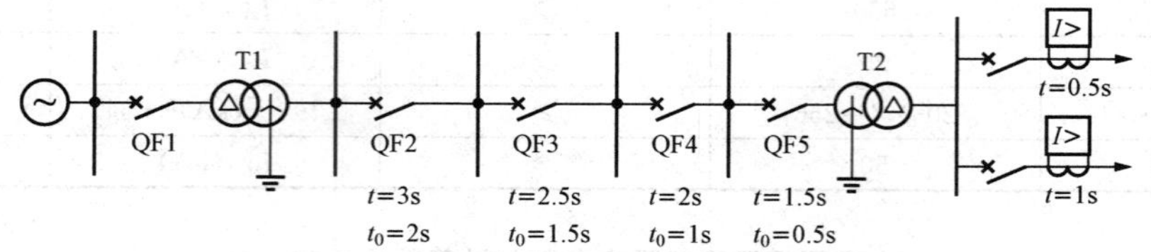

图Ⅴ-3 题7-13的解图

7-14 变压器两侧电流互感器的接线方式如图7-28所示。

$$K_Y=36,\quad K_d=69$$

正常运行时差动保护回路的不平衡电流为励磁涌流。

第九章 接地与电气安全

9-7 $R_E=\dfrac{0.5\rho}{\sqrt{S}}=\dfrac{0.5\times 300}{\sqrt{10\,000}}=1.5\ (\Omega)$

第十章 电力系统过电压保护

10-8 按二类防雷建筑物，$h\geqslant 33\text{m}$。

参 考 文 献

[1] 刘涤尘．电气工程基础．武汉：武汉理工大学出版社，2002.
[2] 刘笙．电气工程基础．北京：科学出版社，2002.
[3] 姚春球．发电厂电气部分．北京：中国电力出版社，2004.
[4] 尹克宁．电力工程．北京：中国电力出版社，2005.
[5] 熊信银，张步涵．电气工程基础．武汉：华中科技大学出版社，2005.
[6] 孙丽华．电力工程基础．北京：机械工业出版社，2006.
[7] 温步瀛．电力工程基础．北京：中国电力出版社，2006.
[8] 水利电力部西北电力设计院．电力工程电气设计手册（电气一次部分）．北京：水利电力出版社，1989.
[9] 西安高压电器研究所．高压电器产品样本．北京：机械工业出版社，2003.
[10] 浦文宗，注册电气工程师执业资格考试复习指导教材委员会．注册电气工程师执业资格考试复习指导书（发输变电专业）．北京：中国电力出版社，2007.
[11] 唐志平，魏胜洪，杨卫东，等．工厂供配电．北京：电子工业出版社，2003.
[12] 王锡凡．电力工程基础．西安：西安交通大学出版社，1998.
[13] 居荣．供配电技术．北京：化学工业出版社，2004.
[14] 江文，许惠中，等．供配电技术．北京：机械工业出版社，2007.
[15] 刘介才．工厂供电设计指导．北京：机械工业出版社，2008.
[16] 王玉华，赵志英．工厂供配电．北京：北京大学出版社，2006.
[17] 张保会，尹项根．电力系统继电保护．北京：中国电力出版社，2005.
[18] 许正亚．变压器及中低压网络数字式保护．北京：中国水利水电出版社，2004.
[19] 马永翔，王世荣．电力系统继电保护．北京：北京大学出版社，2006.
[20] 苏文成．工厂供电．北京：机械工业出版社，2006.
[21] 何永华，闫晓霞．新标准电气工程图．北京：中国水利水电出版社，1996.
[22] 刘介才．工厂供电．北京：机械工业出版社，2008.
[23] 单渊达．电能系统基础．北京：机械工业出版社，2001.
[24] 李俊．供用电网络及设备．北京：中国电力出版社，2002.
[25] 熊信银，张步涵．电力系统工程基础．武汉：华中科技大学出版社，2003.